电子工程师自学速成

Altium Desinger 20 电子设计指南

段荣霞　孟培◎编著

Electronics Engineer

人民邮电出版社
北京

图书在版编目（CIP）数据

电子工程师自学速成 : Altium Desinger 20电子设计指南 / 段荣霞，孟培编著. -- 北京 : 人民邮电出版社，2021.3
ISBN 978-7-115-55219-8

Ⅰ. ①电… Ⅱ. ①段… ②孟… Ⅲ. ①电子技术—指南 Ⅳ. ①TN-62

中国版本图书馆CIP数据核字(2020)第216892号

内容提要

全书以 Altium Designer 20 为平台，介绍了电路设计的方法和技巧，主要内容包括 Alium Designer 20 概述、原理图设计基础、原理图的绘制、原理图的后续处理、层次结构原理图的设计、原理图编辑中的高级操作、PCB 设计基础知识、PCB 的布局设计、印制电路板的布线、电路板的后期制作、创建元件库及元件封装、电路仿真系统、信号完整性分析、单片机试验板电路图设计、电器电路设计实例。本书的介绍由浅入深，从易到难，各章节既相对独立又前后关联。全书内容讲解翔实，图文并茂，条理清晰。

本书可以作为初学者的入门教材，也可以作为电路设计及相关行业工程技术人员及各院校相关专业师生的学习参考用书。

◆ 编　　著　段荣霞　孟　培
　责任编辑　黄汉兵
　责任印制　陈　犇
◆ 人民邮电出版社出版发行　　北京市丰台区成寿寺路 11 号
　邮编　100164　　电子邮件　315@ptpress.com.cn
　网址　https://www.ptpress.com.cn
　大厂回族自治县聚鑫印刷有限责任公司印刷
◆ 开本：787×1092　1/16
　印张：22.5　　　　2021 年 3 月第 1 版
　字数：576 千字　　2021 年 3 月河北第 1 次印刷

定价：79.00 元

读者服务热线：(010)81055493　印装质量热线：(010)81055316
反盗版热线：(010)81055315
广告经营许可证：京东市监广登字 20170147 号

前　言

20世纪80年代中期，计算机进入各个应用领域，美国ACCEL Technologies Inc推出了第一个应用于电子线路设计的软件包——TANGO，这个软件包开创了电子设计自动化（EDA）的先河。随着电子业的飞速发展，TANGO日益显示出其不适应时代发展需要的弱点。为了适应科学技术的发展，Protel Technology公司推出了Altium（Protel），从此Altium这个名字在业内日益响亮。

Altium系列是我国应用最早的电子设计自动化软件之一，一直以易学易用而深受广大电子设计者喜爱。

Altium Designer 20是一套完整的板卡级设计系统，真正实现了在单个应用程序中的集成。该设计系统的目的就是为了支持整个设计过程。Altium Designer 20 PCB线路图设计系统完全利用了Windows平台的优势，具有改进的稳定性、增强的图形功能和超强的用户界面，设计者可以选择最适当的设计途径以最优化的方式工作。

鉴于Altium Designer 20强大的功能和深厚的工程应用底蕴，我们力图编写一本全方位介绍Altium Designer 20在电子工程行业应用实际情况的图书。我们不求事无巨细地将Altium Designer 20知识点全面讲解清楚，而是针对电子工程专业或行业需要，以Altium Designer 20大体知识脉络作为线索，以实例作为“抓手”，帮助读者掌握利用Altium Designer 20进行电子工程设计的基本技能和技巧。

☑ **专业性强**

本书的编者都是高校从事计算机电子工程教学研究多年的一线人员，具有丰富的教学实践经验与教材编写经验，有的还是国内EDA图书出版界知名的作者，前期出版的一些相关图书经过市场检验很受读者欢迎。多年的教学工作使他们能够准确地把握学生的心理与实际需求，本书是作者多年的设计经验以及教学心得的结晶，力求全面细致地展现Altium Designer在电子设计应用领域的各种功能和使用方法。

☑ **实例经典**

本书中的实例均为实际设计中经常需要绘制的内容，如原理图设计、PCB设计等，很多实例本身就是电子电路设计项目案例，这些经典、实际的案例经过作者精心提炼和改编，不仅保证读者能够学好知识点，更重要的是能够帮助读者掌握实际的操作技能，同时培养电子电路设计实践能力。

☑ **涵盖面广**

本书是一本对电子工程专业具有普适性的基础应用学习用书，在本书有限篇幅内介绍Altium Designer的常用功能，内容涵盖了电路设计与仿真的各个方面。对每个知识点而言，我们不求过于深入，只要求读者能够掌握一般工程设计的知识即可，因此在语言上尽量做到浅显易懂，言简意赅。

☑ **突出技能提升**

本书从全面提升Altium Designer设计与仿真分析能力的角度出发，结合大量的案例讲解如何利用Altium Designer进行电路设计分析，让读者了解计算机辅助电路设计并能够独立地完成各种工程设计。

为了方便读者学习，本书专门制作了20个实例操作过程的讲解视频，读者可以在阅读书中相应实例时扫码观看，像看电影一样轻松愉悦地学习本书内容，然后对照书中内容加以实践和练习，可大大提高学习效率。

本书由陆军工程大学石家庄校区的段荣霞和石家庄三维书屋文化传播有限公司的孟培两位老师编写。另外，闫聪聪、卢园、刘昌丽、康士廷、杨雪静、王培合、王宏、王玮、王艳池、万金环等人员也参加了部分章节的编写工作。

由于时间仓促，加上编者水平有限，书中不足之处在所难免，望广大读者访问三维书屋网站并留言或发送邮件到714491436@qq.com批评指正，编者将不胜感激。也可以加入QQ群651573515参与交流讨论。

编　者

2020年9月

实例源文件获取

扫描“乔戈里公社”公众号的二维码，关注后回复“55219”获取。

乔戈里公社

目　录

第 1 章

Altium Designer 20概述

本章将从Altium Designer 20的功能特点讲起，介绍Altium Designer 20的安装与卸载、界面环境及基本操作方式，使读者从总体上了解和熟悉软件的基本结构和操作流程。

- Altium Designer 20的运行环境
- Altium Designer 20的界面环境

1.1 Altium Designer 20的主要特点

Protel系列软件是最早进入我国的电子设计自动化软件，一直以易学易用而深受广大电子设计者的喜爱。从Altium Designer 6.9开始，Altium就尝试将硬件、软件和可编程硬件的开发集成在一起，使设计人员可以在单一的系统中完成各种电子产品的设计和管理。这种设计理念在Altium Designer 20中已经趋向成熟，为快速设计和将电子产品推向市场铺平了道路。

Altium的解决方案使设计人员能够在单一的应用程序中完成从产品概念设计到产品制造的过程。在其他的解决方案中，设计人员为了增加功能或构成完整的系统方案，必须购买和集成多种附加组件。Altium可以避免这种情况，降低工程预算，这一点对于目前的商业环境来说具有一定的优势。从Altium Designer 7.0开始，软件的版本号不再采用以前的编号形式。Altium Designer 6.9以后发布的两个正式版本分别为Altium Designer Summer 08（7.0）和Altium Designer Winter 09（8.0）。软件本身兼容最新的Windows操作系统，与其他电子CAD软件有良好的接口，通过第三方软件可实现文件格式的转换。Altium Designer 20提供了许多新特性和增强功能，可以帮助电子设计人员以流水线的方式创建新一代的电子产品。

Altium Designer 20包含许多高效的新特性和增强功能，能够将整个设计过程统一起来，实现用户的电子产品创新理念，创造显著的经济效益。新系统增强了交互式布线功能特性，提高了印制电路板（PCB）图形系统的性能和效率，实现了制造规则检查等功能，这一系列改进都能提高用户的效率。Altium Designer 20的增强功能如下。

1. 设计环境

通过设计过程中各个方面的数据互连（包括原理图、PCB、文档处理和模拟仿真），显著地提升生产效率。

（1）变量支持：管理任意数量的设计变量，而无须另外创建单独的项目或设计版本。

（2）一体化设计环境：Altium Designer从一开始就构建了功能强大的统一应用电子开发环境，包含完成设计项目所需的所有高级设计工具。

（3）全局编辑：Altium Designer提供灵活而强大的全局编辑工具，触手可及，可一次更改所有或特定元件。多种选择工具使用户可以快速查找、过滤和更改所需的元件。

2. 可制造性设计

学习并应用可制造性设计（DFM）方法，确保您的PCB设计每次都具有功能性、可靠性和可制造性。

（1）可制造性设计入门：了解可制造性设计的基本技巧，帮助用户为成功制造电路板做好准备。

（2）PCB拼版：通过使用Altium Designer进行拼版，在制造过程中保护用户的电路板并显著降低其生产成本。

（3）设计规则驱动的设计：在Altium Designer中应用设计规则覆盖PCB的各个方面，轻松定义用户的设计需求。

（4）Draftsman模板：通过在Altium Designer 中直接使用Draftsman 模板，轻松满足用户的设计文档标准。

3. 轻松转换

使用业内最强大的翻译工具轻松转换设计信息，如果没有这些翻译工具，用户的业绩增长将无法实现。

4. 软硬结合设计

在3D环境中设计软硬结合板，并确认其3D元件、装配外壳和PCB间距满足所有机械方面的要求。

（1）定义新的层堆栈：为了支持先进的PCB分层结构，Altium开发了一种新的层堆栈管理器，它可以在单个PCB设计中创建多个层堆栈。这既有利于支持嵌入式元器件，又有利于软硬结合电路的创建。

（2）弯折线：Altium Designer包含软硬结合设计工具集。弯折线使用户能够创建动态柔性区域，还可以在3D空间中完成电路板的折叠和展开，使用户可以准确地看到成品的外观。

（3）层堆栈区域：设计中具有多个PCB层堆栈，但是设计人员只能查看正在工作的堆栈对应的电路板的物理区域。对于这种情况，Altium Designer会利用其独特的查看模式——电路板规划模式 。

5. PCB设计

通过控制元件布局和在原理图与PCB之间完全同步，轻松地操控电路板布局上的对象。

（1）智能元器件摆放：使用Altium Designer中的直观对齐系统可快速将对象捕捉到与附近对象的边界或焊盘相对齐的位置。在遵守用户的设计规则的同时，将元件推入狭窄的空间。

（2）交互式布线：使用Altium Designer的高级布线引擎，在很短的时间内设计出高质量的PCB布局布线，包括几个强大的布线选项，如环绕、推挤、环抱并推挤、忽略障碍以及差分对布线。

（3）原生3D PCB设计：使用Altium Designer中的高级3D引擎，以原生3D实现清晰可视化并与用户的设计进行实时交互。

6. 原理图设计

通过层次式原理图和设计复用，在一个内聚的、易于导航的用户界面中，更快、更高效地设计顶级电子产品。

（1）层次化设计及多通道设计：使用Altium Designer分层设计工具将任何复杂或多通道设计简化为可管理的逻辑块。

（2）ERC验证：使用Altium Designer电气规则检查（ERC）在原理图捕获阶段尽早发现设计中的任何错误。

（3）简单易用：Altium Designer为用户提供了轻松创建多通道和分层设计的功能。将复杂的设计简化为视觉上令人愉悦且易于理解的逻辑模块。

（4）元器件搜索：从通用符号和封装中创建真实的、可购买的元件，或从数十万个元件库中搜索，以找到并放置需要的确切元件。

7. 制造输出

体验从容有序的数据管理，并通过无缝、简化的文档处理功能为其发布做好准备。

（1）自动化的项目发布：Altium Designer为用户提供受控和自动化的设计发布流程，确保文档易于生成，内容完整并且可以进行良好的沟通。

（2）PCB拼版支持：在PCB编辑器中轻松定义相同或不同电路板设计的面板，降低生产成本。

（3）无缝PCB绘图过程：在Altium Designer统一环境中创建制造和装配图，使所有文档与设计保持同步。

1.2 Altium Designer 20的主窗口

Altium Designer 20启动后便可进入主窗口，如图1-1所示。用户可以在该窗口中进行工程文件的操作，如创建新工程、打开文件等。

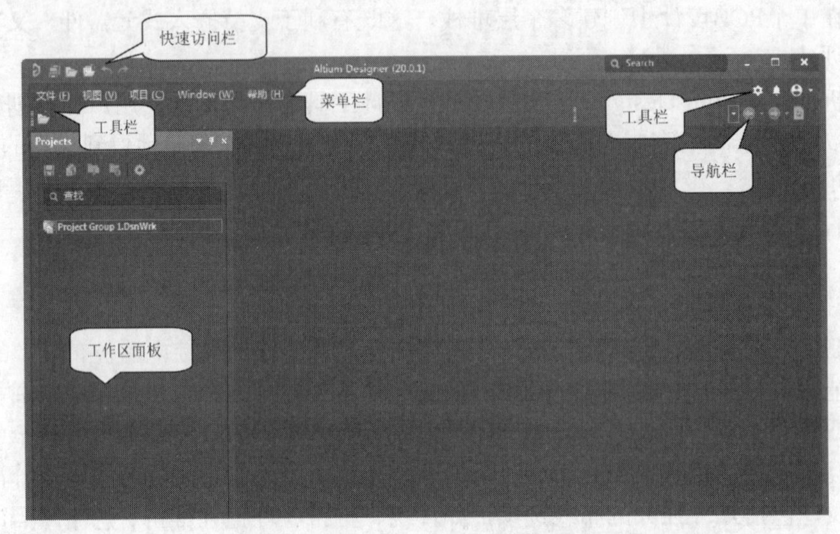

图1-1 Altium Designer 20的主窗口

主窗口采用类似于Windows的界面风格，主要包括菜单栏、工具栏、快速访问栏、工作区面板、状态栏及导航栏6个部分。

1.2.1 菜单栏

菜单栏中包括“文件”“视图”“项目”“Window（窗口）”“帮助”5个菜单。

1. **“文件”菜单**

“文件”菜单主要用于文件的新建、打开和保存等，如图1-2所示。下面详细介绍“文件”菜单中的各命令及其功能。

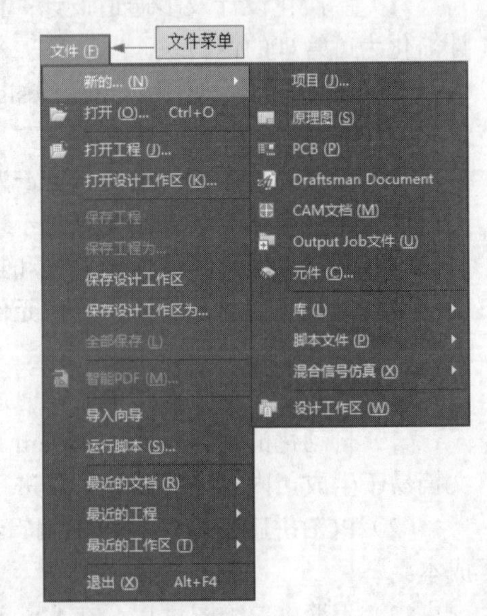

图1-2 “文件”菜单

- “新的”命令：用于新建一个文件。
- “打开”命令：用于打开已有的Altium Designer 20可以识别的各种文件。
- “打开工程”命令：用于打开各种工程文件。
- “打开设计工作区”命令：用于打开设计工作区。
- “保存工程”命令：用于保存当前的工程文件。
- “保存工程为”命令：用于另存当前的工程文件。
- “保存设计工作区”命令：用于保存当前的设计工作区。
- “保存设计工作区为”命令：用于另存当前的设计工作区。
- “全部保存”命令：用于保存所有文件。

- “智能PDF”命令：用于生成PDF格式设计文件的向导。
- “导入向导”命令：用于将其他EDA软件的设计文档及库文件导入Altium Designer，如Protel 99SE、CADSTAR、Orcad、P-CAD等设计软件生成的设计文件。
- “运行脚本”命令：用于运行各种脚本文件，如用Delphi、VB、Java等语言编写的脚本文件。
- “最近的文档”命令：用于列出最近打开过的文件。
- “最近的工程”命令：用于列出最近打开过的工程文件。
- “最近的工作区”命令：用于列出最近打开过的设计工作区。
- “退出”命令：用于退出Altium Designer 20。

2. “视图”菜单

“视图”菜单主要用于工具栏、工作面板、命令行及状态栏的显示和隐藏，如图1-3所示。

（1）“工具栏”命令：用于控制工具栏的显示和隐藏，其子菜单如图1-3所示。

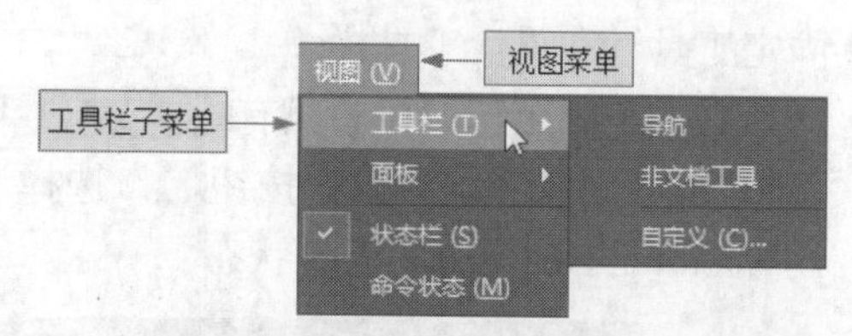

图1-3 “视图”菜单及“工具栏”命令子菜单

（2）“面板”命令：用于控制工作面板的打开与关闭，其子菜单如图1-4所示。

（3）“状态栏”命令：用于控制工作窗口下方状态栏上标签的显示与隐藏。

（4）“命令状态”命令：用于控制命令行的显示与隐藏。

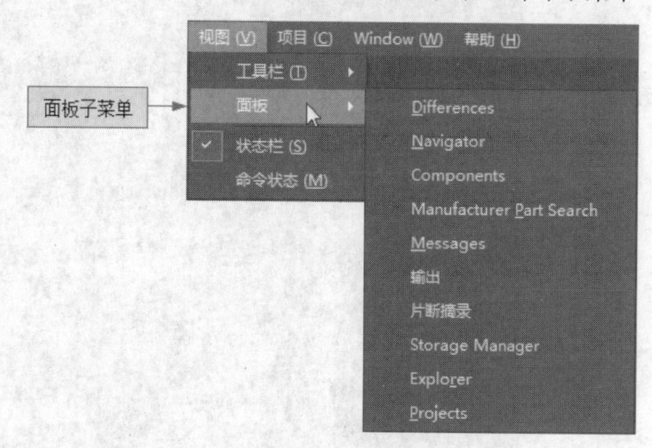

图1-4 “面板”命令子菜单

3. “项目”菜单

“项目”菜单主要用于工程文件的管理，包括工程文件的编译、添加、删除、显示差异和版本控制等，如图1-5所示。这里主要介绍“显示差异”和“版本控制”两个命令。

- “显示差异”命令：单击该命令将弹出如图1-6所示的“选择比较文档”对话框。勾选“高级模式”复选框，可以进行文件之间、文件与工程之间、工程之间的比较。

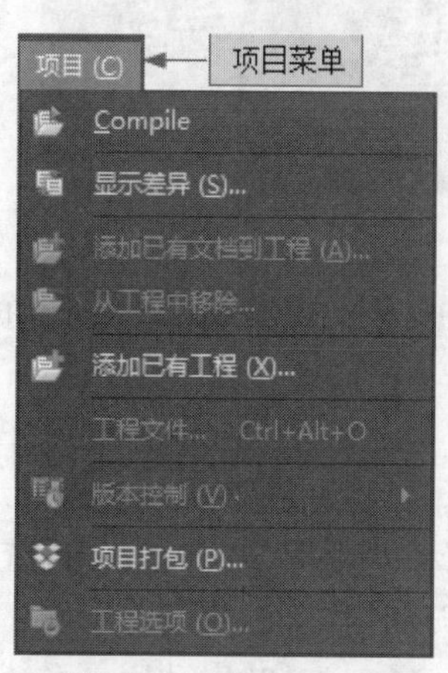

图1-5 “项目”菜单

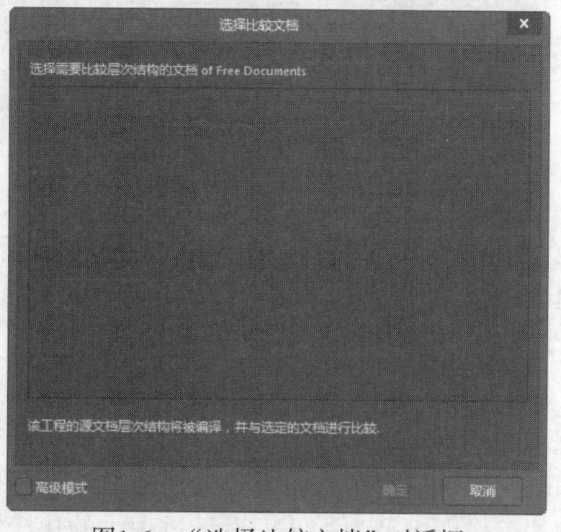

图1-6 “选择比较文档”对话框

- “版本控制”命令：单击该命令可以查看版本信息，可以将文件添加到“版本控制”数据库中，并对数据库中的各种文件进行管理。

4. “Window（窗口）”菜单

“Window”菜单用于对窗口进行纵向排列、横向排列、打开、隐藏及关闭等操作。

5. “帮助”菜单

“帮助”菜单用于打开各种帮助信息。

1.2.2 工具栏

工具栏是系统默认的用于工作环境基本设置的一系列按钮的组合，包括不可移动与关闭的固定工具栏和灵活工具栏。

右上角固定工具栏中只有 3个按钮，用于配置用户选项。

（1）“设置系统参数”按钮：选择该命令，弹出“优选项”对话框，如图1-7所示，用于设置Altium Designer的工作状态。

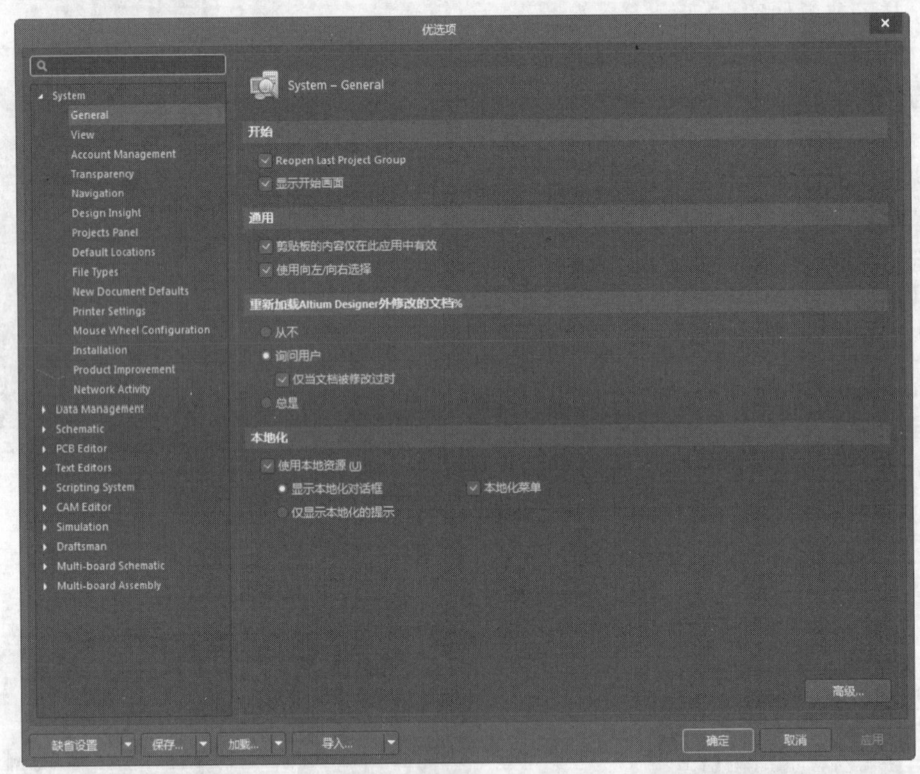

图1-7 “优选项”对话框

（2）“通知”按钮：访问Altium Designer系统通知。有通知时，该图标将显示一个数字。

（3）“当前用户信息”按钮：帮助用户自定义界面。

1.2.3 工作面板

在Altium Designer 20中，可以使用系统型面板和编辑器面板两种类型的面板。系统型面板在任何时候都可以使用，而编辑器面板只有在相应的文件被打开时才可以使用。

使用工作面板是为了便于设计过程中的快捷操作。Altium Designer 20启动后，系统将自动激活“Projects”（工程）面板和“Navigator”（导航）面板，可以单击面板底部的标签在不同的面板之间切换。

工作区面板有自动隐藏显示、浮动显示和锁定显示3种显示方式。在每个面板的右上角都有3个按钮，▼按钮用于在各种面板之间进行切换操作，按钮用于改变面板的显示方式，×按钮用于关闭当前面板。

1.3 Altium Designer 20的文件管理系统

对于一个成功的企业，技术是核心，健全的管理体制是关键。同样，评价一个软件的好坏，文件的管理系统也是很重要的一个方面。Altium Designer 20的“Projects（工程）”面板提供了两种文件——工程文件和设计时生成的自由文件。设计时生成的文件可以放在工程文件中，也可以放在自由文件中。自由文件在存盘时，是以单个文件的形式存入，而不是以工程文件的形式整体存盘，所以也被称为存盘文件。下面简单介绍这3种文件类型。

1.3.1 工程文件

Altium Designer 20支持工程级别的文件管理，在一个工程文件里包括设计中生成的一切文件。例如，要设计一个收音机电路板，可以将收音机的电路图文件、PCB图文件、设计中生成的各种报表文件及元件的集成库文件等放在一个工程文件中，这样非常便于文件管理。一个工程文件类似于Windows系统中的“文件夹”，在工程文件中可以执行对文件的各种操作，如新建、打开、关闭、复制与删除等。但需要注意的是，工程文件只负责管理，在保存文件时，工程中各个文件是以单个文件的形式保存的。

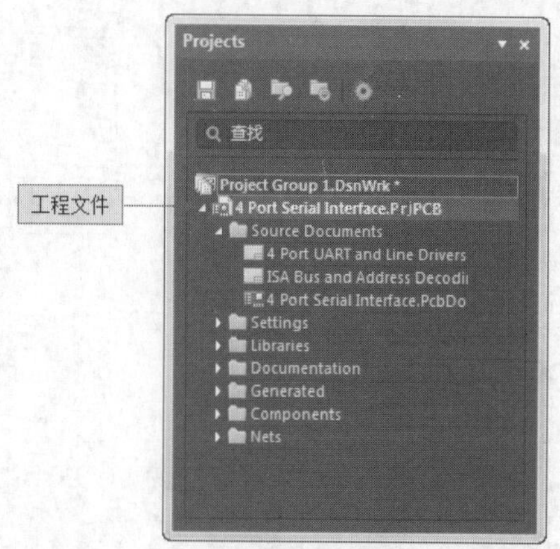

图1-8 工程文件

图1-8所示为任意打开的一个“.PrjPCB”工程文件。从该图可以看出，该工程文件包含了与整个设计相关的所有文件。

1.3.2 自由文件

自由文件是指独立于工程文件之外的文件，Altium Designer 20通常将这些文件存放在唯一的“Free Document（空白文件）”文件夹中。自由文件有以下两个来源。

（1）当将某文件从工程文件夹中删除时，该文件并没有从“Project（工程）”面板中消失，而是出现在“Free Document（空白文件）”中，成为自由文件。

（2）打开Altium Designer 20的存盘文件（非工程文件）时，该文件将出现在“Free Document（空白文件）”中而成为自由文件。

自由文件的存在方便了设计，将文件从自由文档文件夹中删除时，文件将会彻底被删除。

1.3.3 存盘文件

存盘文件是在工程文件存盘时生成的文件。Altium Designer 20保存文件时并不是将整个工程文件保存，而是单个保存，工程文件只起到管理的作用。这样的保存方法有利于实施大规模电路的设计。

第2章 原理图设计基础

在整个电子电路设计过程中，电路原理图的设计是最重要的基础性工作。同样，在Altium Designer 20中，只有先设计出符合需要和规则的电路原理图，然后才能顺利地对其进行仿真分析，最终生成可以用于生产的PCB设计文件。

本章将详细介绍原理图设计的一些基础知识，具体包括原理图的组成、原理图编辑器的界面、新建与保存原理图文件、原理图环境设置等。

- 原理图编辑器的界面
- 放置元件

2.1 原理图的组成

原理图，即电路板工作原理的逻辑表示，它主要由一系列具有电气特性的符号构成。图2-1所示为一张用Altium Designer 20绘制的原理图，在原理图上用符号表示了PCB的所有组成部分。PCB各个组成部分与原理图上电气符号的对应关系如下。

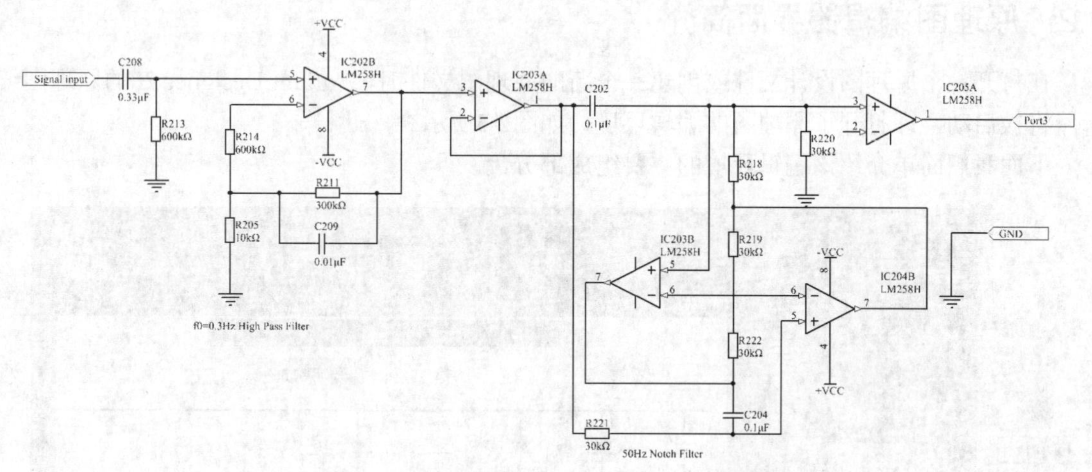

图2-1　用Altium Designer 20绘制的原理图

（1）元件

在原理图设计中，元件以元件符号的形式出现。元件符号主要由元件引脚和边框组成，其中元件引脚需要和实际元件一一对应。

图2-2所示为图2-1采用的一个元件符号，该符号在PCB板上对应的是一个运算放大器。

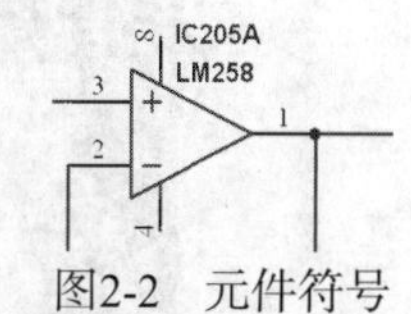

图2-2　元件符号

（2）铜箔

在原理图设计中，铜箔有以下几种表示。

- 导线：原理图设计中的导线也有自己的符号，它以线段的形式出现。在Altium Designer 20中还提供了总线，用于表示一组信号，它在PCB上对应的是一组由铜箔组成的有时序关系的导线。
- 焊盘：元件的引脚对应PCB上的焊盘。
- 过孔：示例原理图上不涉及PCB的布线，因此没有过孔。
- 覆铜：示例原理图上不涉及PCB的覆铜，因此没有覆铜的对应符号。

（3）丝印层

丝印层是PCB上元件的说明文字，对应于原理图上元件的说明文字。

（4）端口

在原理图编辑器中引入的端口不是指硬件端口，而是为了建立跨原理图电气连接而引入的具有电气特性的符号。示例原理图中采用了一个端口，该端口可以和其他原理图中同名的端口建立一个跨原理图的电气连接。

（5）网络标号

网络标号和端口类似，通过网络标号也可以建立电气连接。原理图中网络标号必须附加在导线、总线或元件引脚上。

（6）电源符号

这里的电源符号只是用于标注原理图上的电源网络，并非实际的供电器件。

总之，绘制的原理图由各种元件组成，它们通过导线建立电气连接。在原理图上除了元件之外，还有一系列其他组成部分辅助建立正确的电气连接，使整个原理图能够和实际的PCB对应起来。

2.2 原理图编辑器界面简介

在打开一个原理图设计文件或创建一个新的原理图文件时，Altium Designer 20的原理图编辑器将被启动，即打开了原理图的编辑环境，如图2-3所示。

下面我们简单介绍该编辑环境的主要组成部分。

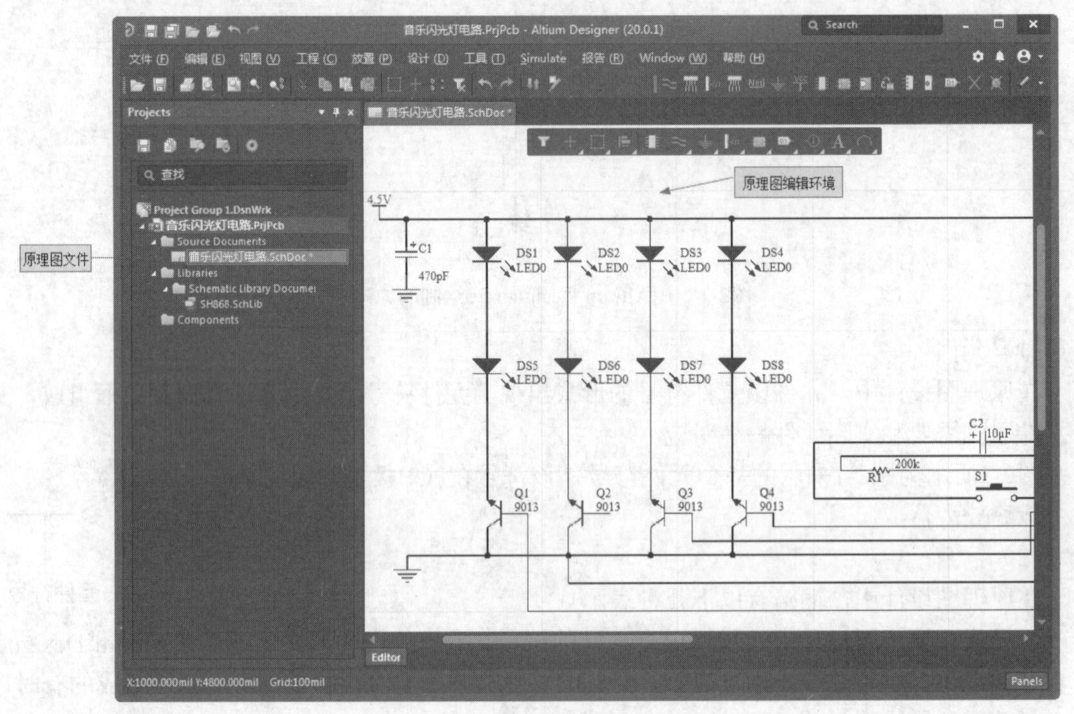

图2-3 原理图的编辑环境

2.2.1 菜单栏

在Altium Designer 20设计系统中对不同类型的文件进行操作时，菜单栏的内容会发生相应的改变。在原理图的编辑环境中，菜单栏如图2-4所示。在设计过程中，对原理图的各种编辑操作都可以通过菜单栏中的相应命令来完成。

文件 (F) 编辑 (E) 视图 (V) 工程 (C) 放置 (P) 设计 (D) 工具 (T) Simulate 报告 (R) Window (W) 帮助 (H)

图2-4 原理图编辑环境中的菜单栏

- “文件”菜单：用于执行文件的新建、打开、关闭、保存和打印等操作。
- “编辑”菜单：用于执行对象的选取、复制、粘贴、删除和查找等操作。
- “视图”菜单：用于执行视图的管理操作，如工作窗口的放大与缩小，各种工具、面板、状态栏及节点的显示与隐藏等。

- “工程”菜单：用于执行与项目有关的各种操作，如项目文件的建立、打开、保存与关闭，工程项目的编译及比较等。
- “放置”菜单：用于放置原理图的各组成部分。
- “设计”菜单：用于对元件库进行操作、生成网络报表等。
- “工具”菜单：用于为原理图设计提供各种操作工具，如元件快速定位等。
- “Simulate”菜单：用于为原理图进行混合仿真设置，如添加、激活探针等。
- “报告”菜单：用于执行生成原理图各种报表的操作。
- “Window（窗口）”菜单：用于对窗口进行各种操作。
- “帮助”菜单：用于打开帮助菜单。

2.2.2 工具栏

单击菜单栏中的“视图”→“工具栏”→“自定义”命令，系统将弹出如图2-5所示的“Customizing Sch Editor（定制原理图编辑器）”对话框。在该对话框中可以对工具栏中的功能按钮进行设置，以便用户创建自己的个性工具栏。

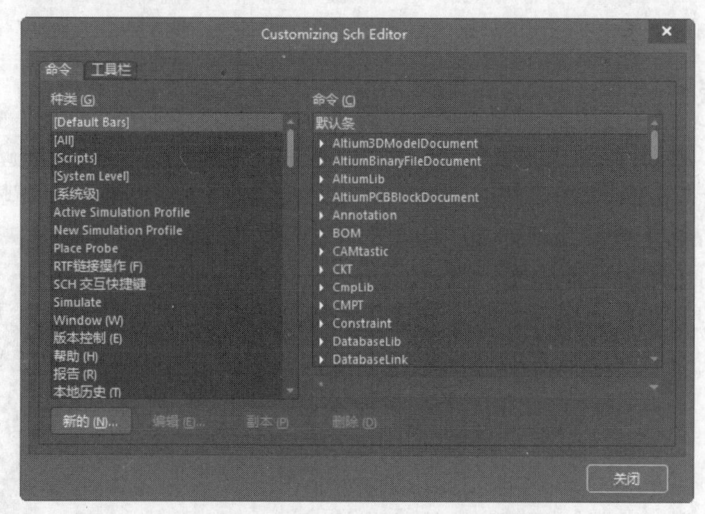

图2-5 “Customizing Sch Editor”对话框

在原理图的设计界面中，Altium Designer 20提供了丰富的工具栏，其中绘制原理图常用的工具栏介绍如下。

（1）标准工具栏

标准工具栏中为用户提供了一些常用的文件操作快捷方式，如打印、缩放、复制、粘贴等，以按钮图标的形式表示出来，如图2-6所示。如果将光标悬停在某个按钮图标上，则该图标按钮所要完成的功能就会在图标下方显示出来，便于用户操作。

图2-6 原理图编辑环境中的标准工具栏

（2）连线工具栏

连线工具栏主要用于放置原理图中的元件、电源、接地、端口、图纸符号、未用引脚标志等，同时完成连线操作，如图2-7所示。

图2-7　原理图编辑环境中的连线工具栏

（3）应用工具栏

应用工具栏用于在原理图中绘制所需要的标注信息，不代表电气连接，如图2-8所示。

用户可以尝试操作其他的工具栏。总之，在“视图”菜单下“工具栏”命令的子菜单中列出了所有原理图设计中的工具栏，在工具栏名称左侧有“√”标记则表示该工具栏已经被打开了，否则该工具栏是被关闭的，如图2-9所示。

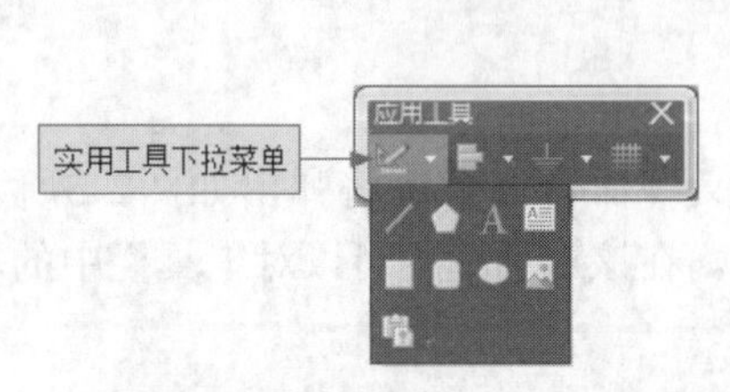

图2-8　原理图编辑环境中的应用工具栏

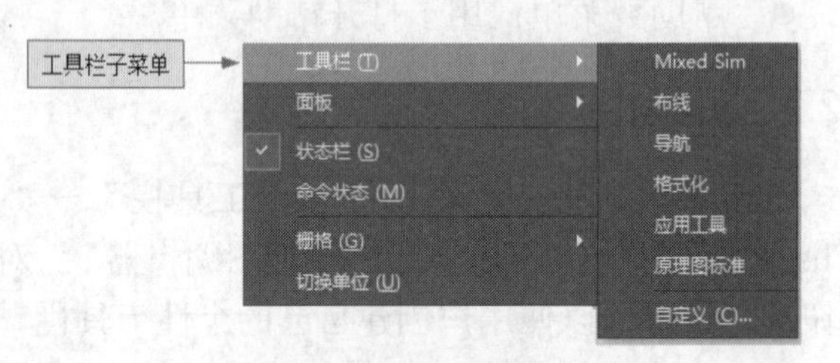

图2-9　“工具栏”命令子菜单

2.2.3　快捷工具栏

在原理图或PCB界面设计工作区的中上部分增加了新的工具栏——“Active Bar”快捷工具栏，用来访问一些常用的放置和走线命令，如图2-10所示。快捷工具栏轻松地将对象放置在原理图、PCB、Draftsman和库文档中，并且可以在PCB文档中一键执行布线命令，而无须使用主菜单。工具栏的控件依赖于当前正在工作的编辑器。

图2-10　快捷工具栏

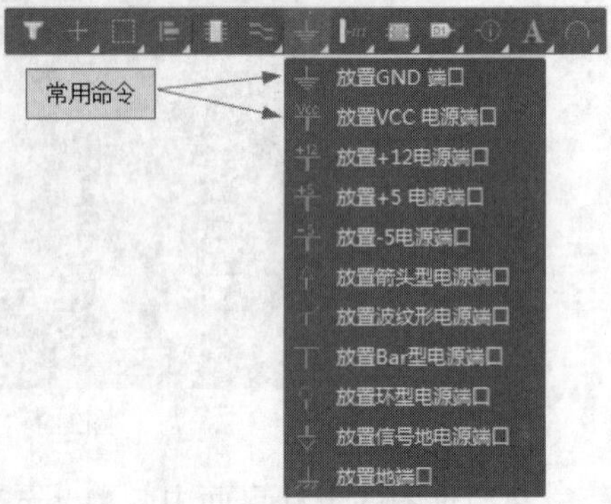

当快捷工具栏中的某个对象最近被使用后，该对象就变成了活动/可见按钮。按钮的右下方有一个小三角形，在小三角上单击右键，即可弹出下拉菜单，如图2-11所示。

图2-11　下拉菜单

2.2.4　工作窗口和工作面板

工作窗口是进行电路原理图设计的工作平台。在该窗口中，用户可以新绘制一个原理图，也可以对现有的原理图进行编辑和修改。

在原理图设计中经常用到的工作面板有“Projects（工程）”面板、“Components（元件）”面板及“Navigator（导航）”面板。

（1）Projects（工程）面板

“Projects（工程）”面板如图2-12所示。在该面板中列出了当前打开项目的文件列表及所有的临时文件，提供了所有关于项目的操作功能，如打开、关闭和新建各种文件，以及在项目中导入文件、比较项目中的文件等。

（2）Components（元件）面板

Components（元件）面板如图2-13所示。这是一个浮动面板，当光标移动到其标签上时，就会显示该面板，也可以通过单击标签在几个浮动面板间进行切换。在该面板中可以浏览当前加载的所有元件库，可以在原理图上放置元件，还可以对元件的封装、3D模型、SPICE模型和SI模型进行预览，同时还能够查看元件供应商、单价、生产厂商等信息。

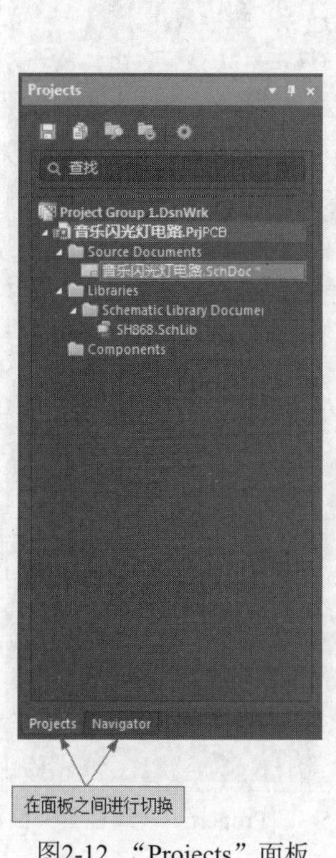

图2-12 “Projects”面板

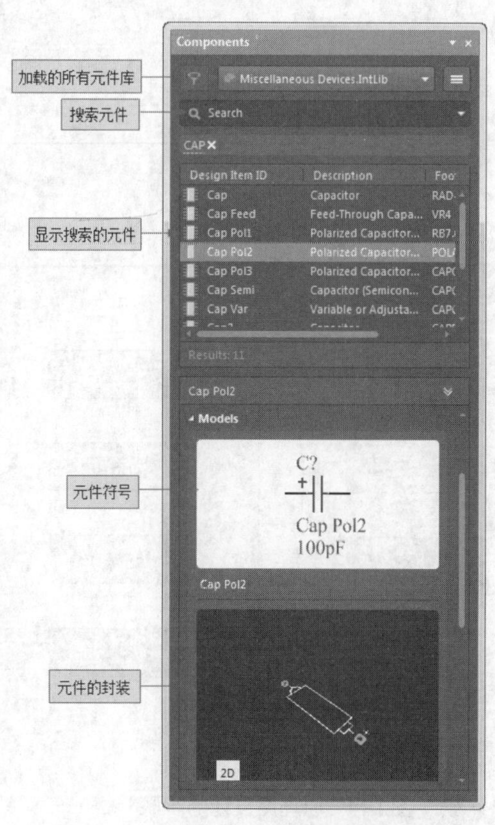

图2-13 “Components”面板

（3）Navigator（导航）面板

“Navigator（导航）”面板能够在分析和编译原理图后提供关于原理图的所有信息，通常用于检查原理图。

2.3 原理图图纸设置

原理图设计是电路设计的第一步，是制板、仿真等后续步骤的基础。因此，一幅原理图正确与否，直接关系到整个设计的成功与失败。另外，为了方便自己和他人读图，原理图的美观、清晰和规范也是十分重要的。

Altium Designer 20的原理图设计大致可分为9个步骤，如图2-14所示。

在原理图的绘制过程中，可以根据所要设计的电路图的复杂程度，先对图纸进行设置。虽然在进入电路原理图的编辑环境时，Altium Designer 20系统会自动给出相关的图纸默认参数，但是在大多数情况下，这些默认参数不一定适合用户的需求，尤其是图纸尺寸。用户可以根据设计对象的复杂程度来对图纸的尺寸及其他相关参数进行重新定义。

在界面右下角单击 Panels 按钮，弹出快捷菜单，选择“Properties（属性）”命令，打开“Properties（属性）”面板，如图2-15所示。

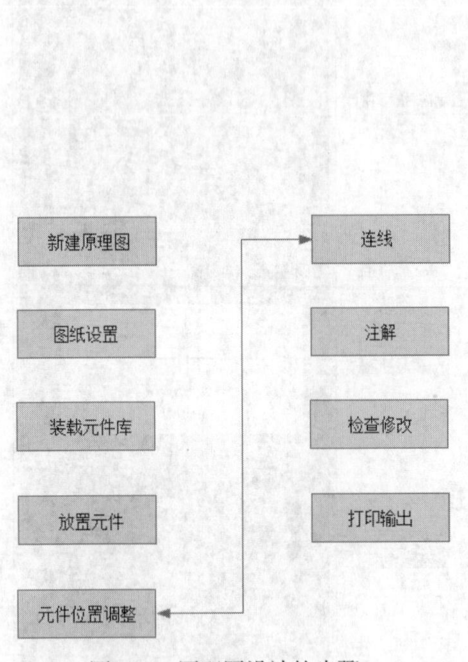

图2-14 原理图设计的步骤

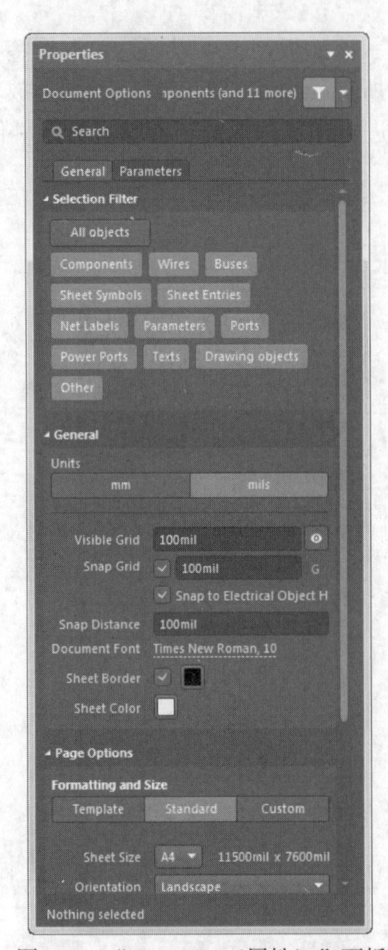

图2-15 “Properties（属性）”面板

在该面板中，有“General（通用）”和“Parameters（参数）”2个选项卡，利用其中的选项可进行如下设置。

1.“Search（搜索）”功能

在“Search（搜索）”文本框 Search 中允许在面板中搜索所需的条目。

2. 设置过滤对象

在“Document Options（文档选项）”选项组单击 中的下拉按钮，弹出如图2-16所示的对象选择过滤器。

单击All objects，表示在原理图中选择对象时，选中所有类别的对象。其中包括Components、Wires、Buses、Sheet Symbols、Sheet Entries、Net Labels、Parameters、Ports、Power Ports、Texts、Drawing objects、Other，可单独选择其中的选项，也可全部选中。

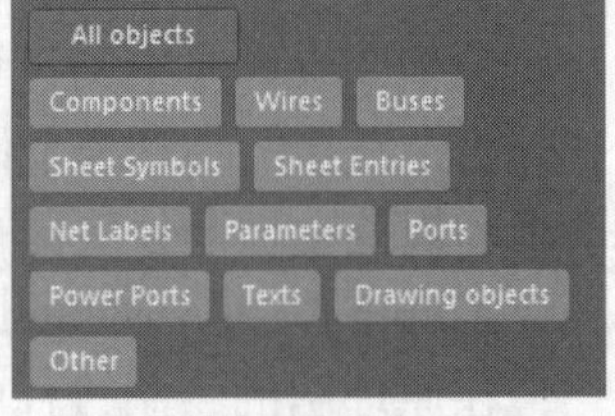

图2-16 对象选择过滤器

在“Selection Filter（选择过滤器）”选项组中显示同样的选项。

3. 设置图纸尺寸

单击“General（通用）”选项卡，使用“Page Options（图页选项）”选项组中的“Formating and Size（格式与尺寸）”选项可以设置图纸尺寸。Altium Designer 20给出了3种图纸尺寸的设置方式，一种是“Template（模板）”，一种是标准风格，另一种是自定义风格，用户可以根据设计需要进行选择，默认的方式为标准风格。

（1）使用模板风格，单击“Template（模板）”下拉按钮，在下拉列表框中可以选择已定义好的图纸标准尺寸，包括模型图纸尺寸（A0_portrait～A4_portrait）、公制图纸尺寸（A0～A4）、英制图纸尺寸（A～E）、CAD标准尺寸（A～E）、Orcad标准尺寸（Orcad_a～Orcad_e）及其他格式（Letter、Legal、Tabloid等）的尺寸。

当一个模板被设置为默认模板后，每次创建一个新文件时，系统会自动套用该模板，适用于固定使用某个模板的情况。若不需要模板文件，则“Template（模板）”文本框中显示空白。

在图2-17所示的“Template（模板文件）”选项组的下拉菜单中选择A、A0等模板，单击按钮，弹出如图2-18所示的提示对话框，提示是否更新模板文件。

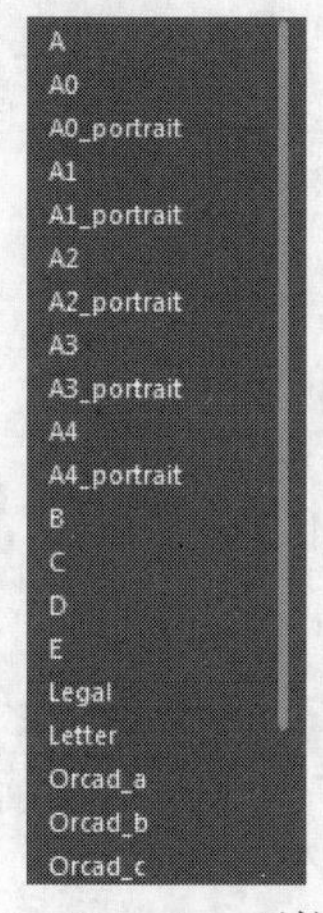

图2-17 Template下拉菜单

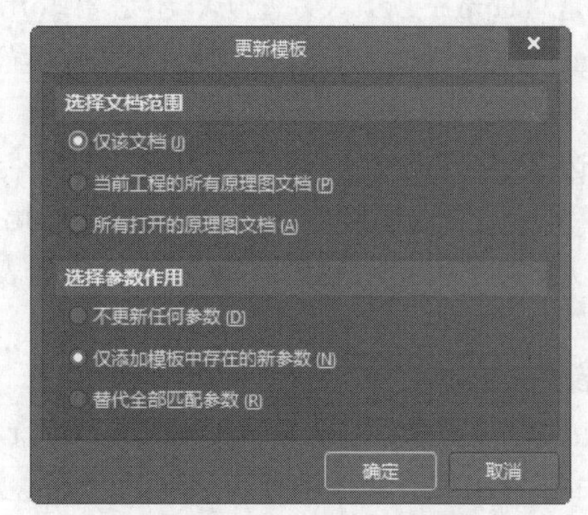

图2-18 “更新模板”对话框

（2）使用标准风格方式设置图纸，可以在“Standard（标准风格）”选项下单击“Sheet Size（图纸尺寸）”右侧的按钮，在下拉列表框中选择已定义的图纸标准尺寸，公制图纸尺寸（A0～A4）、英制图纸尺寸（A～E）、CAD标准尺寸（A～E）、Orcad标准尺寸（Orcad A～Orcad E）及其他格式（Letter、Legal、Tabloid等）的尺寸，对目前编辑窗口中的图纸尺寸进行更新。

（3）使用自定义风格方式设置图纸，选择“Custom（自定义风格）”选项，则自定义功能被激活，在“Width（定制宽度）”“Height（定制高度）”2个文本框中可以分别输入自定义的图纸尺寸。

在设计过程中，除了对图纸的尺寸进行设置外，往往还需要对图纸的其他选项进行设置，如图纸的方向、标题栏样式和图纸的颜色等。

4. 设置图纸方向

图纸方向可通过“Orientation（定位）”下拉列表框设置，可以设置为水平方向（Landscape），即横向；也可以设置为垂直方向（Portrait），即纵向。一般在绘制和显示时设为横向，在打印输出时可根据需要设为横向或纵向打印。

5. 设置图纸标题栏

图纸标题栏（明细表）是对设计图纸的附加说明，可以在该标题栏中对图纸进行简单的描述，这些描述也可以作为以后图纸标准化时的信息。在Altium Designer 20中提供了两种预先定义好的标题块，即Standard（标准格式）和ANSI（美国国家标准格式）。勾选“Title Block（工程图明细表）”复选框，即可进行格式设计，相应的图纸编号功能被激活，可以对图纸进行编号。

6. 设置图纸参考说明区域

在“Margin and Zones（边界和区域）”选项组中，通过“Show Zones（显示区域）”复选框可以设置是否显示参考说明区域。勾选该复选框表示显示参考说明区域，否则不显示参考说明区域。一般情况下应该选择显示参考说明区域。

7. 设置图纸边界区域

在“Margin and Zones（边界和区域）”选项组中，显示图纸边界尺寸，如图2-19所示。在“Vertial（垂直）”“Horizontal（水平）”两个方向上设置边框与边界的间距。在“Origin（原点）”下拉列表中选择原点位置是“Upper Left（左上）”还是“Bottom Right（右下）”。在“Margin Width（边界宽度）”文本框中设置输入边界的宽度值。

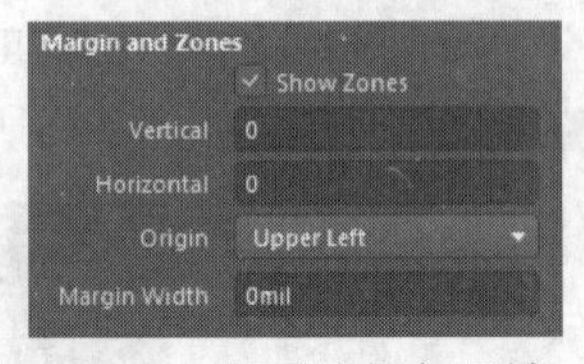

图2-19　显示边界与区域

8. 设置图纸边框

在“Units（单位）”选项组中，通过“Sheet Border（显示边界）”复选框可以设置是否显示边框。勾选该复选框表示显示边框，否则不显示边框。

9. 设置边框颜色

在“Units（单位）”选项组中，单击“Sheet Border（显示边界）”颜色显示框，然后在弹出的对话框中选择边框的颜色，如图2-20所示。

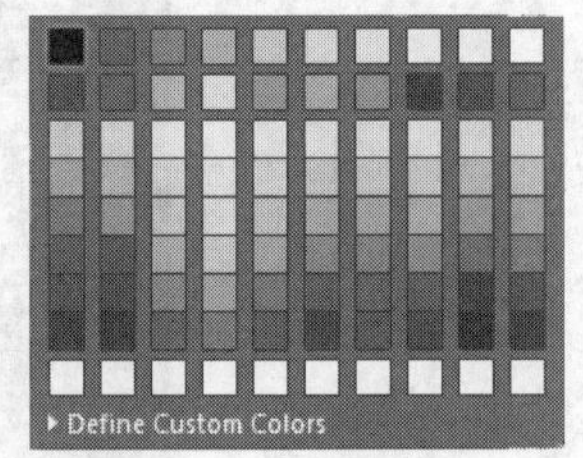

图2-20　选择颜色

10. 设置图纸颜色

在“Units（单位）”选项组中，单击“Sheet Color（图纸的颜色）”显示框，然后在弹出的对话框中选择图纸的颜色。

11. 设置图纸栅格点

进入原理图编辑环境后，编辑窗口的背景是栅格型的，这种栅格就是可视栅格，是可以改变的。栅格为元件的放置和线路的连接带来了极大的方便，使用户可以轻松地排列元件、整齐地走线。Altium Designer 20提供了“Snap Grid（捕捉栅格）”“Visible Grid（可视栅格）”和“Snap to Electrical Object（捕获电栅格）”3种栅格，对栅格进行具体设置，如图2-21所示。

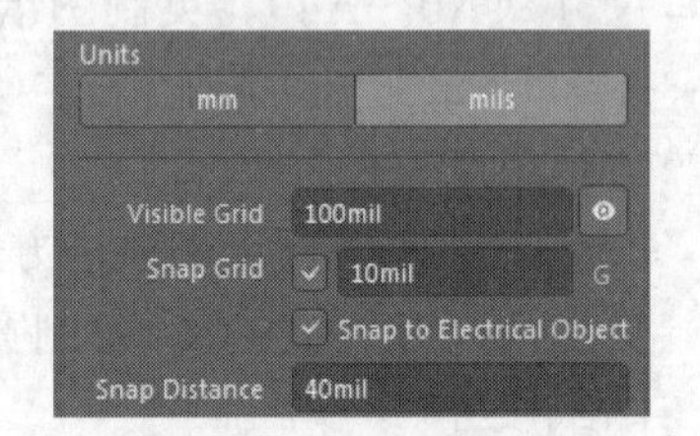

图2-21　网格设置

- “Snap Grid（捕捉栅格）”复选框：用于控制是否启用捕捉栅格。所谓捕捉栅格就是光标每次移动的距离大小。勾选该复选框后，光标移动时，以右侧文本框的设置值为基本单位，系统默认值为10个像素点，用户可根据设计的要求输入新的数值来改变光标每次移动的最小间隔距离。
- “Visible Grid（可视栅格）”复选框：用于控制是否启用可视栅格，即在图纸上是否可以看到的栅格。勾选该复选框后，可以对图纸上栅格间的距离进行设置，系统默认值为10个像素点。若不勾选该复选框，则表示在图纸上将不显示栅格。
- “Snap to Electrical Object（捕获电栅格）”复选框：如果勾选了该复选框，则在绘制连线时，系统会以光标所在位置为中心，以“Snap Distance（捕获范围）”文本框中的设置值为半径，向四周搜索电气节点。如果在搜索半径内有电气节点，则光标将自动移到该节点上并在该节点上显示一个圆亮点，搜索半径的数值可以自行设定。如果不勾选该复选框，则取消了系统自动寻找电气节点的功能。

单击菜单栏中的“视图”/“栅格”命令，其子菜单中有用于切换3种栅格启用状态的命令，如图2-22所示。单击其中的“设置捕捉栅格”命令，系统将弹出如图2-23所示的“Choose a snap grid size（选择捕捉栅格尺寸）”对话框，在该对话框中可以输入捕捉栅格的参数值。

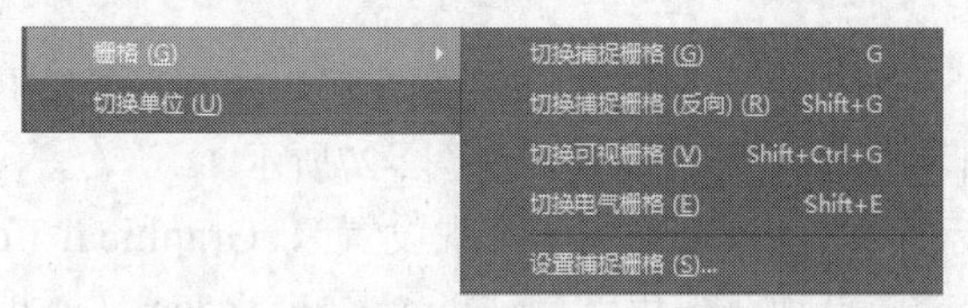

图2-22 “栅格”命令子菜单

图2-23 “Choose a snap grid size（选择捕捉栅格尺寸）”对话框

12. 设置图纸所用字体

在“Units（单位）”选项卡中，单击“Document Font（文档字体）”选项组下的Times New Roman, 10按钮，系统将弹出如图2-24所示的下拉对话框。在该对话框中对字体进行设置，将会改变整个原理图中的所有文字，包括原理图中的元件引脚文字和原理图的注释文字等。通常字体采用默认设置即可。

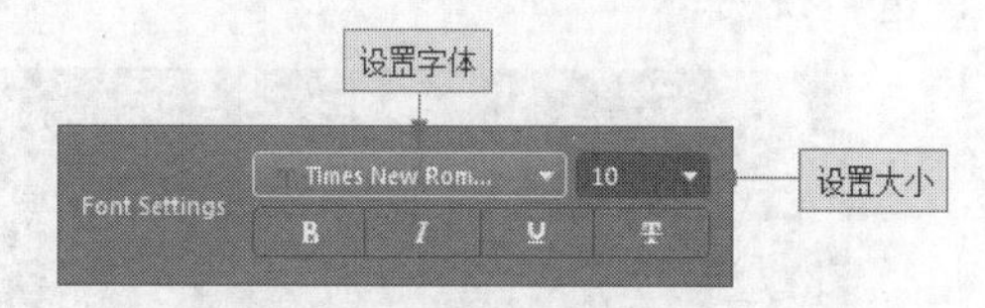

图2-24 “字体”对话框

13. 设置图纸参数信息

图纸的参数信息记录了电路原理图的参数信息和更新记录。这项功能可以使用户更系统、更有效地对自己设计的图纸进行管理。

建议用户对此项进行设置。当设计项目中包含很多的图纸时，图纸参数信息就显得非常有用了。

在“Properties（属性）”面板中，单击“Parameters（参数）”选项卡，即可对图纸参数信息进行设置，如图2-25所示。

在要填写或修改的参数上双击或选中要修改的参数后，在文本框中修改各个设定值。单击“Add（添加）”按钮，系统添加相应的参数属性。用户可以在图2-26所示的面板中设置参数，在“ModifiedDate（修改日期）”栏，“Value（值）”选项组下填入修改日期，完成该参数的设置。

完成图纸设置后，按“Enter（确定）”键应用设置，进入原理图绘制的流程。

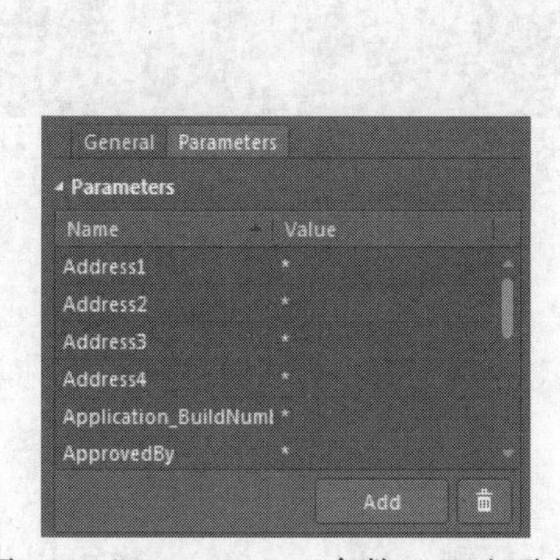

图2-25 “Parameters（参数）”选项卡

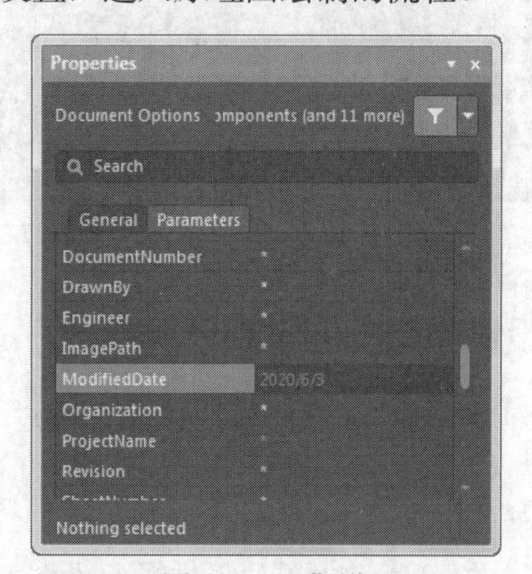

图2-26 日期设置

2.4 设置原理图工作环境

在原理图的绘制过程中，绘制的效率和正确性，往往与环境参数的设置有着密切的关系。参数设置的合理与否，直接影响设计过程中软件的功能是否能得到充分的利用。

在Altium Designer 20电路设计软件中，原理图编辑器工作环境的设置是通过原理图的“优选项”对话框来完成的。

单击菜单栏中的“工具”→“原理图优选项”命令，或在原理图图纸上右击，在弹出的快捷菜单中选择“原理图优选项”命令，打开“优选项”对话框，如图2-27所示。

在该对话框中的Schematic组中有8个标签页，即General（常规设置）、Graphical Editing（图形编辑）、Compiler（编译器）、AutoFocus（自动获得焦点）、Library AutoZoom（库扩充方式）、Grids（栅格）、Break Wire（断开连线）和Defaults（默认）。下面对这些标签页的具体设置进行说明。

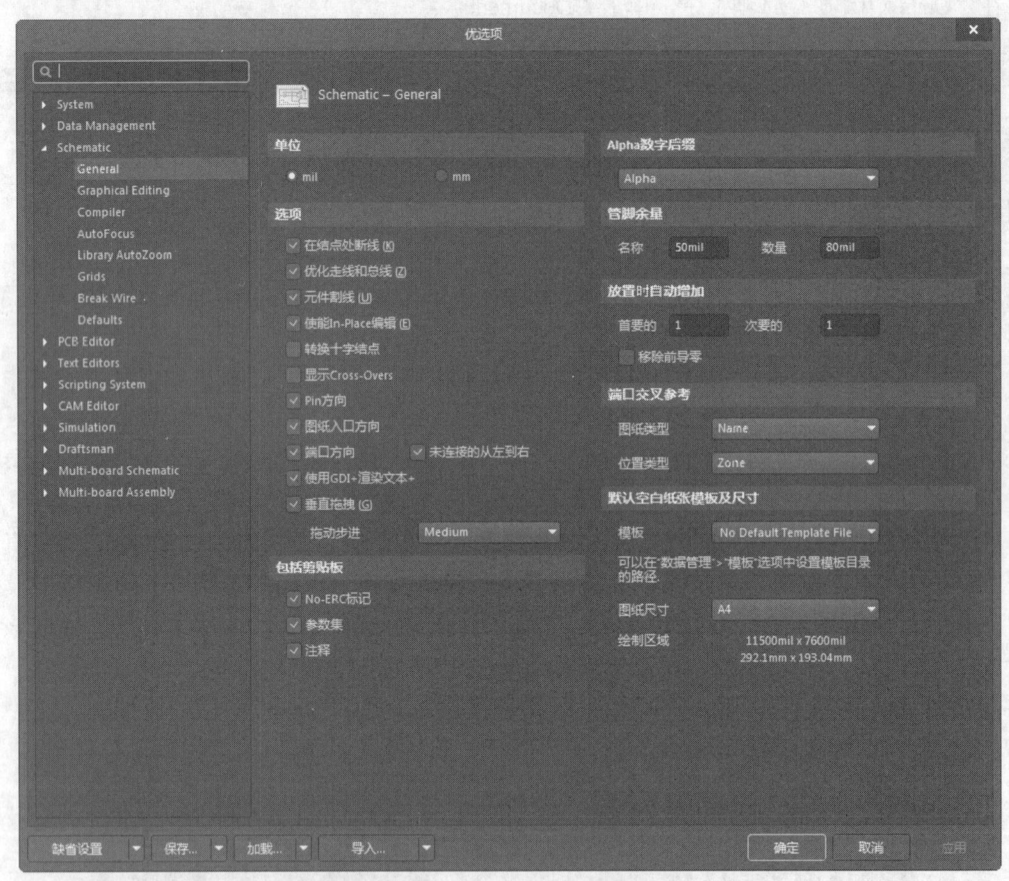

图2-27 “优选项”对话框

2.4.1 设置原理图的常规环境参数

电路原理图的常规环境参数设置通过“General（常规设置）”标签页来实现，如图2-27所示。

（1）“单位”选项组

图纸单位可通过“单位”选项组设置，可以设置为公制（Milimeters），也可以设置为英制

（Mils）。一般在绘制和显示时设为Mils。

（2）“选项”选项组

- “在结点处断线”复选框：勾选该复选框后，在两条交叉线处自动添加节点后，节点两侧的导线将被分割成两段。
- “优化走线和总线”复选框：勾选该复选框后，在进行导线和总线的连接时，系统将自动选择最优路径，并且可以避免各种电气连线和非电气连线的相互重叠。此时，下面的“元件割线”复选框也呈现可选状态。若不勾选该复选框，则用户可以自己选择连线路径。
- “元件割线”复选框：勾选该复选框后，会启动元件分割导线的功能，即放置一个元件时，若元件的两个引脚同时落在一根导线上，则该导线将被分割成两段，两个端点分别自动与元件的两个引脚相连。
- “使能In-Place 编辑”复选框：勾选该复选框后，在选中原理图中的文本对象时，如元件的序号、标注等，双击后可以直接进行编辑、修改，而不必打开相应的对话框。
- “转换十字结点”复选框：选中该复选框后，用户在绘制导线时，在相交的导线处自动连接并产生节点，同时终止本次操作。若没有选中该复选框，则用户可以任意覆盖已经存在的连线，并可以继续进行绘制导线的操作。
- “显示Cross-Overs（显示交叉点）”复选框：勾选该复选框后，非电气连线的交叉点会以半圆弧显示，表示交叉跨越状态。
- “Pin 方向（管脚说明）”复选框：勾选该复选框后，单击元件某一管脚时，会自动显示该管脚的编号及输入、输出特性等。
- “图纸入口方向”复选框：勾选该复选框后，在顶层原理图的图纸符号中会根据子图中设置的端口属性显示输出端口、输入端口或其他性质的端口。图纸符号中相互连接的端口部分不随此项设置的改变而改变。
- “端口方向”复选框：勾选该复选框后，端口的样式会根据用户设置的端口属性显示输出端口、输入端口或其他性质的端口。
- “使用GDI+渲染文本+”复选框：勾选该复选框后，可使用GDI字体渲染功能，精细到字体的粗细、大小等功能。
- “垂直拖曳”复选框：勾选该复选框后，在原理图上拖动元件时，与元件相连接的导线只能保持直角。若不勾选该复选框，则与元件相连接的导线可以呈现任意的角度。

（3）“包括剪贴板”选项组

- “No-ERC标记”复选框：勾选该复选框后，在复制、剪切到剪贴板或打印时，均包含图纸的忽略ERC检查符号。
- “参数集”复选框：勾选该复选框后，使用剪贴板进行复制或打印时，包含元件的参数信息。
- “注释”复选框：勾选该复选框后，使用剪贴板进行复制或打印时，包含注释说明信息。

（4）“Alpha 数字后缀（字母和数字后缀）”选项组

该选项组用于设置某些元件中包含多个相同子部件的标识后缀，每个子部件都具有独立的物理功能。在放置这种复合元件时，其内部的多个子部件通常采用“元件标识：后缀”的形式来加以区别。

- “Alpha（字母）”单选钮：点选该单选钮，子部件的后缀以字母表示，如U：A，U：B等。
- “Numeric，separated by a dot "."（数字间用点间隔）”单选钮：点选该单选钮，子部件的后缀以数字表示，如U.1，U.2等。
- “Numeric，separated by a colon "："（数字间用冒号分割）”单选钮：点选该单选钮，子部件的后缀以数字表示，如U：1，U：2等。

（5）“管脚余量”选项组

- “名称”文本框：用于设置元件的引脚名称与元件符号边缘之间的距离，系统默认值为5mil。
- “数量”文本框：用于设置元件的引脚编号与元件符号边缘之间的距离，系统默认值为8mil。

（6）“放置时自动增加”选项组

该选项组用于设置元件标识序号及引脚号的自动增量数。

- “首要的”文本框：用于设定在原理图上连续放置同一种元件时，元件标识序号的自动增量数，系统默认值为1。
- “次要的”文本框：用于设定创建原理图符号时，引脚号的自动增量数，系统默认值为1。
- “移除前导零”文本框：勾选该复选框，元件标识序号及引脚号去掉前导零。

（7）“端口交叉参考”选项组

- “图纸类型”文本框：用于设置图纸中端口类型，包括“Name（名称）”“Number（数字）”。
- “位置类型”文本框：用于设置图纸中端口放置位置依据，系统设置包括“Zone（区域）”“Location X，Y（坐标）”。

（8）“默认空白纸张模板及尺寸”选项组

该选项组用于设置默认的模板文件。可以单击“模板”下拉列表中选择模板文件，选择后，模板文件名称将出现在“模板”文本框中。每次创建一个新文件时，系统将自动套用该模板。如果不需要模板文件，则“模板”列表框中显示“No Default Template文件（没有默认的模板文件）”。

在“图纸尺寸”下拉列表框中选择样板文件，选择后，模板文件名称将出现在“图纸尺寸”文本框中，在文本框下显示具体的尺寸大小。

2.4.2 设置图形编辑环境参数

图形编辑环境的参数设置通过“Graphical Editing”（图形编辑）标签页来实现，如图2-28所示。该标签页主要用来设置与绘图有关的一些参数。

（1）“选项”选项组

- “剪贴板参考”复选框：勾选该复选框后，在复制或剪切选中的对象时，系统将提示确定一个参考点。建议用户勾选该复选框。
- “添加模板到剪贴板”复选框：勾选该复选框后，用户在执行复制或剪切操作时，系统将会把当前文档所使用的模板一起添加到剪贴板中，所复制的原理图包含整个图纸。建议用户不勾选该复选框。

图2-28 “Graphical Editing”标签页

- “显示没有定义值的特殊字符串的名称”：用于设置将特殊字符串转换成相应的内容。若选定此复选项，则当在电路原理图中使用特殊字符串时，显示时会转换成实际字符，否则将保持原样。
- “对象中心”复选框：选中该复选框后，在移动元件时，光标将自动跳到元件的参考点上（元件具有参考点时）或对象的中心处（对象不具有参考点时）。若不选中该复选框，则移动对象时光标将自动滑到元件的电气节点上。
- “对象电气热点”复选框：勾选该复选框后，当用户移动或拖动某一对象时，光标自动滑动到离对象最近的电气节点（如元件的引脚末端）处。建议用户勾选该复选框。
- “自动缩放”复选框：勾选该复选框后，在插入元件时，电路原理图可以自动地实现缩放，调整出最佳的视图比例。建议用户勾选该复选框。
- “单一‘\’符号代表负信号”复选框：一般在电路设计中，我们习惯在引脚的说明文字顶部加一条横线表示该引脚低电平有效，在网络标签上也采用此种标识方法。Altium Designer 20允许用户使用“\”为文字顶部加一条横线。例如，RESET低电平有效，可以采用“\R\E\S\E\T”的方式为该字符串顶部加一条横线。勾选该复选框后，只要在网络标签名称的第一个字符前加一个“\”，则该网络标签名将全部被加上横线。
- “选中存储块清空时确认”复选框：勾选该复选框后，在清除选定的存储器时，将出现一个确认对话框。通过这项功能的设定可以防止由于疏忽而清除选定的存储器。建议用户勾选该复选框。
- “标记手动参数”复选框：用于设置是否显示参数自动定位被取消的标记点。勾选该复选框后，如果对象的某个参数已取消了自动定位属性，那么在该参数的旁边会出现一个点状标记，提示用户该参数不能自动定位，需手动定位，即应该与该参数所属的对象一起移动或旋转。

- “始终拖拽”复选框：勾选该复选框后，移动某一选中的图元时，与其相连的导线也随之被拖动，以保持连接关系。若不勾选该复选框，则移动图元时，与其相连的导线不会被拖动。
- “Shift +单击选择”复选框：勾选该复选框后，只有在按下<Shift>键时，单击才能选中图元。此时，右侧的“元素”按钮被激活。单击“元素”按钮，弹出如图2-29所示的“必须按住Shift选择”对话框，可以设置哪些图元只有在按下<Shift>键时，单击才能选择。使用这项功能会使原理图的编辑很不方便，建议用户不勾选该复选框，直接单击选择图元即可。

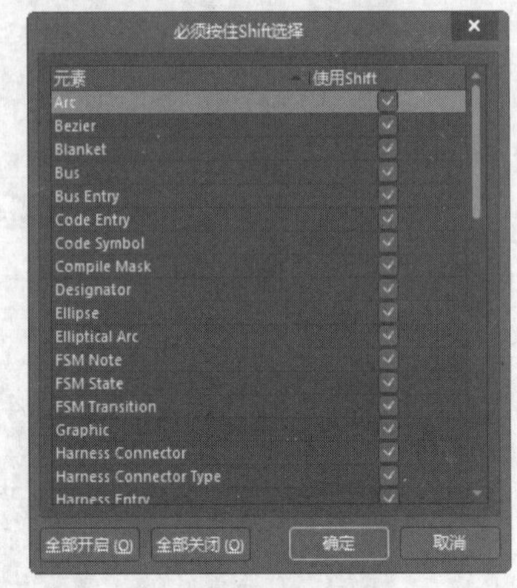

图2-29 “必须按住Shift选择”对话框

- “单击清除选中状态”复选框：勾选该复选框后，通过单击原理图编辑窗口中的任意位置，就可以解除对某一对象的选中状态，不需要再使用菜单命令或者“原理图标准”工具栏中的（取消选择所有打开的当前文件）按钮。建议用户勾选该复选框。
- “自动放置页面符入口”复选框：勾选该复选框后，系统会自动放置图纸入口。
- “保护锁定的对象”复选框：勾选该复选框后，系统会对锁定的图元进行保护。若不勾选该复选框，则锁定对象不会被保护。
- “粘贴时重置元件位号”：勾选该复选框后，将复制粘贴后的元件标号进行重置。
- “页面符入口和端口使用线束颜色”复选框：勾选该复选框后，将原理图中的图纸入口与电路按端口颜色设置为线束颜色。
- “网络颜色覆盖”：勾选该复选框后，原理图中的网络显示对应的颜色。

（2）“自动平移选项”选项组

该选项组主要用于设置系统的自动摇镜功能，即当光标在原理图上移动时，系统会自动移动原理图，以保证光标指向的位置进入可视区域。

- “类型”下拉列表框：用于设置系统自动摇镜的模式。有3个选项可以供用户选择，即Atuo Pan Off（关闭自动摇镜）、Auto Pan Fixed Jump（按照固定步长自动移动原理图）、Auto Pan Recenter（移动原理图时，以光标最近位置作为显示中心）。系统默认为Auto Pan Fixed Jump（按照固定步长自动移动原理图）。
- “速度”滑块：通过拖动滑块，可以设定原理图移动的速度。滑块越向右，原理图移动速度越快。
- “步进步长”文本框：用于设置原理图每次移动时的步长。系统默认值为30，即每次移动30个像素点。数值越大，图纸移动越快。
- “移位步进步长”文本框：用于设置在按住<Shift>键的情况下，原理图自动移动的步长。该文本框的值一般要大于“步进步长”文本框中的值，这样在按住<Shift>键时可以加快图纸的移动速度。系统默认值为100。

（3）“颜色选项”选项组

该选项组用于设置所选中对象的颜色。单击“选择”颜色显示框，系统将弹出如图2-30所示的“选择颜色”对话框，在该对话框中可以设置选中对象的颜色。

（4）“光标”选项组

该选项组主要用于设置光标的类型。在“指针类型”下拉列表框中，包含“Large Cursor 90（长十字形光标）”“Small Cursor 90（短十字形光标）”“Small Cursor 45（短45° 交叉光标）”“Tiny Cursor 45（小45° 交叉光标）”4种光标类型。系统默认为“Small Cursor 90（短十字形光标）”类型。

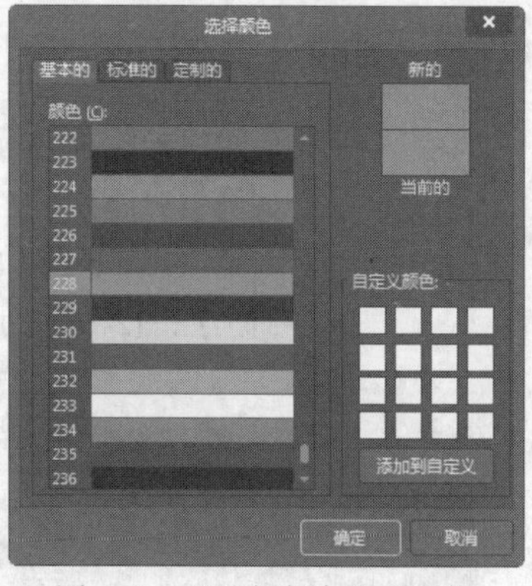

图2-30 “选择颜色”对话框

其他参数的设置读者可以参照帮助文档，这里不再赘述。

2.5 加载元件库

在绘制电路原理图的过程中，首先要在图纸上放置需要的元件符号。Altium Designer 20作为一个专业的电子电路计算机辅助设计软件，一般常用的电子元件符号都可以在它的元件库中找到，用户只需在Altium Designer 20元件库中查找所需的元件符号，并将其放置在图纸适当的位置即可。

2.5.1 元件库的分类

Altium Designer 20元件库中的元件数量庞大，分类明确。Altium Designer 20元件库采用下面两级分类方法。

- 一级分类：以元件制造厂家的名称分类。
- 二级分类：在厂家分类下面又以元件的种类（如模拟电路、逻辑电路、微控制器、A/D转换芯片等）进行分类。

对于特定的设计项目，用户可以只调用几个元件厂商中的二级分类库，这样可以减轻系统运行的负担，提高运行效率。用户若要在Altium Designer 20的元件库中调用一个所需要的元件，首先应该知道该元件的制造厂家和该元件的分类，以便在调用该元件之前把包含该元件的元件库载入系统。

2.5.2 打开“Components（元件）”面板

打开“Components（元件）”面板的方法如下。

- 将光标箭头放置在工作窗口右侧的“Components（元件）”标签上，此时会自动弹出“Components（元件）”面板，如图2-31所示。
- 如果在工作窗口右侧没有“Components（元件）”标签，只要单击底部面板控制栏中的“Panels（面板）/Components（元件）”，在工作窗口右侧就会出现“Components（元件）”标签，并自动弹出“Components（元件）”面板。可以看到，在“Components（元件）”面板中，Altium Designer 20系统已经加载了两个默认的元件库，即通用元件库（Miscel laneous Devices.IntLib）和通用接插件库（Miscellaneous Connectors. IntLib）。

2.5.3 加载和卸载元件库

装入所需元件库的操作步骤如下。

Step 1 单击如图2-31所示的“Components（元件）”面板右上角的按钮，在弹出的快捷菜单中选择“File-based Libraries Preferences（库文件参数）”命令，如图2-32所示，则系统将弹出如图2-33所示的“Available File-based Libraries（可用库文件）”对话框。

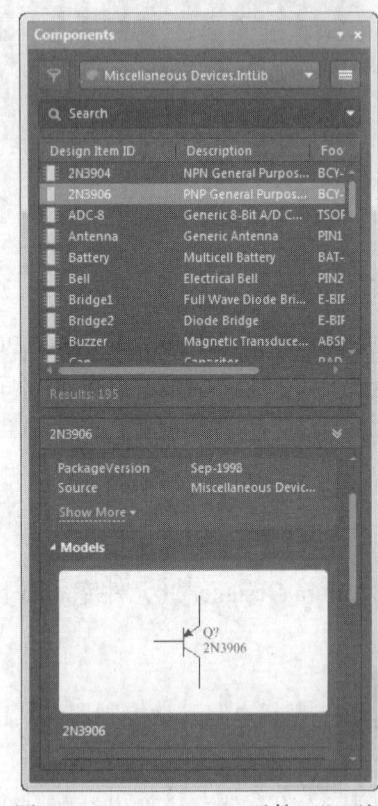

图2-31 “Components（元件）”面板

图2-32 快捷菜单

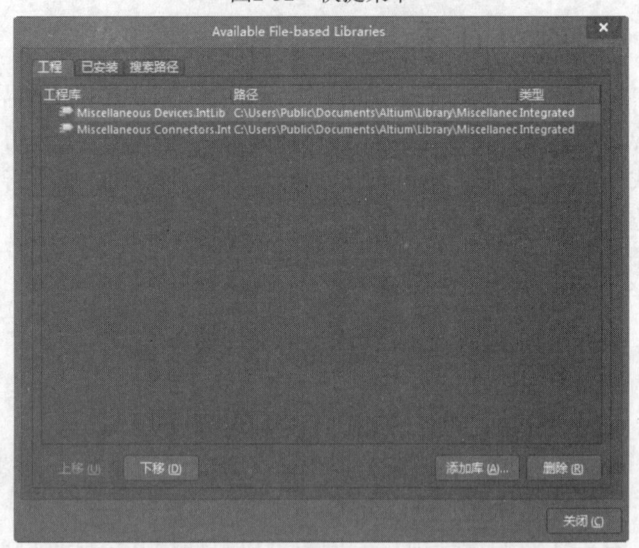

图2-33 “Available File-based Libraries（可用库文件）”对话框

在“Available File-based Libraries（可用库文件）”对话框中，“上移”和“下移”按钮是用来改变元件库排列顺序的。

Step 2 加载绘图所需的元件库。在“Available File-based Libraries（可用库文件）”对话框中有3个选项卡。“工程”选项卡列出的是用户为当前项目自行创建的库文件，“已安装”选项卡列出的是系统中可用的库文件。

在“已安装”选项卡中，单击右下角的“安装”按钮安装(I)...，系统将弹出如图2-34所示的“打开”对话框。在该对话框中选择特定的库文件夹，然后选择相应的库文件，单击“打开”按钮，所选中的库文件就会出现在“Available File-based Libraries（可用库文件）”对话框中。

重复上述操作就可以把所需要的各种库文件添加到系统中，作为当前可用的库文件。加载完毕后，单击“关闭”按钮，关闭“Available File-based Libraries（可用库文件）”对话框。这时所有加载的元件库都显示在“Components（元件）”面板中，用户可以选择使用。

Step 3 在“Available File-based Libraries（可用库文件）”对话框中选中一个库文件，单击删除(R)按钮，即可将该元件库卸载。

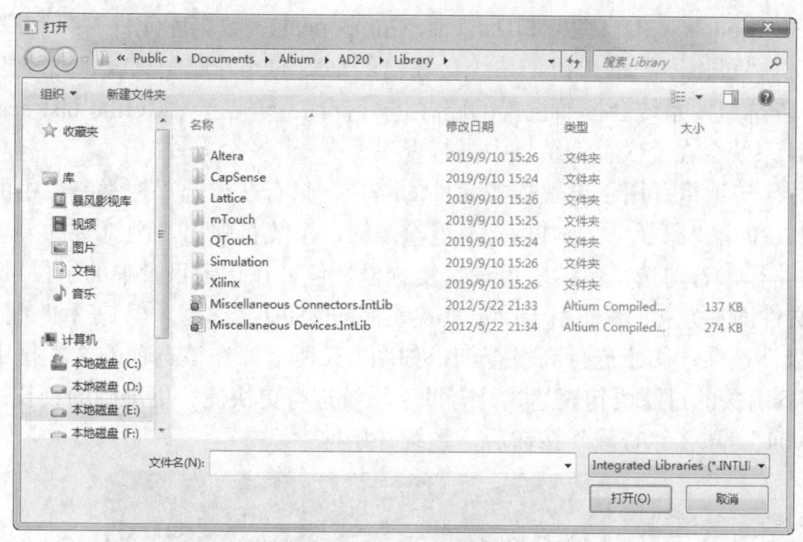

图2-34 “打开”对话框

由于Altium Designer 10后面版本的软件中元件库的数量大量减少，不足以满足本书中原理图绘制所需的元件，因此在附带的学习资源包中自带大量元件库，用于原理图中元件的放置与查找。可以利用步骤（2）中安装(I)...按钮，在查找文件夹对话框中选择自带元件库中所需元件库的路径，完成加载后进行使用。

2.6 元件的放置

原理图有两个基本要素，即元件符号和线路连接。绘制原理图的主要操作就是将元件符号放置在原理图图纸上，然后用线将元件符号中的引脚连接起来，建立正确的电气连接。在放置元件符号前，需要知道元件符号在哪一个元件库中，并载入该元件库。

2.6.1 搜索元件

以上叙述的加载元件库的操作有一个前提，就是用户已经知道了需要的元件符号在哪个元件库中，而实际情况可能并非如此。此外，当用户面对的是一个庞大的元件库时，逐个寻找列表中的所有元件，直到找到自己想要的元件为止，会是一件非常麻烦的事情，而且工作效率会很低。Altium Designer 20提供了强大的元件搜索能力，帮助用户轻松地在元件库中定位元件。

1. 查找元件

在“Components（元件）”面板右上角中单击≡按钮，在弹出的快捷菜单中选择“File-based Libraries Search（库文件搜索）”命令，则系统将弹出如图2-35所示的“File-based Libraries Search（库文件搜索）”对话框。在该对话框中用户可以搜索需要的元件。搜索元件需要设置的参数如下。

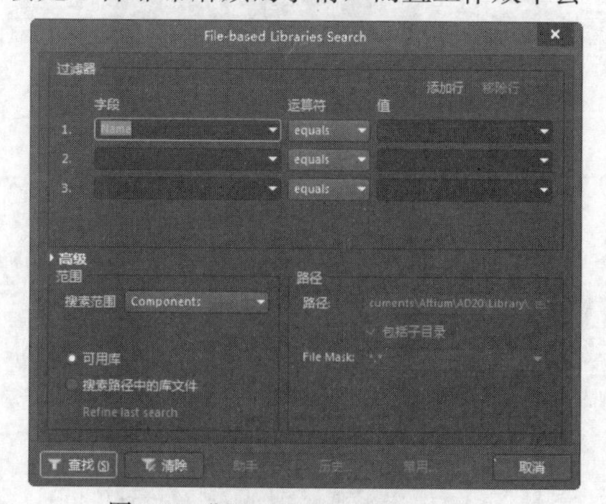

图2-35 “File-based Libraries Search（库文件搜索）”对话框

（1）“搜索范围”下拉列表框：用于选择查找类型。有Components（元件）、Footprints

（PCB封装）、3D Models（3D模型）和Database Components（数据库元件）4种查找类型。

（2）若点选“可用库”单选钮，系统会在已经加载的元件库中查找；若点选“搜索路径中的库文件”单选钮，系统会按照设置的路径进行查找；若点选“Refine last search（精确搜索）”单选钮，系统会在上次查询结果中进行查找。

（3）“路径”选项组：用于设置查找元件的路径。只有在点选“搜索路径中的库文件”单选钮时才有效。单击“路径”文本框右侧的按钮，系统将弹出“浏览文件夹”对话框，供用户设置搜索路径。若勾选“包括子目录”复选框，包含在指定目录中的子目录也会被搜索。“File Mask（文件面具）”文本框用于设定查找元件的文件匹配符，“*”表示匹配任意字符串。

（4）“高级”选项：用于进行高级查询，如图2-36所示。在该选项的文本框中，可以输入一些与查询内容有关的过滤语句表达式，有助于系统进行更快捷、更准确的查找。如在文本框中输入“2N3904”，单击“查找”按钮后，系统开始搜索。

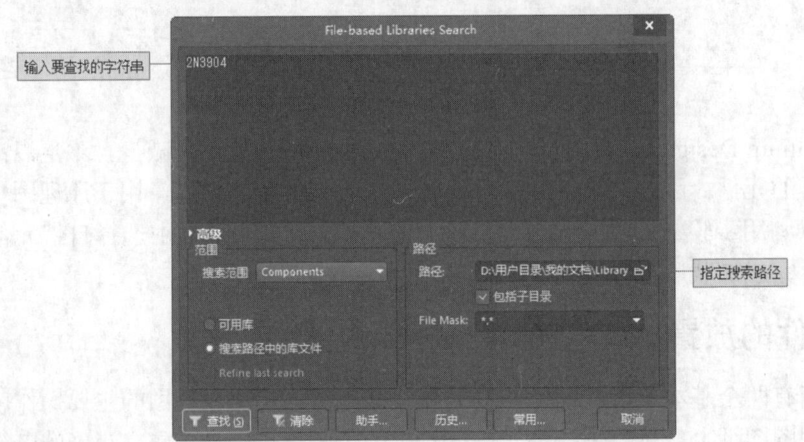

图2-36　高级查询

2. 显示找到的元件及其所属元件库

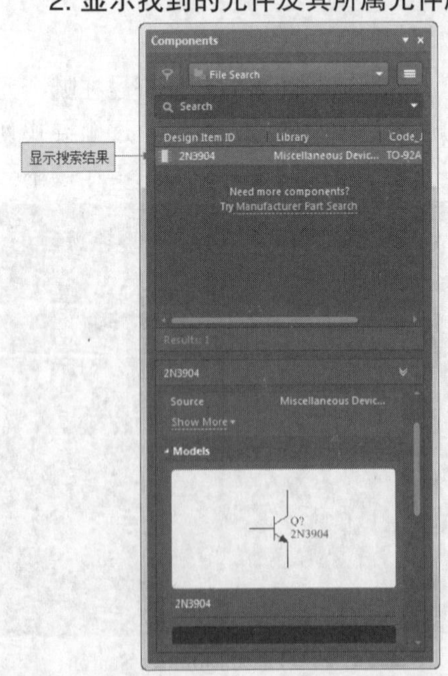

图2-37　查找到元件后的“Components（元件）”面板

查找到“2N3904”后的“Components（元件）”面板如图2-37所示。可以看到，符合搜索条件的元件名、描述、所属库文件及封装形式在该面板上被一一列出，供用户浏览参考。

3. 加载找到元件的所属元件库

选中需要的元件（不在系统当前可用的库文件中），右击，在弹出的右键快捷菜单中单击放置元件命令，或者单击“Components（元件）”面板右上方的按钮，系统会弹出如图2-38所示的是否加载库文件确认框。

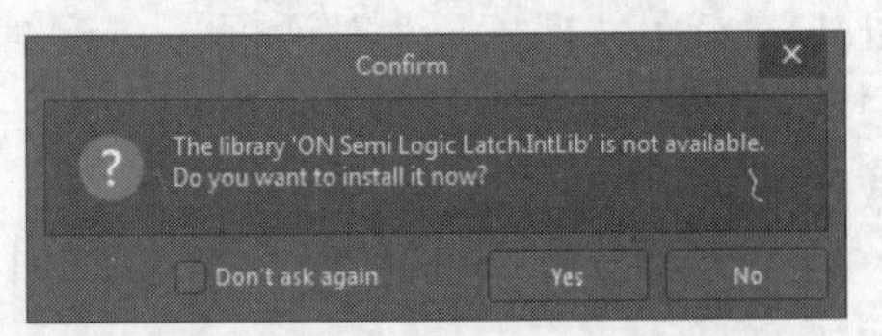

图2-38　是否加载库文件确认框

单击“Yes（是）”按钮，则元件所在的库文件被加载。单击“No（否）”按钮，则只使用该元件而不加载其元件库。

2.6.2 放置元件

在元件库中找到元件后，加载该元件库，以后就可以在原理图上放置该元件了。在这里，原理图中共需要放置四个电阻、两个电容、两个三极管和一个连接器。其中，电阻、电容和三极管用于产生多谐振荡，在元件库“Miscellaneous Devices.IntLib”中可以找到。连接器用于给整个电路供电，在元件库“Miscellaneous Connectors.IntLib”中可以找到。

在Altium Designer 20中有两种元件放置方法，分别是通过“Components（元件）”面板放置和菜单放置。下面以放置元件“2N3904”为例，对这两种放置过程进行详细说明。

在放置元件之前，应该先选择所需元件，并且确认所需元件所在的库文件已经被装载。若没有装载库文件，请先按照前面介绍的方法进行装载，否则系统会提示所需要的元件不存在。

1. 通过“Components（元件）”面板放置元件

通过“Components（元件）”面板放置元件的操作步骤如下。

Step 1 打开“Components（元件）”面板，载入所要放置元件所属的库文件。在这里，需要的元件全部在元件库“Miscellaneous Devices.IntLib”和“Miscellaneous Connectors.IntLib”中，加载这两个元件库。

Step 2 选择想要放置元件所在的元件库。其实，所要放置的元件三极管2N3904在元件库“Miscellaneous Devices.IntLib”中。在下拉列表框中选择该文件，该元件库出现在文本框中，这时可以放置其中含有的元件。在后面的浏览器中将显示库中所有的元件。

Step 3 在浏览器中选中所要放置的元件，该元件将以高亮显示，此时可以放置该元件的符号。“Miscellaneous Devices.IntLib”元件库中的元件很多，为了快速定位元件，可以在上面的文本框中输入所要放置元件的名称或元件名称的一部分，包含输入内容的元件会以列表的形式出现在浏览器中。这里所要放置的元件为2N3904，因此输入“*3904*”字样。在元件库“Miscellaneous Devices.IntLib”中只有元件2N3904包含输入字样，它将出现在浏览器中，单击选中该元件。

Step 4 选中元件后，在“Components（元件）”面板中将显示元件符号和元件模型的预览。确定该元件是所要放置的元件后，单击该面板上方的按钮，光标将变成十字形状并附带着元件2N3904的符号出现在工作窗口中，如图2-39所示。

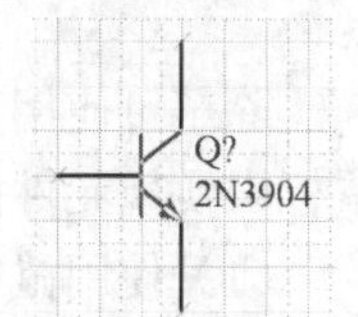

图2-39 放置元件

Step 5 移动光标到合适的位置，单击，元件将被放置在光标停留的位置。此时系统仍处于放置元件的状态，可以继续放置该元件。在完成选中元件的放置后，右击或者按<Esc>键退出元件放置的状态，结束元件的放置。

Step 6 完成多个元件的放置后，可以对元件的位置进行调整，设置这些元件的属性。然后重复刚才的步骤，放置其他元件。

2. 通过菜单命令放置元件

单击菜单栏中的“放置”→“器件”命令，系统将弹出如图2-30所示的“Components（元件）”面板，与通过“Components（元件）”命令放置元件相同。

2.6.3 调整元件位置

每个元件被放置时，其初始位置并不是很准确。在进行连线前，需要根据原理图的整体布局对元件的位置进行调整。这样不仅便于布线，也使所绘制的电路原理图清晰、美观。

元件位置的调整实际上就是利用各种命令将元件移动到图纸上指定的位置，并将元件旋转到合适的方向。

1. 元件的移动

在Altium Designer 20中，元件的移动有两种情况：一种是在同一平面内移动，称为“平移”；另一种是，当一个元件把另一个元件遮住时，需要移动位置来调整它们之间的上下关系，这种元件间的上下移动称为“层移”。

对于元件的移动，系统提供了相应的菜单命令。单击菜单栏中的“编辑”→“移动”命令，其子菜单如图2-40所示。

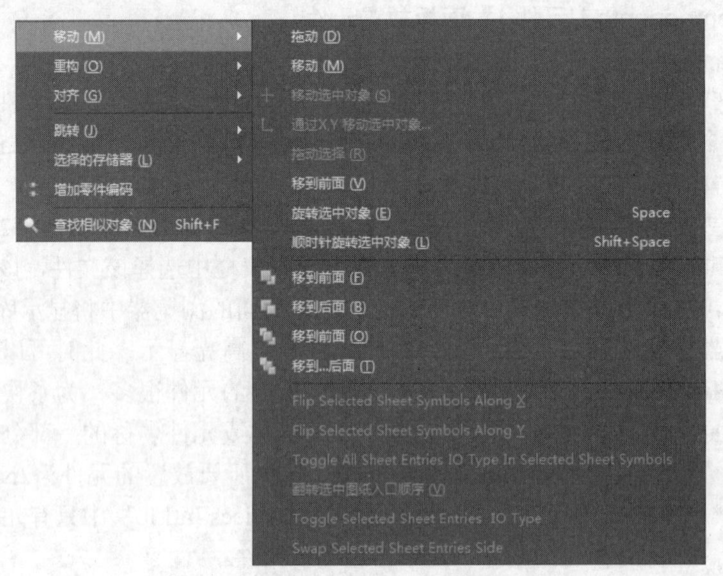

图2-40 “移动”命令子菜单

除了可使用菜单命令移动元件外，在实际原理图的绘制过程中，最常用的方法是直接使用鼠标来实现元件的移动。

（1）使用鼠标移动未选中的单个元件

将光标指向需要移动的元件（不需要选中），按住鼠标左键不放，此时光标会自动滑到元件的电气节点上。拖动鼠标，元件会随之一起移动。到达合适的位置后，释放鼠标左键，元件即被移动到当前光标的位置。

（2）使用鼠标移动已选中的单个元件

如果需要移动的元件已经处于选中状态，则将光标指向该元件，同时按住鼠标左键不放，拖动元件到指定位置后，释放鼠标左键，元件即被移动到当前光标的位置。

（3）使用鼠标移动多个元件

需要同时移动多个元件时，首先应将要移动的元件全部选中，然后在其中任意一个元件上按住鼠标左键并拖动，到达合适的位置后，释放鼠标左键，则所有选中的元件都移动到了当前光标所在的位置。

（4）使用 ![]（移动选中对象）按钮移动元件

对于单个或多个已经选中的元件，单击“原理图标准”工具栏中的 ![]（移动选中对象）按钮后，光标变成十字形，移动光标到已经选中的元件附近，单击，所有已经选中的元件将随光标一起移动，到达合适的位置后，再次单击，完成移动。

（5）使用键盘移动元件

元件在被选中的状态下，可以使用键盘来移动元件。

- <Ctrl>+<Left>键：每按一次，元件左移1个栅格单元。
- <Ctrl>+<Right>键：每按一次，元件右移1个栅格单元。
- <Ctrl>+<Up>键：每按一次，元件上移1个栅格单元。
- <Ctrl>+<Down>键：每按一次，元件下移1个栅格单元。
- <Shift>+<Ctrl>+<Left>键：每按一次，元件左移10个栅格单元。
- <Shift>+<Ctrl>+<Right>键：每按一次，元件右移10个栅格单元。
- <Shift>+<Ctrl>+<Up>键：每按一次，元件上移10个栅格单元。
- <Shift>+<Ctrl>+<Down>键：每按一次，元件下移10个栅格单元。

2. 元件的旋转

（1）单个元件的旋转

单击要旋转的元件并按住鼠标左键不放，将出现十字光标，此时，按下面的功能键，即可实现旋转。旋转至合适的位置后放开鼠标左键，即可完成元件的旋转。

- <Space>键：每按一次，被选中的元件逆时针旋转90°。
- <Shift>+<Space>键：每按一次，被选中的元件顺时针旋转90°。
- <X>键：被选中的元件左右翻转。
- <Y>键：被选中的元件上下翻转。

（2）多个元件的旋转

在Altium Designer 20中，还可以将多个元件同时旋转。其方法是：先选定要旋转的元件，然后单击其中任何一个元件并按住鼠标左键不放，再按功能键，即可将选定的元件旋转，放开鼠标左键完成操作。

2.6.4 元件的排列与对齐

在布置元件时，为使电路图美观以及连线方便，应将元件摆放整齐、清晰，这就需要使用Altium Designer 20中的排列与对齐功能。

1. 元件的对齐

单击菜单栏中的“编辑”→“对齐”命令，其子菜单如图2-41所示。其中各命令说明如下。

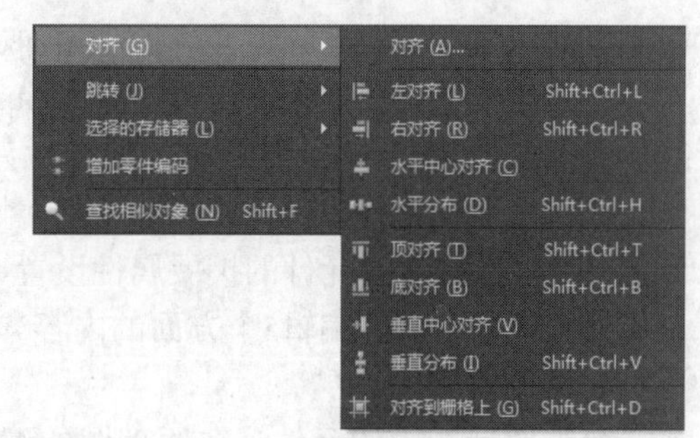

图2-41　“对齐”命令子菜单

- “左对齐”命令：将选定的元件向左边的元件对齐。
- “右对齐”命令：将选定的元件向右边的元件对齐。
- “水平中心对齐”命令：将选定的元件向最左边元件和最右边元件的中间位置对齐。
- “水平分布”命令：将选定的元件向最左边元件和最右边元件之间等间距对齐。

● “顶对齐”命令：将选定的元件向最上面的元件对齐。
● “底对齐”命令：将选定的元件向最下面的元件对齐。
● “垂直中心对齐”命令：将选定的元件向最上面元件和最下面元件的中间位置对齐。
● “垂直分布”命令：将选定的元件在最上面元件和最下面元件之间等间距对齐。
● “对齐到栅格上”命令：将选中的元件对齐在栅格点上，便于电路连接。

2. 元件的排列

单击如图2-41所示子菜单中的“对齐”命令，系统将弹出如图2-42所示的“排列对象”对话框。“排列对象”对话框中的各选项说明如下。

（1）“水平排列”选项组
● “不变”单选钮：点选该单选钮，则元件保持不变。
● “左侧”单选钮：作用同“左对齐”命令。
● “居中”单选钮：作用同“水平居中”命令。
● “右侧”单选钮：作用同“右对齐”命令。
● “平均分布”单选钮：作用同“水平中心分布”命令。

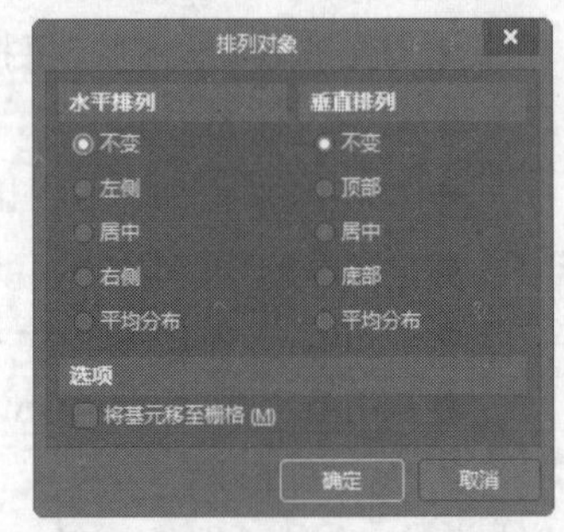

图2-42 “排列对象”对话框

（2）“垂直排列”选项组
● “不变”单选钮：点选该单选钮，则元件保持不变。
● “顶部”单选钮：作用同“顶对齐”命令。
● “居中”单选钮：作用同“垂直中心对齐”命令。
● “底部”单选钮：作用同“底对齐”命令。
● “平均分布”单选钮：作用同“垂直分布”命令。

（3）“将基元移至栅格”复选框

勾选该复选框，对齐后，元件将被放到栅格点上。

2.6.5 元件的属性设置

在原理图上放置的所有元件都具有自身的特定属性，在放置好每一个元件后，应该对其属性进行正确的编辑和设置，以免使后面的网络表生成及PCB的制作产生错误。

通过对元件的属性进行设置，一方面可以确定后面生成的网络报表的部分内容，另一方面也可以设置元件在图纸上的摆放效果。此外，在Altium Designer 20中还可以设置部分布线规则，编辑元件的所有引脚。元件属性设置具体包含元件的基本属性设置、元件的外观属性设置、元件的扩展属性设置、元件的模型设置、元件引脚的编辑5个方面的内容。

1. 手动设置

双击原理图中的元件，在原理图的编辑窗口中，光标变成十字形，将光标移到需要设置属性的元件上单击，系统会弹出相应的属性设置面板。图2-43所示

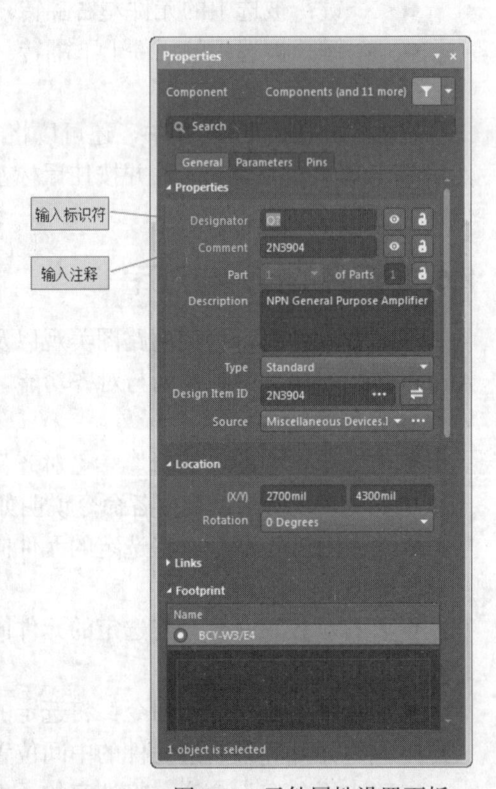

图2-43 元件属性设置面板

是三极管2N3904的属性设置面板。

用户可以根据自己的实际情况进行设置。

2. 自动设置

在电路原理图比较复杂，存在很多元件的情况下，如果以手动方式逐个设置元件的标识，不仅效率低，而且容易出现标识遗漏、跳号等现象。此时，可以使用Altium Designer 20系统提供的自动标识功能轻松地完成对元件的设置。

（1）设置元件自动标号的方式

单击菜单栏中的“工具”→“标注”→“原理图标注”命令，系统将弹出如图2-44所示的“标注”对话框。

“标注”对话框中各选项的含义如下。

1）“处理顺序”下拉列表框：用于设置元件标号的处理顺序。包含以下4个选项。

- Up Then Across（先向上后左右）：按照元件在原理图上的排列位置，先按自下而上，再按自左到右的顺序自动进行标号。
- Down Then Across（先向下后左右）：按照元件在原理图上的排列位置，先按自上而下，再按自左到右的顺序自动进行标号。
- Across Then Up（先左右后向上）：按照元件在原理图上的排列位置，先按自左到右，再按自下而上的顺序自动进行标号。
- Across Then Down（先左右后向下）：按照元件在原理图上的排列位置，先按自左到右，再按自上而下的顺序自动进行标号。

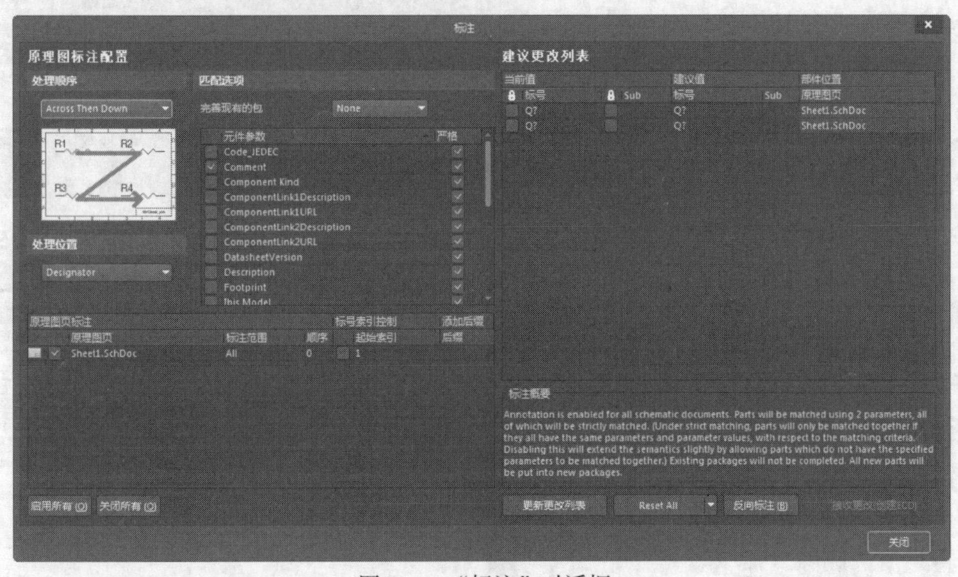

图2-44 “标注”对话框

2）“匹配选项”选项组：从下拉列表框中选择元件的匹配参数，在对话框的右下方可以查看该项的概要解释。

3）“原理图页标注”区域：该区域用于选择要标识的原理图，并确定注释范围、起始索引值及后缀字符等。

- “原理图页”：用于选择要标识的原理图文件。可以直接单击“启用所有”按钮选中所有文件，也可以单击“关闭所有”按钮取消选择所有文件，然后勾选所需文件前面的复选框。

- “标注范围”：用于设置选中的原理图要标注的元件范围。有All（全部元件）、Ignore Selected Parts（不标注选中的元件）、Only Selected Parts（只标注选中的元件）3种选择。
- “顺序”：用于设置同类型元件标识序号的增量数。
- “起始索引”：用于设置起始索引值。
- “后缀”：用于设置标识的后缀。

4）“建议更改列表”列表框：用于显示元件的标号在改变前后的情况，并指明元件所在的原理图文件。

（2）执行元件自动标号操作

1）单击“标注”对话框中的“Reset All（复位所有）”按钮，然后在弹出的对话框中单击“OK（确定）”按钮确定复位，系统会使元件的标号复位，即变成标识符加问号的形式。

2）单击“更新更改列表”按钮，系统会根据配置的注释方式更新标号，并显示在“建议更改列表”列表框中。

3）单击“接收更改（创建ECO）”按钮，系统将弹出“工程变更指令”对话框，显示出标号的变化情况，如图2-45所示。在该对话框中，可以使标号的变化有效。

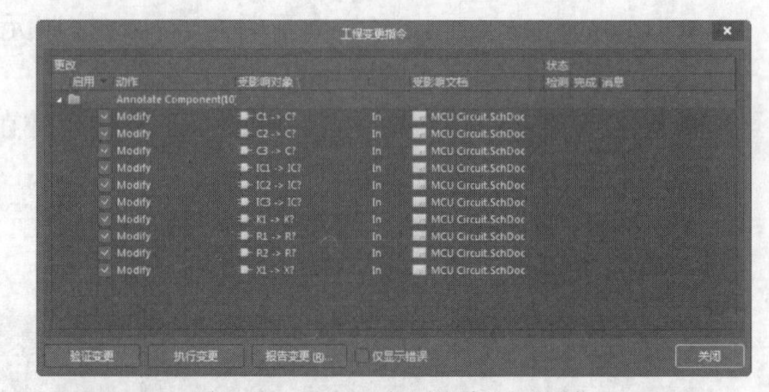

图2-45　“工程变更指令”对话框

4）在“工程变更指令”对话框中，单击“验证变更”按钮，可以对标号变化进行有效性验证，但此时原理图中的元件标号并没有显示出变化。单击“执行变更”按钮，原理图中元件标号会显示出变化。

5）单击“报告变更”按钮，以预览表方式报告变化，如图2-46所示。

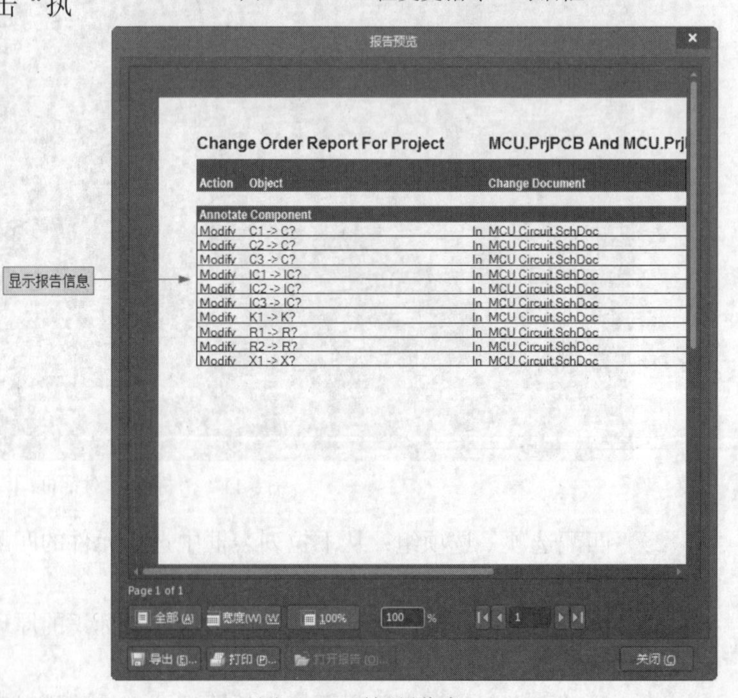

图2-46　更新预览表

删除多余的元件有以下两种方法。

- 选中元件，按<Delete>键即可删除该元件。
- 单击菜单栏中的“编辑”→“删除”命令，或者按<E>+<D>键进入删除操作状态，光标箭头上会悬浮一个十字叉，将光标箭头移至要删除元件的中心，单击即可删除该元件。

第3章 原理图的绘制

在图纸上放置好电路设计所需要的各种元件并对它们的属性进行相应的设置之后，根据电路设计的具体要求，我们就可以着手将各个元件连接起来，以建立并实现电路的实际连通性。这里所说的连接，指的是具有电气意义的连接，即电气连接。

电气连接有两种实现方式：一种是“物理连接”，即直接使用导线将各个元件连接起来；另一种是“逻辑连接”，即不需要实际的连线操作，而是通过设置网络标号使元件之间具有电气连接关系。

- 原理图连接工具
- 绘制图形工具

3.1 原理图连接工具

Altium Designer 20提供了3种对原理图进行连接的操作方法。下面简单介绍这3种方法。

1. 使用菜单命令

菜单栏中的“放置”菜单就是原理图连接工具菜单，如图3-1所示。在该菜单中，提供了放置各种元件的命令，也包括对总线、总线入口、线、网络标签等连接工具的放置命令。其中，“指示”子菜单如图3-2所示，经常使用的有“通用No ERC 标号”命令、“参数设置”命令等。

2. 使用连线工具栏

在“放置”菜单中，各项命令分别与“连线”工具栏中的按钮一一对应，直接单击该工具栏中的相应按钮，即可完成相同的功能操作。

3. 使用快捷键

上述各项命令都有相应的快捷键。例如，设置网络标号的快捷键是<P>+<N>，绘制总线入口的快捷键是<P>+<U>等。使用快捷键可以大大提高操作速度。

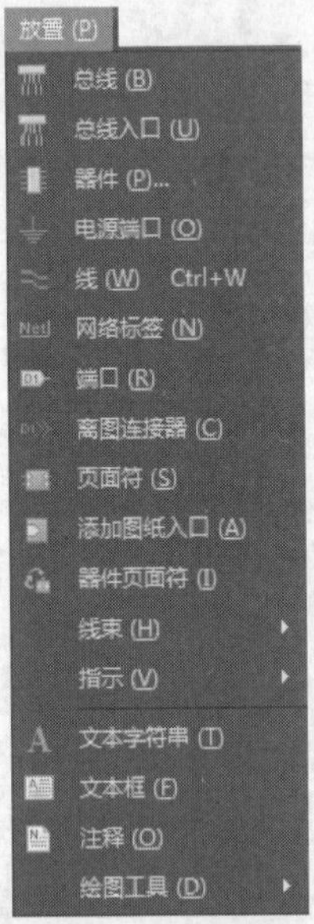

图3-1 “放置”菜单

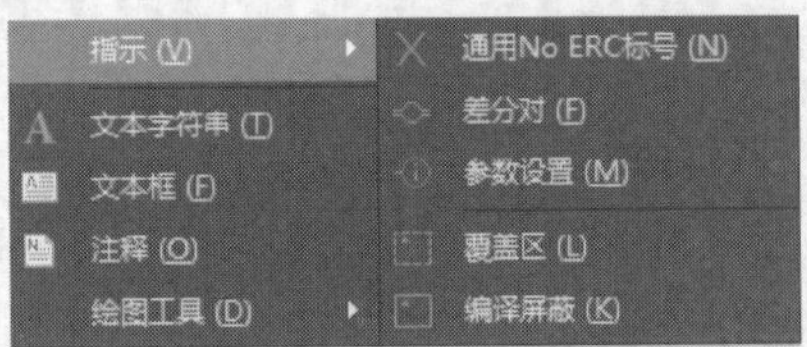

图3-2 “指示”子菜单

3.2 元件的电气连接

元件之间电气连接的主要方式是通过导线来连接。导线是电路原理图中最重要也是用得最多的图元，它具有电气连接的意义，不同于一般的绘图工具，绘图工具没有电气连接的意义。

3.2.1 放置导线

导线是电气连接中最基本的组成单位，放置导线的操作步骤如下。

Step 1 单击菜单栏中的“放置”→“线”命令，或单击“布线”工具栏中的“放置线”按钮，或按快捷键<P>+<W>，此时光标变成十字形状并附加一个交叉符号。

Step 2 将光标移动到想要完成电气连接的元件的引脚上，单击放置导线的起点。由于启用了自动捕捉电气节点的功能，因此，电气连接很容易完成。出现红色的符号表示电气连接成功。移动光标，多次单击可以确定多个固定点，最后放置导线的终点，完成两个元件之间的电气连接。此时光标仍处于放置导线的状态，重复上述操作可以继续放置其他的导线。

Step 3 导线的拐弯模式。如果要连接的两个引脚不在同一水平线或同一垂直线上，则在放置导线的过程中需要单击确定导线的拐弯位置，并且可以通过按<Shift>+<Space>键来切换导线的拐弯模式。有直角、45°角和任意角度3种拐弯模式，如图3-3所示。导线放置完毕，右击或按<Esc>键即可退出该操作。

Step 4 设置导线的属性。任何一个建立起来的电气连接都被称为一个网络，每个网络都有自己唯一的名称。系统为每一个网络设置默认的名称，用户也可以自行设置。原理图完成并编译结束后，在导航栏中即可看到各种网络的名称。在放置导线的过程中，用户可以对导线的属性进行设置。双击导线或在光标处于放置导线的状态时按<Tab>

键，弹出如图3-4所示的“Properties（属性）”面板，在该面板中可以对导线的颜色、线宽参数进行设置。

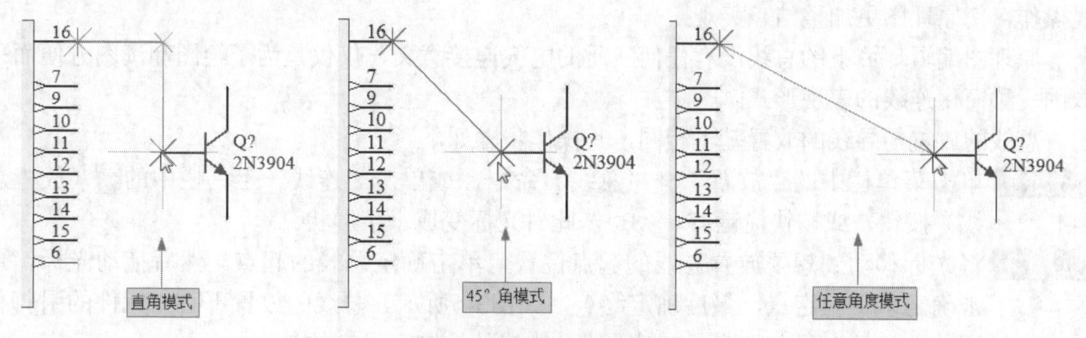

图3-3 导线的拐弯模式

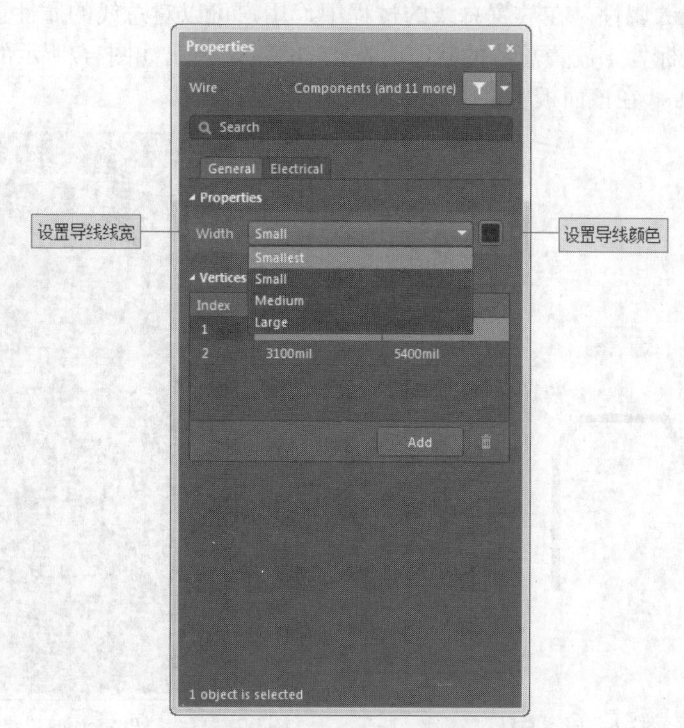

图3-4 导线“Properties（属性）”面板

- 颜色：单击该颜色显示框，系统将弹出如图3-5所示的选择颜色下拉对话框。在该对话框中可以选择并设置需要的导线颜色。系统默认为深蓝色。
- “Width（线宽）”：在该下拉列表框中有Smallest（最小）、Small（小）、Medium（中等）和Large（大）4个选项可供用户选择。系统默认为Small（小）。在实际中应该参照与其相连的元件引脚线的宽度进行选择。

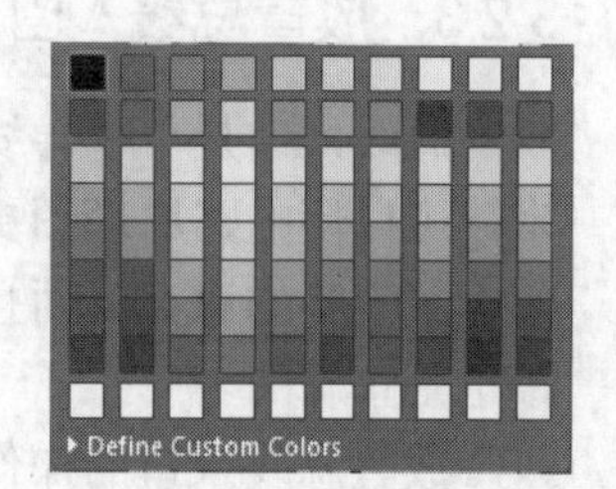

图3-5 选择颜色

3.2.2 放置总线

总线是一组具有相同性质的并行信号线的组合，如数据总线、地址总线、控制总线等的组合。在大规模的原理图设计，尤其是数字电路的设计中，如果只用导线来完成各元件之间的电气连接，那么整个原理图的连线就会显得杂乱而烦琐，而总线的运用可以大大简化原理图的连线操作，使原理图更加整洁、美观。

原理图编辑环境下的总线没有任何实质的电气连接意义，仅仅是为了绘图和读图方便而采取的一种简化连线的表现形式。

总线的放置与导线的放置基本相同，其操作步骤如下。

Step 1 单击菜单栏中的“放置”→“总线”命令，或单击“连线”工具栏中的（放置总线）按钮，或按快捷键<P>+<B>，此时光标变成十字形状。

Step 2 将光标移动到想要放置总线的起点位置，单击确定总线的起点。然后拖动光标，单击确定多个固定点，最后确定终点，如图3-6所示。总线的放置不必与元件的引脚相连，它只是为了方便接下来对总线分支线的绘制而设定的。

Step 3 设置总线的属性。在放置总线的过程中，用户可以对总线的属性进行设置。双击总线或在光标处于放置总线的状态时按<Tab>键，弹出如图3-7所示的“Properties（属性）”面板，在该面板中可以对总线的属性进行设置。

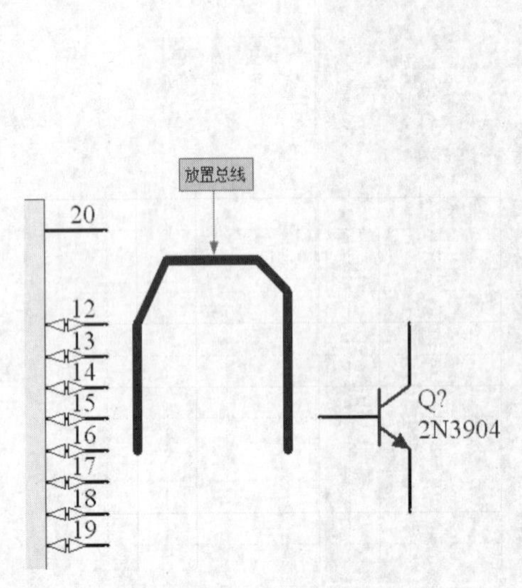

图3-6 放置总线

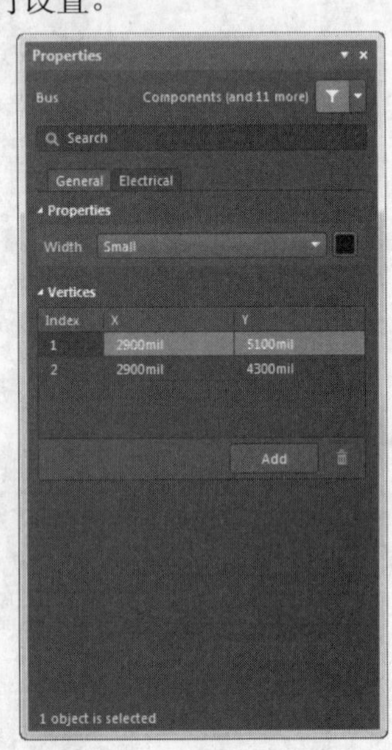

图3-7 总线“Properties（属性）”面板

3.2.3 放置总线入口

总线入口是单一导线与总线的连接线。使用总线入口把总线和具有电气特性的导线连接起来，可以使电路原理图更为美观、清晰，且具有专业水准。与总线一样，总线入口也不具有任何电气连接的意义，而且它的存在也不是必需的。即使不通过总线入口，直接把导线与总线连接也是正确的。

放置总线入口的操作步骤如下。

Step 1 单击菜单栏中的“放置”→“总线入口”命令，或单击“连线”工具栏中的（放置总线入口）按钮，或按快捷键<P>+<U>，此时光标变成十字形状。

Step 2 在导线与总线之间单击，即可放置一段总线入口分支线。同时在该命令状态下，按<Space>键可以调整总线入口分支线的方向，如图3-8所示。

Step 3 设置总线入口的属性。在放置总线入口分支线的过程中，用户可以对总线入口分支线的属性进行设置。双击总线入口或在光标处于放置总线入口的状态时按<Tab>键，弹出如图3-9所示的“Properties（属性）”面板，在该面板中可以对总线分支线的属性进行设置。

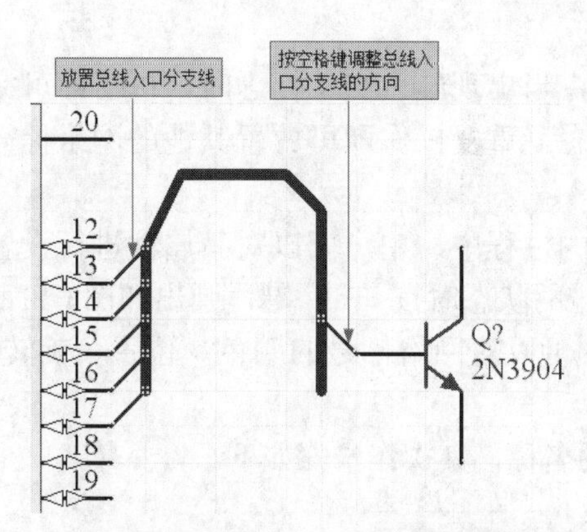

图3-8 调整总线入口分支线的方向

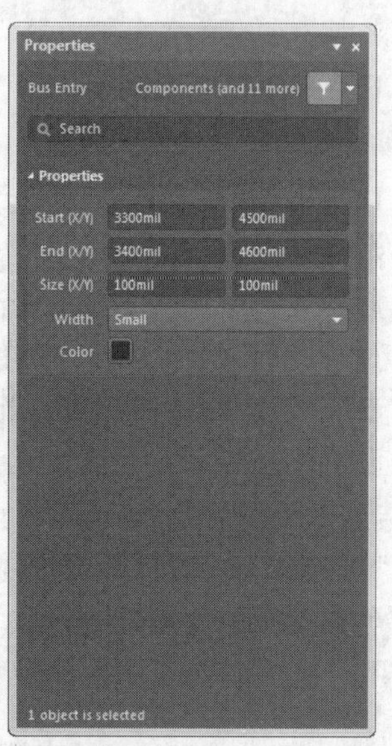

图3-9 总线分支线的“Properties（属性）”面板

3.2.4 放置电源和接地符号

电源和接地符号是电路原理图中必不可少的组成部分。放置电源和接地符号的操作步骤如下。

Step 1 单击菜单栏中的“放置”→“电源符号”命令，或单击“连线”工具栏中的（GND端口）或（VCC电源端口）按钮，或按快捷键<P>+<O>，此时光标变成十字形状，并带有一个电源或接地符号。

Step 2 移动光标到需要放置电源或接地符号的地方，单击即可完成放置。此时光标仍处于放置电源或接地的状态，重复操作即可放置其他的电源或接地符号。

Step 3 设置电源和接地符号的属性。在放置电源和接地符号的过程中，用户可以对电源和接地符号的属性进行设置。双击电源和接地符号或在光标处于放置电源和接地符号的状态时按<Tab>键，弹出如图3-10所示的“Properties（属性）”面板，在该面板中可以对电源或接地符号的颜色、

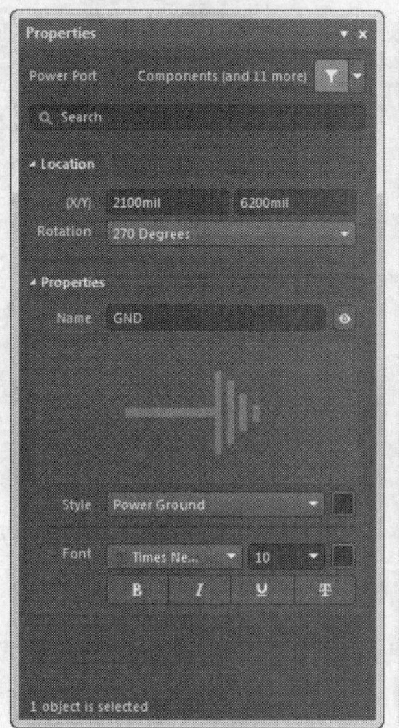

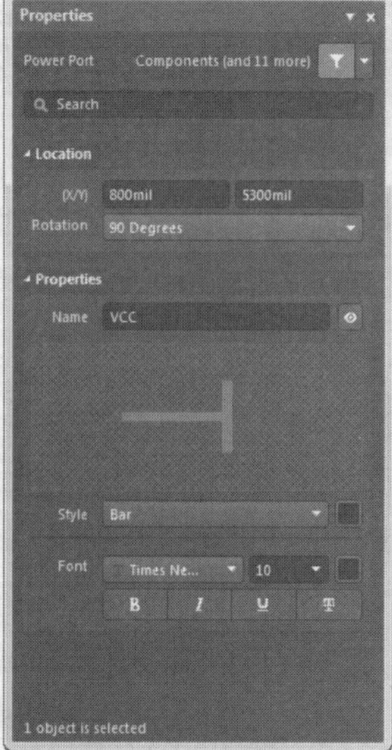

图3-10 电源和接地符号“Properties（属性）”面板

风格、位置、旋转角度及所在网络等属性进行设置。

3.2.5 放置网络标号

在原理图的绘制过程中，元件之间的电气连接除了使用导线外，还可以通过设置网络标号的方法来实现。

（1）下面以放置电源网络标号为例介绍网络标号放置的操作步骤。

Step 1 单击菜单栏中的“放置”→“网络标号”命令，或单击“布线”工具栏中的Net1（放置网络标号）按钮，或按快捷键<P>+<N>，此时光标变成十字形状，并带有一个初始标号“Net Label1”。

Step 2 移动光标到需要放置网络标号的导线上，当出现红色交叉标志时，单击即可完成放置。此时光标仍处于放置网络标号的状态，重复操作即可放置其他的网络标号。右击或者按<Esc>键即可退出操作。

Step 3 设置网络标号的属性。在放置网络标号的过程中，用户可以对其属性进行设置。双击网络标号或者在光标处于放置网络标号的状态时按<Tab>键，弹出如图3-11所示的“Properties（属性）”面板，在该面板中可以对网络标号的颜色、位置、旋转角度、名称及字体等属性进行设置。

（2）用户也可以在工作窗口中直接改变网络的名称，其操作步骤如下。

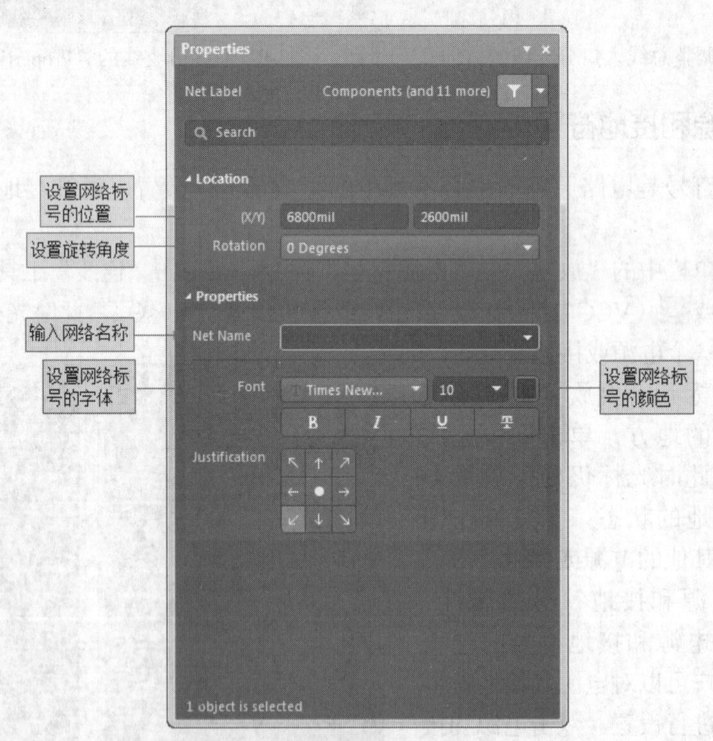

图3-11 网络标号“Properties（属性）”面板

Step 1 单击菜单栏中的“工具”→“原理图优选项”命令，弹出“优选项”对话框，选择“Schematic（原理图）”→“General（常规设置）”标签。勾选“使能In-Place 编辑”复选框（系统默认即为勾选状态），如图3-12所示。

Step 2 此时在工作窗口中单击网络标号的名称，过一段时间后再次单击网络标号的名称即可对该网络标号的名称进行编辑。

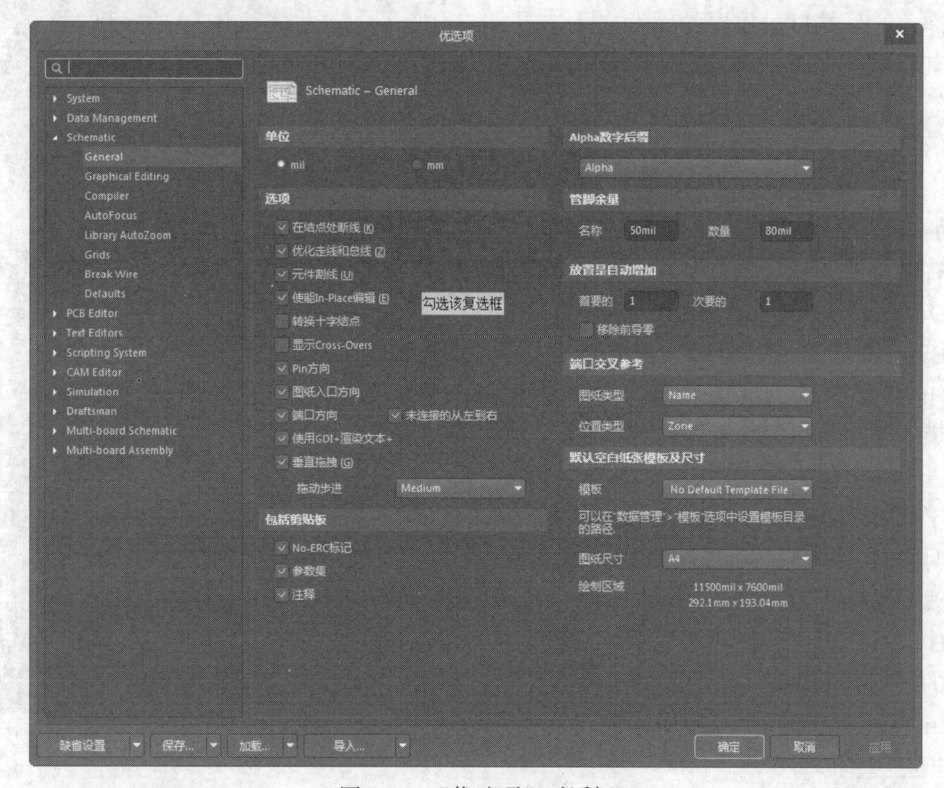

图3-12 “优选项”对话框

3.2.6 放置输入/输出端口

通过前面的学习我们知道，在设计原理图时，两点之间的电气连接，可以直接使用导线连接，也可以通过设置相同的网络标号来完成。还有一种方法，就是使用电路的输入/输出端口。相同名称的输入/输出端口在电气关系上是连接在一起的。一般情况下，在一张图纸中是不使用端口连接的，但在层次电路原理图的绘制过程中经常用到这种电气连接方式。放置输入/输出端口的操作步骤如下。

Step 1 单击菜单栏中的“放置”→“端口”命令，或单击“连线”工具栏中的 D1 （放置端口）按钮，或按快捷键<P>+<R>，此时光标变成十字形状，并带有一个输入/输出端口符号。

Step 2 移动光标到需要放置输入/输出端口的元件引脚末端或导线上，当出现红色交叉标志时，单击确定端口一端的位置。然后拖动光标使端口的大小合适，再次单击确定端口另一端的位置，即可完成输入/输出端口的一次放置。此时光标仍处于放置输入/输出端口的状态，重复操作即可放置其他的输入/输出端口。

Step 3 设置输入/输出端口的属性。在放置输入/输出端口的过程中，用户可以对输入/输出端口的属性进行设置。双击输入、输出端口或者在光标处于放置状态时按<Tab>键，弹出如图3-13所示的“Properties（属性）”面板，在该面板中可以对输入/输出端口的属性进行设置。

其中各选项的说明如下。

● Name（名称）：用于设置端口名称。这是端口最重要的属性之一，具有相同名称的端口在电气上是连通的。

● I/O Type（输入/输出端口的类型）：用于设置端口的电气特性，为后面的电气规则检查提供一定的依据。有Unspecified（未指明或不确定）、Output（输出）、Input（输入）和Bidirectional（双向型）4种类型。

● Harness Type（线束类型）：设置线束的类型。

● Font（字体）：用于设置端口名称的字体类型、字体大小、字体颜色，同时设置字体添加加粗、斜体、下画线、横线等效果。

● Border（边界）：用于设置端口边界的线宽、颜色。

● Fill（填充颜色）：用于设置端口内填充颜色。

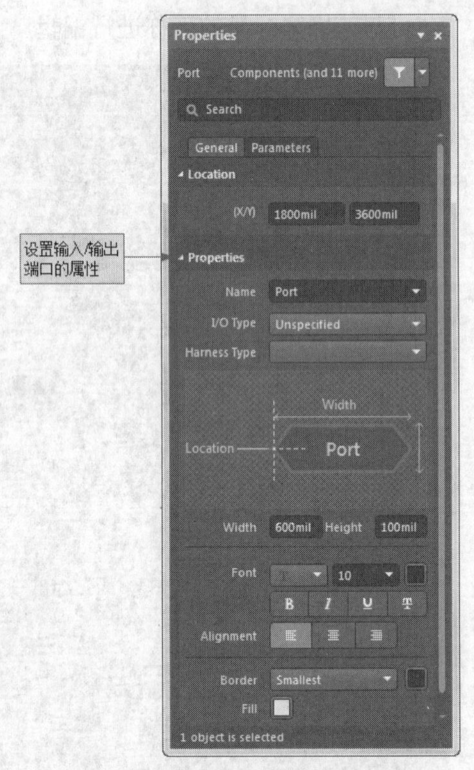

图3-13　输入/输出“Properties（属性）”面板

3.2.7　放置离图连接器

在原理图编辑环境下，离图连接器的作用其实跟网络标签是一样的，不同的是，网络标签用在了同一张原理图中，而离图连接器用在同一工程文件下不同的原理图中。放置离图连接器的操作步骤如下。

（1）选择菜单栏中的“放置”→“离图连接器”命令，弹出的连接符，此时光标变成十字形状，并带有一个离图连接器符号。

（2）移动光标到需要放置离图连接器的元件管脚末端或导线上，当出现蓝色交叉标志时，单击确定离图连接器的位置，即可完成离图连接器的一次放置。此时光标仍处于放置离图连接符的状态，重复操作即可放置其他的离图连接器。

（3）设置离图连接器属性。在放置离图连接器的过程中，用户可以对离图连接器的属性进行设置。双击离图连接器或者在光标处于放置状态时按<Tab>键，弹出如图3-14所示“Properties（属性）”面板。其中各选项意义如下。

● Rotation（旋转）：用于设置离图连接器放置的角度，有0 Degrees、90 Degrees、180 Degrees、270 Degrees 4种选择。

● Net Name（网络名称）：用于设置离图连接器的名称。这是离图连接符最重要的属性之一，具有相同名称的网络在电气上是连通的。

●“颜色”：用于设置离图连接器颜色。

●“Style（类型）”：用于设置外观风格，包括Left（左）、Right（右）两种选择。

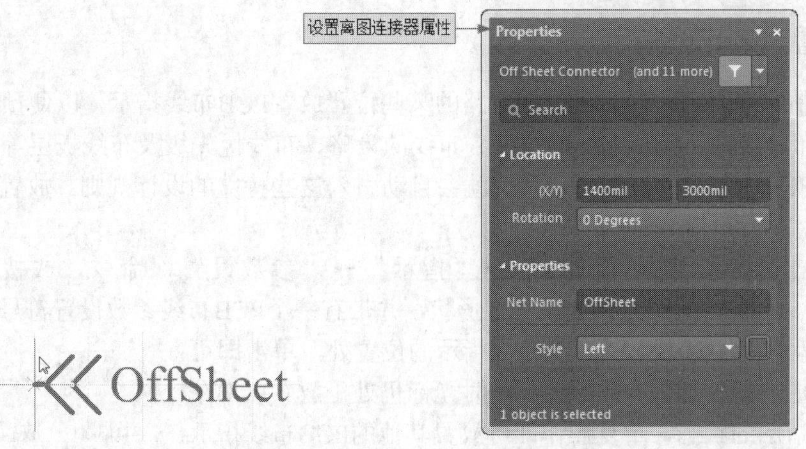

图3-14 离图连接器“Properties（属性）”面板

3.2.8 放置忽略 ERC 测试点

在电路设计过程中，系统进行电气规则检查（ERC）时，有时会产生一些不希望产生的错误报告。例如，由于电路设计的需要，一些元件的个别输入引脚有可能被悬空，但在系统默认情况下，所有的输入引脚都必须进行连接，这样在ERC检查时，系统会认为悬空的输入引脚使用错误，并在引脚处放置一个错误标记。

为了避免用户为检查这种“错误”而浪费时间，可以使用忽略ERC测试符号，让系统忽略对此处的ERC测试，不再产生错误报告。放置忽略ERC测试点的操作步骤如下。

Step 1 单击菜单栏中的“放置”→“指示”→“通用No ERC标号”命令，或单击“布线”工具栏中的“通用No ERC标号”按钮，或按快捷键<P>+<V>+<N>，此时光标变成十字形状，并带有一个红色的交叉符号。

Step 2 移动光标到需要放置忽略ERC测试点的位置处，单击即可完成放置。此时光标仍处于放置忽略ERC测试点的状态，重复操作即可放置其他的忽略ERC测试点。右击或按<Esc>键即可退出操作。

Step 3 设置通用ERC测试点的属性。在放置通用ERC测试点的过程中，用户可以对通用ERC测试点的属性进行设置。双击通用ERC测试点或在光标处于放置通用ERC测试点的状态时按<Tab>键，弹出如图3-15所示的“Properties（属性）”面板。在该面板中可以对通用ERC测试点的颜色及位置属性进行设置。

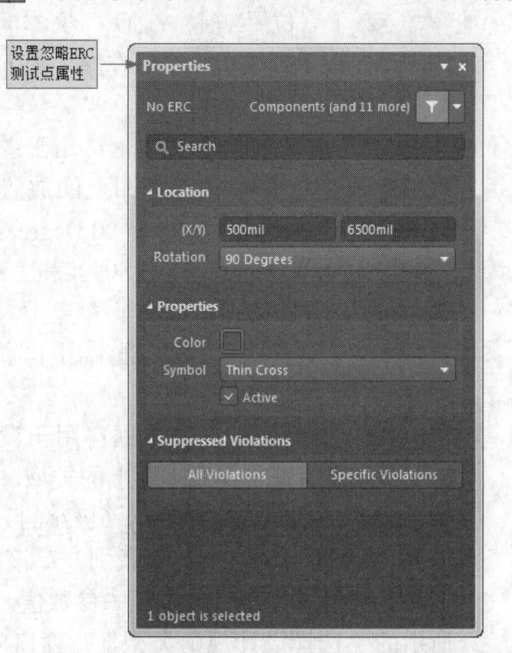

图3-15 ERC测试点“Properties（属性）”面板

3.2.9　放置PCB布线指示

用户绘制原理图的时候，可以在电路的某些位置放置PCB布线指示，以便预先规划和指定该处的PCB布线规则，包括铜箔的宽度、布线的策略、布线优先级及布线板层等。这样，在由原理图创建PCB印制板的过程中，系统就会自动引入这些特殊的设计规则。放置PCB布线指示的步骤如下。

Step 1 单击菜单栏中的“放置”→“指示”→“参数设置”命令，或按快捷键<P>+<V>+<P>，此时光标变成十字形状，并带有一个PCB布线参数设置符号。

Step 2 移动光标到需要放置PCB布线指示的位置处，单击即可完成放置，如图3-16所示。此时光标仍处于放置PCB布线指示的状态，重复操作即可放置其他的PCB布线指示符号。右击或者按<Esc>键即可退出操作。

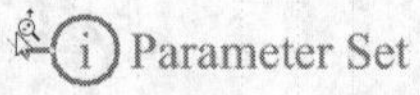

Parameter Set

图3-16　放置PCB布线指示

Step 3 设置PCB布线指示的属性。在放置PCB布线指示符号的过程中，用户可以对PCB布线指示符号的属性进行设置。双击PCB布线指示符号或在光标处于放置PCB布线指示符号的状态时按<Tab>键，弹出如图3-17所示的“Properties（属性）”面板。在该面板中可以对PCB布线指示符号的名称、位置、旋转角度及布线规则等属性进行设置。

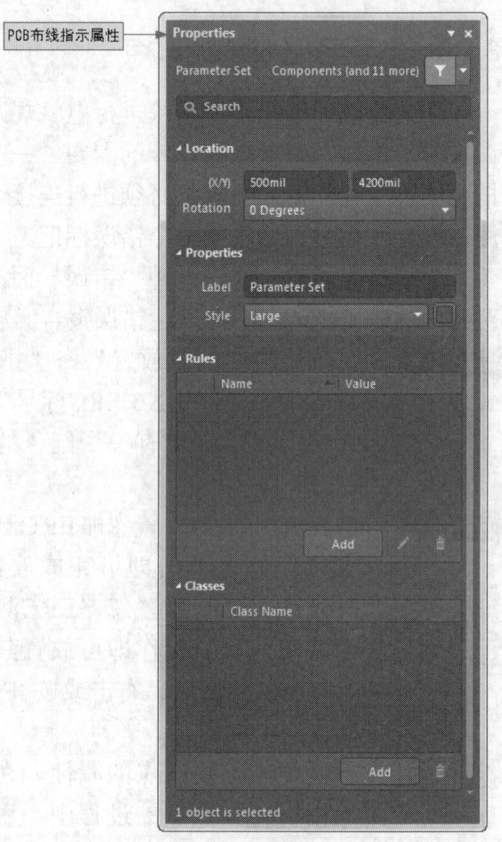

图3-17　PCB布线指示“Properties（属性）”面板

- “（X/Y）（位置X轴、Y轴）”文本框：用于设定PCB布线指示符号在原理图上的*X*轴和*Y*轴坐标。
- “Rotation（旋转）”文本框：用于设定PCB布线指示符号在原理图上的放置方向。有“0 Degrees”（0°）“90 Degrees”（90°）“180 Degrees”（180°）和“270 Degrees”（270°）4个选项。
- “Label（名称）”文本框：用于输入PCB布线指示符号的名称。
- “Style（类型）”：文本框：用于设定PCB布线指示符号在原理图上的类型，包括“Large（大的）”“Tiny（极小的）”。
- Rules（规则）、Classes（级别）：该窗口中列出了该PCB布线指示的相关参数，包括名称、数值及类型。选中任一参数值，单击“Add（添加）”按钮，系统弹出如图3-18所示的“选择设计规则类型”，窗口内列出了PCB布线时用到的所有规则类型供用户选择。

例如，在这里我们选中了“Width Constraint（导线宽度约束规则）”选项，单击“确定”

按钮后，则弹出相应的导线宽度设置对话框，如图3-19所示。该对话框分为两部分，上面是图形显示部分，下面是列表显示部分，均可用于设置导线的宽度。

属性设置完毕后，单击“确定”按钮即可关闭该对话框。

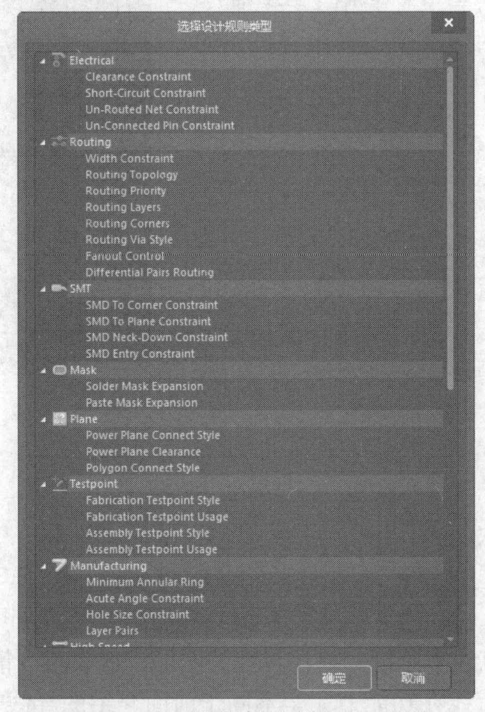

图3-18　“选择设计规则类型”对话框

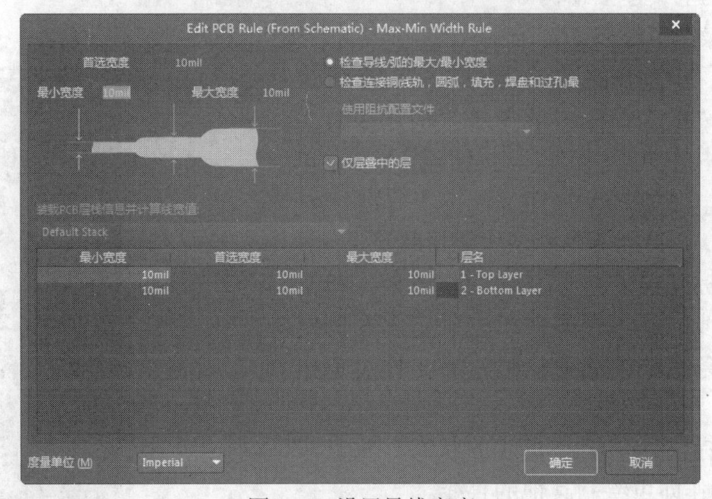

图3-19　设置导线宽度

3.3　使用绘图工具绘图

在原理图编辑环境中，与“布线”工具栏相对应的，还有一个“应用工具”工具栏，用于在原理图中绘制各种标注信息，使电路原理图更清晰，数据更完整，可读性更强。该“应用工具”工具栏中的各种图元均不具有电气连接特性，所以系统在进行ERC检查及转换成网络表时，它们不会产生任何影响，也不会被添加到网络表数据中。

3.3.1 绘图工具

单击（实用工具）按钮，各种绘图工具如图3-20所示，与“放置”菜单下“实用工具”命令子菜单中的各项命令具有对应关系。其中各按钮的功能如下。

- ：绘制直线。
- ：用于绘制圆。
- ：绘制多边形。
- ：用于添加说明文字。
- ：用于放置文本框。
- ：用于绘制矩形。
- ：用于绘制圆角矩形。
- ：用于绘制椭圆。
- ：用于插入图片。
- ：用于智能粘贴。
- ：用于绘制贝塞尔曲线。

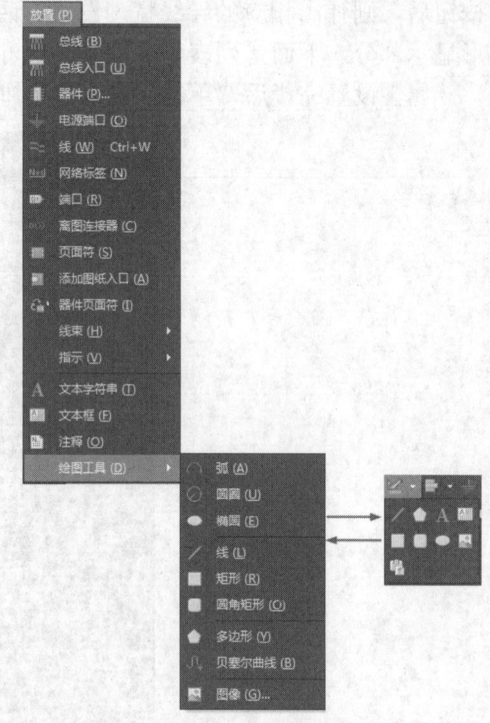

图3-20　绘图工具

3.3.2 绘制直线

在原理图中，可以用直线来绘制一些注释性的图形，如表格、箭头、虚线等，或者在编辑元件时绘制元件的外形。直线在功能上完全不同于前面介绍的导线，它不具有电气连接特性，不会影响到电路的电气连接结构。

绘制直线的操作步骤如下。

Step 1 单击菜单栏中的“放置”→“绘图工具”→“线”命令，或单击“应用工具”工具栏中的“实用工具”按钮下拉菜单中的（放置线）按钮，或按快捷键<P>+<D>+<L>，此时光标变成十字形状。

Step 2 移动光标到需要放置直线的位置处，单击确定直线的起点，多次单击确定多个固定点。一条直线绘制完毕后，右击即可退出该操作。

Step 3 此时光标仍处于绘制直线的状态，重复步骤2的操作即可绘制其他的直线。

在直线绘制过程中，需要拐弯时，可以单击确定拐弯的位置，同时通过按<Shift>+<Space>键来切换拐弯的模式。在T形交叉点处，系统不会自动添加节点。右击或按<Esc>键即可退出操作。

Step 4 设置直线属性。双击需要设置属性的直线或在绘制状态时按下<Tab>键，系统将弹出相应的直线属性设置面板，如图3-21所示。

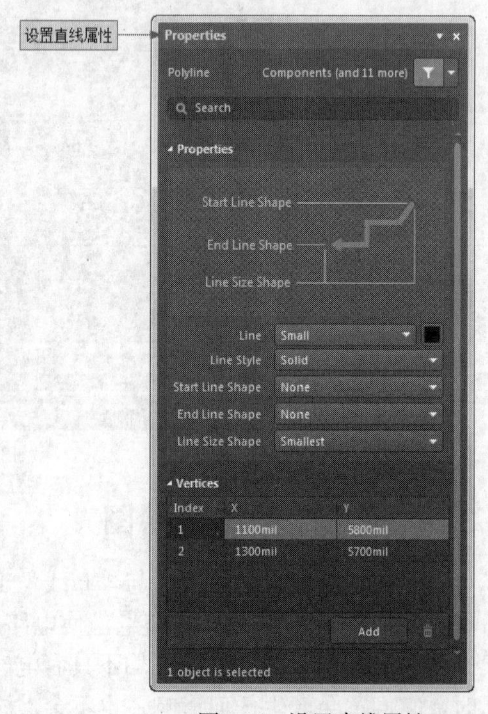

图3-21　设置直线属性

在该面板中可以对直线的属性进行设置，其中各属性的说明如下。

● Line（线宽）：用于设置直线的线宽。有Smallest（最小）、Small（小）、Medium（中等）和Large（大）4种线宽供用户选择。
● 颜色设置：单击该颜色显示框■，用于设置直线的颜色。
● Line Style（线种类）：用于设置直线的线型。有Solid（实线）、Dashed（虚线）和Dotted（点画线）3种线型可供选择。
● “Start Line Shape（结束块外形）”：用于设置直线起始端的线型。
● “End Line Shape（开始块外形）”：用于设置直线截止端的线型。
● “Line Size Shape（线尺寸外形）”：用于设置所有直线的线型。
● “Vertices（顶点）”选项组：用于设置直线各顶点的坐标值。

其他图形工具的使用方法与“放置线”工具类似，这里不再赘述。

3.4 操作实例——单片机原理图

3.4 操作实例——单片机原理图

通过前面章节的学习，用户对Altium Designer 20原理图编辑环境、原理图编辑器的使用有了初步的了解，并且能够完成简单电路原理图的绘制。本节将从实际操作的角度出发，通过一个具体的实例来说明怎样使用原理图编辑器来完成电路的设计工作。目前绝大多数的电子应用设计脱离不了单片机系统。下面使用Altium Designer 20绘制一个单片机最小应用系统的组成原理图。其主要的操作步骤如下。

Step 1 启动Altium Designer 20，单击“文件”→“新的”→“项目”菜单命令，创建PCB项目文件，系统提供的默认文件名为“PCB_Project.PrjPCB”，如图3-22所示。

Step 2 在工程文件“PCB_Project.PrjPCB”上右击，在弹出的右键快捷菜单中单击“Save As（保存为）”命令，在弹出的保存文件对话框中输入文件名“MCU.PrjPCB”，并保存在指定的文件夹中。此时，在“Projects（工程）”面板中，工程文件名变为“MCU.PrjPCB”。该工程中没有任何内容，可以根据设计的需要添加各种设计文档。

Step 3 在工程文件“MCU.PrjPCB”上右击，在弹出的右键快捷菜单中单击“添加新的...到工程”→“Schematic（原理图）”命令。在该工程文件中新建一个电路原理图文件，系统默认文件名为“Sheet1.SchDoc”。在该文件上右击，在弹出的右键快捷菜单中单击“保存为”命令，在弹出的保存文件对话框中输入文件名“MCU Circuit.SchDoc”。此时，在“Projects（工程）”面板中，工程文件名变为“MCU Circuit.SchDoc”，如图3-23所示。在创建原理图文件的同时，也就进入了原理图设计系统环境。

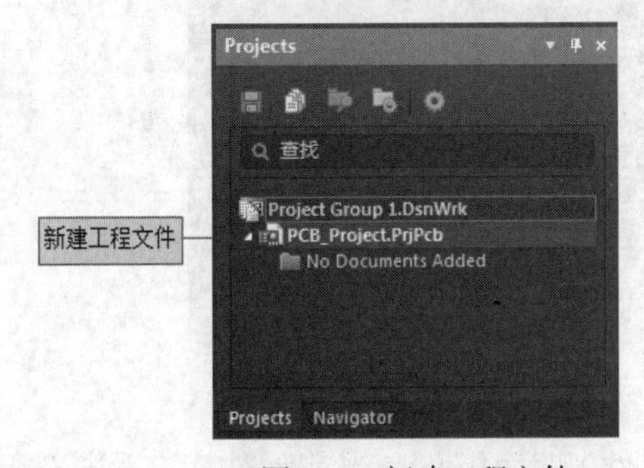

图3-22　新建工程文件

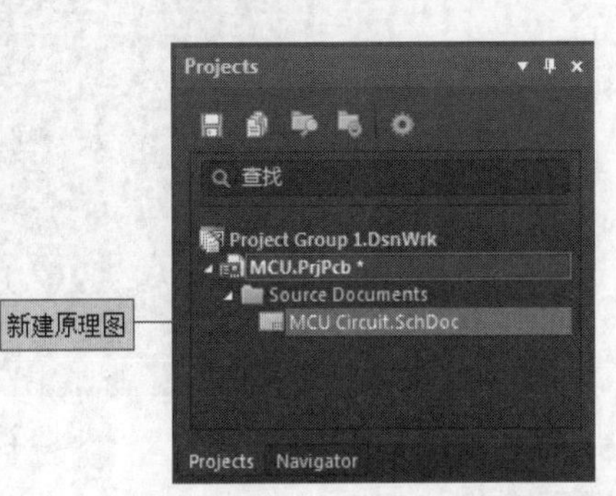

图3-23　创建新原理图文件

Step 4 单击右下角的 Panels 按钮，在弹出的快捷菜单中选择“Properties（属性）”命令，弹出“Properties（属性）”面板，如图3-24所示，对图纸参数进行设置。我们将图纸的尺寸及标准风格设置为“A4”，放置方向设置为“Landscape（水平）”，标题块设置为“Standard（标准）”，设置字体为“Arial”，大小设置为“10”，其他选项均采用系统默认设置。

Step 5 在“Components（元件）”面板右上角中单击 ≡ 按钮，然后在弹出的快捷菜单中选择“File-based Libraries Preferences（库文件参数）”命令，则系统弹出“Available File-based Libraries（可用库文件）”对话框，然后在其中加载需要的元件库。本例中需要加载的元件库如图3-25所示。

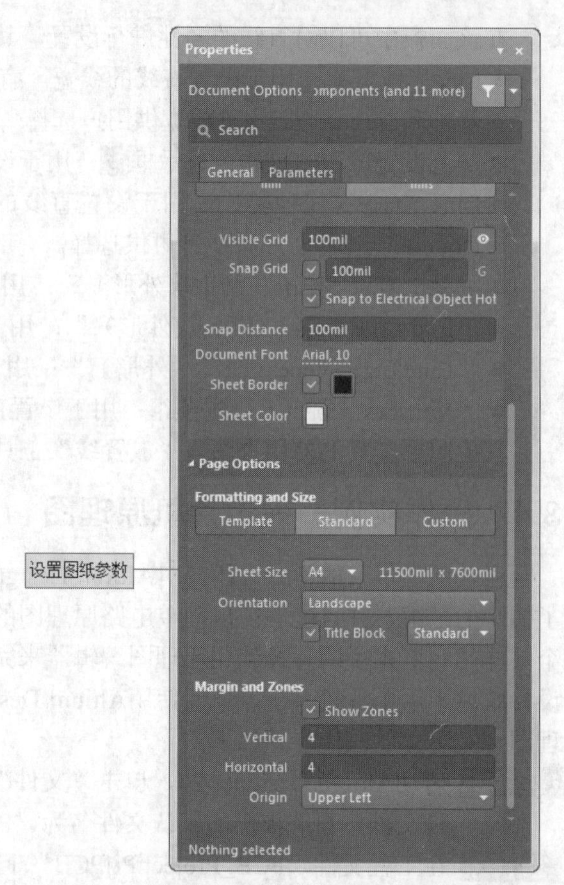

图3-24 图纸“Properties（属性）”面板

Step 6 在绘制原理图的过程中，放置元件的基本原则是根据信号的流向放置，从左到右，或从上到下。首先应该放置电路中的关键元件，然后放置电阻、电容等外围元件。在本例中，设定图纸上信号的流向是从左到右，关键元件包括单片机芯片、地址锁存芯片、扩展数据存储器。

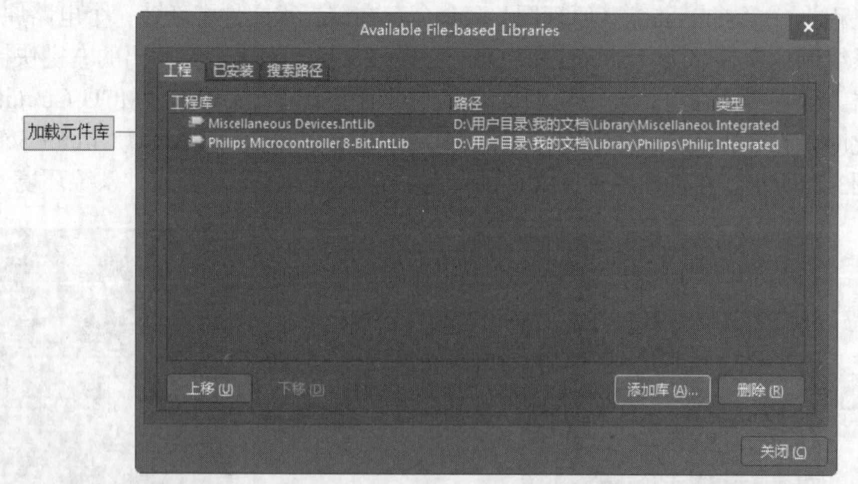

图3-25 加载需要的元件库

Step 7 放置单片机芯片。打开“Components（元件）”面板，在当前元件库名称栏选择“Philips Microcontroller 8-bit.IntLib”，在过滤框条件文本框中输入“P89C51RC2HFBD”，

如图3-26所示。双击“P89C51RC2HFBD”元件，将选择的单片机芯片放置在原理图纸上。

Step 8 放置地址锁存器。这里使用的地址锁存器是TI公司的“SN74LS373N”，该芯片所在的库文件为“TI Logic Latch.IntLib”，按照与上面相同的方法进行加载。

打开“Components（元件）”面板，在当前元件库名称栏中选择“TI Logic Latch.IntLib”，在元件列表中选择“SN74LS373N”，如图3-27所示。双击“SN74LS373N”元件，将选择的地址锁存器芯片放置在原理图纸上。

Step 9 放置扩展数据存储器。这里使用的是Motorola公司的MCM6264P作为扩展的8KB数据存储器，该芯片所在的库文件为“Motorola Memory Static RAM.IntLib”，按照与上面相同的方法进行加载。打开“Components（元件）”面板，在当前元件库名称栏中选择“Motorola Memory Static RAM.IntLib”，在元件列表中选择“MCM6264P”，如图3-28所示。双击“Place MCM6264P”元件，将选择的外扩数据存储器芯片放置在原理图纸上。

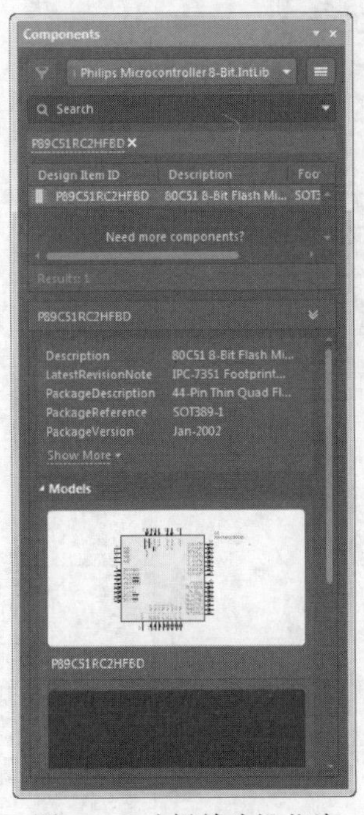

图3-26 选择单片机芯片

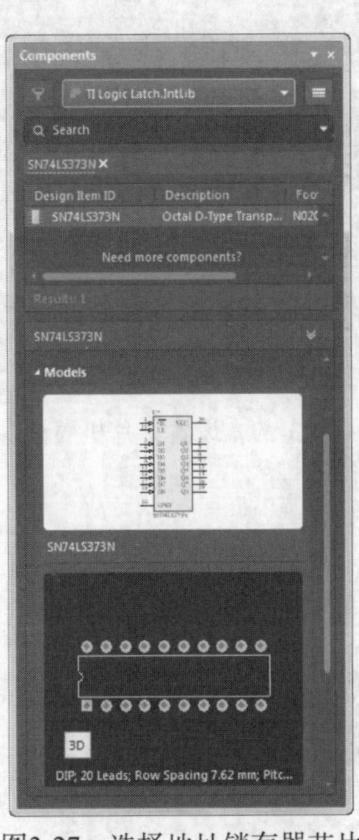

图3-27 选择地址锁存器芯片

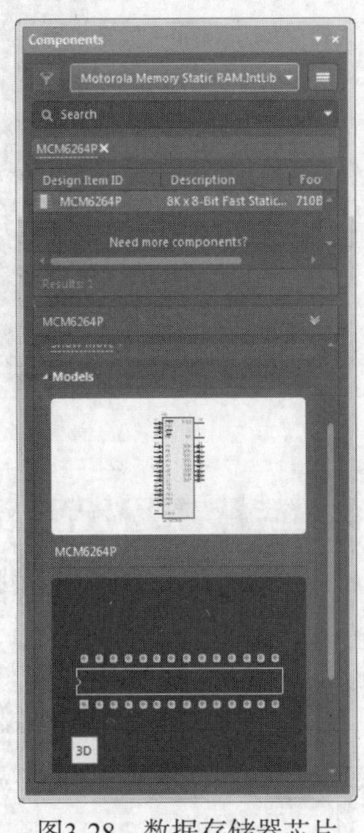

图3-28 数据存储器芯片

Step 10 放置外围元件。在单片机的应用系统中，时钟电路和复位电路是必不可少的。在本例中，我们采用一个石英晶振和两个匹配电容构成单片机的时钟电路，晶振频率是20MHz。复位电路采用上电复位加手动复位的方式，由一个RC延迟电路构成上电复位电路，在延迟电路的两端跨接一个开关构成手动复位电路。因此，需要放置的外围元件包括两个电容、两个电阻、1个极性电容、1个晶振、1个复位键，这些元件都在库文件“Miscellaneous Devices.IntLib”中。打开“Components（元件）”面板，在当前元件库名称栏中选择“Miscellaneous Devices.IntLib”，在元件列表中选择电容“Cap”、电阻“Res2”、极性电容“Cap Pol2”、晶振“XTAL”、复位键“SW-PB”，一一进行放置。

Step 11 设置元件属性。在图纸上放置好元件之后，再对各个元件的属性进行设置，包括元件的标识、序号、型号、封装形式等。双击元件打开元件属性设置面板，图3-29所示为单片机属性设置面板。其他元件的属性设置可以参考前面章节，这里不再赘述。设置好元件属性后的原理图如图3-30所示。

图3-29　设置单片机属性

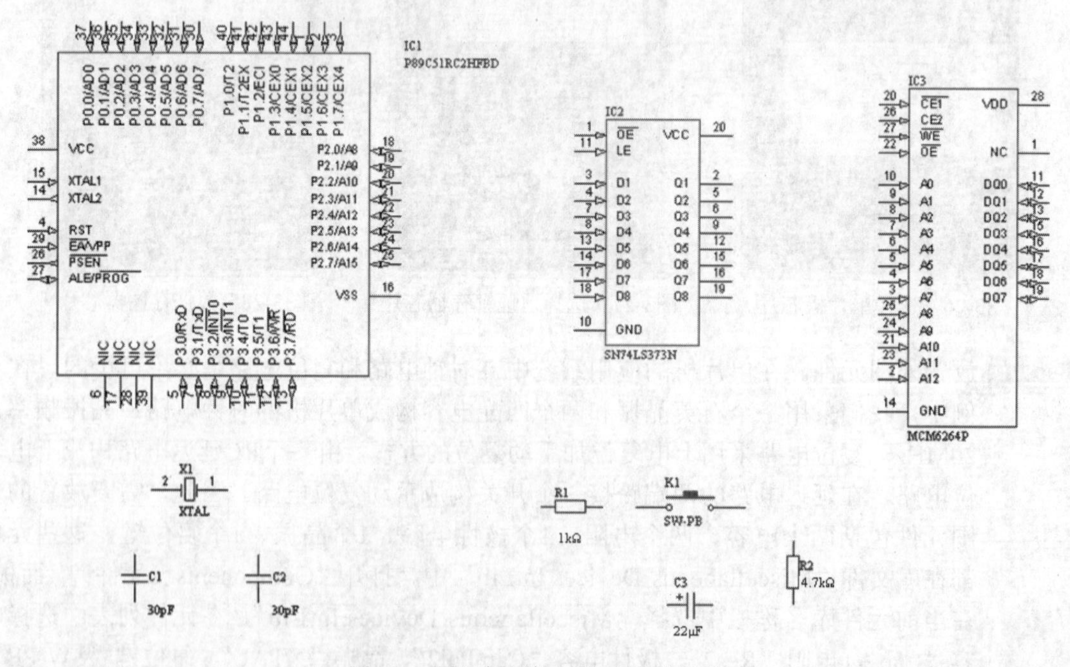

图3-30　设置好元件属性后的原理图

Step 12 放置电源和接地符号。单击“布线”工具栏中的（VCC 电源符号）按钮，放置电源，本例共需要4个电源。单击“连线”工具栏中的（GND 接地符号）按钮，放置接地符号，本例共需要9个接地。由于都是数字地，使用统一的符号表示即可。

Step 13 连接导线。在放置好各个元件并设置好相应的属性后，下面应根据电路设计的要求把各个元件连接起来。单击“布线”工具栏中的（放置线）按钮、（放置总线）按钮和（放置总线入口）按钮，完成元件之间的端口及管脚的电气连接。

Step 14 放置网络标号。对于难以用导线连接的元件，应该采用设置网络标号的方法，这样可以使原理图结构清晰，易读易修改。在本例中，单片机与复位电路的连接，以及单片机与外扩数据存储器之间读、写控制线的连接采用了网络标号的方法。

Step 15 放置忽略ERC测试点。对于用不到的、悬空的引脚，可以放置忽略ERC测试点，让系统忽略对此处的ERC检查，不会产生错误报告。

绘制完成的单片机最小应用系统电路原理图如图3-31所示。

至此，原理图的设计工作暂时告一段落。如果需要进行PCB板的设计制作，还需要对设计好的电路进行电气规则检查和对原理图进行编译，这将在后面的章节中通过实例进行详细介绍。

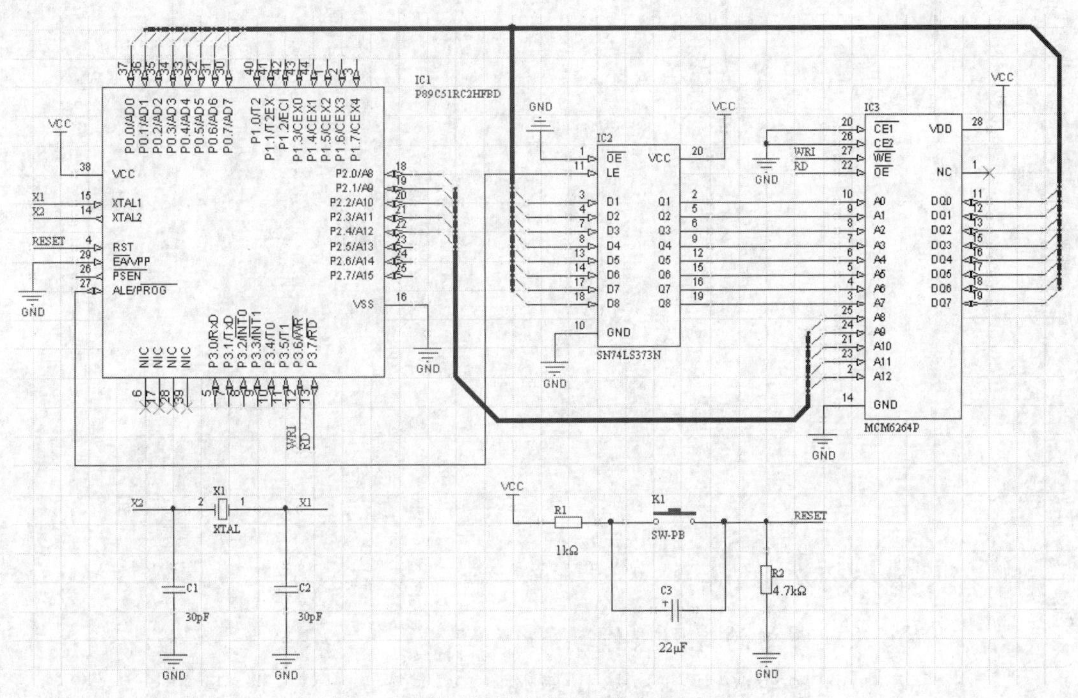

图3-31 单片机最小应用系统电路原理图

第4章 原理图的后续处理

前面介绍了原理图的绘制方法和技巧，本章将介绍原理图中的常用操作和报表打印输出。

- 原理图中的视图操作
- 原理图中的查找与替换操作
- 报表打印输出

4.1 原理图中的常用操作

4.1.1 工作窗口的缩放

在原理图编辑器中，提供了电路原理图的缩放功能，以便于用户进行观察。单击菜单栏中的“视图”命令，其菜单如图4-1所示。在该菜单中列出了对原理图画面进行缩放的多种命令。

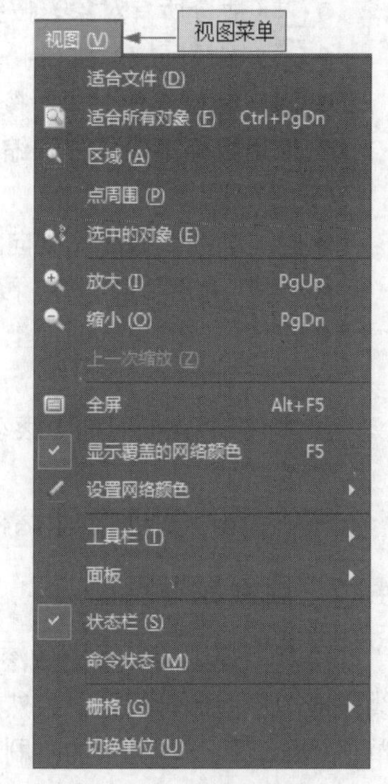

图4-1 “视图”菜单

菜单中有关窗口缩放的操作可分为以下几种类型。

1. 在工作窗口中显示选择的内容

该类操作包括在工作窗口显示整个原理图、显示所有元件、显示选定区域、显示选定元件和选中的坐标附近区域，它们构成了“视图”菜单的第一栏。

- 适合文件：用于观察并调整整张原理图的布局。单击该命令后，在编辑窗口中将以最大比例显示整张原理图的内容，包括图纸边框、标题栏等。
- 适合所有对象：用于观察整张原理图的组成概况。单击该命令之后，在编辑窗口中将以最大比例显示电路原理图中的所有元件。
- 区域：在工作窗口选中一个区域，放大选中的区域。具体的操作方法是：单击该命令，光标以十字形状出现在工作窗口中，在工作窗口单击，确定区域的一个顶点，移动光标确定区域的对角顶点，单击，在工作窗口中将只显示刚才选择的区域。
- 点周围：在工作窗口显示一个坐标点附近的区域。同样是用于放大选中的区域，但区域的选择与上一个命令不同。具体的操作方法是：单击该命令，光标以十字形状出现在工作窗口中，移动光标到想要显示的点，单击后移动光标，在工作窗口将出现一个以该点为中心的虚线框；确定虚线框的范围后，单击，工作窗口将会显示虚线框所包含的范围。
- 选中的对象：用于放大显示选中的对象。单击该命令后，选中的多个对象，将以适当的尺寸放大显示。

2. 显示比例的缩放

该类操作包括原理图的放大和缩小。

- 放大：以光标为中心放大画面。
- 缩小：以光标为中心缩小画面。单击“Zoom In”和“Zoom Out”命令时，最好将光标放在要观察的区域中，这样会使要观察的区域位于视图中心。

3. 使用快捷键和工具栏按钮执行视图显示操作

Altium Designer 20为大部分的视图操作提供了快捷键，为常用视图操作提供了工具栏按钮，具体如下。

（1）快捷键

- <Ctrl>+<PageDown>：在工作窗口中显示整个原理图。

- <PageUp>：放大显示。
- <PageDown>：缩小显示。
- <Home>：按原比例显示以光标所在位置为中心的附近区域。

（2）工具栏按钮

- （适合所有对象）按钮：在工作窗口中显示所有对象。
- （缩放区域）按钮：在工作窗口中显示选定区域。
- （缩放选中对象）按钮：在工作窗口中显示选定元件。

4. 使用鼠标滚轮平移和缩放

（1）平移

- 向上滚动鼠标滚轮则向上平移图纸，向下滚动则向下平移图纸。
- 按住<Shift>键同时向下滚动鼠标滚轮会向右平移图纸。
- 按住<Shift>键同时向上滚动鼠标滚轮会向左平移图纸。

（2）放大

按住<Ctrl>键同时向上滚动鼠标滚轮会放大显示图纸。

（3）缩小。

按住<Ctrl>键同时向下滚动鼠标滚轮会缩小显示图纸。

4.1.2 刷新原理图

绘制原理图时，在完成滚动画面、移动元件等操作后，有时会出现画面显示残留的斑点、线段或图形变形等问题。虽然这些内容不会影响电路的正确性，但是为了美观起见，建议用户单击“导航”工具栏中的“刷新”按钮，或者按<End>键刷新原理图。

4.1.3 高级粘贴

在原理图中，某些同类型元件可能有很多个，如电阻、电容等，它们具有大致相同的属性。如果一个个地放置它们，设置它们的属性，工作量大而且烦琐。Altium Designer 20提供了高级粘贴功能，大大方便了粘贴操作，可以通过“编辑”菜单中的“智能粘贴”命令完成。其具体操作步骤如下。

Step 1 复制或剪切某个对象。

Step 2 单击菜单栏中的“编辑”→“智能粘贴”命令，系统将弹出如图4-2所示的“智能粘贴”对话框。

Step 3 在“智能粘贴”对话框中，可以对要粘贴的内容进行适当设置，然后再执行粘贴操作。其中各选项组的功能如下。

- “选择要粘贴的对象”选项组：用于选择要粘贴的对象。
- “选择粘贴操作”选项组：用于设置要粘贴对象的属性。
- “粘贴阵列”选项组：用于设置阵列粘贴。下面的“使能粘贴阵列”复选框用于控制阵列粘贴的功能。阵列粘贴是一种特殊的粘贴方式，能够一次性地按照指定间距将同一个元件或元件组重复地粘贴到原理图图纸上。当原理图中需要放置多个相同对象时，该操作会很有用。

Step 4 勾选“使能粘贴阵列”复选框，阵列粘贴的设置如图4-3所示。其中需要设置的粘贴阵列参数如下。

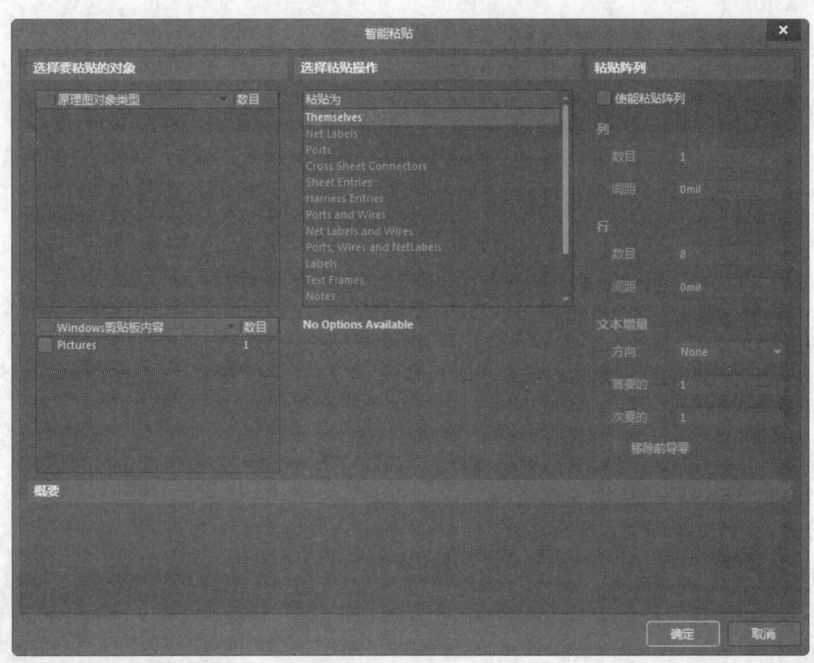

图4-2 “智能粘贴”对话框

1)“列”选项组：用于设置水平方向阵列粘贴的数量和间距。

- “数目”文本框：用于设置水平方向阵列粘贴的列数。
- “间距”文本框：用于设置水平方向阵列粘贴的间距。若设置为正数，则元件由左向右排列；若设置为负数，则元件由右向左排列。

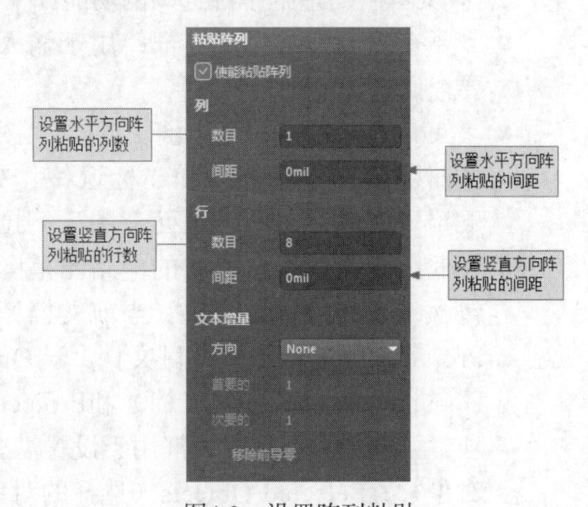

图4-3 设置阵列粘贴

2)“行”选项组：用于设置竖直方向阵列粘贴的数量和间距。

- “数目”文本框：用于设置竖直方向阵列粘贴的行数。
- “间距”文本框：用于设置竖直方向阵列粘贴的间距。若设置为正数，则元件由下到上排列；若设置为负数，则元件由上到下排列。

3)“文本增量”选项组：用于设置阵列粘贴中元件标号的增量。

- “方向”下拉列表框：用于确定元件编号递增的方向。有None（无）、Horizontal First（先水平）和Vertical First（先竖直）3种选择。
  - None（无）：表示不改变元件编号。
  - Horizontal First（先水平）：表示元件编号递增的方向是先按水平方向从左向右递增，再按竖直方向由下往上递增。“首要的”文本框用于设置每次递增时元件主编号的增量。“次要的”文本框用于在复制引脚时，设置引脚序号的增量。
  - Vertical First（先竖直）：表示先竖直方向由下往上递增，再水平方向从左向右递增。首要的文本框用于设置每次递增时元件主编号的增量。“次要的”文本框用于在复制引脚时，设置引脚序号的增量。

- “首要的”文本框：用于指定相邻两次粘贴之间元件标识的编号增量，系统的默认设置为1。
- “次要的”文本框：用于指定相邻两次粘贴之间元件引脚编号的数字增量，系统的默认设置为1。

设置完毕后，单击“确定”按钮，移动光标到合适位置单击即可。阵列粘贴的效果如图4-4所示。

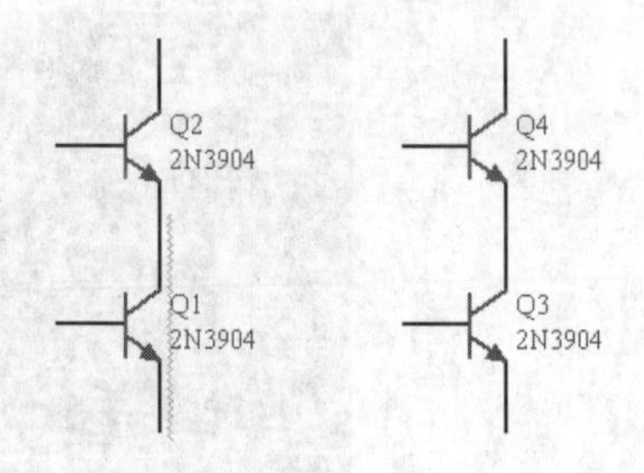

图4-4　阵列粘贴的效果

4.1.4　查找与替换

1. 查找与替换文本

（1）文本查找

该命令用于在电路图中查找指定的文本，通过此命令可以迅速找到包含某一文字标识的图元。下面介绍该命令的使用方法。

单击菜单栏中的“编辑”→“查找文本”命令，或者用快捷键<Ctrl>+<F>，系统将弹出如图4-5所示的“查找文本”对话框。

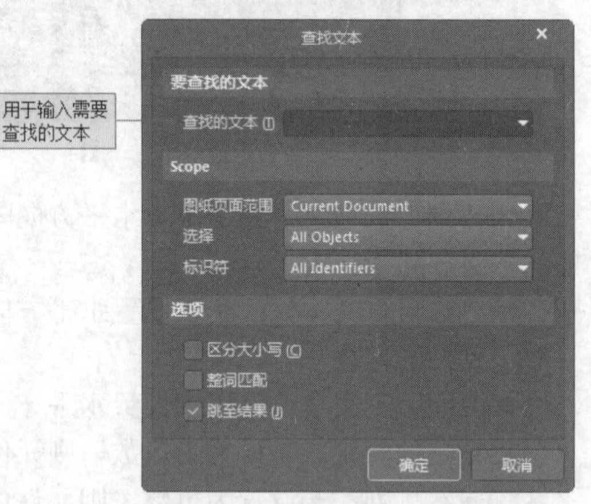

图4-5 “查找文本”对话框

“查找文本”对话框中各选项的功能如下。

- “要查找的文本”文本框：用于输入需要查找的文本。
- “Scope（范围）”选项组：包含“图纸页面范围”“选择”和“标识符”3个下拉列表框。“图纸页面范围”下拉列表框用于设置所要查找的电路图范围，包含Current Document（当前文档）、Project Document（项目文档）、Open Document（已打开的文档）和Project Physical Document（选定路径中的文档）4个选项。“选择”下拉列表框用于设置需要查找的文本对象的范围，包含All Objects（所有对象）、Selected Objects（选择的对象）和Deselected Objects（未选择的对象）3个选项。All Objects（所有对象）表示对所有的文本对象进行查找，Selected Objects（选择的对象）表示对选中的文本对象进行查找，Deselected Objects（未选择的对象）表示对没有选中的文本对象进行查找。“标识符”下拉列表框用于设置查找的电路图标识符范围，包含All Identifiers（所有ID）、Net Identifiers Only（仅网络ID）和Designators Only（仅标号）3个选项。
- “选项”选项组：用于匹配查找对象所具有的特殊属性，包含“区分大小写”“整词匹配”“跳至结果”3个复选框。勾选“区分大小写”复选框表示查找时要注意大小写的区别；勾选“整词匹配”复选框表示只查找整个单词匹配的文本，要查找的网络标识包含的内容有网络标签、电源端口、I/O端口、方块电路I/O口；勾选“跳至结果”复选框表示查找后跳到结果处。

用户按照自己的实际情况设置完对话框的内容后，单击“确定”按钮开始查找。

（2）文本替换

该命令用于将电路图中指定文本用新的文本替换掉，该操作在需要将多处相同文本修改成另一文本时非常有用。首先单击菜单栏中的“编辑”→“替换文本”命令，或按用快捷键<Ctrl>+<H>，系统将弹出如图4-6所示的“查找并替换文本”对话框。

可以看出图4-6和图4-5所示的两个对话框非常相似，对于相同的部分，这里不再赘述，读者可以参看“查找文本”命令，下面只对上面未提到的一些选项进行解释。

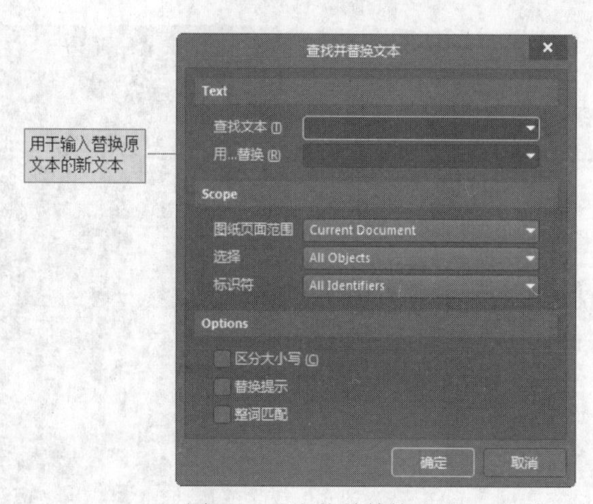

图4-6 “查找并替换文本”对话框

- “用…替换”文本框：用于输入替换原文本的新文本。
- “替换提示”复选框：用于设置是否显示确认替换提示对话框。如果勾选该复选框，表示在进行替换之前，显示确认替换提示对话框，反之不显示。

（3）查找下一个

该命令用于查找下一处“查找文本”对话框中指定的文本，也可以用快捷键<F3>来执行该命令。

2. 查找相似对象

在原理图编辑器中提供了查找相似对象的功能。具体的操作步骤如下。

Step 1 单击菜单栏中的“编辑”→“查找相似对象”命令，光标将变成十字形状出现在工作窗口中。

Step 2 移动光标到某个对象上，单击，系统将弹出如图4-7所示的“查找相似对象”对话框，在该对话框中列出了该对象的一系列属性。通过对各项属性进行匹配程度的设置，可决定搜索的结果。这里以搜索和三极管类似的元件为例，此时该对话框给出了如下的对象属性。

- “Kind（种类）”选项组：显示对象类型。
- “Design（设计）”选项组：显示对象所在的文档。
- “Graphical（图形）”选项组：显示对象图形属性。
  - X1：X1坐标值。
  - Y1：Y1坐标值。
  - Orientation（方向）：放置方向。
  - Locked（锁定）：确定是否锁定。
  - Mirrored（镜像）：确定是否镜像显示。
  - Show Hidden Pins（显示隐藏引脚）：确定是否显示隐藏引脚。
  - Show Designator（显示标号）：确定是否显示标号。
- “Object Specific（对象特性）”选项组：显示对象特性。
  - Description（描述）：对象的基本描述。
  - Lock Designator（锁定标号）：确定是否锁定标号。
  - Lock Part ID（锁定元件ID）：确定是否锁定元件ID。

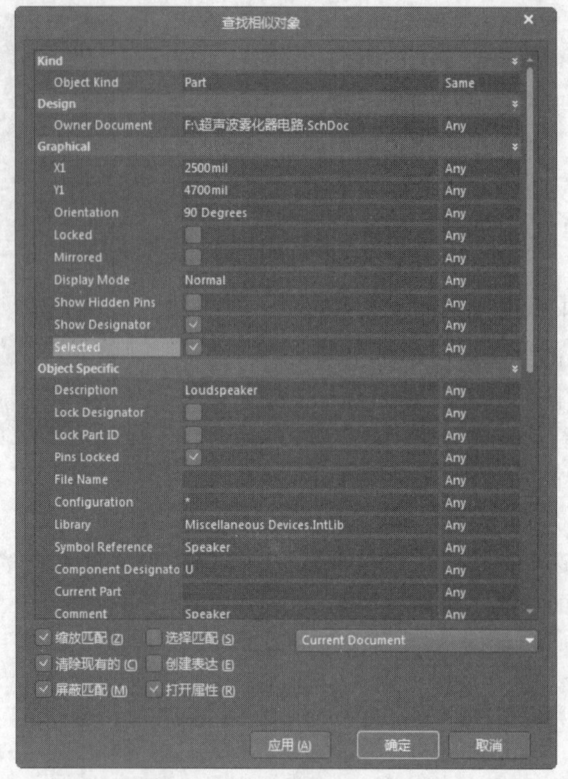

图4-7 “查找相似对象”对话框

➢ Pins Locked（引脚锁定）：锁定的引脚。

➢ File Name（文件名称）：文件名称。

➢ Configuration（配置）：文件配置。

➢ Library（元件库）：库文件。

➢ Symbol Reference（符号参考）：符号参考说明。

➢ Component Designator（组成标号）：对象所在的元件标号。

➢ Current Part（当前元件）：对象当前包含的元件。

➢ Part Comment（元件注释）：关于元件的说明。

➢ Current Footprint（当前封装）：当前元件封装。

➢ Current Type（当前类型）：当前元件类型。

➢ Database Table Name（数据库表的名称）：数据库中表的名称。

➢ Use Library Name（所用元件库的名称）：所用元件库名称。

➢ Use Database Table Name（所用数据库表的名称）：当前对象所用的数据库表的名称。

➢ Design Item ID（设计ID）：元件设计ID。

在选中元件的每一栏属性后都另有一栏，在该栏上单击将弹出下拉列表框，在下拉列表框中可以选择搜索时对象和被选择的对象在该项属性上的匹配程度，包含以下3个选项。

● Same（相同）：被查找对象的该项属性必须与当前对象相同。

● Different（不同）：被查找对象的该项属性必须与当前对象不同。

● Any（忽略）：查找时忽略该项属性。

例如，这里对三极管搜索类似对象，搜索的目的是找到所有和三极管有相同取值和相同封装的元件，在设置匹配程度时在“Part Comment（元件注释）”和“Current Footprint（当前封装）”属性上设置为“Same（相同）”，其余保持默认设置即可。

Step 3 单击“应用”按钮，在工作窗口中将屏蔽所有不符合搜索条件的对象，并跳转到最近的一个符合要求的对象上。此时可以逐个查看这些相似的对象。

4.2 报表打印输出

原理图设计完成后，经常需要输出一些数据或图纸。本节将介绍Altium Designer 20原理图的报表打印输出。

Altium Designer 20具有丰富的报表功能，可以方便地生成各种不同类型的报表。当电路原理图设计完成并且经过编译检查之后，应该充分利用系统所提供的这种功能来创建各种原理图的报表文件。借助这些报表，用户能够从不同的角度更好地掌握整个项目的设计信息，以便为下一步的设计工作做好准备。

4.2.1 打印输出

为方便原理图的浏览，经常需要将原理图打印到图纸上。Altium Designer 20提供了直接将原理图打印输出的功能。

在打印之前先进行页面设置。单击菜单栏中的“文件”→“页面设置”命令，弹出“Schematic Print Properties（原理图打印属性）”对话框，如图4-8所示。单击“打印设置”按钮，弹出打印机设置对话框，对打印机进行设置，如图4-9所示。设置、预览完成后，单击“打印”按钮，打印原理图。

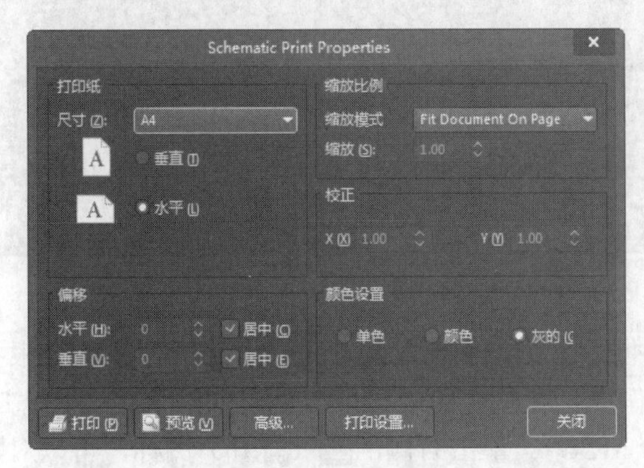

图4-8 “Schematic Print Properties”对话框

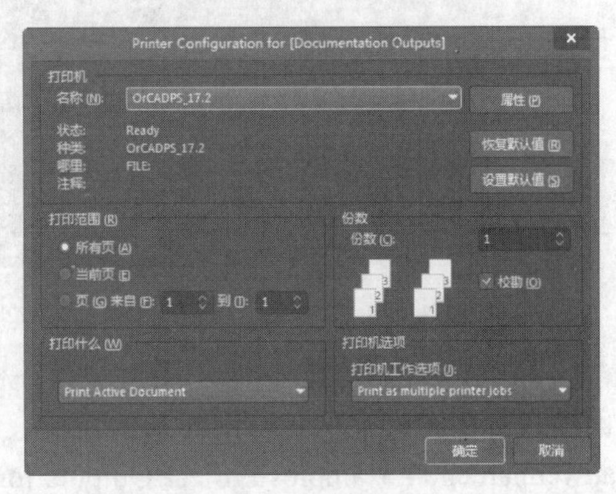

图4-9 设置打印机

此外，单击菜单栏中的“文件”→“打印”命令，或单击“原理图标准”工具栏中的（打印）按钮，也可以实现打印原理图的功能。

4.2.2 网络表

在由原理图生成的各种报表中，网络表是最为重要的。所谓网络指的是彼此连接在一起的一组元件引脚，一个电路实际上就是由若干网络组成的。而网络表就是对电路或者电路原理图的一个完整描述，描述的内容包括两个方面：一是电路原理图中所有元件的信息（包括元件标识、元件引脚和PCB封装形式等）；二是网络的连接信息（包括网络名称、网络节点等），这些都是进行PCB布线、设计PCB印制电路板不可缺少的依据。

具体来说，网络表包括两种，一种是基于单个原理图文件的网络表，另一种是基于整个项目的网络表。

4.2.3 基于整个项目的网络表

下面我们以3.4节中的实例“MCU.PrjPCB”为例，介绍项目网络表的创建过程及功能特点。在创建网络表之前，应先进行简单的选项设置。

1. 网络表选项设置

打开项目文件“MCU.PrjPCB”，并打开其中的任一电路原理图文件。单击菜单栏中的“工程”→“工程选项”命令，弹出项目管理选项对话框。单击“Options（选项）”选项卡，如图4-10所示。其中各选项的功能如下。

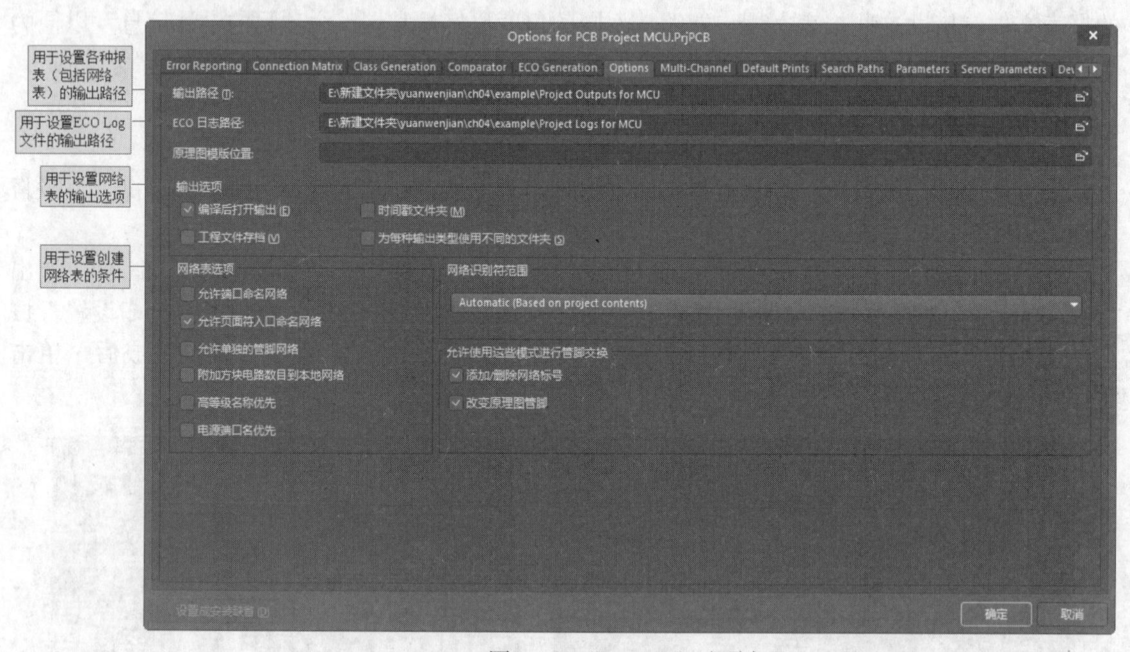

图4-10 “Options”选项卡

（1）“输出路径”文本框：用于设置各种报表（包括网络表）的输出路径，系统会根据当前项目所在的文件夹自动创建默认路径。例如，在图4-10中，系统创建的默认路径为“E:\yuanwenjian\ch04\examples\Project Outputs for MCU”。单击右侧的（打开）图标，可以对默认路径进行更改。

（2）“ECO日志路径”文本框：用于设置ECO Log文件的输出路径，系统会根据当前项目所在的文件夹自动创建默认路径。单击右侧的（打开）图标，可以对默认路径进行更改。

（3）“输出选项”选项组：用于设置网络表的输出选项，一般保持默认设置即可。

（4）“网络表选项”选项组：用于设置创建网络表的条件。

- “允许端口命名网络”复选框：用于设置是否允许用系统产生的网络名代替与电路输入/输出端口相关联的网络名。如果所设计的项目只是普通的原理图文件，不包含层次关系，可勾选该复选框。
- “允许页面符入口命名网络”复选框：用于设置是否允许用系统生成的网络名代替与图纸入口相关联的网络名，系统默认勾选。

- “允许单独的管脚网络”复选框：用于设置生成网络表时，是否允许系统自动将图纸号添加到各个网络名称中。当一个项目中包含多个原理图文档时，建议勾选该复选框，以便于查找错误。
- “附加方块电路数目到本地网络”复选框：用于设置生成网络表时，是否允许系统自动将图纸号添加到各个网络名称中。当一个项目中包含多个原理图文档时，建议勾选该复选框，以便于查找错误。
- “高等级名称优先”复选框：用于设置生成网络表时的排序优先权。勾选该复选框，系统将以名称对应结构层次的高低决定优先权。
- “电源端口名优先”复选框：用于设置生成网络表时的排序优先权。勾选该复选框，系统将对电源端口的命名给予更高的优先权。在本例中，使用系统默认的设置即可。

2. 创建项目网络表

单击菜单栏中的“设计”→“工程的网络表”→“Protel（生成项目网络表）”命令。系统自动生成了当前项目的网络表文件“MCU Circuit.NET”，并存放在当前项目下的“Generated\Netlist Files”文件夹中。双击打开该项目网络表文件“MCU Circuit.NET”，结果如图4-11所示。

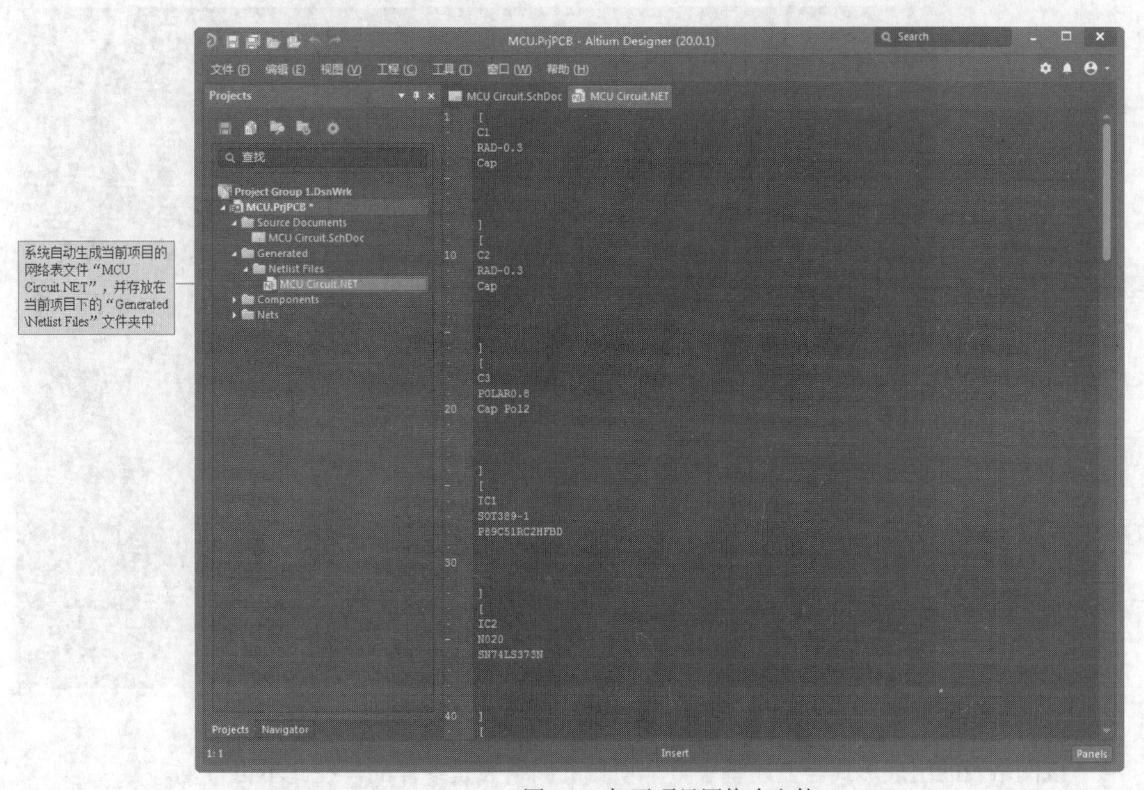

图4-11 打开项目网络表文件

该网络表是一个简单的ASCII码文本文件，由多行文本组成。内容分成了两大部分，一部分是元件的信息，另一部分是网络信息。

元件信息由若干小段组成，每一个元件的信息为一小段，用方括号分隔，由元件标识、元件封装形式、元件型号、数值等组成，如图4-12所示。空行则是由系统自动生成的。

网络信息同样由若干小段组成，每一个网络的信息为一小段，用圆括号分隔，由网络名称和网络中所有具有电气连接关系的元件序号及引脚组成，如图4-13所示。

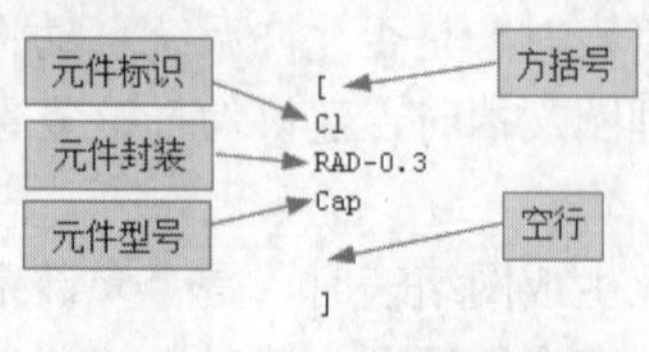

图4-12 一个元件的信息组成

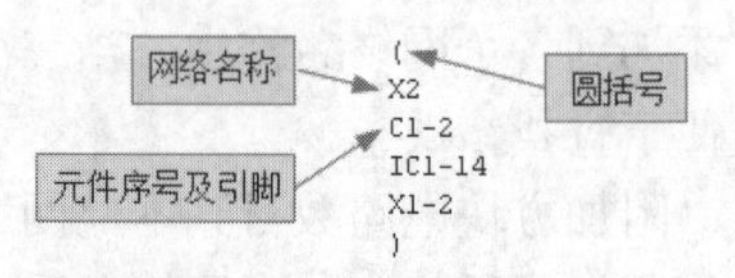

图4-13 一个网络的信息组成

4.2.4 基于单个原理图文件的网络表

下面以3.4节实例项目“MCU.PrjPCB”中的一个原理图文件“MCU Circuit.SchDoc”为例，介绍基于单个原理图文件网络表的创建过程。

打开项目“MCU.PrjPCB”中的原理图文件“MCU Circuit.SchDoc”。单击菜单栏中的“设计”→“文件的网络表”→“Protel（生成原理图网络表）”命令，系统自动生成了当前原理图的网络表文件“MCU Circuit.NET”，并存放在当前项目下的“Generated\Netlist Files”文件夹中。双击打开该原理图的网络表文件“MCU Circuit.NET”，结果如图4-14所示。

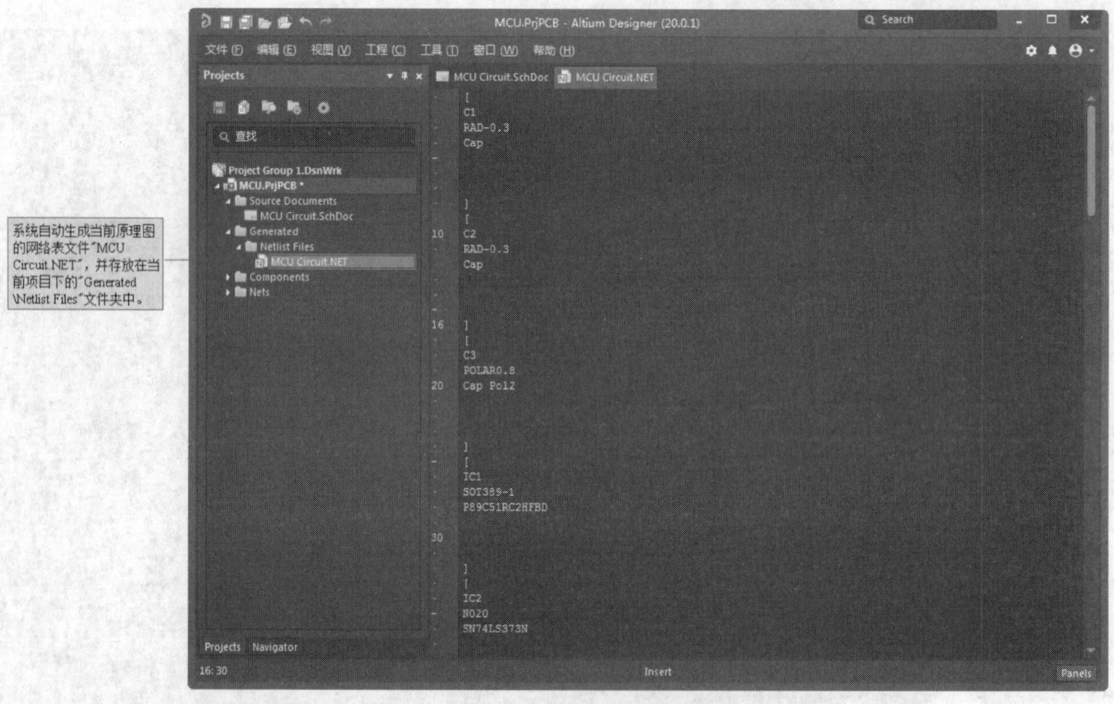

图4-14 打开原理图的网络表文件

该网络表的组成形式与上述基于整个项目的网络表是一样的，在此不再重复。

4.2.5 生成元件报表

元件报表主要用来列出当前项目中用到的所有元件标识、封装形式、元件库中的名称等，相当于一份元件清单。依据这份报表，用户可以详细查看项目中元件的各类信息，在制作印制电路板时，可以作为元件采购的参考。

下面我们仍以项目“MCU.PrjPCB”为例，介绍元件报表的创建过程及功能特点。

1. 元件报表的选项设置

打开项目“MCU.PrjPCB”中的原理图文件“MCU Circuit.SchDoc”，单击菜单栏中的“报告”→“Bill of Materials（元件清单）”命令，系统弹出相应的元件报表对话框，如图4-15所示。在该对话框中，可以对要创建的元件报表的选项进行设置。右侧有两个选项卡，它们的功能如下。

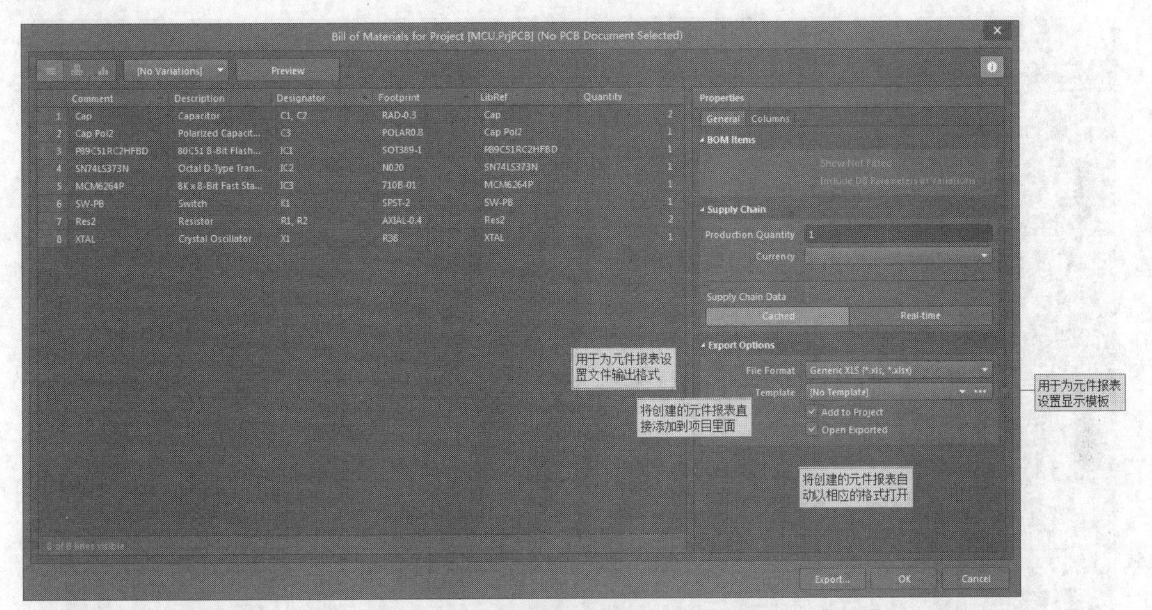

图4-15　设置元件报表

Step 1 “General（通用）”选项卡：一般用于设置常用参数。部分选项功能如下。

- “File Format（文件格式）”下拉列表框：用于为元件报表设置文件输出格式。单击右侧的下拉按钮▼，可以选择不同的文件输出格式，如CVS格式、Excel格式、PDF格式、html格式、文本格式、XML格式等。
- “Add to Project（添加到项目）”复选框：若勾选该复选框，则系统在创建了元件报表之后会将报表直接添加到项目中。
- “Open Exported（打开输出报表）”复选框：若勾选该复选框，则系统在创建了元件报表以后，会自动以相应的格式打开。
- “Template（模板）”下拉列表框：用于为元件报表设置显示模板。单击右侧的下拉按钮▼，可以使用曾经用过的模板文件，也可以单击…按钮重新选择。选择时，如果模板文件与元件报表在同一目录下，则可以勾选下面的“Relative Path to Template File（模板文件的相对路径）”复选框，使用相对路径搜索，否则应该使用绝对路径搜索。

Step 2 “Columns（纵队）”选项卡：用于列出系统提供的所有元件属性信息，如Description（元件描述信息）、Component Kind（元件种类）等。部分选项功能如下。

“Drag a column to group（将列拖到组中）”列表框: 用于设置元件的归类标准。如果将“Columns（纵队）”列表框中的某一属性信息拖到该列表框中，则系统将以该属性信息为标准，对元件进行归类，显示在元件报表中。

“Columns（纵队）”列表框：单击◉按钮，将其进行显示，即将在元件报表中显示出来需要查看的有用信息。系统的默认设置只勾选了“Comment”（注释）、“Description”（描述）、

“Designator”（指示符）、“Footprint”（封装）、“LibRef”（库编号）和“Quantity”（数量）6个复选框。

例如，勾选了“Columns（纵队）”列表框中的“Description”（描述）复选框，将该选项拖到“Drag a column to group（将列拖到组中）”列表框中。此时，所有描述信息相同的元件被归为一类，显示在右侧的元件列表中，如图4-16所示。

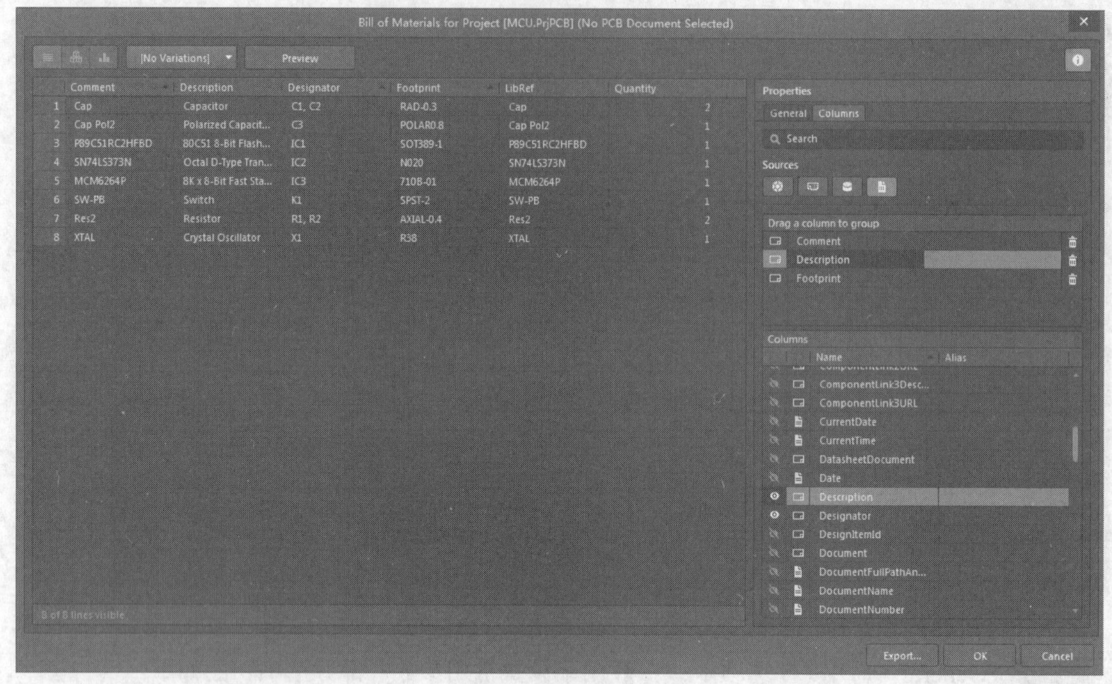

图4-16　元件归类显示

另外，在右侧元件列表的各栏中，都有一个下拉按钮，单击该按钮，同样可以设置元件列表的显示内容。

例如，单击元件列表中“Description（描述）”栏的下拉按钮，会弹出如图4-17所示的下拉列表框。

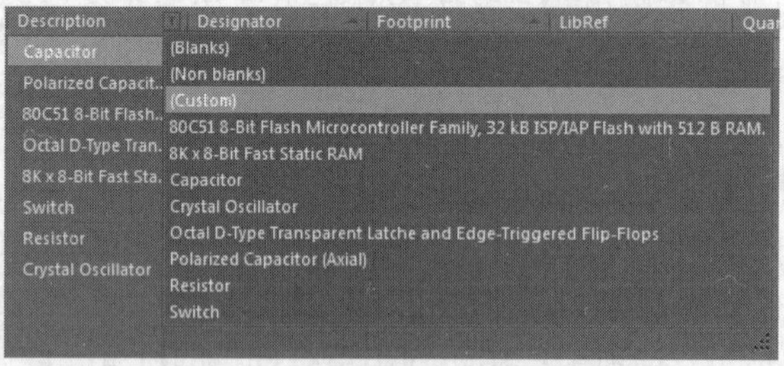

图4-17　“Description”下拉列表框

在该下拉列表中，可以选择“Capacitor”选项，还可以只显示具有某一具体描述信息的元件。例如，这里选择“Capacitor”选项，则相应的元件列表如图4-18所示。

设置好元件报表的相应选项后，就可以进行元件报表的创建、显示及输出。元件报表可以以多种格式输出，但一般选择Excel格式。

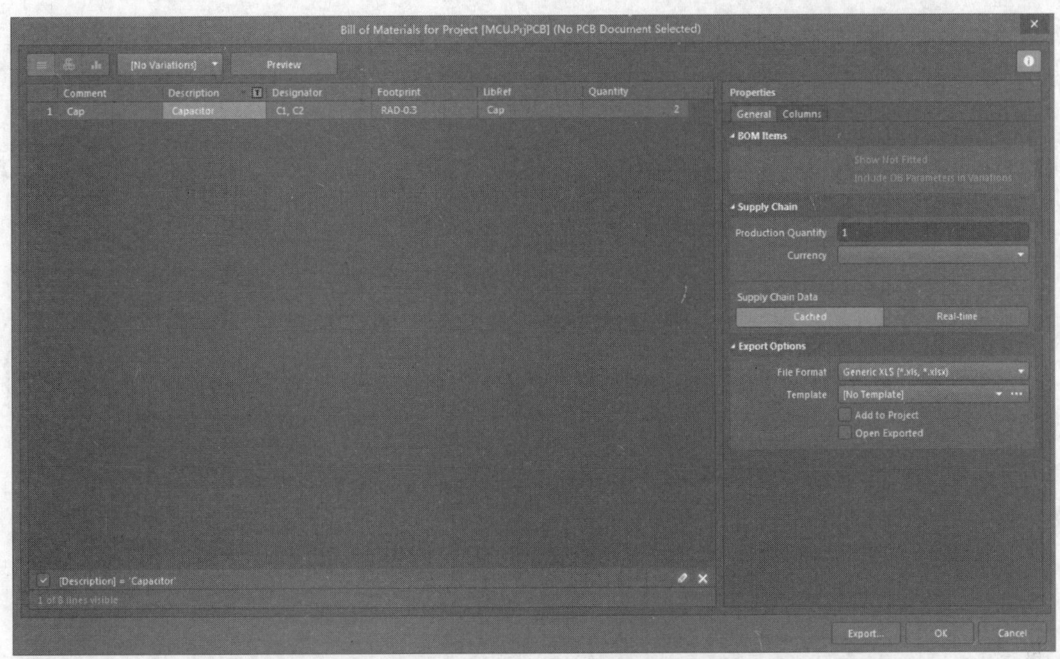

图4-18　只显示描述信息为“Capacitor”的元件

2. 元件报表的创建

Step 1 在元件报表对话框中，单击“Template（模板）”文本框右侧的 ··· 按钮，在“E:\Users\Public\Documents\Altium\AD20\Templates”目录下，选择系统自带的元件报表模板文件“BOM Default Template.XLT”，如图4-19所示。

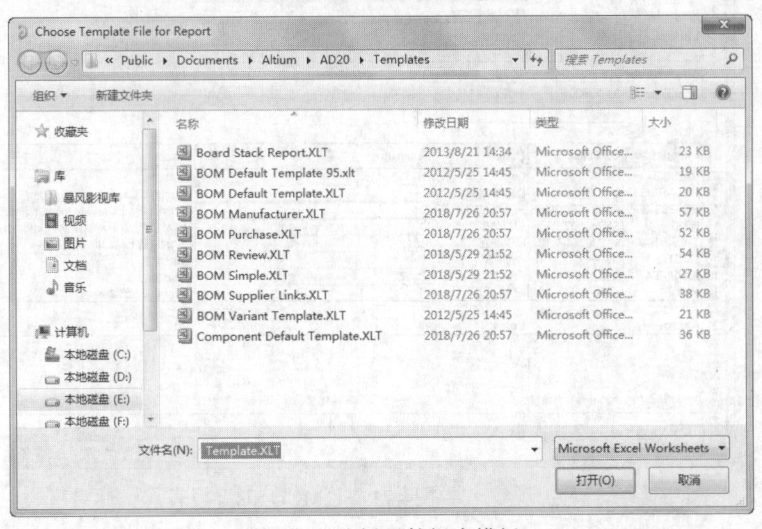

图4-19　选择元件报表模板

Step 2 单击 打开(O) 按钮后，返回元件报表对话框，并勾选“Add to Project”和“Open Exported”选项。

Step 3 单击“Export（输出）”按钮，可以将该报表进行保存，默认文件名为“MCU.xls”，是一个Excel文件，如图4-20所示，单击“保存”按钮 保存(S) ，进行保存，并打开该报表，如图4-21所示。

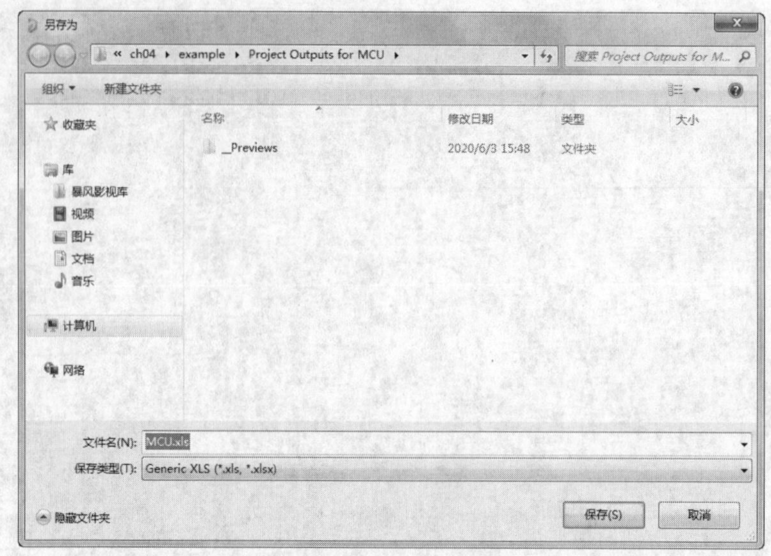

图4-20　保存元件报表

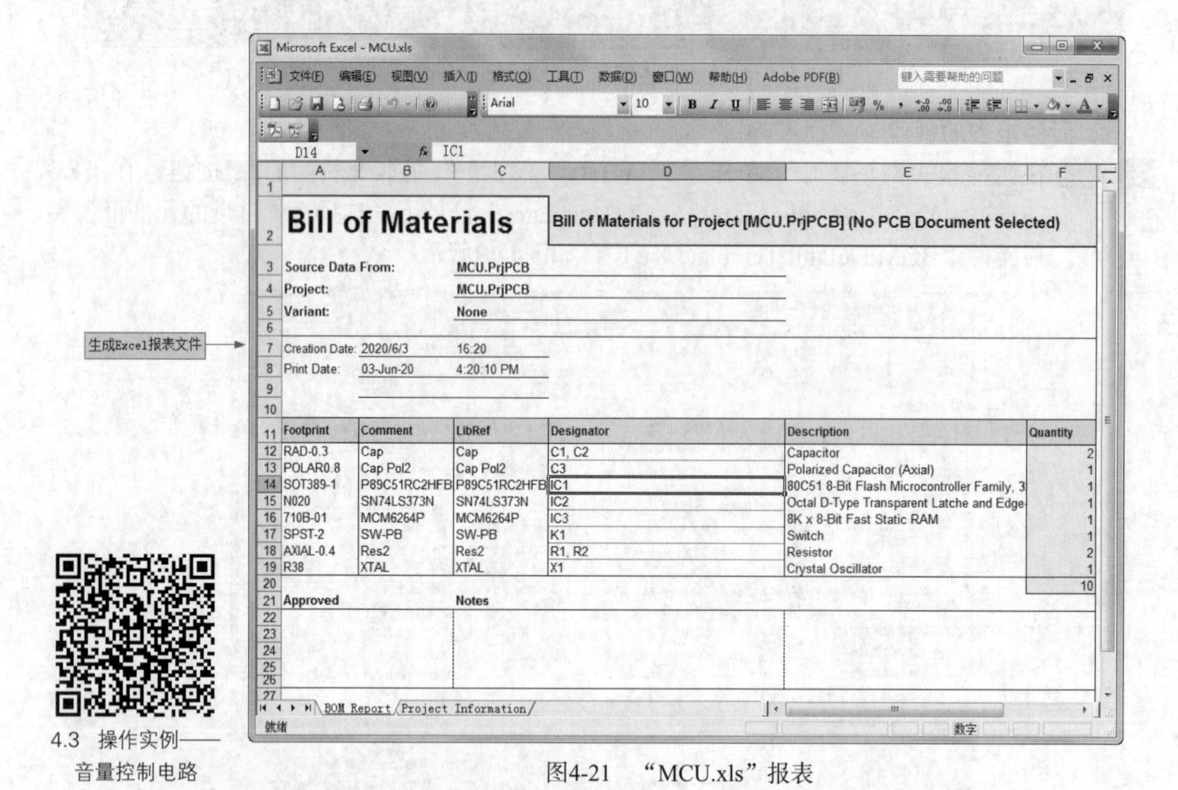

Bill of Materials

Bill of Materials for Project [MCU.PrjPCB] (No PCB Document Selected)

Source Data From: MCU.PrjPCB
Project: MCU.PrjPCB
Variant: None

Creation Date: 2020/6/3 16:20
Print Date: 03-Jun-20 4:20:10 PM

Footprint	Comment	LibRef	Designator	Description	Quantity
RAD-0.3	Cap	Cap	C1, C2	Capacitor	2
POLAR0.8	Cap Pol2	Cap Pol2	C3	Polarized Capacitor (Axial)	1
SOT389-1	P89C51RC2HFB	P89C51RC2HFB	IC1	80C51 8-Bit Flash Microcontroller Family, 3	1
N020	SN74LS373N	SN74LS373N	IC2	Octal D-Type Transparent Latche and Edge	1
710B-01	MCM6264P	MCM6264P	IC3	8K x 8-Bit Fast Static RAM	1
SPST-2	SW-PB	SW-PB	K1	Switch	1
AXIAL-0.4	Res2	Res2	R1, R2	Resistor	2
R38	XTAL	XTAL	X1	Crystal Oscillator	1
					10

Approved　　Notes

图4-21　“MCU.xls”报表

4.3　操作实例——音量控制电路

音量控制电路是所有音响设备中必不可少的单元电路。本实例设计一个如图4-22所示的音量控制电路，并对其进行报表输出操作。

音量控制电路用于控制音响系统的音量、音效和音调，如低音（bass）和高音（treble）。设计音量控制电路原理图并输出相关报表的基本过程如下。

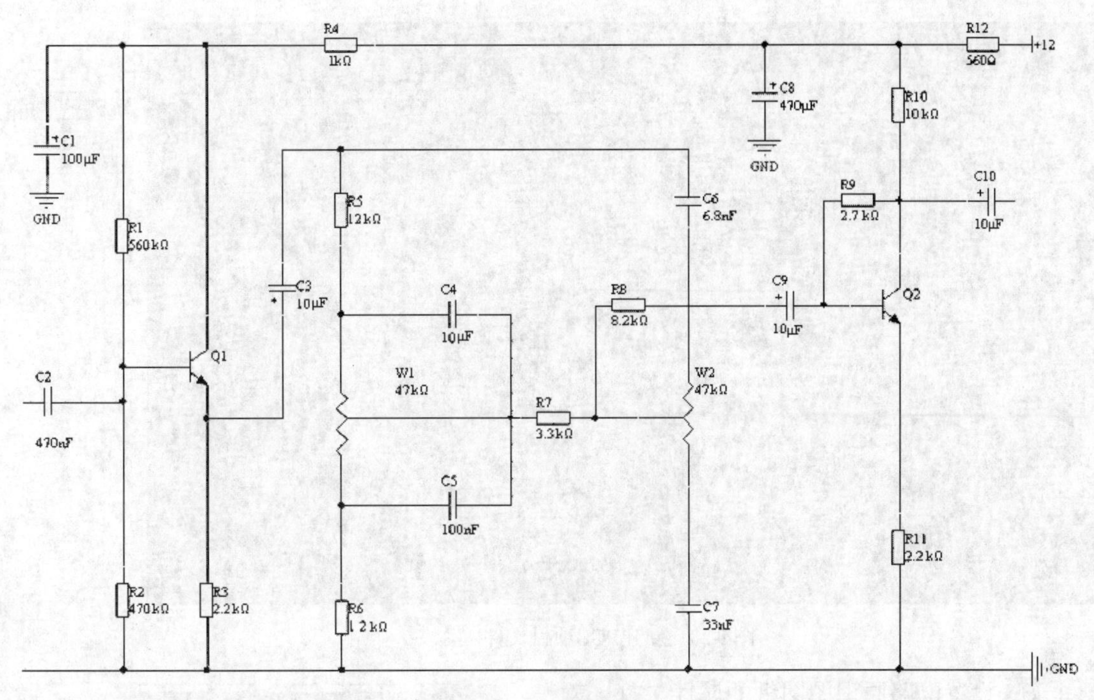

图4-22　音量控制电路

（1）创建一个名为“音量控制电路.PrjPCB”的项目文件。

（2）在项目文件中创建一个名为“音量控制电路原理图.SchDoc”的原理图文件，再使用“Properties（属性）”面板设置图纸的属性。

（3）使用“Components（元件）”面板依次放置各个元件并设置其属性。

（4）布局元件。

（5）使用连线工具连接各个元件。

（6）放置并设置电源和接地。

（7）进行ERC检查。

（8）报表输出。

（9）保存设计文档和项目文件。

具体的设计过程如下。

（1）新建项目

Step 1 启动Altium Designer 20，单击菜单栏中的“文件”→“新的”→“项目”命令，弹出“Create Project（新建工程）”对话框。

Step 2 在该对话框中显示工程文件类型，创建一个PCB项目文件“音量控制电路.PrjPCB”，如图4-23所示。

（2）创建和设置原理图图纸

Step 1 在“Projects（工程）”面板的“音量控制电路.PrjPCB”项目文件上右击，在弹出的右键快捷菜单中单击“添加新的...到工程”→“Schematic（原理图）”命令，新建一个原理图文件，并自动切换到原理图编辑环境。

Step 2 用保存项目文件同样的方法，将该原理图文件另存为“音量控制电路原理图.SchDoc”。保存后，“Projects（工程）”面板中将显示出用户设置的名称。

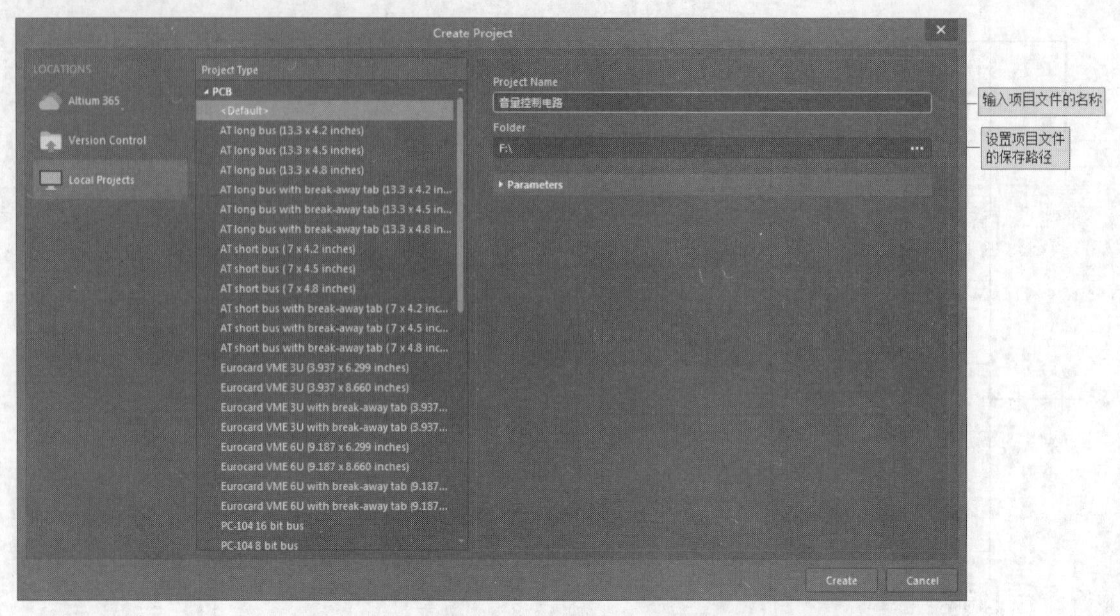

图4-23 新建PCB项目文件

Step 3 设置电路原理图图纸的属性。打开Properties（属性）面板，按照图4-24设置，这里图纸的尺寸设置为A4，放置方向设置为Landscape，图纸标题栏设为Standard，其他采用默认设置。

Step 4 设置图纸的标题栏。单击Parameters（参数）选项卡，出现标题栏设置选项。在Address1（地址）选项中输入地址，在Organization（机构）选项中输入设计机构名称，在Title（名称）选项中输入原理图的名称。其他选项可以根据需要填写，如图4-25所示。

（3）元件的放置和属性设置

Step 1 激活“Components（元件）”面板，在库文件列表中选择名为“Miscellaneous Devices.IntLib”的库文件，然后在过滤条件文本框中输入关键字“CAP”，筛选出包含该关键字的所有元件，选择其中名为“Cap Pol2”的电解

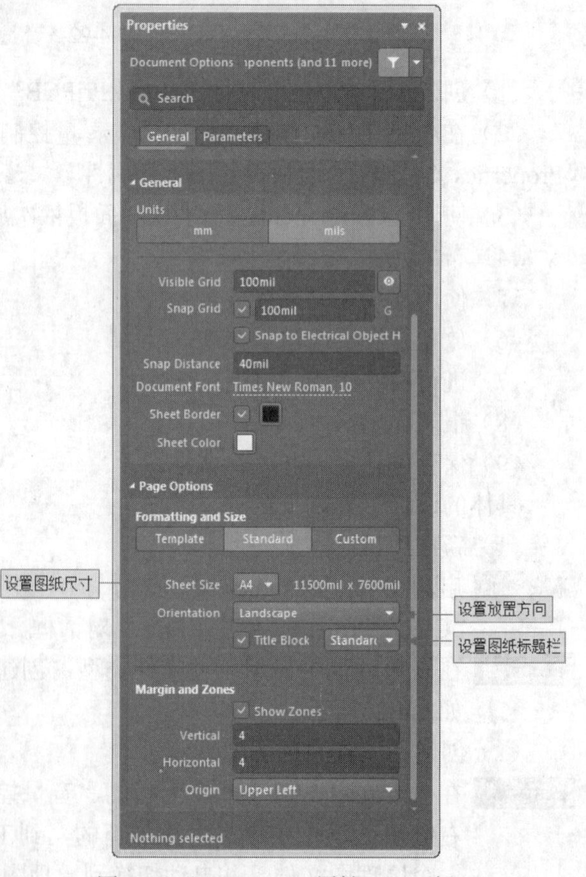

图4-24 “Properties（属性）”面板

电容，如图4-26所示。

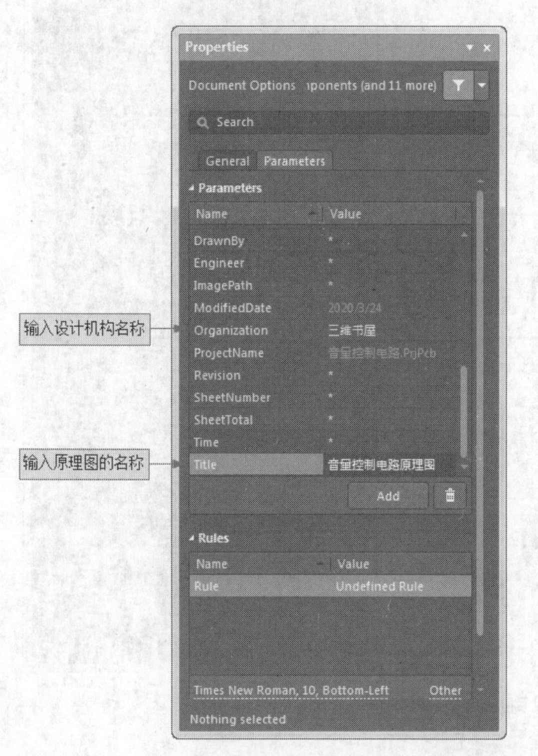

图4-25 “Parameters（参数）”选项卡

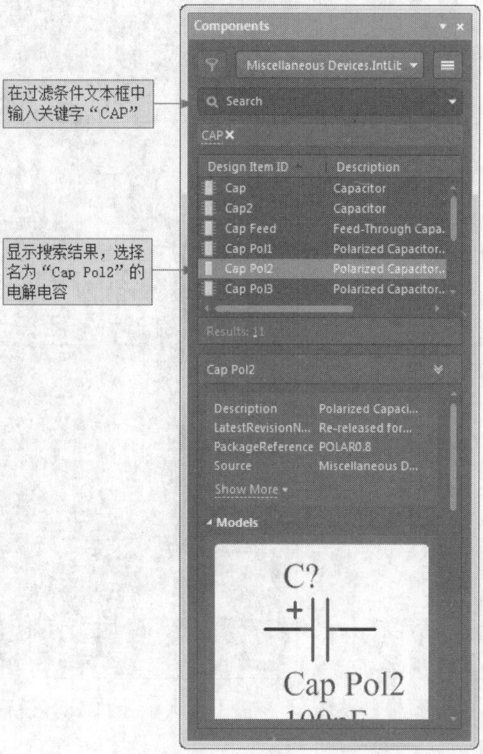

图4-26 选择元件

Step 2 双击“Cap Pol2”元件，然后将光标移动到工作窗口，进入如图4-27所示的电解电容放置状态。

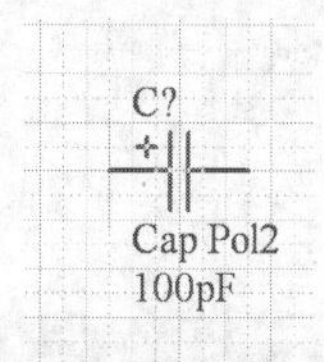

图4-27 电解电容放置状态

Step 3 按<Tab>键，在弹出的Properties（属性）面板中修改元件属性。在General（通用）选项卡中将Designator（标识符）设为C1，单击Comment（注释）文本框中的按钮，设为不可见，然后打开Paramrters（参数）选项卡，把Value（值）改为100μF，参数设置如图4-28所示。

Step 4 按<Space>键，翻转电容至如图4-29所示的角度。

Step 5 在适当的位置单击，即可在原理图中放置电容C1，同时编号为C2的电容自动附在光标上，如图4-30所示。

Step 6 继续设置电容属性。再次按<Tab>键，修改电容的属性，如图4-31所示。

Step 7 按<Space>键翻转电容，并在如图4-32所示的位置单击放置该电容。

本例中有10个电容，其中，C1、C3、C8、C9、C10为电解电容，容量分别为100μF、10μF、470μF、10μF、10μF；而C2、C4、C5、C6、C7为普通电容，容量分别为470nF、10nF、100nF、6.8nF、33nF。

Step 8 参照上面的数据，放置好其他电容，如图4-33所示。

图4-28　设置电解电容C1的属性

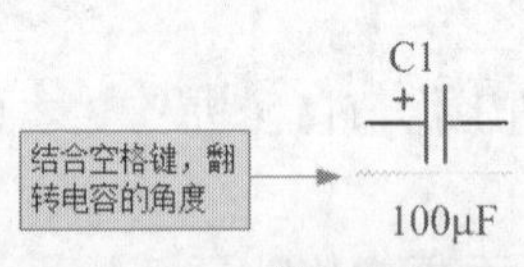

图4-29　翻转电容

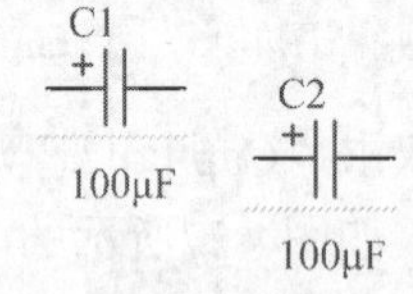

图4-30　放置电容C2

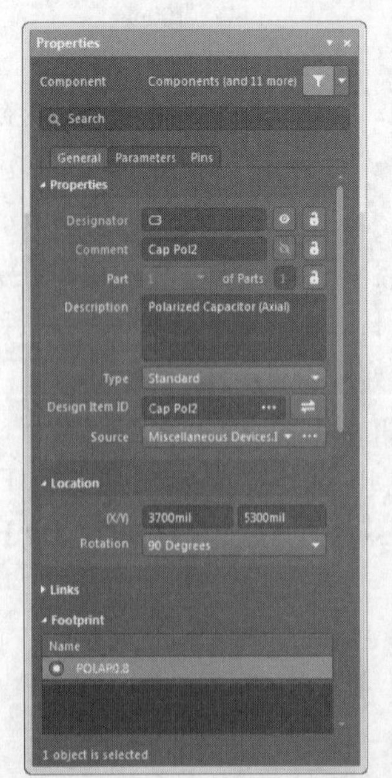

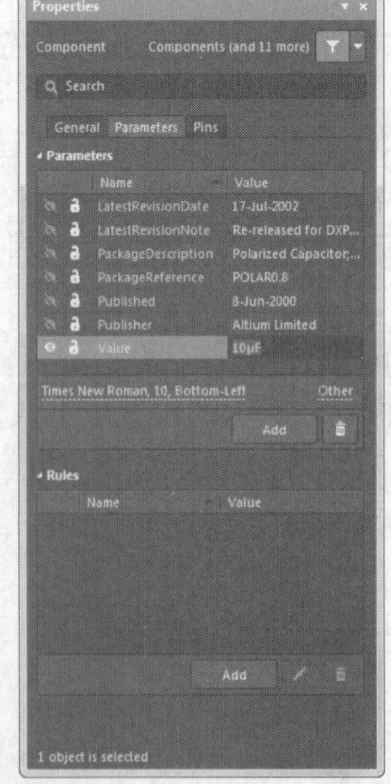

图4-31　设置电容属性

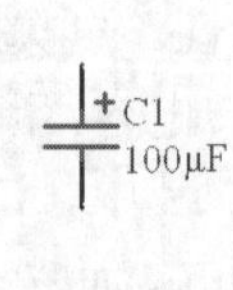

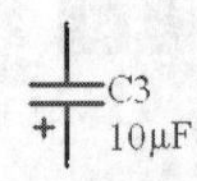

图4-32　放置C3

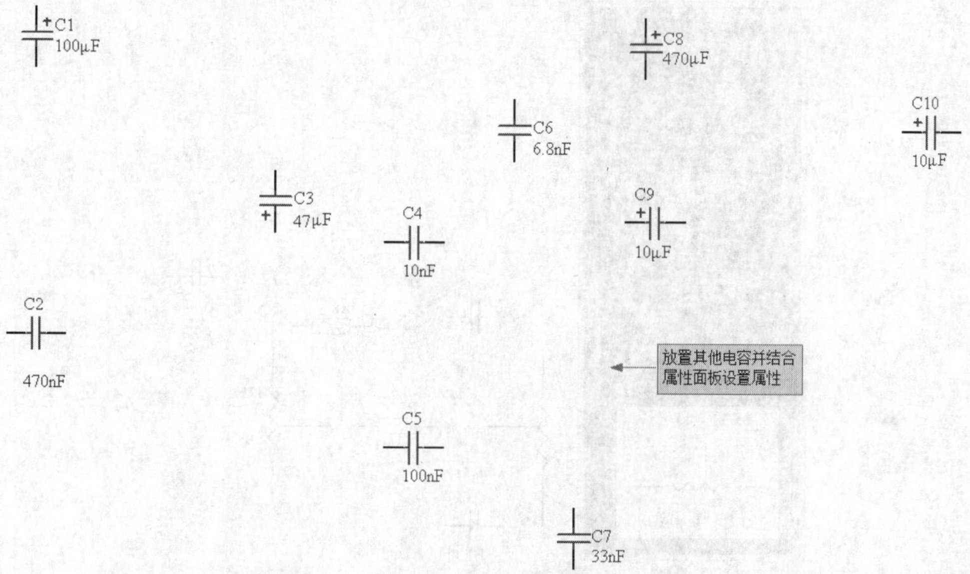

放置其他电容并结合属性面板设置属性

图4-33 放置其他电容

Step 9 放置电阻。本例中用到12个电阻，为R1～R12，阻值分别为560kΩ、470kΩ、2.2kΩ、1kΩ、12kΩ、1.2kΩ、3.3kΩ、8.2kΩ、2.7kΩ、10kΩ、2.2kΩ、560Ω。和放置电容相似，将这些电阻放置在原理图中合适的位置上，如图4-34所示。

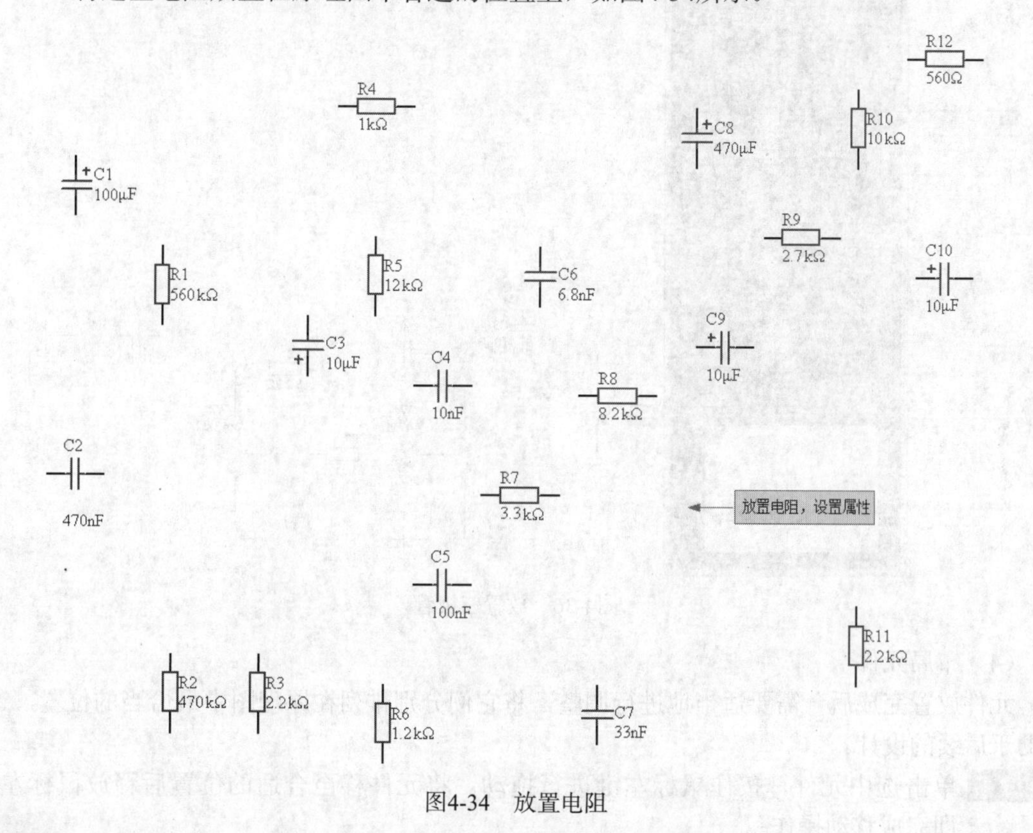

图4-34 放置电阻

Step 10 采用同样的方法选择和放置两个电位器，如图4-35所示。

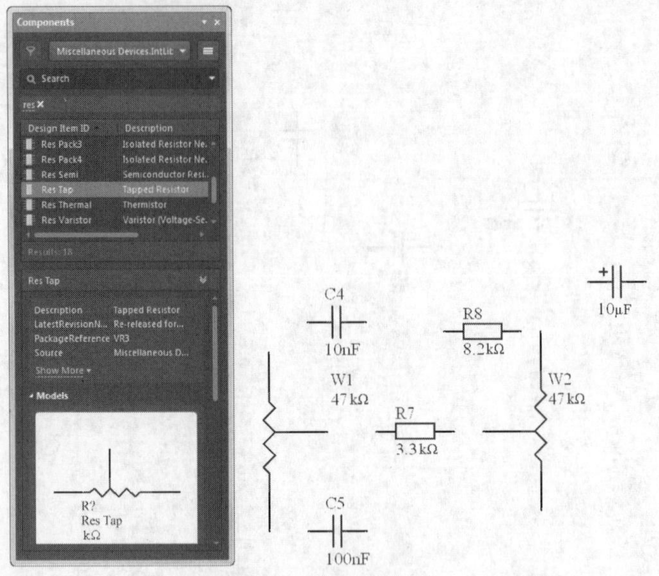

图4-35　放置电位器

Step 11 再以同样的方法选择和放置两个三极管Q1和Q2，放置在C3和C9附近，如图4-36所示。

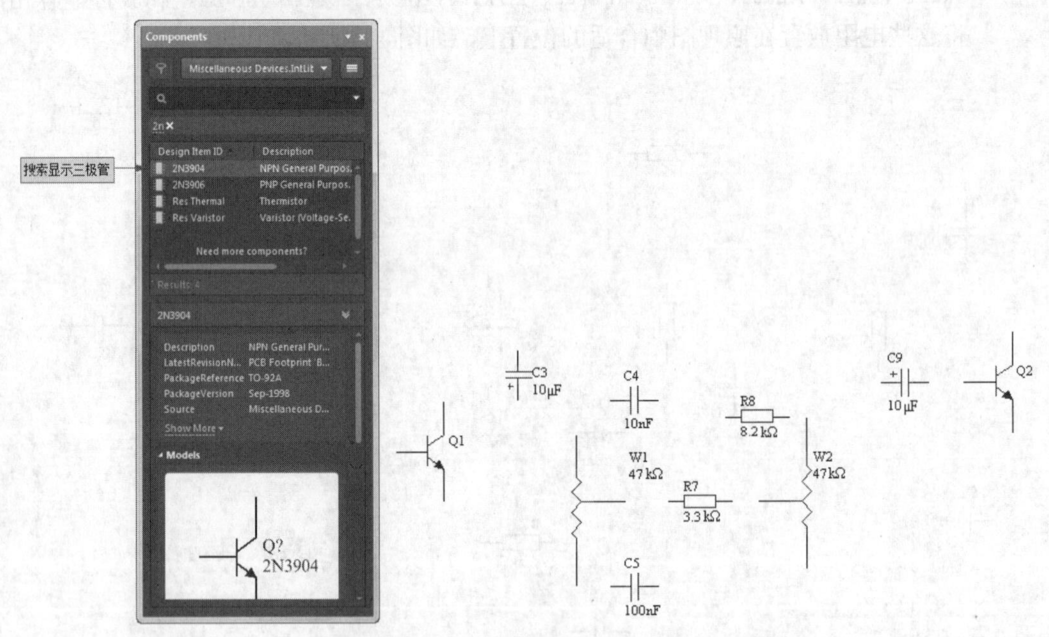

图4-36　放置三极管

（4）布局元件

元件放置完成后，需要适当地进行调整，将它们分别排列在原理图中最恰当的位置，这样有助于后续的设计。

Step 1 单击选中元件，按住鼠标左键进行拖动。将元件移至合适的位置后释放鼠标左键，即完成移动操作。

在移动对象时，可以通过按<Page Up>或<Page Down>键来缩放视图，以便观察细节。

Step 2 选中元件的标注部分，按住鼠标左键进行拖动，可以移动元件标注的位置。

Step 3 采用同样的方法调整所有的元件，效果如图4-37所示。

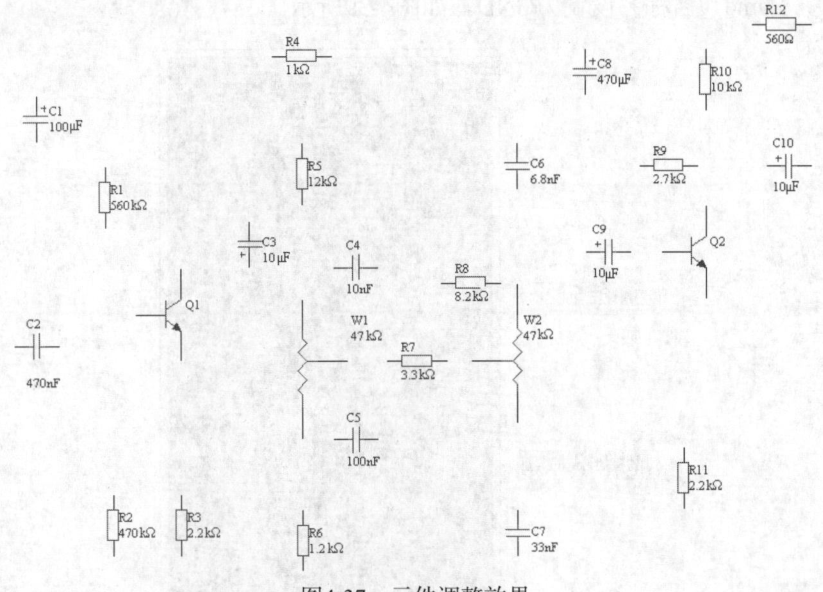

图4-37　元件调整效果

（5）原理图连线

Step 1 单击“布线”工具栏中的（放置线）按钮，进入导线放置状态，将光标移动到某个元件的引脚上（如R1），十字光标的交叉符号变为蓝色，单击即可确定导线的一个端点。

Step 2 将光标移动到R2处，再次出现蓝色交叉符号后单击，即可放置一段导线。

Step 3 采用同样的方法放置其他导线，如图4-38所示。

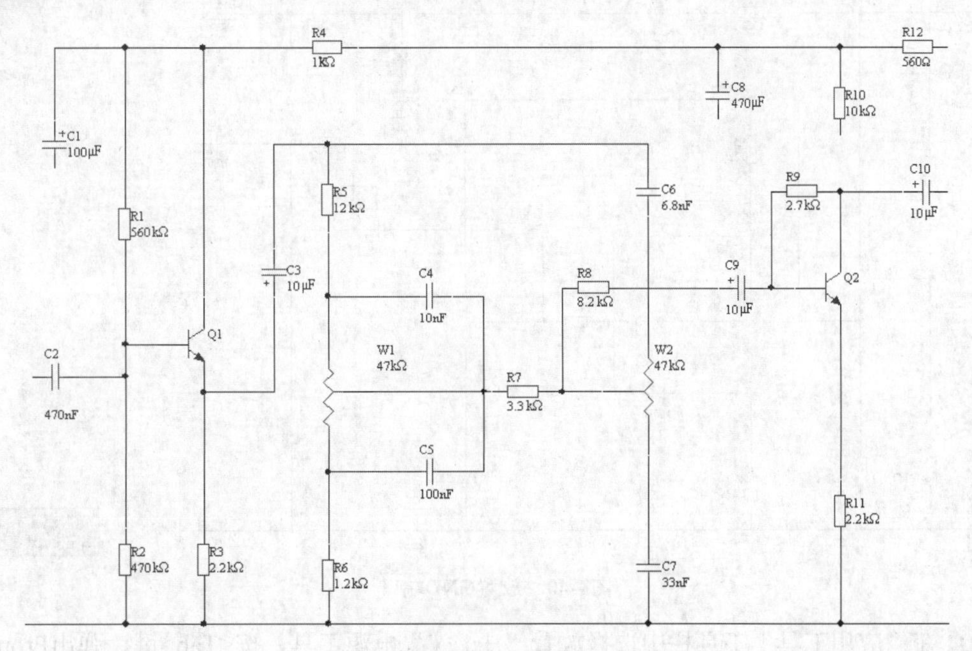

图4-38　放置导线

Step 4 单击“布线”工具栏中的（GND端口）按钮，进入接地放置状态。按<Tab>键，在弹出的“Properties（属性）”面板中，默认Style（类型）设置为Power Ground（接地），Name（名称）设置为GND，如图4-39所示。

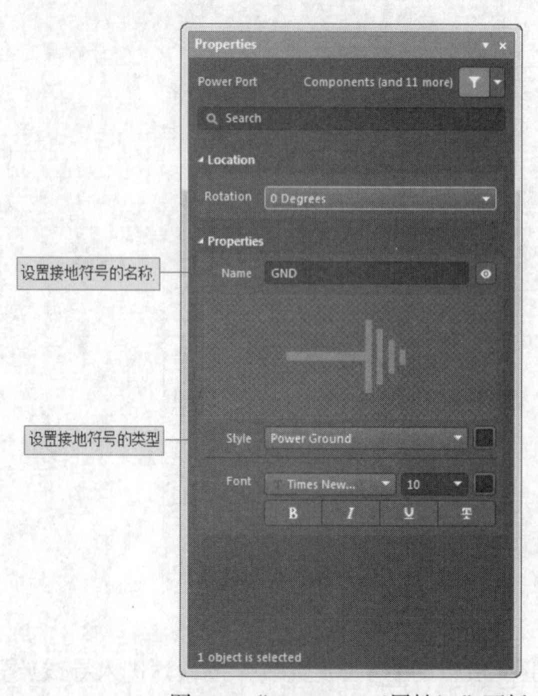

图4-39 “Properties（属性）”面板

Step 5 移动光标到C8下方的引脚处，单击即可放置一个GND端口。

Step 6 采用同样的方法放置其他GND端口，如图4-40所示。

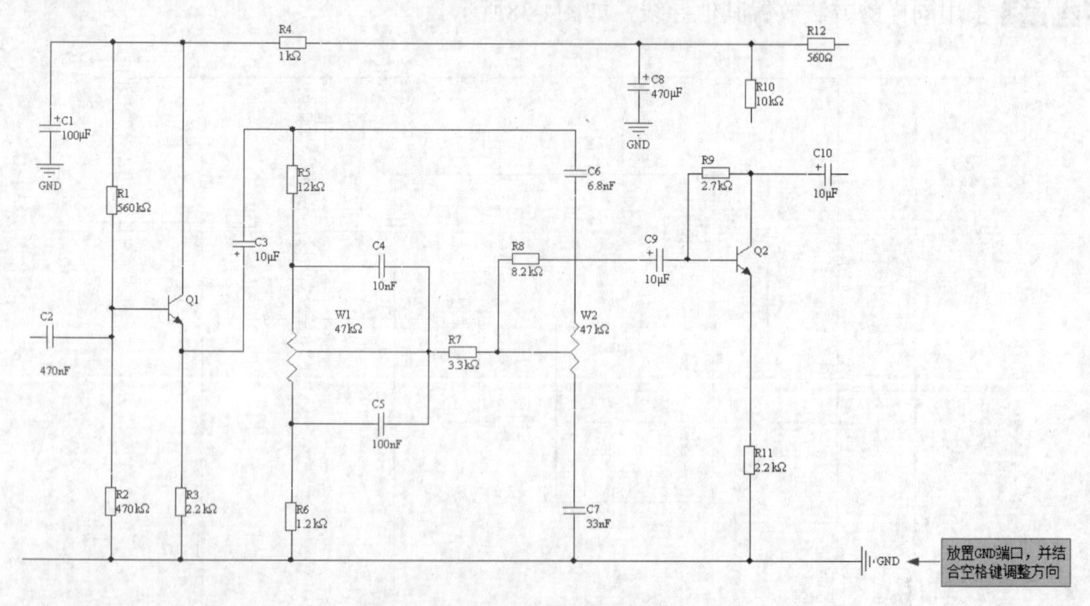

图4-40 放置GND端口

Step 7 在“应用工具”工具栏中选择放置“＋12V”电源工具，按<Tab>键，弹出Properties

（属性）面板，将Style（类型）设置为Bar，Name（名称）设置为＋12V，如图4-41所示。

图4-41 电源“Properties”面板

Step 8 在原理图中放置电源并检查和整理连接导线，布线后的原理图如图4-42所示。

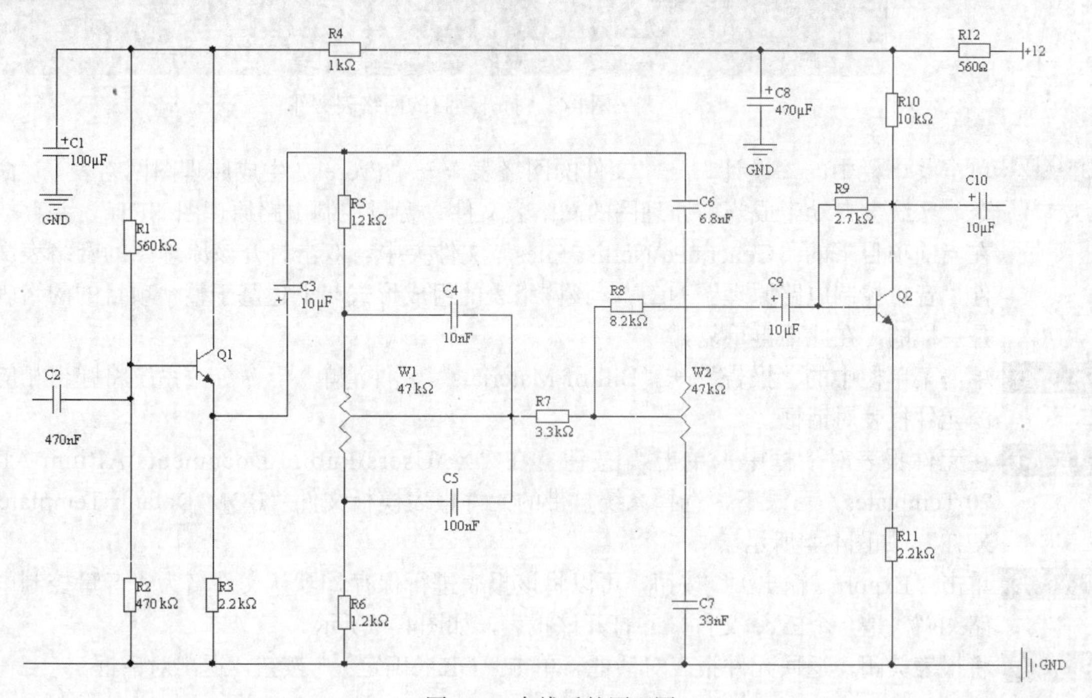

图4-42 布线后的原理图

（6）报表输出

Step 1 单击菜单栏中的“设计”→“工程的网络表”→“Protel（生成项目网络表）”命令，系统自动生成了当前项目的网络表文件“音量控制电路原理图.NET”，并存放在当前项目的“Generated \Netlist Files”文件夹中。双击打开该项目网络表文件“音量控制电路原理图.NET”，结果如图4-43所示。该网络表是一个简单的ASCII码文本文件，由多行文本组成。内容分成了两大部分，一部分是元件信息，另一部分是网络信息。

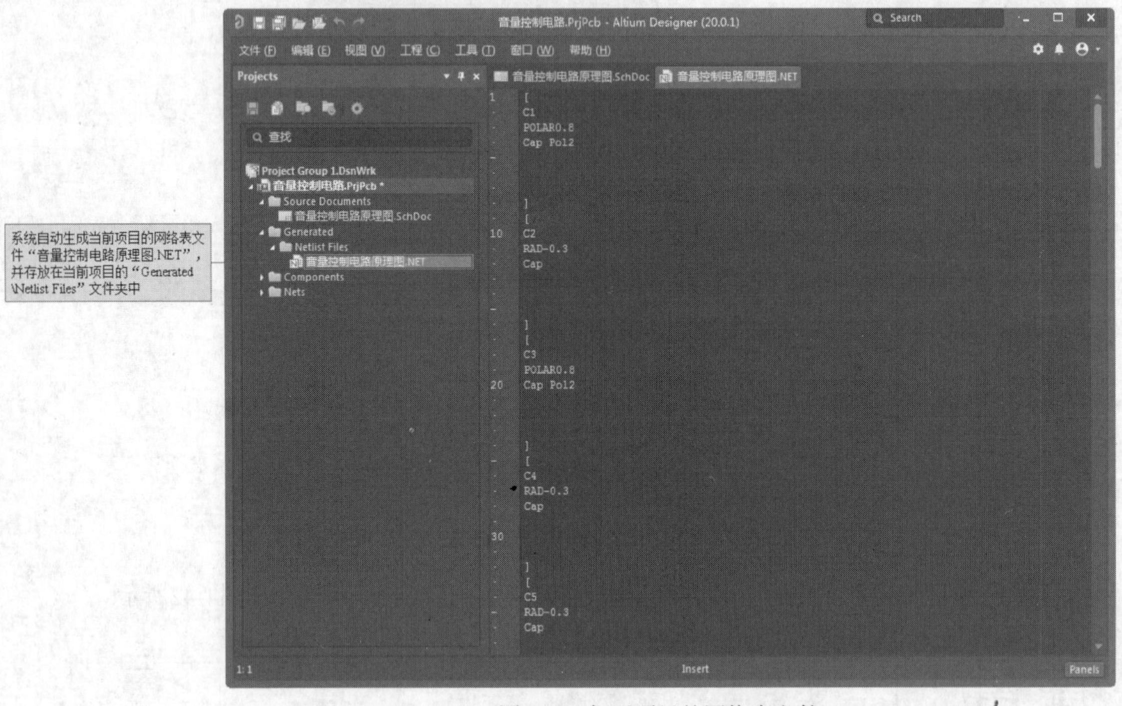

图4-43 打开项目的网络表文件

Step 2 单击菜单栏中的“设计”→“文件的网络表”→“Protel（生成原理图网络表）”命令，系统会自动生成当前原理图的网络表文件“音量控制电路原理图.NET”，并存放在当前项目下的“Generated\Netlist Files”文件夹中。双击打开该原理图的网络表文件“音量控制电路原理图.NET”。该网络表的组成形式与上述基于整个项目的网络表是一样的，在此不再重复。

Step 3 单击菜单栏中的“报告”→“Bill of Materials（元件清单）”命令，系统将弹出相应的元件报表对话框。

Step 4 在元件报表对话框中，单击…按钮，在“X:\Users\Public\Documents\Altium\AD 20\Templates”目录下，选择系统自带的元件报表模板文件“BOM Default Template.XLT”，如图4-44所示。

Step 5 单击“Export（输出）”按钮，可以将该报表进行保存，默认文件名为“音量控制电路.xls”，是一个Excel文件，并打开该报表，如图4-45所示。

Step 6 将报表关闭，返回元件报表对话框。单击“OK（确定）”按钮，退出对话框。

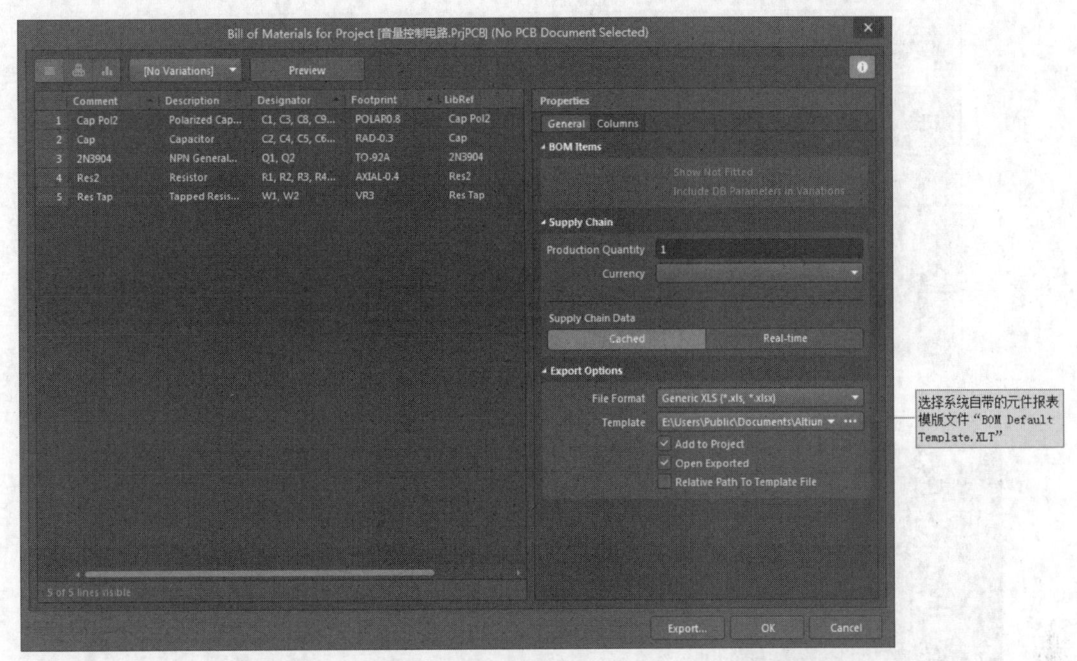

图4-44　设置元件报表

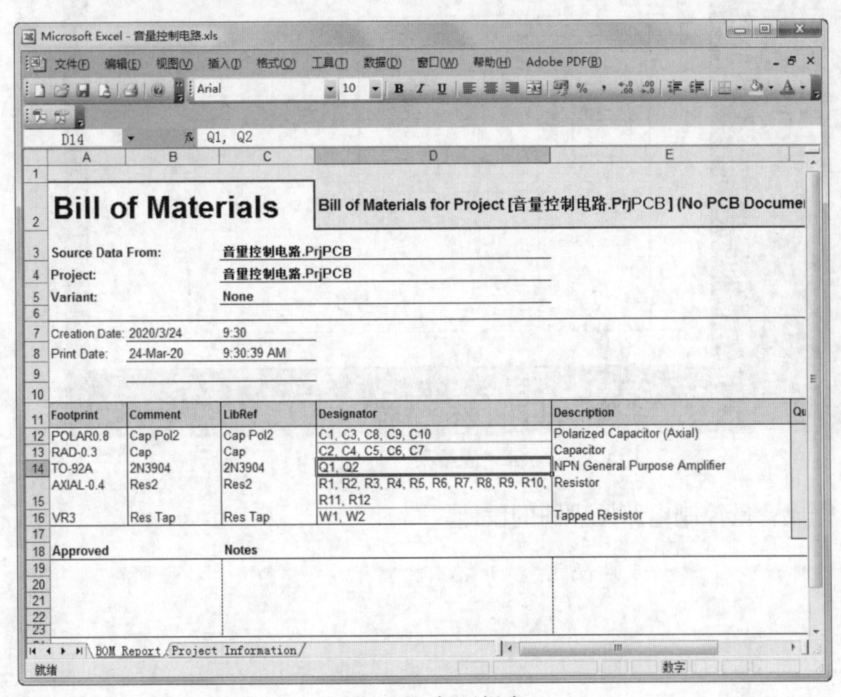

图4-45　打开报表

（7）编译并保存项目

Step 1 选择菜单栏中的"工程"→Compile PCB Projects（编译PCB项目）命令，系统将自动生成信息报告，并在"Messages（信息）"面板中显示出来，如图4-46所示，项目完成结果如图4-47所示。本例没有出现任何错误信息，表明电气检查通过。

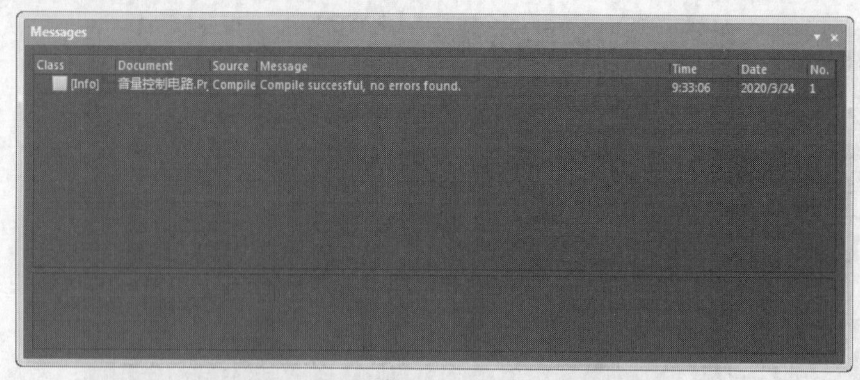

图4-46 “Messages（信息）”面板

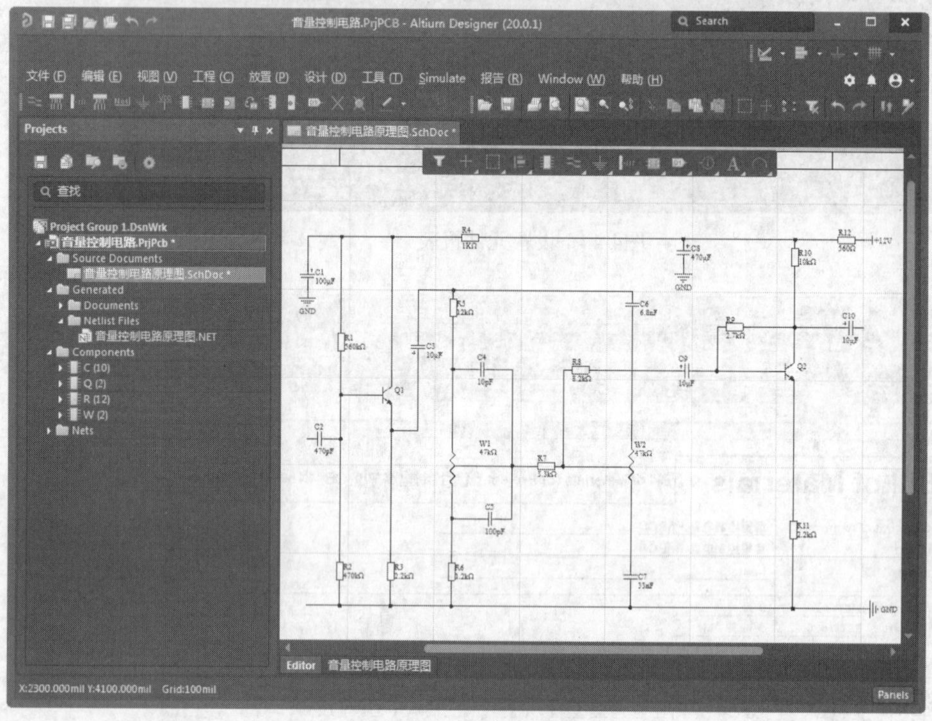

图4-47 项目完成结果

Step 2 保存项目，完成音量控制电路原理图的设计。

层次结构原理图的设计

前面我们介绍了一般电路原理图的基本设计方法，即将整个系统的电路绘制在一张原理图上。这种方法适用于规模较小、逻辑结构较简单的系统电路设计。而对于大规模的电路系统来说，由于所包含的电气对象数量繁多，结构关系复杂，很难在一张原理图上完整地绘出，即使勉强绘制出来，其错综复杂的结构也非常不利于电路的阅读、分析与检查。

因此，对于大规模的复杂系统，应该采用另外一种设计方法，即电路的模块化设计方法。将整体系统按照功能分解成若干个电路模块，每个电路模块具有特定的独立功能及相对独立性，可以由不同的设计者分别绘制在不同的原理图上。这样可以使电路结构更清晰，同时也便于设计团队共同参与设计，加快工作进程。

- 层次结构电路原理图的概念
- 层次结构电路原理图的设计方法
- 层次结构电路原理图之间的切换

5.1　层次结构原理图的基本结构和组成

层次结构电路原理图的设计理念是将实际的总体电路进行模块划分，划分的原则是每一个电路模块都应具有明确的功能特征和相对独立的结构，而且还要有简单、统一的接口，便于模块间的连接。

针对每一个具体的电路模块，可以分别绘制相应的电路原理图，该原理图我们一般称之为子原理图，而各个电路模块之间的连接关系则采用顶层原理图来表示。顶层原理图主要由若干个原理图符号即图纸符号组成，用来表示各个电路模块之间的系统连接关系，描述了整体电路的功能结构。把整个系统电路分解成顶层原理图和若干个子原理图以分别进行设计。

Altium Designer 20系统提供的层次原理图设计功能非常强大，能够实现多层的层次化设计功能。用户可以将整个电路系统划分为若干个子系统，每一个子系统可以划分为若干个功能模块，而每一个功能模块还可以再细分为若干个基本的小模块，这样依次细分下去，就把整个系统划分为多个层次，电路设计化繁为简。

一个两层结构原理图的基本结构如图5-1所示，由顶层原理图和子原理图共同组成，这就是所谓的层次化结构。

其中，子原理图是用来描述某一电路模块具体功能的普通电路原理图，只不过增加了一些输入/输出端口，作为与上层原理图进行电气连接的接口。普通电路原理图的绘制方法在前面已经学习过，主要由各种具体的元件、导线等构成。

顶层原理图即母图的主要构成元素不再是具体的元件，而是代表子原理图的图纸符号，图5-2所示是一个采用层次结构设计的顶层原理图。

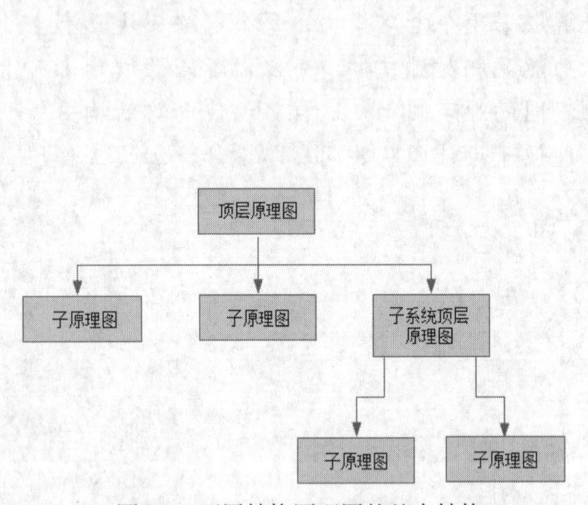

图5-1　两层结构原理图的基本结构

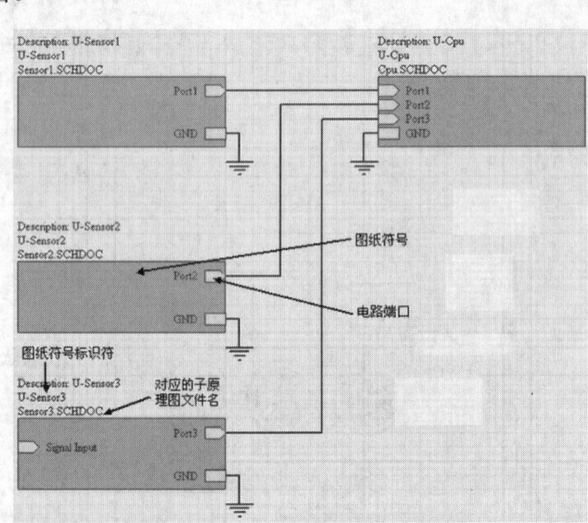

图5-2　顶层原理图的基本组成

该顶层原理图主要由4个图纸符号组成，每一个图纸符号都代表一个相应的子原理图文件。在图纸符号的内部给出了一个或多个表示连接关系的电路端口，对于这些端口，在子原理图中都有相同名称的输入、输出端口与之相对应，以便建立起不同层次间的信号通道。

图纸符号之间也是借助于电路端口进行连接的，也可以使用导线或总线完成连接。此外，同一个项目的所有电路原理图（包括顶层原理图和子原理图）中，相同名称的输入、输出端口和电路端口之间，在电气意义上都是相互连通的。

5.2 层次结构原理图的设计方法

基于上述设计理念，层次电路原理图设计的具体实现方法有两种，一种是自上而下的设计方式，另一种是自下而上的设计方式。

自上而下的设计方法是在绘制电路原理图之前，要求设计者对这个设计有一个整体的把握。把整个电路设计分成多个模块，确定每个模块的设计内容，然后对每一模块进行详细的设计。在C语言中，这种设计方法被称为自顶向下，逐步细化。该设计方法要求设计者在绘制原理图之前就对系统有比较深入的了解，对电路的模块划分比较清楚。

自下而上的设计方法是设计者先绘制子原理图，根据子原理图生成原理图符号，进而生成上层原理图，最后完成整个设计。这种方法比较适用于对整个设计不是非常熟悉的用户，这也是一种适合初学者选择的设计方法。

5.2.1 自上而下的层次原理图设计

本节以“基于通用串行数据总线USB的数据采集系统”的电路设计为例，详细介绍自上而下层次电路的具体设计过程。

采用层次电路的设计方法，将实际的总体电路按照电路模块的划分原则划分为4个电路模块，即CPU模块和三路传感器模块Sensor1、Sensor2、Sensor3。首先绘制出层次原理图中的顶层原理图，然后再分别绘制出每一电路模块的具体原理图。

自上而下绘制层次原理图的操作步骤如下。

Step 1 启动Altium Designer 20，选择菜单栏中的“文件”→“新的”→“项目”命令，则在“Projects（工程）”面板中出现了新建的项目文件，另存为“USB采集系统.PrjPCB”。

Step 2 在项目文件“USB采集系统.PrjPCB”上右击，在弹出的右键快捷菜单中单击“添加新的...到工程”→“Schematic（原理图）”命令，在该项目文件中新建一个电路原理图文件，另存为“Mother.SchDoc”，并完成图纸相关参数的设置。

Step 3 单击菜单栏中的“放置”→“页面符”命令，或者单击“布线”工具栏中的“放置页面符”按钮，光标将变为十字形状，并带有一个原理图符号标志。

Step 4 移动光标到需要放置原理图符号的地方，单击确定原理图符号的一个顶点，移动光标到合适的位置再一次单击确定其对角顶点，即可完成原理图符号的放置。

此时放置的图纸符号并没有具体的意义，需要进行进一步设置，包括其标识符、所表示的子原理图文件及一些相关的参数等。

Step 5 此时，光标仍处于放置原理图符号的状态，重复上一步操作即可放置其他原理图符号。右击或者按<Esc>键即可退出操作。

Step 6 设置页面符的属性。双击需要设置属性的页面符或在绘制状态时按<Tab>键，系统将弹出相应的“Properties（属性）”面板，如图5-3所示。页面符属性的主要参数含义如下。

- Properties（属性）选项组

➢ Designator（标识符）：用于设置页面符的名称。这里我们输入为Modulator（调制器）。

➢ File Name（文件名）：用于显示该页面符所代表的下层原理图的文件名。

➢ Bus Text Style（总线文本类型）：用于设置线束连接器中文本显示类型。单击后面的下三角按钮，有2个选项供选择：Full（全程）、Prefix（前缀）。

图5-3　页面符“Properties（属性）”面板

➢ Line Style（线宽）：用于设置页面符边框的宽度，有4个选项供选择：Smallest、Small、Medium和Large。

➢ Fill Color（填充颜色）：若选中该复选框，则页面符内部被填充，否则页面符是透明的。

● Source（资源）选项组

➢ File Name（文件名）：用于设置该页面符所代表的下层原理图的文件名，输入Modulator.SchDoc（调制器电路）。

● Sheet Entries（图纸入口）选项组

在该选项组中可以为页面符添加、删除和编辑与其余元件连接的图纸入口，在该选项组下进行添加图纸入口，与工具栏中的“添加图纸入口”按钮作用相同。

单击“Add（添加）”按钮，在该面板中自动添加图纸入口，如图5-4所示。

➢ Times New Roman, 10：用于设置页面符文字的字体类型、字体大小、字体颜色，同时设置字体加粗、斜体、下画线、横线等效果，如图5-5所示。

➢ Other（其余）：用于设置页面符中图纸入口的电气类型、边框的颜色和填充颜色。单击后面

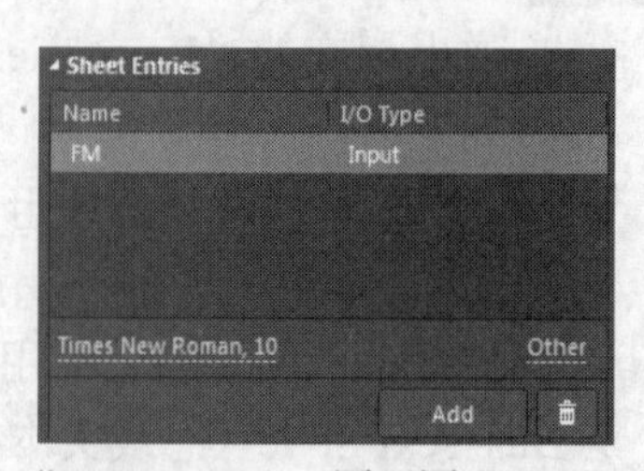

图5-4　“Sheet Entries（原理图入口）”选项组

的颜色块，可以在弹出的对话框中设置颜色，如图5-6所示。

图5-5 文字设置

图5-6 颜色设置

● “Parameters（参数）”选项卡

单击图5-3中的“Parameters（参数）”标签，打开“Parameters（参数）”选项卡，如图5-7所示。在该选项卡中可以为页面符的图纸符号添加、删除和编辑标注文字。单击“Add（添加）”按钮，添加参数显示如图5-8所示。

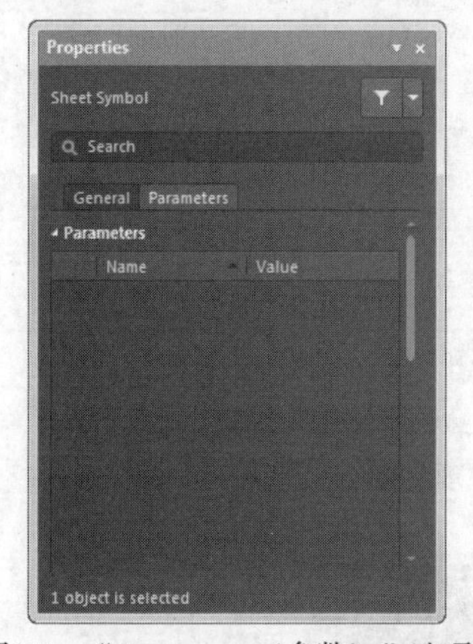

图5-7 “Parameters（参数）”选项卡

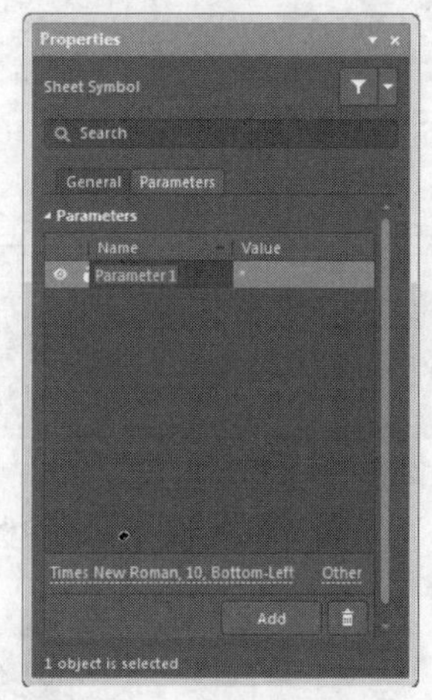

图5-8 设置参数属性

在该面板中可以设置标注文字的“名称”“值”“位置”“颜色”“字体”“定位”以及类型，等等。

单击◎按钮，显示“Value”值，单击🔒按钮，显示“Name”。

按照上述方法放置另外3个原理图符号U-Sensor2、U-Sensor3和U-Cpu，并设置好相应的属性，如图5-9所示。

Step 7 单击菜单栏中的“放置”→“添加图纸入口”命令，或者单击“布线”工具栏中的▣（放置图纸入口）按钮，光标将变为十字形状。

Step 8 移动光标到页面符内部，选择放置图纸入口的位置，单击，会出现一个随光标移动的图纸入口，但只能在原理图符号内部的边框上移动，在适当的位置再次单击即可完成图纸入口的放置。此时，光标仍处于放置图纸入口的状态，继续放置其他的图纸入口。右击或者按<Esc>键即可退出操作。

Step 9 设置图纸入口的属性。根据层次电路图的设计要求，在顶层原理图中，每一个页面符上的所有图纸入口都应该与其所代表的子原理图上的一个电路输入、输出端口相对应，包括端口名称及接口形式等。因此，需要对图纸入口的属性加以设置。双击需要设置属性的图纸入口或在绘制状态时按<Tab>键，系统将弹出相应的“Properties（属性）”面板，如图5-10所示。图纸入口属性的主要参数含义如下。

● Name（名称）：用于设置图纸入口名称。这是图纸入口最重要的属性之一，具有相同名称的图纸入口在电气上是连通的。

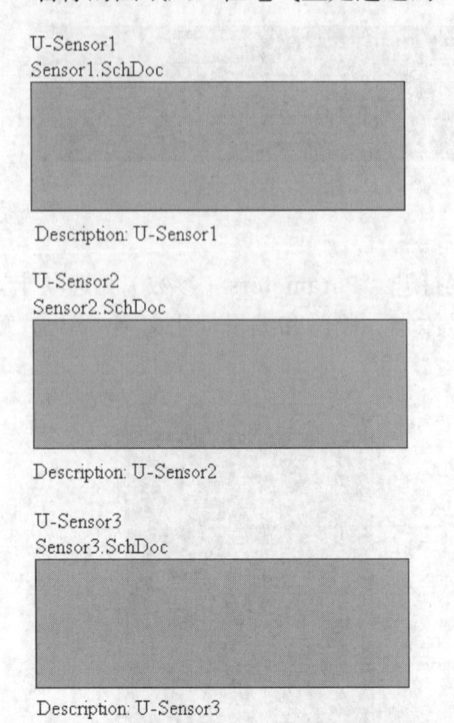

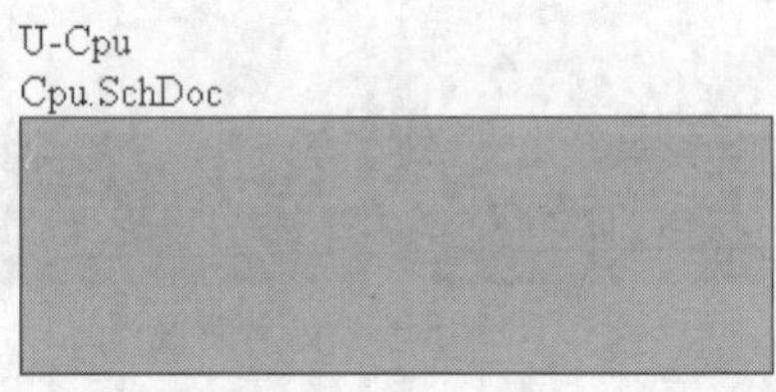

图5-9 设置好的4个原理图符号

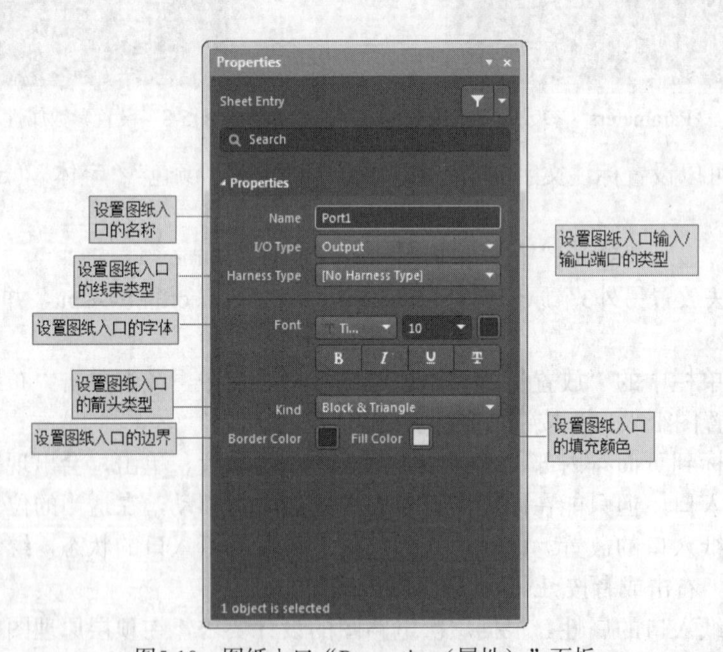

图5-10 图纸入口“Properties（属性）”面板

● I/O Type（输入/输出端口的类型）：用于设置图纸入口的电气特性，对后面的电气规则检查提供一定的依据。有Unspecified（未指明或不确定）、Output（输出）、Input（输入）和Bidirectional（双向型）4种类型，如图5-11所示。

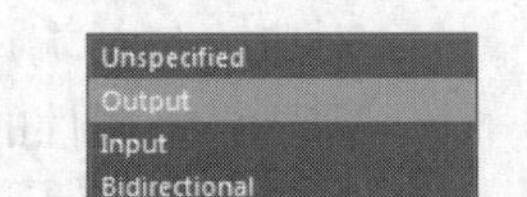

图5-11 输入/输出端口的类型

- Harness Type（线束类型）：设置线束的类型。
- Font（字体）：用于设置端口名称的字体类型、字体大小、字体颜色，同时设置字体加粗、斜体、下画线、横线等效果。
- Border Color（边界）：用于设置端口边界的颜色。
- Fill Color（填充颜色）：用于设置端口内填充颜色。
- Kind（类型）：用于设置图纸入口的箭头类型。单击后面的下三角按钮，4个选项供选择，如图5-12所示。

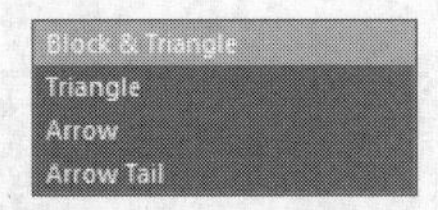

图5-12 箭头类型

Step 10 按照同样的方法，把所有的图纸入口放在合适的位置处，并一一完成属性设置。

Step 11 使用导线或总线把每一个原理图符号上的相应图纸入口连接起来，并放置好接地符号，完成顶层原理图的绘制，如图5-13所示。

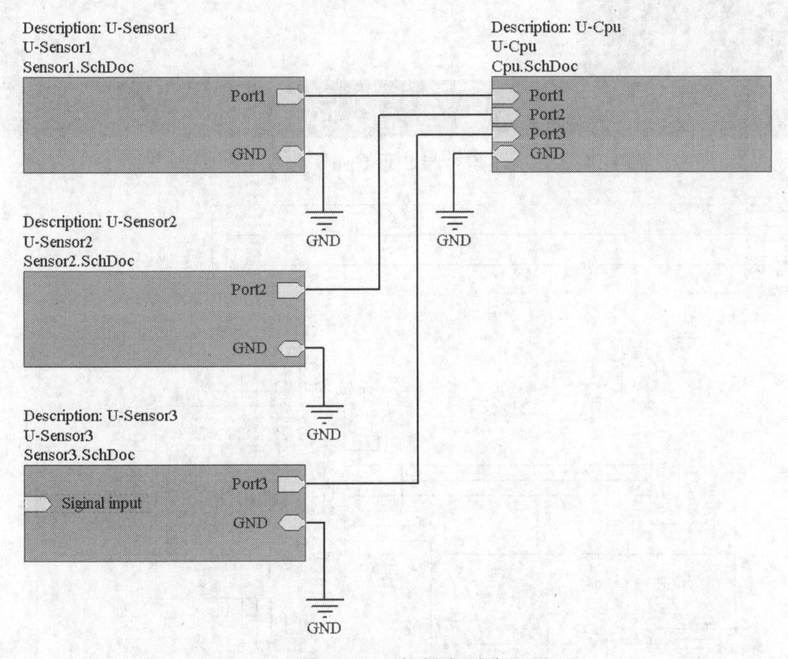

图5-13 顶层原理图

根据顶层原理图中的原理图符号，把与之相对应的子原理图分别绘制出来，这一过程就是使用原理图符号来建立子原理图的过程。

Step 12 单击菜单栏中的“设计”→“从页面符创建图纸”命令，此时光标将变为十字形状。移动光标到原理图符号“U-Cpu”内部，单击，系统自动生成一个新的原理图文件，名称为“Cpu.SchDoc”，与相应的原理图符号所代表的子原理图文件名一致，如图5-14所示。此时可以看到，在该原理图中已经自动放置好了与4个电路端口方向一致的输入、输出端口。

Step 13 使用普通电路原理图的绘制方法，放置各种所需的元件并进行电气连接，完成“Cpu”子原理图的绘制，如图5-15所示。

Step 14 使用同样的方法，用顶层原理图中的另外3个原理图符号“U-Sensor1”“U-Sensor2”“U-Sensor3”建立与其相对应的3个子原理图“Sensor1.SchDoc”“Sensor2.SchDoc”“Sensor3.SchDoc”，并且分别绘制出来。

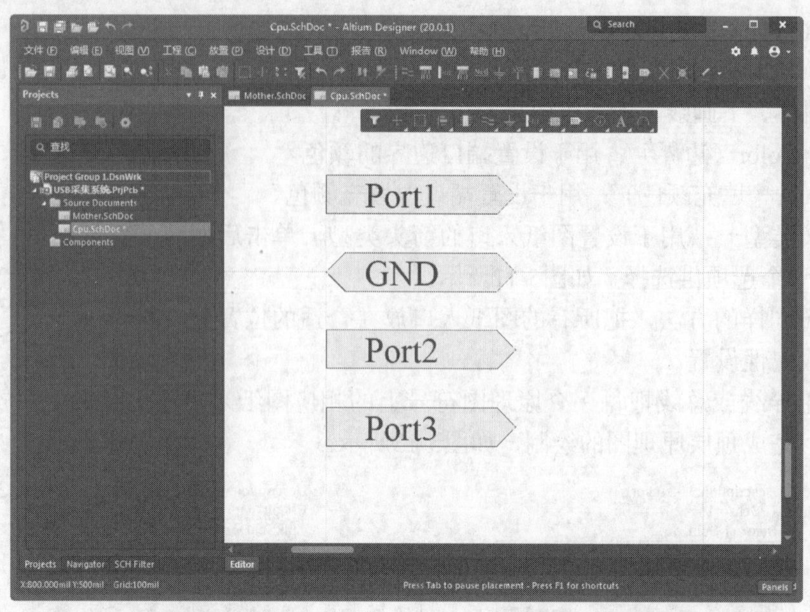

图5-14 由原理图符号“U-Cpu”建立的子原理图

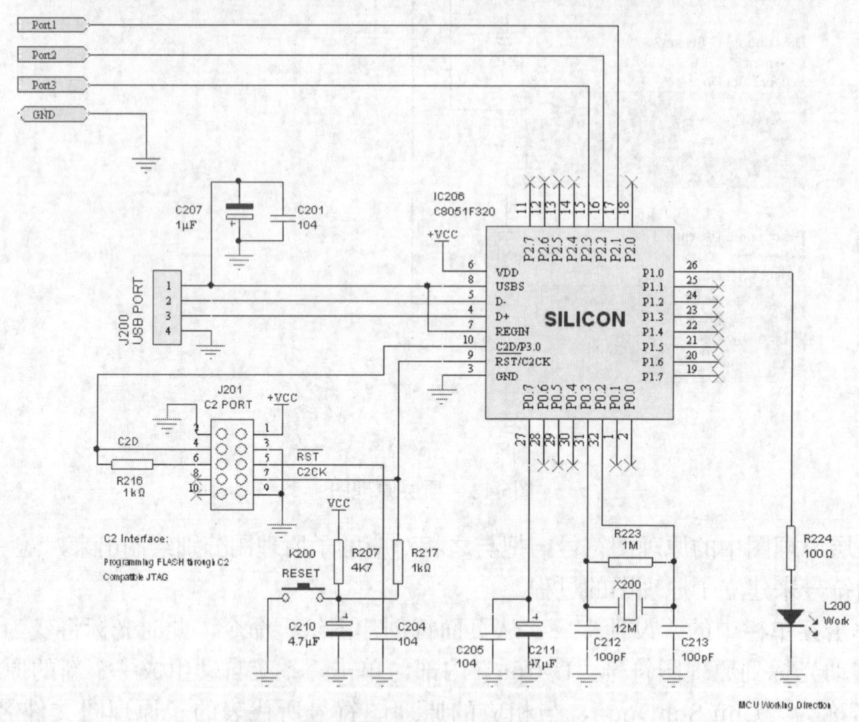

图5-15 子原理图“Cpu.SchDoc”

至此，采用自上而下的层次电路图设计方法，完成了整个USB数据采集系统的电路原理图绘制。

5.2.2 自下而上的层次原理图设计

对于一个功能明确、结构清晰的电路系统来说，采用层次电路设计方法，使用自上而下的设计流程，能够清晰地表达出设计者的设计理念。但在有些情况下，特别是在电路的模块化设计过程中，不同电路模块的不同组合，会形成功能完全不同的电路系统。用户可以根据自己的具体设计需要，选择若干个已有的电路模块，组合产生一个符合设计要求的完整电路系统。此时，该电路系统可以使用自下而上的层次电路设计流程来完成。

下面我们还是以“基于通用串行数据总线USB的数据采集系统”电路设计为例，介绍自下而上层次电路的具体设计过程。自下而上绘制层次原理图的操作步骤如下。

Step 1 启动Altium Designer 20，新建项目文件。选择菜单栏中的“文件”→“新的”→“项目”命令，则在“Projects（工程）”面板中出现了新建的项目文件，另存为“USB采集系统.PrjPCB”。

Step 2 新建原理图文件作为子原理图。在项目文件“USB采集系统.PrjPCB”上右击，在弹出的右键快捷菜单中单击“添加新的...到工程”→“Schematic（原理图）”命令，在该项目文件中新建原理图文件，另存为“Cpu.SchDoc”，并完成图纸相关参数的设置。采用同样的方法建立原理图文件“Sensor1.SchDoc”“Sensor2.SchDoc”和“Sensor3.SchDoc”。

Step 3 绘制各个子原理图。根据每一模块的具体功能要求，绘制电路原理图。例如，CPU模块主要完成主机与采集到的传感器信号之间的USB接口通信，这里使用带有USB接口的单片机“C8051F320”来完成。而三路传感器模块Sensor1、Sensor2、Sensor3则主要完成对三路传感器信号的放大和调制，具体绘制过程不再赘述。

Step 4 放置各子原理图中的输入、输出端口。子原理图中的输入、输出端口是子原理图与顶层原理图之间进行电气连接的重要通道，应该根据具体设计要求进行放置。

例如，在原理图“Cpu.SchDoc”中，三路传感器信号分别通过单片机P2口的3个引脚P2.1、P2.2、P2.3输入到单片机中，是原理图“Cpu.SchDoc”与其他3个原理图之间的信号传递通道，所以在这3个引脚处放置了3个输入端口，名称分别为“Port1”“Port2”“Port3”。除此之外，还放置了一个共同的接地端口“GND”。放置的输入、输出电路端口电路原理图“Cpu.SchDoc”与图5-13完全相同。

同样，在子原理图“Sensor1.SchDoc”的在信号输出端放置一个输出端口“Port1”，在子原理图“Sensor2.SchDoc”的信号输出放置一个输出端口“Port2”，在子原理图“Sensor3.SchDoc”的信号输出端放置一个输出端口“Port3”，分别与子原理图“Cpu.SchDoc”中的3个输入端口相对应，并且都放置了共同的接地端口。移动光标到需要放置原理图符号的地方，单击确定原理图符号的一个顶点，移动光标到合适的位置再一次单击确定其对角顶点，即可完成原理图符号的放置。

放置了输入、输出电路端口的3个子原理图“Sensor1.SchDoc”“Sensor2.SchDoc”和“Sensor3.SchDoc”分别如图5-16、图5-17和图5-18所示。

Step 5 在项目“USB采集系统.PrjPCB”中新建一个原理图文件“Mother1.PrjPCB”，以便进行顶层原理图的绘制。

Step 6 打开原理图文件“Mother1.PrjPCB”，单击菜单栏中的“设计”→“Create Sheet Symbol From Sheet（原理图生成图纸符）”命令，系统将弹出如图5-19所示的“Choose Document to Place（选择文件放置）”对话框。

在该对话框中，系统列出了同一项目中除当前原理图外的所有原理图文件，用户可以选择其中的任何一个原理图来建立原理图符号。例如，这里我们选中“Cpu.SchDoc”，单击“OK”（确定）按钮，关闭该对话框。

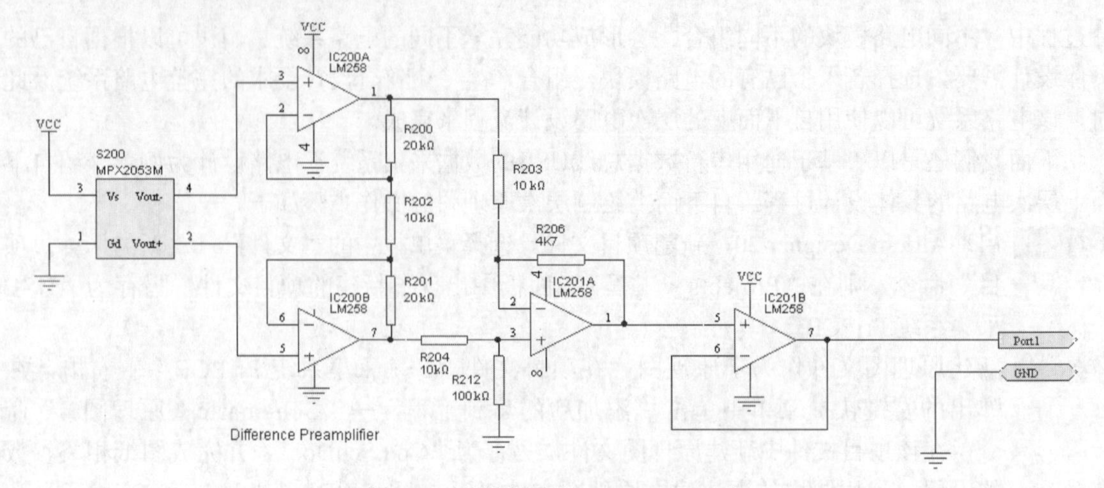

图5-16　子原理图“Sensor1.SchDoc”

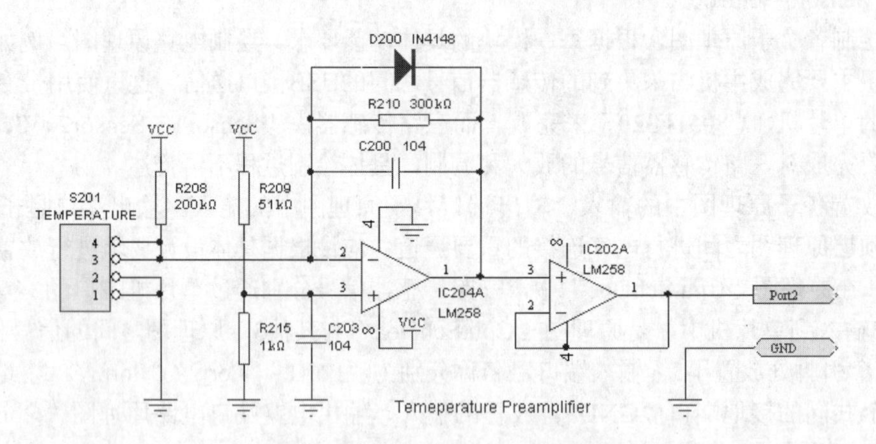

图5-17　子原理图“Sensor2.SchDoc”

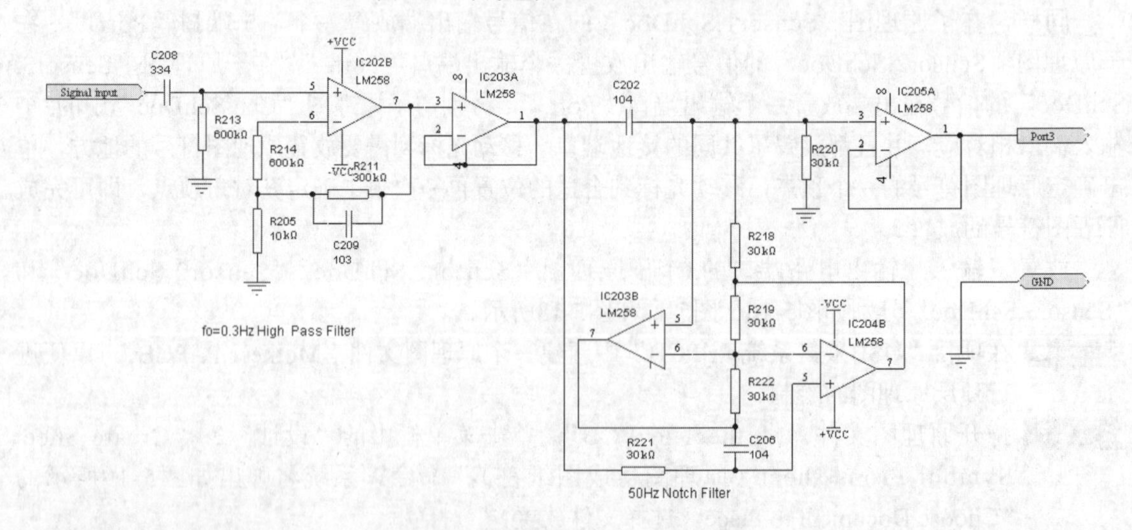

图5-18　子原理图“Sensor3.SchDoc”

Step 7 此时光标变成十字形状，并带有一个原理图符号的虚影。选择适当的位置，将该原理图符号放置在顶层原理图中，如图5-20所示。该原理图符号的标识符为“U_Cpu”，边缘已经放置了4个电路端口，方向与相应的子原理图中输入、输出端口一致。

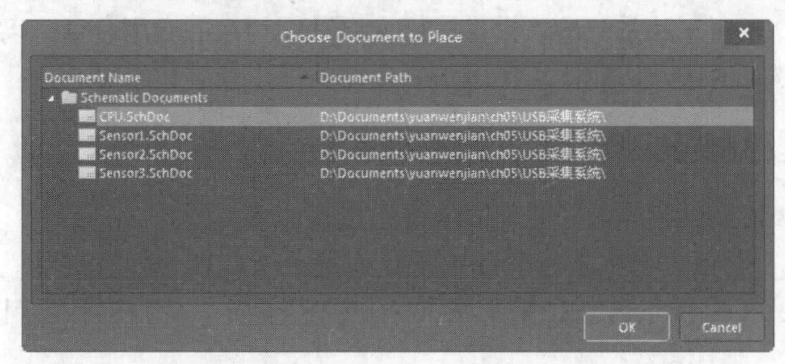

图5-19 “Choose Document to Place”对话框

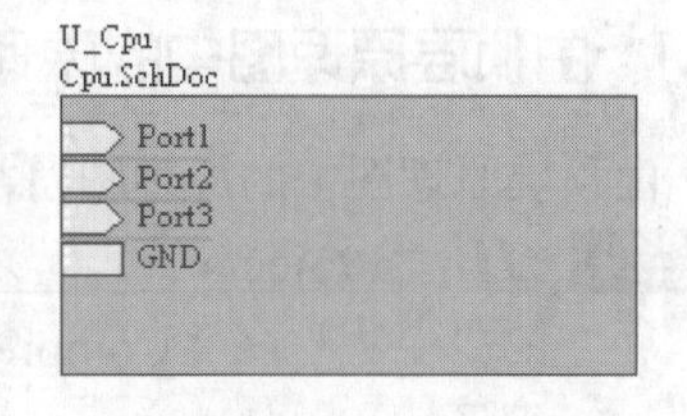

图5-20 放置U_Cpu原理图符号

Step 8 按照同样的操作方法，由3个子原理图“Sensor1.SchDoc”“Sensor2.SchDoc”和“Sensor3.SchDoc”可以在顶层原理图中分别建立3个原理图符号“U-Sensor1”“U-Sensor2”和“U-Sensor3”，如图5-21所示。

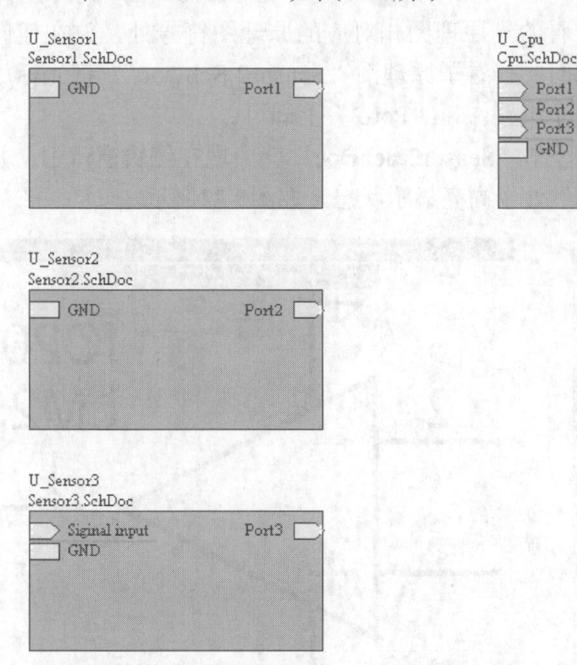

图5-21 顶层原理图符号

Step 9 设置原理图符号和电路端口的属性。由系统自动生成的原理图符号不一定完全符合我们的设计要求，很多时候还需要进行编辑，如原理图符号的形状、大小、电路端口的位置要有利于布线连接，电路端口的属性需要重新设置等。

Step 10 用导线或总线将原理图符号通过电路端口连接起来，并放置接地符号，完成顶层原理图的绘制，结果和图5-13完全一致。

5.3 层次结构原理图之间的切换

在绘制完成的层次电路原理图中，一般都包含顶层原理图和多张子原理图。用户在编辑时，常常需要在这些图中来回切换查看，以便了解完整的电路结构。对于层次较少的层次原理图，由于结构简单，直接在“Projects（工程）”面板中单击相应原理图文件的图标即可进行切换查看。但是对于包含较多层次的原理图，结构十分复杂，单纯通过“Projects（工程）”面板来切换就很容易出错。在Altium Designer 20系统中，提供了层次原理图切换的专用命令，以帮助用户在复杂的层次原理图之间方便地进行切换，实现多张原理图的同步查看和编辑。

5.3.1 由顶层原理图中的原理图符号切换到相应的子原理图

由顶层原理图中的原理图符号切换到相应的子原理图的操作步骤如下。

Step 1 打开“Projects（工程）”面板，选中项目“USB采集系统.PrjPCB”，单击菜单栏中的“工程”→“Compile PCB Project USB采集系统.PrjPCB”命令，完成对该项目的编译。

Step 2 打开“Navigator（导航）”面板，可以看到在面板上显示了该项目的编译信息，其中包括原理图的层次结构，如图5-22所示。

Step 3 打开顶层原理图“Mother.SchDoc”，单击菜单栏中的“工具”→“上/下层次”命令，或者单击“原理图标准”工具栏中的（上/下层次）按钮，此时光标变为十字形状。移动光标到与欲查看的子原理图相对应的原理图符号处，放在任何一个电路端口上。例如，在这里我们要查看子原理图“Sensor2.SchDoc”，把光标放在原理图符号“U-Sensor2”中的一个电路端口“Port2”上即可。

Step 4 单击该电路端口，子原理图“Sensor2.SchDoc”就出现在编辑窗口中，并且具有相同名称的输出端口“Port2”处于高亮显示状态，如图5-23所示。

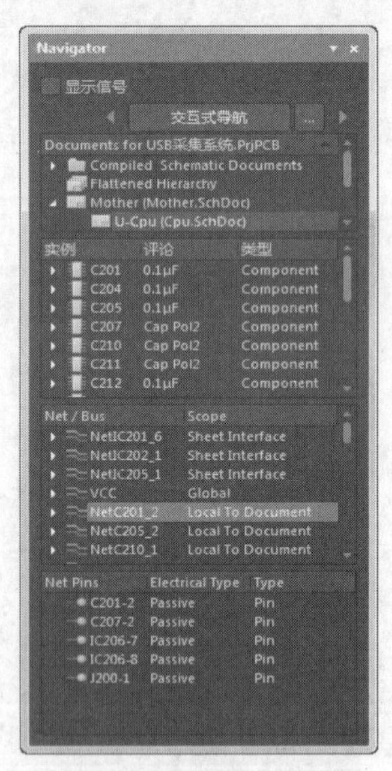

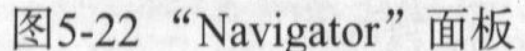
图5-22 “Navigator”面板

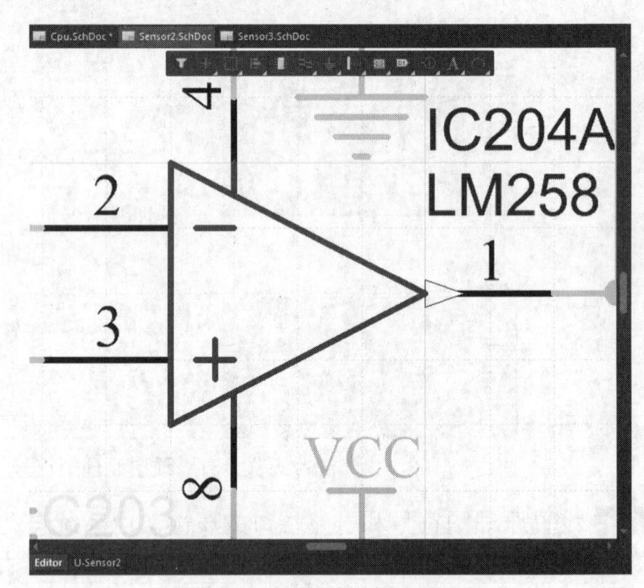

图5-23 切换到相应子原理图

右击退出切换状态，完成了由原理图符号到子原理图的切换，用户可以对该子原理图进行查看或编辑。用同样的方法，可以完成其他几个子原理图的切换。

5.3.2 由子原理图切换到顶层原理图

由子原理图切换到顶层原理图的操作步骤如下。

Step 1 打开任意一个子原理图，单击菜单栏中的“工具”→“上/下层次”命令，或者单击“原理图标准”工具栏中的（上/下层次）按钮，此时光标变为十字形状，移动光标到任意一个输入/输出端口处，如图5-24所示。在这里，我们打开子原理图“Sensor3. SchDoc”，把光标置于接地端口“GND”处。

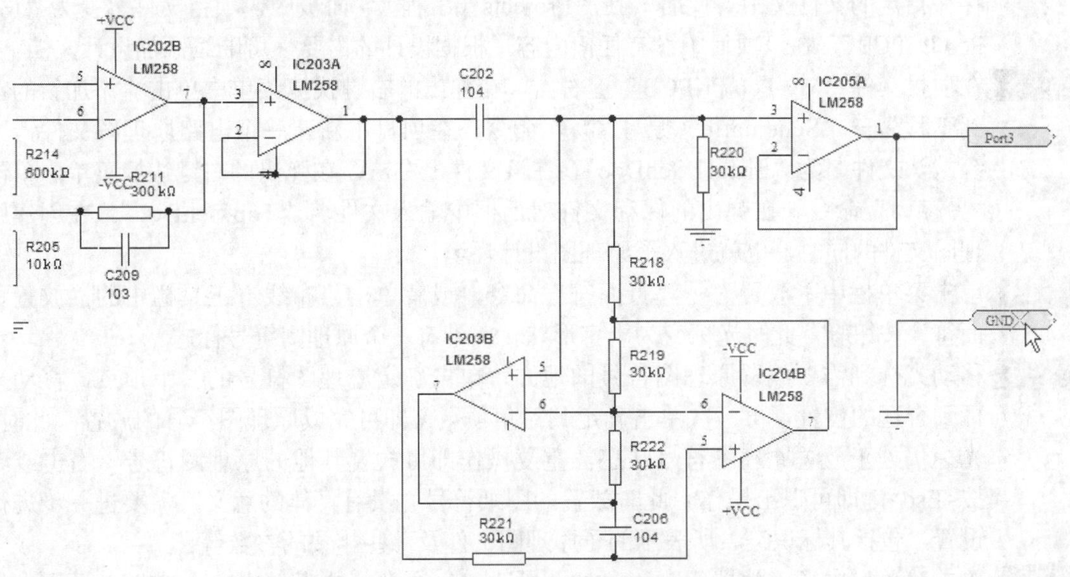

图5-24 选择子原理图中的任一输入/输出端口

Step 2 单击，顶层原理图“Mother.SchDoc”就出现在编辑窗口中。且在代表子原理图“Sensor3. SchDoc”的原理图符号中，具有相同名称的接地端口“GND”处于高亮显示状态。右击退出切换状态，完成了由子原理图到顶层原理图的切换。此时，用户可以对顶层原理图进行查看或编辑。

5.4 层次设计表

通常设计的层次原理图层次较少，结构也比较简单。但是对于多层次的层次电路原理图，其结构关系却是相当复杂的，用户不容易看懂。因此，系统提供了一种层次设计表作为用户查看复杂层次原理图的辅助工具。借助层次设计表，用户可以清晰地了解层次原理图的层次结构关系，进一步明确层次电路图的设计内容。生成层次设计表的主要操作步骤如下。

Step 1 打开层次原理图项目文件，执行“工程”→Compile PCB Project PLI.PrjPCB菜单命令，编译整个电路系统。

Step 2 执行“报告”→“Report Project Hierarchy”菜单命令，系统将生成层次设计报表。

5.5 操作实例

5.5 操作实例

下面通过一个实例来详细介绍两种层次原理图的设计步骤。为了方便用户操作，本实例参考安装目录下的“Example\Reference Designs\4 Port Serial Interface\4 Port Serial Interface.SchDoc”项目文件。

1. 采用自上而下层次化原理图设计方法

Step 1 启动Altium Designer 20，单击“文件”→“新的”→“项目”菜单命令，在“Projects（工程）”面板中出现新建的项目文件，默认文件名为“PCB_Project.PrjPCB”。

Step 2 在项目文件“PCB_Project.PrjPCB”上右击，在弹出的右键快捷菜单中单击“Save As（保存为）”命令。在弹出的保存文件对话框中输入文件名“My Pcb.PrjPCB”，并保存在指定的文件夹中。此时，在“Projects（工程）”面板中，项目文件名变为“My Pcb.PrjPCB”，在该项目中没有任何内容，根据设计的需要，可陆续添加设计文档。

Step 3 在项目文件“My Pcb.PrjPCB”上右击，在弹出的右键快捷菜单中单击“添加新的...到工程”→“Schematic（原理图）”命令。在项目中新建一个电路原理图文件，系统默认文件名为“Sheet1.SchDoc”。在该文件上右击，在弹出的右键快捷菜单中单击“另存为”命令。在弹出的保存文件对话框中输入文件名“Top.SchDoc”。在创建原理图文件的同时，也就进入了原理图设计环境。

Step 4 单击菜单栏中“放置”→“页面符”命令，或者单击“布线”工具栏中的“放置页面符”按钮，此时光标变为十字形状，并带有一个原理图符号标志。

Step 5 移动光标到需要放置原理图符号的地方，单击确定原理图符号的一个顶点，移动光标到合适的位置，再一次单击确定其对角顶点，即可完成原理图符号的放置。此时，光标仍处于放置原理图符号状态，重复操作即可放置其他的原理图符号。右击或者按<Esc>键即可退出操作。此时放置的图纸符号并没有具体的意义，需要进一步进行设置，包括其标识符、所表示的子原理图文件及一些相关的参数等。

Step 6 单击菜单栏中的“放置”→“添加图纸入口”命令，或者单击“布线”工具栏中的按钮（放置图纸入口），此时光标将变为十字形状。移动光标到原理图符号内部，选择要放置的位置，单击，会出现一个随光标移动的电路端口，但其只能在原理图符号内部的边框上移动，在适当的位置再一次单击即可完成电路端口的放置。此时，光标仍处于放置电路端口的状态，重复上一步的操作可放置其他的电路端口。右击或者按<Esc>键即可退出操作。

Step 7 设置电路端口的属性。双击需要设置属性的电路端口或在绘制状态时按<Tab>键，系统将弹出相应的电路端口属性设置对话框，在该对话框中对电路端口的属性进行设置。

Step 8 使用导线或总线把每一个原理图符号上的相应电路端口连接起来，并放置好接地符号，完成顶层原理图的绘制，如图5-25所示。

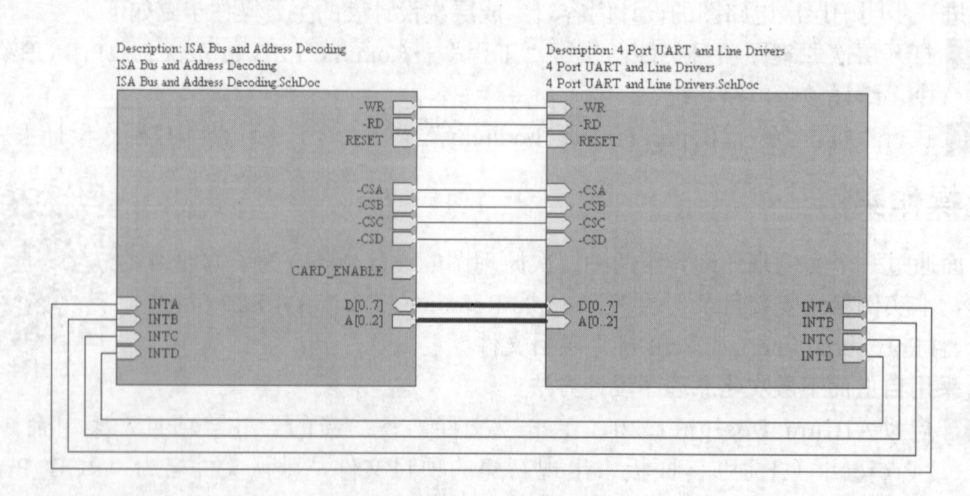

图5-25　顶层原理图

根据顶层原理图中的原理图符号，把与之相对应的子原理图分别绘制出来，这一过程就是使用原理图符号来建立子原理图的过程。

Step 9 单击菜单栏中的“设计”→“从页面符创建图纸”命令，此时光标将变为十字形状。移动光标到图5-25左侧原理图符号内部。

Step 10 系统自动生成一个新的原理图文件，名称为“ISA Bus Address Decoding.SchDoc”，与相应的原理图符号所代表的子原理图文件名一致，如图5-26所示。可以看到，在该原理图中，已经自动放置好了与14个电路端口方向一致的输入、输出端口。

图5-26　由原理图符号生成的子原理图

Step 11 使用普通电路原理图的绘制方法，放置所需的各种元件并进行电气连接，完成“ISA Bus Address Decoding.SchDoc”子原理图的绘制，如图5-27所示。

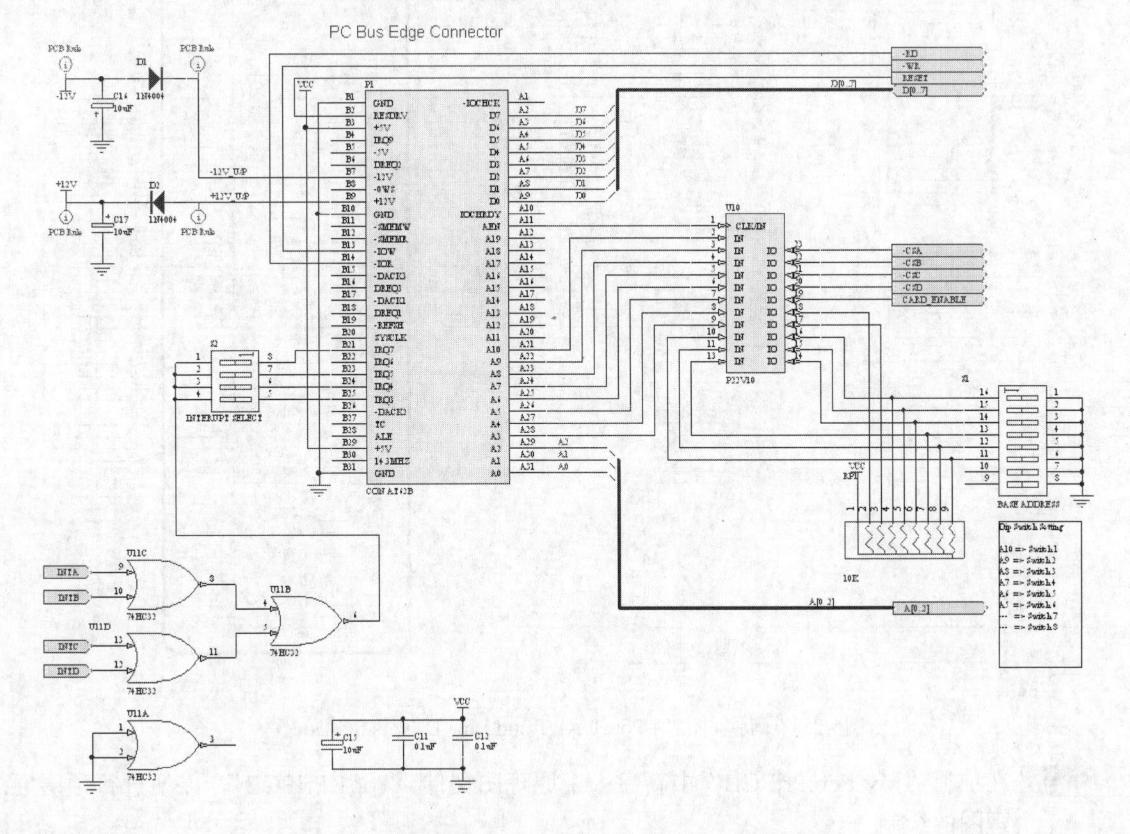

图5-27　子原理图“ISA Bus Address Decoding.SchDoc”

Step 12 使用同样的方法，用顶层原理图中的另外一个原理图符号“4 Port UART and Line Drivers”建立对应的子原理图“4 Port UART and Line Drivers.SchDoc”，并且绘制出来。

至此，采用自上而下的层次电路图设计方法完成了整个系统的电路原理图绘制。

2. 采用自下而上层次化原理图设计方法

Step 1 启动Altium Designer 20，选择“文件”→“新的”→“项目”菜单命令，则在“Projects（工程）”面板中出现新建的项目文件，另存为“My Pcb.PrjPCB”。

Step 2 在项目文件“My Pcb.PrjPCB”上右击，在弹出的右键快捷菜单中单击“添加新的...到工程”→“Schematic（原理图）”命令。在项目文件中新建一个电路原理图文件，另存为“ISA Bus Address Decoding.SchDoc”，并完成图纸相关参数的设置。采用同样的方法建立原理图文件“4 Port UART and Line Drivers.SchDoc”。

Step 3 根据每一模块的具体功能要求，绘制电路原理图。

Step 4 在各子原理图中放置输入、输出端口。子原理图中的输入、输出端口是子原理图与顶层原理图之间进行电气连接的重要通道，应该根据具体设计要求进行放置。放置输入、输出电路端口的两个子原理图“ISA Bus Address Decoding.SchDoc”和“4 Port UART and Line Drivers.SchDoc”分别如图5-27和图5-28所示。

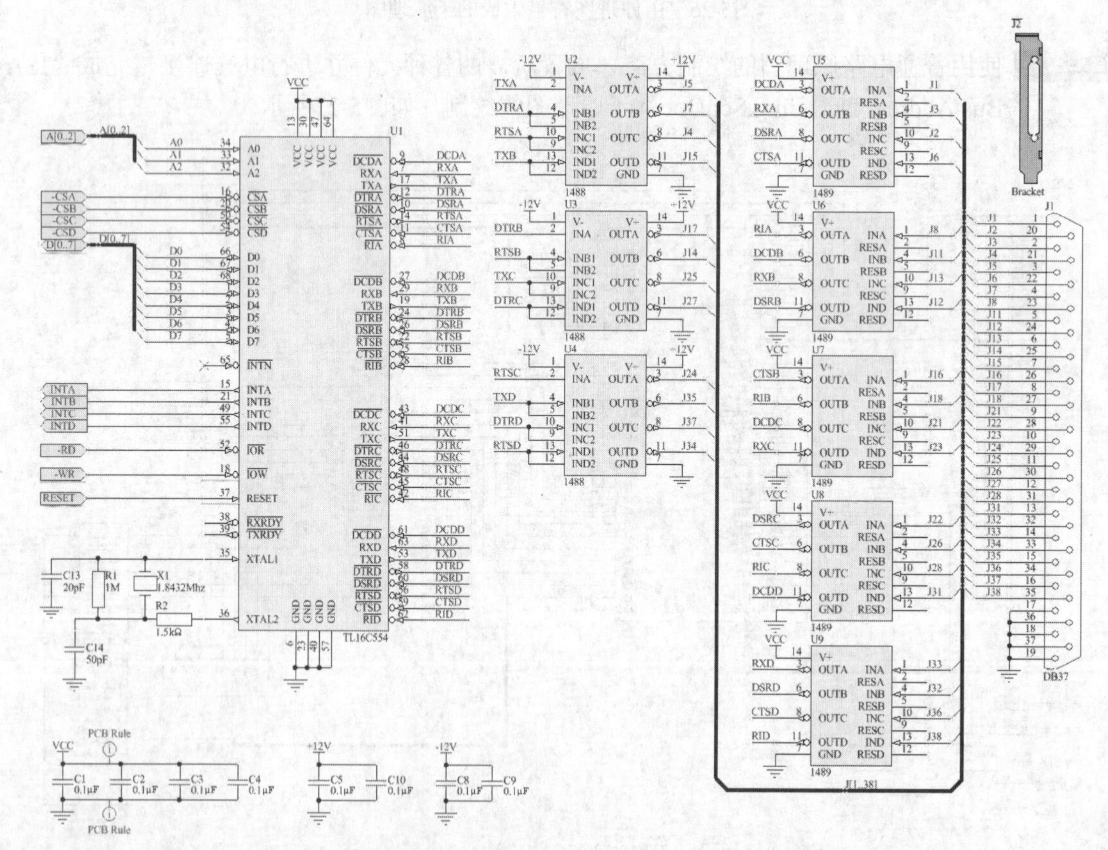

图5-28 子原理图“4 Port UART and Line Drivers.SchDoc”

Step 5 在项目“My Pcb.PrjPCB”中新建一个原理图文件“Top1.PrjPCB”，以便进行顶层原理图的绘制。

Step 6 打开原理图文件“Top1.PrjPCB”，单击菜单栏中的“设计”→“Create Sheet Symbol From Sheet（原理图生成图纸符）”命令，系统将弹出如图5-29所示的“Choose Document to Place（选择文件放置）”对话框。在该对话框中，系统列出了同一项目中除当前原理图以外的所有原理图文件，用户可以选择其中的任何一个原理图来建立原理图符号。例如，这里我们选中“ISA Bus Address Decoding.SchDoc”，单击“确定”按钮，关闭对话框。

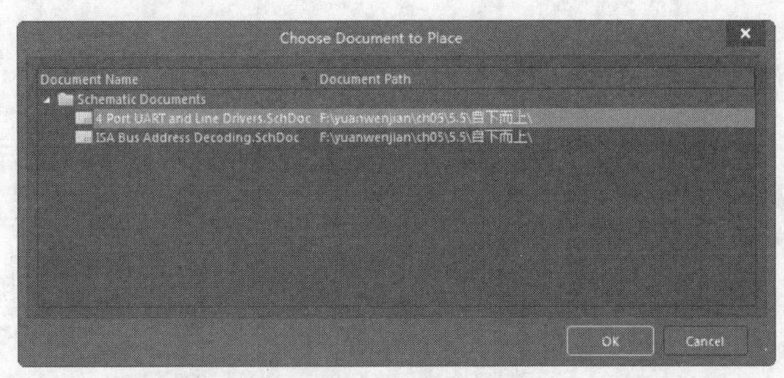

图5-29 “Choose Document to Place”对话框

Step 7 此时光标变成十字形状，并带有一个原理图符号的虚影。选择适当的位置，单击即可将该原理图符号放置在顶层原理图中。该原理图符号的标识符为“U_ISA Bus and Address Decoding”，边缘已经放置了14个电路端口，方向与相应的子原理图中输入/输出端口一致。

Step 8 采用同样的操作方法，用子原理图“4 Port UART and Line Drivers.SchDoc”在顶层原理图中建立原理图符号“U_4 Port UART and Line Drivers.SchDoc”，如图5-30所示。

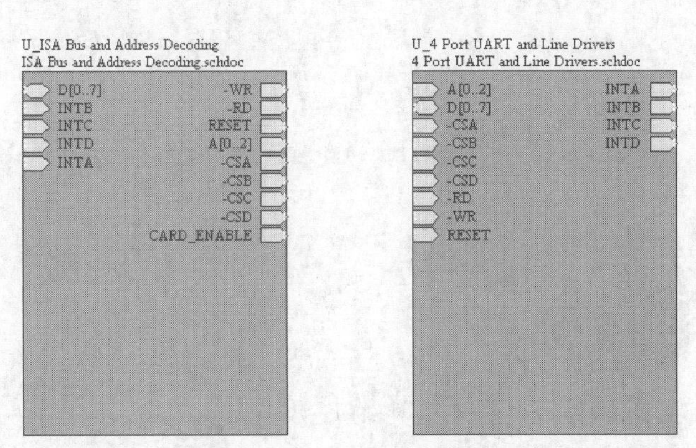

图5-30 顶层原理图符号

Step 9 设置原理图符号和电路端口的属性。由系统自动生成的原理图符号不一定完全符合我们的设计要求，很多时候还需要进行编辑，包括原理图符号的形状、大小、电路端口的位置要有利于布线连接，电路端口的属性需要重新设置等。

Step 10 用导线或总线将原理图符号通过电路端口连接起来，并放置接地符号，完成顶层原理图的绘制，结果和图5-25完全一致。

至此，采用自下而上的层次电路设计方法同样完成了系统的整体电路原理图绘制。

第6章 原理图编辑中的高级操作

Altium Designer 20为原理图编辑提供了一些高级操作，掌握了这些高级操作，将大大提高电路设计的工作效率。

本章将详细介绍这些高级操作，包括工具的使用、元件编号管理、元件的过滤和原理图的查错与编译等。

- 原理图编辑环境中工具的使用
- 元件编号管理
- 元件的过滤
- 原理图的查错和编译

6.1 工具的使用

在原理图编辑器中，单击菜单栏中的“工具”命令，打开的“工具”菜单如图6-1所示。下面详细介绍其中几个命令的含义和用法。

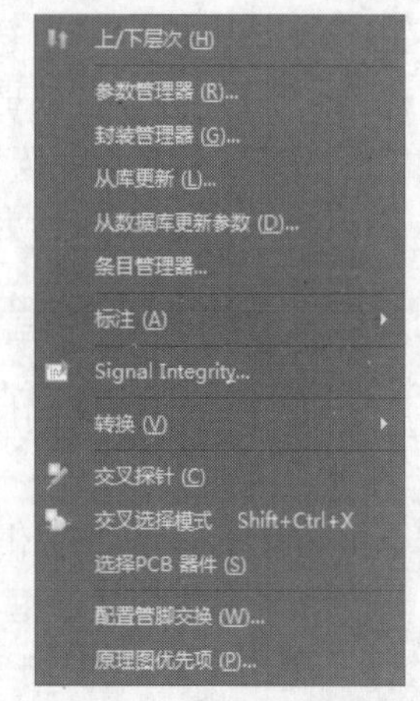

图6-1 “工具”菜单

本节以“4 Port Serial Interface”项目文件为例来说明“工具”菜单的使用。为了方便用户使用，将其保存在本书学习资源包中的文件夹“yuanwenjian\ch06\example”中。

6.1.1 自动分配元件标号

“原理图标注”命令用于自动分配元件标号。使用它不但可以减少手动分配元件标号的工作量，而且可以避免因手动分配而产生的错误。单击菜单栏中的“工具”→“标注”→“原理图标注”命令，弹出如图6-2所示的“标注”对话框。在该对话框中，可以设置原理图编号的一些参数和样式，使得在原理图自动命名时符合用户的要求。该对话框在前面和后面章节中均有介绍，这里不再赘述。

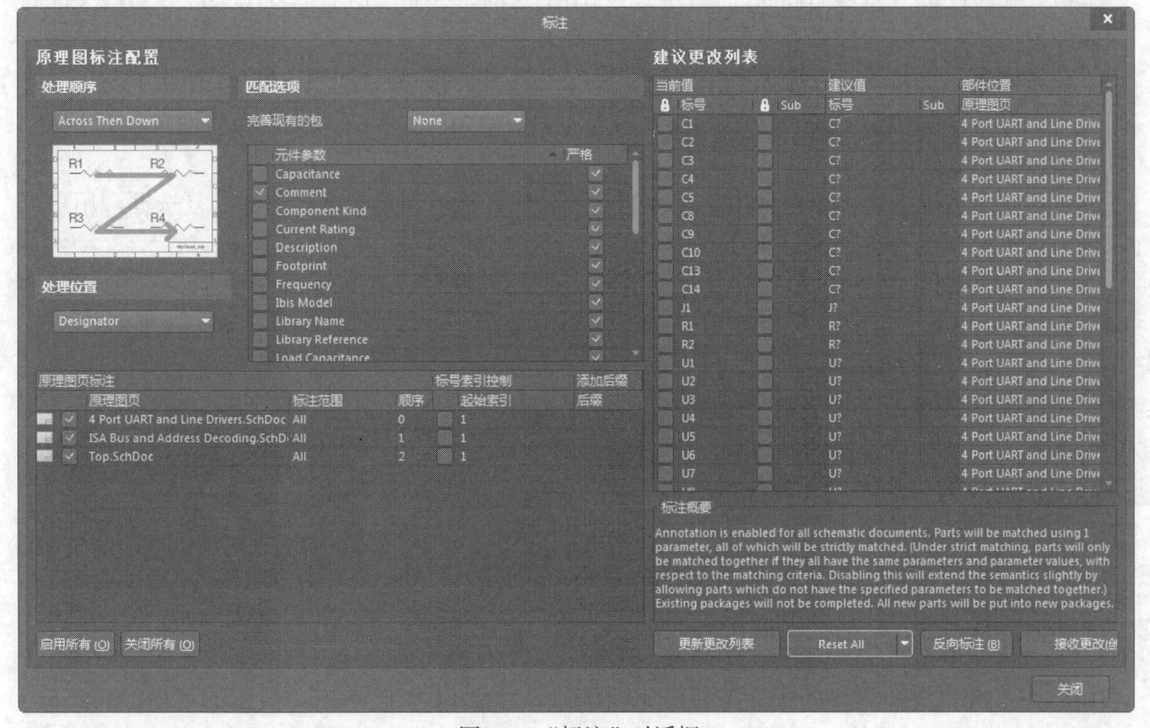

图6-2 “标注”对话框

6.1.2 回溯更新原理图元件标号

“反向标注原理图”命令用于从印制电路回溯更新原理图元件标号。在设计印制电路时，有时可能需要对元件重新编号，为了保持原理图和PCB图之间的一致性，可以使用该命令基于PCB图来更新原理图中的元件标号。

单击菜单栏中的“工具”→“标注”→“反向标注原理图”命令，系统将弹出一个对话框，要求选择WAS-IS文件，用于从PCB文件更新原理图文件的元件标号。WAS-IS文件是在PCB文档中执行“重新标注”命令后生成的文件。当选择WAS-IS文件后，系统将弹出一个消息框，报告所有将被重新命名的元件。当然，这时原理图中的元件名称并没有真正被更新。单击“OK（确定）”按钮，弹出“标注”对话框，在该对话框中可以预览系统推荐的重命名，然后再决定是否执行更新命令，创建新的ECO文件。

6.2 元件编号管理

对于元件较多的原理图，当设计完成后，往往会发现元件的编号变得很混乱或者有些元件还没有编号。用户可以逐个地手动更改这些编号，但是这样比较烦琐，而且容易出现错误。Altium Designer 20提供了元件编号管理的功能。

1.“标注”对话框

单击菜单栏中的“工具”→“标注”→“原理图标注”命令，系统将弹出如图6-2所示“标注”对话框。在该对话框中，可以对元件进行重新编号。“标注”对话框分为两部分：左侧是“原理图标注配置”，右侧是“提议更改列表”。

（1）在左侧的“原理图标注配置”栏中列出了当前工程中的所有原理图文件。通过文件名前面的复选框，可以选择对哪些原理图进行重新编号。

在对话框左上角的“处理顺序”下拉列表框中列出了4种编号顺序，即Up Then Across（先向上后左右）、Down Then Across（先向下后左右）、Across Then Up（先左右后向上）和Across Then Down（先左右后向下）。

在“匹配选项”选项组中列出了元件的参数名称。通过勾选参数名前面的复选框，用户可以选择是否根据这些参数进行编号。

（2）在右侧的“当前值”栏中列出了当前的元件编号，在“建议值”栏中列出了新的编号。

2. 重新编号的方法

对原理图中的元件进行重新编号的操作步骤如下。

Step 1 选择要进行编号的原理图。

Step 2 选择编号的顺序和参照的参数，在“标注”对话框中，单击“Reset All（全部重新编号）”按钮，对编号进行重置。系统将弹出“Information（信息）”对话框，如图6-3所示，提示用户编号发生了哪些变化。单击“OK（确定）”按钮，重置后，所有的元件编号将被消除，如图6-4所示。

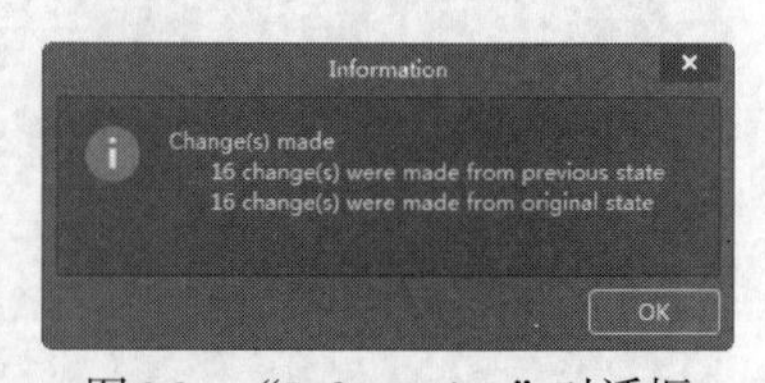

图6-3 “Information”对话框

Step 3 单击“更新更改列表”按钮，重新编号，系统将弹出如图6-3所示的“Information”（信息）对话框，提示用户相对前一次状态和相对初始状态发生的改变。

Step 4 在“建议更改列表”中可以查看重新编号后的变化。如果对这种编号满意，则单击“接受更改（创建ECO）”按钮，在弹出的“工程变更指令”对话框中更新修改，如图6-5所示。

Step 5 在“工程变更指令”对话框中，单击“验证变更”按钮，可以验证修改的可行性，如图6-6所示。

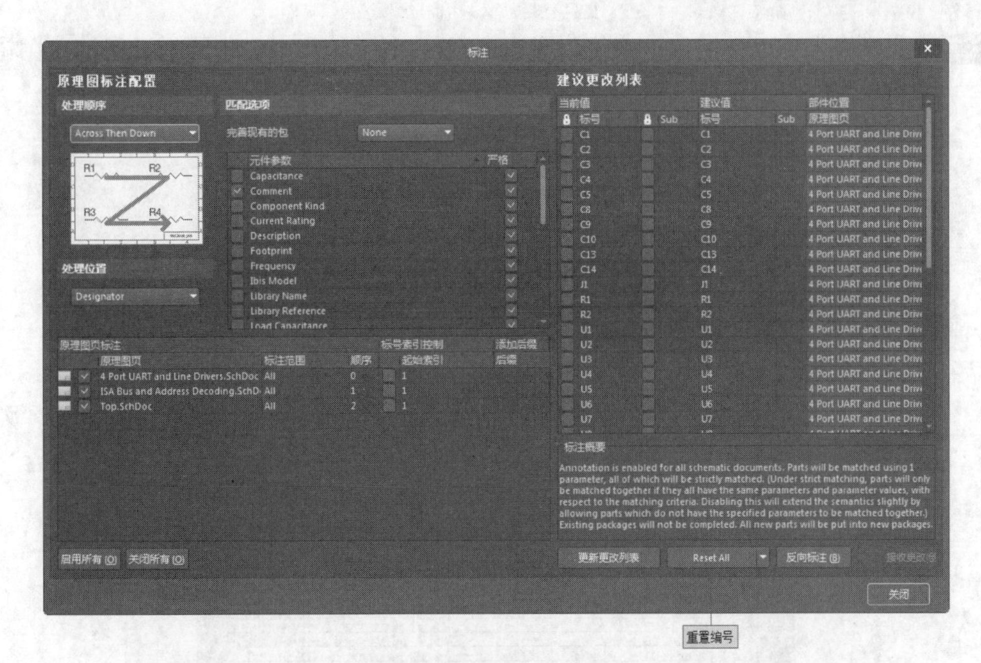

图6-4 重置后的元件编号

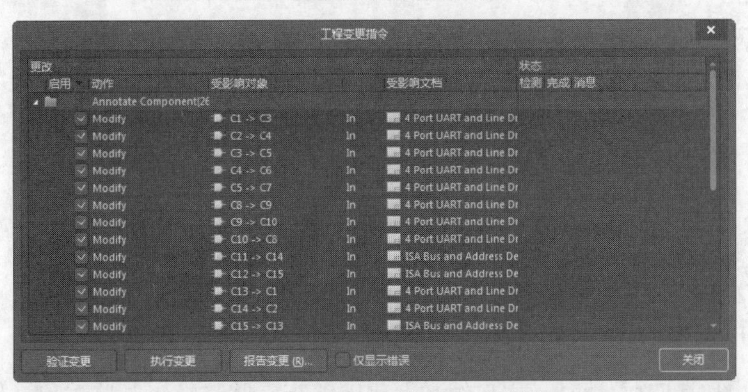

图6-5 “工程变更指令”对话框

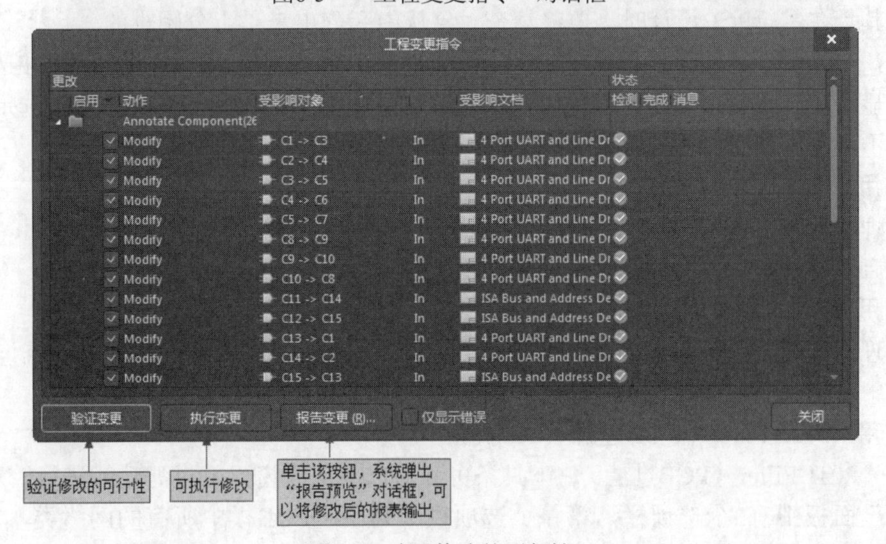

图6-6 验证修改的可行性

Step 6 单击“报告变更”按钮，系统将弹出如图6-7所示的“报告预览”对话框，在其中可以将修改后的报表输出。

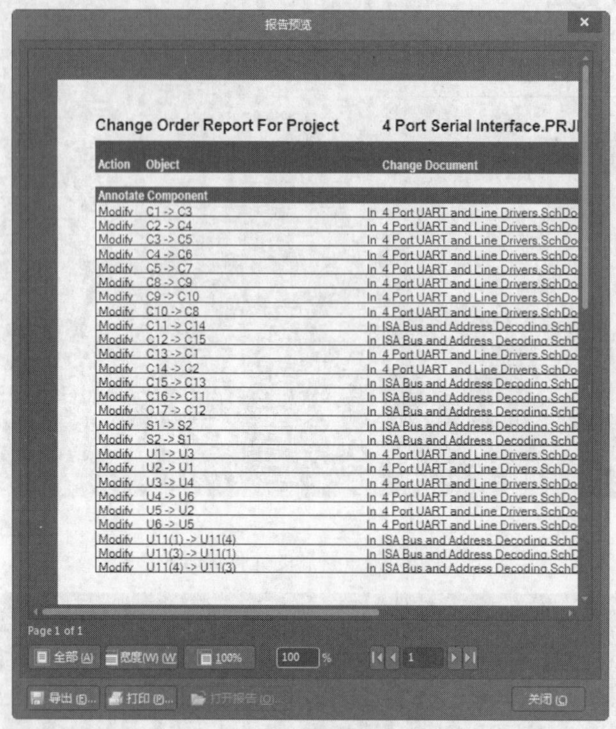

图6-7 “报告预览”对话框

Step 7 单击“工程变更指令”对话框中的“执行变更”按钮，即可执行修改，对元件的重新编号便完成了。

6.3 元件的过滤

在进行原理图或PCB设计时，用户经常希望能够查看并且编辑某些对象，但是在复杂的电路中，尤其是在进行PCB设计时，要将某个对象从中区分出来是十分困难的。

因此，Altium Designer 20提供了一个十分人性化的过滤功能。经过过滤后，被选定的对象将清晰地显示在工作窗口中，而其他未被选定的对象则呈半透明状。同时，未被选定的对象也将变成为不可操作状态，用户只能对选定的对象进行操作。

1. 使用“Navigator（导航）”面板

在原理图编辑器或PCB编辑器的“Navigator（导航）”面板中，单击一个项目，即可在工作窗口中启用过滤功能，后面将进行详细介绍。

2. 使用“List（列表）”面板

在原理图编辑器或PCB编辑器的“List（列表）”面板中使用查询功能时，查询结果将在工作窗口中启用过滤功能，后面将进行详细介绍。

3. 使用“PCB Filter（PCB过滤）”工具条

使用“PCB Filter（PCB过滤）”工具条可以对PCB工作窗口的过滤功能进行管理。例如，在“PCB”面板中有3个选项栏，第一个选项栏中列出了PCB板中所有的网络类，单击“All Nets”选项；第二个选项栏中列出了该网络类中包含的所有网络，单击“GND”网络；构成该网络的所有元件显示在第三个选项栏中，勾选“选中”复选框，则“GND”网络将以高亮显示，如图6-8所示。

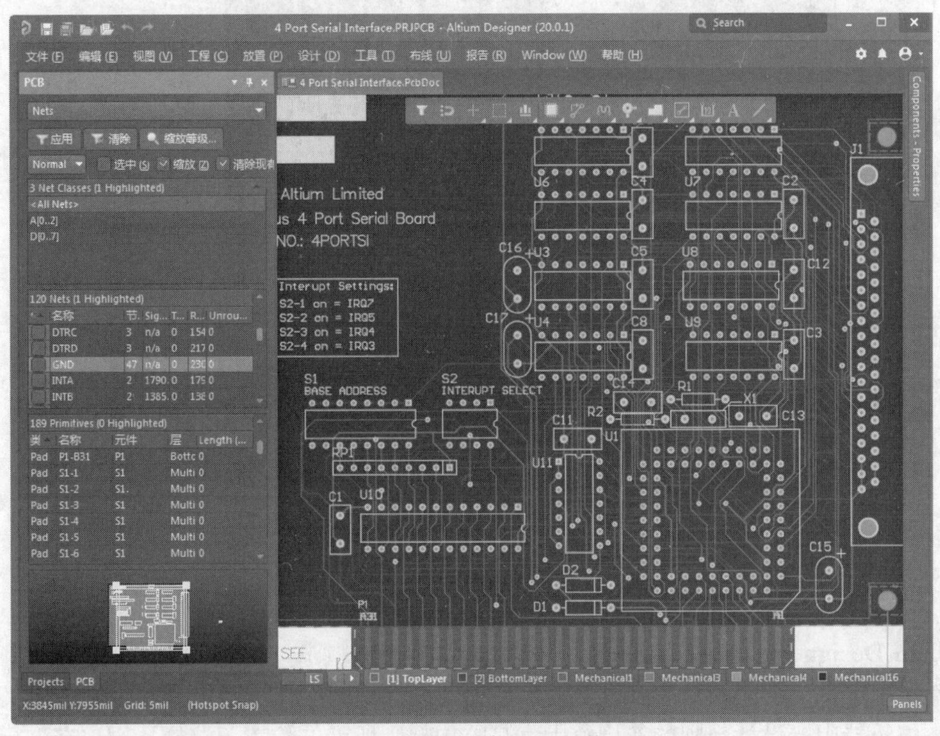

图6-8 选择“GND”网络

在“PCB”面板中对于高亮网络有Normal（正常）、Mask（遮挡）和Dim（变暗）3种显示方式，用户可通过面板中的下拉列表框进行选择。

- Normal（正常）：直接高亮显示用户选择的网络或元件，其他网络及元件的显示方式不变。
- Mask（遮挡）：高亮显示用户选择的网络或元件，其他元件和网络以遮挡方式显示（灰色），这种显示方式更为直观。
- Dim（变暗）：高亮显示用户选择的网络或元件，其他元件或网络按色阶变暗显示。对于显示控制，有3个控制选项，即选中、缩放和清除现有的。

➢ 选中：勾选该复选框，在高亮显示的同时选中用户选定的网络或元件。

➢ 缩放：勾选该复选框，系统会自动将网络或元件所在区域完整地显示在用户可视区域内。如果被选网络或元件在图中所占区域较小，则会放大显示。

➢ 清除现有的：勾选该复选框，在用户选择显示一个新的网络或元件时，上一次高亮显示的网络或元件会消失，与其他网络或元件一起按比例降低亮度显示。不勾选该复选框时，上一次高亮显示的网络或元件仍然以较暗的高亮状态显示。

4. 使用“Filter（过滤）”菜单

在编辑器中按<Y>键，即可弹出“Filter（过滤）”菜单，如图6-9所示。

“Filter（过滤）”菜单中列出了10种常用的查询关键字，另外也可以选择其他的过滤操作元语，并加上适当的参数，如“InNet（“GND”）。

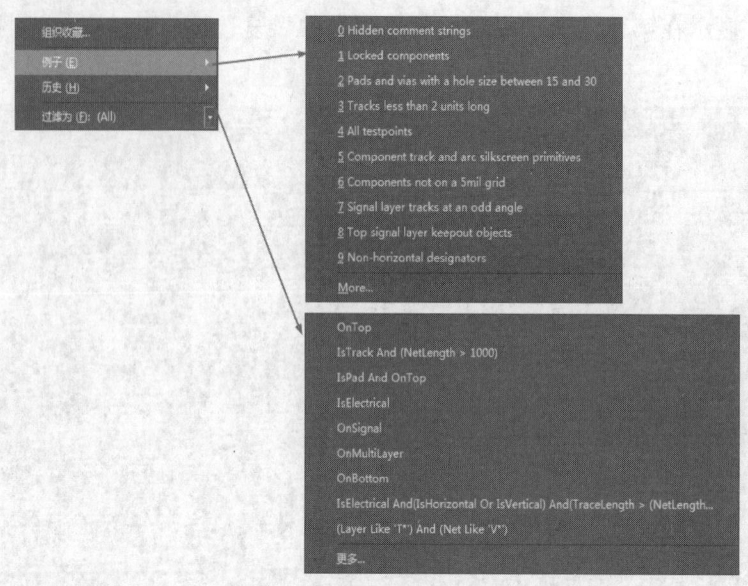

图6-9 “Filter（过滤）”菜单

6.4 在原理图中添加PCB设计规则

Altium Designer允许用户在原理图中添加PCB设计规则。当然，PCB设计规则也可以在PCB编辑器中定义。不同的是，在PCB编辑器中，设计规则的作用范围是在规则中定义的，而在原理图编辑器中，设计规则的作用范围就是添加规则所处的位置。这样，用户在进行原理图设计时，可以提前定义一些PCB设计规则，以便进行下一步PCB设计。

对于元件、管脚等对象，可以使用前面介绍的方法添加设计规则。而对于网络、属性对话框，需要在网络上放置PCB Layout标志来设置PCB设计规则。

例如，对图6-10所示电路的VCC网络和GND网络添加一条设计规则，设置VCC和GND网络的走线宽度为30mil的操作步骤如下。

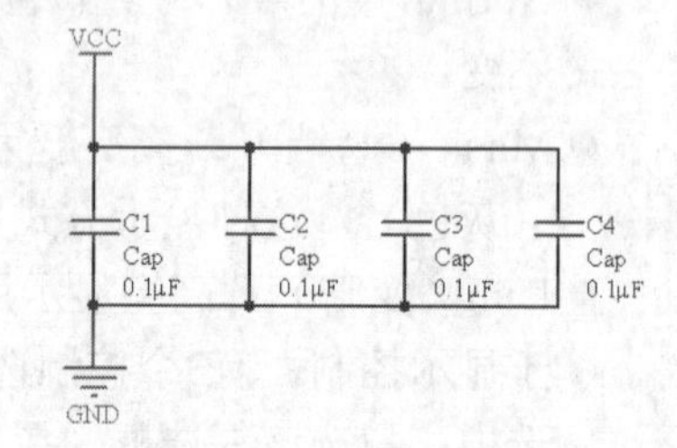

图6-10 示例电路

（1）单击菜单栏中的“放置”→“指示”→“参数设置”命令，即可放置PCB Layout标志，此时按<Tab>键，弹出如图6-11所示的“Properties（属性）”面板。

（2）在“Rule（规则）”选项组下单击“Add（添加）”按钮，系统将弹出如图6-12所示的“选择设计规则类型”对话框，在其中可以选择要添加的设计规则。双击“Width Constraint”选项，系统将弹出如图6-13所示的“Edit PCB Rule（From Schematic）-Max-Min Width Rule（编辑PCB规则）”对话框。

其中各选项的意义如下。

- 最小宽度：走线的最小宽度。
- 首选宽度：走线首选宽度。
- 最大宽度：走线的最大宽度。

（3）这里将3项都改成30mil，单击 确定 按钮确认。

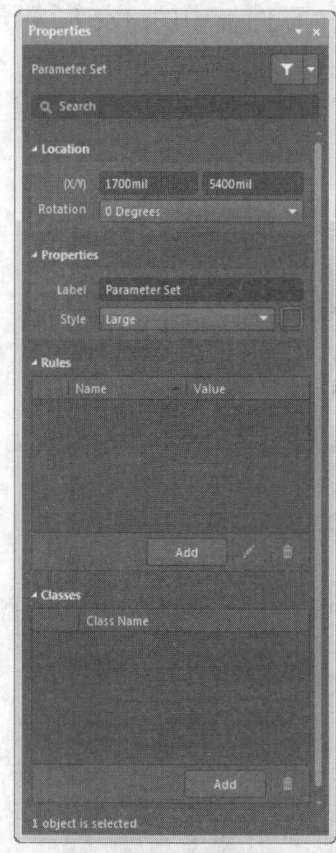

图6-11 PCB Layout标志“Properties（属性）”面板

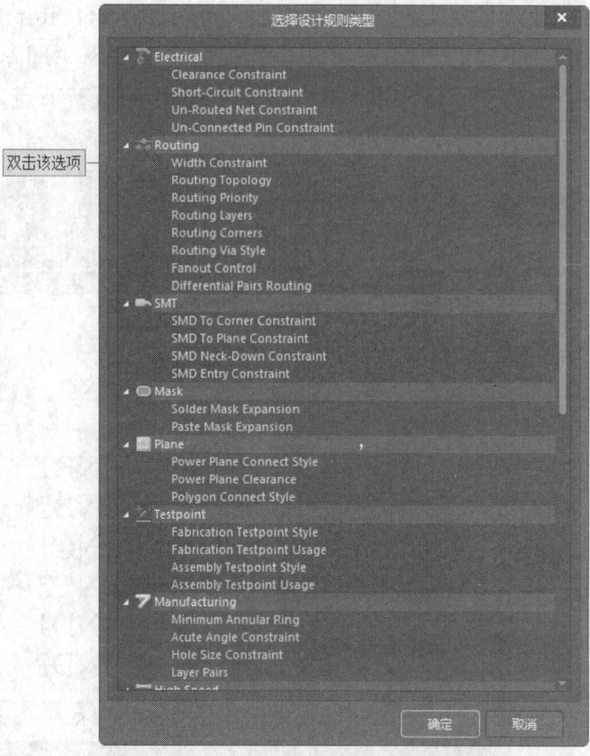

图6-12 “选择设计规则类型”对话框

（4）将修改完的PCB布局标志放置到相应的网络中，完成对VCC和GND网络走线宽度的设置，效果如图6-14所示。

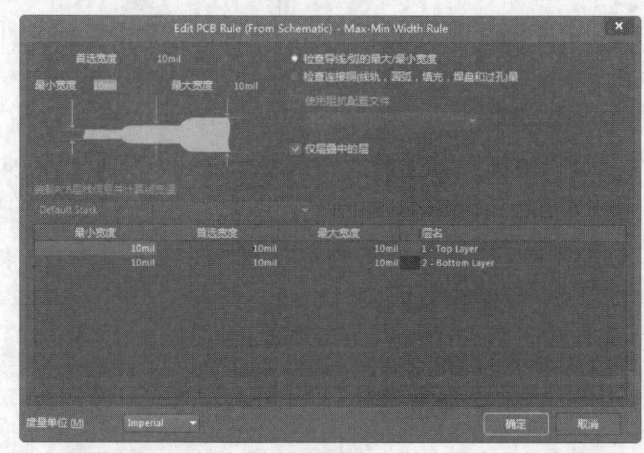

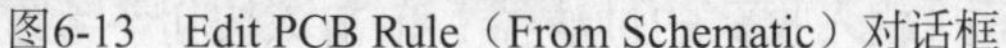

图6-13 Edit PCB Rule（From Schematic）对话框

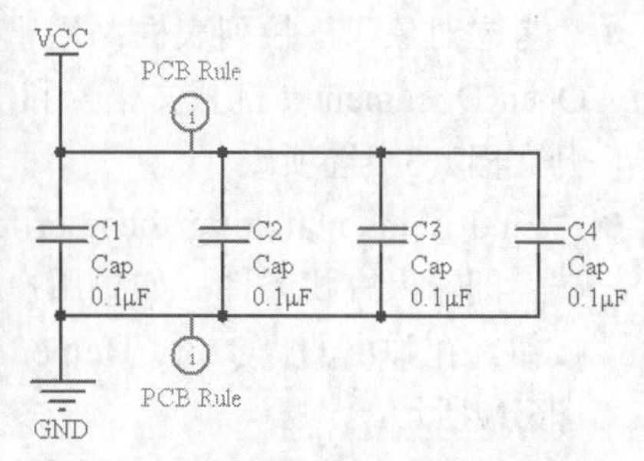

图6-14 将PCB布局标志添加到网络中-Max-Min Width Rule

6.5 使用Navigator（导航）面板进行快速浏览

1.“Navigator（导航）”面板

“Navigator（导航）”面板的作用是快速浏览原理图中的元件、网络及违反设计规则的内容等。“Navigator（导航）”面板是Altium Designer 20强大集成功能的体现之一。

在对原理图文档进行编译以后，单击“Navigator（导航）”面板中的“交互式导航”按钮，就会在下面的“网络/总线”列表框中显示出原理图中的所有网络。单击其中的一个网络，立即在下面的列表框中显示出与该网络相连的所有节点，同时工作窗口的图纸将该网络的所有元件居中放大显示，如图6-15所示。

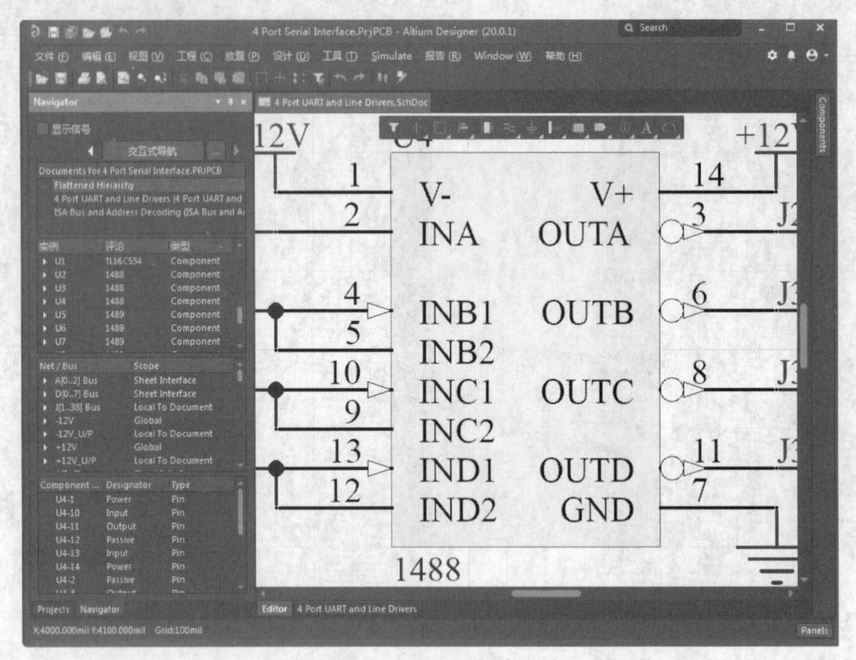

图6-15　在“Navigator”面板中选中一个网络

2.“SCH Filter（SCH过滤）”面板

“SCH Filter（SCH过滤）”面板的作用是根据所设置的过滤器，快速浏览原理图中的元件、网络及违反设计规则的内容等，如图6-16所示。

下面简要介绍“SCH Filter（SCH过滤）”面板。

- “考虑对象”下拉列表框：用于设置查找范围，包括Current Document（当前文档）、Open Document（打开文档）和Open Document of the Same Project（在同一个项目中打开文档）3个选项。
- “Find items matching these criteria（设置过滤器过滤条件）”文本框：用于设置过滤器，即输入查找条件。如果用户不熟悉输入语法，可以单击下面的“Helper（帮助）”按钮，在弹出的“Query Helper（查询帮助）”对话框中输入过滤器查询条件语句，如图6-17所示。
- “Favorites（收藏）”按钮：用于显示并载入收藏的过滤器。单击该按钮，系统将弹出收藏过滤器记录窗口。
- “History（历史）”按钮：用于显示并载入曾经设置过的过滤器，可以大大提高搜索效率。单击该按钮，系统将弹出如图6-18所示的过滤器历史记录对话框，选中其中一个记录后，单击即可实现过滤器的加载。单击“Add To Favorites（添加到收藏）”按钮可以将历史记录过滤器添加到收藏夹。
- “Select（选择）”复选框：用于设置是否将符合匹配条件的元件置于选中状态。

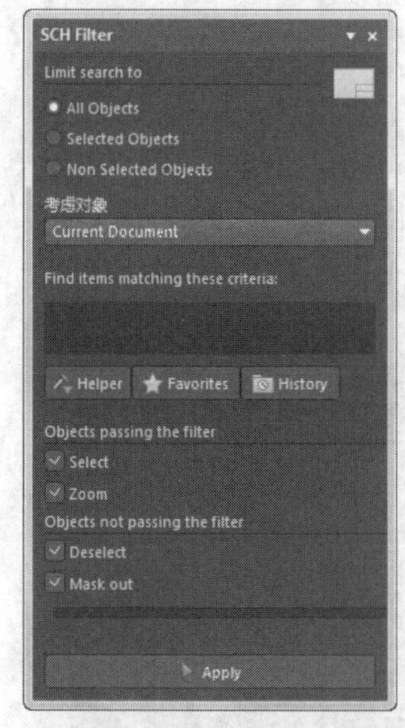

图6-16 “SCH Filter”面板

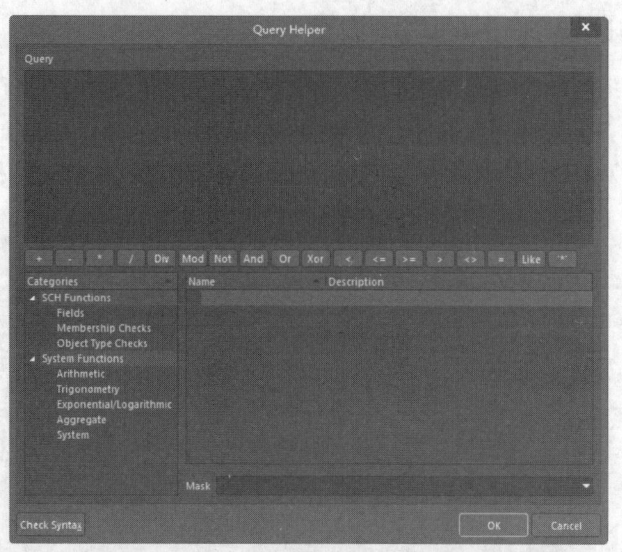

图6-17 “Query Helper”对话框

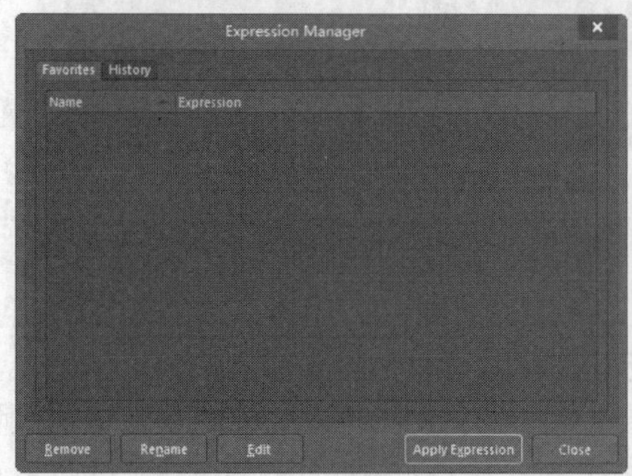

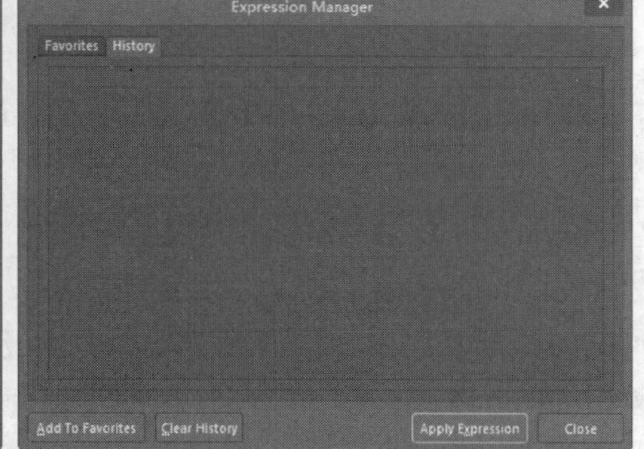

图6-18 过滤器历史记录对话框

- “Zoom（缩放）”复选框：用于设置是否将符合匹配条件的元件进行放大显示。
- “Deselect（取消选定）”复选框：用于设置是否将不符合匹配条件的元件置于取消选中状态。
- “Mask out（屏蔽）”复选框：用于设置是否将不符合匹配条件的元件屏蔽。
- “Apply（应用）”按钮：用于启动过滤查找功能。

6.6 原理图的电气检测及编译

Altium Designer 20和其他的Protel家族软件一样提供了电气检测规则，可以对原理图的电气连接特性进行自动检查，检查后的错误信息将在“Messages（信息）”面板中列出，同时也在原理图中标注出来。用户可以对检测规则进行设置，然后根据面板中所列出的错误信息来对原理图进行修改。有一点需要注意，原理图的自动检测机制只是按照用户所绘制原理图中的连接进行检测，系统并不知道原理图的最终效果，所以如果检测后的“Messages（信息）”面板中并无错误信息出现，这并不表示该原理图的设计完全正确。用户还需将网络表中的内容与所要求的设计反复对照和修改，直到完全正确为止。

6.6.1 原理图的自动检测设置

原理图的自动检测可以在“Project Options（项目选项）”中设置。单击菜单栏中的“工程”→“工程选项”命令，系统将弹出如图6-19所示的“Options for PCB Project…（PCB项目的选项）”对话框，所有与项目有关的选项都可以在该对话框中进行设置。

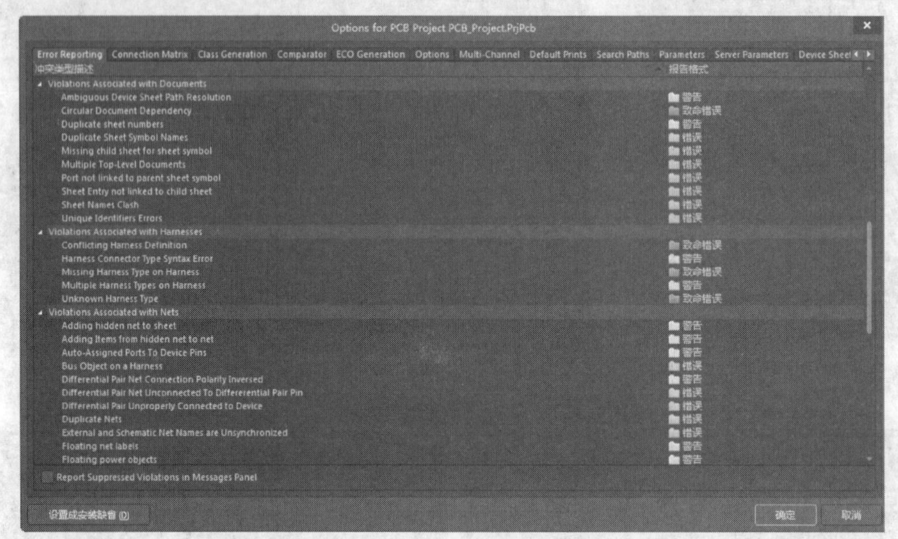

图6-19 “Options for PCB Project…”对话框

在“Options for PCB Project…（PCB项目的选项）”对话框中包括以下13个选项卡。

- “Error Reporting（错误报告）”选项卡：用于设置原理图的电气检查规则。当进行文件的编译时，系统将根据该选项卡中的设置进行电气规则的检测。
- “Connection Matrix（电路连接检测矩阵）”选项卡：用于设置电路连接方面的检测规则。当对文件进行编译时，通过该选项卡的设置可以对原理图中的电路连接进行检测。
- “Class Generation（自动生成分类）”选项卡：用于设置自动生成分类。
- “Comparator（比较器）”选项卡：当两个文档进行比较时，系统将根据此选项卡中的设置进行检查。
- “ECO Generation（工程变更顺序）”选项卡：依据比较器发现的不同，对该选项卡进行设置来决定是否导入改变后的信息，大多用于原理图与PCB间的同步更新。
- “Options”（项目选项）选项卡：在该选项卡中可以对文件输出、网络表和网络标号等相关选项进行设置。
- “Multi-Channel（多通道）”选项卡：用于设置多通道设计。
- “Default Prints（默认打印输出）”选项卡：用于设置默认的打印输出对象（如网络表、仿真文件、原理图文件以及各种报表文件等）。
- “Search Paths（搜索路径）”选项卡：用于设置搜索路径。
- “Parameters（参数设置）”选项卡：用于设置项目文件参数。
- “Server Parameters（服务器参数）”选项卡：用于设置服务器的参数。
- “Device Sheets（硬件设备列表）”选项卡：用于设置硬件设备列表。
- “Managed OutputJobs（管理输出工作）”选项卡：用于设置管理输出工作列表。

在该对话框的各选项卡中，与原理图检测相关的主要有“Error Reporting（错误报告）”

选项卡、“Connection Matrix（电路连接检测矩阵）”选项卡和“Comparator（比较器）”选项卡。当对工程进行编译操作时，系统会根据该对话框中的设置进行原理图的检测，系统检测出的错误信息将在“Messages（信息）”面板中列出。

1.“Error Reporting（错误报告）”选项卡的设置

在该选项卡中可以对各种电气连接错误的等级进行设置。电气错误类型检查主要分为以下7类。其中各栏下又包括不同选项，各选项含义简要介绍如下。

（1）“Violations Associated with Buses（与总线相关的违例）”栏

- Bus Indices out of Range：总线编号索引超出定义范围。总线和总线分支线共同完成电气连接。如果定义总线的网络标号为D [0……7]，则当存在D8及D8以上的总线分支线时将违反该规则。
- Bus Range Syntax Errors：用户可以通过放置网络标号的方式对总线进行命名。当总线命名存在语法错误时将违反该规则。例如，定义总线的网络标号为D[0…]时将违反该规则。
- Illegal Bus Definition：连接到总线的元件类型不正确。
- Illegal Bus Range Values：与总线相关的网络标号索引出现负值。
- Mismatched Bus Label Ordering：同一总线的分支线属于不同网络时，这些网络对总线分支线的编号顺序不正确，即没有按同一方向递增或递减。
- Mismatched Bus Widths：总线编号范围不匹配。
- Mismatched Bus-Section Index Ordering：总线分组索引的排序方式错误，即没有按同一方向递增或递减。
- Mismatched Bus/Wire Object in Wire/Bus：总线上放置了与总线不匹配的对象。
- Mismatched Electrical Types on Bus：总线上电气类型错误。总线上不能定义电气类型，否则将违反该规则。
- Mismatched Generics on Bus（First Index）：总线范围值的首位错误。总线首位应与总线分支线的首位对应，否则将违反该规则。
- Mismatched Generics on Bus（Second Index）：总线范围值的末位错误。
- Mixed Generic and Numeric Bus Labeling：与同一总线相连的不同网络标识符类型错误，有的网络采用数字编号，而其他网络采用了字符编号。

（2）“Violations Associated with Components（与元件相关的违例）”栏

- Component Implementations with Duplicate Pins Usage：原理图中元件的引脚被重复使用。
- Component Implementations with Invalid Pin Mappings：元件引脚与对应封装的引脚标识符不一致。元件引脚应与引脚的封装一一对应，不匹配时将违反该规则。
- Component Implementations with Missing Pins in Sequence：按序列放置的多个元件引脚中丢失了某些引脚。
- Component revision has inapplicable state：元件版本有不适用的状态。
- Component revision has Out of Date：元件版本已过期。
- Components containing duplicate sub-parts：元件中包含了重复的子元件。
- Components with duplicate Implementations：重复实现同一个元件。
- Components with duplicate pins：元件中出现了重复引脚。
- Duplicate Component Models：重复定义元件模型。
- Duplicate Part Designators：元件中存在重复的组件标号。

- Errors in Component Model Parameters：元件模型参数错误。
- Extra Pin Found in Component Display Mode：元件显示模式中出现多余的引脚。
- Mismatched Hidden Pin Connections：隐藏引脚的电气连接存在错误。
- Mismatched Pin Visibility：引脚的可视性与用户的设置不匹配。
- Missing Component Model Parameters：元件模型参数丢失。
- Missing Component Models：元件模型丢失。
- Missing Component Models in Model Files：元件模型在所属库文件中找不到。
- Missing Pin Found in Component Display Mode：在元件的显示模式中缺少某一引脚。
- Models Found in Different Model Locations：元件模型在另一路径（非指定路径）中找到。
- Sheet Symbol with Duplicate Entries：原理图符号中出现了重复的端口。为避免违反该规则，建议用户在进行层次原理图的设计时，在单张原理图上采用网络标号的形式建立电气连接，而不同的原理图间采用端口建立电气连接。
- Un-Designated Parts Requiring Annotation：未被标号的元件需要分开标号。
- Unused Sub-Part in Component：集成元件的某一部分在原理图中未被使用。通常对未被使用的部分采用引脚空的方法，即不进行任何的电气连接。

（3）“Violations Associated with Documents（与文档关联的违例）”栏

- Ambiguous Device Sheet Path Resolution：设备图纸路径分辨率不明确。
- Circular Document Dependency：循环文档相关性。
- Duplicate Sheet Numbers：电路原理图编号重复。
- Duplicate Sheet Symbol Names：原理图符号命名重复。
- Missing Child Sheet for Sheet Symbol：项目中缺少与原理图符号相对应的子原理图文件。
- Multiple Top-Level Documents：定义了多个顶层文档。
- Port not Linked to Parent Sheet Symbol：子原理图电路与主原理图电路中端口之间的电气连接错误。
- Sheet Entry not Linked Child Sheet：电路端口与子原理图间存在电气连接错误。
- Sheet Name Clash：图纸名称冲突。
- Unique Identifiers Errors：唯一标识符错误。

（4）“Violations Associated with Harnesses（与线束关联的违例）”栏

- Conflicting Harness Definition：线束定义冲突。
- Harness Connector Type Syntax Error：线束连接器类型语法错误。
- Missing Harness Type on Harness：线束上丢失线束类型。
- Multiple Harness Types on Harness：线束上有多个线束类型。
- Unknown Harness Types：未知线束类型。

（5）“Violations Associated with Nets（与网络关联的违例）”栏

- Adding hidden net to sheet：原理图中出现隐藏的网络。
- Adding Items from hidden net to net：从隐藏网络添加子项到已有网络中。
- Auto-Assigned Ports To Device Pins：自动分配端口到器件引脚。
- Bus Object on a Harness：线束上的总线对象。
- Differential Pair Net Connection Polarity Inversed：差分对网络连接极性反转。
- Differential Pair Net Unconnected To Differential Pair Pin：差动对网与差动对引脚不连接。

- Differential Pair Unproperly Connected to Device：差分对与设备连接不正确。
- Duplicate Nets：原理图中出现了重复的网络。
- Floating net labels：原理图中出现不固定的网络标签。
- Floating power objects：原理图中出现了不固定的电源符号。
- Global Power-Object scope changes：与端口元件相连的全局电源对象已不能连接到全局电源网络，只能更改为局部电源网络。
- Harness Object on a Bus：总线上的线束对象。
- Harness Object on a Wire：连线上的线束对象。
- Missing Negative Net in Differential Pair：差分对中缺失负网。
- Missing Possitive Net in Differential Pair：差分对中缺失正网。
- Net Parameters with no name：存在未命名的网络参数。
- Net Parameters with no value：网络参数没有赋值。
- Nets containing floating input pins：网络中包含悬空的输入引脚。
- Nets containing multiple similar objects：网络中包含多个相似对象。
- Nets with multiple names：网络中存在多重命名。
- Nets with no driving source：网络中没有驱动源。
- Nets with only one pin：存在只包含单个引脚的网络。
- Nets with possible connection problems：网络中可能存在连接问题。
- Same Nets used in Multiple Differential Pair：多个差分对中使用相同的网络。
- Sheets Containing duplicate ports：原理图中包含重复端口。
- Signals with multiple drivers：信号存在多个驱动源。
- Signals with no driver：原理图中信号没有驱动。
- Signals with no load：原理图中存在无负载的信号。
- Unconnected objects in net：网络中存在未连接的对象。
- Unconnected wires：原理图中存在未连接的导线。

（6）“Violations Associated with Others（其他相关违例）”栏

- Fail to add alternate item：未能添加替代项。
- Incorrect link in project variant：项目变体中的链接不正确。
- Object not completely within sheet boundaries：对象超出了原理图的边界，可以通过改变图纸尺寸来解决。
- Off-grid object：对象偏离格点位置将违反该规则。使元件处在格点的位置有利于元件电气连接特性的完成。

（7）“Violations Associated with Parameters（与参数相关的违例）”栏

- Same Parameter Containing Different Types：参数相同而类型不同。
- Same Parameter Containing Different Values：参数相同而值不同。

“Error Reporting”（报告错误）选项卡的设置一般采用系统的默认设置，但针对一些特殊的设计，用户则需对以上各项的含义有一个清楚的了解。如果想改变系统的设置，则应单击每栏右侧的“Report Mode”（报告模式）选项进行设置，包括No Report（不显示错误）、Warning（警告）、Error（错误）和Fatal Error（严重的错误）4种选择。系统出现错误时是不能导入网络表的，用户可以在这里设置忽略一些设计规则的检测。

2. “Connection Matrix（电路连接检测矩阵）”选项卡

在该选项卡中，用户可以定义一切与违反电气连接特性有关报告的错误等级，特别是元件引脚、端口和原理图符号上端口的连接特性。当对原理图进行编译时，错误的信息将在原理图中显示出来。要想改变错误等级的设置，单击选项卡中的颜色块即可，每单击一次改变一次。与“Error Reporting（报告错误）”选项卡一样，也包括4种错误等级，即No Report（不显示错误）、Warning（警告）、Error（错误）和Fatal Error（严重的错误）。在该选项卡的任何空白区域中右击，将弹出一个右键快捷菜单，可以设置各种特殊形式，如图6-20所示。当对项目进行编译时，该选项卡的设置与“Error Reporting（报告错误）”选项卡中的设置将共同对原理图进行电气特性的检测。所有违反规则的连接将以不同的错误等级在“Messages（信息）”面板中显示出来。单击“设置成安装缺省”按钮，可恢复系统的默认设置。对于大多数的原理图设计保持默认的设置即可，但对于特殊原理图的设计则需用户进行一定的改动。

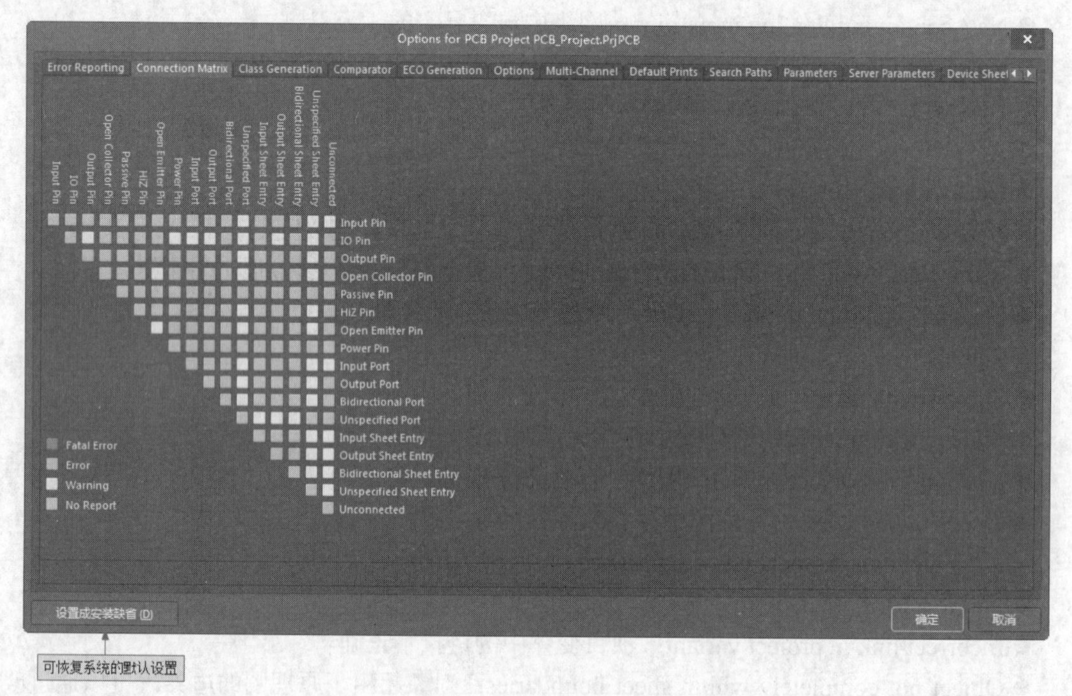

图6-20 “Connection Matrix”选项卡设置

6.6.2 原理图的编译

对原理图的各种电气错误等级设置完毕后，用户便可以对原理图进行编译操作，随即进入原理图的调试阶段。单击菜单栏中的“工程”→“Compile Document…（文件编译）”命令，即可进行文件的编译。

文件编译完成后，系统的自动检测结果将出现在“Messages（信息）”面板中。打开“Messages（信息）”面板的方法有以下3种。

- 单击菜单栏中的“视图”→“面板”→“Messages（信息）”命令，如图6-21所示。
- 单击工作窗口右下角的“Panels（工作面板）”标签，在弹出的菜单中单击“Messages（信息）”命令，如图6-22所示。

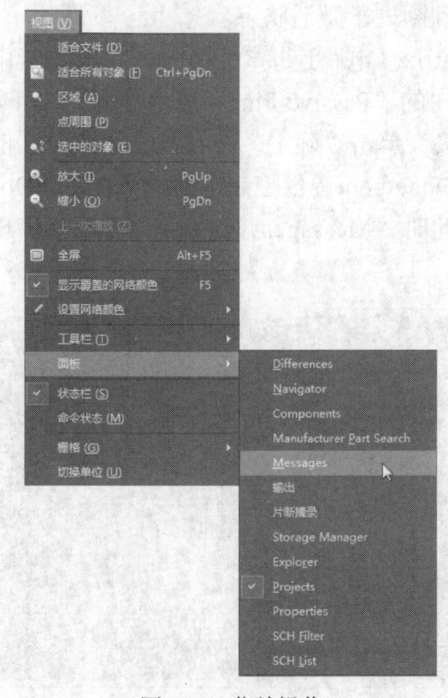

图6-21 菜单操作

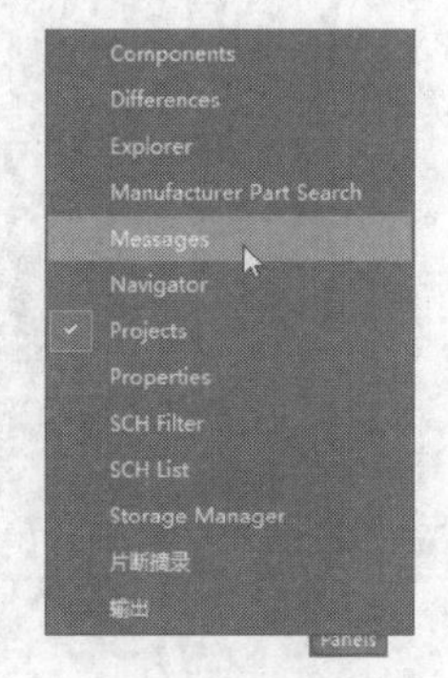

图6-22 标签操作

6.6.3 原理图的修正

当原理图绘制无误时，“Messages（信息）”面板中将为空。当出现错误的等级为“Error（错误）”或“Fatal Error（严重的错误）”时，“Messages（信息）”面板将自动弹出。错误等级为“Warning（警告）”时，需要用户自己打开“Messages（信息）”面板对错误进行修改。

下面以4.3节的“音量控制电路原理图.SchDoc”为例，介绍原理图的修正操作步骤。如图6-23所示，原理图中A点和B点应该相连接，在进行电气特性的检测时该错误将在“Messages（信息）”面板中出现。

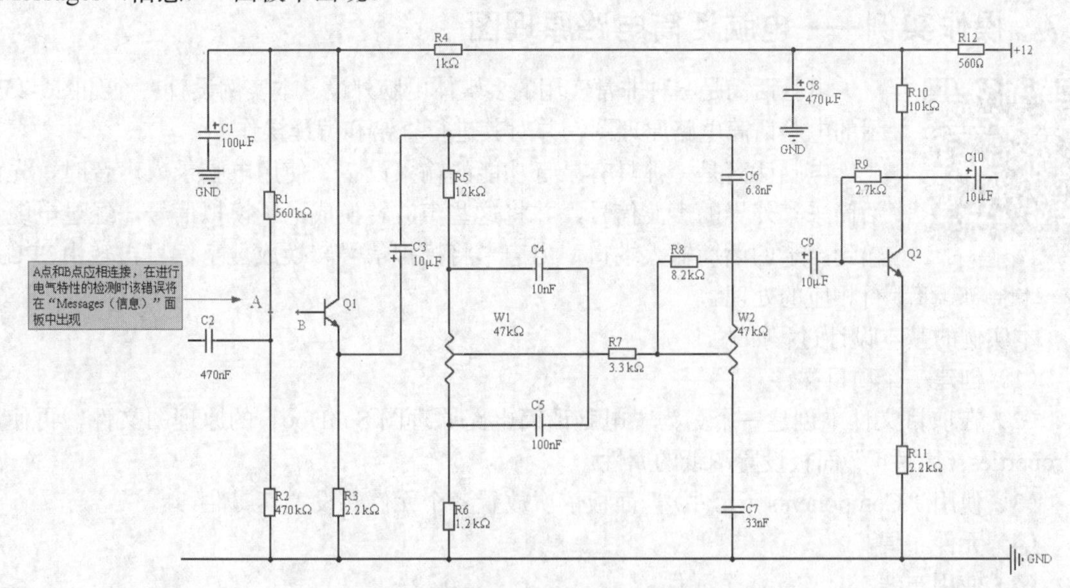

图6-23 存在错误的音量控制电路原理图

Step 1 单击音量控制电路原理图标签，使该原理图处于激活状态。

Step 2 在该原理图的自动检测“Connection Matrix（电路连接检测矩阵）”选项卡中，将纵向的“Unconnected（不相连的）”和横向的“Passive Pins（被动管脚）”相交颜色块设置为褐色的“Error（错误）”错误等级。单击“确定”按钮，关闭该对话框。

Step 3 单击菜单栏中的“工程”→“Compile Document音量控制电路原理图.SchDoc（文件编译）”命令，对该原理图进行编译。此时“Messages（信息）”面板将出现在工作窗口的下方，如图6-24所示。

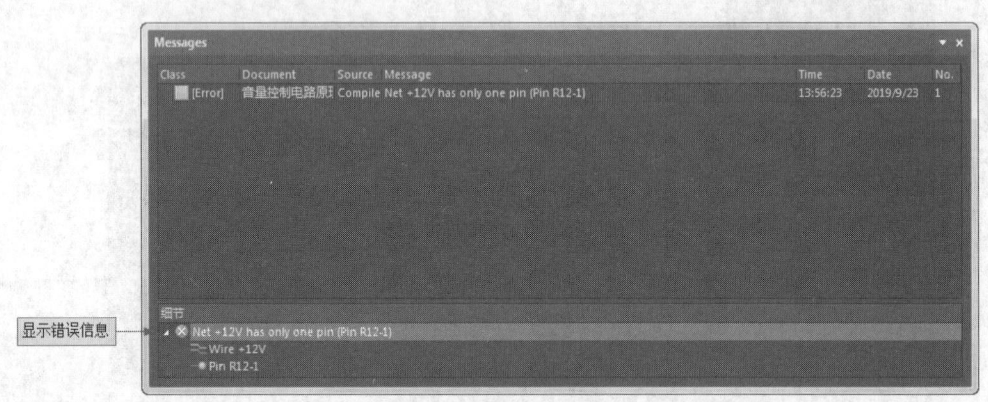

图6-24 编译后的“Messages”面板

Step 4 在“Messages（信息）”面板中双击错误选项，系统将在下方“Details（细节）”选项组下列出该项错误的详细信息。同时，工作窗口将跳到该对象上。除了该对象外，其他所有对象处于被遮挡状态，跳转后只有该对象可以进行编辑。

Step 5 单击菜单栏中的“放置”→“线”命令，或者单击“布线”工具栏中的（放置线）按钮，放置导线。

Step 6 重新对原理图进行编译，检查是否还有其他的错误。

Step 7 保存调试成功的原理图。

6.7 操作实例——电脑话筒电路原理图

6.7 操作实例——电脑话筒电路原理图

电脑话筒是一种非常实用的多媒体电脑外设。本实例设计一个如图6-25所示的电脑话筒电路原理图，并对其进行查错和编译操作。

电脑话筒是一种具有录音功能的输入设备。使用电脑录入声音时，先由话筒采集外界的声波信号，并将这些声波转换成电子模拟信号，经过电缆传输到声卡的话筒输入端口，由声卡将模拟信号转换成数字信号再转由CPU进行相应的处理。

本实例的基本设计过程如下。

（1）创建一个项目文件。

（2）在项目文件中创建一个名为“电脑话筒电路原理图.SchDoc”的原理图文件，再使用“Properties（属性）”面板设置图纸的属性。

（3）使用“Components（元件）”面板依次放置各个元件并设置其属性。

（4）元件布局。

（5）使用布线工具连接各个元件。

（6）设置并放置电源和接地。

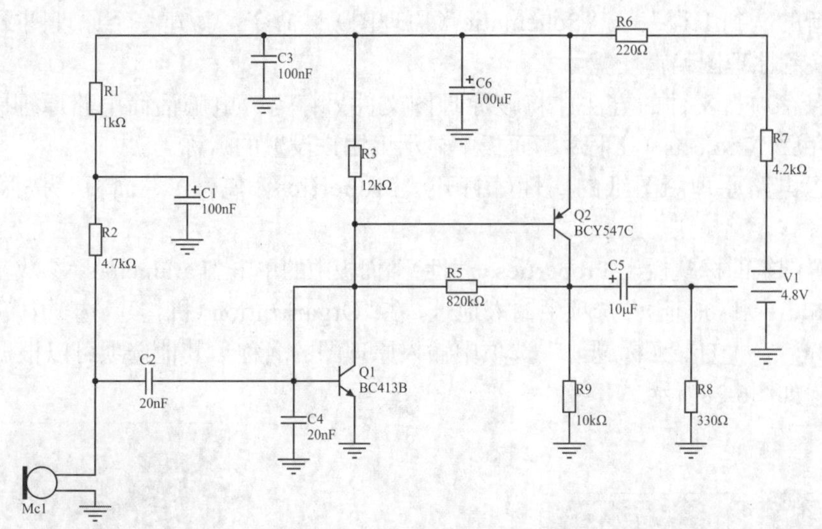

图6-25　电脑话筒电路原理图

（7）进行ERC检查。

（8）查错和编译原理图文件。

（9）保存设计文档和项目文件。

具体的操作步骤如下。

1. 新建项目并创建原理图文件

Step 1 为电路创建一个项目，以便维护和管理该电路的所有设计文档。启动Altium Designer 20，单击菜单栏中的“文件”→“新的”→“项目”命令，新建印制电路板工程文件，弹出“Create Project（新建工程）”对话框，在该对话框中显示工程文件类型，如图6-26所示。默认选择Local Projects选项及“Default（默认）”选项，在“Project Name（名称）”文本框中输入文件名称“电脑话筒电路”，在“Location（路径）”文本框中选择文件路径。完成设置后，单击 Create 按钮，关闭该对话框，打开“Projects（工程）”面板，在面板中出现了新建的工程类型。

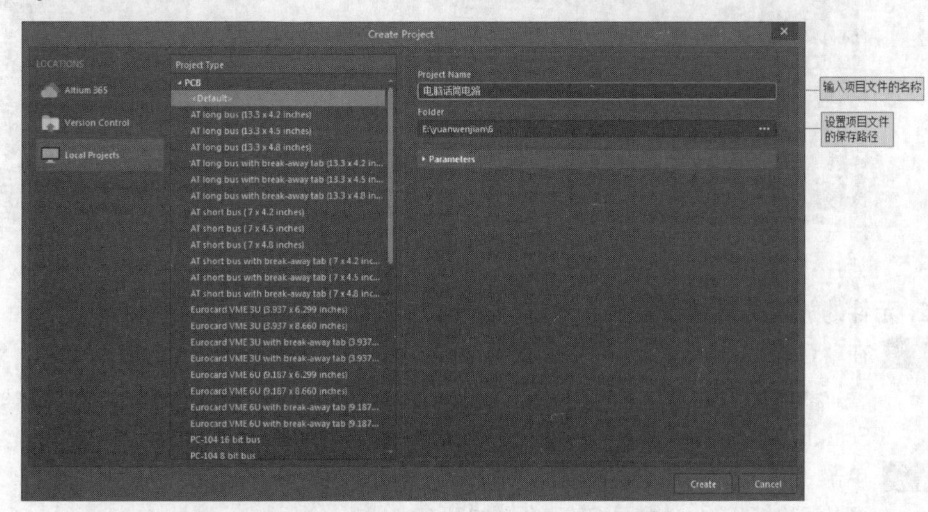

图6-26　“Create Project（新建工程）”对话框

Step 2 在“Projects（工程）”面板的项目文件上右击，在弹出的右键快捷菜单中单击“添加新的...到工程”→“Schematic（原理图）”命令，新建一个原理图文件，并自动切换到原理图编辑环境。

Step 3 用保存项目文件的方法，将该原理图文件另存为“电脑话筒电路原理图.SchDoc”。保存后“Projects（工程）”面板中显示出用户设置的名称。

Step 4 设置电路原理图图纸的属性。打开“Properties（属性）”面板，按照图6-27进行设置。

Step 5 设置图纸的标题栏。“Properties（属性）”面板中的单击“Parameters（参数）”选项卡，在“Address1（地址）”选项中输入地址，在“Organization（机构）”选项中输入设计机构名称，在“Title（标题）”选项中输入原理图的名称，其他选项可以根据需要进行设置，如图6-28所示。

图6-27　电路原理图图纸“Properties（属性）”面板　　　　图6-28“Parameters（参数）”选项卡 件

2. 元件的放置与属性设置

Step 1 在“Components（元件）”面板右上角中单击 ≡ 按钮，在弹出的快捷菜单中选择“File-based Libraries Search（库文件搜索）”命令，则系统将弹出“File-based Libraries Search（库文件搜索）”对话框，在该对话框中输入查找内容“Mic2”。

Step 2 单击“查找”按钮进行搜索，并返回“Components（元件）”面板，搜索结束后，即可从元件列表中选择话筒元件，如图6-29所示。

Step 3 双击“Mic2”元件，然后将光标移动到工作窗口，进入如图6-30所示的话筒放置状态。按<Tab>键，在弹出的“Component（元件）”属性面板中修改元件属性，具体设置如图6-31所示。

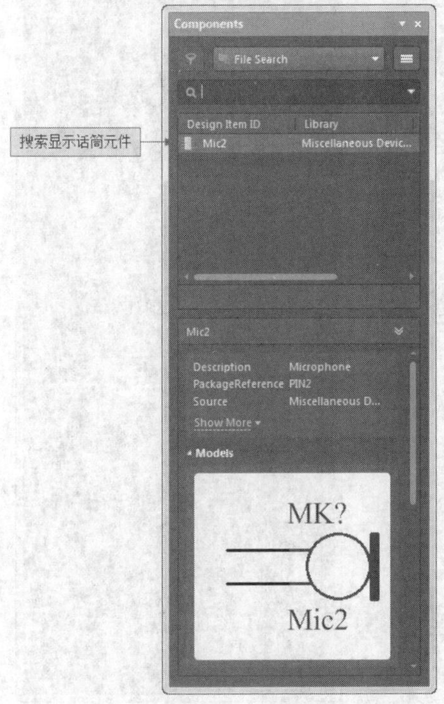

图6-29 选择话筒元件

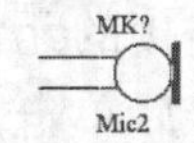

图6-30 话筒放置状态

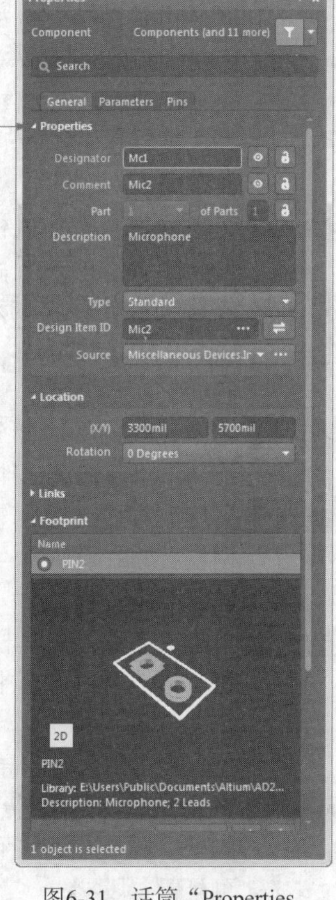

图6-31 话筒“Properties（属性）”面板

Step 4 采用同样的方法，在“Components（元件）”面板中选择电阻、电容、三极管、电源等元件，然后将它们放置到工作窗口中，如图6-32所示。

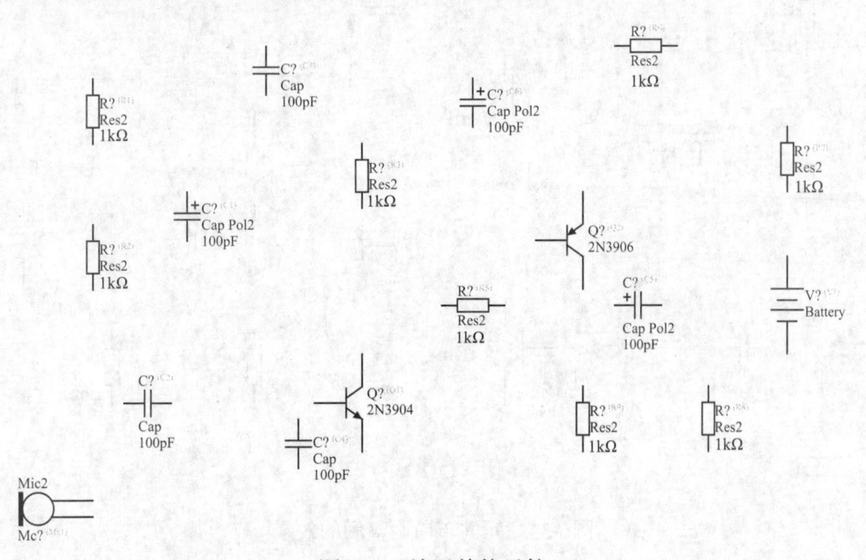

图6-32 放置其他元件

Step 5 设置元件属性。双击元件可以打开元件的属性设置面板。例如，双击一个电阻，在弹出的“Properties（属性）”面板中设置电阻元件的属性，如图6-33所示。采用同样的办法设置其他各个元件的属性。

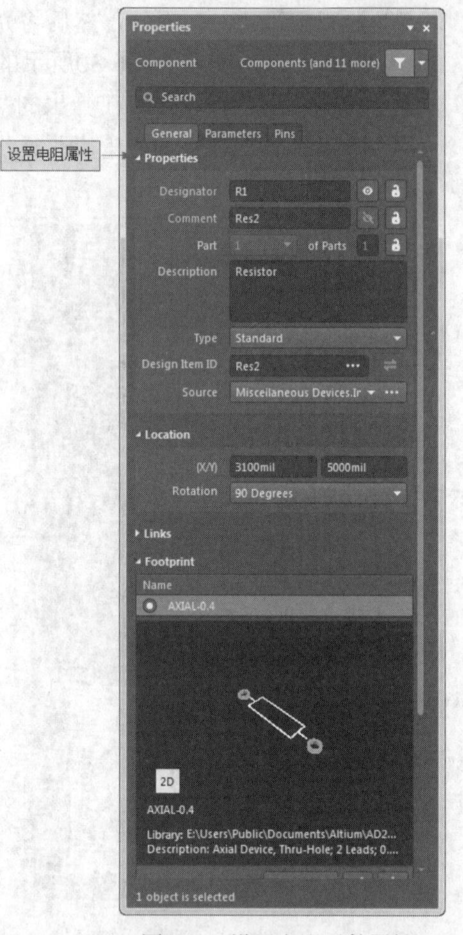

图6-33　设置电阻元件属性

3. 元件布局

Step 1 选中元件，按住鼠标左键进行拖动，将元件移至合适的位置后释放鼠标左键，即完成移动操作。移动对象时，通过按<Page Up>或<Page Down>键来缩放视图，以便观察细节。

Step 2 选中元件的标注部分，按住鼠标左键进行拖动，可以移动元件标注的位置。

Step 3 采用同样的方法调整其他元件，元件布局调整后的效果如图6-34所示。

4. 原理图连线

Step 1 单击“布线”工具栏中的（放置线）按钮，进入导线放置状态。将光标移动到一个元件的引脚上，十字光标的叉号变为红色，单击即可确定导线的一个端点。

Step 2 将光标移动到另外一个需要连接的元件引脚处，再次出现红色交叉符号后单击，即可放置一段导线。

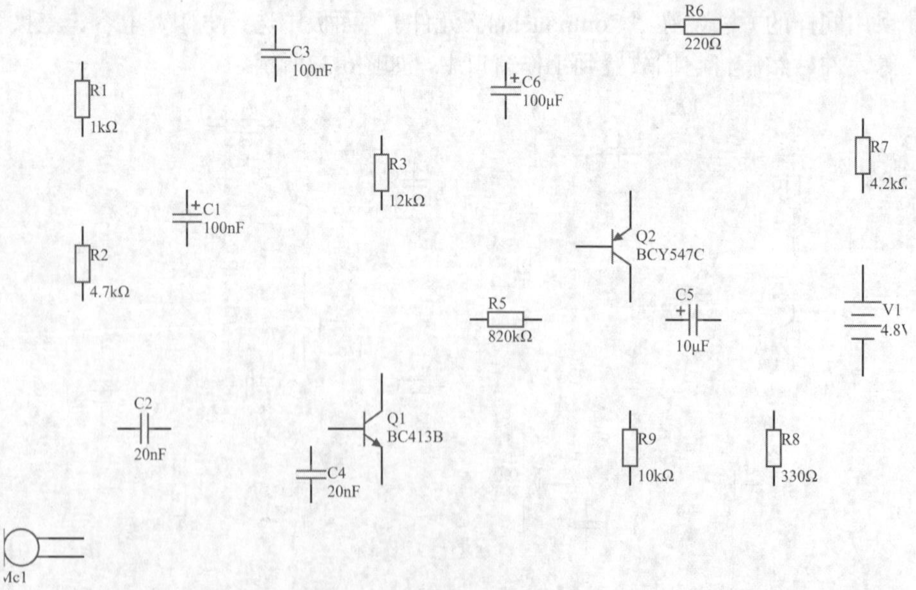

图6-34　元件布局调整后的效果

Step 3 采用同样的方法放置其他导线，如图6-35所示。

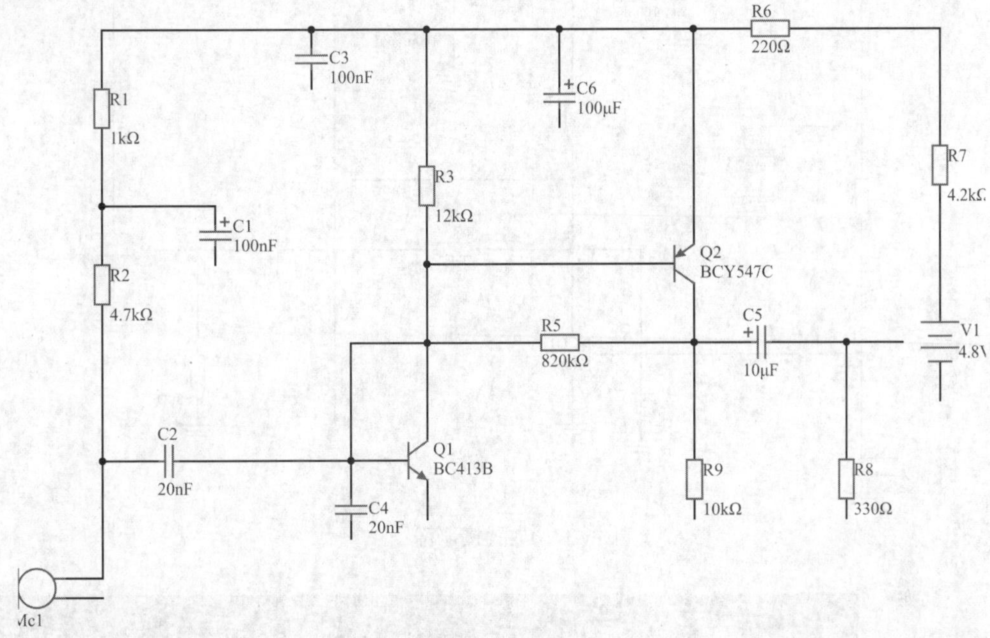

图6-35 放置导线

Step 4 单击“布线”工具栏中 （放置GND端口）按钮，进入接地放置状态。按<Tab>键，弹出“Properties（属性）”面板，将“Name（网络名称）”设置为“GND”，激活“不可见”按钮，如图6-36所示。

Step 5 将光标移动到Mic1下方的管脚处，单击，放置一个接地符号。

Step 6 采用同样的方法放置其他接地符号，如图6-37所示。

Step 7 单击菜单栏中的“工程”→“Compile PCB Project电脑话筒电路.PrjPCB（工程文件编译）”命令，对该原理图进行编译。本例没有出现任何错误信息，表明电气检查通过。

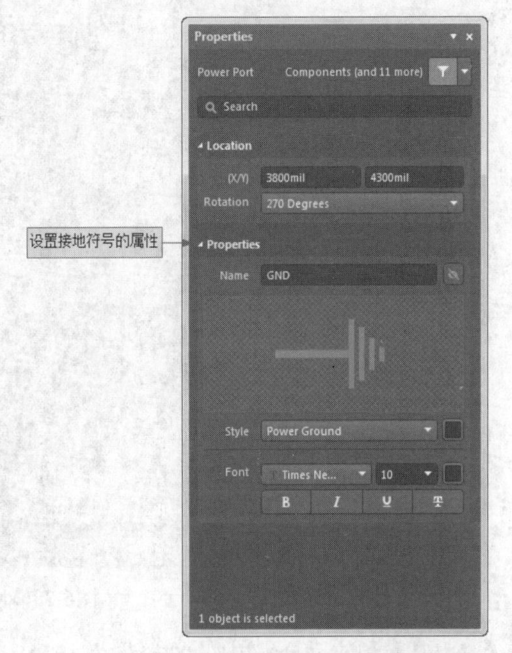

图6-36 “Properties（属性）”面板

5. 报表输出

Step 1 单击菜单栏中的“设计”→“文件的网络表”→“Protel（生成网络表文件）”命令。

Step 2 系统自动生成了当前原理图的网络表文件“电脑话筒电路原理图.NET”，并存放在当前项目下的“Generated\Netlist Files”文件夹中。双击打开该原理图的网络表文件“电脑话筒电路原理图.NET”，结果如图6-38所示。

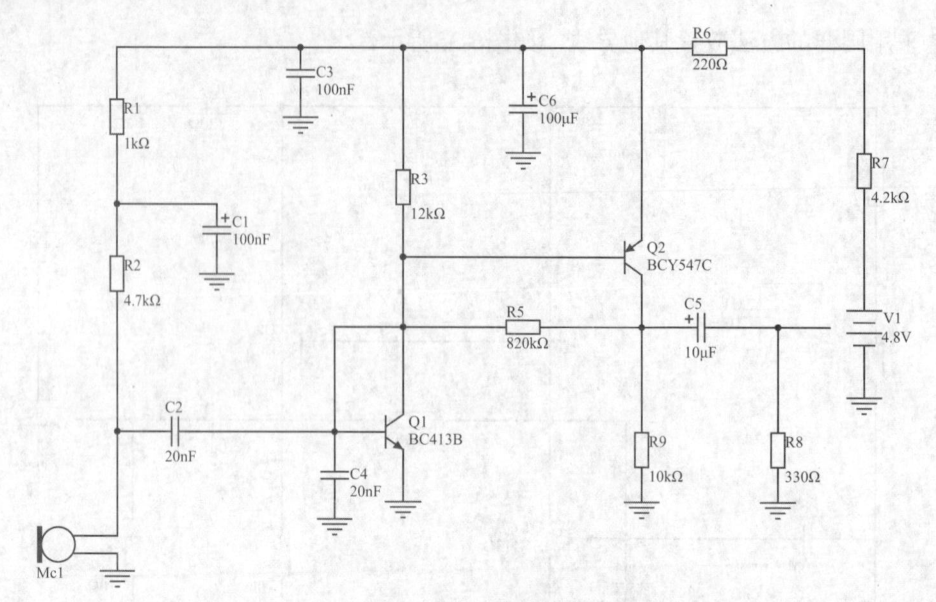

图6-37　放置接地符号

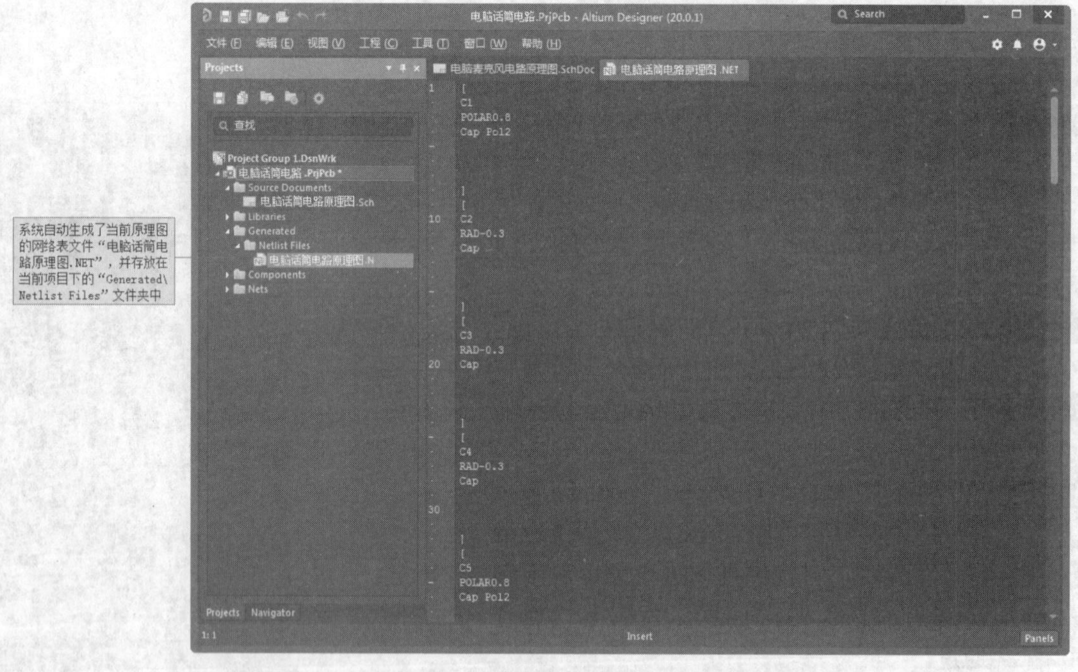

图6-38　网络表文件“电脑话筒电路原理图.NET”

Step 3　单击菜单栏中的“报告”→“Bill of Materials（元件清单）”命令，系统将弹出相应的元件报表对话框，设置元件报表，勾选“Add to Project（添加到项目）”和“Open Exported（打开输出报表）”复选框，如图6-39所示。

Step 4　在元件报表对话框中，单击 ··· 按钮，在安装目录“C:\Program Files\AD20\Template”下，选择系统自带的元件报表模板文件“BOM Default Template.XLT”。

Step 5　单击“Export（输出）”按钮，自动打开报表并进行保存，默认文件名为“电脑话筒电路原理图.xls”，是一个Excel文件，如图6-40所示。

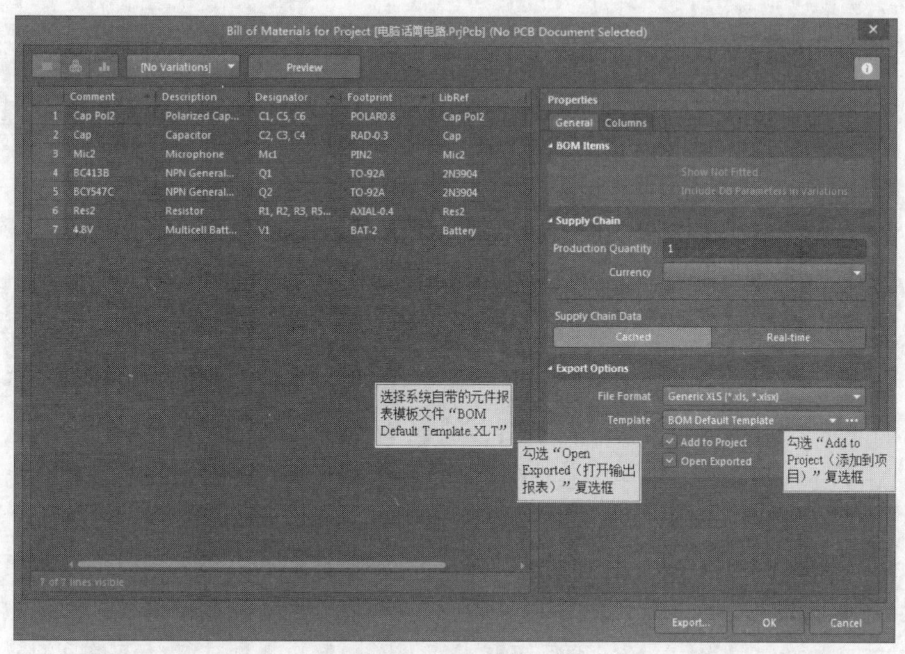

图6-39　设置元件报表

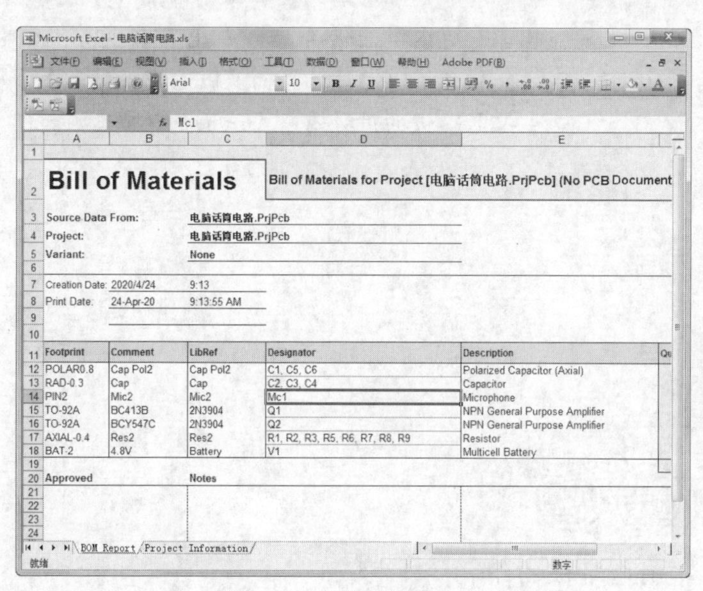

图6-40　打开的报表文件

Step 6 关闭报表文件，返回元件报表对话框。单击“OK（确定）”按钮，退出该对话框。

6. 保存项目

保存项目，完成电脑话筒电路原理图的设计。

PCB设计基础知识

设计印制电路板是整个工程设计的最终目的。原理图设计得再完美，如果电路板设计得不合理，性能将大打折扣，严重时甚至不能正常工作。制板商要参照用户所设计的PCB图来进行电路板的生产。由于要满足功能上的需要，电路板设计往往有很多的规则要求，如要考虑到实际中的散热和干扰等问题。

本章主要介绍印制电路板的结构、PCB编辑器的特点、PCB设计界面及PCB设计流程等知识，使读者对电路板的设计有一个全面的了解。

- 印制电路板的结构
- PCB设计界面
- PCB设计流程

7.1 PCB编辑器界面简介

PCB编辑器界面主要包括菜单栏、工具栏和工作面板3个部分，如图7-1所示。

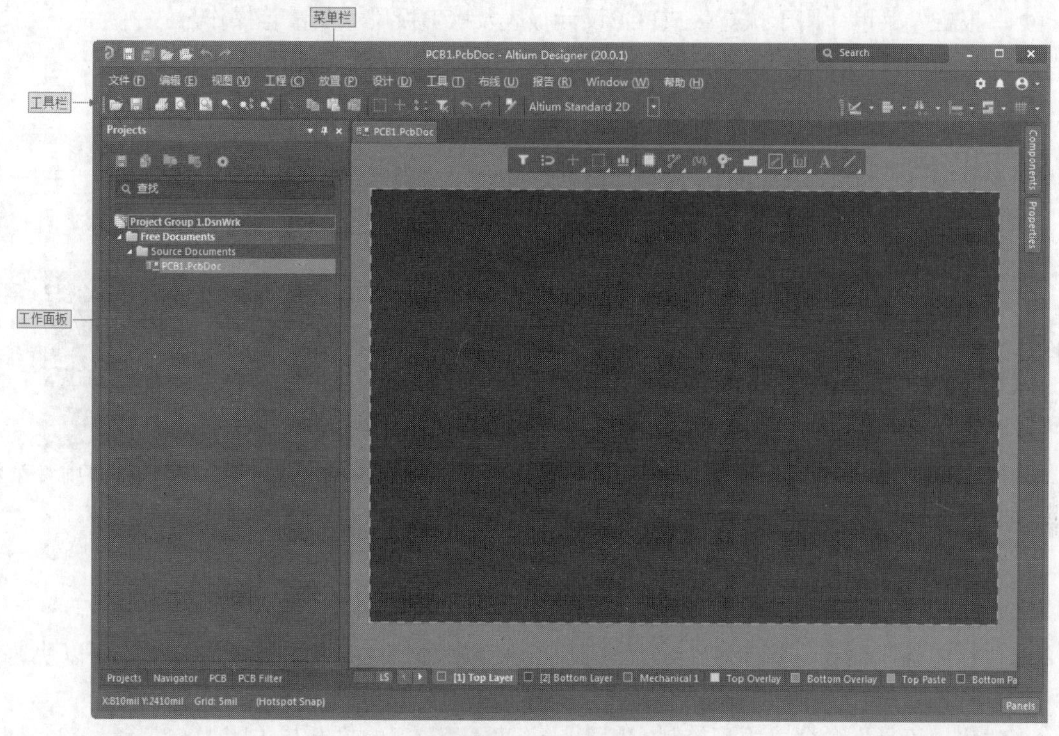

图7-1 PCB编辑器界面

与原理图编辑器的界面一样，PCB编辑器界面也是在软件主界面的基础上添加了一系列菜单和工具栏，这些菜单及工具栏主要用于PCB设计中的电路板设置、布局、布线及工程操作等。菜单与工具栏基本上是对应的，大部分菜单命令都能通过工具栏中的相应按钮来完成。右击工作窗口将弹出一个右键快捷菜单，其中包括一些PCB设计中常用的命令。

7.1.1 菜单栏

在PCB设计过程中，各项操作都可以使用菜单栏中相应的命令来完成，菜单栏中的各菜单命令功能简要介绍如下。

- “文件”菜单：用于文件的新建、打开、关闭、保存与打印等操作。
- “编辑”菜单：用于对象的复制、粘贴、选取、删除、导线切割、移动、对齐等编辑操作。
- “视图”菜单：用于实现对视图的各种管理，如工作窗口的放大与缩小，各种工具、面板、状态栏及节点的显示与隐藏等，以及3D模型、公英制转换等。
- “工程”菜单：用于实现与项目有关的各种操作，如项目文件的新建、打开、保存与关闭，工程项目的编译及比较等。
- “放置”菜单：包含了在PCB中放置导线、字符、焊盘、过孔等各种对象，以及放置坐标、标注等命令。
- “设计”菜单：用于添加或删除元件库、导入网络表、原理图与PCB间的同步更新及印刷电路板的定义，以及电路板形状的设置、移动等操作。

- “工具”菜单：用于为PCB设计提供各种工具，如DRC检查、元件的手动与自动布局、PCB图的密度分析及信号完整性分析等操作。
- “布线”菜单：用于执行与PCB自动布线相关的各种操作。
- “报告”菜单：用于执行生成PCB设计报表及PCB板尺寸测量等操作。
- “Window（窗口）”菜单：用于对窗口进行各种操作。
- “帮助”菜单：用于打开帮助菜单。

7.1.2 工具栏

工具栏中以图标按钮的形式列出了常用菜单命令的快捷方式，用户可根据需要对工具栏中包含的命令进行选择，对摆放位置进行调整。

右击菜单栏或工具栏的空白区域即可弹出工具栏的命令菜单，如图7-2所示。它包含6个命令，带有√标志的命令表示被选中而出现在工作窗口上方的工具栏中。每一个命令代表一系列工具选项。

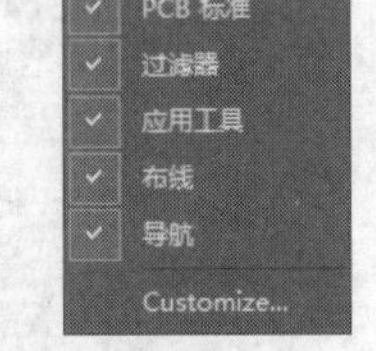

图7-2 工具栏的命令菜单

- “PCB标准”命令：用于控制PCB标准工具栏的打开与关闭，如图7-3所示。

图7-3 PCB标准工具栏

- “过滤器”命令：用于控制过滤工具栏的打开与关闭，可以快速定位各种对象。
- “应用工具”命令：用于控制实用工具栏的打开与关闭。
- “布线”命令：用于控制连线工具栏的打开与关闭。
- “导航”命令：用于控制导航工具栏的打开与关闭。通过这些按钮，可以实现在不同界面之间的快速跳转。
- “Customize（用户定义）”命令：用于用户自定义设置。

7.2 新建PCB文件

新建PCB文件有三种方法，下面分别进行介绍。

7.2.1 利用菜单命令创建 PCB 文件

除了采用设计向导生成PCB文件外，用户也可以使用菜单命令直接创建一个PCB文件，之后再为该文件设置各种参数。创建一个空白PCB文件可以采用以下几种方式。

- 选择菜单栏中的“工程”→“添加新的...到工程”→“PCB（PCB文件）”命令。
- 选择菜单栏中的“文件”→“新的”→“PCB”命令，创建一个空白PCB文件。

新创建的PCB文件的各项参数均采用系统默认值。在进行具体设计时，我们还需要对该文件的各项参数进行设置，这些将在本章后面的内容中进行介绍。

7.2.2 利用模板创建 PCB 文件

Altium Designer 20还提供了通过PCB模板创建PCB文件的方式，其操作步骤如下。

Step 1 执行“文件”→“打开”命令，弹出如图7-4所示的“Choose Document to Open（选择要打开的文件）”对话框。

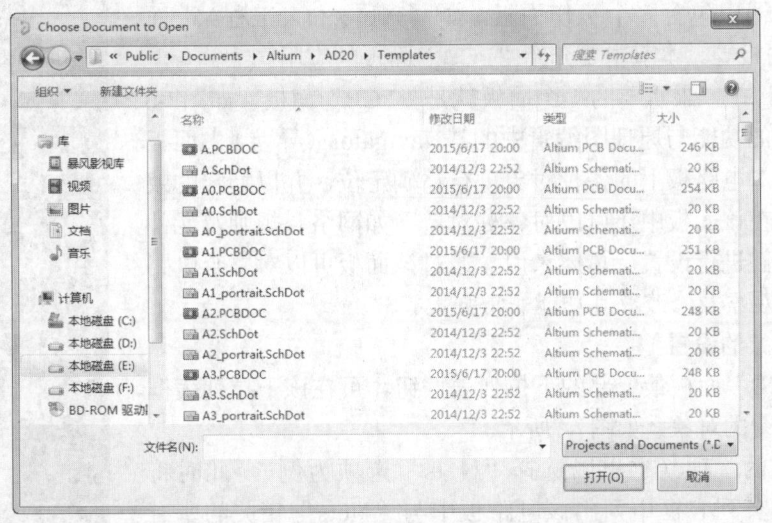

图7-4 “Choose Document to Open”对话框

该对话框默认的路径是Altium Designer 20自带的模板路径，在该路径中为用户提供了多个可用的模板。和原理图文件面板一样，在Altium Designer 20中没有为模板设置专门的文件形式，在该对话框中能够打开的都是包含模板信息的后缀为“PrjPCB”和“PcbDoc”的文件。

Step 2 从对话框中选择所需的模板文件，然后单击“打开”按钮即可生成一个PCB文件，生成的文件将显示在工作窗口中。

由于通过模板生成PCB文件的方式操作起来非常简单，因此，建议用户在从事电子设计时将自己常用的PCB保存为模板文件，以便于以后的工作。

7.2.3 利用右键快捷命令创建 PCB 文件

Altium Designer 20还可通过右键快捷命令生成PCB文件的方式创建一个PCB文件，其具体步骤如下。

在“Projects（工程）”面板的工程文件上单击鼠标右键，在弹出的快捷菜单中选择“添加新的...到工程”→“PCB（PCB文件）”命令，如图7-5所示，在该工程文件中新建一个印制电路板文件。

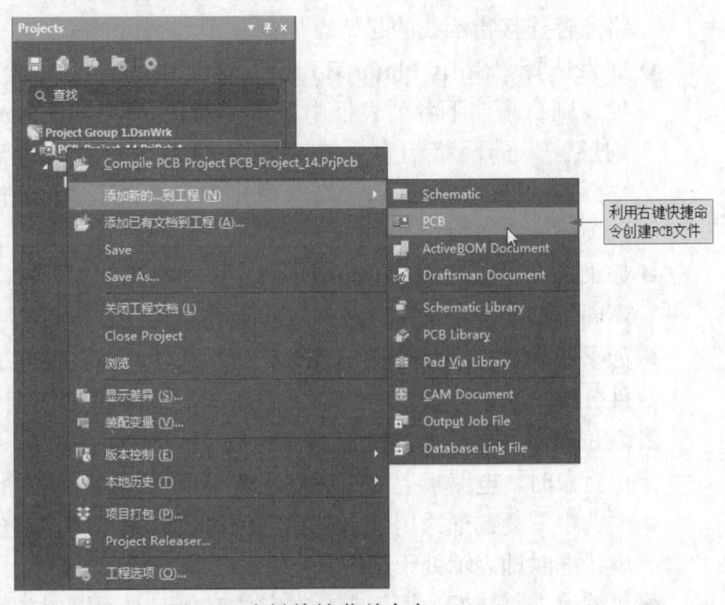

图7-5 右键快捷菜单命令

7.3 PCB面板的应用

PCB编辑器中包含多个工作面板，如“Projects（工程）”面板、“PCB”面板等。本节主要介绍“PCB”面板的应用。

在PCB设计中，最重要的一个面板就是“PCB”面板，如图7-6所示。该面板的功能与原理图编辑中的“Navigator（导航）”面板相似，可用于对电路板上的各种对象进行精确定位，并以特定的效果显示出来。在该面板中还可以对各种对象（如网络、规则及元件封装等）的属性进行设置。总体来说，通过该面板可以对整个电路板进行全局的观察及修改，其功能非常强大。

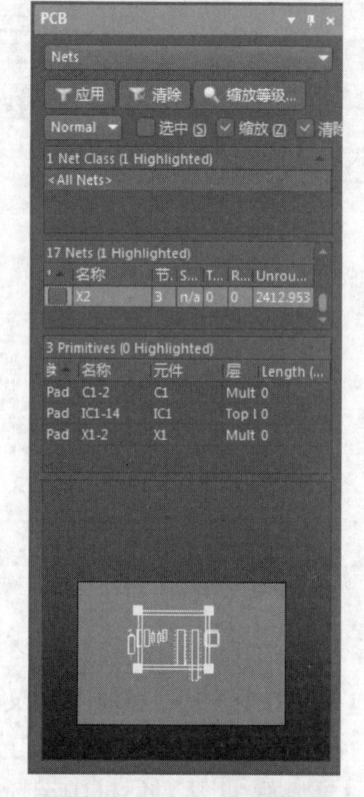

图7-6 “PCB”面板

1. 定位对象的设置

单击“PCB”面板最上部的下拉列表按钮，可在该下拉列表框中选择想要查看的对象，如图7-7所示。

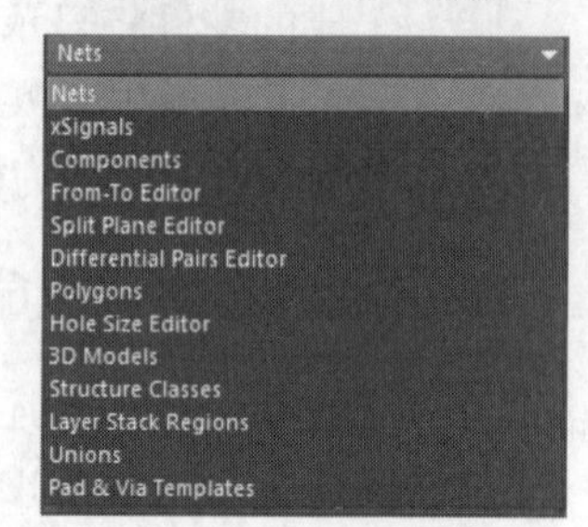

图7-7 下拉列表框

选择其中的一项（这里以选择“Nets”选项为例），此时将在面板下面的各列表框中列出该电路板中与“Nets”相关的所有信息。

- 如果选择“Nets（网络）”列表框：每一个网络类包含的所有网络列表。在“Net Classes（网络类）”列表框中单击某一个网络类，即可在此列表框中显示该网络类包含的所有网络信息。
- 如果选择“Components（元件）”选项，则自顶向下各列表框中显示的对象分别为元件分类、选中分类中的所有元件及选中元件的相关信息。
- 如果选择“From-To Editor（连接指示线编辑器）”选项，则自顶向下各列表框中显示的对象分别为起点网络和终点网络及各连接指示线的起始点焊盘。
- 如果选择“Split Plane Editor（分割中间层编辑器）”选项，则自顶向下各列表框中显示的对象是“Split Plane（分割层）”的网络信息。需要注意的是，只有当电路板的“Layer Stack Manager（层管理）”中设置了“Internal Plane（内平面）”时，选择该选项时才会有内容。
- 如果选择“Hole Size Editor（钻孔尺寸编辑器）”选项，则自顶向下各列表框中分别为不同类型的选择条件以及焊盘（钻孔）尺寸、数量、所属层等相关信息。
- 如果选择“3D Models（3D模型）”选项，则自顶向下各列表框中显示的对象分别为元件分类、选中分类中的所有元件及选中元件的3D模型信息。

2. 定位对象效果显示的设置

定位对象时，电路板上的相应显示效果可以通过以下3个复选框进行设置。

- “选中”复选框：用于定义在定位对象时是否将该对象置于选中状态（在对象周围出现虚线框时即表示处于选中状态）。
- “缩放”复选框：用于定义在定位对象时是否同时放大显示该对象。

3. PCB缩略图显示窗口

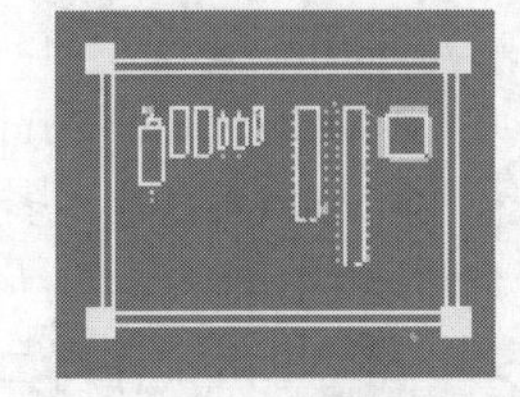
图7-8 PCB缩略图显示窗口

“PCB”面板的最下面是PCB的缩略图显示窗口，如图7-8所示。中间的绿色框为电路板，最小的空心边框为此时显示在工作窗口的区域。在该窗口中可以通过鼠标操作，对工作窗口中的PCB图进行快速移动及视图的放大、缩小等操作。

4.“PCB”面板的按钮

“PCB”面板中有3个按钮，主要用于视图显示的操作，功能分别如下。

- “应用”按钮：单击该按钮，可恢复前一步工作窗口中的显示效果，类似于“撤销”操作。
- “清除”按钮：单击该按钮，可恢复印刷电路板的最初显示效果，即完全显示PCB中的所有对象。
- “缩放等级”按钮：单击该按钮，可精确设置显示对象的放大程度。

5.“PCB”下拉列表框

“PCB”下拉列表框中有3个选项，功能分别如下。

- “Normal（正常）”选项：表示在显示对象时正常显示其他未选中的对象。
- “Mask（遮挡）”选项：表示在显示对象时遮挡其他未选中的对象。遮挡程度可在工作窗口右下角的“Mask level（透明度）”标签中进行设置。
- “Dim（变暗）”选项：表示在显示对象时按比例降低亮度，显示其他未选中的对象。

7.4 电路板物理结构及编辑环境参数设置

对于手动生成的PCB，在进行PCB设计前，必须对电路板的各种属性进行详细的设置，主要包括板形的设置、PCB图纸的设置、电路板层的设置、层的显示设置、颜色的设置、布线框的设置、PCB系统参数的设置及PCB设计工具栏的设置等。

7.4.1 电路板物理边框的设置

1. 边框线的设置

电路板的物理边界即为PCB的实际大小和形状，板形的设置是在“Mechanical 1（机械层）”上进行的。根据所设计的PCB在产品中的安装位置、所占空间的大小、形状及与其他部件的配合来确定PCB的外形与尺寸。具体的操作步骤如下。

Step 1 新建一个PCB文件，使之处于当前的工作窗口中，如图7-1所示。

默认的PCB图为带有栅格的黑色区域，包括以下几个工作层面。

- 两个信号层Top Layer（顶层）和Bottom Layer（底层）：用于建立电气连接的铜箔层。
- Mechanical 1（机械层）：用于设置PCB与机械加工相关的参数，以及用于PCB 3D模型放置与显示。
- Top Overlay（顶层丝印层）和Bottom Overlay（底层丝印层）：用于添加电路板的说明文字。
- Top Paste（顶层锡膏防护层）、Bottom Paste（底层锡膏防护层）、Top Solder（顶层阻焊层）和Bottom Solder（底层阻焊层）：用于保护铜线，也可以防止焊接错误。系统允许PCB设计包含这4个阻焊层。
- Keep-Out Layer（禁止布线层）：用于设立布线范围，支持系统的自动布局和自动布线功能。

● Drill Guide（钻孔层）和Drill Drawing（钻孔图层）：用于描述钻孔图和钻孔位置。

● Multi-Layer（多层同时显示）：可实现多层叠加显示，用于显示与多个电路板层相关的PCB细节。

Step 2 单击工作窗口下方“Mechanical 1（机械层）”标签，使该层面处于当前工作窗口中。

Step 3 单击菜单栏中的“放置”→“线条”命令，此时光标变成十字形状。然后将光标移到工作窗口的合适位置，单击即可进行线的放置操作，每单击一次就确定一个固定点。通常将板的形状定义为矩形，但在特殊的情况下，为了满足电路的某种特殊要求，也可以将板形定义为圆形、椭圆形或者不规则的多边形。这些都可以通过“放置”菜单来完成。

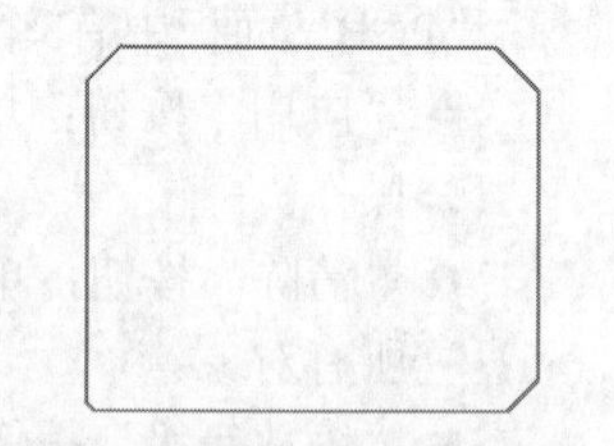

图7-9 绘制好的PCB边框

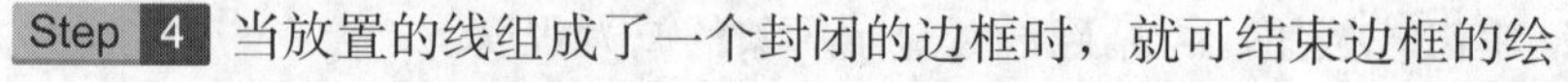

Step 4 当放置的线组成了一个封闭的边框时，就可结束边框的绘制。右击或者按<Esc>键退出该操作，绘制好的PCB边框如图7-9所示。

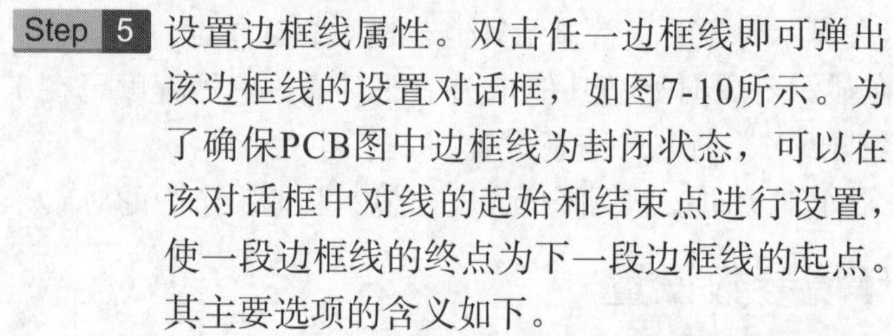

Step 5 设置边框线属性。双击任一边框线即可弹出该边框线的设置对话框，如图7-10所示。为了确保PCB图中边框线为封闭状态，可以在该对话框中对线的起始和结束点进行设置，使一段边框线的终点为下一段边框线的起点。其主要选项的含义如下。

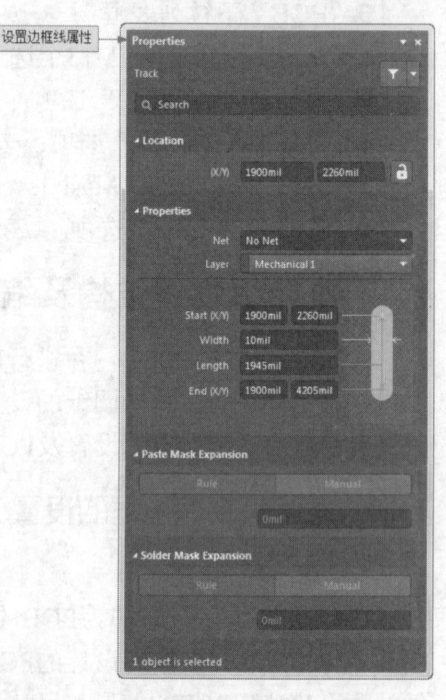

图7-10 设置边框线

● “Layer（层）”下拉列表框：用于设置该线所在的电路板层。用户在开始画线时可以不选择“Mechanical 1”层，在此处进行工作层的修改也可以实现上述操作所达到的效果，只是这样需要对所有边框线段进行设置，操作起来比较麻烦。

● “Net（网络）”下拉列表框：用于设置边框线所在的网络。通常边框线不属于任何网络，即不存在任何电气特性。

● “锁定”按钮：勾选该复选框时，边框线将被锁定，无法对该线进行移动等操作。

按<Enter>键，完成边框线的属性设置。

2. 板形的修改

对边框线进行设置的主要目的是给制板商提供加工电路板形状的依据。用户也可以在设计时直接修改板形，即在工作窗口中可直接看到自己所设计的电路板的外观形状，然后对板形进行修改。板形的设置与修改主要通过“设计”菜单中的“板子形状”子菜单来完成，如图7-11所示。

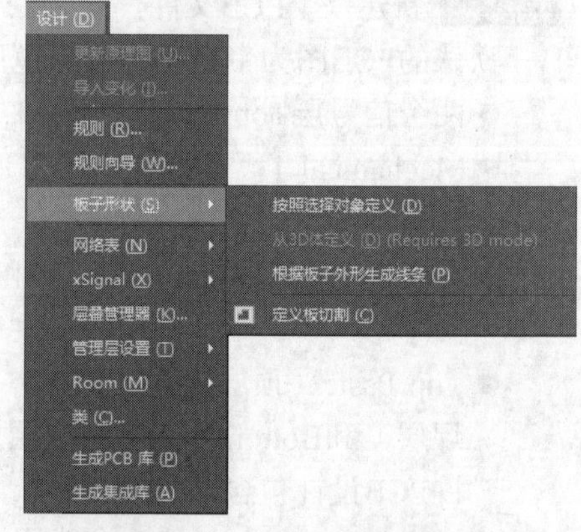

图7-11 “板子形状”子菜单

（1）按照选定对象定义

在机械层或其他层可以利用线条或圆弧定义一个

内嵌的边界，以新建对象为参考重新定义板形。具体的操作步骤如下。

Step 1 单击菜单栏中的“放置”→“圆弧”命令，在电路板上绘制一个圆，如图7-12所示。

Step 2 选中已绘制的圆，然后单击菜单栏中的“设计”→“板子形状”→“按照选择对象定义”命令，电路板将变成圆形，如图7-13所示。

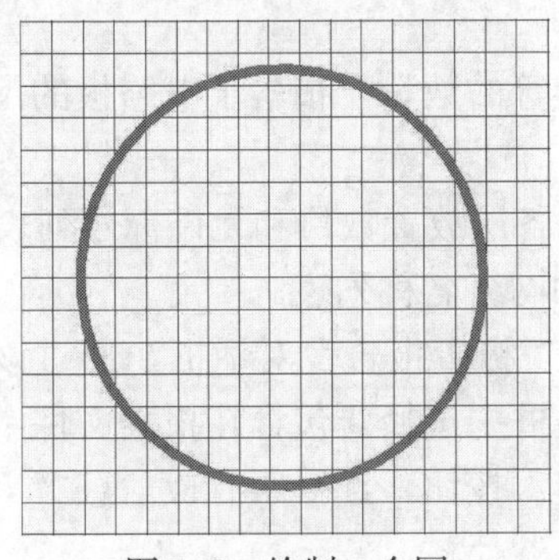

图7-12　绘制一个圆

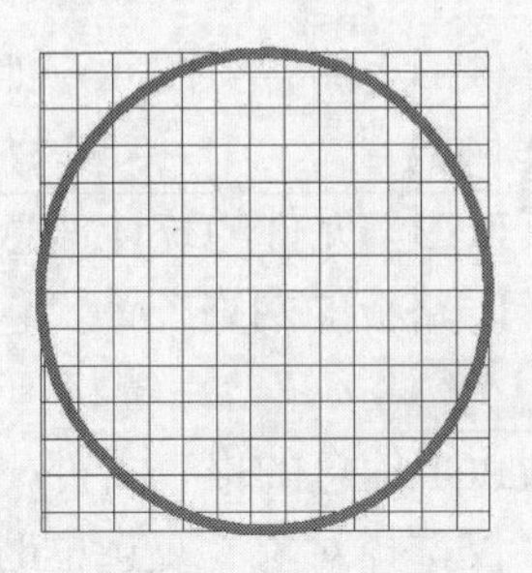

图7-13　定义后的板形

（2）根据板形生成线条

在机械层或其他层将板子边界转换为线条。具体的操作步骤如下。

单击菜单栏中的“设计”→“板子形状”→“根据板子外形生成线条”命令，弹出“从板外形而来的线/弧原始数据”对话框，如图7-14所示。按照需要设置参数，单击确定按钮，退出对话框，板边界自动转化为线条，如图7-15所示。

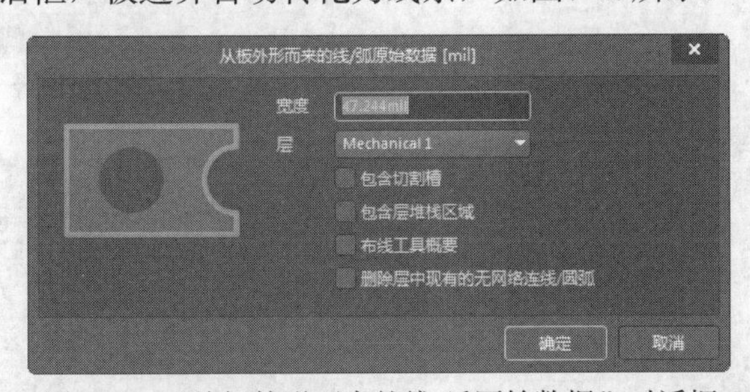

图7-14　“从板外形而来的线/弧原始数据”对话框

图7-15　转化边界

7.4.2　电路板图纸的设置

与原理图一样，用户也可以对电路板图纸进行设置，默认状态下的图纸是不可见的。大多数Altium Designer 20附带的例子是将电路板显示在一张白色的图纸上，与原理图图纸完全相同。图纸大多被绘制在“Mechanica16”上，图纸的设置主要有以下两种方法。

1. 通过“Properties（属性）”面板进行设置

单击右侧“Properties（属性）”按钮，打开“Properties（属性）”面板“Board（板）”属性编辑界面，如图7-16所示。

其中各选项组的功能如下。

（1）“Search（搜索）”功能：允许在面板中搜索所需的条目。

（2）“Selection Filter（选择过滤器）”选项组：设置过滤对象。

也可单击中的下拉按钮，弹出如图7-17所示的对象选择过滤器。

（3）“Snap Options（捕捉选项）”选项组：设置图纸是否启用捕获功能，其中包括“Grid

（栅格）”“Guides（辅助线）”和“Axes（坐标）”3个选项。

（4）Snapping（捕捉）选项组：捕捉的对象热点所在层包括“All Layer（所有层）”“Current Layer（当前层）”和“Off（关闭）”3个选项。

（5）“Board Information（板信息）”选项组：显示PCB文件中元件和网络的完整细节信息。

- 汇总了PCB上的各类图元，如导线、过孔、焊盘等的数量，报告了电路板的尺寸信息和DRC违例数量。
- 报告了PCB上元件的统计信息，包括元件总数、各层放置数目和元件标号列表。
- 列出了电路板的网络统计，包括导入网络总数和网络名称列表。
- 单击 Reports 按钮，系统将弹出如图7-18所示的“板级报告”对话框，通过该对话框可以生成PCB信息的报表文件，在该对话框的列表框中选择要包含在报表文件中的内容。勾选“仅选择对象”复选框时，单击“全部开启”按钮，选择所有板信息。

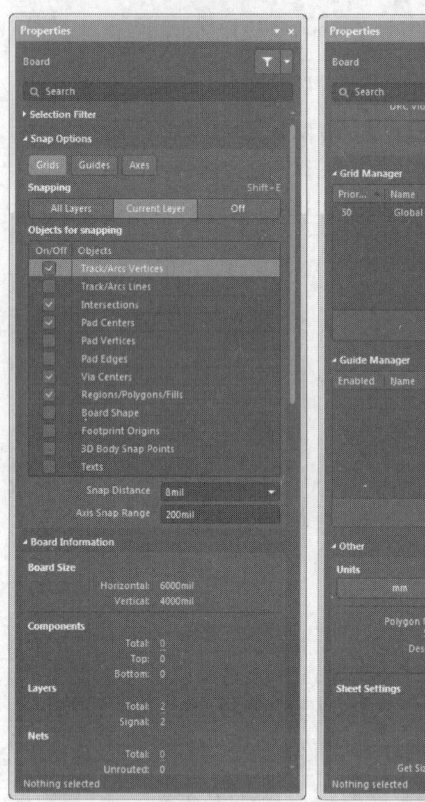

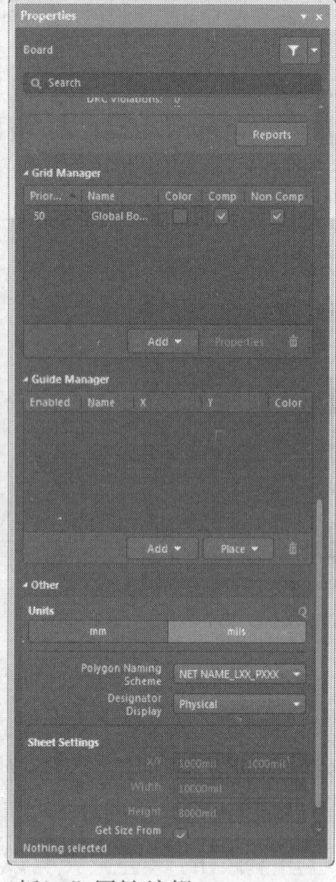

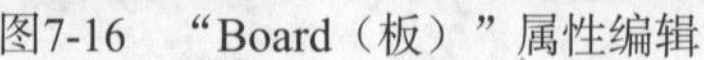

图7-16 “Board（板）”属性编辑

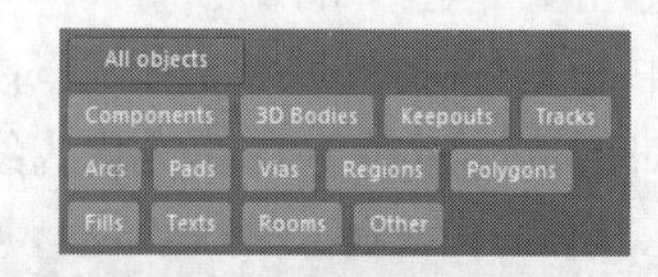

图7-17 对象选择过滤器

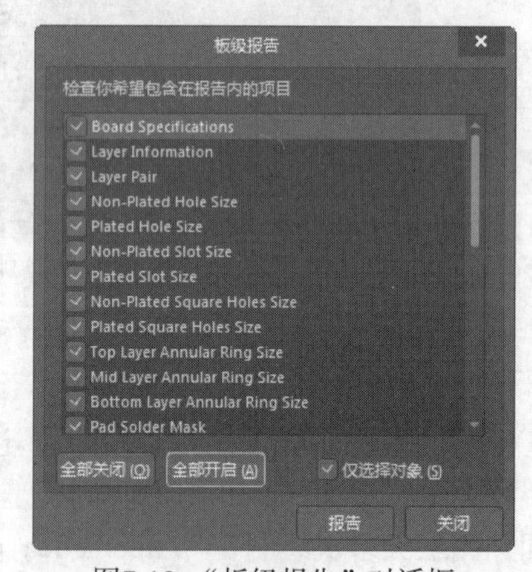

图7-18 “板级报告”对话框

报表列表选项设置完毕后，在“Board Report（电路板报表）”对话框中单击 Reports 按钮，系统将生成“Board Information Report”的报表文件，并自动在工作区内打开，PCB信息报表如图7-19所示。

（6）“Grid Manager（栅格管理器）”选项组：定义捕捉栅格。

- 单击“Add（添加）”按钮，在弹出的下拉菜单中选择命令，如图7-20所示。添加笛卡儿坐标下与极坐标下的栅格，在未选定对象时进行定义。

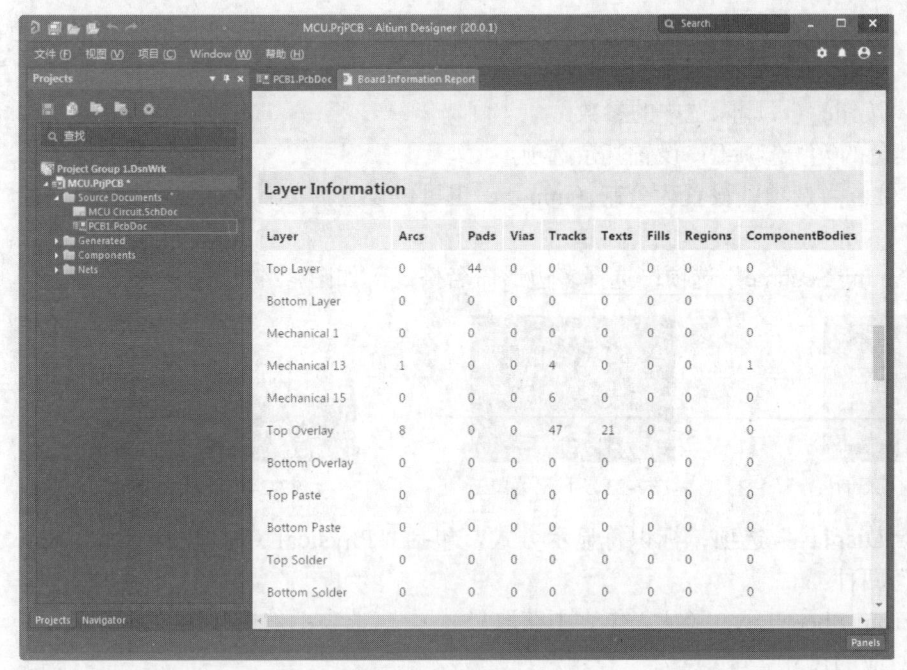

图7-19 PCB信息报表

Add Cartesian Grid

Add Polar Grid

图7-20 下拉菜单

- 选择添加的栅格参数，激活“Properties（属性）”按钮，单击该按钮，弹出如图7-21所示的“Cartesian Grid Editor（笛卡儿栅格编辑器）”对话框，设置栅格间距。
- 单击“删除”按钮，删除选中的参数。

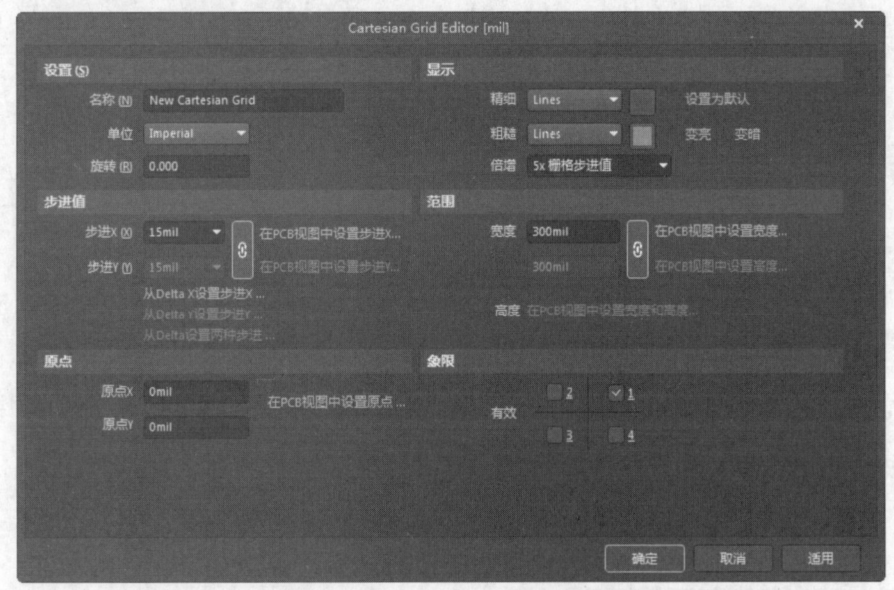

图7-21 “Cartesian Grid Editor（笛卡儿栅格编辑器）”对话框

（7）“Guide Manager（向导管理器）”选项组：定义电路板的向导线，添加或放置横向、竖向、+45°、–45°和捕捉栅格的向导线，在未选定对象时进行定义。

- 单击“Add（添加）”按钮，在弹出的下拉菜单中选择命令，如图7-22所示。添加对应的向导线。

- 单击“Place（放置）”按钮，在弹出的下拉菜单中选择命令，如图7-23所示，放置对应的向导线。
- 单击“删除”按钮，删除选中的参数。

（8）“Other（其余的）”选项组：设置其余选项。

- “Units（单位）”选项：设置为公制（mm），也可以设置为英制（mils）。一般在绘制和显示时设为mil。
- “Polygon Naming Scheme”选项：选择多边形命名格式，如图7-24所示。

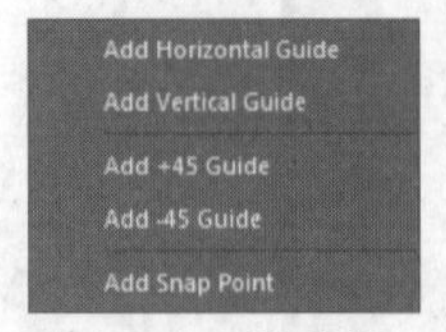

图7-22　下拉菜单1

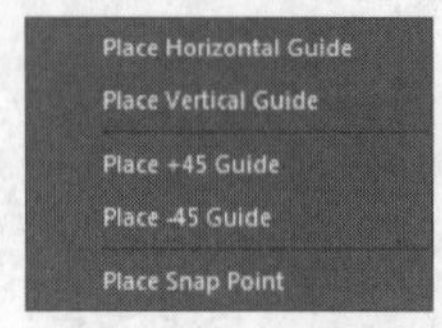

图7-23　下拉菜单2

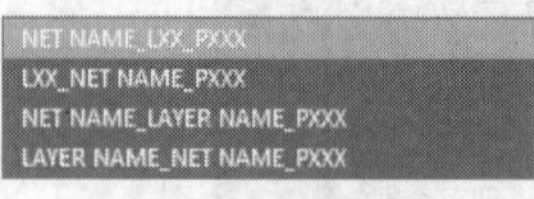

图7-24　下拉列表

- “Designator Display”选项：标识符显示方式，包括“Physical（物理的）”“Logic（逻辑的）”两种。
- “Get Size From Sheet Layer（从工作表中获取尺寸）”选项：勾选此选项，可以从工作表中获取对应的尺寸。

2. 从一个PCB模板中添加一张新的图纸

Altium Designer 20拥有一系列预定义的PCB模板，主要存放在安装目录“Altium Designer 20\Templates”下。从PCB模板中添加新图纸的操作步骤如下。

Step 1 单击需要进行图纸操作的PCB文件，使之处于当前工作窗口中。

Step 2 单击菜单栏中的“文件”→“打开”命令，弹出如图7-25所示的“Choose Document to Open（选择打开文件）”对话框，选中打开路径下的一个模板文件。

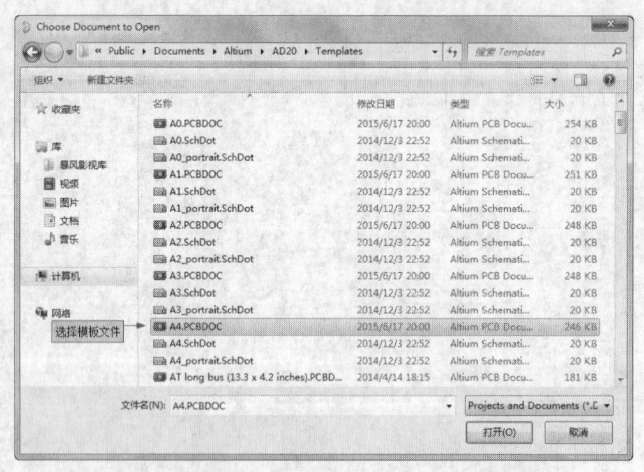

图7-25　“Choose Document to Open”对话框

Step 3 单击“打开”按钮，即可将模板文件导入工作窗口中，如图7-26所示。

Step 4 用光标拉出一个矩形框，选中该模板文件，单击菜单栏中的“编辑”→“复制”命令，进行复制操作。然后切换到要添加图纸的PCB文件，单击菜单栏中的“编辑”→“粘贴”命令，进行粘贴操作，此时光标变成十字形状，同时图纸边框悬浮在光标上。

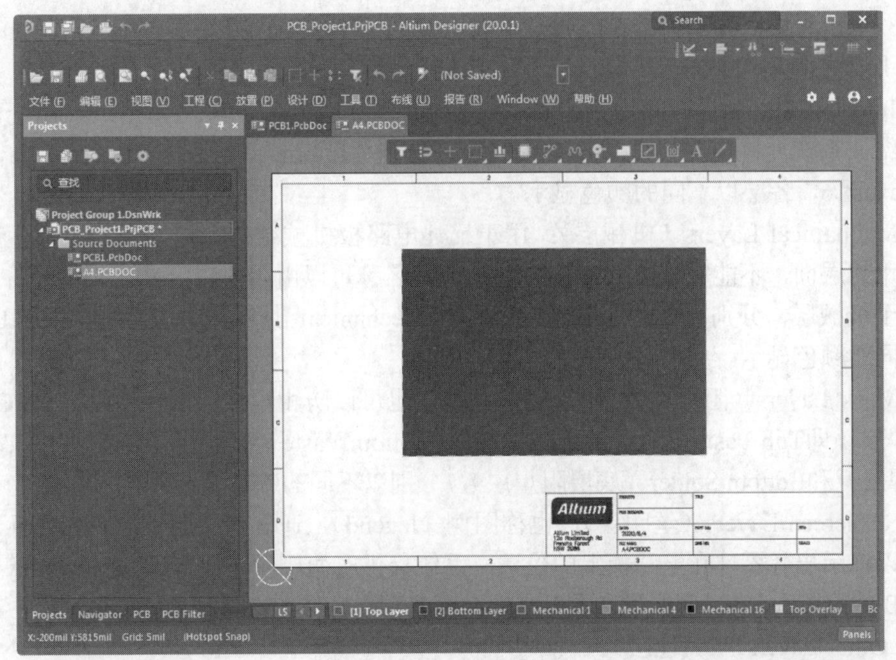

图7-26　导入PCB模板文件

Step 5　选择合适的位置，单击即可放置该模板文件。新页面的内容将被放置到“Mechanical 16”层，但此时并不可见。

Step 6　在界面右下角单击Panels按钮，弹出快捷菜单，选择“View Configuration（视图配置）”命令，打开如图7-27所示的“View Configuration（视图配置）”面板，在该面板中将“Mechanical 16”层进行显示。

Step 7　单击菜单栏中的“视图”→“适合文件”命令，此时图纸被重新定义了尺寸，与导入的PCB图纸边界范围正好相匹配。如果使用<V>+<S>或<Z>+<S>键重新观察图纸，就可以看见新的页面格式已经启用了。

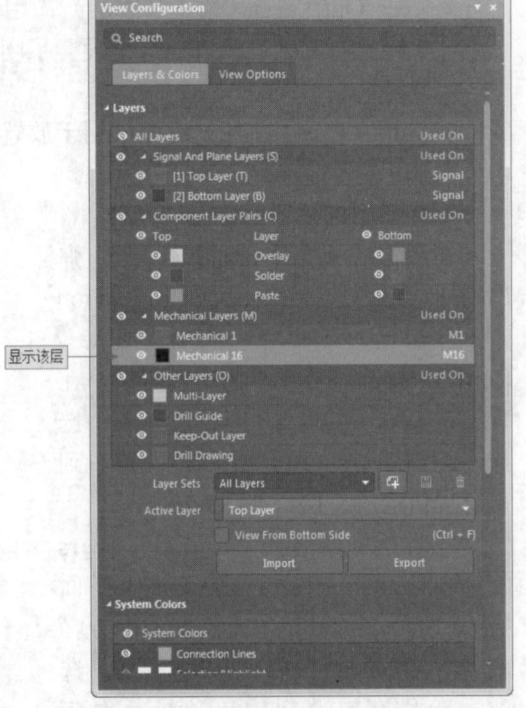

图7-27　“View Configuration（视图配置）”面板

7.4.3　电路板层的设置

1. 电路板的分层

PCB一般包括很多层，不同的层包含不同的设计信息。制板商通常会将各层分开制作，然后经过压制、处理，最后生成各种功能的电路板。

Altium Designer 20提供了以下6种类型的工作层。

（1）Signal Layers（信号层）：即铜箔层，用于完成电气连接。Altium Designer 20允许电

路板设计32个信号层，分别为Top Layer、Mid Layer 1、Mid Layer 2……Mid Layer 30和Bottom Layer，各层以不同的颜色显示。

（2）Internal Planes（中间层，也称内部电源与地线层）：也属于铜箔层，用于建立电源和地线网络。系统允许电路板设计16个中间层，分别为Internal Layer 1、Internal Layer 2……Internal Layer 16，各层以不同的颜色显示。

（3）Mechanical Layers（机械层）：用于描述电路板机械结构、标注及加工等生产和组装信息所使用的层面，不能完成电气连接特性，但其名称可以由用户自定义。系统允许PCB板设计包含16个机械层，分别为Mechanical Layer 1、Mechanical Layer 2……Mechanical Layer 16，各层以不同的颜色显示。

（4）Mask Layers（阻焊层）：用于保护铜线，也可以防止焊接错误。系统允许PCB设计包含4个阻焊层，即Top Paste（顶层锡膏防护层）、Bottom Paste（底层锡膏防护层）、Top Solder（顶层阻焊层）和Bottom Solder（底层阻焊层），分别以不同的颜色显示。

（5）Silkscreen Layers（丝印层）：也称图例（legend），通常该层用于放置元件标号、文字与符号，以标示出各零件在电路板上的位置。系统提供有两层丝印层，即Top Overlay（顶层丝印层）和Bottom Overlay（底层丝印层）。

（6）“Other Layers”（其他层）。

- Drill Guides（钻孔）和Drill Drawing（钻孔图）：用于描述钻孔图和钻孔位置。
- Keep-Out Layer（禁止布线层）：用于定义布线区域，基本规则是元件不能放置于该层上或进行布线。只有在这里设置了闭合的布线范围，才能启动元件自动布局和自动布线功能。
- Multi-Layer（多层）：该层用于放置穿越多层的PCB元件，也用于显示穿越多层的机械加工指示信息。

2. 电路板的显示

在界面右下角单击Panels按钮，弹出快捷菜单，选择“View Configuration（视图配置）”命令，打开“View Configuration（视图配置）”面板，在“Layer Sets（层设置）”下拉列表中选择“All Layers（所有层）”，即可看到系统提供的所有层，如图7-28所示。

同时还可以选择“Signal Layers（信号层）”“Plane Layers（平面层）”“NonSignal Layers（非信号层）”和“Mechanical Layers（机械层）”选项，分别在电路板中单独显示对应的层。

3. 常见层数不同的电路板

（1）Single-Sided Boards（单面板）

PCB上元件集中在其中的一面，导线集中在另一面。因为导线只出现在

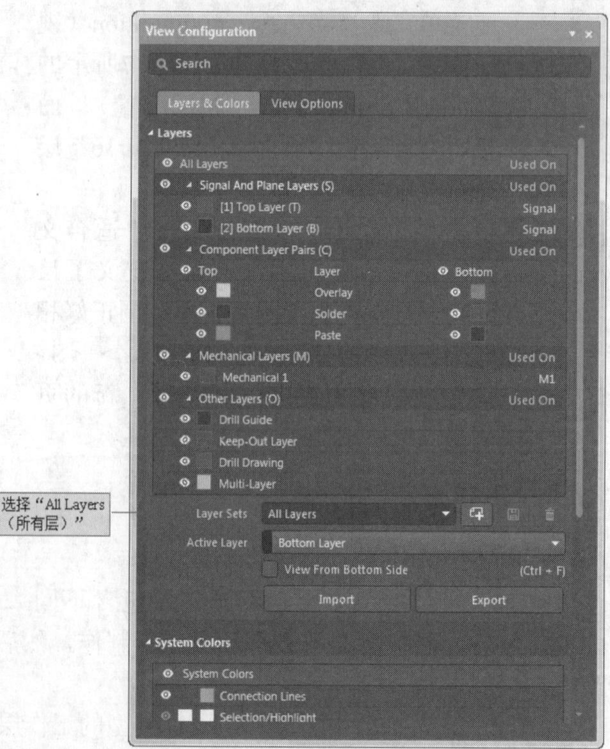

图7-28　系统所有层的显示

其中的一面，所以就称这种PCB为单面板（Single-Sided Boards）。在单面板上通常只有底面也就是Bottom Layer（底层）覆盖铜箔，元件的引脚焊在这一面上，通过铜箔导线完成电气特性的连接。顶层也就是Top Layer是空的，安装元件的一面，称为“元件面”。因为单面板在设计线路上有许多严格的限制（因为只有一面可以布线，所以布线间不能交叉而必须以各自的路径绕行），布通率往往很低，所以只有早期的电路及一些比较简单的电路才使用这类电路板。

（2）Double-Sided Boards（双面板）

这种电路板的两面都可以布线，不过要同时使用两面的布线就必须在两面之间有适当的电路连接才行，这种电路间的“桥梁”叫作过孔（via）。过孔是在PCB上充满或涂上金属的小洞，它可以与两面的导线相连接。在双层板中通常不区分元件面和焊接面，因为两个面都可以焊接或安装元件，但习惯上称Bottom Layer（底层）为焊接面，Top Layer（顶层）为元件面。因为双面板的面积比单面板大一倍，而且布线可以互相交错（可以绕到另一面），因此它适用于比单面板复杂的电路上。相对于多层板而言，双面板的制作成本不高，在给定一定面积的时候通常都能100%布通，因此一般的印制板都采用双面板。

（3）Multi-Layer Boards（多层板）

常用的多层板有4层板、6层板、8层板和10层板等。简单的4层板是在Top Layer（顶层）和Bottom Layer（底层）的基础上增加了电源层和地线层，这样一方面极大程度地解决了电磁干扰问题，提高了系统的可靠性，另一方面可以提高导线的布通率，缩小PCB板的面积。6层板通常是在4层板的基础上增加了Mid-Layer 1和Mid-Layer 2两个信号层。8层板通常包括1个电源层、2个地线层、5个信号层（Top Layer、Bottom Layer、Mid-Layer 1、Mid-Layer 2和Mid-Layer 3）。

多层板层数的设置是很灵活的，设计者可以根据实际情况进行合理的设置。各种层的设置应尽量满足以下要求。

- 元件层的下面为地线层，它提供器件屏蔽层及为顶层布线提供参考层。
- 所有的信号层应尽可能地与地线层相邻。
- 尽量避免两信号层直接相邻。
- 主电源应尽可能地与其对应地相邻。
- 兼顾层结构对称。

4. 电路板层数设置

电路板进行设计前，可以先对电路板的层数及属性进行设置。这里所说的层主要是指Signal Layers（信号层）、Internal Plane Layers（电源层和地线层）和Insulation（Substrate）Layers（绝缘层）。

电路板层数设置的具体操作步骤如下。

单击菜单栏中的“设计”→“层叠管理器”命令，系统将打开后缀名为“.PcbDoc”的文件，如图7-29所示。

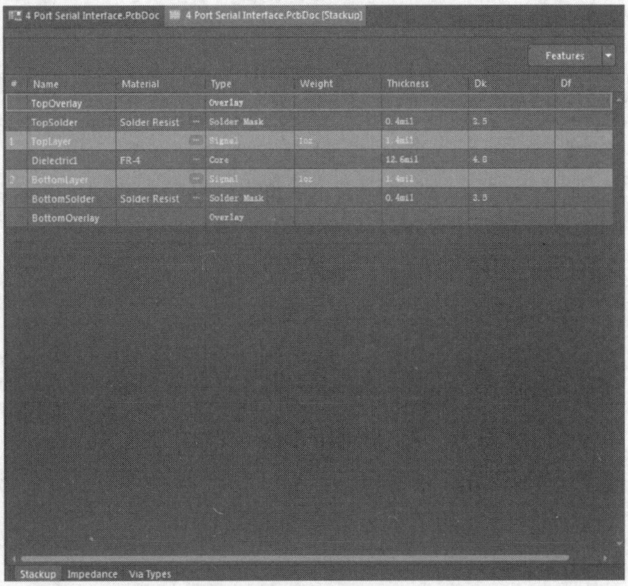
4 Port Serial Interface.PcbDoc
4 Port Serial Interface.PcbDoc [Stackup]
Features
Name Material Type Weight Thickness Dk Df
TopOverlay Overlay
TopSolder Solder Resist Solder Mask 0.4mil 3.5
1 TopLayer Signal 1oz 1.4mil
Dielectric1 FR-4 Core 12.6mil 4.8
2 BottomLayer Signal 1oz 1.4mil
BottomSolder Solder Resist Solder Mask 0.4mil 3.5
BottomOverlay Overlay
Stackup Impedance Via Types

图7-29 后缀名为“.PcbDoc”的文件

在该对话框中可以增加层、删除层、移动层所处的位置及对各层的属性进行设置。

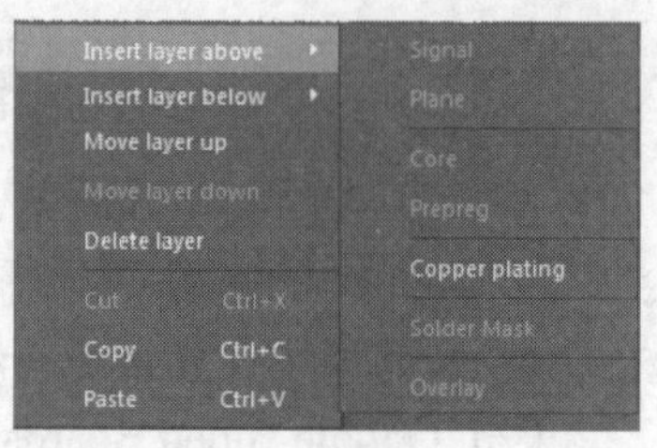

图7-30　快捷菜单

Step 1 该文件的中心显示了当前PCB图的层结构。默认设置为双层板，即只包括Top Layer（顶层）和Bottom Layer（底层）两层，右击某一个层，弹出快捷菜单，如图7-30所示，用户可以在快捷菜单中插入、删除或移动层。

Step 2 双击某一层的名称或选中该层，可直接对该层的名称及铜箔厚度进行设置。

Step 3 PCB设计中最多可添加32个信号层、16个电源层和地线层。各层的显示与否可在"View Configuration（视图配置）"对话框中进行设置，激活各层中的"显示"按钮即可。

Step 4 电路板的层叠结构中不仅包括拥有电气特性的信号层，还包括无电气特性的绝缘层，两种典型的绝缘层主要是指"Core（填充层）"和"Prepreg（塑料层）"。

层的堆叠类型主要是指绝缘层在电路板中的排列顺序，默认的3种堆叠类型包括Layer Pairs（Core层和Prepreg层自上而下间隔排列）、Internal Layer Pairs（Prepreg层和Core层自上而下间隔排列）和Build-up（顶层和底层为Core层，中间全部为Prepreg层）。改变层的堆叠类型将会改变Core层和Prepreg在层栈中的分布，只有在信号完整性分析需要用到盲孔或深埋过孔时才需要进行层的堆叠类型的设置。

7.4.4　电路板层显示与颜色设置

PCB编辑器采用不同的颜色显示各个电路板层，以便于区分。用户可以根据个人习惯进行设置，并且可以决定是否在编辑器内显示该层。

1. 打开"View Configuration（视图配置）"面板

在界面右下角单击Panels按钮，弹出快捷菜单，选择"View Configuration（视图配置）"命令，打开"View Configuration（视图配置）"面板，如图7-31所示，该面板包括电路板层颜色设置和系统默认颜色设置两部分。

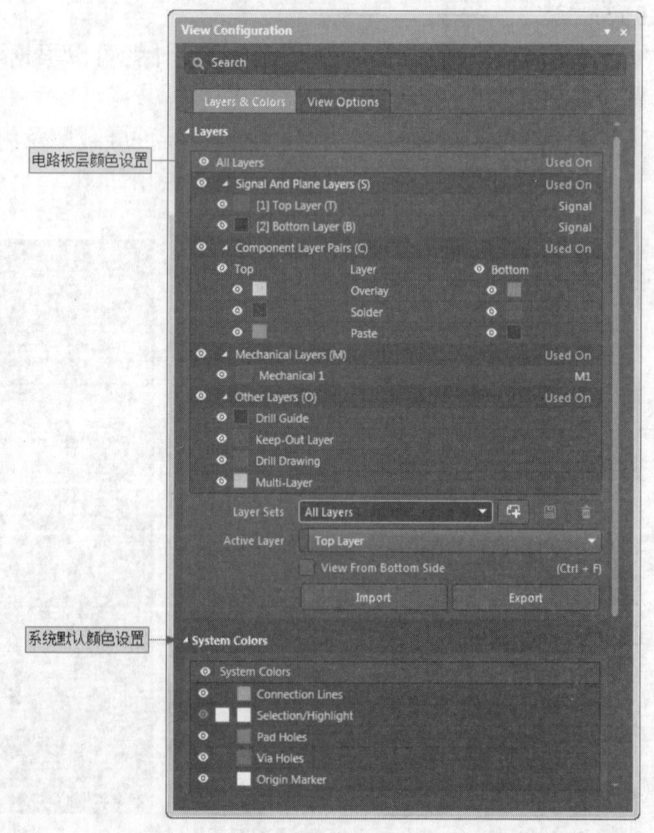

图7-31　"View Configuration（视图配置）"面板

2. 设置对应层面的显示与颜色

在"Layers（层）"选项组下用于设置对应层面和系统的显示颜色。

（1）"显示"按钮用于决定此层是否在PCB编辑器内显示。

不同位置的"显示"按钮启用/禁用层不同。

● 每个层组中启用或禁用一个

层、多个层或所有层，如图7-32所示，启用/禁用了全部的Component Layers。

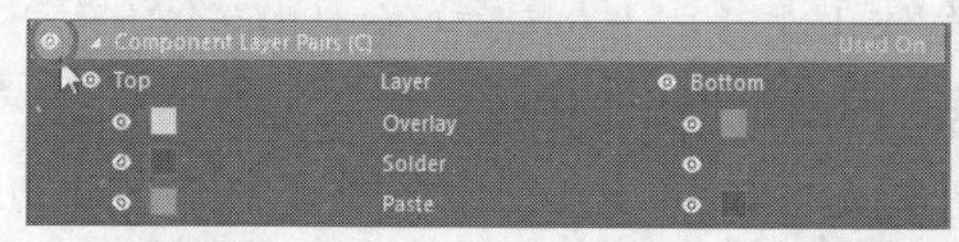

图7-32 启用/禁用了全部的元件层

● 启用/禁用整个层组，如图7-33所示，所有的Top Layers启用/禁用。

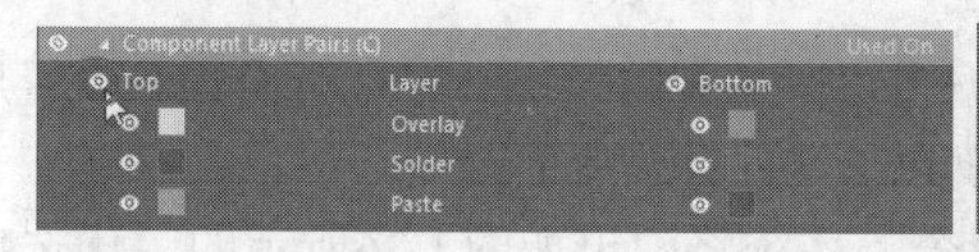

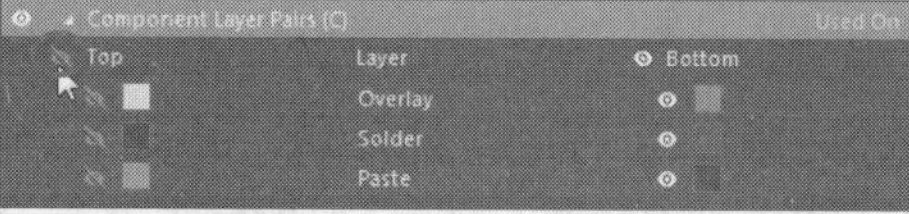

图7-33 启用/禁用Top Layers

● 启用/禁用每个组中的单个条目，如图7-34所示，突出显示的个别条目已禁用。

（2）如果要修改某层的颜色或系统的颜色，单击其对应的“颜色”栏内的色条，即可在弹出的选择颜色列表中进行修改，如图7-35所示。

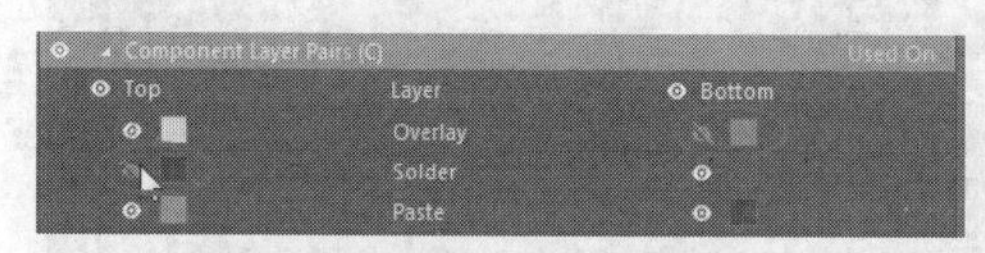

图7-34 启用/禁用单个条目

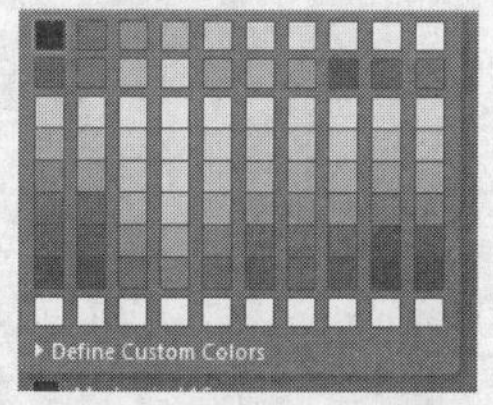

图7-35 选择颜色列表

（3）在“Layer Sets（层设置）”设置栏中，有“All Layers（所有层）”“Signal Layers（信号层）”“Plane Layers（平面层）”“NonSignal Layers（非信号层）”和“Mechanical Layers（机械层）”选项，它们分别对应其上方的信号层、电源层和地线层、机械层。选择“All Layers（所有层）”决定了在板层和颜色面板中显示全部的层面，还是只显示图层堆栈中设置的有效层面。一般情况下，为使面板洁明了，默认选择“All Layers（所有层）”，只显示有效层面，对未用层面可以忽略其颜色设置。

单击“Used On（使用的层打开）”按钮，即可选中该层的“显示”按钮，清除其余所有层的选中状态。

3. 显示系统的颜色

在“System Color（系统颜色）”栏中可以对系统的两种类型可视格点的显示或隐藏进行设置，还可以对不同的系统对象进行设置。

7.4.5 PCB布线区的设置

对布线区进行设置的主要目的是为自动布局和自动布线做准备。通过菜单栏中的“文件”→“新建”→“PCB（印制电路板文件）”命令或通过模板创建的PCB文件只有一个默认的板形，并无布线区，因此用户如果要使用Altium Designer 20系统提供的自动布局和自动布线功能，就需要自己创建一个布线区。

创建布线区的操作步骤如下。

Step 1 单击工作窗口下方的“Keep-out Layer（禁止布线层）”标签，使该层处于当前的工作窗口中。

Step 2 单击菜单栏中的“放置”→“Keepout（禁止布线）”→“线径”命令，此时光标变成十字形状。移动光标到工作窗口，在禁止布线层上创建一个封闭的多边形。

Step 3 完成布线区的设置后，右击或者按<Esc>键即可退出该操作。

布线区设置完毕后，进行自动布局操作时可将元件自动导入到该布线区中。自动布局的操作将在后面的章节中详细介绍。

7.4.6 参数设置

在“优选项”对话框中可以对一些与PCB编辑窗口相关的系统参数进行设置。设置后的系统参数将用于当前工程的设计环境，并且不会随PCB文件的改变而改变。

单击菜单栏中的“工具”→“优选项”命令，系统将弹出如图7-36所示的“优选项”对话框。

图7-36 “优选项”对话框

在该对话框中需要设置的有“General（常规）”“Display（显示）”“Layer Colors（层颜色）”和“Defaults（默认）”4个标签页。

7.5 在PCB文件中导入原理图网络表信息

网络表是原理图与PCB图之间的联系纽带，原理图和PCB图之间的信息可以通过在相应的PCB文件中导入网络表的方式完成同步。在执行导入网络表的操作之前，需要在PCB设计环境中装载元件的封装库及对同步比较器的比较规则进行设置。

7.5.1 装载元件封装库

由于Altium Designer 20采用的是集成的元件库，因此对于大多数设计来说，在进行原理图设计的同时便装载了元件的PCB封装模型，一般可以省略该项操作。但Altium Designer 20同时也支持单独的元件封装库，只要PCB文件中有一个元件封装不是在集成的元件库中，用户就需要单独装载该封装所在的元件库。元件封装库的添加与原理图中元件库的添加步骤相同，这里不再赘述。

7.5.2 设置同步比较规则

同步设计是Protel系列软件中实现绘制电路图最基本的方法，这是一个非常重要的概念。对同步设计概念最简单的理解就是原理图文件和PCB文件在任何情况下保持同步。也就是说，不管是先绘制原理图再绘制PCB图，还是同时绘制原理图和PCB图，最终要保证原理图中元件的电气连接意义必须和PCB图中的电气连接意义完全相同，这就是同步。同步并不是单纯的同时进行，而是原理图和PCB图两者之间电气连接意义的完全相同。实现这个目的的最终方法是用同步器来实现，这个概念就称之为同步设计。

如果说网络表包含了电路设计的全部电气连接信息，那么Altium Designer 20则是通过同步器添加网络报表的电气连接信息来完成原理图与PCB图之间的同步更新。同步器的工作原理是检查当前的原理图文件和PCB文件，得出它们各自的网络报表并进行比较，比较后得出的不同网络信息将作为更新信息，然后根据更新信息便可以完成原理图设计与PCB设计的同步。同步比较规则能够决定生成的更新信息，因此要完成原理图与PCB图的同步更新，同步比较规则的设置是至关重要的。

单击菜单栏中的“工程”→“工程选项”命令，系统将弹出“Options for PCB Project…（PCB项目选项）”对话框，然后单击“Comparator（比较器）”选项卡，在该选项卡中可以对同步比较规则进行设置，如图7-37所示。单击“设置成安装缺省”按钮，将恢复软件安装时同步器的默认设置状态。单击“确定”按钮，即可完成同步比较规则的设置。

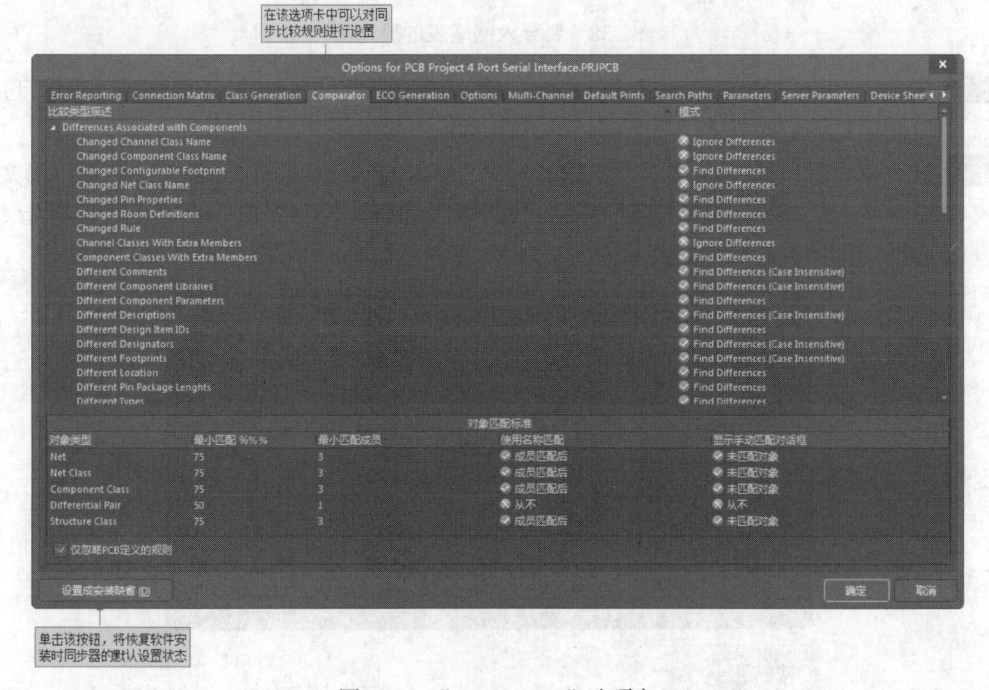

图7-37 “Comparator”选项卡

同步器的主要作用是完成原理图与PCB图之间的同步更新，但这只是对同步器的狭义理解。广义上的同步器可以完成任何两个文档之间的同步更新，可以是两个PCB文档之间、网络表文件和PCB文件之间，也可以是两个网络表文件之间的同步更新。用户可以在“Differences（不同）”面板中查看两个文件之间的不同之处。

7.5.3 导入网络报表

完成同步比较规则的设置后，即可进行网络表的导入工作。这里我们将如图7-38所示原理图的网络表导入到当前的PCB1文件中，该原理图是前面原理图设计时绘制的最小单片机系统，文件名为“MCU Circuit.SchDoc”，操作步骤如下。

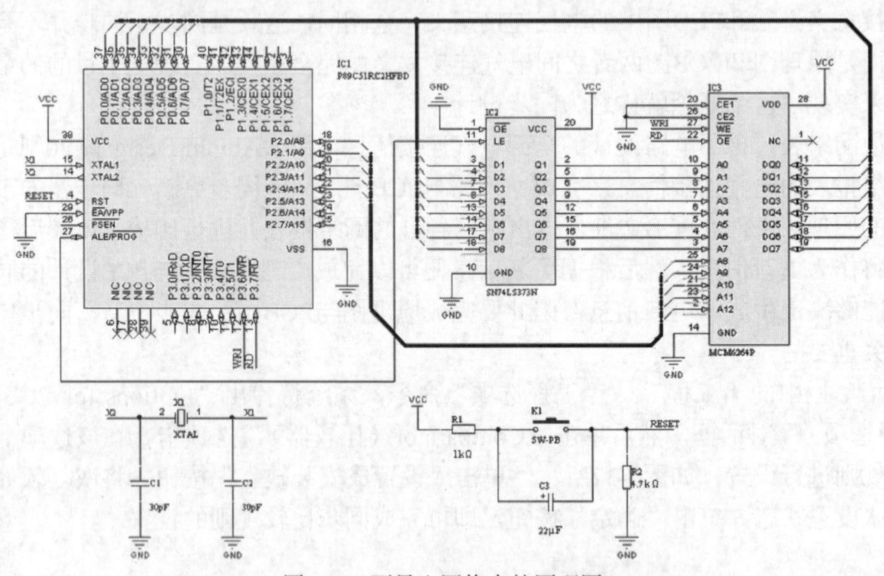

图7-38 要导入网络表的原理图

Step 1 打开“MCU Circuit.SchDoc”文件，使之处于当前的工作窗口中，同时应保证PCB 1文件也处于打开状态。

Step 2 单击菜单栏中的“设计”→“Update PCB Document PCB1.PcbDoc（更新PCB文件）”命令，系统将对原理图和PCB图的网络报表进行比较并弹出一个“工程变更指令”对话框，如图7-39所示。

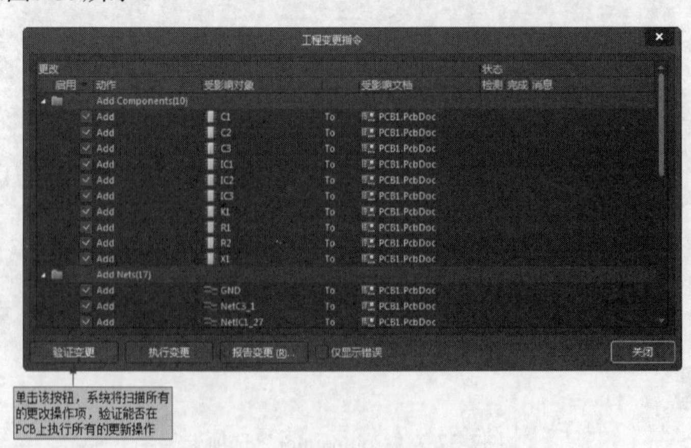

图7-39 “工程变更指令”对话框

Step 3 单击“验证变更”按钮，系统将扫描所有的更改操作项，验证能否在PCB上执行所有的更新操作。随后在可以执行更新操作的每一项所对应的“检测”栏中将显示✅标记，如图7-40所示。

工程变更指令

启用	动作	受影响对象		受影响文档	检测	完成	消息
	Add Components(10)						
✓	Add	C1	To	PCB1.PcbDoc	✓		
✓	Add	C2	To	PCB1.PcbDoc	✓		
✓	Add	C3	To	PCB1.PcbDoc	✓		
✓	Add	IC1	To	PCB1.PcbDoc	✓		
✓	Add	IC2	To	PCB1.PcbDoc	✓		
✓	Add	IC3	To	PCB1.PcbDoc	✓		
✓	Add	K1	To	PCB1.PcbDoc	✓		
✓	Add	R1	To	PCB1.PcbDoc	✓		
✓	Add	R2	To	PCB1.PcbDoc	✓		
✓	Add	X1	To	PCB1.PcbDoc	✓		
	Add Nets(17)						
✓	Add	GND	To	PCB1.PcbDoc	✓		
✓	Add	NetC3_1	To	PCB1.PcbDoc	✓		
✓	Add	NetIC1_27	To	PCB1.PcbDoc	✓		

显示标记

验证变更 执行变更 报告变更(R)... 仅显示错误 关闭

图7-40　PCB中能实现的合乎规则的更新

- ✅标记：说明该项更改操作项都是合乎规则的。
- ❎标记：说明该项更改操作是不可执行的，需要返回到以前的步骤中进行修改，然后重新进行更新验证。

Step 4 进行合法性校验后单击“执行变更”按钮，系统将完成网络表的导入，同时在每一项的“完成”栏中显示✅标记提示导入成功，如图7-41所示。

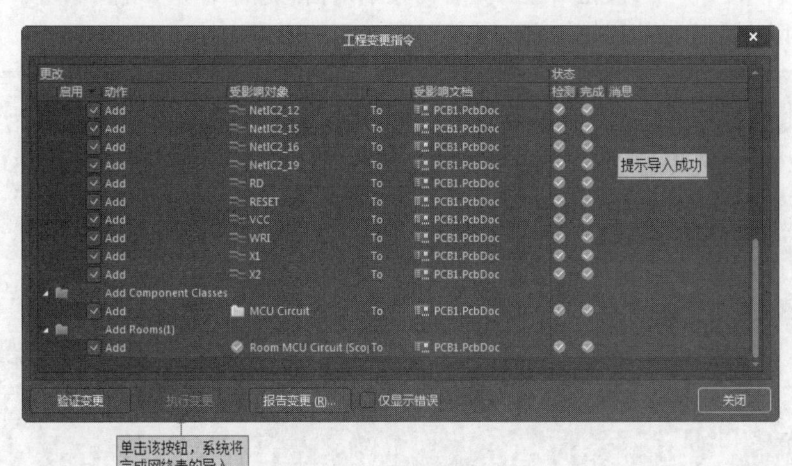

图7-41　执行更新命令

Step 5 单击“关闭”按钮，关闭该对话框。此时可以看到在PCB图布线框的右侧出现了导入的所有元件的封装模型，如图7-42所示。该图中的紫色边框为布线框，各元件之间仍保持着与原理图相同的电气连接特性。

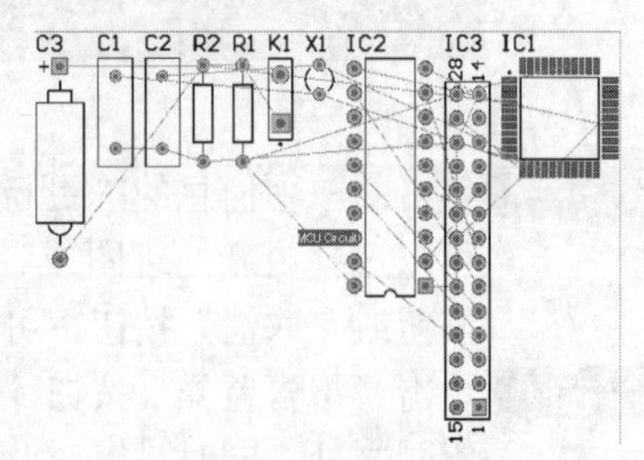

图7-42　导入网络表后的PCB图

需要注意的是，导入网络表时，原理图中的元件并不直接导入到用户绘制的布线区内，而是位于布线区范围以外。通过随后执行的自动布局操作，系统自动将元件放置在布线区内。当然，用户也可以手动拖动元件到布线区内。

7.5.4 原理图与PCB图的同步更新

第一次执行导入网络报表操作时，完成上述操作即可完成原理图与PCB图之间的同步更新。如果导入网络表后又对原理图或者PCB图进行了修改，那么要快速完成原理图与PCB图设计之间的双向同步更新，可以采用下面的方法实现。

Step 1 打开“PCB1.PcbDoc”文件，使之处于当前的工作窗口中。

Step 2 单击菜单栏中的“设计”→“Update Schematic in MCU Circuit. SchDoc（更新原理图）”命令，系统将对原理图和PCB图的网络报表进行比较，并弹出一个对话框，比较结果并提示用户确认是否查看二者之间的不同之处，如图7-43所示。

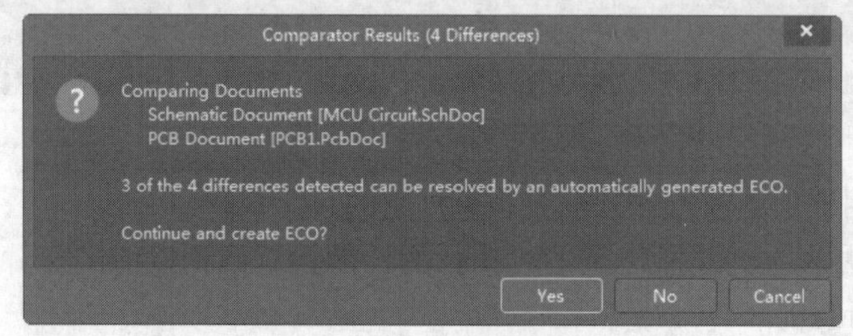

图7-43 比较结果提示

Step 3 单击“No（否）”按钮，进入查看比较结果信息对话框，如图7-44所示。在该对话框中可以查看详细的比较结果，了解二者之间的不同之处。

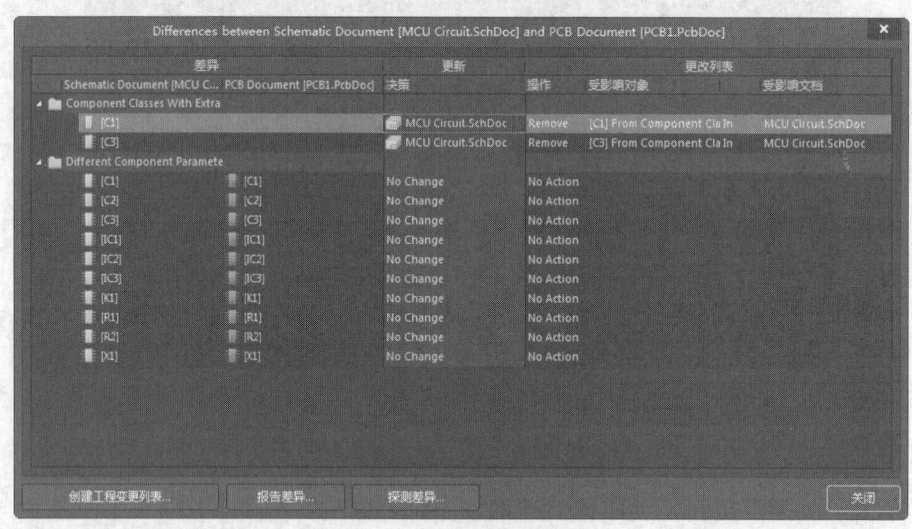

图7-44 查看比较结果信息

Step 4 单击某一项信息的“更新”选项，系统将弹出一个小的对话框，如图7-45所示。用户可以选择更新原理图或者更新PCB图，也可以进行双向的同步更新。单击“不更新”按钮或“取消”按钮，可以关闭该对话框而不进行任何更新操作。

Step 5 单击“报告差异”按钮，系统将生成一个表格，从中可以预览原理图与PCB图之间的不同之处，同时可以对此表格进行导出或打印等操作。

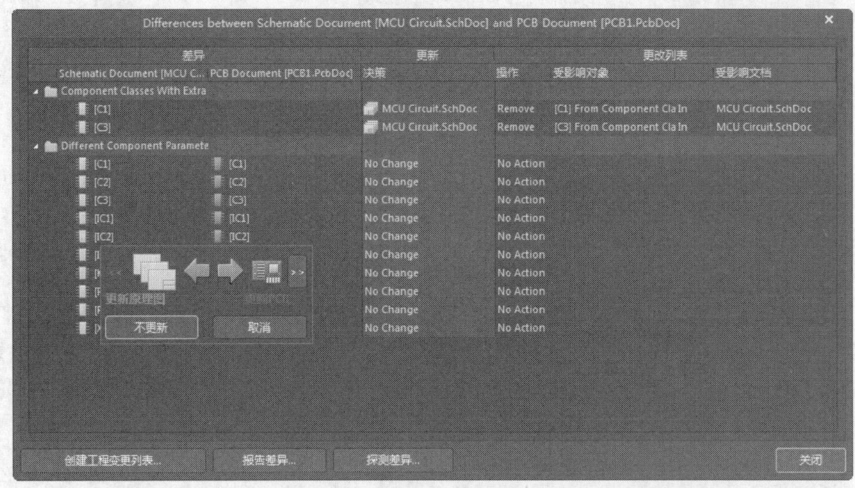

图7-45 “更新”选项小对话框

Step 6 单击“探测差异”按钮，弹出“Differences（不同）”面板，从中可查看原理图与PCB图之间的不同之处，如图7-46所示。

Step 7 选择“更新PCB”进行原理图的更新，更新后对话框中将显示更新信息，如图7-47所示。

Step 8 单击“创建工程变更列表”按钮，系统将弹出“工程变更指令”对话框，显示工程更新操作信息，完成原理图与PCB图之间的同步设计。与网络表的导入操作相同，单击“验证变更”按钮和“报告变更”按钮，即可完成原理图的更新。

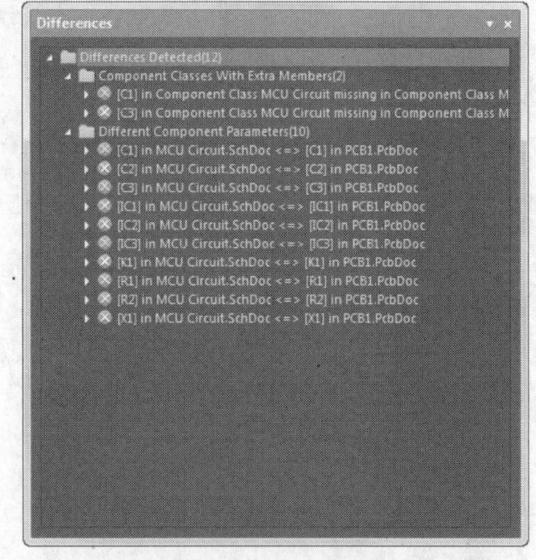

图7-46 “Differences”面板

除了通过单击菜单栏中的“设计”→“Update Schematic in MCU.PrjPCB”命令来完成原理图与PCB图之间的同步更新之外，单击菜单栏中的“工程”→“显示差异”命令也可以完成同步更新，这里不再赘述。

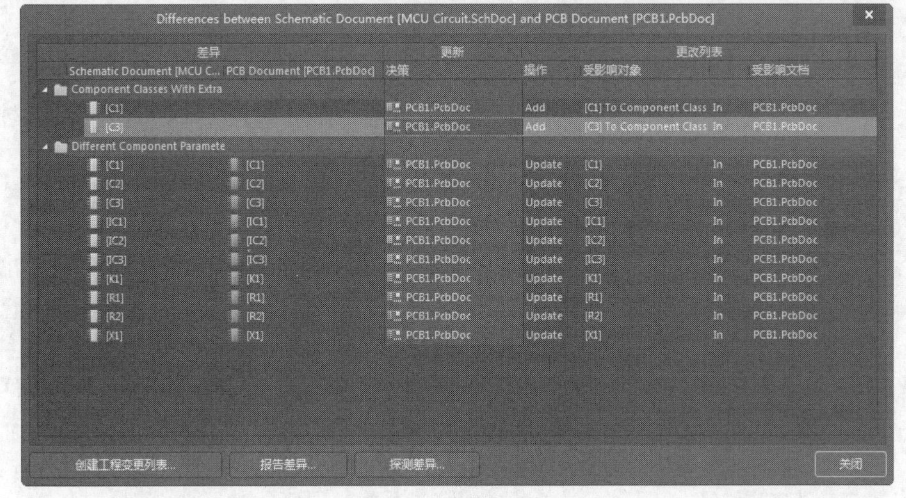

图7-47 更新信息的显示

第 8 章

PCB的布局设计

在完成网络表的导入操作后，元件已经显示在工作窗口中了，此时就可以开始元件的布局。元件的布局是指将网络表中的所有元件放置在PCB上，是PCB设计的关键一步。好的布局通常使具有电气连接的元件引脚比较靠近，这样可以使走线距离短，占用空间比较小，从而使整个电路板的导线能够易于连通，获得更好的布线效果。

电路布局的整体要求是整齐、美观、对称、元件密度均匀，这样才能使电路板的利用率最高，并且降低电路板的制作成本；同时设计者在布局时还要考虑电路的机械结构、散热、电磁干扰及将来布线的方便性等问题。元件的布局有自动布局和交互式布局两种方式，只靠自动布局往往达不到实际的要求，通常需要将两者结合以获得良好的效果。

- 自动布局的约束参数
- PCB的自动布局
- PCB的手动布局

8.1 元件的自动布局

Altium Designer 20提供了强大的PCB自动布局功能，PCB编辑器根据一套智能算法可以自动地将元件分开，然后放置到规划好的布局区域内并进行合理的布局。单击菜单栏中的“工具”→“器件摆放”命令，其子菜单中包含了与自动布局有关的命令，如图8-1所示。

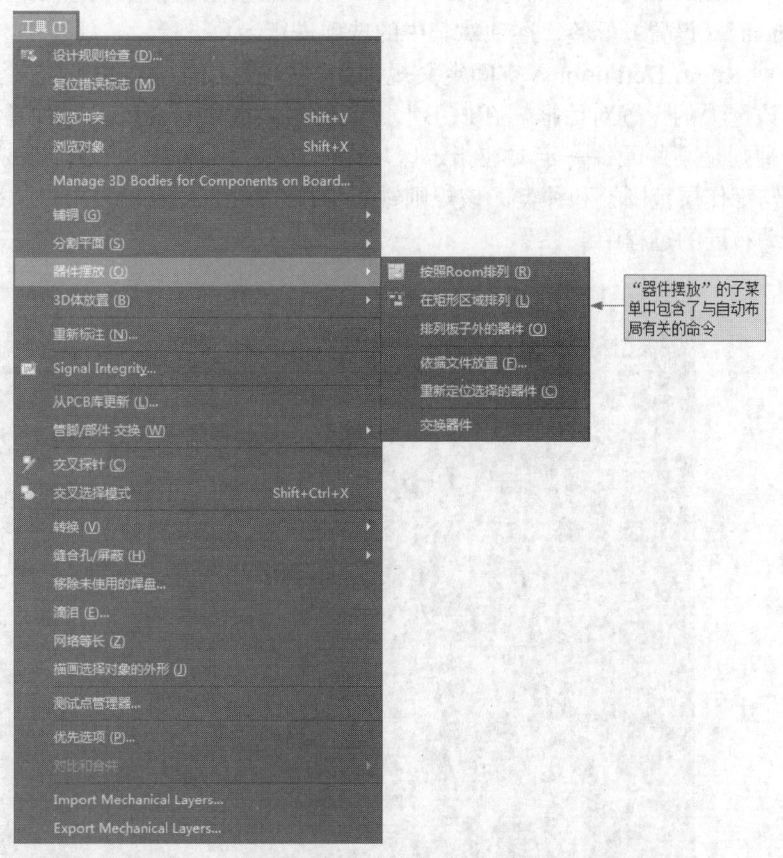

图8-1　“器件摆放”命令的子菜单

- “按照Room排列（空间内排列）”命令：用于在指定的空间内部排列元件。单击该命令后，光标变为十字形状，在要排列元件的空间区域内单击，元件即自动排列到该空间内部。
- “在矩形区域排列”命令：用于将选中的元件排列到矩形区域内。使用该命令前，需要先将要排列的元件选中。此时光标变为十字形状，在要放置元件的区域内单击，确定矩形区域的一角，拖动光标，至矩形区域的另一角后再次单击。确定该矩形区域后，系统会自动将已选择的元件排列到矩形区域中。
- “排列板子外的器件”命令：用于将选中的元件排列在PCB的外部。使用该命令前，需要先将要排列的元件选中，系统自动将选择的元件排列到PCB范围以外的右下角区域内。
- “依据文件放置”菜单命令：导入自动布局文件进行布局。
- “重新定位选择的器件”菜单命令：重新进行自动布局。
- “交换器件”菜单命令：用于交换选中的元件在PCB的位置。

8.1.1 自动布局约束参数

在自动布局前，首先要设置自动布局的约束参数。合理地设置自动布局参数，可以使自动布局的结果更加完善，也就相对地减少了手动布局的工作量，节省了设计时间。

自动布局的参数在“PCB规则及约束编辑器”对话框中进行设置。单击菜单栏中的“设计”→“规则”命令，系统将弹出“PCB规则及约束编辑器”对话框。单击该对话框中的“Placement”（设置）标签，逐项对其中的选项进行参数设置。

（1）“Room Definition（空间定义规则）”选项：用于在PCB上定义元件布局区域，图8-2所示为该选项的设置对话框。在PCB上定义的布局区域有两种，一种是区域中不允许出现元件，一种则是某些元件一定要在指定区域内。在该对话框中可以定义该区域的范围（包括坐标范围与工作层范围）和种类。该规则主要用在线DRC、批处理DRC和Cluster Placer（分组布局）自动布局的过程中。

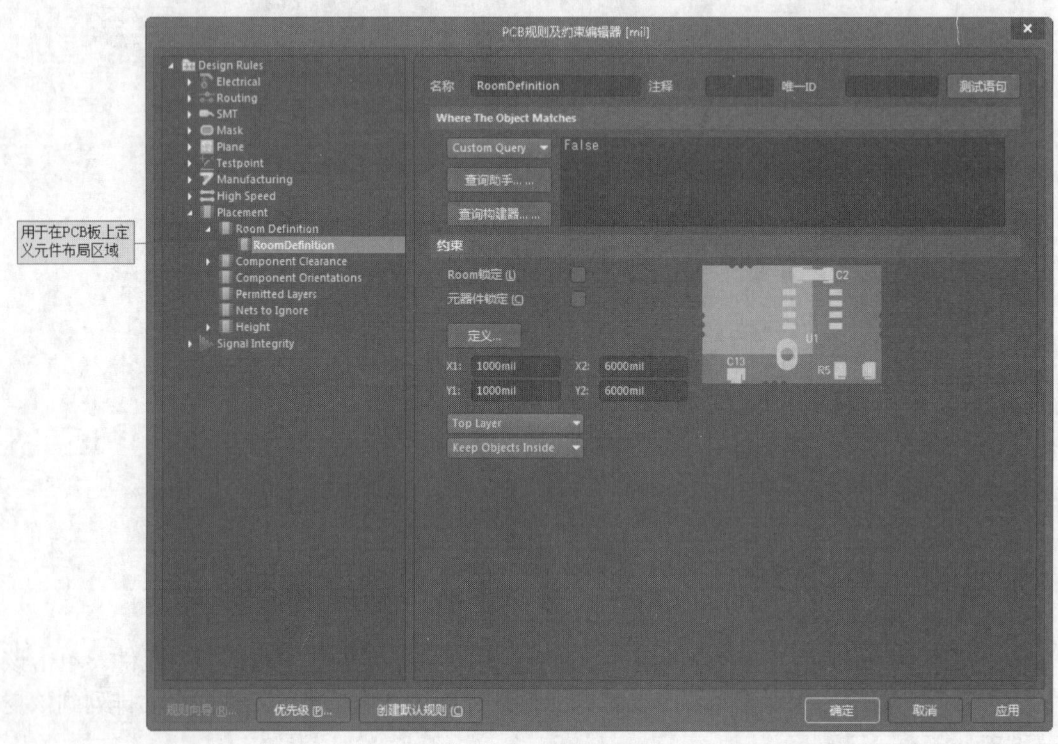

图8-2　“Room Definition”选项设置对话框

其中各选项的功能如下。

- “Room 锁定（区域锁定）”复选框：勾选该复选框时，将锁定Room类型的区域，以防止在进行自动布局或手动布局时移动该区域。
- “元器件锁定”复选框：勾选该复选框时，将锁定区域中的元件，以防止在进行自动布局或手动布局时移动该元件。
- “定义”按钮：单击该按钮，光标将变成十字形状，移动光标到工作窗口中，单击可以定义Room的范围和位置。
- “x1”“y1”文本框：显示Room最左下角的坐标。
- “x2”“y2”文本框：显示Room最右上角的坐标。

● 最后两个下拉列表框中列出了该Room所在的工作层及对象与此Room的关系。

（2）“Component Clearance（元件间距限制规则）”选项：用于设置元件间距，图8-3所示为该选项的设置对话框。在PCB上可以定义元件的间距，该间距会影响到元件的布局。

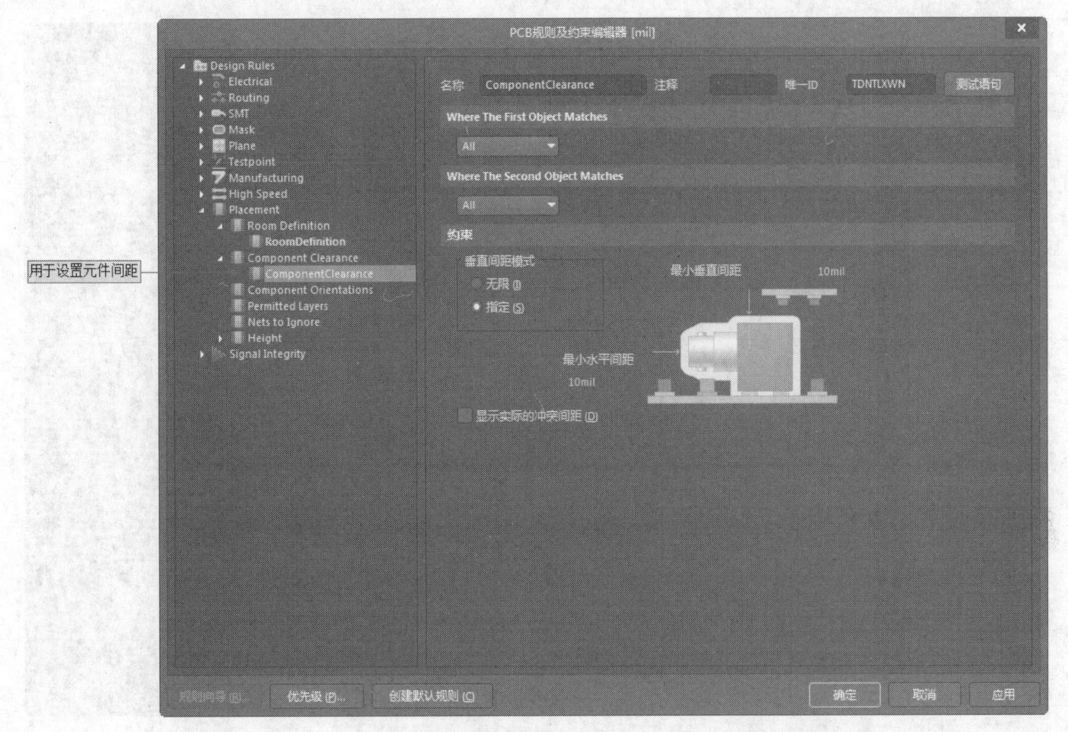

图8-3 “Component Clearance”选项设置对话框

● “无限”单选钮：用于设定最小水平间距，当元件间距小于该数值时将视为违例。

● “指定”单选钮：用于设定最小水平和垂直间距，当元件间距小于这个数值时将视为违例。

（3）“Component Orientations（元件布局方向规则）”选项：用于设置PCB上元件允许旋转的角度，图8-4所示为该选项设置内容，在其中可以设置PCB上所有元件允许使用的旋转角度。

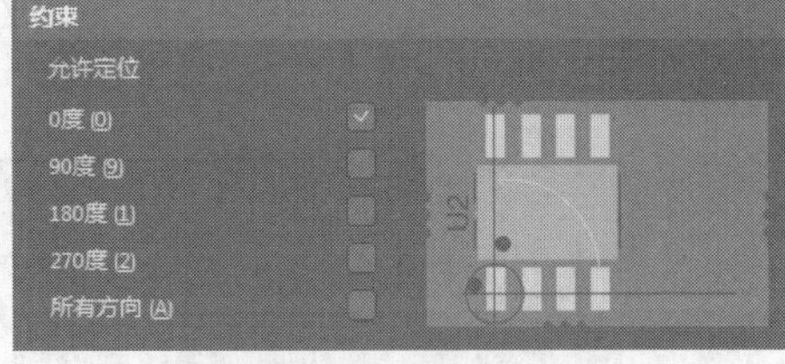

图8-4 “Component Orientations”选项设置

（4）“Permitted Layers（电路板工作层设置规则）”选项：用于设置PCB上允许放置元件的工作层，图8-5所示为该选项设置内容。PCB上的底层和顶层本来都可以放置元件，但在特殊情况下可能有一面不能放置元件，通过设置该规则可以实现这种需求。

（5）“Nets To Ignore（网络忽略规则）”选项：用于设置在采用“成群的放置项”方式执行元件自动布局时需要忽略布局的网络。忽略电源网络将加快自动布局的速度，提高自动布局的质量。如果设计中有大量连接到电源网络的双引脚元件，设置该规则可以忽略电源网络的布局并将与电源相连的各个元件归类到其他网络中进行布局。

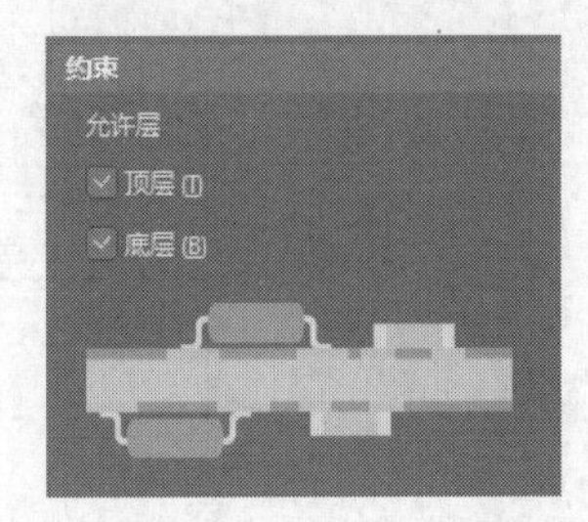

图8-5 “Permitted Layers”选项设置

（6）“Height（高度规则）”选项：用于定义元件的高度。在一些特殊的电路板上进行布局操作时，电路板的某一区域可能对元件的高度要求很严格，此时就需要设置该规则。图8-6所示为该选项的设置对话框，主要有“最小的”“优先的”和“最大的”3个可选择的设置选项。

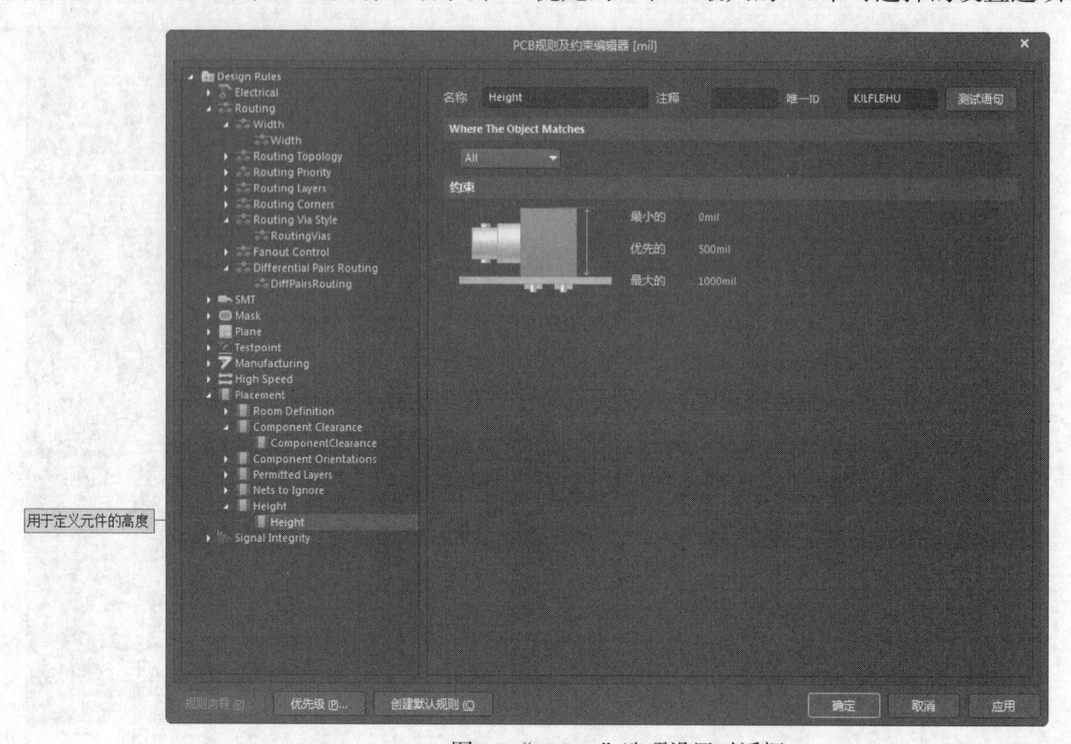

图8-6 “Height”选项设置对话框

元件布局的参数设置完毕后，单击“确定”按钮，保存规则设置，返回PCB编辑环境。接着就可以采用系统提供的自动布局功能进行PCB元件的自动布局了。

8.1.2 在 Room 区域内排列

这里以前面章节中绘制的图8-7所示的“电脑话筒电路原理图.SchDoc”为例，介绍元件的自动布局，操作步骤如下。

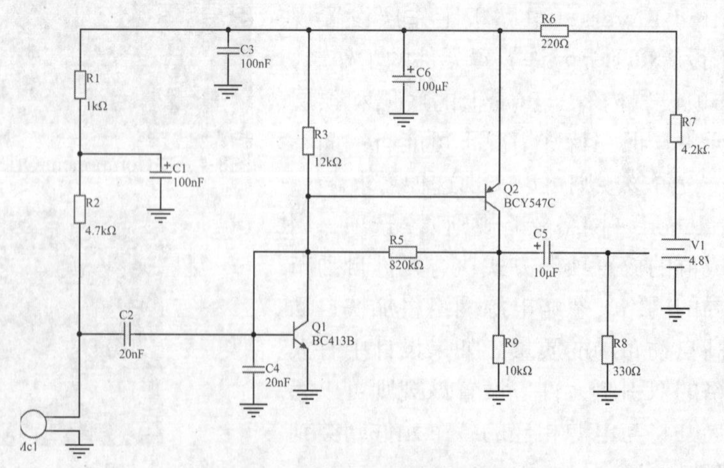

图8-7 电脑话筒电路原理图

Step 1 在PCB文件编辑器内打开“Keep-out Layer（禁止布线层）”，导入电路原理图的网络表，添加元件封装，如图8-8所示。

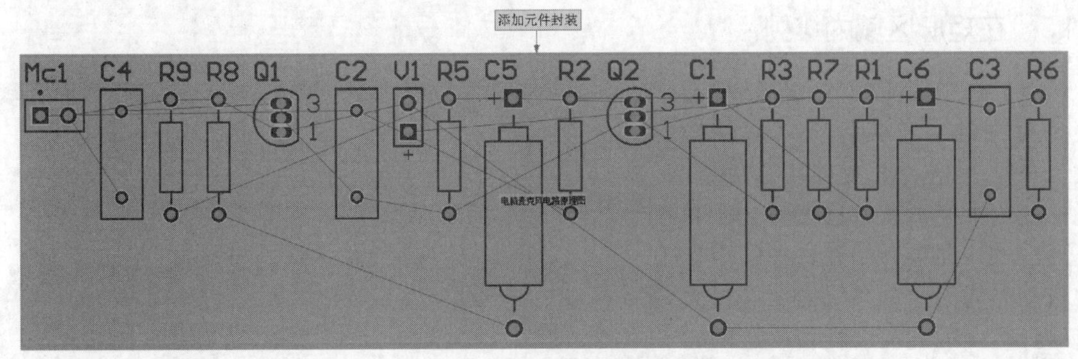

图8-8 添加元件封装

Step 2 单击选中封装所在的Room，Room边界显示白色方块，拖动方块将选中边界调整成电气边界大小，如图8-9所示。

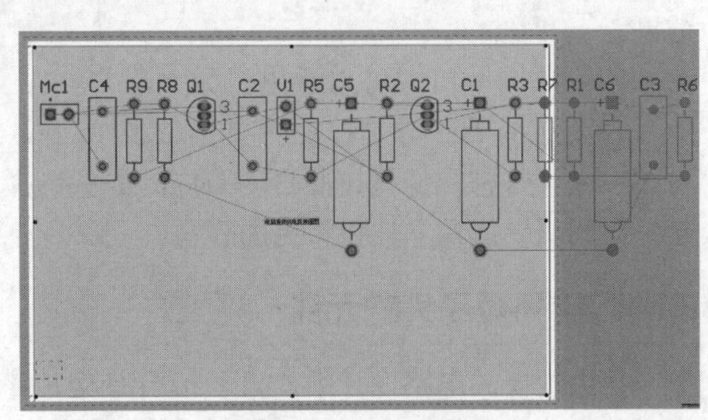

图8-9 调整Room边界

Step 3 选中要布局的元件，单击菜单栏中的“工具”→“器件摆放”→“按照Room排列”命令，光标变为十字形状，在编辑区绘制矩形区域，即可开始在选择的矩形中自动布局。自动布局需要经过大量的计算，因此需要耗费一定的时间。图8-10所示为最终的自动布局结果。

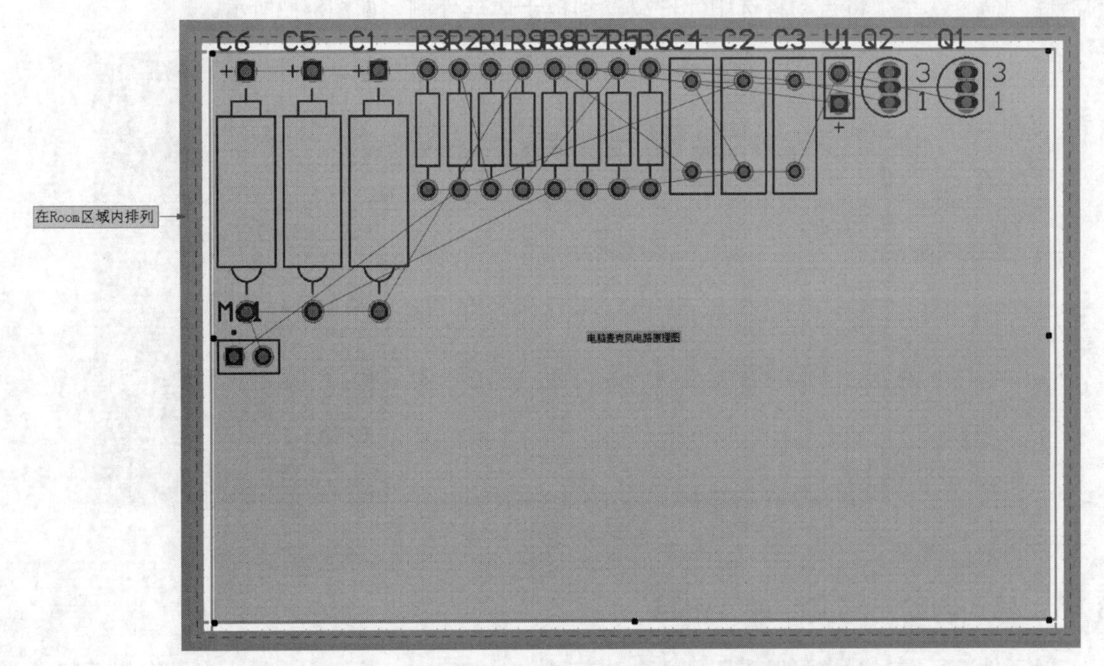

图8-10 在Room区域内自动布局的结果

自动布局结果并不是完美的，还存在很多不合理的地方，因此还需要对自动布局进行调整。

8.1.3 在矩形区域内排列

（1）选中要布局的元件，单击菜单栏中的“工具”→“器件摆放”→“在矩形区域排列”命令，光标变为十字形状，在编辑区绘制矩形区域，即可开始在选择的矩形中自动布局。自动布局需要经过大量的计算，因此需要耗费一定的时间。图8-11所示为最终的自动布局结果。

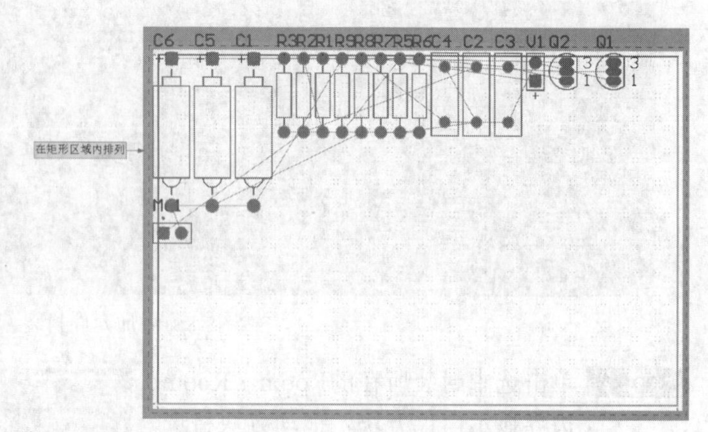

图8-11 在矩形内自动布局的结果

（2）从图8-11中可以看出，元件在自动布局后不再是按照种类排列在一起。各种元件将按照自动布局的类型选择，初步地分成若干组分布在PCB中，同一组的元件之间用导线建立连接将更加容易。

8.1.4 排列板子外的元件

在大规模的电路设计中，自动布局涉及大量计算，执行起来往往要花费很长的时间，用户可以进行分组布局，为防止元件过多影响排列，可将局部元件排列到板子外，先排列板子内的元件，最后排列板子外的元件。

选中需要排列到外部的元器件，单击菜单栏中的“工具”→“器件摆放”→“排列板子外的器件”命令，系统将自动将选中元件放置到板子边框外侧，如图8-12所示。

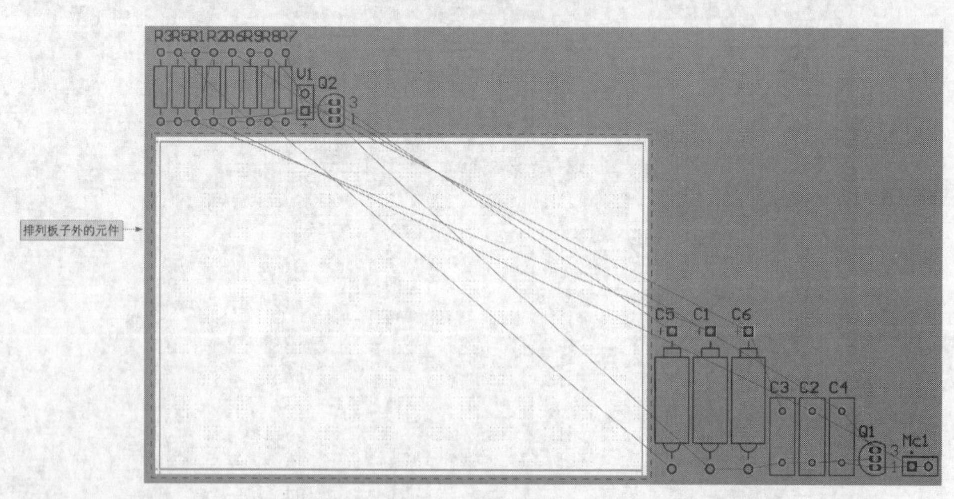

图8-12 排列元件

8.1.5 导入自动布局文件进行布局

对元件进行布局时还可以采用导入自动布局文件来完成，其实质是导入自动布局策略。单击菜单栏中的“工具”→“器件摆放”→“依据文件放置”命令，系统将弹出如图8-13所示的“Load File Name（导入文件名称）”对话框。从中选择自动布局文件（后缀为“.PIk”），然后单击“打开”按钮即可导入此文件进行自动布局。

图8-13 “Load File Name”对话框

通过导入自动布局文件的方法在常规设计中比较少见，这里导入的并不是每一个元件自动布局的位置，而是一种自动布局的策略。

8.2 元件的手动布局

元件的手动布局是指手动确定元件的位置。在前面介绍的元件自动布局的结果中，虽然设置了自动布局的参数，但是自动布局只是对元件进行了初步的放置，自动布局中元件的摆放并不整齐，走线的长度也不是最短，PCB布线效果也不够完美，因此需要对元件的布局做进一步调整。

在PCB上，可以通过对元件的移动来完成手动布局的操作，但是单纯的手动移动不够精细，不能非常整齐地摆放好元件。为此PCB编辑器提供了专门的手动布局操作，可以通过“编辑”菜单下“对齐”命令的子菜单来完成，如图8-14所示。

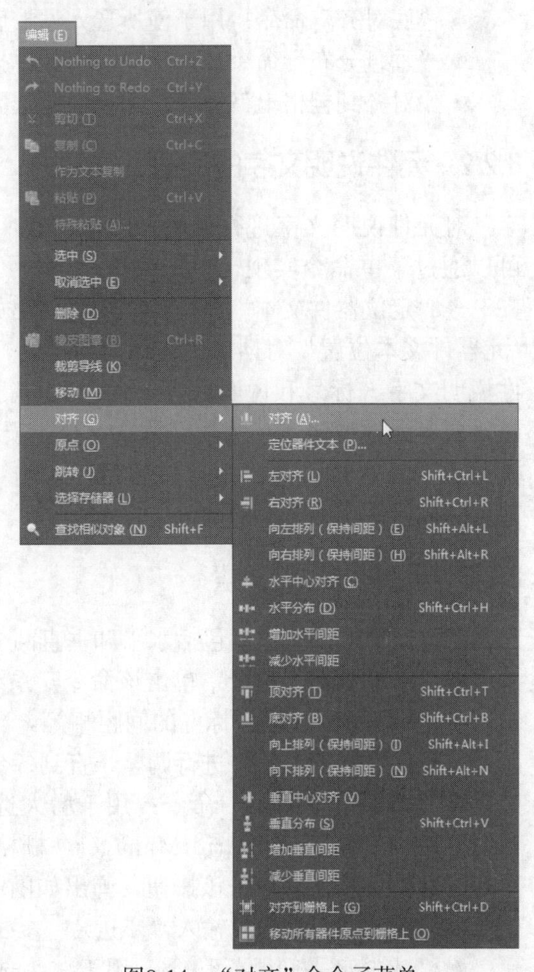

图8-14 “对齐”命令子菜单

8.2.1 元件的对齐操作

元件的对齐操作可以使PCB布局更好地满足“整齐、对称”的要求。这样不仅使PCB看起来美观，而且也有利于进行布线操作。对元件未对齐的PCB进行布线时会有很多转折，走线的长度较长，占用的空间也较大，这样会降低布通率，同时也会使PCB信号的完整性较差。可以利用“对齐”子菜单中的有关命令来实现，其中常用对齐命令的功能简要介绍如下。

- “对齐”命令：用于使所选元件同时进行水平和垂直方向上的对齐排列。具体的操作步骤如下（其他命令同理）。选中要进行对齐操作的多个对象，单击菜单栏中的“编辑”→“对齐”→“对齐”命令，系统将弹出如图8-15所示的“排列对象”对话框。其中“等间距”单选钮用于在水平或垂直方向上平均分布各元件。如果所选择的元件出现重叠的现象，对象将被移开当前的格点直到不重叠为止。水平和垂直两个方向设置完毕后，单击“确定”按钮，即可完成对所选元件的对齐排列。

图8-15 “排列对象”对话框

- “左对齐”命令：用于使所选的元件按左对齐方式排列。
- “右对齐”命令：用于使所选元件按右对齐方式排列。
- “水平中心对齐”命令：用于使所选元件按水平居中方式排列。
- “顶对齐”命令：用于使所选元件按顶部对齐方式排列。
- “底对齐”命令：用于使所选元件按底部对齐方式排列。
- “垂直分布”命令：用于使所选元件按垂直居中方式排列。
- “对齐到栅格上”命令：用于使所选元件以格点为基准进行排列。

8.2.2 元件说明文字的调整

对元件说明文字进行调整，除了可以手动拖动外，还可以通过菜单命令实现。单击菜单栏中的“编辑”→“对齐”→“定位器件文本”命令，系统将弹出如图8-16所示的“元器件文本位置”对话框。在该对话框中，用户可以对元件说明文字（标号和说明内容）的位置进行设置。该命令是对所有元件说明文字的全局编辑，每一项都有9种不同的摆放位置。选择合适的摆放位置后，单击“确定”按钮，即可完成元件说明文字的调整。

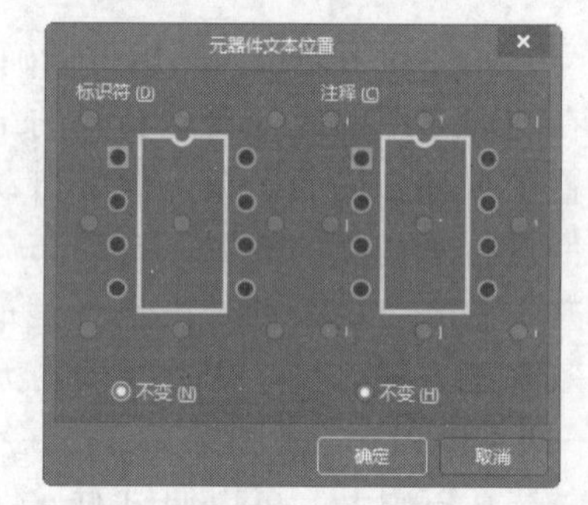

图8-16 “元器件文本位置”对话框

8.2.3 元件间距的调整

元件间距的调整主要包括水平和垂直两个方向上间距的调整。

- “水平分布”命令：单击该命令，系统将以最左侧和最右侧的元件为基准，元件的*Y*轴坐标不变，*X*轴坐标上的间距相等。当元件的间距小于安全间距时，系统将以最左侧的元件为基准对元件进行调整，直到各个元件间的距离满足最小安全间距的要求为止。
- “增加水平间距”命令：用于增大选中元件水平方向上的间距。在“Properties（属性）”面板中“Grid Manager（栅格管理器）”中选择参数，激活“Properties（属性）”按钮，单击该按钮，弹出如图8-17所示的“Cartesian Grid Editor（笛卡儿栅格编辑器）”对话框，输入“步进X”参数增加量。
- “减少水平间距”命令：用于减小选中元件水平方向上的间距，在“Properties（属性）”面板中“Grid Manager（栅格管理器）”中选择参数，激活“Properties（属性）”按钮，单击该按钮，弹出“Cartesian Grid Editor（笛卡儿栅格编辑器）”对话框，输入“步进X”参数减小量。

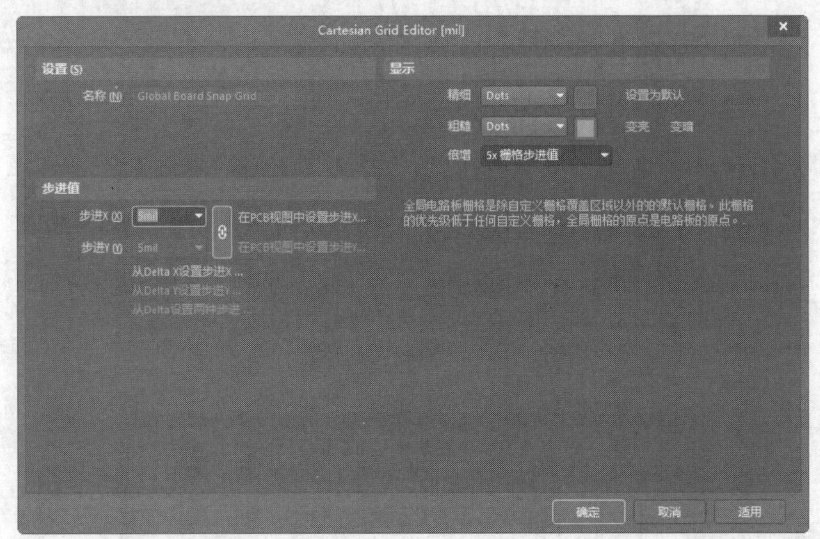

图8-17 “Cartesian Grid Editor（笛卡儿栅格编辑器）”对话框

- “垂直分布”命令：单击该命令，系统将以最顶端和最底端的元件为基准，使元件的*X*轴坐标不变，*Y*轴坐标上的间距相等。当元件的间距小于安全间距时，系统将以最底端的元件为基准对元件进行调整，直到各个元件间的距离满足最小安全间距的要求为止。
- “增加垂直间距”命令：用于增大选中元件垂直方向上的间距，在“Properties（属性）”面板中“Grid Manager（栅格管理器）”中选择参数，激活“Properties（属性）”按钮，单击该按钮，弹出“Cartesian Grid Editor（笛卡儿栅格编辑器）”对话框，输入“步进Y”参数增大量。
- “减少垂直间距”命令：用于减小选中元件垂直方向上的间距，在“Properties（属性）”面板中“Grid Manager（栅格管理器）”中选择参数，激活“Properties（属性）”按钮，单击该按钮，弹出“Cartesian Grid Editor（笛卡儿栅格编辑器）”对话框，输入“步进Y”参数减小量。

8.2.4 移动元件到格点处

格点的存在能使各种对象的摆放更加方便，更容易满足对PCB布局“整齐、对称”的要求。手动布局过程中移动的元件往往并不是正好处在格点处，这时就需要使用“移动所有器件原点到栅格上”命令。单击该命令时，元件的原点将被移到与其最近的格点处。

在执行手动布局的过程中，如果所选中的对象被锁定，那么系统将弹出一个对话框询问是否继续。如果用户选择继续的话，则可以同时移动被锁定的对象。

8.2.5 元件手动布局的具体步骤

下面就利用元件自动布局的结果，继续进行手动布局调整。自动布局结果如图8-18所示。

选择菜单栏中的“视图”→“连接”→“全部隐藏”命令，隐藏电路板中的所有飞线，同时为方便显示，删除Room区域，如图8-19所示。

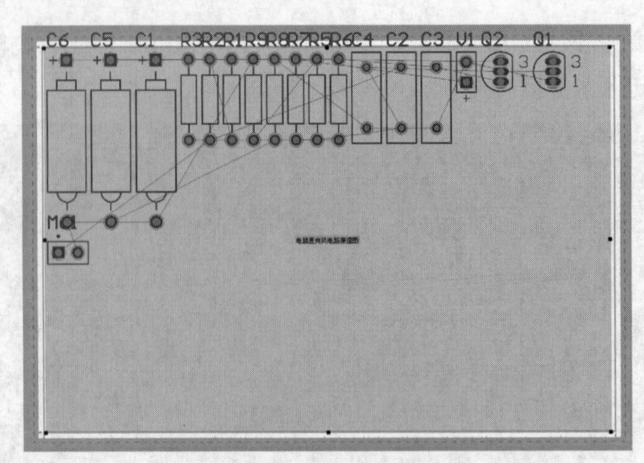

图8-18 自动布局结果

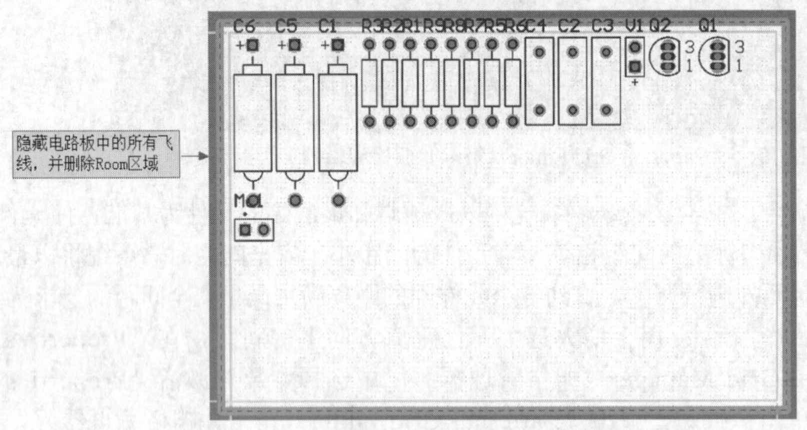

图8-19 隐藏全部飞线和删除Room区域

元件手动布局的操作步骤如下。

Step 1 利用鼠标框选，选中8个电阻器，将其移动到PCB的中间重新排列，在拖动过程中按空格键，使其以合适的方向放置，如图8-20所示。

Step 2 调整电阻位置，使其按标号并行排列，如图8-21所示。

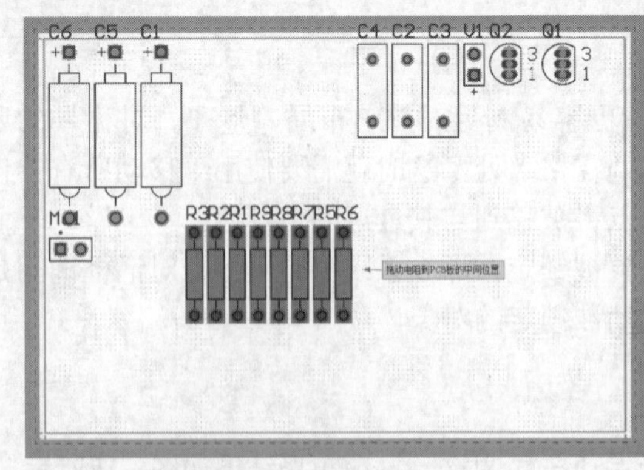

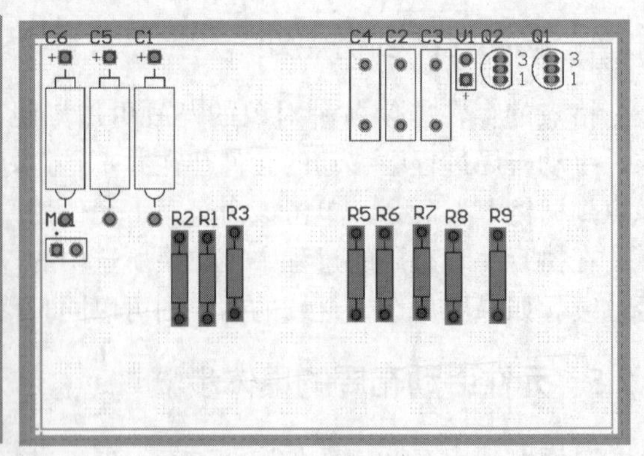

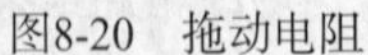

图8-20 拖动电阻　　图8-21 排列电阻

Step 3 由于标号重叠，为了PCB中布置清晰美观，使用“应用工具”工具栏中的“排列工具”按钮下的“使器件的水平间距相等”和“以顶对齐器件”命令，修改电阻元件之间的距离，结果如图8-22所示。

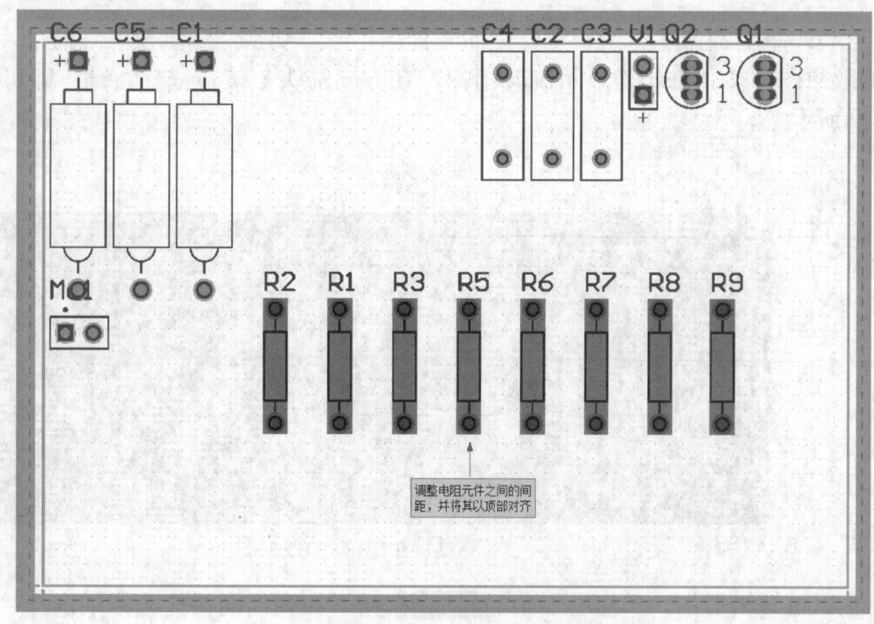

图8-22 调整电阻元件间距

Step 4 将排列好的电阻元件拖动到电路板合适位置。按照同样的方法，对其他元件进行排列。

手工调整后的PCB布局如图8-23所示。

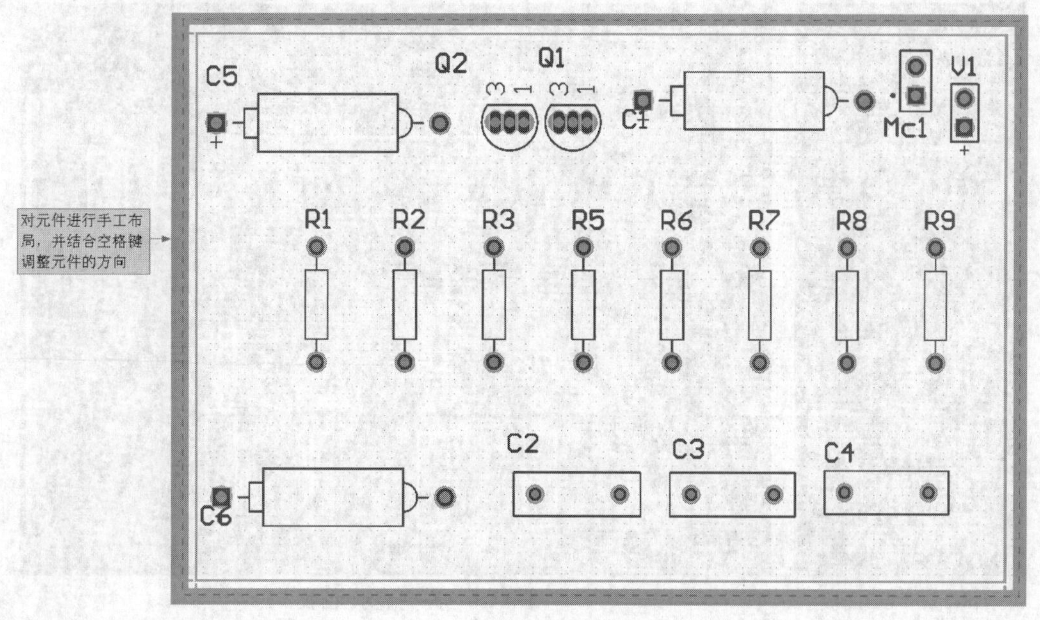

图8-23 手工布局结果

8.3 3D效果图

手动布局完毕后，可以通过3D效果图直观地查看视觉效果，以检查手动布局是否合理。

8.3.1 三维效果图显示

在PCB编辑器内，单击菜单栏中的“视图”→“切换到三维模式”命令，系统显示该PCB的3D效果图，按住Shift键显示旋转图标，在方向箭头上按住鼠标右键，即可旋转电路板，如图8-24所示。

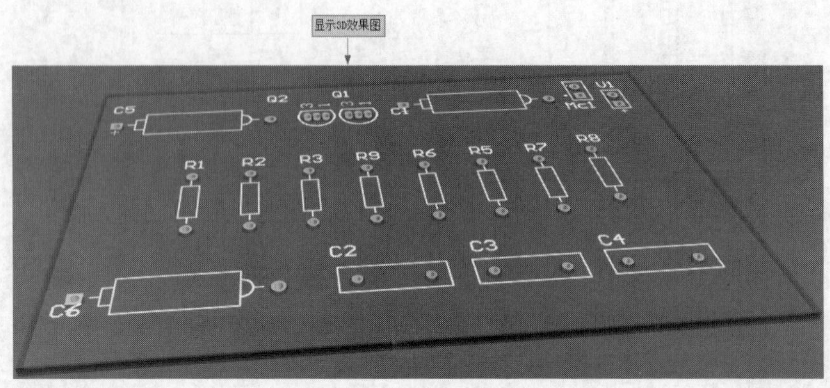

图8-24 PCB的3D效果图

在PCB编辑器内，单击右下角的 Panels 按钮，在弹出的快捷菜单中选择“PCB”命令，打开“PCB”面板，如图8-25所示。

1. 浏览区域

在“PCB”面板中显示类型为“3D Model”，该区域列出了当前PCB文件内的所有三维模型。选择其中一个元件以后，则此网络呈高亮状态，如图8-26所示。

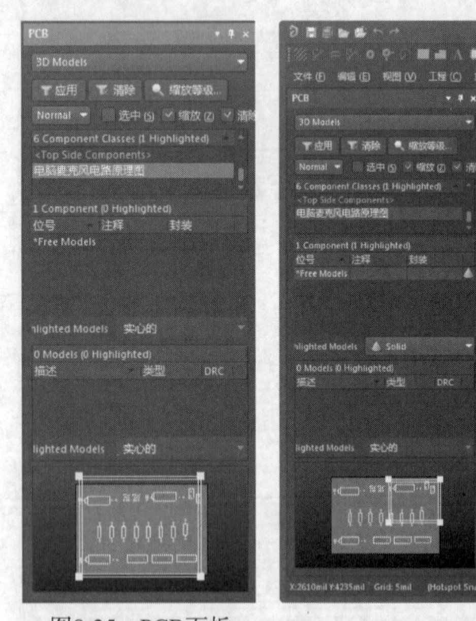

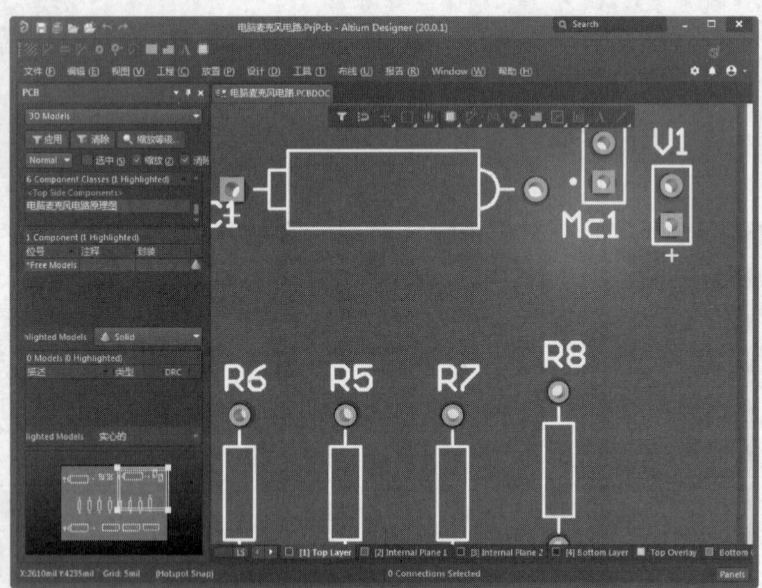

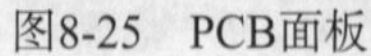

图8-25 PCB面板　　　　图8-26 高亮显示元件

对于高亮网络有Normal（正常）、Mask（遮挡）和Dim（变暗）3种显示方式，用户可通过面板中的下拉列表框进行选择。

- Normal（正常）：直接高亮显示用户选择的网络或元件，其他网络及元件的显示方式不变。

- Mask（遮挡）：高亮显示用户选择的网络或元件，其他元件和网络以遮挡方式显示（灰色），这种显示方式更为直观。
- Dim（变暗）：高亮显示用户选择的网络或元件，其他元件或网络按色阶变暗显示。
- 对于显示控制，有3个控制选项，即选中、缩放和清除现有的。
- 选中：勾选该复选框，在高亮显示的同时选中用户选定的网络或元件。
- 缩放：勾选该复选框，系统会自动将网络或元件所在区域完整地显示在用户可视区域内。如果被选网络或元件在图中所占区域较小，则会放大显示。
- 清除现有的：勾选该复选框，系统会自动清除选定的网络或元件。

2. 显示区域

该区域用于控制3D效果图中的模型材质的显示方式，如图8-27所示。

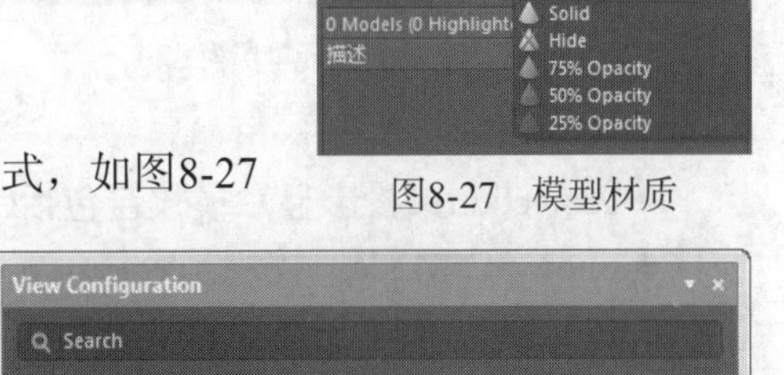

图8-27　模型材质

3. 预览框区域

将光标移到该区域中以后，单击左键并按住不放，拖动光标，3D图将跟着移动，展示不同位置上的效果。

8.3.2　“View Configuration（视图设置）”面板

在PCB编辑器内，单击右下角的 Panels 按钮，在弹出的快捷菜单中选择“View Configuration”命令，打开“View Configuration（视图设置）”面板，设置电路板基本环境。

在“View Configuration（视图设置）”面板“View Options（视图选项）”选项卡中，显示三维面板的基本设置。不同情况下面板显示略有不同，这里重点讲解三维模式下的面板参数设置，如图8-28所示。

图8-28　“View Options（视图选项）”选项卡

1.“General Settings（通用设置）”选项组：显示配置和3D主体

- “Configuration（设置）”下拉列表中可以选择三维视图设置模式，包括11种，默认选择“Custom Configuration（通用设置）”模式，如图8-29所示。

图8-29　三维视图模式命令

- 3D：控制电路板三维模式打开关，作用同菜单命令“视图”→“切换到三维模式”。

● Signal Layer Mode：控制三维模型中信号层的显示模式，打开与关闭单层模式，如图8-30所示。

（a）打开单层模式

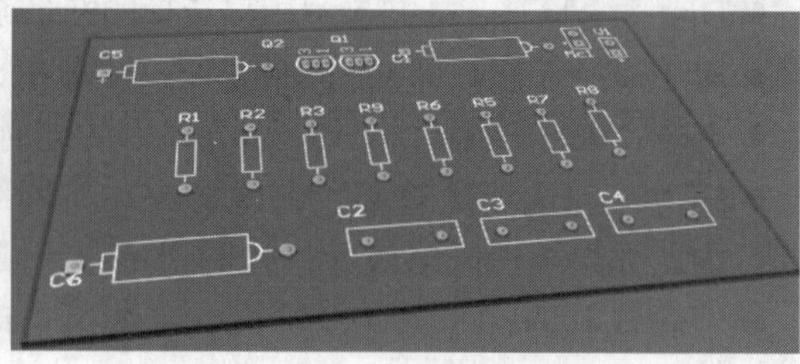

（b）关闭单层模式

图8-30　三维视图模式

● Projection：投影显示模式，包括Orthographic（正射投影）和Perspective（透视投影）。

● Show 3D Mode：控制是否显示元件的三维模型。

2. 3D Settings（三维设置）选项组：对三维模式的设置

● Board thickness（Scale）：通过拖动滑动块，设置电路板的厚度，按比例显示。

● Color：设置电路板颜色模式，包括Realistic（逼真）和By Layer（随层）。

● Layer：在列表中设置不同层对应的透明度，通过拖动“Transparency（透明度）”栏下的滑动块来设置。

3. “Mask and Dim Settings（屏蔽和调光设置）”选项组

控制对象屏蔽、调光和高亮设置。

● Masked Objects（屏蔽对象）：设置对象屏蔽程度。

● Hihtlighted Objects（高亮对象）：设置对象高亮程度。

● Dimmed Objects（调光对象）：设置对象调光程度。

4. “Additional Options（附加选项）”选项组：附加参数的选项设置

● 在“Configuration（设置）”下拉列表选择“Altum Standard 2D”或执行“视图”→“切换到二维模式”菜单命令，切换到2D模式，电路板的面板设置如图8-31所示。

● 添加“Additional Options（附加选项）”选项组，在该区域包括9种控件，允许配置各种显示设置，包括Net Color Override（网络颜色覆盖）。

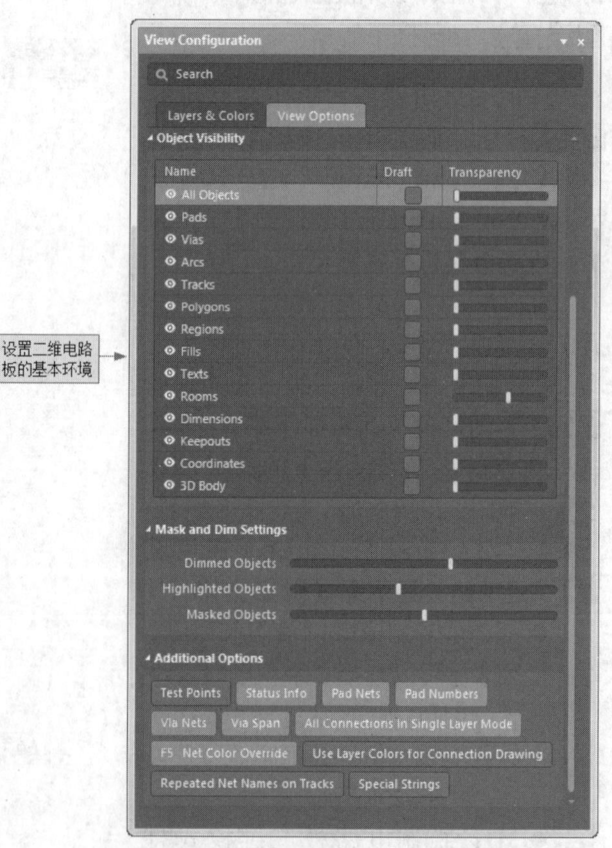

图8-31　2D模式下“View Options（视图选项）”选项卡

5. “Object Visibility（对象可视化）”选项组

2D模式下添加“Object Visibility（对象可视化）”选项组，在该区域设置电路板中不同对象的透明度和是否添加草图。

8.3.3 三维动画制作

使用动画生成使用元件在电路板中指定零件点到点运动的简单动画。本节介绍通过拖动时间栏并旋转缩放电路板生成基本动画。

在PCB编辑器内，单击右下角的Panels按钮，在弹出的快捷菜单中选择“PCB 3D Movie Editor（电路板三维动画编辑器）”命令，打开“PCB 3D Movie Editor（电路板三维动画编辑器）”面板，如图8-32所示。

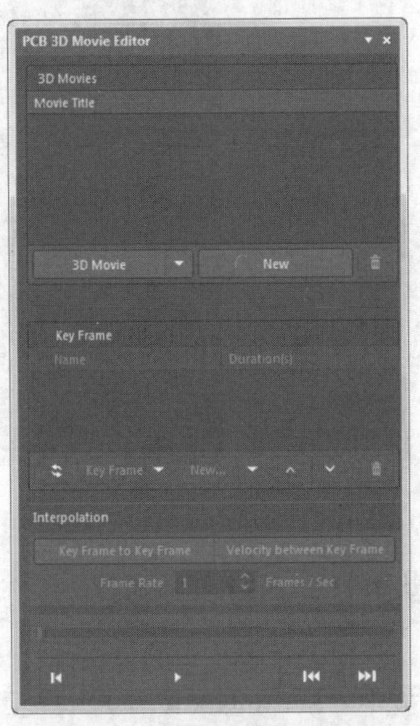

图8-32 “PCB 3D Movie Editor（电路板三维动画编辑器）”面板

（1）“Movie Title（动画标题）”区域。

在“3D Movie（三维动画）”按钮下选择“New（新建）”命令或单击“New（新建）”按钮，在该区域创建PCB文件的三维模型动画，默认动画名称为“PCB 3D Video”。

（2）“PCB 3D Video（动画）”区域。

在该区域创建动画关键帧。在“Key Frame（关键帧）”按钮下选择“New（新建）”→“Add（添加）”命令或单击“New（新建）”→“Add（添加）”按钮，创建第一个关键帧，电路板如图8-33所示。

（3）单击“New（新建）”→“Add（添加）”按钮，继续添加关键帧，设置将时间为3s，按住鼠标中键拖动，将视图缩放，如图8-34所示。

图8-33 电路板默认位置

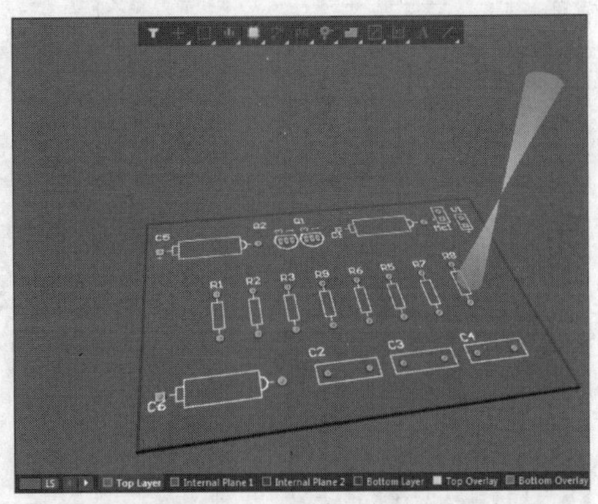

图8-34 缩放后的视图

（4）单击“New（新建）”→“Add（添加）”按钮，继续添加关键帧，设置将时间为3s，按住<Shift>键与鼠标右键，将视图旋转，如图8-35所示。

（5）单击工具栏上的▶键，动画设置如图8-36所示。

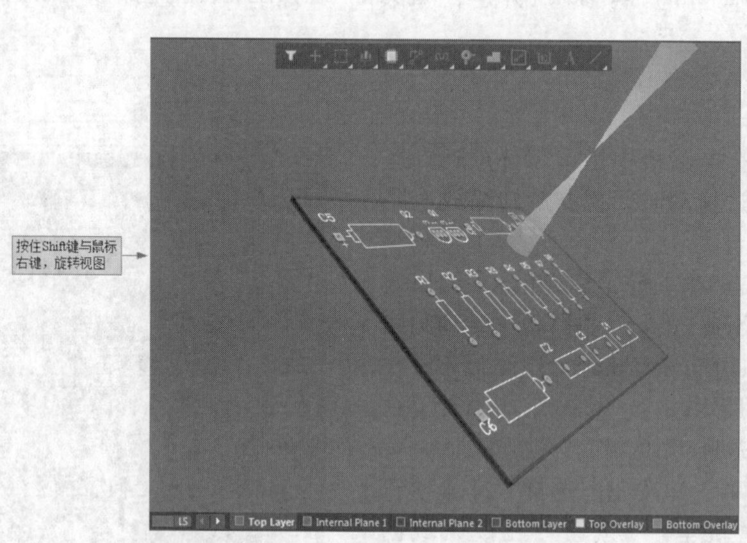

图8-35　旋转后的视图

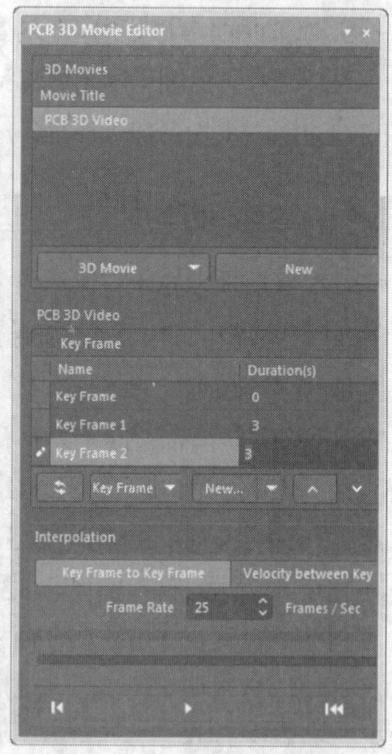

图8-36　动画设置面板

8.3.4　三维动画输出

单击菜单栏中的“文件”→“新的”→“Output Job文件”命令，在“Project（工程）”面板中“Settings（设置）”选项栏下显示输出文件，系统提供的默认名为“Job1.OutJob”，如图8-37所示。

在右侧工作区打开编辑区，如图8-38所示。

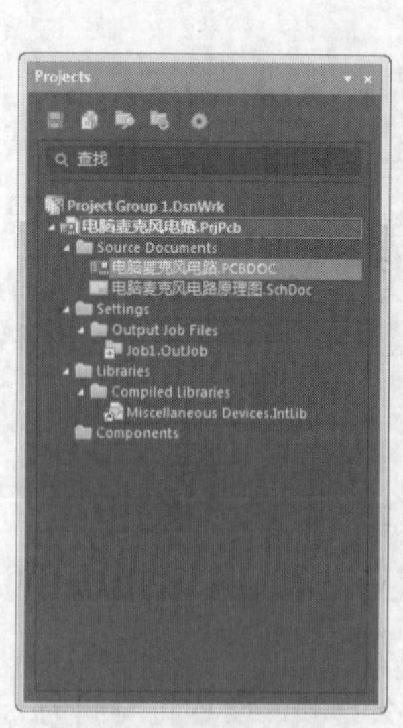

图8-37　新建输出文件

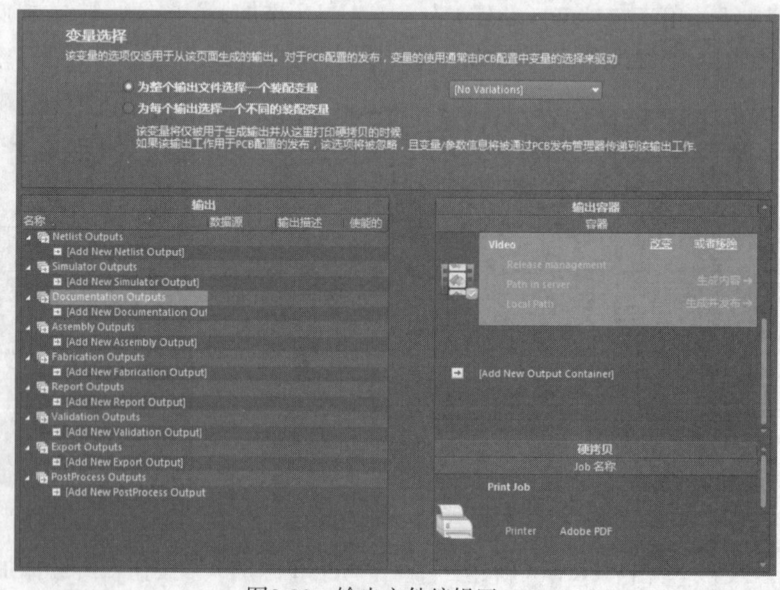

图8-38　输出文件编辑区

（1）“变量选择”选择组：设置输出文件中变量的保存模式。

（2）“输出”选项组：显示不同的输出文件类型。

1）本节介绍加载动画文件，在需要添加的文件类型“Documentation Outputs（文档输出）”下“Add New Documentation Output（添加新文档输出）”处单击，弹出快捷菜单，如图8-39所示，选择“PCB 3D Video”命令，选择默认的PCB文件作为输出文件依据或者重新选择文件。加载的输出文件如图8-40所示。

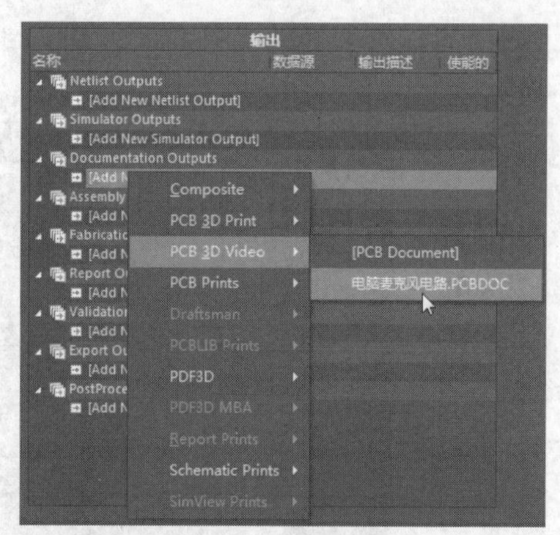

图8-39　快捷命令

2）在加载的输出文件上单击鼠标右键，弹出如图8-41所示的快捷菜单，选择“配置”命令，弹出如图8-42所示的“PCB 3D 视频”对话框，单击“确定”按钮，关闭对话框，使用默认输出视频配置。

3）单击“PCB 3D 视频”对话框中的“View Configulation（视图设置）”按钮，弹出如图8-43所示的“视图配置”对话框，用于设置电路板的板层显示与物理材料。

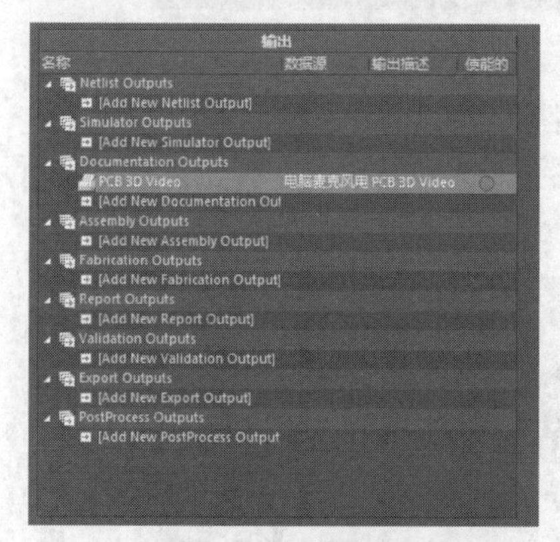

图8-40　加载动画文件

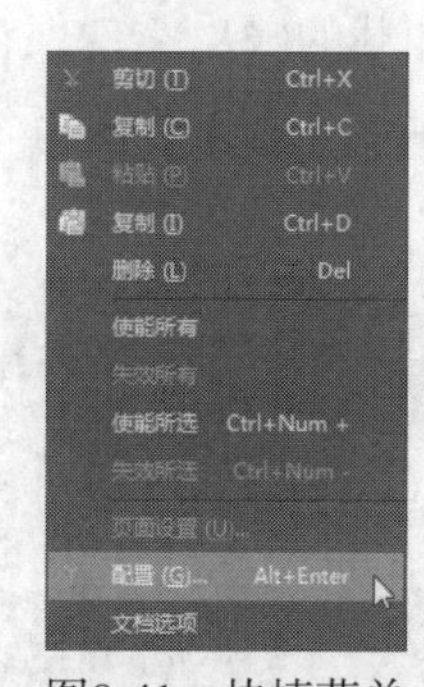

图8-41　快捷菜单

图8-42　“PCB 3D 视频”对话框

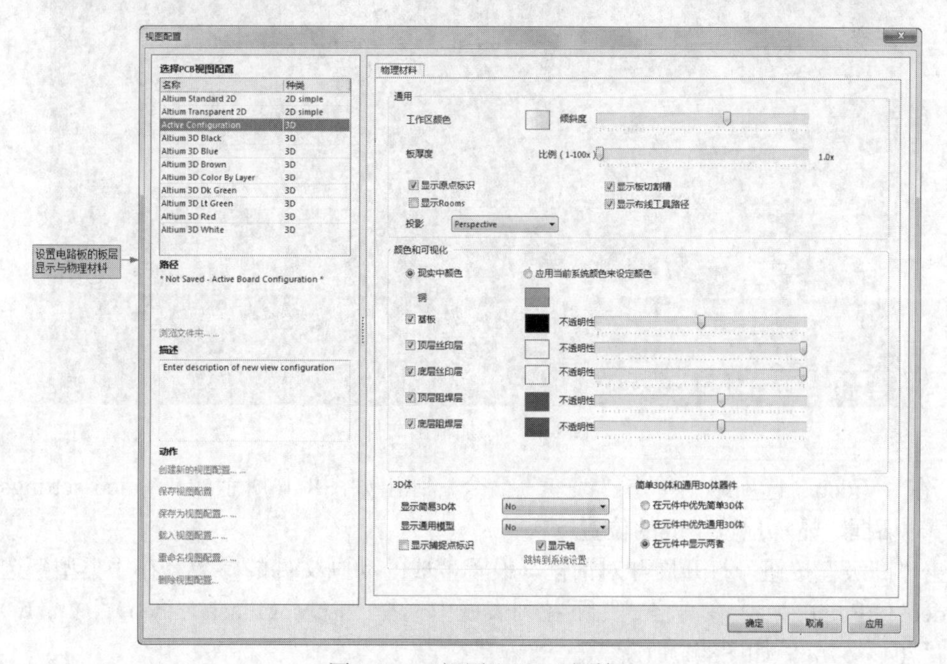

图8-43　“视图配置”对话框

4）单击添加的文件右侧的单选钮，建立加载的文件与输出文件容器的联系，如图8-44所示。

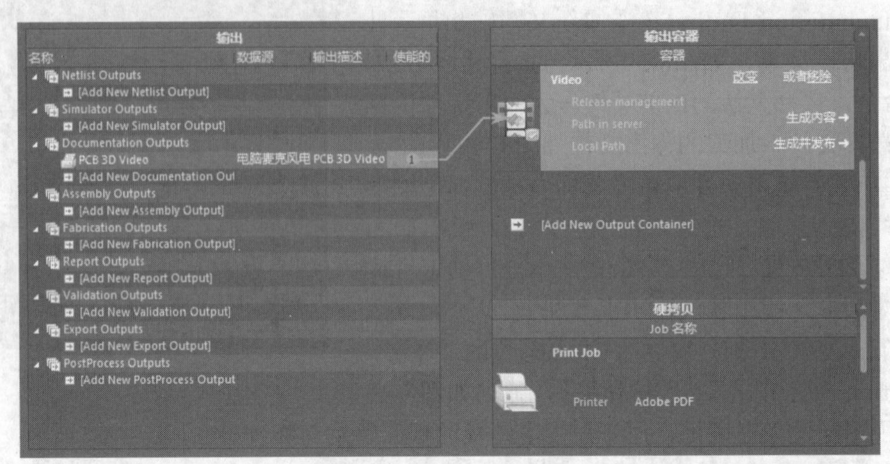

图8-44　连接加载的文件

（3）“输出容器”选项组：设置加载的输出文件保存路径。

1）在“Add New Output Containers（添加新输出容器）”选项下单击，弹出如图8-45所示的快捷菜单，选择添加的文件类型。

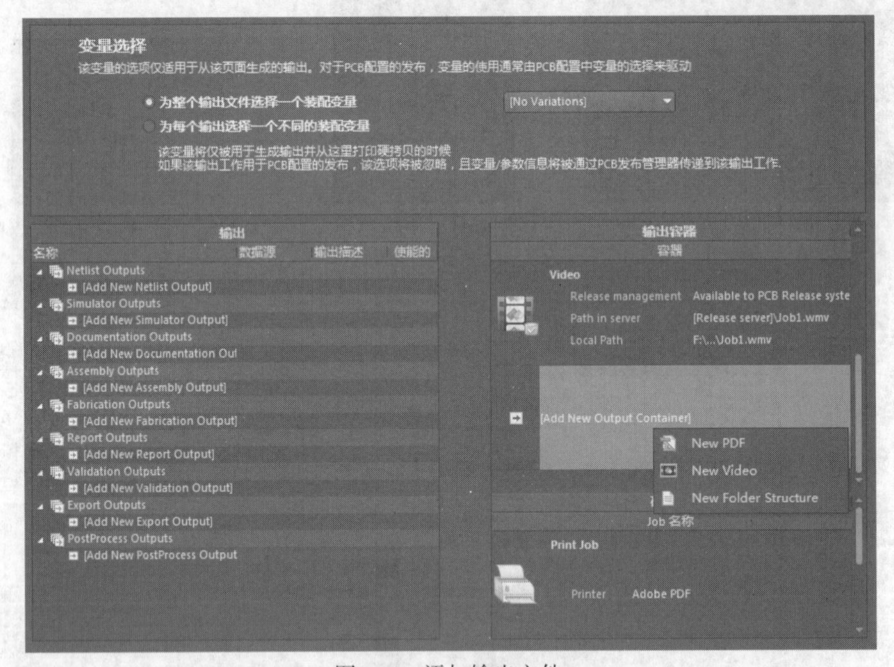

图8-45　添加输出文件

2）在“Video”选项组中单击“改变”命令，弹出如图8-46所示的“Video settings（视频设置）”对话框，显示预览生成的位置。

单击“高级”按钮，打开展开对话框，设置生成的动画文件的参数。在“类型”选项中选择“Video（FFmpeg）”，在“格式”下拉列表框中选择“FLV（Flash Video）”（*.flv），大小设置为“704×576”，如图8-47所示。

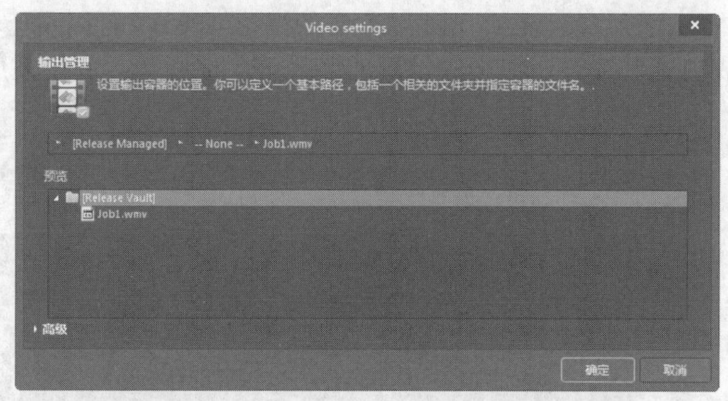

图8-46 “Video settings（视频设置）”对话框

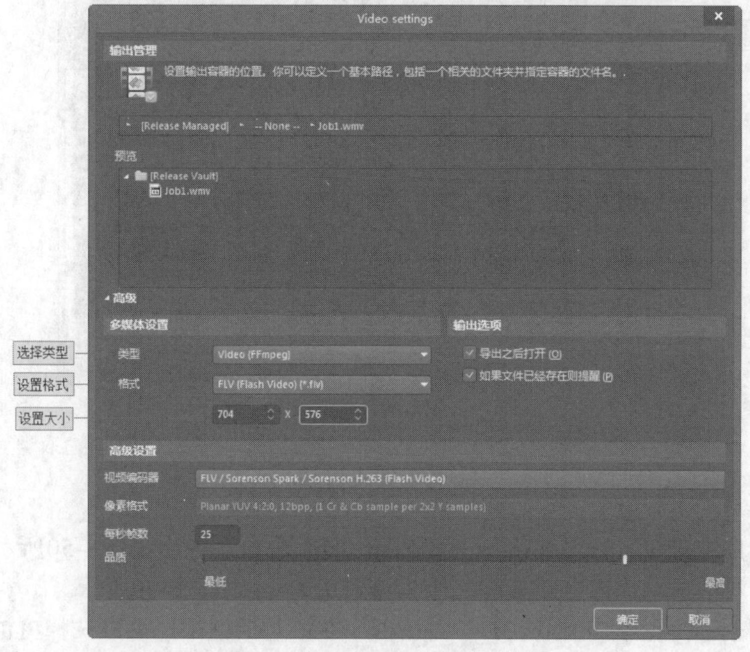

图8-47 “高级”设置

3）在“Release Managed（发布管理）”选项组先设置发布的视频生成位置，如图8-48所示。

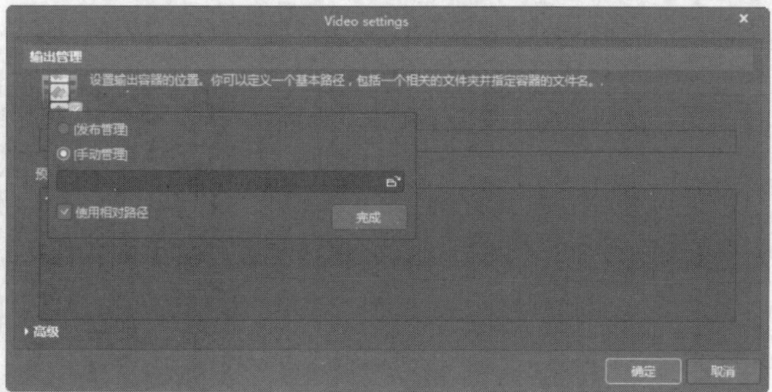

图8-48 设置发布的视频生成位置

- 选择“发布管理”单选钮，则将发布的视频保存在系统默认位置。
- 选择“手动管理”单选钮，则手动选择视频保存位置。

● 勾选“使用相对路径”复选框，则默认发布的视频与PCB文件同路径。

4）单击“生成内容”按钮，在文件设置的路径下生成视频，利用播放器打开的视频如图8-49所示。

图8-49　视频文件

8.3.5　三维 PDF 输出

单击菜单栏中的“文件”→“导出”→“PDF 3D”命令，弹出如图8-50所示的“Export File（输出文件）”对话框，输出电路板的三维模型PDF文件，如图8-50所示。

单击“保存”按钮，弹出“Export 3D”对话框。在该对话框中还可以选择PDF文件中显示的视图，进行页面设置，设置输出文件中的对象，如图8-51所示，单击 Export 按钮，输出PDF文件，如图8-52所示。

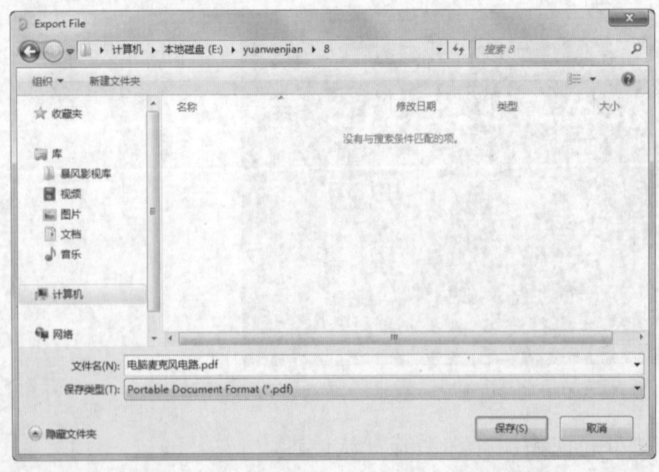

图8-50　“Export File（输出文件）”对话框

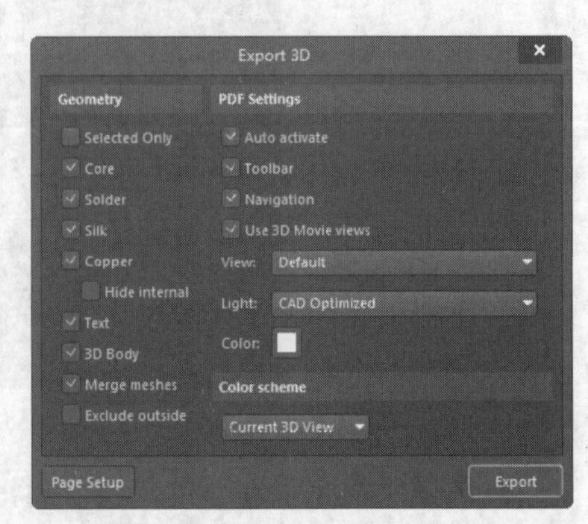

图8-51　“Export 3D”对话框

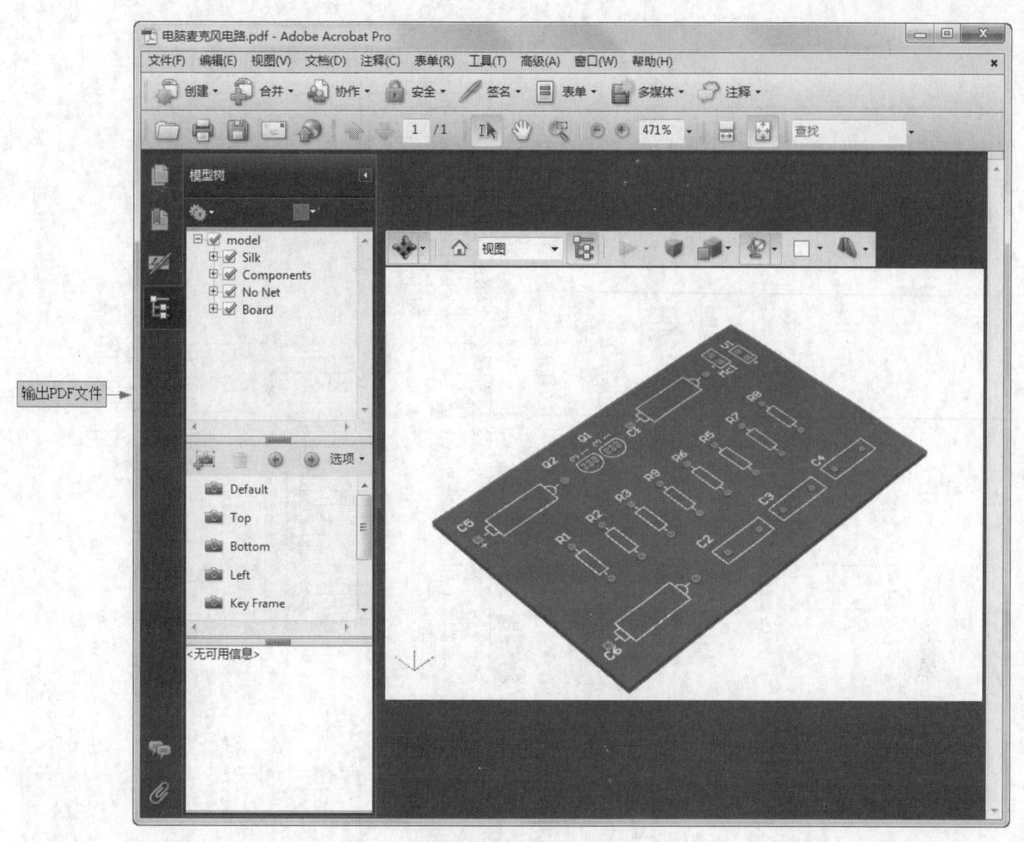

图8-52　PDF文件

在输出文件中还可以输出其余类型的文件，这里不再赘述，读者可自行练习。

8.4　操作实例

本节将通过两个简单的实例来介绍PCB布局设计。原理图保存在本书学习资源文件“源文件\ch_08\example”中，用户可以直接使用，也可以自行创建。

8.4.1　单片机系统 PCB 的布局设计

8.4.1　单片机系统PCB的布局设计

1. 设计要求

完成如图8-53所示单片机系统的原理图设计及网络表生成，然后完成电路板外形尺寸设定，实现元件的自动布局及手动调整。

2. 操作步骤

（1）新建项目并创建原理图文件

Step 1　启动Altium Designer 20，单击菜单栏中的“文件”→“新的”→“项目”命令，弹出“Create Project（新建工程）”对话框，在该对话框中显示工程文件类型，默认选择Local Projects选项及“Default（默认）”选项，在“Project Name（名称）”文本框中输入文件名称“单片机系统.PrjPCB”，在“Location（路径）”文本框中选择文件路径。完成设置后，单击 Create 按钮，关闭该对话框，打开“Project（工程）”面板。在面板中出现了新建的工程类型，如图8-54所示。

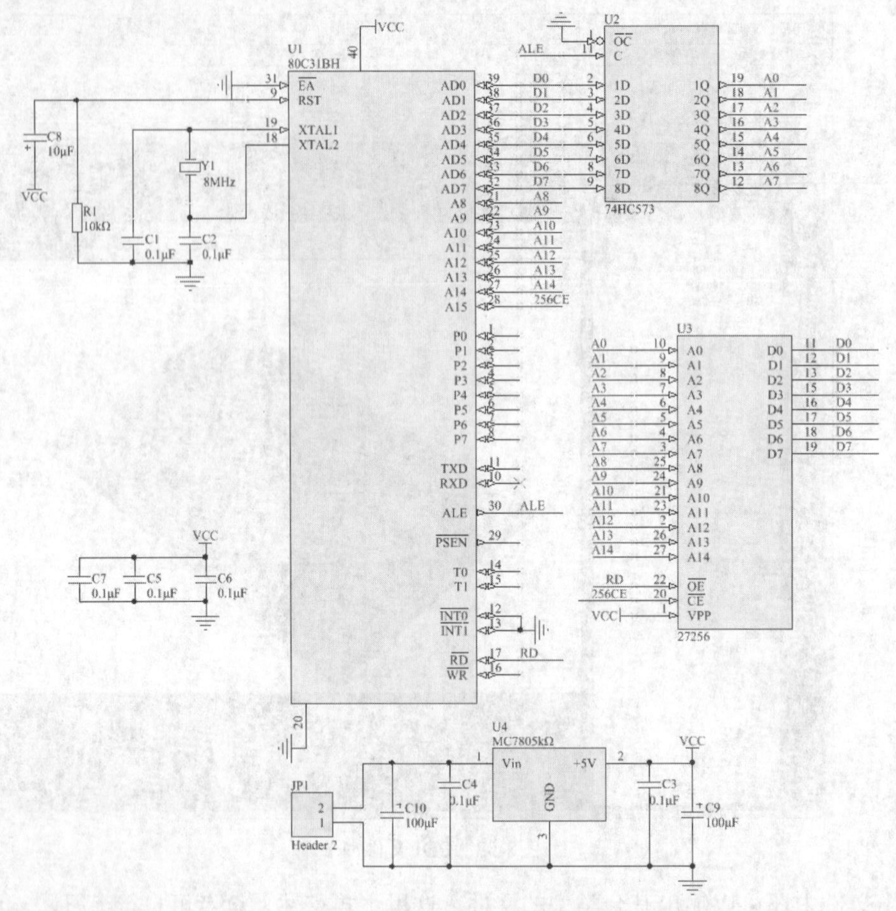

图8-53　单片机系统电路原理图

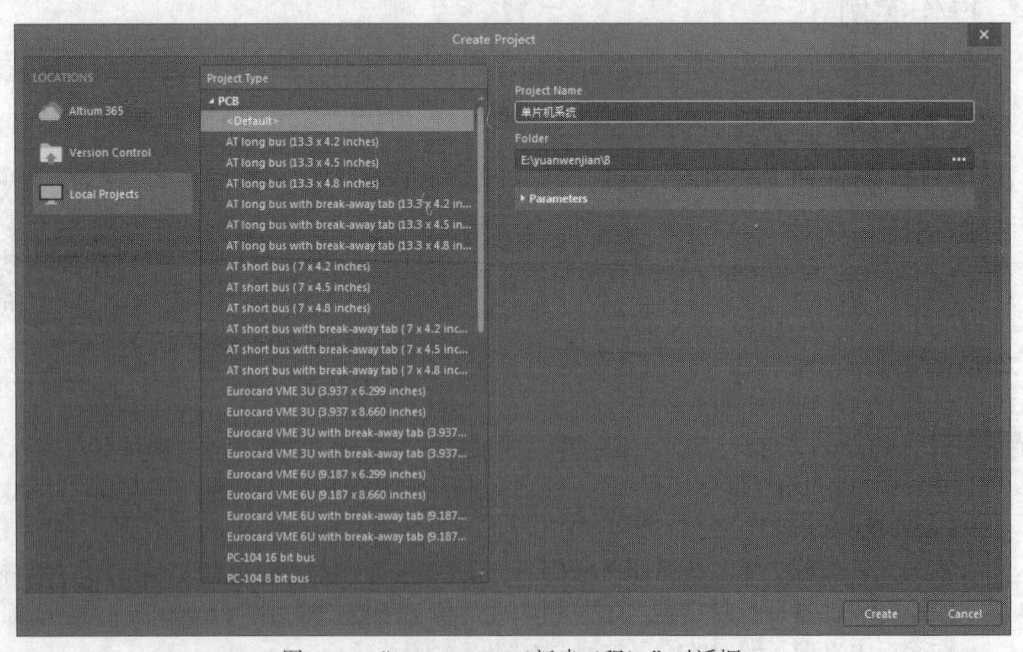

图8-54　“New Project（新建工程）”对话框

Step 2 在“Projects（工程）”面板的项目文件上右击，在弹出的右键快捷菜单中单击“添加新的…到工程”→“Schematic（原理图）”命令，如图8-55所示，新建一个原理图文件，并自动切换到原理图编辑环境。

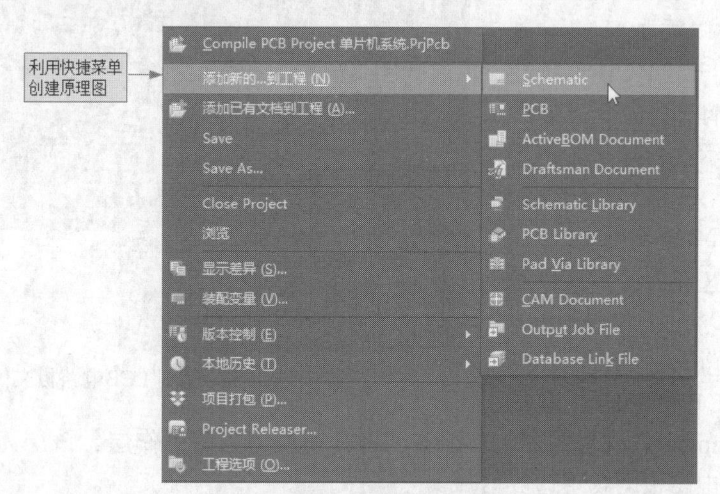

图8-55 新建原理图文件

Step 3 用保存项目文件的方法，将该原理图文件另存为“单片机系统.SchDoc”。

Step 4 设计完成如图8-53所示的原理图。

Step 5 在原理图编辑环境下，单击菜单栏中的“设计”→“工程的网络表”→“Protel（生成Protel格式的网络表）”命令，生成一个对应于该电路原理图的网络表，如图8-56所示。

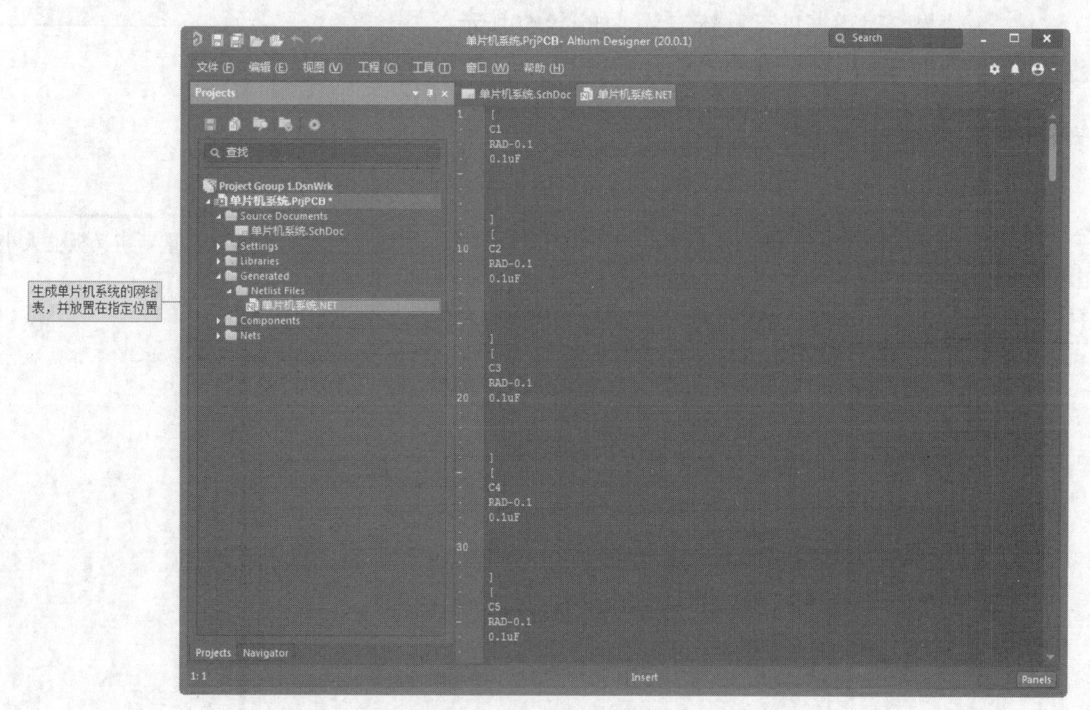

图8-56 电路原理图的网络表

Step 6 在“Projects（工程）”面板的项目文件上右击，在弹出的右键快捷菜单中单击“添加新的...到工程”→“PCB（新建PCB文件）”命令，如图8-57所示，新建一个PCB电路板文件，并自动切换到PCB编辑环境。保存PCB文件为“单片机系统.PcbDoc”。

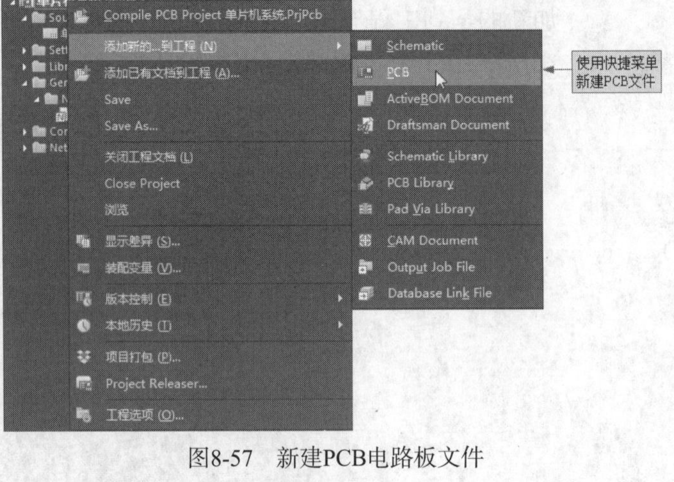

图8-57　新建PCB电路板文件

（2）规划电路板

Step 1 单击PCB编辑区下方的“Mechanical1（机械层1）”标签，将其切换为当前工作层。该层为机械层，一般用于设置电路板的物理边界区域。

Step 2 单击“应用工具”工具栏中的“应用工具”按钮下拉菜单中的（放置线条）按钮，此时光标变为十字形状，绘制如图8-58所示的电路板边框。

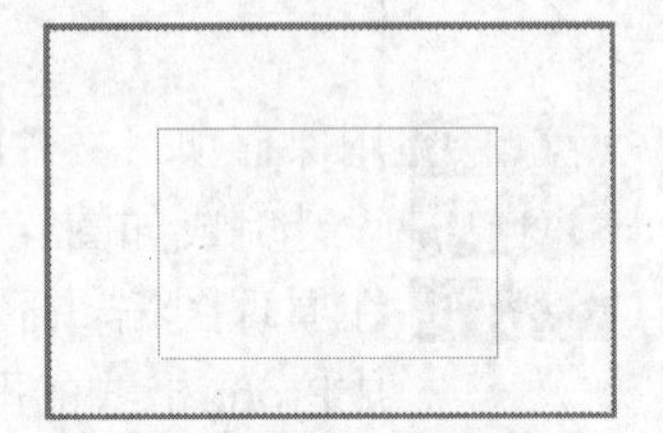

图8-58　绘制电路板边框

Step 3 右击或按<Esc>键退出该操作。

Step 4 选中该边框，单击菜单栏中的“设计”→“板子形状”→“按照选择对象定义”命令，则直接以绘制的矩形为边界，对边框进行重新定义，如图8-59所示。

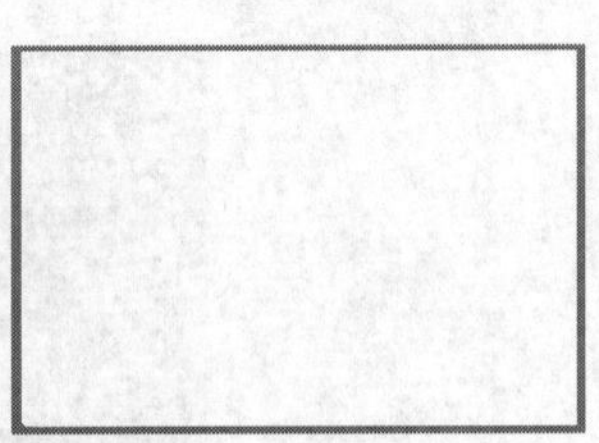

图8-59　重新定义板框大小

Step 5 单击PCB编辑区下方的“Keep-Out Layer（禁止布线层）”标签，将其切换为当前工作层。该层为禁止布线层，一般用于设置电路板的布线区域。

单击菜单栏中的“放置”→“KeepOut（禁止布线）”→“线径”命令，在边框内部间隔适当距离绘制矩形闭合区域，用于定义布线区域，如图8-60所示。

图8-60　定义禁止布线区域

Step 6 双击电路板边框，系统将弹出如图8-61所示的“Properties（属性）”面板。设置完成后按<Enter>键。

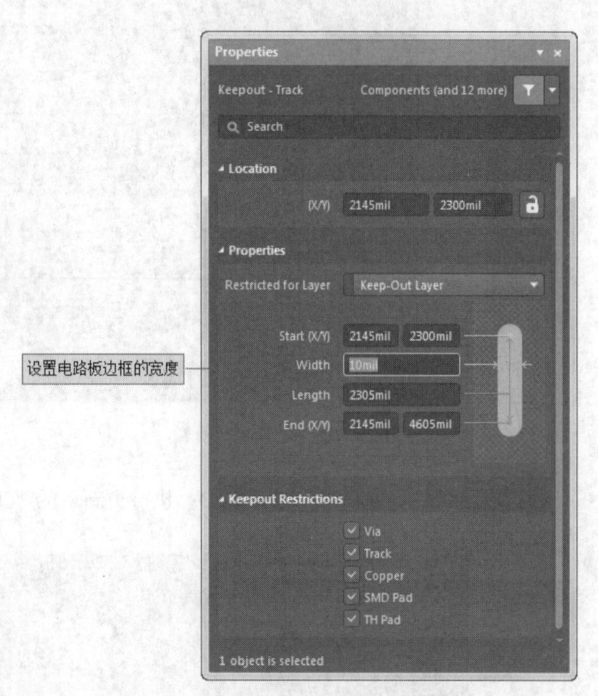

图8-61 电路板边框“Properties（属性）”面板

（3）加载网络表与元件

由于Altium Designer 20实现了真正的双向同步设计，在PCB电路设计过程中，用户可以不生成网络表，而直接将原理图内容传输到PCB。

Step 1 在原理图编辑环境下，单击菜单栏中的“设计”→“Update PCB Document单片机系统.PcbDoc（更新PCB文件）”命令，系统将弹出如图8-62所示的“工程变更指令”对话框。

Step 2 单击“验证变更”按钮，系统会逐项检查所提交的修改，并在“状态”栏的“检测”项中显示装入的元件是否正确，正确的标识为，错误的标识为。如果出现错误，一般是找不到元件对应的封装。这时应该打开相应的原理图，检查元件封装名是否正确或添加相应的元件封装库，进行相应处理。

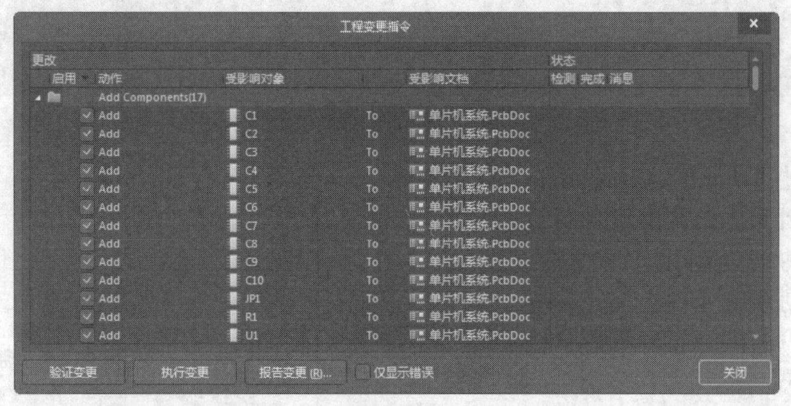

图8-62 “工程变更指令”对话框

Step 3 如元件封装和网络都正确，单击“执行变更”按钮，“工程变更指令”对话框刷新为图8-63所示。工作区已经自动切换到PCB编辑状态，单击“关闭”按钮，关闭该对话框，网络表与元件已经加载到电路板上，如图8-64所示。

（4）手动调整元件布局

用手动调整的方式优化调整部分元件的位置。单击菜单栏中的“视图”→“连接”→“全部隐藏”命令，调整后的电路板为方便显示，取消连线网络。

Step 1 选择元件。

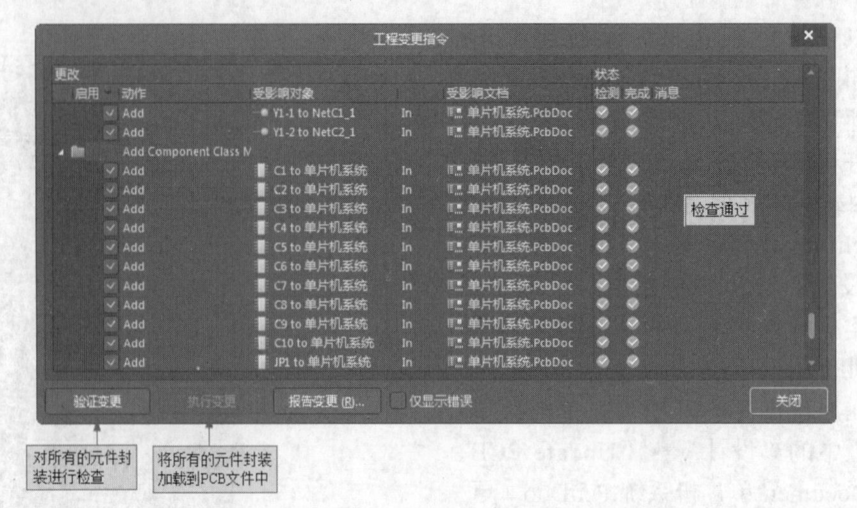

图8-63 执行更新后的“工程变更指令”对话框

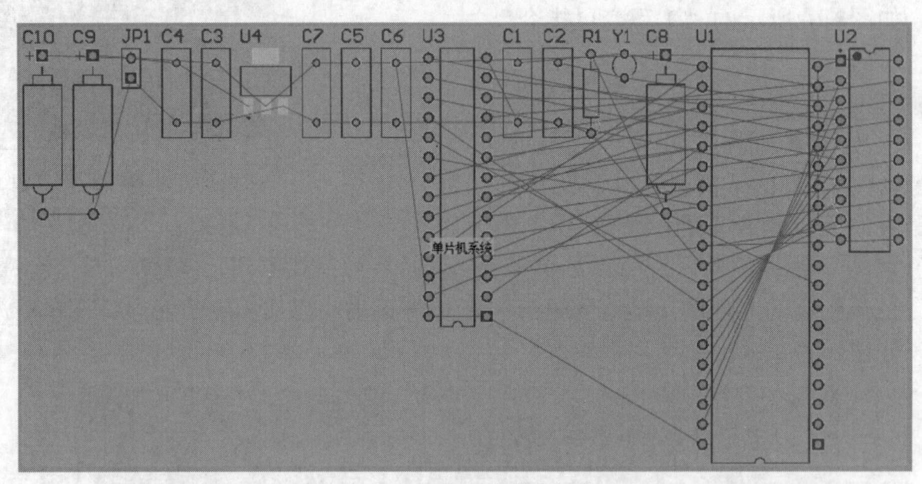

图8-64 加载网络表与元件

Step 2 通过移动元件、旋转元件、排列元件、调整元件标注及剪切复制元件等命令，手动调整元件布局，调整完成的PCB布局如图8-65所示。

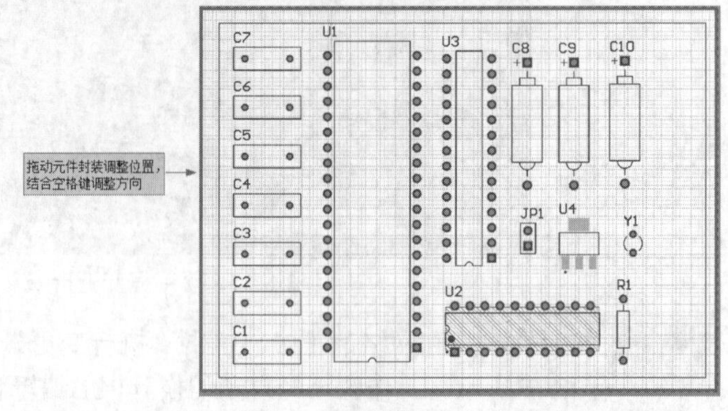

图8-65 手动调整元件布局后的PCB布局

（5）调整禁止布线层和机械层边界

Step 1 单击菜单栏中的“编辑”→“移动”→“拖动”命令，将禁止布线层和机械层边界向元件拖动，留出100mil空间即可。

Step 2 单击菜单栏中的“设计”→“板子形状”→“按照选择对象定义”命令，沿机械层边界线，重新定义PCB形状。重新定义后的PCB形状如图8-66所示。

（6）3D效果图

Step 1 执行“视图”→“切换到三维模式”命令，系统自动切换到3D显示图，按住<Shift>键显示旋转图标，在方向箭头上按住鼠标右键，即可旋转电路板，如图8-67所示。

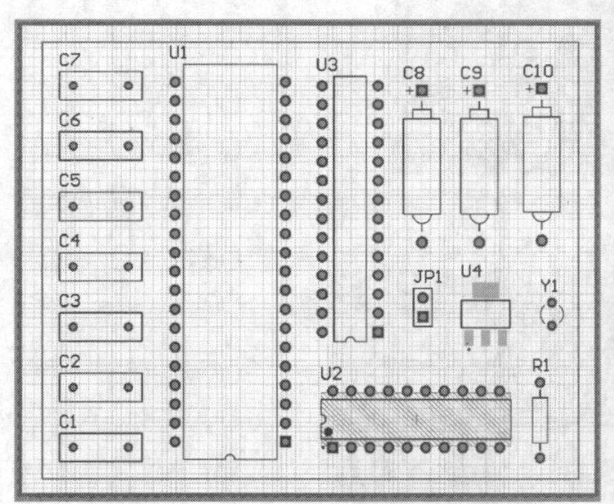

图8-66　重新定义后的PCB形状

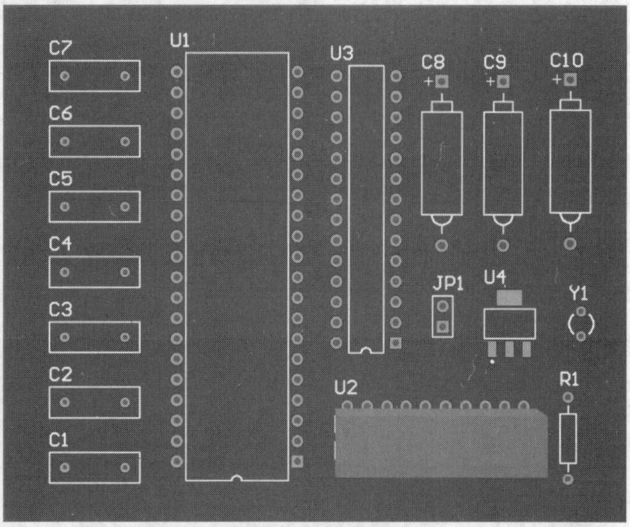

图8-67　三维显示图

Step 2 执行“视图”→“板子规划模式”命令，系统显示板设计模式图，如图8-68所示。

（7）执行“视图”→“切换到二维模式”命令，系统自动返回2D显示图。

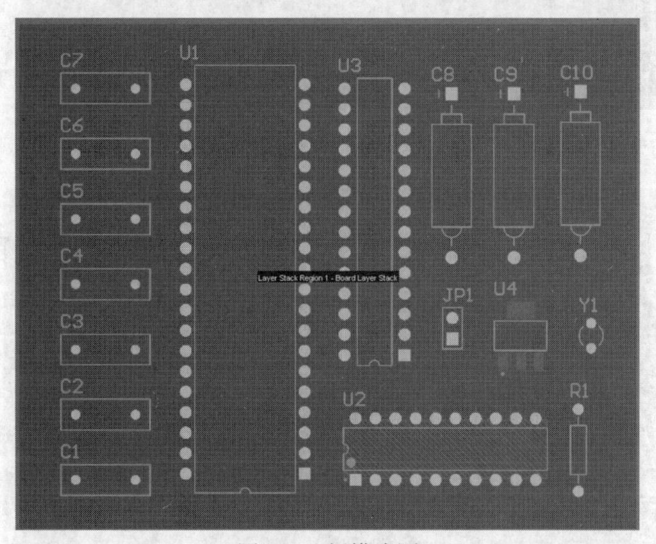

图8-68　板模式图

（8）打开“PCB 3D Movie Editor（电路板三维动画编辑器）”面板，在“3D Movie（三维动画）”按钮下选择“New（新建）”命令，创建PCB文件的三维模型动画“PCB 3D Video”，创建关键帧，电路板如图8-69所示。

（9）动画面板设置如图8-70所示，单击工具栏上的▶键，演示动画。

（10）输出设置

1）单击菜单栏中的“文件”→“新的”→“Output Job文件”命令，在“Project（工程）”面板中“Settings（设置）”选项栏下显示输出文件“单片机系统.OutJob”，如图8-71所示。

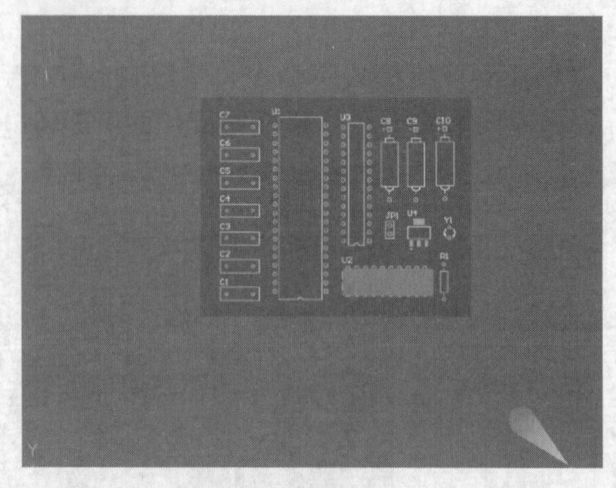

（a）关键帧1位置

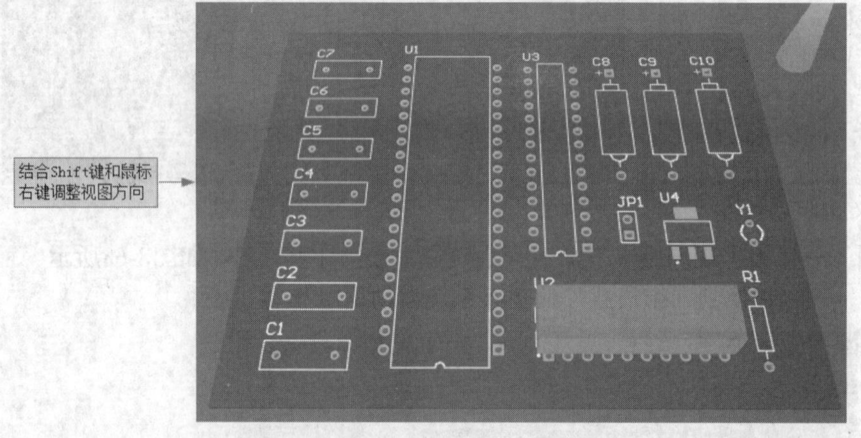

（b）关键帧2位置

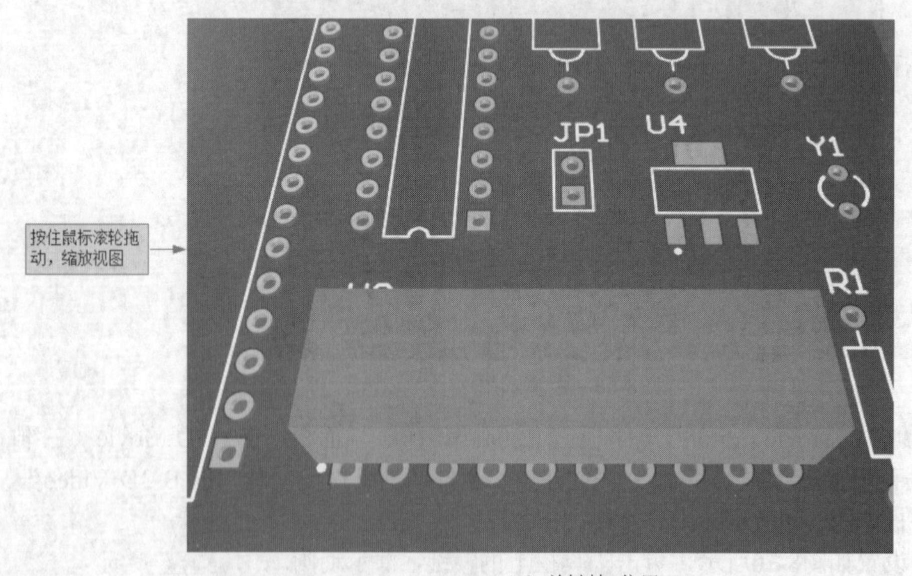

（c）关键帧3位置

图8-69　电路板位置

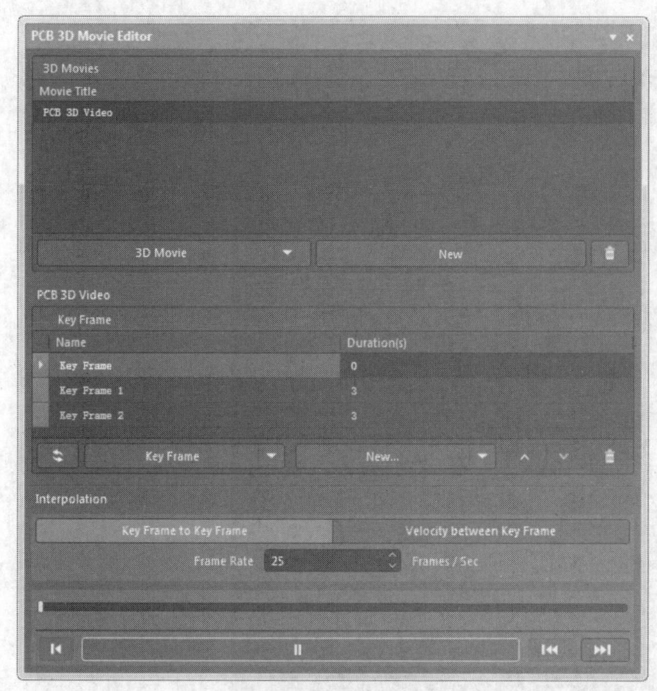

图8-70　动画设置面板

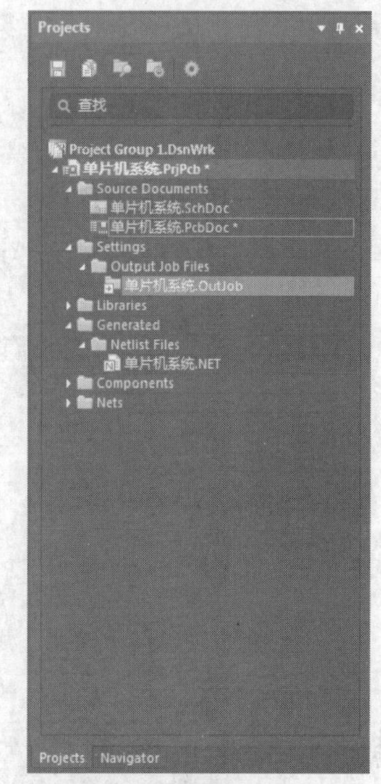

图8-71　新建输出文件

2）在“Documentation Outputs（文档输出）”下加载视频文件，并创建位置连接，如图8-72所示。

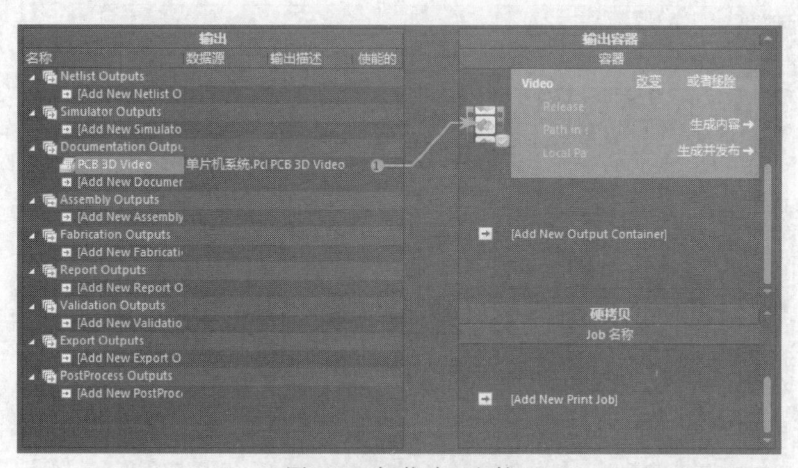

图8-72　加载动画文件

3）单击“Video”选项下的“改变”命令，弹出“Video settings（视频设置）”对话框，显示预览生成的位置。单击“高级”按钮，打开展开对话框，设置生成的动画文件的参数在“类型”选项中选择“Video（FFmpeg）”，在“格式”下拉列表框中选择“FLV（Flash Video）”（*.flv），大小设置为“704×576”，如图8-73所示。

4）单击“Video”选项下的“生成内容”按钮，在文件设置的路径下生成视频文件，利用播放器打开的视频“单片机系统.flv”如图8-74所示。

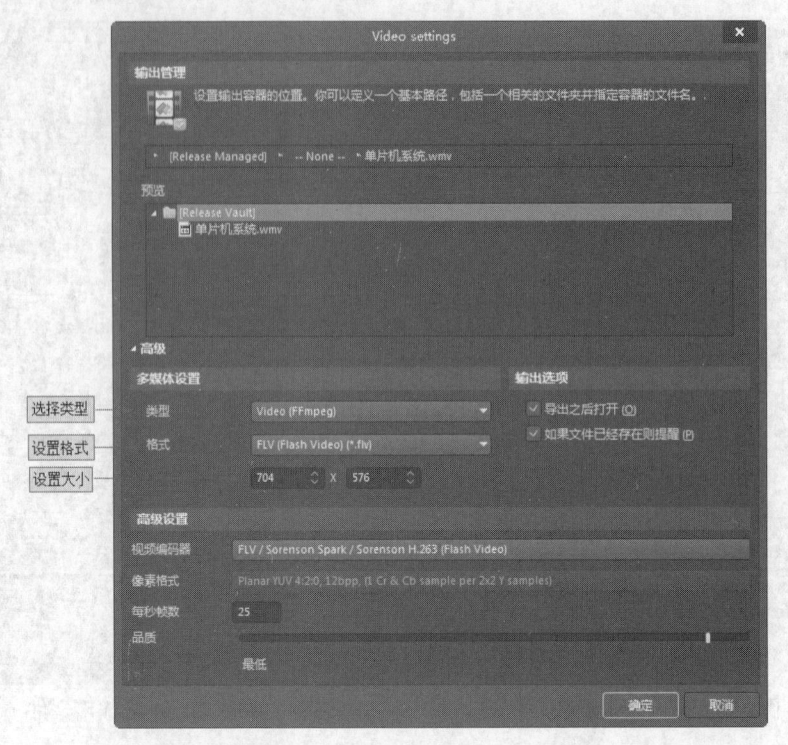

图8-73 “Video settings（视频设置）”对话框

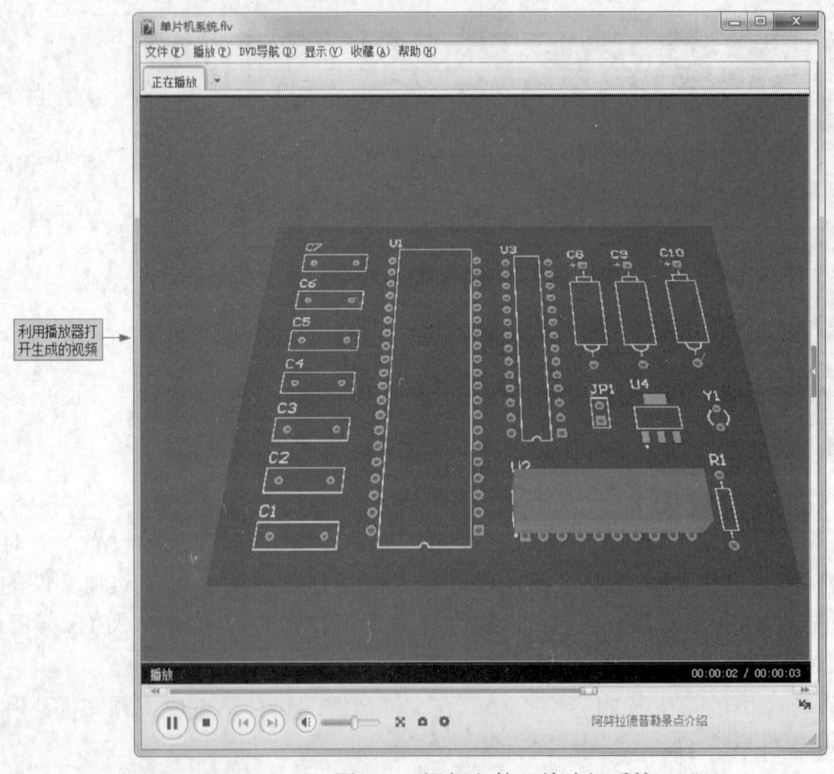

图8-74 视频文件“单片机系统.flv”

在“Documentation Outputs（文档输出）”下加载PDF文件，并创建位置连接，如图8-75所示。

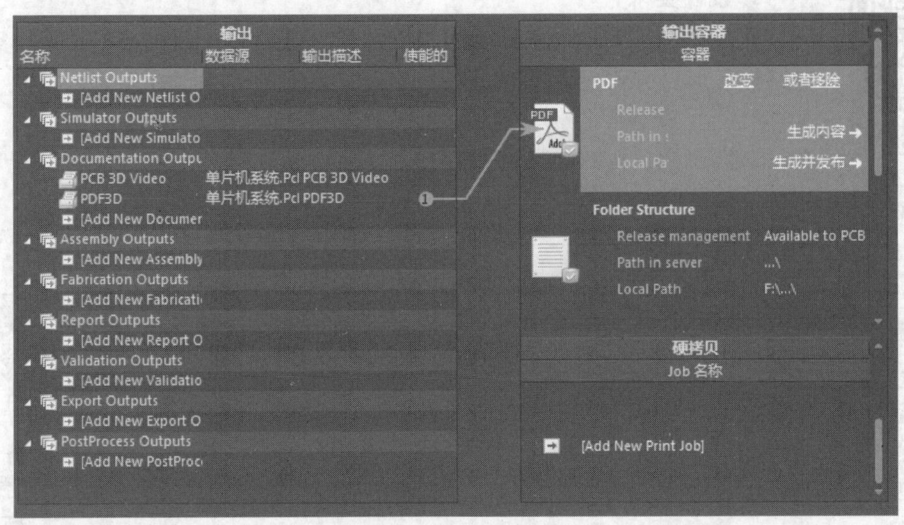

图8-75　加载PDF文件

5）单击“PDF”选项下的“生成内容”按钮，在文件设置的路径下生成并打开PDF文件，如图8-76所示。

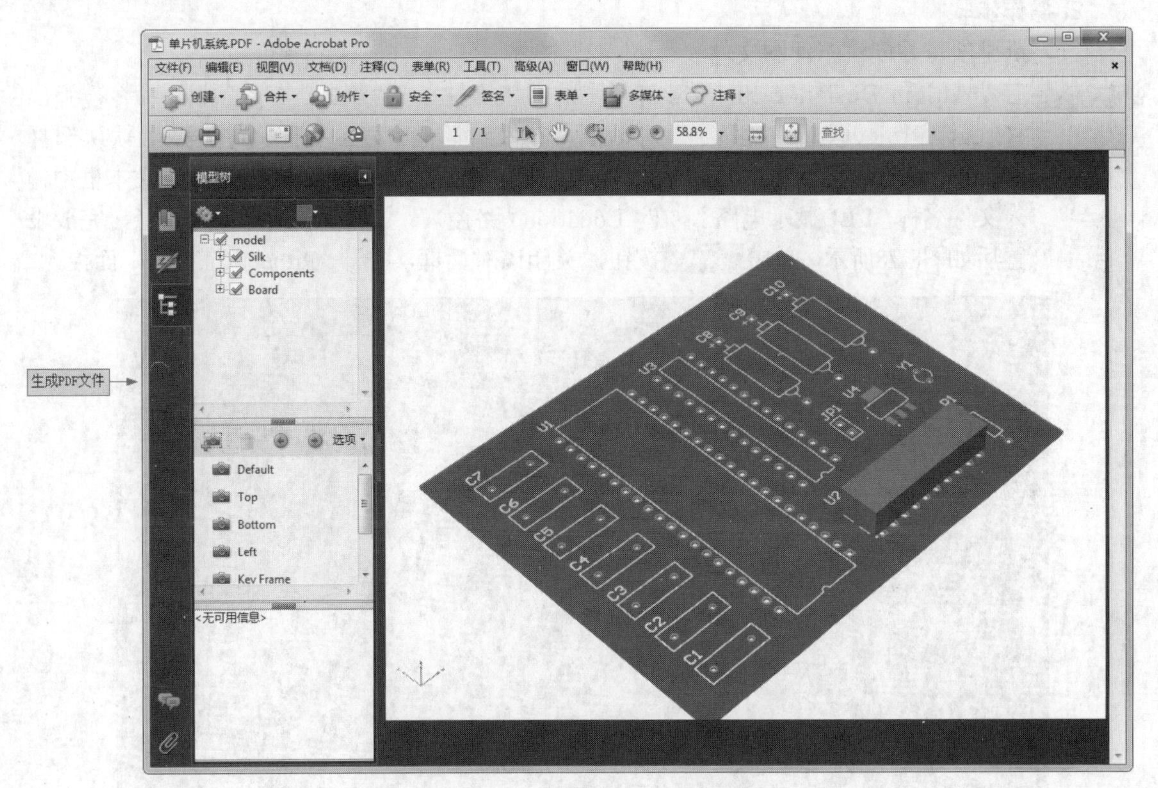

图8-76　PDF文件

8.4.2 LED显示电路的布局设计

8.4.2 LED显示电路的布局设计

1. 设计要求

完成如图8-77所示LED显示电路的原理图设计及网络表生成，然后完成电路板外形尺寸设定，实现元件的自动布局及手动调整。

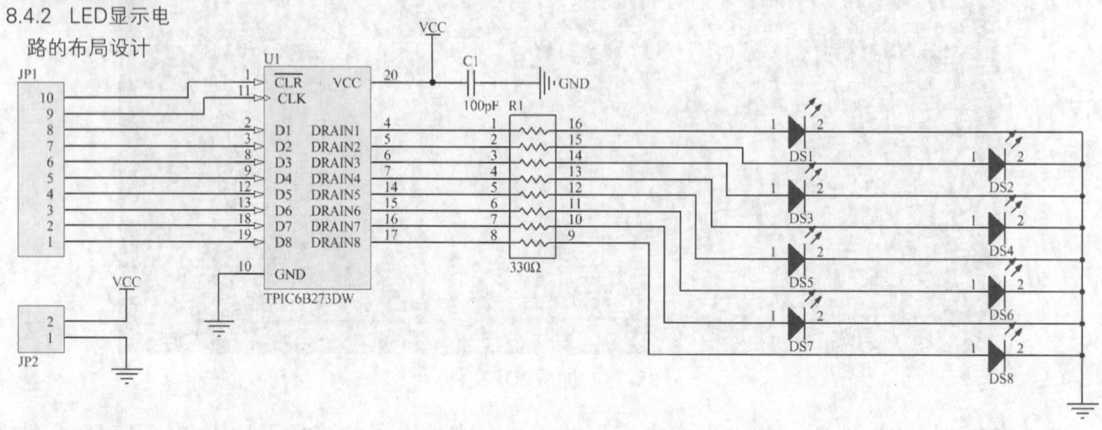

图8-77　LED显示电路原理图

2. 操作步骤

（1）新建项目并创建原理图文件

Step 1 启动Altium Designer 20，单击菜单栏中的“文件”→“新的”→“项目”命令，弹出“Create Project（新建工程）”对话框，在该对话框中显示工程文件类型，默认选择Local Projects选项及“Default（默认）”选项，在“Project Name（名称）”文本框中输入文件名称“LED显示电路”，在“Location（路径）”文本框中选择文件路径。完成设置后如图8-78所示，单击 Create 按钮，关闭该对话框，打开“Project（工程）”面板。

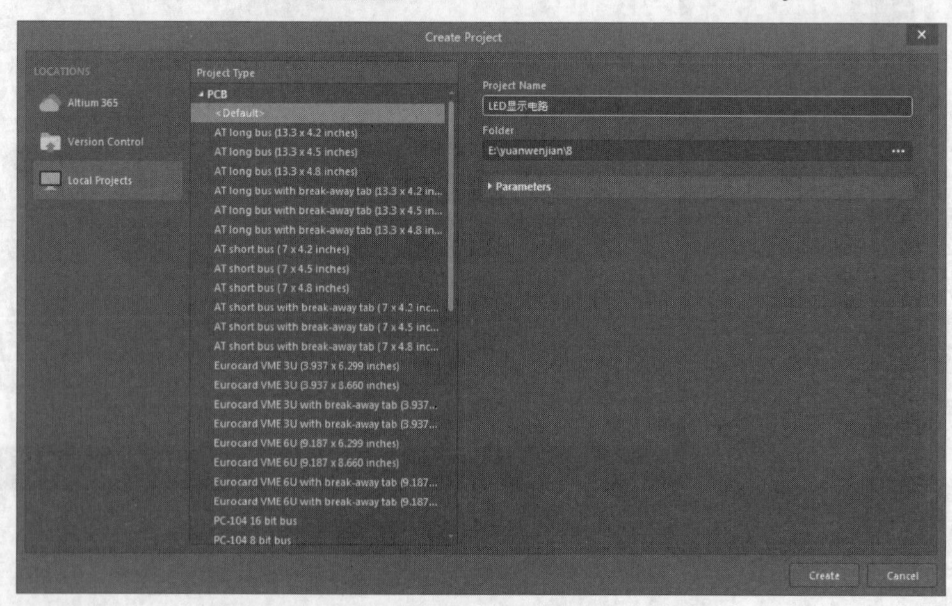

图8-78　“Create Project（新建工程）”对话框

Step 2 在“Projects”（工程）面板的项目文件上右击，在弹出的右键快捷菜单中单击“添加新的…到工程”→“Schematic（原理图）”命令，新建一个原理图文件，并自动切换到原理图编辑环境。

Step 3 用保存项目文件的方法，将该原理图文件另存为“LED显示原理图.SchDoc”。

Step 4 设计完成如图8-77所示的原理图。

Step 5 在原理图编辑环境下，单击菜单栏中的“设计”→“工程的网络表”→“Protel（产生工程的网络表）”命令，生成一个对应于LED显示电路原理图的网络表，如图8-79所示。

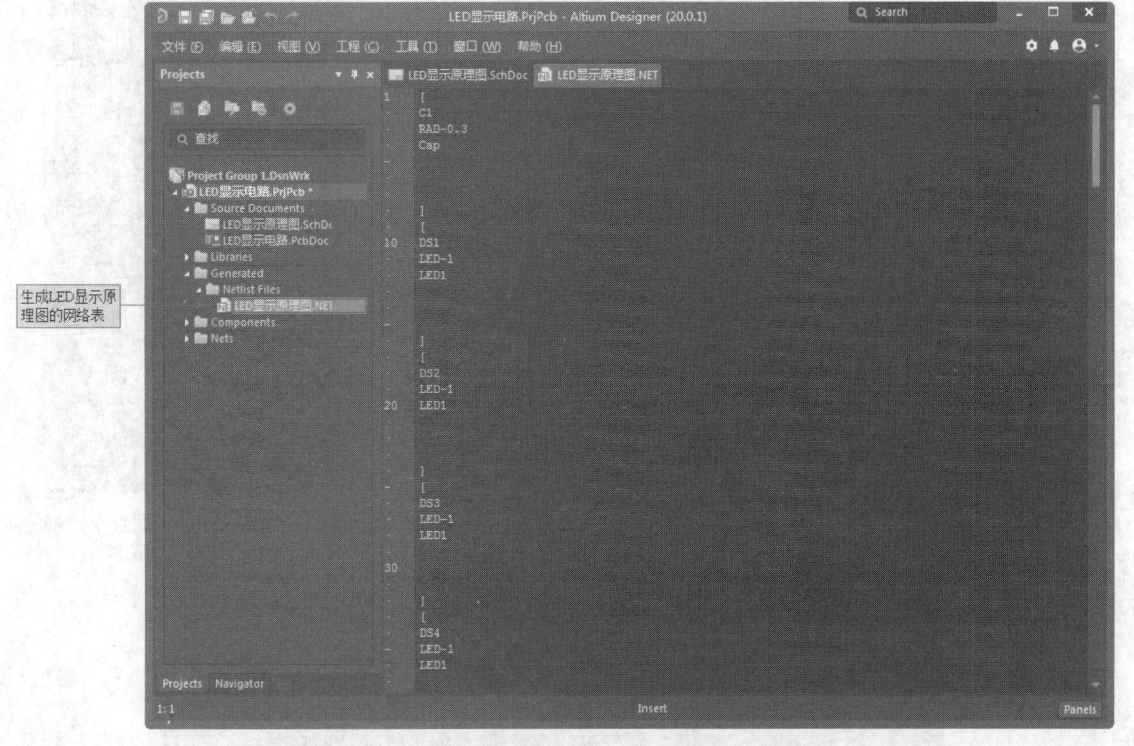

图8-79 LED显示电路原理图的网络表

Step 6 在机械层绘制一个2000mil×1500mil大小的矩形框作为电路板的物理边界，然后切换到禁止布线层。在物理边界绘制一个1900mil×1400mil大小的矩形框作为电路板的电气边界，两个边界之间的距离为50mil。

Step 7 放置电路板的安装孔。在电路板四角的适当位置放置4个内外径均为3mm的焊盘充当安装孔。电路板外形如图8-80所示。

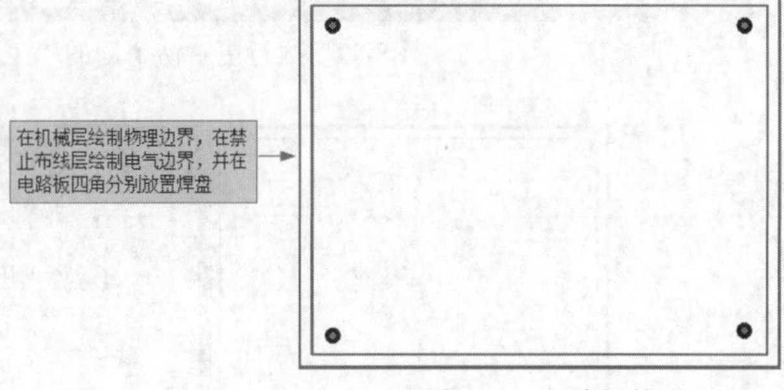

图8-80 电路板外形

Step 8 设置图纸区域的栅格参数。打开“Properties（属性）”面板，按如图8-81所示的参数设置电路板工作窗口中的栅格参数。

（2）加载网络表与元件

由于Altium Designer 20 实现了真正的双向同步设计，在PCB电路设计过程中，用户可以不生成网络表，而直接将原理图内容传输到PCB。

Step 1 在原理图编辑环境下，单击菜单栏中的“设计”→“Update PCB Document LED显示原理图.PcbDoc”（更新PCB文件）命令，系统将弹出“工程变更指令”对话框。

Step 2 单击“验证变更”按钮，系统会逐项检查所提交修改的有效性，并在“状态”栏的“检测”选项中显示装入的元件是否正确，正确的标识为✔，错误的标识为✖。如果出现错误，一般是找不到元件对应的封装。这时应该打开相应的原理图，检查元件封装名是否正确或添加相应的元件封装库，进行相应处理。

Step 3 如元件封装和网络都正确，单击“执行变更”按钮，“工程变更指令”对话框刷新为如图8-82所示。工作区已经自动切换到PCB编辑状态，单击“关闭”按钮，关闭该对话框。电路板加载了网络表与元件封装，如图8-83所示。

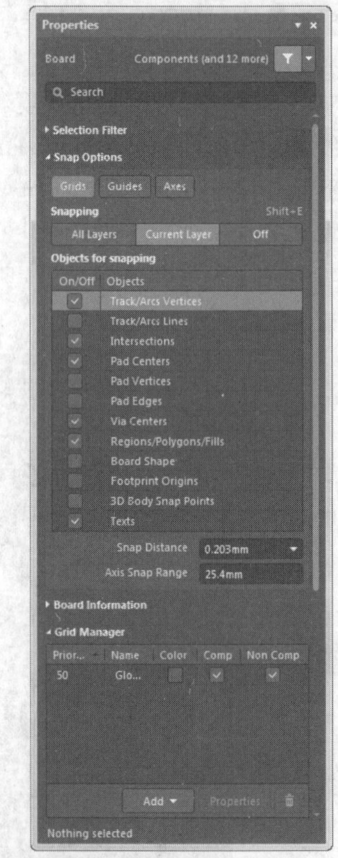

图8-81 “Properties（属性）”面板

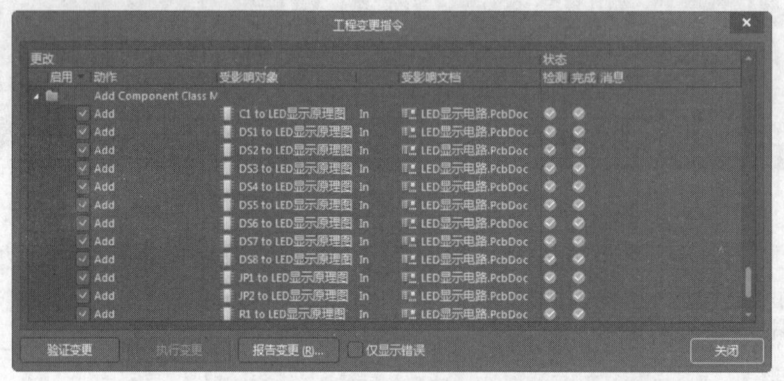

图8-82 执行更新命令后的“工程变更指令”对话框

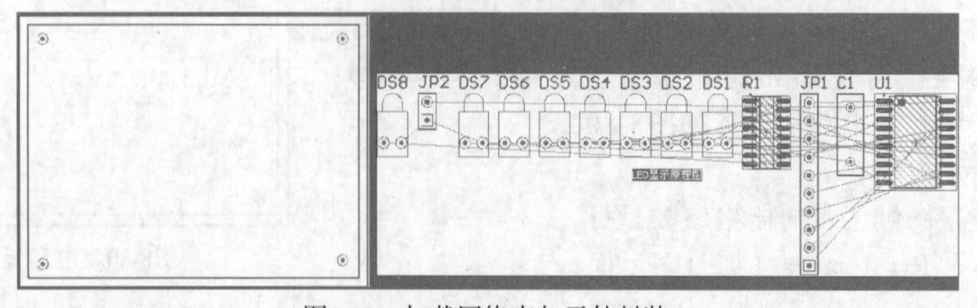

图8-83 加载网络表与元件封装

（3）元件布局

加载网络表及元件封装之后，必须将这些元件按一定规律与次序排列在电路板中，此时可利用元件布局功能。

Step 1 二极管的预布局。将8个二极管移至电路板边缘，如图8-84所示。

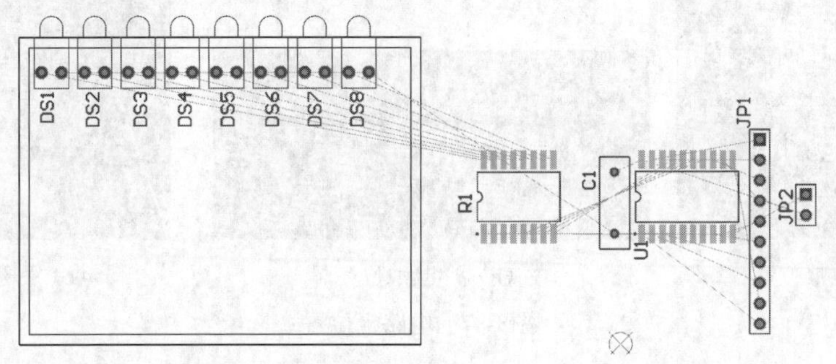

图8-84 二极管布局

Step 2 调整元件布局。通过移动元件、旋转元件、排列元件、调整元件标注及剪切复制元件等操作，将滤波电容尽量移至元件U1附近，然后将插接件JP1和JP2移至电路板边缘。

调整后的电路板为方便显示，取消连线网络，单击菜单栏中的“视图”→“连接”→“全部隐藏”命令，取消连线网络显示，手动调整元件布局后的PCB布局如图8-85所示。

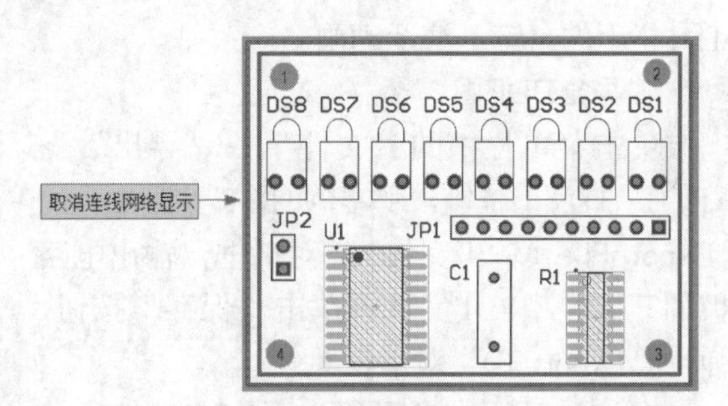

图8-85 手动调整元件布局后的PCB布局

3. 3D效果图

（1）执行“视图”→“切换到三维模式”命令，系统生成该PCB的3D效果图，如图8-86所示。

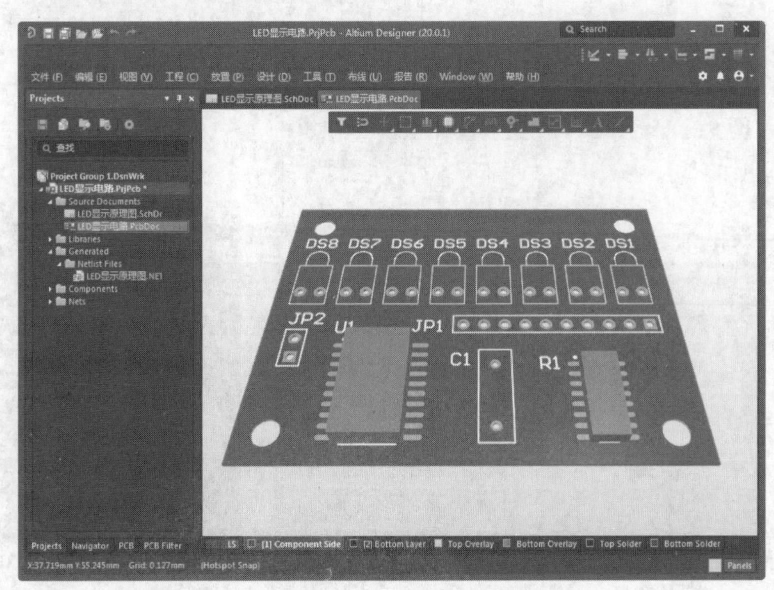

图8-86 PCB板3D效果图

（2）打开“PCB 3D Movie Editor（电路板三维动画编辑器）”面板，在“3D Movie（三维动画）”按钮下选择“New（新建）”命令，创建PCB文件的三维模型动画“PCB 3D Video”，创建关键帧，电路板如图8-87所示。

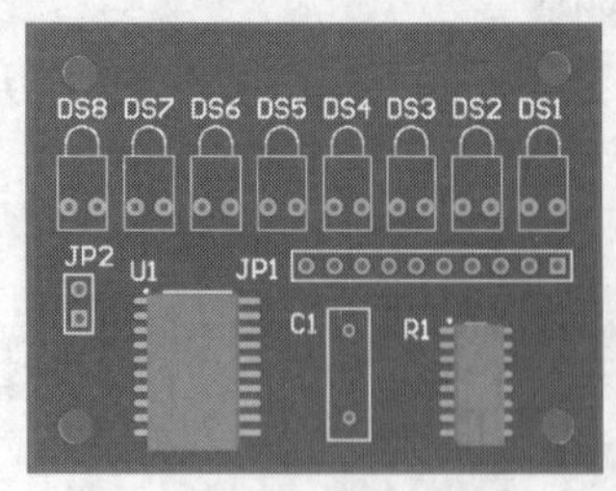

（a）关键帧1位置

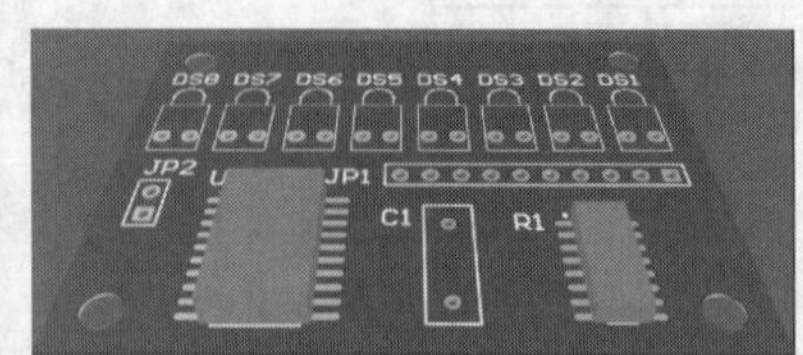

（b）关键帧2位置

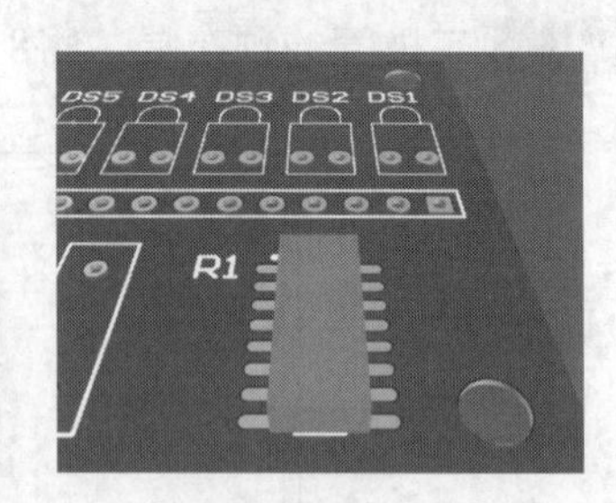

（c）关键帧3位置

图8-87　电路板位置

（3）动画面板设置如图8-88所示，单击工具栏上的▶键，演示动画。

4. 导出PDF图

单击菜单栏中的“文件”→“导出”→“PDF 3D”命令，弹出如图8-89所示的“Export File（输出文件）”对话框，输出电路板的三维模型PDF文件，单击“保存”按钮，弹出“Export 3D”对话框。

在该对话框中还可以选择PDF文件中显示的视图，进行页面设置，设置输出文件中的对象如图8-90所示，单击Export按钮，输出PDF文件，如图8-91所示。

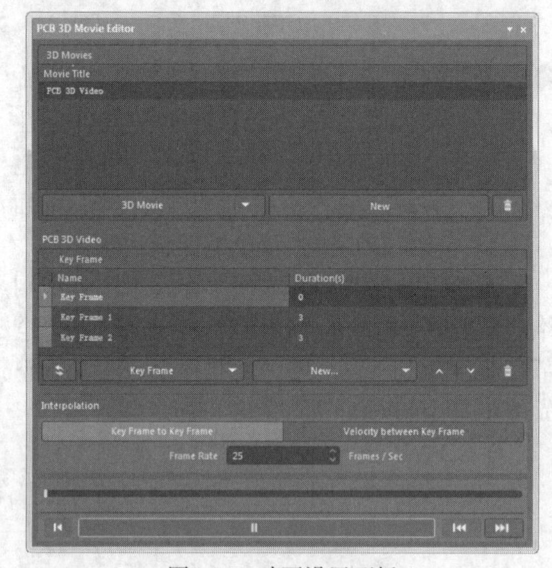

图8-88　动画设置面板

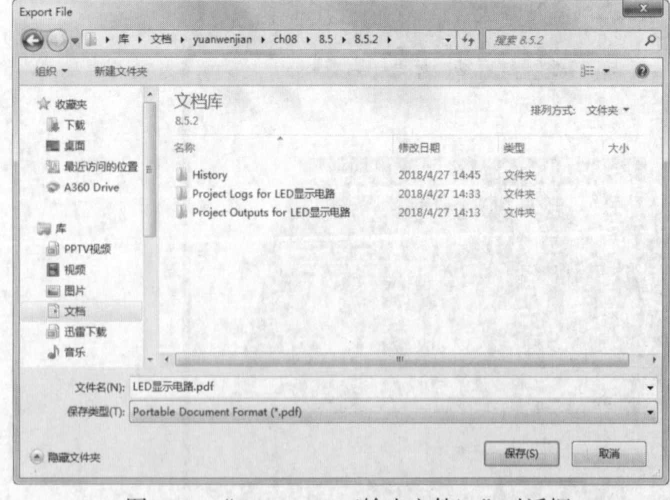

图8-89　“Export File（输出文件）”对话框

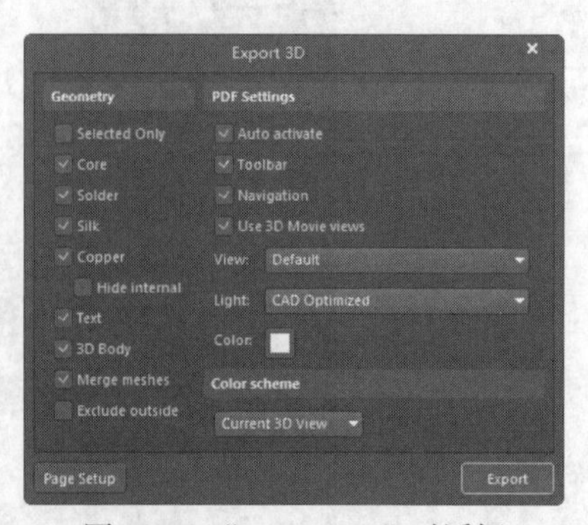

图8-90　“Export 3D”对话框

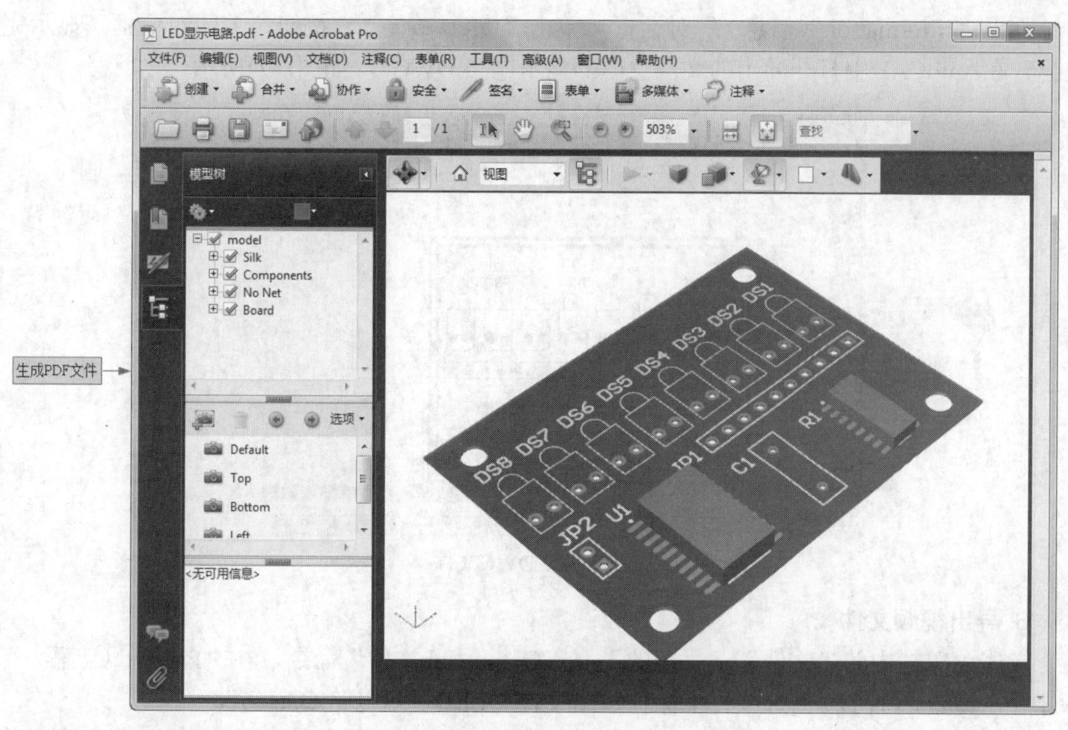

图8-91 PDF文件

5. 导出DWG图

单击菜单栏中的“文件”→“导出”→“DXF/DWG”命令，弹出如图8-92所示的“Export File（输出文件）”对话框，输出电路板的三维模型DXF文件，单击“保存”按钮，弹出“输出到AutoCAD”对话框。

在该对话框中还可以选择DXF文件导出的AutoCAD版本、格式、单位、孔、元件、线的输出格式，如图8-93所示。

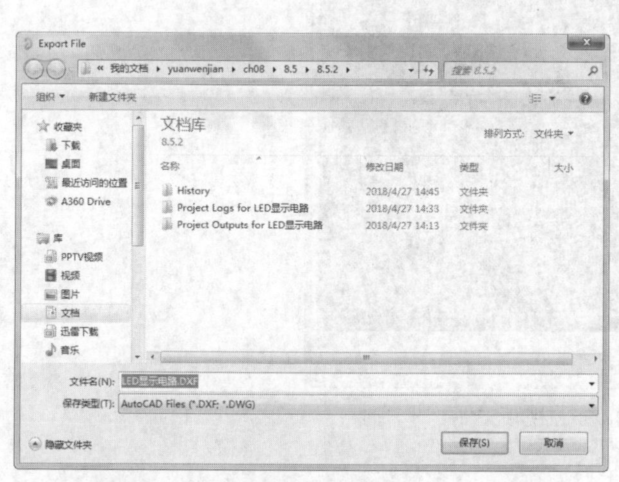

图8-92 “Export File（输出文件）”对话框

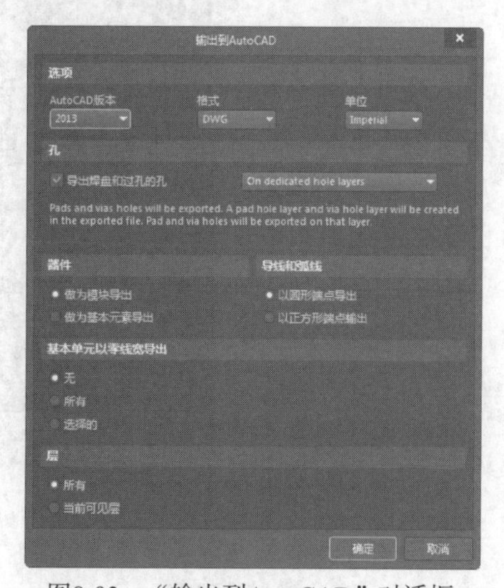

图8-93 “输出到AutoCAD”对话框

单击“确定”按钮，关闭该对话框，输出“*.DWG”格式的AutoCAD文件。

弹出“Information（信息）”对话框。单击“OK（确定）”按钮，关闭对话框，显示完成输出，在AutoCAD中打开导出的文件“LED显示电路.DWG”，如图8-94所示。

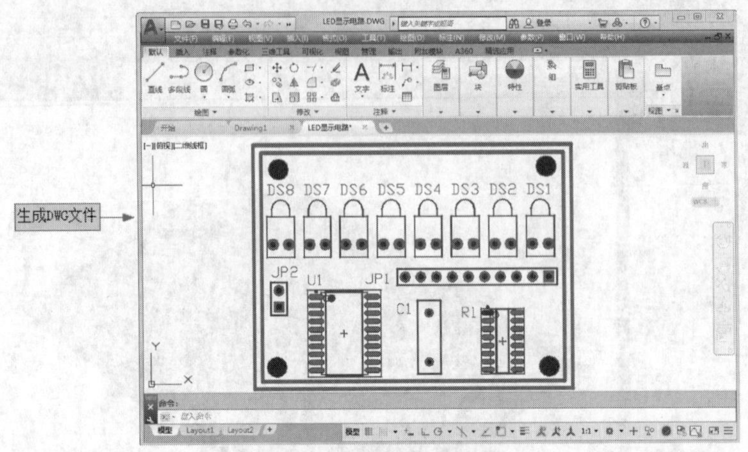

图8-94　DWG文件

6. 导出视频文件

单击菜单栏中的“文件”→“新的”→“Output Job文件”命令，在“Project（工程）”面板中“Settings（设置）”选项栏下保存输出文件“LED显示电路.OutJob”。

在“Documentation Outputs（文档输出）”下加载视频文件，并创建位置连接，单击“Video”选项下的“生成内容”按钮，在文件设置的路径下生成视频文件，利用播放器打开的视频如图8-95所示。

图8-95　视频文件

印制电路板的布线

在完成电路板的布局工作以后，就可以开始布线操作了。在PCB的设计中，布线是完成产品设计的重要步骤，其要求最高、技术最细、工作量最大。PCB布线可分为单面布线、双面布线和多层布线。布线的方式有自动布线和交互式布线两种。通常自动布线是无法达到电路的实际要求的，因此，在自动布线前，可以用交互式布线方式预先对要求比较严格的部分进行布线。

PCB布线的首要任务就是在PCB上布通所有的导线，建立起电路所需的所有电气连接，这在高密度的PCB设计中很具有挑战性。在能够完成所有布线的前提下，还应达到如下要求。

- 走线长度尽量短而直，以保证电气信号的完整性。
- 走线中尽量少使用过孔。
- 走线的宽度要尽量宽。
- 输入、输出端的边线应避免相邻平行，以免产生反射干扰，必要时应该加地线隔离。
- 相邻电路板工作层之间的布线要互相垂直，平行则容易产生耦合。

- PCB的自动布线
- PCB的手动布线

9.1 电路板的自动布线

自动布线是一款优秀的电路设计辅助软件所必须具备的功能之一。对于散热、电磁干扰及高频特性等要求较低的大型电路设计，采用自动布线操作可以大大降低布线的工作量，同时还能减少布线时所产生的遗漏。如果自动布线不能够满足实际工程设计的要求，可以通过手动布线进行调整。

9.1.1 设置PCB自动布线的规则

Altium Designer 20在PCB电路板编辑器中为用户提供了10大类49种设计规则，覆盖了元件的电气特性、走线宽度、走线拓扑结构、表面安装焊盘、阻焊层、电源层、测试点、电路板制作、元件布局、信号完整性等设计过程中的方方面面。在进行自动布线之前，用户首先应对自动布线规则进行详细的设置。单击菜单栏中的“设计”→“规则”命令，系统将弹出如图9-1所示的“PCB规则及约束编辑器”对话框。

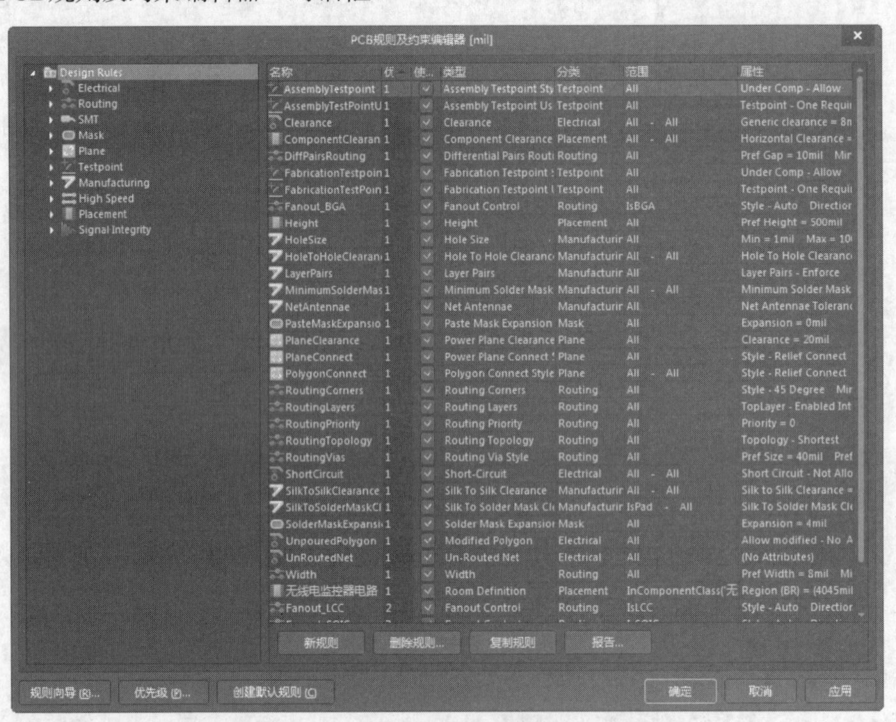

图9-1 “PCB规则及约束编辑器”对话框

1.“Electrical（电气规则）”类设置

该类规则主要针对具有电气特性的对象，用于系统的DRC（电气规则检查）功能。当布线过程中违反电气特性规则（共有4种设计规则）时，DRC检查器将自动报警提示用户。单击“Electrical（电气规则）”选项，对话框右侧将只显示该类的设计规则，如图9-2所示。

（1）“Clearance（安全间距规则）”：单击该选项，对话框右侧将列出该规则的详细信息，如图9-3所示。

该规则用于设置具有电气特性的对象的间距。在PCB上具有电气特性的对象包括导线、焊盘、过孔和铜箔填充区等，在间距设置中可以设置导线与导线之间、导线与焊盘之间、焊盘与焊盘的间距规则，在设置规则时可以选择适用该规则的对象和具体的间距值。

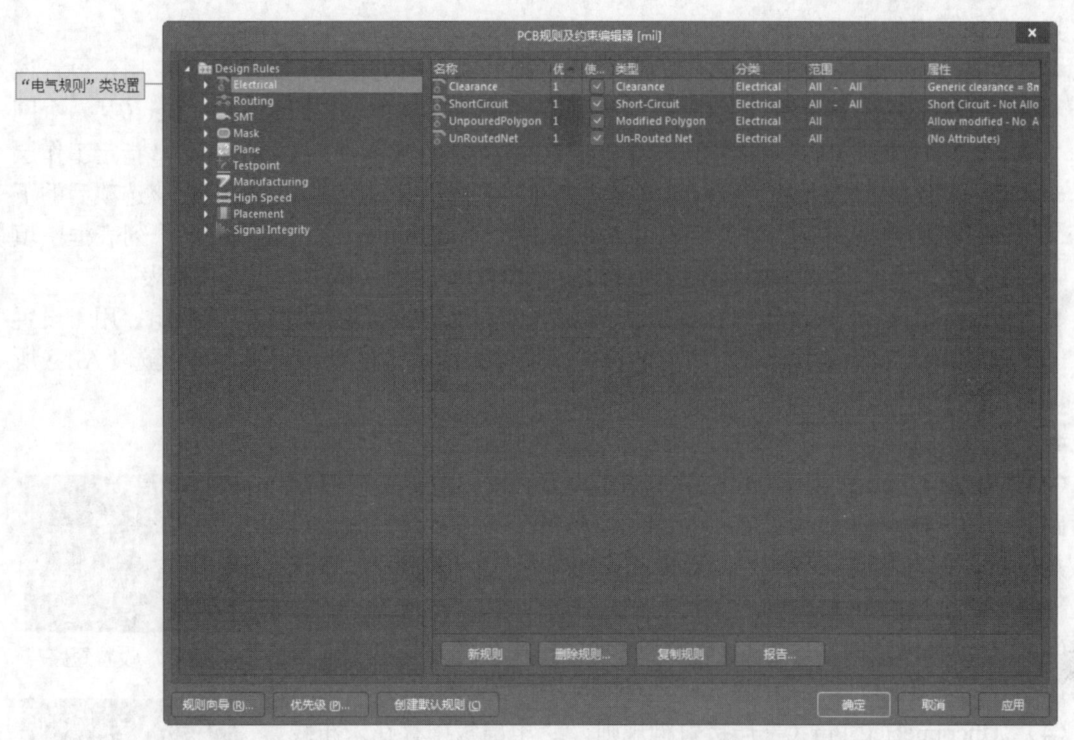

图9-2 "Electrical"选项设置界面

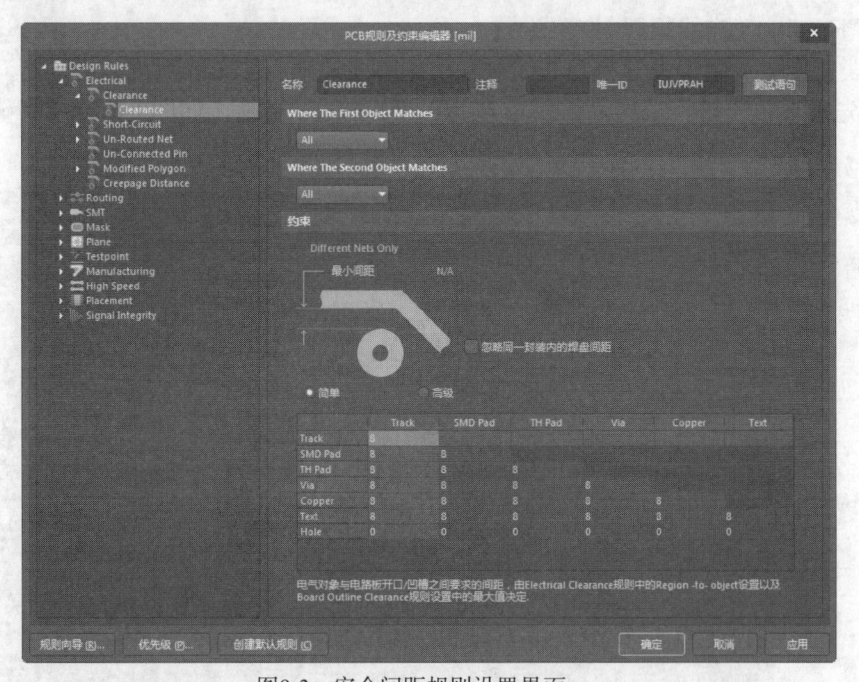

图9-3 安全间距规则设置界面

通常情况下，安全间距越大越好，但是太大的安全间距会造成电路不够紧凑，同时也将造成制板成本的提高。因此安全间距通常设置在10～20mil，根据不同的电路结构可以设置不同的安全间距。用户可以对整个PCB的所有网络设置为相同的布线安全间距，也可以对某一个或多个网络进行单独的布线安全间距设置。

其中各选项组的功能如下。

- “Where the First objects matches（优先匹配的对象所处位置）”选项组：用于设置该规则优先应用的对象所处的位置。应用的对象范围为All（整个网络）、Net（某一个网络）、Net Class（某一网络类）、Layer（某一个工作层）、Net and Layer（指定工作层的某一网络）和Custom Query（自定义查询）。选中某一范围后，可以在该选项后的下拉列表框中选择相应的对象，也可以在右侧的“Full Query（全部询问）”列表框中填写相应的对象。通常采用系统的默认设置，即选中“All（所有）”下拉列表。
- “Where the Second objects matches（次优先匹配的对象所处位置）”选项组：用于设置该规则次优先级应用的对象所处的位置。通常采用系统的默认设置，即点选“All（所有）”下拉列表。
- “约束”选项组：用于设置进行布线的最小间距。这里采用系统的默认设置。

（2）“Short-Circuit（短路规则）”：用于设置在PCB上是否可以出现短路，如图9-4所示为该项设置示意图，通常情况下是不允许的。设置该规则后，拥有不同网络标号的对象相交时如果违反该规则，系统将报警并拒绝执行该布线操作。

图9-4　设置短路

（3）“UnRouted Net（取消布线网络规则）”：用于设置在PCB上是否可以出现未连接的网络，如图9-5所示为该项设置示意图。

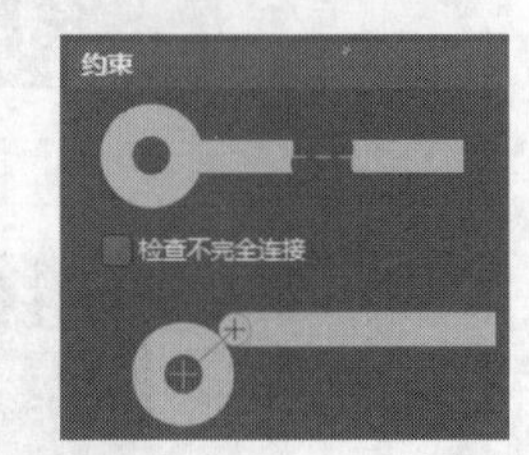

图9-5　设置未连接网络

（4）“Unconnected Pin（未连接引脚规则）”：电路板中存在未布线的引脚时将违反该规则。系统在默认状态下无此规则。

2.“Routing（布线规则）”类设置

该类规则主要用于设置自动布线过程中的布线规则，如布线宽度、布线优先级、布线拓扑结构等。其中包括以下8种设计规则，如图9-6所示。

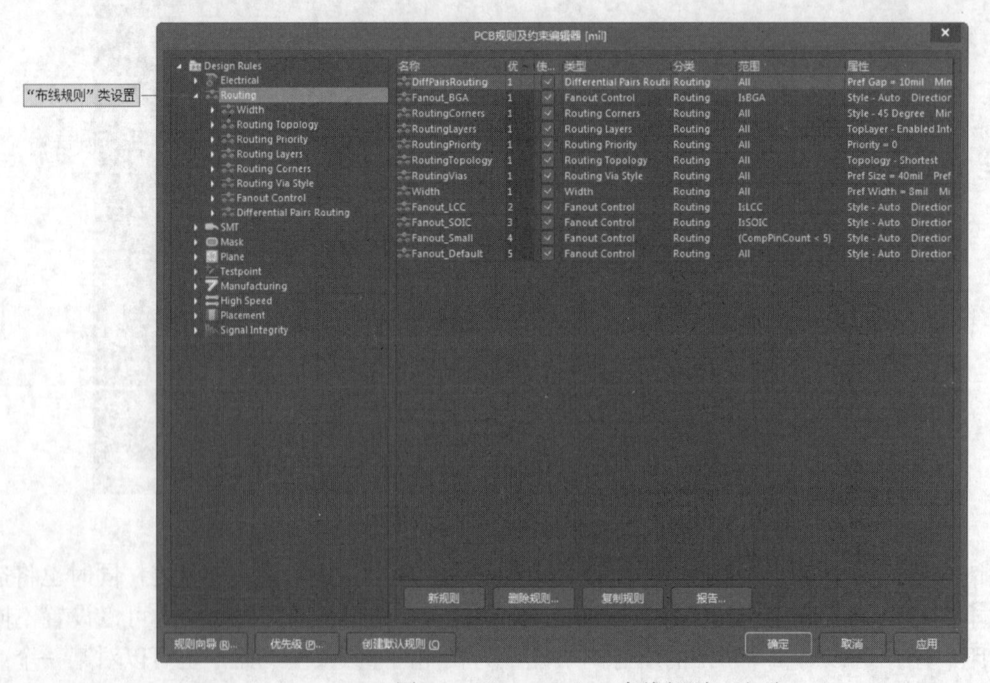

图9-6　“Routing”（布线规则）选项

（1）“Width（走线宽度规则）”：用于设置走线宽度，图9-7所示为该规则的设置界面。走线宽度是指PCB铜膜走线（即我们俗称的导线）的实际宽度值，包括最大允许值、最小允许值和首选值3个选项。与安全间距一样，走线宽度过大也会造成电路不够紧凑，提高制板成本。因此，走线宽度通常设置在10～20mil，应该根据不同的电路结构设置不同的走线宽度。用户可以对整个PCB的所有走线设置相同的走线宽度，也可以对某一个或多个网络单独进行走线宽度的设置。

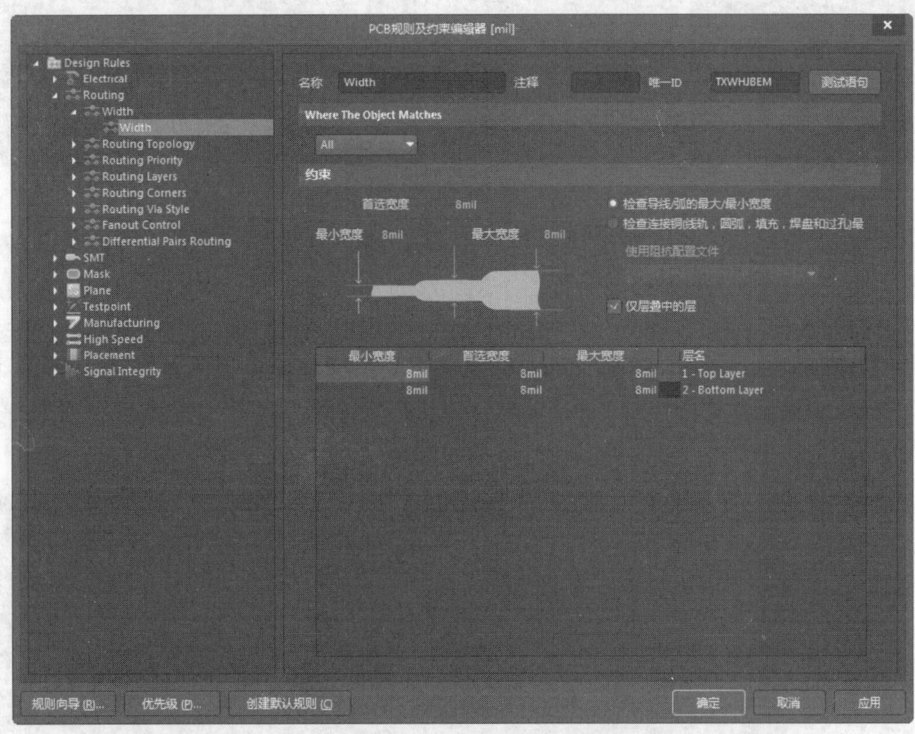

图9-7 “Width”设置界面

- “Where the First objects matches（优先匹配的对象所处位置）”选项组：用于设置布线宽度优先应用对象所处的位置，包括“All（所有）”“Net（网络）”“Net Class（网络类）”“Layer（层）”“Net And Layer（网络和层）”和“Custom Query（定制查询）”6个单选钮。选中某一单选钮后，可以在该选项后的下拉列表框中选择相应的对象，通常采用系统的默认设置，即选中“All（所有）”单选钮。
- “约束”选项组：用于限制走线宽度。勾选“仅层叠中的层”复选框，将列出当前层栈中各工作层的布线宽度规则设置，否则将显示所有层的布线宽度规则设置。布线宽度设置分为“最大宽度”“最小宽度”和“首选宽度”3种，其主要目的是方便在线修改布线宽度。勾选“使用阻抗配置文件”复选框时，将显示其驱动阻抗属性，这是高频高速布线过程中很重要的一个布线属性设置。驱动阻抗属性分为Maximum Impedance（最大阻抗）、Minimum Impedance（最小阻抗）和Preferred Impedance（首选阻抗）3种。

（2）“Routing Topology（走线拓扑结构规则）”：用于选择走线的拓扑结构，图9-8所示为该项设置的示意图。各种拓扑结构如图9-9所示。

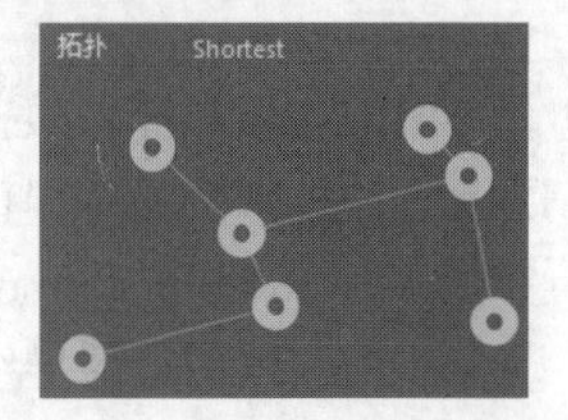

图9-8 设置走线拓扑结构

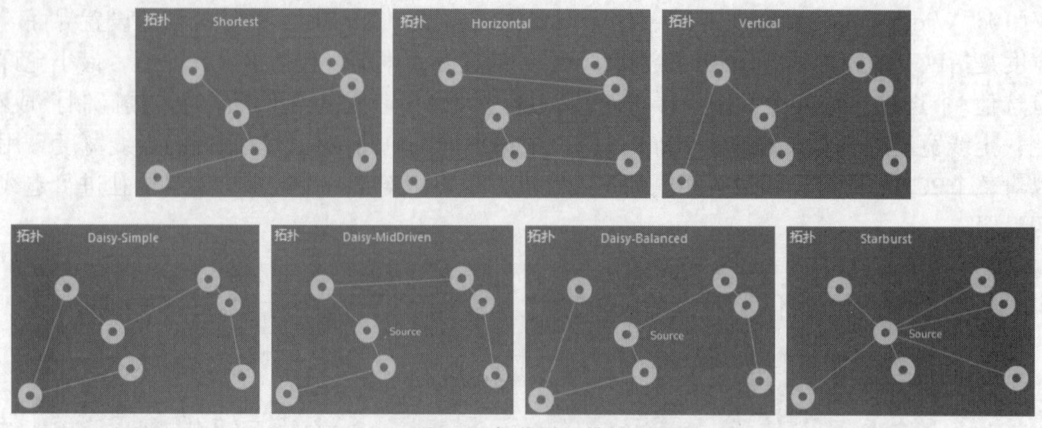

图9-9　各种拓扑结构

（3）“Routing Priority（布线优先级规则）”：用于设置布线优先级，图9-10所示为该规则的设置界面，在该对话框中可以对每一个网络设置布线优先级。PCB上的空间有限，可能有若干根导线需要在同一块区域内走线才能得到最佳的走线效果，通过设置走线的优先级可以决定导线占用空间的先后。设置规则时可以针对单个网络设置优先级。系统提供了0～100共101种优先级选择，0表示优先级最低，100表示优先级最高，默认的布线优先级规则为所有网络布线的优先级为0。

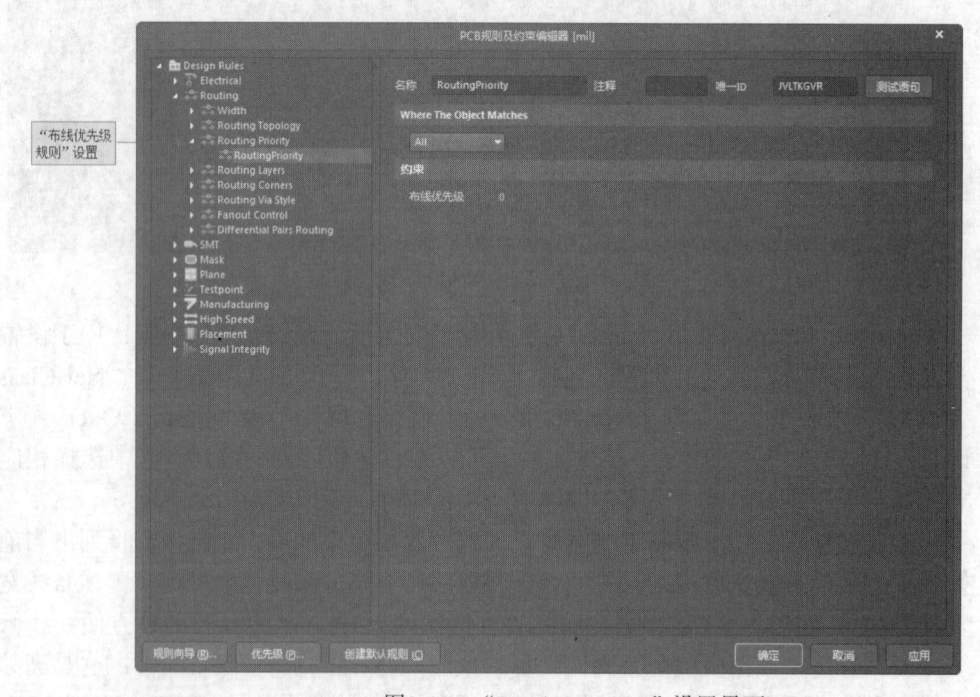

图9-10　“Routing Priority”设置界面

（4）“Routing Layers（布线工作层规则）”：用于设置布线规则可以约束的工作层，图9-11所示为该规则的设置界面。

（5）“Routing Corners（导线拐角规则）”：用于设置导线拐角形式，图9-12所示为该规则的设置界面。PCB上的导线有3种拐角方式，如图9-13所示，通常情况下会采用45°的拐角形式。设置规则时可以针对每个连接、每个网络直至整个PCB设置导线拐角形式。

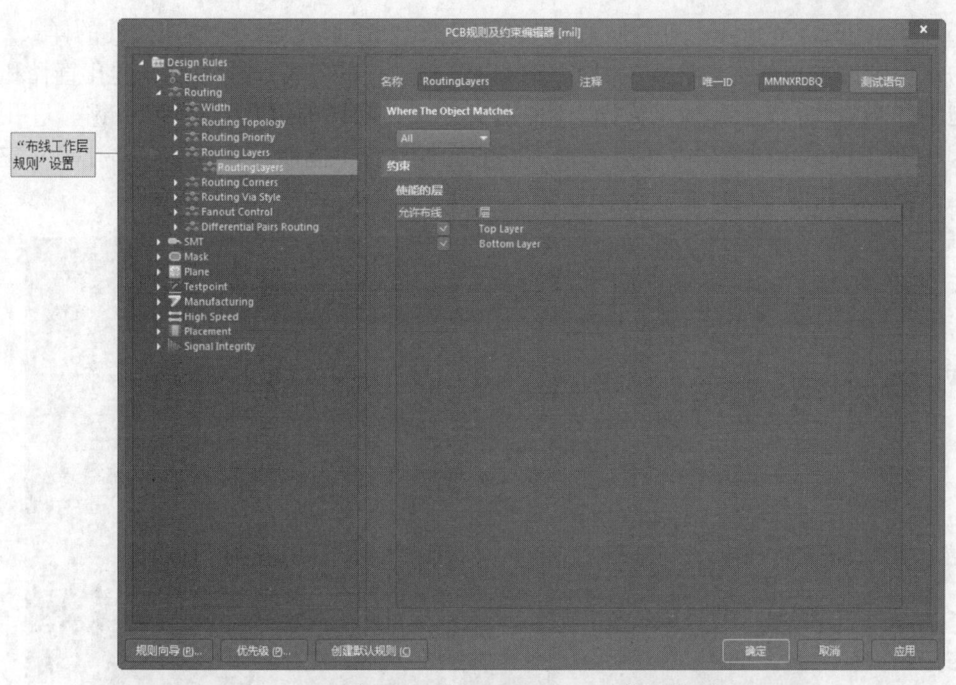

图9-11 "Routing Layers"设置界面

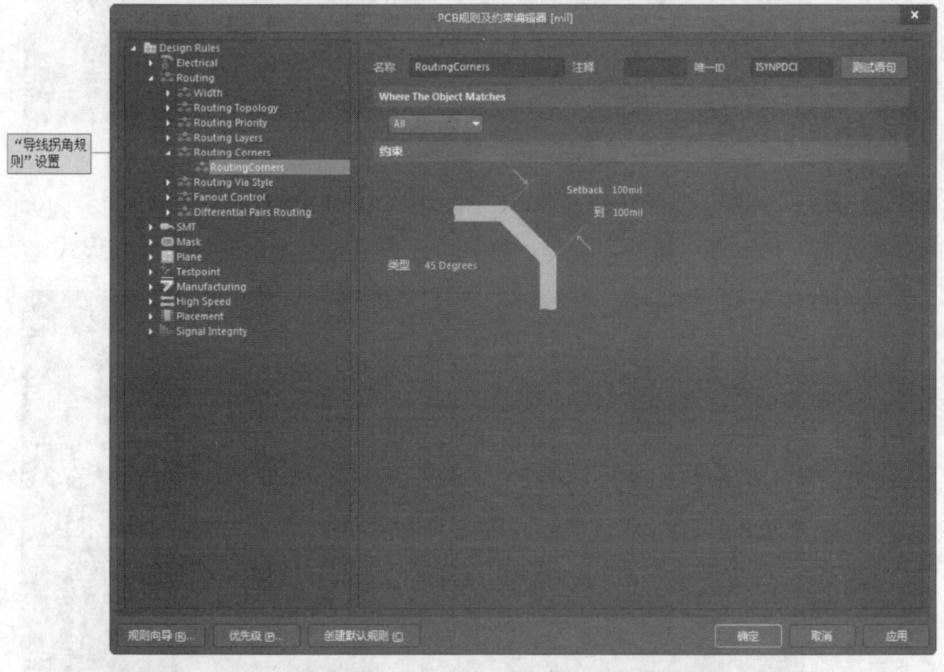

图9-12 "Routing Corners"设置界面

图9-13 PCB上导线的3种拐角方式

（6）“Routing Via Style（布线过孔样式规则）”：用于设置走线时所用过孔的样式，图9-14所示为该规则的设置界面，在该对话框中可以设置过孔的各种尺寸参数。过孔直径和钻孔孔径都包括“最大”“最小”和“优先”3种定义方式。默认的过孔直径为50mil，过孔孔径为28mil。在PCB的编辑过程中，可以根据不同的元件设置不同的过孔大小，钻孔尺寸应该参考实际元件引脚的粗细进行设置。

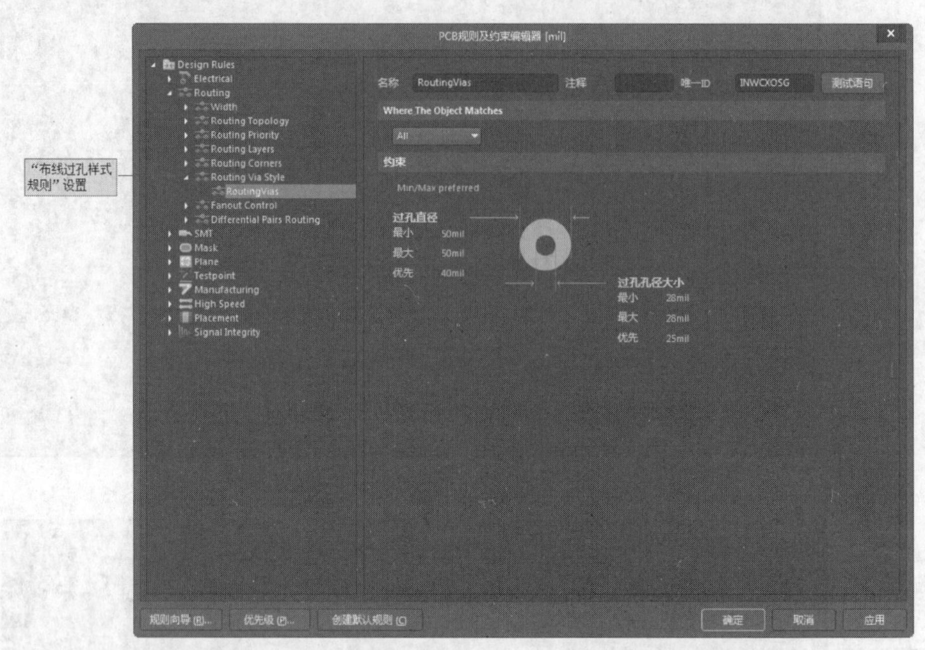

图9-14　“Routing Via Style”设置界面

（7）“Fanout Control（扇出控制布线规则）”：用于设置走线时的扇出形式，图9-15所示为该规则的设置界面。可以针对每一个引脚、每一个元件甚至整个PCB设置扇出形式。

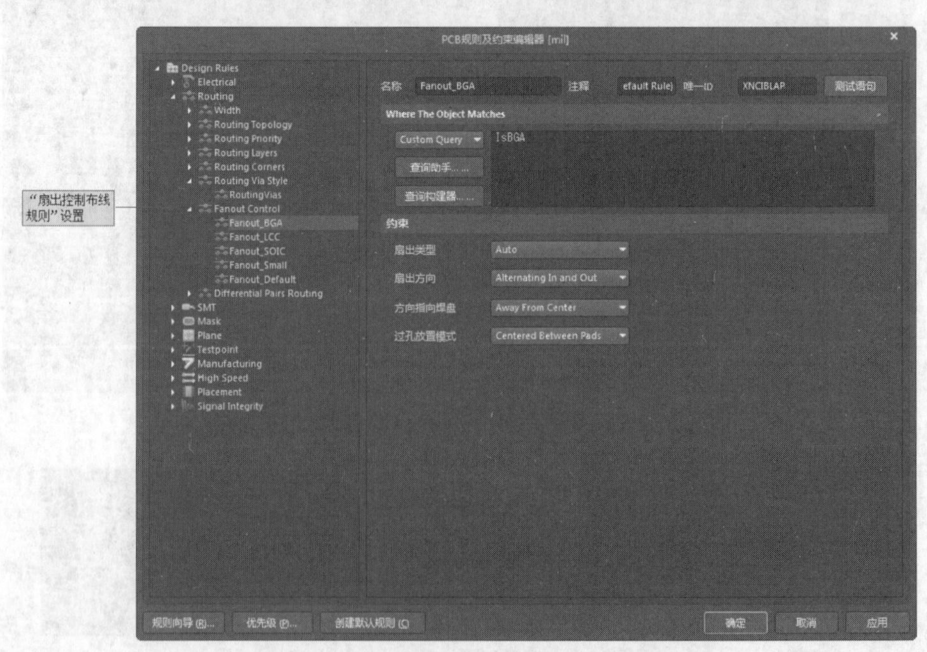

图9-15　“Fanout Control”设置界面

（8）“Differential Pairs Routing（差分对布线规则）”：用于设置走线对形式，图9-16所示为该规则的设置界面。

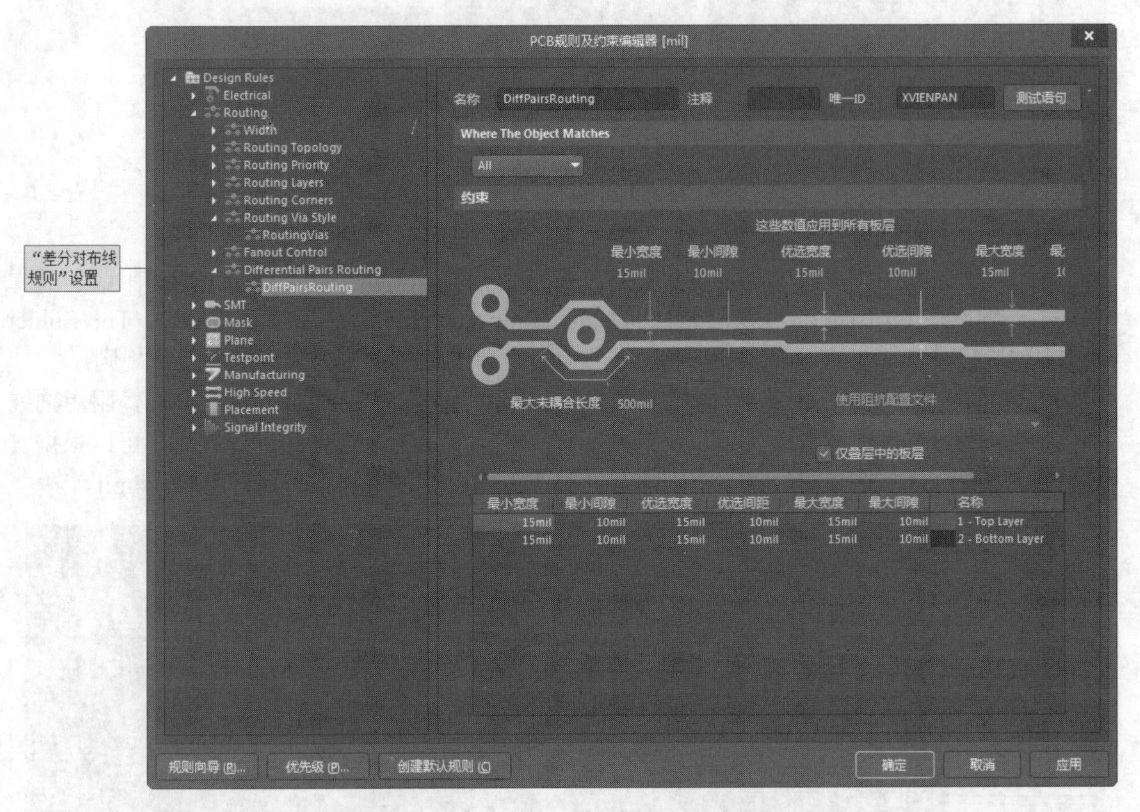

图9-16　“Differential Pairs Routing”设置界面

3.“SMT（表贴封装规则）”类设置

该类规则主要用于设置表面安装型元件的走线规则，其中包括以下3种设计规则。

- “SMD To Corner（表面安装元件的焊盘与导线拐角处最小间距规则）”：用于设置表面安装元件的焊盘出现走线拐角时，拐角和焊盘之间的距离，如图9-17（a）所示。通常，走线时引入拐角会导致电信号的反射，引起信号之间的串扰，因此需要限制从焊盘引出的信号传输线至拐角的距离，以减小信号串扰。可以针对每一个焊盘、每一个网络直至整个PCB设置拐角和焊盘之间的距离，默认间距为0mil。
- “SMD To Plane（表面安装元件的焊盘与中间层间距规则）”：用于设置表面安装元件的焊盘连接到中间层的走线距离。该项设置通常出现在电源层向芯片的电源引脚供电的场合。可以针对每一个焊盘、每一个网络直至整个PCB设置焊盘和中间层之间的距离，默认间距为0mil，如图9-17（b）所示。
- “SMD Neck Down（表面安装元件的焊盘颈缩率规则）”：用于设置表面安装元件的焊盘连线的导线宽度，如图9-17（c）所示。在该规则中可以设置导线线宽上限占据焊盘宽度的百分比，通常走线总是比焊盘要小。可以根据实际需要对每一个焊盘、每一个网络甚至整个PCB设置焊盘上的走线宽度与焊盘宽度之间的最大比率，默认值为50％。

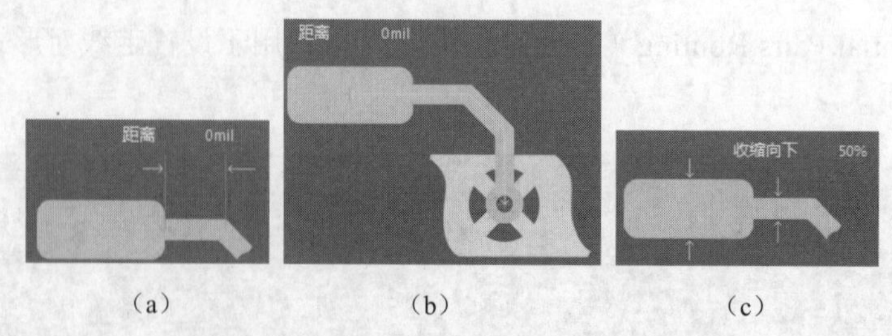

（a）　　（b）　　（c）

图9-17　“SMT（表贴封装规则）”的设置

4.“Mask（阻焊规则）”类设置

该类规则主要用于设置阻焊剂铺设的尺寸，主要用在Output Generation（输出阶段）进程中。系统提供了Top Paster（顶层锡膏防护层）、Bottom Paster（底层锡膏防护层）、Top Solder（顶层阻焊层）和Bottom Solder（底层阻焊层）4个阻焊层，其中包括以下两种设计规则。

- “Solder Mask Expansion（阻焊层和焊盘的间距规则）”：为了焊接的方便，阻焊剂铺设范围与焊盘之间需要预留一定的空间。图9-18所示为该规则的设置界面。可以根据实际需要对每一个焊盘、每一个网络甚至整个PCB板设置该间距，默认距离为4mil。

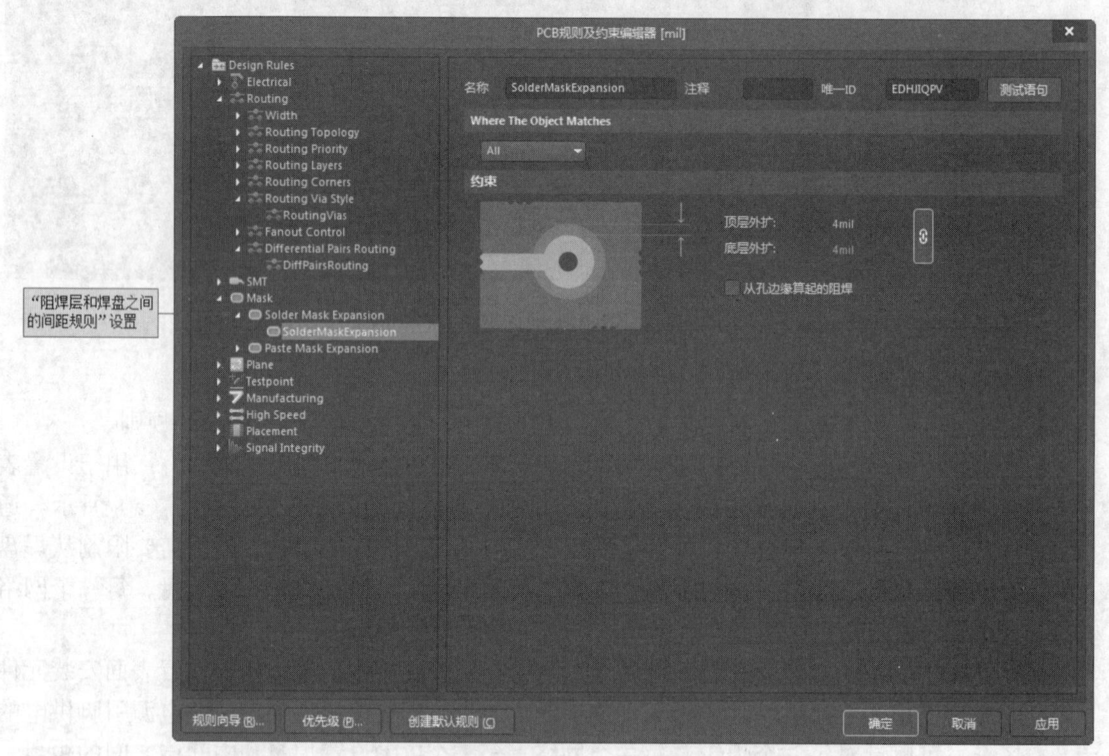

图9-18　“Solder Mask Expansion”设置界面

- “Paste Mask Expansion（锡膏防护层与焊盘的间距规则）”：图9-19所示为该规则的设置界面。可以根据实际需要对每一个焊盘、每一个网络甚至整个PCB设置该间距，默认距离为0mil。

阻焊层规则也可以在焊盘的属性对话框中进行设置，可以针对不同的焊盘进行单独设置。在属性对话框中，用户可以选择遵循设计规则中的设置，也可以忽略规则中的设置而采用自定义设置。

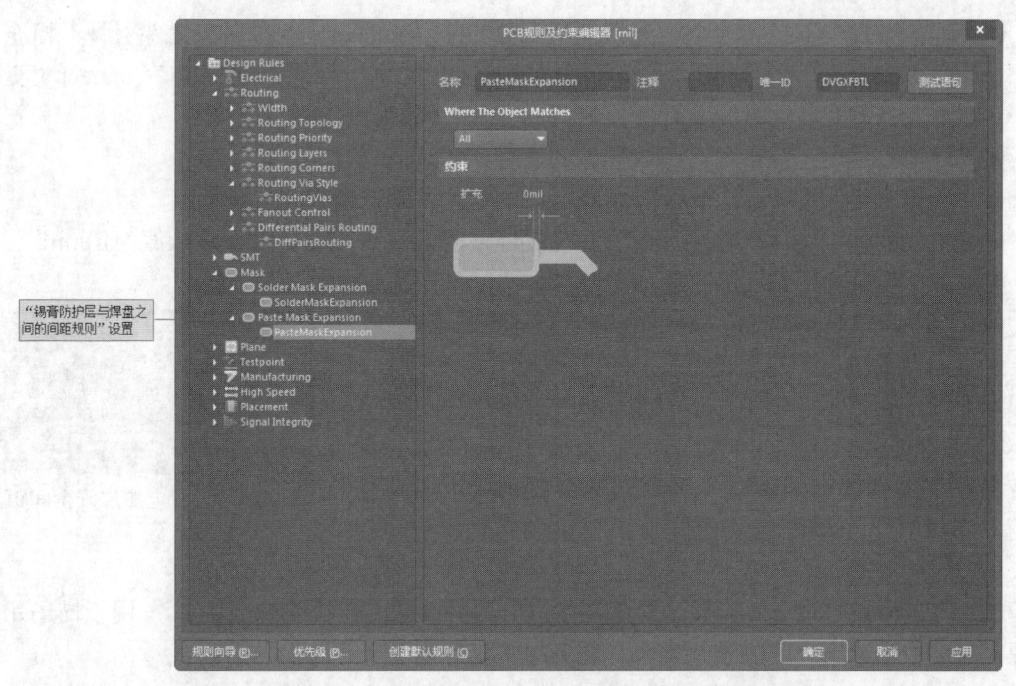

图9-19 "Paste Mask Expansion"设置界面

5. "Plane（中间层布线规则）"类设置

该类规则主要用于设置中间电源层布线相关的走线规则，其中包括以下3种设计规则。

（1）"Power Plane Connect Style（电源层连接类型规则）"：用于设置电源层的连接形式，图9-20所示为该规则的设置界面，在该界面中可以设置中间层的连接形式和各种连接形式的参数。

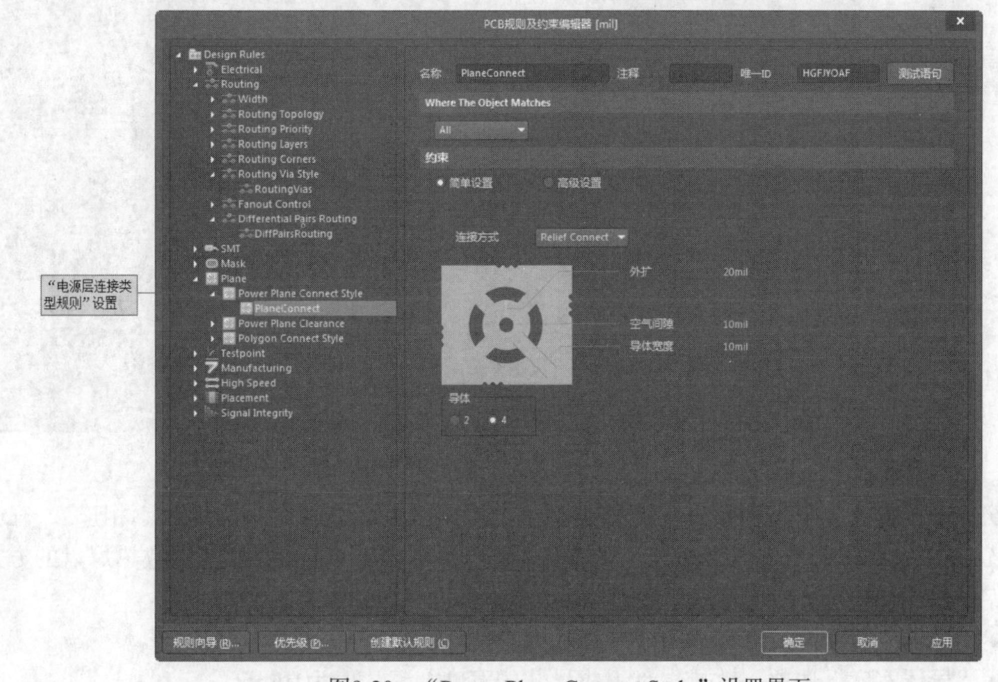

图9-20 "Power Plane Connect Style"设置界面

- “连接方式”下拉列表框：连接类型可分为No Connect（电源层与元件引脚不相连）、Direct Connect（电源层与元件的引脚通过实心的铜箔相连）和Relief Connect（使用散热焊盘的方式与焊盘或钻孔连接）3种。默认设置为Relief Connect。
- “导体”选项：散热焊盘组成导体的数目，默认值为4。
- “导体宽度”选项：散热焊盘组成导体的宽度，默认值为10mil。
- “空气间隙”选项：散热焊盘钻孔与导体之间的空气间隙宽度，默认值为10mil。
- “外扩”选项：钻孔的边缘与散热导体之间的距离，默认值为20mil。

（2）“Power Plane Clearance（电源层安全间距规则）”：用于设置通孔通过电源层时的间距，图9-21所示为该规则的设置示意图，在该示意图中可以设置中间层的连接形式和各种连接形式的参数。通常，电源层将占据整个中间层，因此在有通孔（通孔焊盘或者过孔）通过电源层时需要一定的间距。考虑到电源层的电流比较大，这里的间距设置也比较大。

图9-21　设置电源层安全间距规则

（3）“Polygon Connect Style（焊盘与多边形覆铜区域的连接类型规则）”：用于描述元件引脚焊盘与多边形覆铜之间的连接类型，图9-22所示为该规则的设置界面。

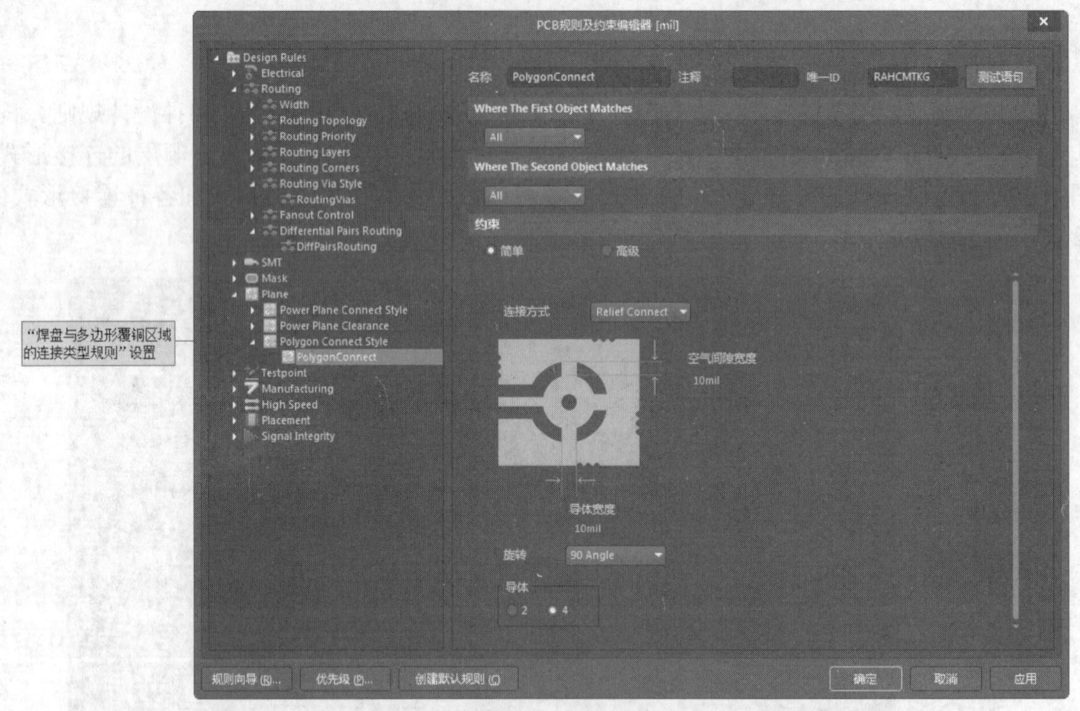

图9-22　“Polygan Connect Style”设置界面

- “连接方式”下拉列表框：连接类型可分为No Connect（覆铜与焊盘不相连）、Direct Connect（覆铜与焊盘通过实心的铜箔相连）和Relief Connect（使用散热焊盘的方式与焊盘或孔连接）3种。默认设置为Relief Connect。
- “导体”选项：散热焊盘组成导体的数目，默认值为4。
- “导体宽度”选项：散热焊盘组成导体的宽度，默认值为10mil。

● “旋转”选项：散热焊盘组成导体的角度，默认值为90°。

6. **“Testpoint”（测试点规则）类设置**

该类规则主要用于设置测试点布线规则，主要介绍以下两种设计规则。

（1）“Fabrication Testpoint Style（装配测试点规则）”：用于设置测试点的形式，图9-23所示为该规则的设置界面，在该界面中可以设置测试点的形式和各种参数。为了方便电路板的调试，在PCB上引入了测试点。测试点连接在某个网络上，形式和过孔类似，在调试过程中可以通过测试点引出电路板上的信号，可以设置测试点的尺寸以及是否允许在元件底部生成测试点等各项选项。

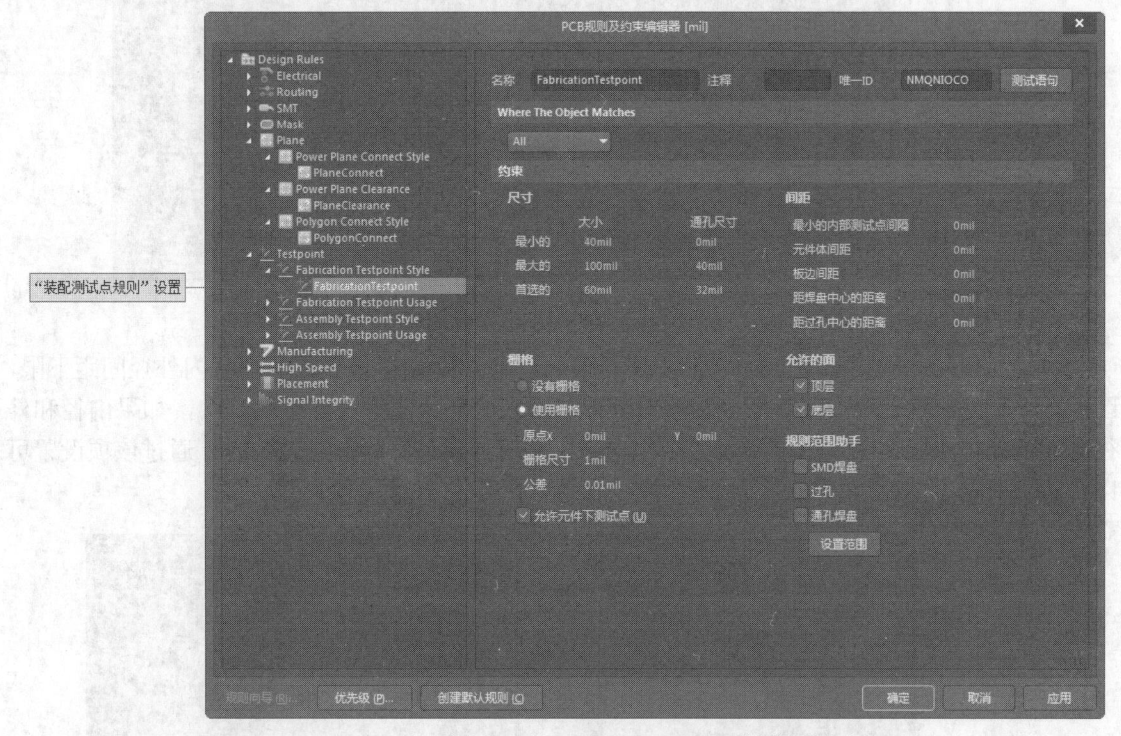

图9-23 “FabricationTestpoint”设置界面

（2）“FabricationTestPointUsage（装配测试点使用规则）”：用于设置测试点的使用参数，图9-24所示为该规则的设置界面，在界面中可以设置是否允许使用测试点和同一网络上是否允许使用多个测试点。

● “必需的”单选钮：每一个目标网络都使用一个测试点。该项为默认设置。

“允许更多测试点（手动分配）”复选框：勾选该复选框后，系统将允许在一个网络上使用多个测试点。默认设置为取消对该复选框的勾选。

● “禁止的”单选钮：所有网络都不使用测试点。

● “无所谓”单选钮：每一个网络可以使用测试点，也可以不使用测试点。

7. **“Manufacturing”（生产制造规则）类设置**

该类规则是根据PCB制作工艺来设置有关参数，主要用在在线DRC和批处理DRC执行过程中，其中包括9种设计规则。

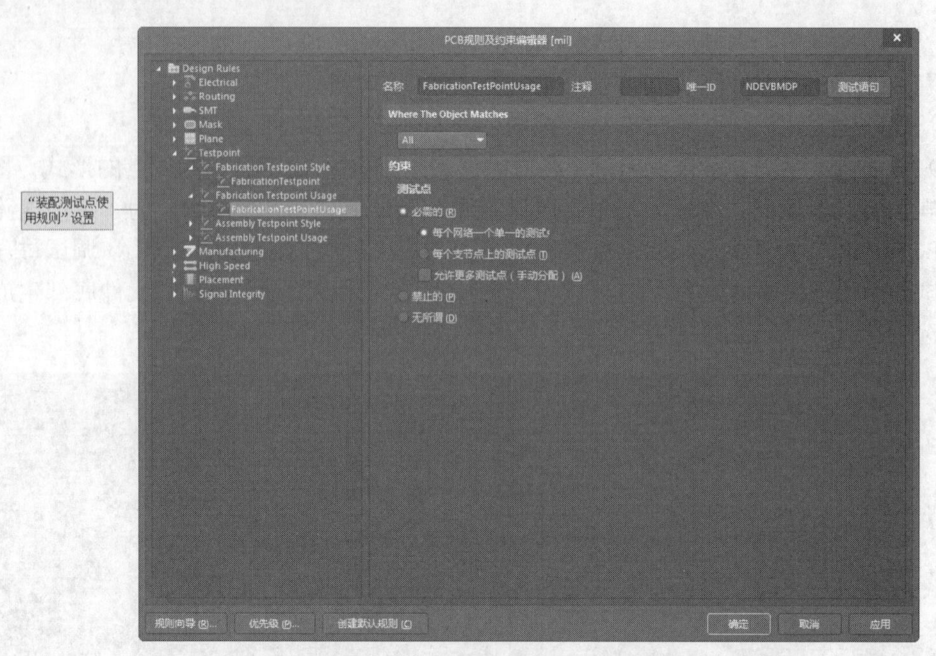

图9-24　“FabricationTestPointUsage”界面

（1）“Minimum Annular Ring（最小环孔限制规则）”：用于设置环状图元内外径间距下限，图9-25所示为该规则的设置界面。在PCB设计时引入的环状图元（如过孔）中，如果内径和外径之间的差很小，在工艺上可能无法制作出来，此时的设计实际上是无效的。通过该项设置可以检查出所有工艺无法达到的环状物。默认值为10mil。

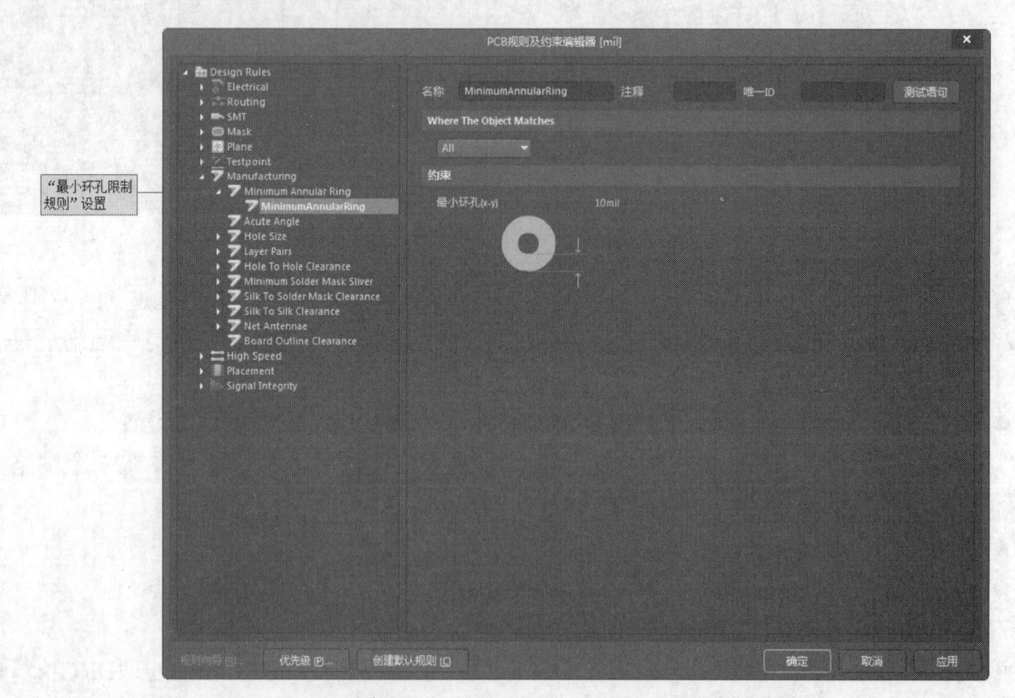

图9-25　“Minimum Annular Ring”设置界面

（2）“Acute Angle（锐角限制规则）”：用于设置锐角走线角度限制，图9-26所示为该规则的设置界面。在PCB设计时如果没有规定走线角度最小值，则可能出现拐角很小的走线，工艺上可能无法做到这样的拐角，此时的设计实际上是无效的。通过该项设置可以检查出所有工艺无法达到的锐角走线。默认值为90°。

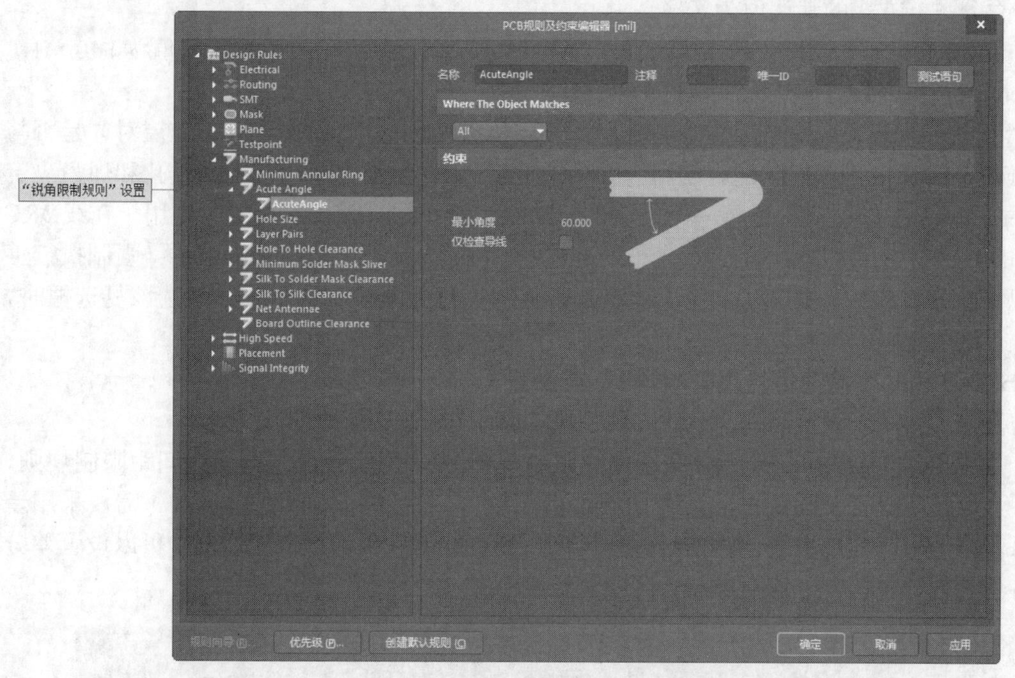

图9-26　“Acute Angle”设置界面

（3）“Hole Size（钻孔尺寸设计规则）”：用于设置钻孔孔径的上限和下限，图9-27所示为该规则的设置界面。与设置环状图元内外径间距下限类似，过小的钻孔孔径可能在工艺上无法制作，从而导致设计无效。通过设置钻孔孔径的范围，可以防止PCB设计出现类似错误。

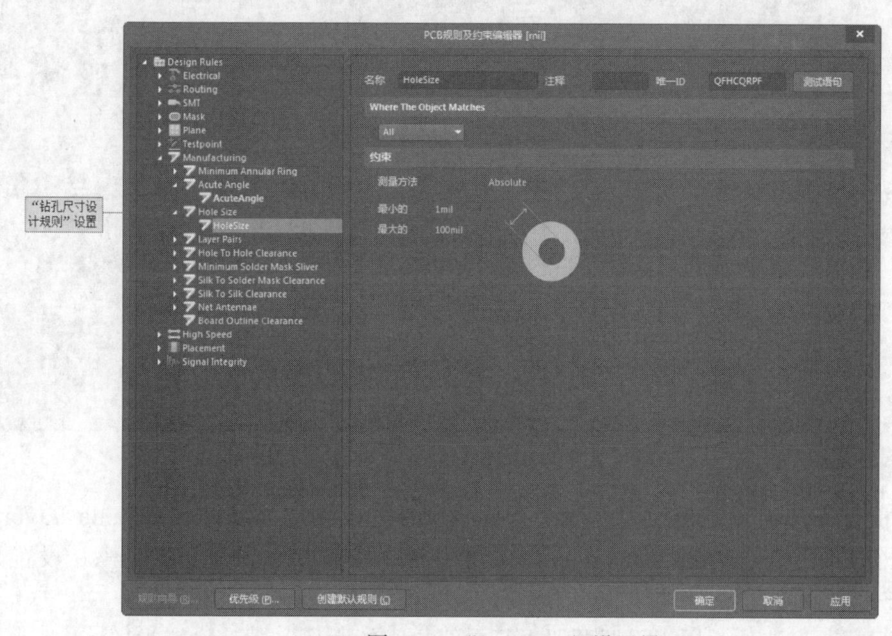

图9-27　“Hole Size”设置界面

- “测量方法”选项：度量孔径尺寸的方法有Absolute（绝对值）和Percent（百分数）两种。默认设置为Absolute（绝对值）。
- “最小的”选项：设置孔径最小值。Absolute（绝对值）方式的默认值为1mil，Percent（百分数）方式的默认值为20%。
- “最大的”选项：设置孔径最大值。Absolute（绝对值）方式的默认值为100mil，Percent（百分数）方式的默认值为80%。

（4）“Layer Pairs（工作层对设计规则）”：用于检查使用的Layer-pairs（工作层对）是否与当前的Drill-pairs（钻孔对）匹配。使用的Layer-pairs（工作层对）是由板上的过孔和焊盘决定的，Layer-pairs（工作层对）是指一个网络的起始层和终止层。该项规则除了应用于在线DRC和批处理DRC外，还可以应用在交互式布线过程中。“Enforce layer pairs settings（强制执行工作层对规则检查设置）”复选框：用于确定是否强制执行此项规则的检查。勾选该复选框时，将始终执行该项规则的检查。

8. “High Speed（高速信号相关规则）”类设置

该类设置主要用于设置高速信号线布线规则，其中包括以下7种设计规则。

（1）“Parallel Segment（平行导线段间距限制规则）”：用于设置平行走线间距限制规则，图9-28所示为该规则的设置界面。在PCB的高速设计中，为了保证信号传输正确，需要采用差分线对来传输信号，与单根线传输信号相比可以得到更好的效果。在该对话框中可以设置差分线对的各项参数，包括差分线对的层、间距和长度等。

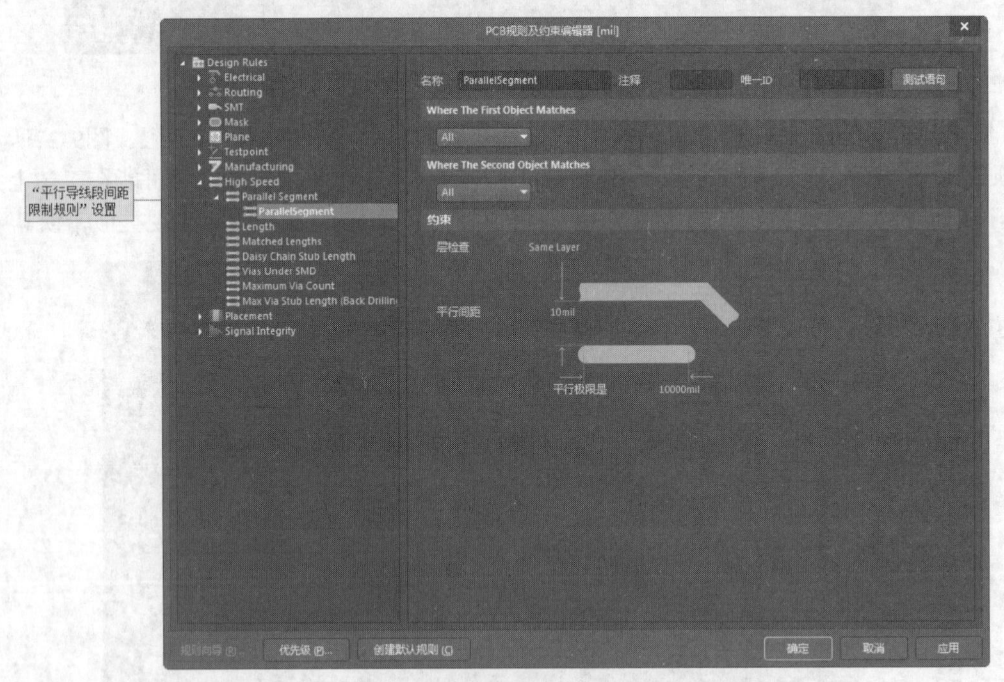

图9-28　“Parallel Segment”设置界面

- “层检查”选项：用于设置两段平行导线所在的工作层面属性，有Same Layer（位于同一个工作层）和Adjacent Layers（位于相邻的工作层）两种选择。默认设置为Same Layer（位于同一个工作层）。
- “平行间距”选项：用于设置两段平行导线之间的距离。默认设置为10mil。

● “平行极限是”选项：用于设置平行导线的最大允许长度（在使用平行走线间距规则时）。默认设置为10000mil。

（2）“Length（网络长度限制规则）”：用于设置传输高速信号导线的长度，图9-29所示为该规则的设置界面。在高速PCB设计中，为了保证阻抗匹配和信号质量，对走线长度也有一定的要求。在该对话框中可以设置走线的下限和上限。

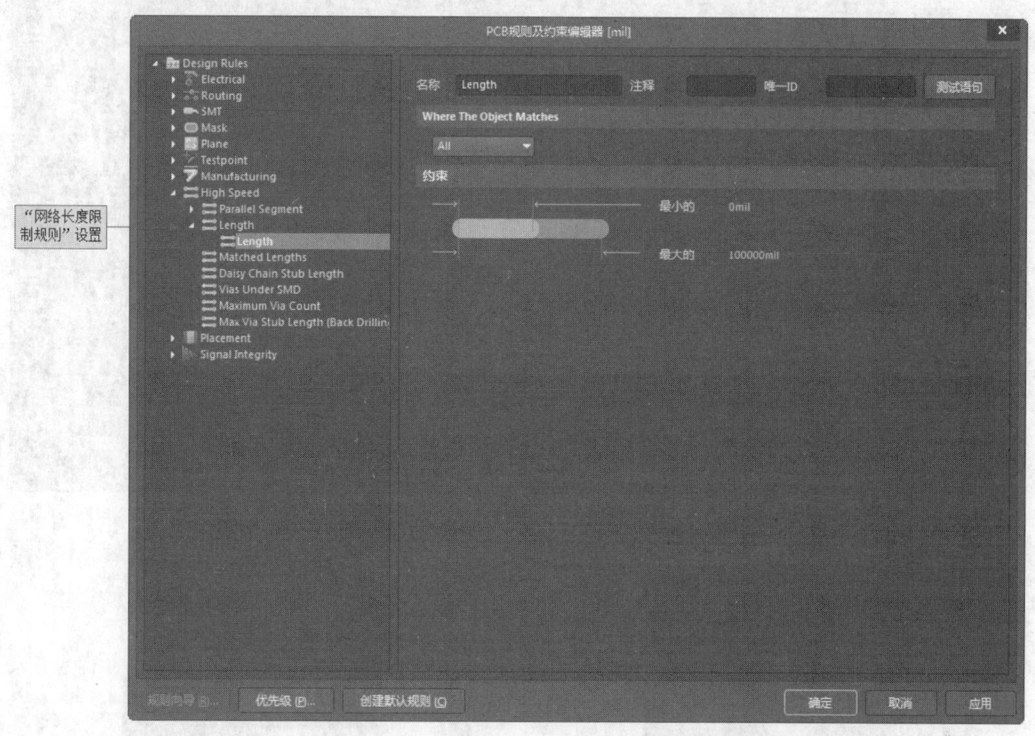

图9-29　“Length”设置界面

● “最小的”项：用于设置网络最小允许长度值。默认设置为0mil。
● “最大的”项：用于设置网络最大允许长度值。默认设置为100000mil。

（3）“Matched Lengths（匹配网络传输导线的长度规则）”：用于设置匹配网络传输导线的长度，图9-30所示为该规则的设置界面。在高速PCB设计中通常需要对部分网络的导线进行匹配布线，在该界面中可以设置匹配走线的各项参数。

“公差”文本框：在高频电路设计中要考虑到传输线的长度问题，传输线太短将产生串扰等传输线效应。该项规则定义了一个传输线长度值，将设计中的走线与此长度进行比较，当出现小于此长度的走线时，执行“工具”→“网络等长”命令，系统将自动延长走线的长度以满足此处的设置需求。默认设置为1000mil。

（4）“Daisy Chain Stub Length（菊花状布线主干导线长度限制规则）”：用于设置90°拐角和焊盘的距离，图9-31所示为该规则的设置示意图。在高速PCB设计中，通常情况下为了减少信号的反射是不允许出现90°拐角的，在必须有90°拐角的场合中将引入焊盘和拐角之间距离的限制。

（5）“Vias Under SMD（SMD焊盘下过孔限制规则）”：用于设置表面安装元件焊盘下是否允许出现过孔，图9-32所示为该规则的设置示意图。在PCB中需要尽量减少表面安装元件焊盘中引入过孔，但是在特殊情况下（如中间电源层通过过孔向电源引脚供电）可以引入过孔。

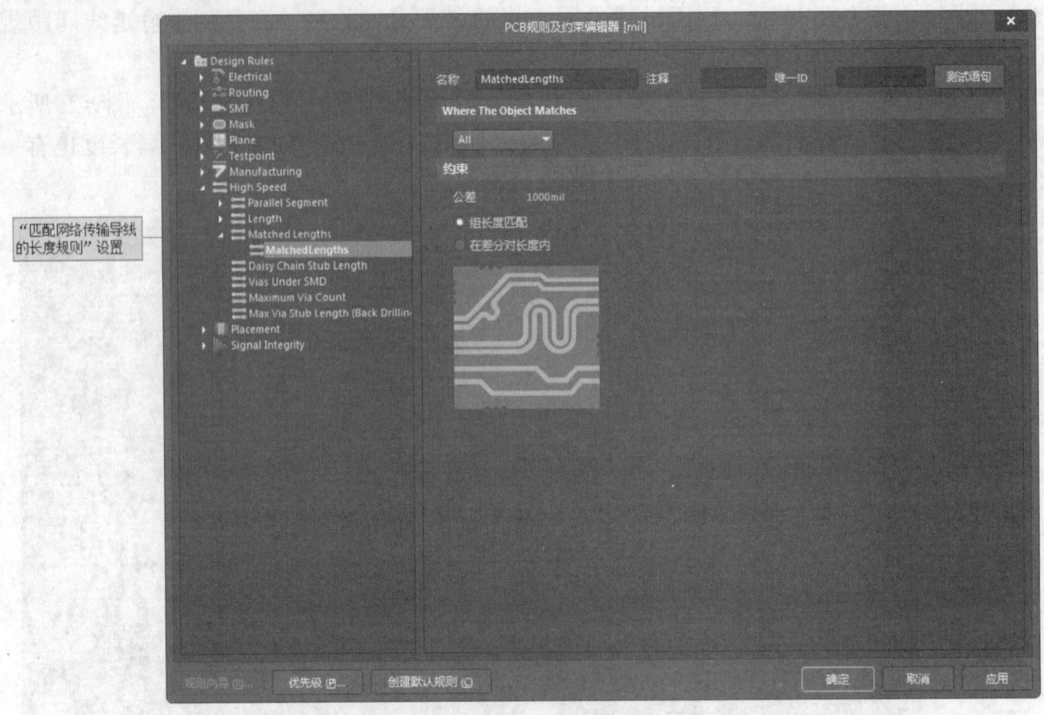

图9-30 “Matched Lengths”设置

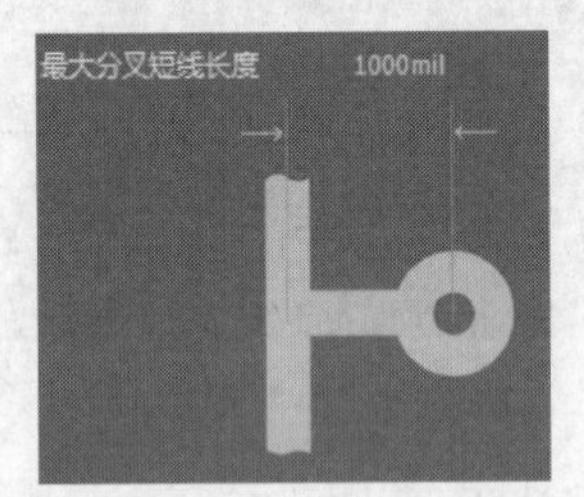

图9-31 设置菊花状布线主干导线长度限制规则

图9-32 设置SMD焊盘下过孔限制规则

（6）“Maximun Via Count（最大过孔数量限制规则）”：用于设置布线时过孔数量的上限。默认设置为1000。

（7）“Max Via Stub Length（最大过孔短节长度规则）”：用于设置布线时过孔短节长度的上限。默认设置为15mil。

9. “Placement（元件放置规则）”类设置

该类规则用于设置元件布局的规则。在布线时可以引入元件的布局规则，这些规则一般只在对元件布局有严格要求的场合中使用。

前面章节已经有详细介绍，这里不再赘述。

10. “Signal Integrity（信号完整性规则）”类设置

该类规则用于设置信号完整性所涉及的各项要求，如对信号上升沿、下降沿等的要求。这里的设置会影响到电路的信号完整性仿真，对其进行简单介绍。

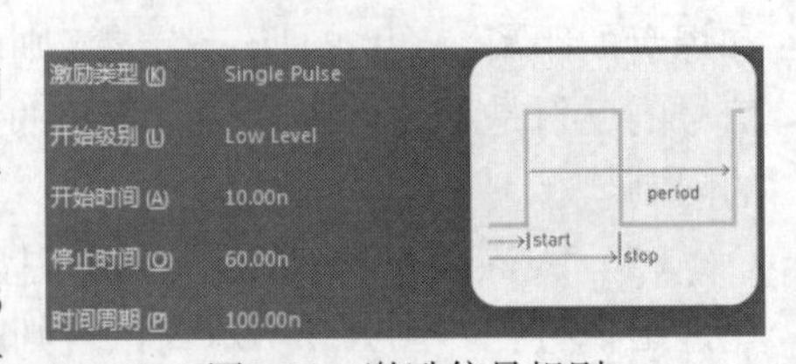

图9-33 激励信号规则

- “Signal Stimulus（激励信号规则）”：图9-33所示为该规则的设置示意图。激励信号的类型有

Constant Level（直流）、Single Pulse（单脉冲信号）、Periodic Pulse（周期性脉冲信号）3种。还可以设置激励信号初始电平（低电平或高电平）、开始时间、终止时间和周期等。

- “Overshoot-Falling Edge（信号下降沿的过冲约束规则）”：图9-34所示为该项设置示意图。
- “Overshoot- Rising Edge（信号上升沿的过冲约束规则）”：图9-35所示为该项设置示意图。

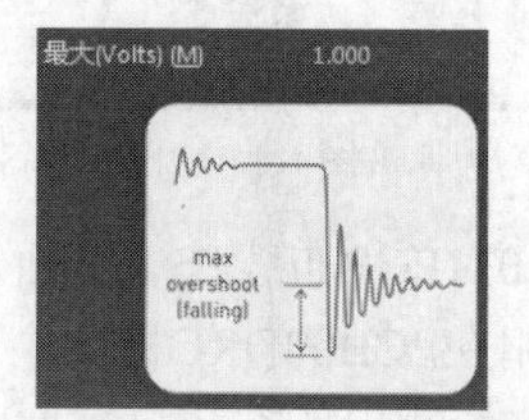

图9-34　信号下降沿的过冲约束规则

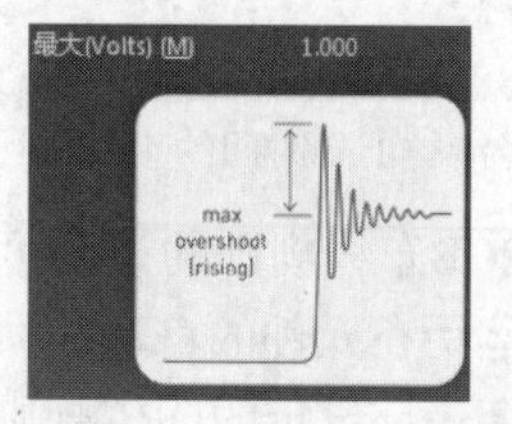

图9-35　信号上升沿的过冲约束规则

- “Undershoot-Falling Edge（信号下降沿的反冲约束规则）”：图9-36所示为该项设置示意图。
- “Undershoot-Rising Edge（信号上升沿的反冲约束规则）”：图9-37所示为该项设置示意图。
- “Impedance（阻抗约束规则）”：图9-38所示为该规则的设置示意图。

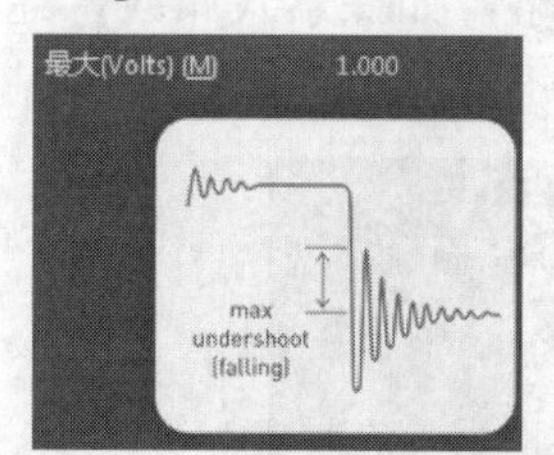

图9-36　信号下降沿的反冲约束规则

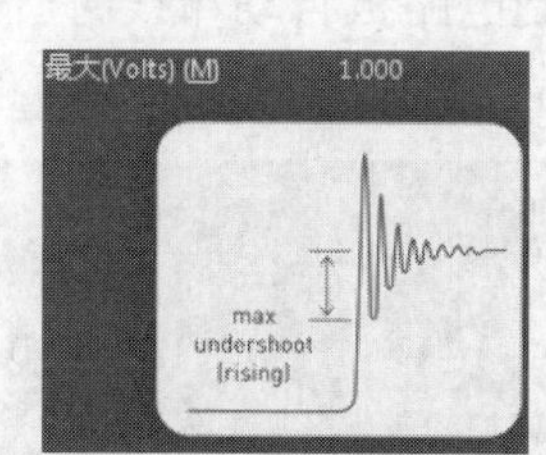

图9-37　信号上升沿的反冲约束规则

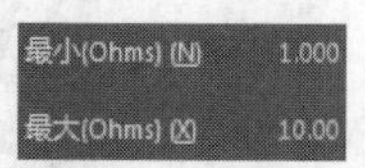

图9-38　阻抗约束规则

- “Signal Top Value（信号高电平约束规则）”：用于设置高电平最小值。图9-39所示为该项设置示意图。
- “Signal Base Value（信号基准约束规则）”：用于设置低电平最大值。图9-40所示为该项设置示意图。
- “Flight Time-Rising Edge（上升沿的上升时间约束规则）”：图9-41所示为该规则设置示意图。

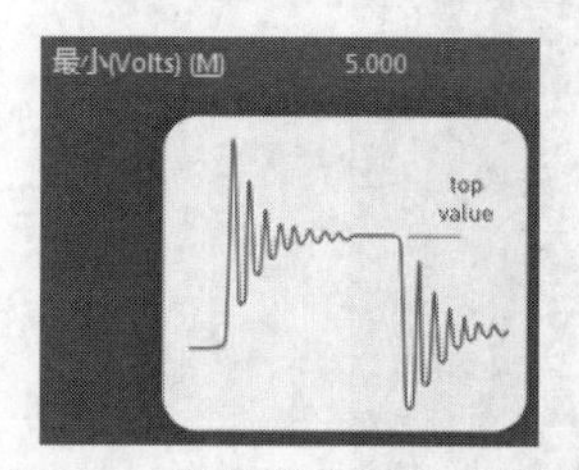

图9-39　信号高电平约束规则

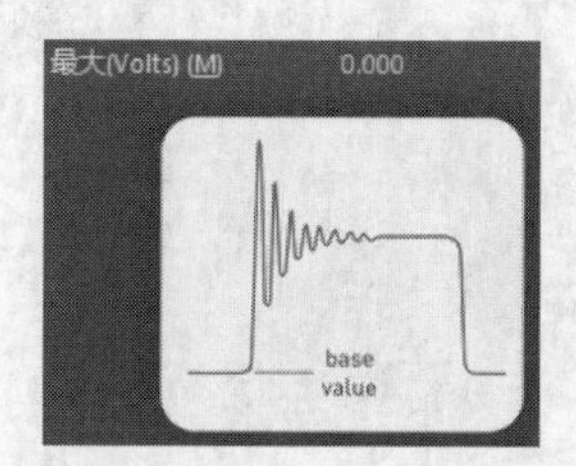

图9-40　信号基准约束规则

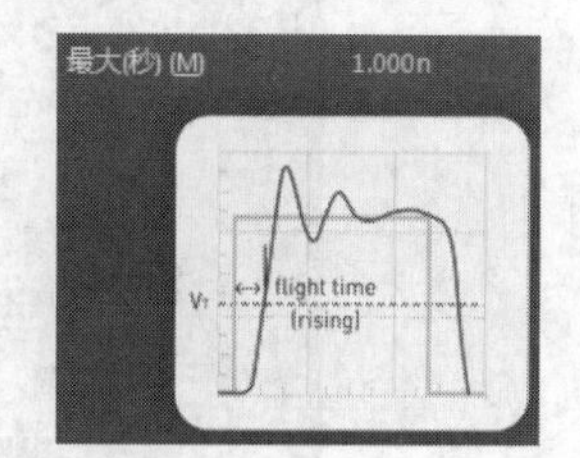

图9-41　上升沿的上升时间约束规则

- “Flight Time-Falling Edge（下降沿的下降时间约束规则）”：图9-42所示为该规则设置示意图。

- "Slope-Rising Edge（上升沿斜率约束规则）"：图9-43所示为该规则的设置示意图。
- "Slope-Falling Edge（下降沿斜率约束规则）"：图9-44所示为该规则的设置示意图。
- "Supply Nets"：用于提供网络约束规则。

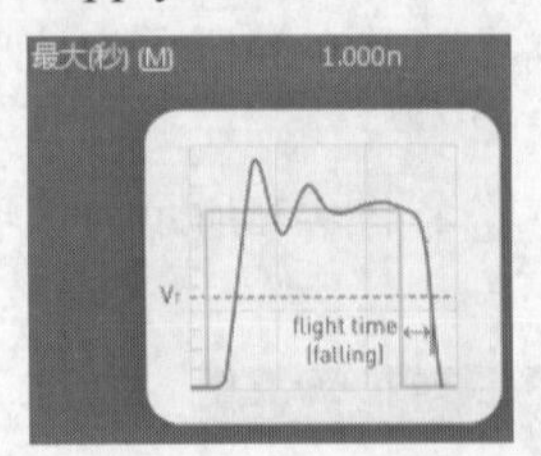

图9-42　下降沿的下降时间约束规则

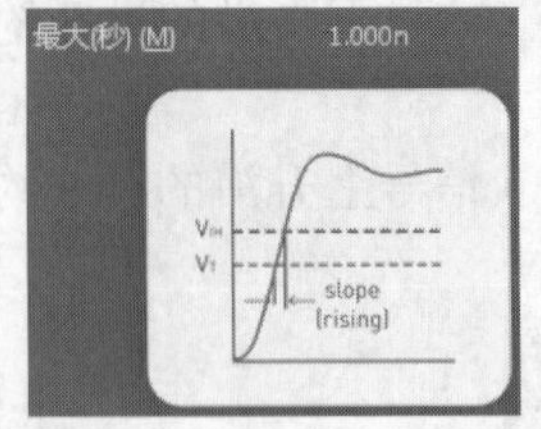

图9-43　上升沿斜率约束规则

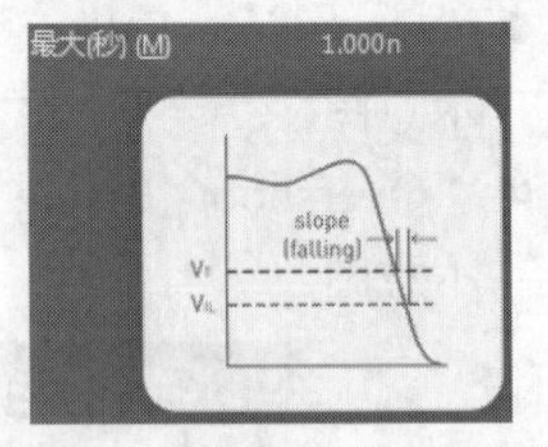

图9-44　下降沿斜率约束规则

从以上对PCB布线规则的说明可知，Altium Designer 20对PCB布线作了全面规定。这些规定只有一部分运用在元件的自动布线中，而所有规则将运用在PCB的DRC检测中。在对PCB手动布线时可能会违反设定的DRC规则，PCB进行DRC检测将检测出所有违反这些规则的地方。

9.1.2　设置 PCB 自动布线的策略

设置PCB自动布线策略的操作步骤如下。

Step 1　单击菜单栏中的"布线"→"自动布线"→"设置"命令，系统将弹出如图9-45所示的"Situs 布线策略（位置布线策略）"对话框。在该对话框中可以设置自动布线策略。布线策略是指印制电路板自动布线时所采取的策略，如探索式布线、迷宫式布线、推挤式拓扑布线等。其中，自动布线的布通率依赖于良好的布局。

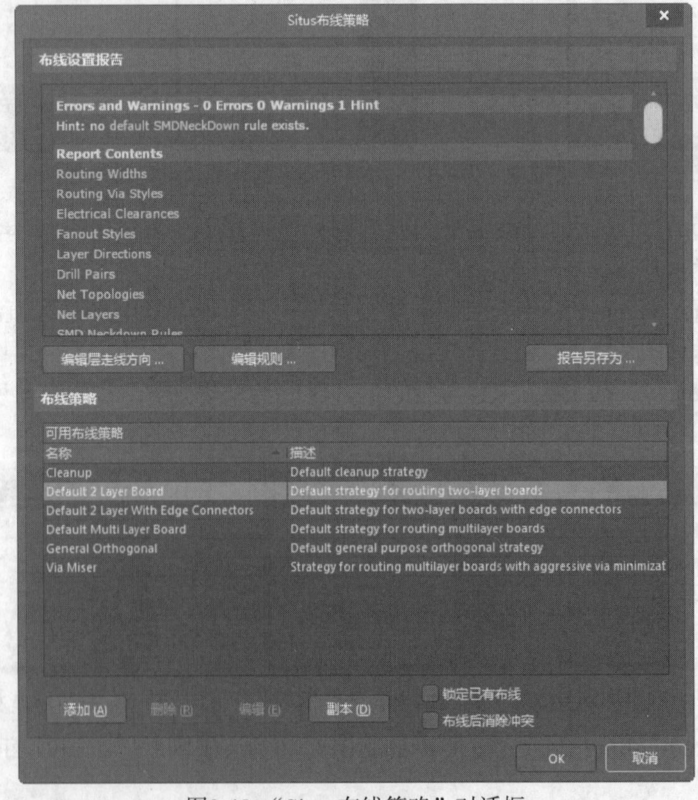

图9-45　"Situs 布线策略"对话框

在“Situs 布线策略（位置布线策略）”对话框中列出了默认的5种自动布线策略，功能分别如下。对默认的布线策略不允许进行编辑和删除操作。

- Cleanup（清除）：用于清除策略。
- Default 2 Layer Board（默认双面板）：用于默认的双面板布线策略。
- Default 2 Layer With Edge Connectors（默认具有边缘连接器的双面板）：用于默认的具有边缘连接器的双面板布线策略。
- Default Multi Layer Board（默认多层板）：用于默认的多层板布线策略。
- General Orthogonal（通用正交板）：用于默认的通用的正交板布线策略。
- Via Miser（少用过孔）：用于在多层板中尽量减少使用过孔策略。

勾选“锁定已有布线”复选框后，所有先前的布线将被锁定，重新自动布线时将不改变这部分的布线。

Step 2 单击“添加”按钮，系统将弹出如图9-46所示的“Situs 策略编辑器（位置策略编辑器）”对话框。在该对话框中可以添加新的布线策略。

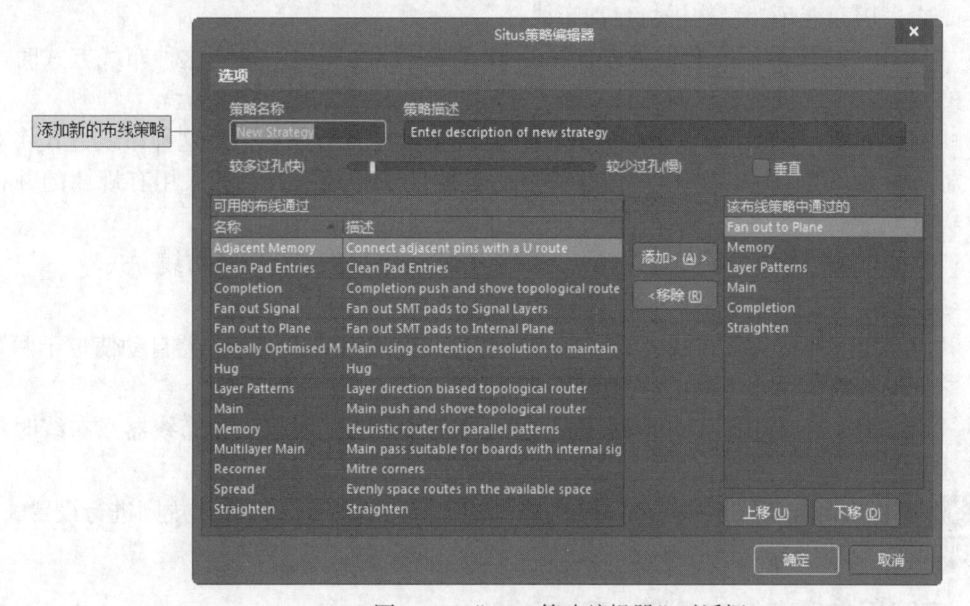

图9-46 “Situs 策略编辑器”对话框

在“策略名称”文本框中填写添加的新建布线策略的名称，在“策略描述”文本框中填写对该布线策略的描述。可以通过拖动文本框下面的滑块来改变此布线策略允许的过孔数目，过孔数目越多自动布线越快。

选择左边的PCB布线策略列表框中的一项，然后单击“添加”按钮，此布线策略将被添加到右侧当前的PCB布线策略列表框中，作为新创建的布线策略中的一项。如果想要删除右侧列表框中的某一项，则选择该项后单击“移除”按钮即可删除。单击“上移”按钮或“下移”按钮可以改变各个布线策略的优先级，位于最上方的布线策略优先级最高。

Altium Designer 20布线策略列表框中主要有以下几种布线方式。

- “Adjacent Memory（相邻的存储器）”布线方式：U形走线的布线方式。采用这种布线方式时，自动布线器对同一网络中相邻的元件引脚采用U形走线方式。
- “Clean Pad Entries（清除焊盘走线）”布线方式：清除焊盘冗余走线。采用这种布线方式可以优化PCB的自动布线，清除焊盘上多余的走线。

- “Completion（完成）”布线方式：竞争的推挤式拓扑布线。采用这种布线方式时，布线器对布线进行推挤操作，以避开不在同一网络中的过孔和焊盘。
- “Fan Out Signal（扇出信号）”布线方式：表面安装元件的焊盘采用扇出形式连接到信号层。当表面安装元件的焊盘布线跨越不同的工作层时，采用这种布线方式可以先从该焊盘引出一段导线，然后通过过孔与其他的工作层连接。
- “Fan Out to Plane（扇出平面）”布线方式：表面安装元件的焊盘采用扇出形式连接到电源层和接地网络中。
- “Globally Optimised Main（全局主要的最优化）”布线方式：全局最优化拓扑布线方式。
- “Hug（环绕）”布线方式：采用这种布线方式时，自动布线器将采取环绕的布线方式。
- “Layer Patterns（层样式）”布线方式：采用这种布线方式将决定同一工作层中的布线是否采用布线拓扑结构进行自动布线。
- “Main（主要的）”布线方式：主推挤式拓扑驱动布线。采用这种布线方式时，自动布线器对布线进行推挤操作，以避开不在同一网络中的过孔和焊盘。
- “Memory（存储器）”布线方式：启发式并行模式布线。采用这种布线方式将对存储器元件上的走线方式进行最佳的评估。对地址线和数据线一般采用有规律的并行走线方式。
- “Multilayer Main（主要的多层）”布线方式：多层板拓扑驱动布线方式。
- “Recorner（拐角布线）”布线方式：拐角布线方式。
- “Spread（伸展）”布线方式：采用这种布线方式时，自动布线器自动使位于两个焊盘之间的走线处于正中间的位置。
- “Straighten（伸直）”布线方式：采用这种布线方式时，自动布线器在布线时将尽量走直线。

Step 3 单击“Situs 布线策略”对话框中的“编辑规则”按钮，对布线规则进行设置。

Step 4 布线策略设置完毕后单击“确定”按钮。

9.1.3 电路板自动布线的操作过程

布线规则和布线策略设置完毕后，用户即可进行自动布线操作。自动布线操作主要是通过“自动布线”菜单进行的。用户不仅可以进行整体布局，也可以对指定的区域、网络及元件进行单独的布线。

1.“全部”命令

该命令用于为全局自动布线，其操作步骤如下。

Step 1 单击菜单栏中的“布线”→“自动布线”→“全部”命令，系统将弹出“Situs布线策略（位置布线策略）”对话框。在该对话框中可以设置自动布线策略。

Step 2 选择一项布线策略，然后单击“Route All（布线所有）”按钮即可进入自动布线状态。这里选择系统默认的“Default 2 Layer Board（默认双面板）”策略。布线过程中将自动弹出“Messages（信息）”面板，提供自动布线的状态信息，如图9-47所示。

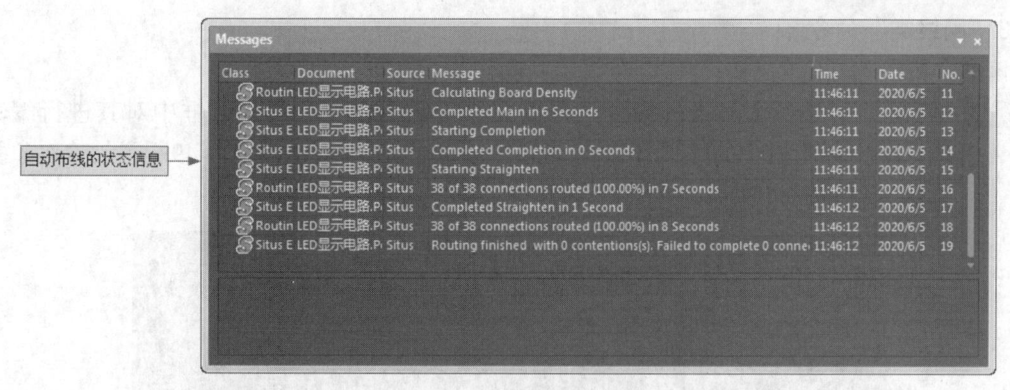

图9-47 “Messages”面板

Step 3 全局布线后的PCB图如图9-48所示。

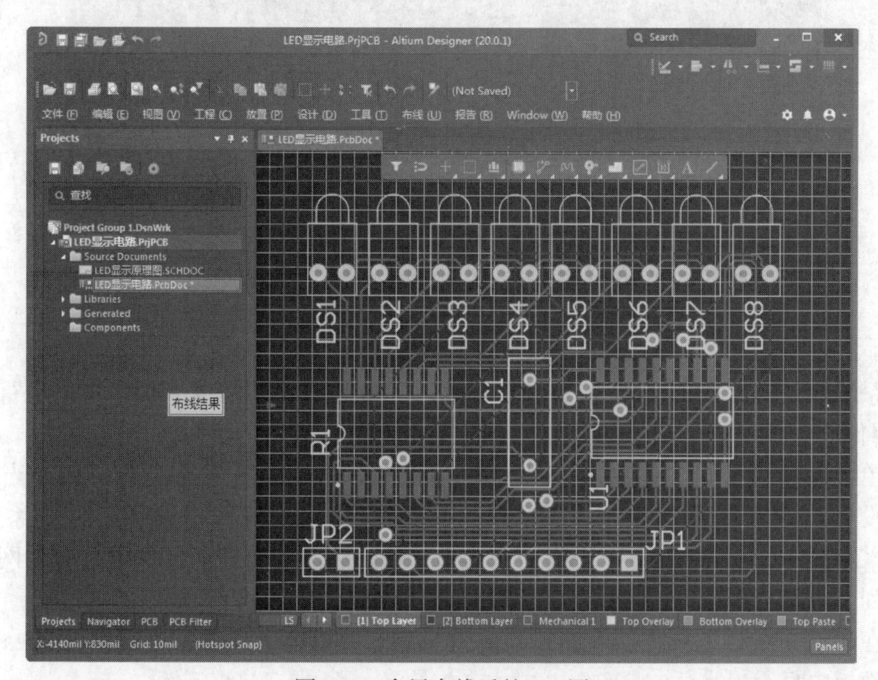

图9-48 全局布线后的PCB图

当器件排列比较密集或者布线规则设置过于严格时，自动布线可能不会完全布通。即使完全布通的PCB仍会有部分网络走线不合理，如绕线过多、走线过长等，此时就需要进行手动调整了。

2. “网络”命令

该命令用于为指定的网络自动布线，其操作步骤如下。

Step 1 在规则设置中对该网络布线的线宽进行合理的设置。

Step 2 单击菜单栏中的“布线”→“自动布线”→“网络”命令，此时光标将变成十字形状。移动光标到该网络上的任何一个电气连接点（飞线或焊盘处），这里选C1引脚1的焊盘处单击，此时系统将自动对该网络进行布线。

Step 3 此时，光标仍处于布线状态，可以继续对其他的网络进行布线。

Step 4 右击或者按<Esc>键即可退出该操作。

3.“网络类”命令

该命令用于为指定的网络类自动布线，其操作步骤如下。

Step 1 “网络类”是多个网络的集合，可以在“对象类浏览器”对话框中对其进行编辑管理。单击菜单栏中的“设计”→“类”命令，系统将弹出如图9-49所示的“对象类浏览器”对话框。

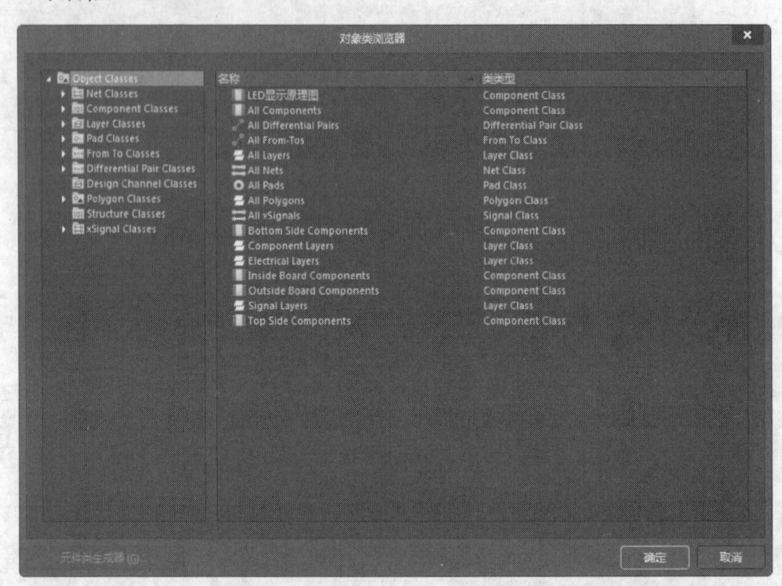

图9-49 “对象类浏览器”对话框

Step 2 系统默认存在的网络类为“所有网络”，不能进行编辑修改。用户可以自行定义新的网络类，将不同的相关网络加入到某一个定义好的网络类中。

Step 3 单击菜单栏中的“布线”→“自动布线”→“网络类”命令后，如果当前文件中没有自定义的网络类，系统会弹出提示框提示未找到网络类，否则系统会弹出“Choose Objects Class（选择对象类）”对话框，列出当前文件中具有的网络类。在列表中选择要布线的网络类，系统即将该网络类内的所有网络自动布线。

Step 4 在自动布线过程中，所有布线器的信息和布线状态、结果会在“Messages（信息）”面板中显示出来。

Step 5 右击或者按<Esc>键即可退出该操作。

4.“连接”命令

该命令用于为两个存在电气连接的焊盘进行自动布线，其操作步骤如下。

Step 1 如果对该段布线有特殊的线宽要求，则应该先在布线规则中对该段线宽进行设置。

Step 2 单击菜单栏中的“布线”→“自动布线”→“连接”命令，此时光标将变成十字形状。移动光标到工作窗口，单击某两点之间的飞线或单击其中的一个焊盘。然后选择两点之间的连接，此时系统将自动在该两点之间布线。

Step 3 此时，光标仍处于布线状态，可以继续对其他的连接进行布线。

Step 4 右击或者按<Esc>键即可退出该操作。

5.“区域”命令

该命令用于为完整包含在选定区域内的连接自动布线，其操作步骤如下。

Step 1 单击菜单栏中的“布线”→“自动布线”→“区域”命令，此时光标将变成十字形状。

Step 2 在工作窗口中单击确定矩形布线区域的一个顶点，然后移动光标到合适的位置，再次单击确定该矩形区域的对角顶点。此时，系统将自动对该矩形区域进行布线。

Step 3 此时，光标仍处于放置矩形状态，可以继续对其他区域进行布线。

Step 4 右击或者按<Esc>键即可退出该操作。

6.“Room（空间）”命令

该命令用于为指定Room类型的空间内的连接自动布线。

该命令只适用于完全位于Room空间内部的连接，即Room边界线以内的连接，不包括压在边界线上的部分。单击该命令后，光标变为十字形状，在PCB工作窗口中单击选取Room空间即可。

7.“元件”命令

该命令用于为指定元件的所有连接自动布线，其操作步骤如下。

Step 1 单击菜单栏中的“布线”→“自动布线”→“元件”命令，此时光标将变成十字形状。移动光标到工作窗口，单击某一个元件的焊盘，所有从选定元件的焊盘引出的连接都被自动布线。

Step 2 此时，光标仍处于布线状态，可以继续对其他元件进行布线。

Step 3 右击或者按<Esc>键即可退出该操作。

8.“器件类”命令

该命令用于为指定元件类内所有元件的连接自动布线，其操作步骤如下。

Step 1 “器件类”是多个元件的集合，可以在“对象类浏览器”对话框中对其进行编辑管理。单击菜单栏中的“设计”→“类”命令，系统将弹出该对话框。

Step 2 系统默认存在的元件类为All Components（所有元件），不能进行编辑修改。用户可以使用元件类生成器自行建立元件类。另外，在放置Room空间时，包含在其中的元件也自动生成一个元件类。

Step 3 单击菜单栏中的“布线”→“自动布线”→“器件类”命令后，系统将弹出“Select Objects Class（选择对象类）”对话框。在该对话框中包含当前文件中的元件类别列表。在列表中选择要布线的元件类，系统即将该元件类内所有元件的连接自动布线。

Step 4 右击或者按<Esc>键即可退出该操作。

9.“选中对象的连接”命令

该命令用于为所选元件的所有连接自动布线。单击该命令之前，要先选中欲布线的元件。

10.“选择对象之间的连接”命令

该命令用于为所选元件之间的连接自动布线。单击该命令之前，要先选中欲布线元件。

11.“扇出”命令

在PCB编辑器中，单击菜单栏中的“布线”→“扇出”命令，弹出的子菜单如图9-50所示。采用扇出布线方式可将焊盘连接到其他的网络中。其中各命令的功能分别介绍如下。

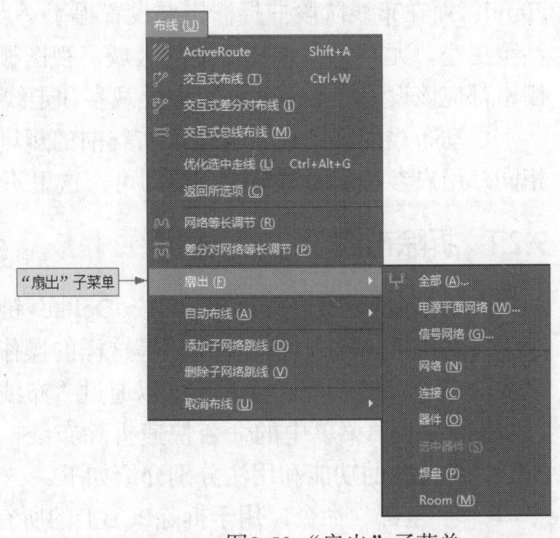

图9-50 “扇出”子菜单

- 全部：用于对当前PCB设计内所有连接到中间电源层或信号层网络的表面安装元件执行扇出操作。

- 电源平面网络：用于对当前PCB设计内所有连接到电源层网络的表面安装元件执行扇出操作。
- 信号网络：用于对当前PCB设计内所有连接到信号层网络的表面安装元件执行扇出操作。
- 网络：用于为指定网络内的所有表面安装元件的焊盘执行扇出操作。单击该命令后，用十字光标点取指定网络内的焊盘，或者在空白处单击，在弹出的“扇出选项”对话框中输入网络标号，系统即可自动为选定网络内的所有表面安装元件的焊盘执行扇出操作。
- 连接：用于为指定连接内的两个表面安装元件的焊盘执行扇出操作。单击该命令后，用十字光标点取指定连接内的焊盘或者飞线，系统即可自动为选定连接内的表贴焊盘执行扇出操作。
- 器件：用于为选定的表面安装元件执行扇出操作。单击该命令后，用十字光标点取特定的表贴元件，系统即可自动为选定元件的焊盘执行扇出操作。
- 选中器件：单击该命令前，先选中要执行扇出操作的元件。单击该命令后，系统自动为选定的元件执行扇出操作。
- 焊点：用于为指定的焊盘执行扇出操作。
- Room（空间）：用于为指定的Room类型空间内的所有表面安装元件执行扇出操作。单击该命令后，用十字光标点取指定的Room空间，系统即可自动为空间内的所有表面安装元件执行扇出操作。

9.2 电路板的手动布线

自动布线会出现一些不合理的布线情况，如有较多的绕线、走线不美观等。此时可以通过手动布线进行修正，对于元件网络较少的PCB也可以完全采用手动布线。下面简单介绍手动布线的一些技巧。

对于手动布线，要靠用户自己规划元件布局和走线路径，而网格是用户在空间和尺寸度量过程中的重要依据。因此，合理设置栅格，会更加方便设计者规划布局和放置导线。用户在设计的不同阶段可根据需要随时调整栅格的大小。例如，在元件布局阶段，可将捕捉栅格设置得大一点，如20mil；而在布线阶段捕捉栅格要设置得小一点，如5mil甚至更小，尤其是在走线密集的区域，视图栅格和捕捉栅格都应该设置得小一些，以方便观察和走线。

手动布线的规则设置与自动布线前的规则设置基本相同，用户参考前面章节的介绍即可，这里不再赘述。

9.2.1 拆除布线

在工作窗口中选中导线后，按<Delete>键即可删除导线，完成拆除布线的操作。但是这样的操作只能逐段地拆除布线，工作量比较大。可以通过“布线”菜单下“取消布线”子菜单中的命令快速拆除布线，如图9-51所示，各命令的功能和用法分别介绍如下。

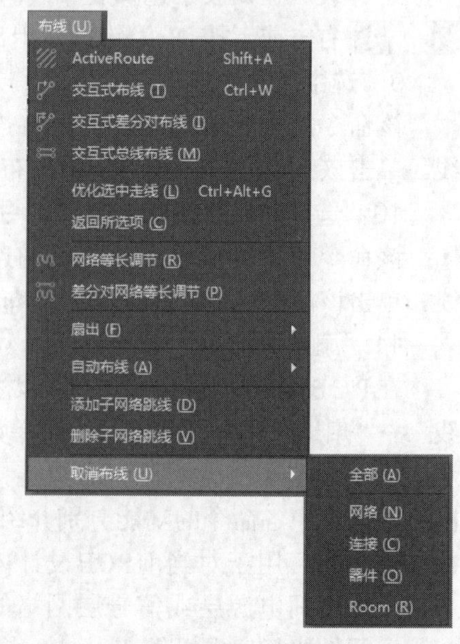

图9-51 “取消布线”子菜单

（1）“全部”命令：用于拆除PCB上的所有导线。

单击菜单栏中的“布线”→“取消布线”→“全部”

命令，即可拆除PCB上的所有导线。

（2）“网络”命令：用于拆除某一个网络上的所有导线。

单击菜单栏中的“布线”→“取消布线”→“网络”命令，此时光标将变成十字形状。移动光标到某根导线上，单击，该导线所属网络的所有导线将被删除，这样就完成了对某个网络的拆线操作。此时，光标仍处于拆除布线状态，可以继续拆除其他网络上的布线。右击或者按<Esc>键即可退出该操作。

（3）“连接”命令：用于拆除某个连接上的导线。

单击菜单栏中的“布线”→“取消布线”→“连接”命令，此时光标将变成十字形状。移动光标到某根导线上，单击，该导线建立的连接将被删除，这样就完成了对该连接的拆除布线操作。此时，光标仍处于拆除布线状态，可以继续拆除其他连接上的布线。右击或者按<Esc>键即可退出该操作。

（4）“器件”命令：用于拆除某个元件上的导线。

单击菜单栏中的“布线”→“取消布线”→“器件”命令，此时光标将变成十字形状。移动光标到某个元件上，单击，该元件所有引脚所在网络的所有导线将被删除，这样就完成了对该元件的拆除布线操作。此时，光标仍处于拆除布线状态，可以继续拆除其他元件上的布线。右击或者按<Esc>键即可退出该操作。

（5）“Room（空间）”命令：用于拆除某个Room区域内的导线。

9.2.2 手动布线

1. 手动布线的步骤

手动布线也将遵循自动布线时设置的规则，其操作步骤如下。

Step 1 单击菜单栏中的“放置”→“走线”命令，此时光标将变成十字形状。

Step 2 移动光标到元件的一个焊盘上，单击选择布线的起点。

手动布线模式主要有任意角度、90°拐角、90°弧形拐角、45°拐角和45°弧形拐角5种。按<Shift>+<Space>键即可在5种模式间切换，按<Space>键可以在每一种的开始和结束两种模式间切换。

Step 3 多次单击确定多个不同的控点，完成两个焊盘之间的布线。

2. 手动布线中层的切换

在进行交互式布线时，按<*>键可以在不同的信号层之间切换，这样可以完成不同层之间的走线。在不同的层间进行走线时，系统将自动为其添加一个过孔。不同层间的走线颜色是不相同的，可以在“视图配置”对话框中进行设置。

9.3 添加安装孔

电路板布线完成之后，就可以开始着手添加安装孔。安装孔通常采用过孔形式，并和接地网络连接，以便于后期的调试工作。

添加安装孔的操作步骤如下。

Step 1 单击菜单栏中的“放置”→“过孔”命令，或者单击“布线”工具栏中的（放置过孔）按钮，或用快捷键<P>+<V>，此时光标将变成十字形状，并带有一个过孔图形。

Step 2 按<Tab>键，系统将弹出图9-52所示的“Properties（属性）”面板。

- “Diameter（过孔外径）”选项：这里将过孔作为安装孔使用，因此过孔内径比较大，设置为100mil。
- “Location（过孔的位置）”选项：这里的过孔外径设置为150mil。
- “Properties（过孔的属性设置）”选项：这里的过孔作为安装孔使用，过孔的位置将根据需要确定。通常，安装孔放置在电路板的4个角上。

Step 3 设置完毕按<Enter>键，即可放置了一个过孔。

Step 4 此时，光标仍处于放置过孔状态，可以继续放置其他的过孔。

Step 5 右击或者按<Esc>键即可退出该操作。

图9-53所示为放置完安装孔的电路板。

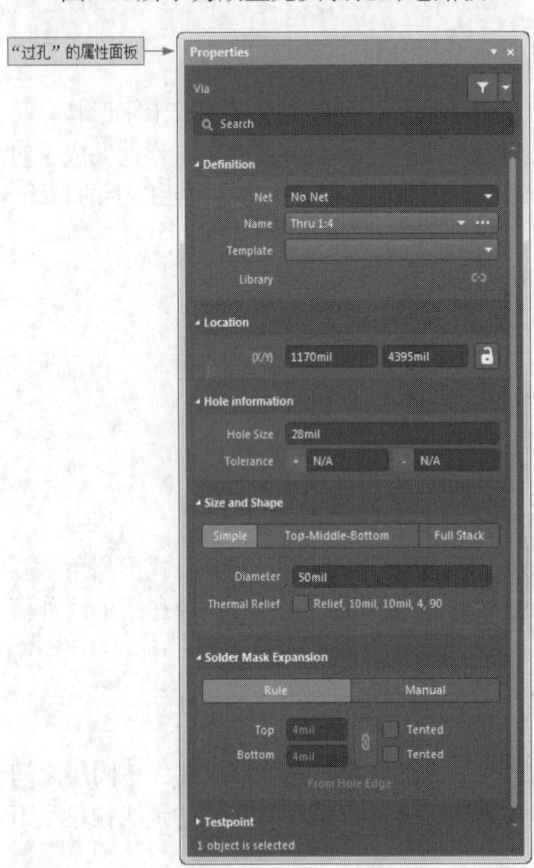

图9-52 “Properties（属性）”面板

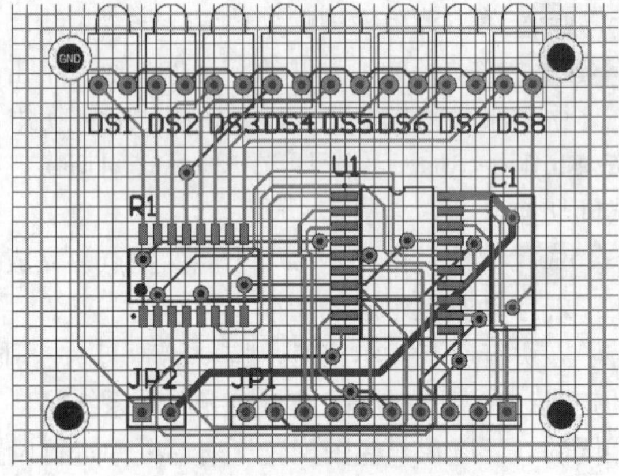

图9-53 放置完安装孔的电路板

9.4 覆铜和补泪滴

覆铜由一系列的导线组成，可以完成电路板内不规则区域的填充。在绘制PCB图时，覆铜主要是指把空余没有走线的部分用导线全部铺满。用铜箔铺满部分区域和电路的一个网络相连，多数情况是和GND网络相连。单面电路板覆铜可以提高电路的抗干扰能力，经过覆铜处理后制作的印制板会显得十分美观，同时，通过大电流的导电通路也可以采用覆铜的方法来加大过电流的能力。通常覆铜的安全间距应该在一般导线安全间距的两倍以上。

9.4.1 执行覆铜命令

单击菜单栏中的“放置”→“覆铜”命令，或者单击“布线”工具栏中的▣（放置多边形平面）按钮，或用快捷键<P>+<G>，即可执行放置覆铜命令。系统弹出“Properties（属性）”面板，如图9-54所示。

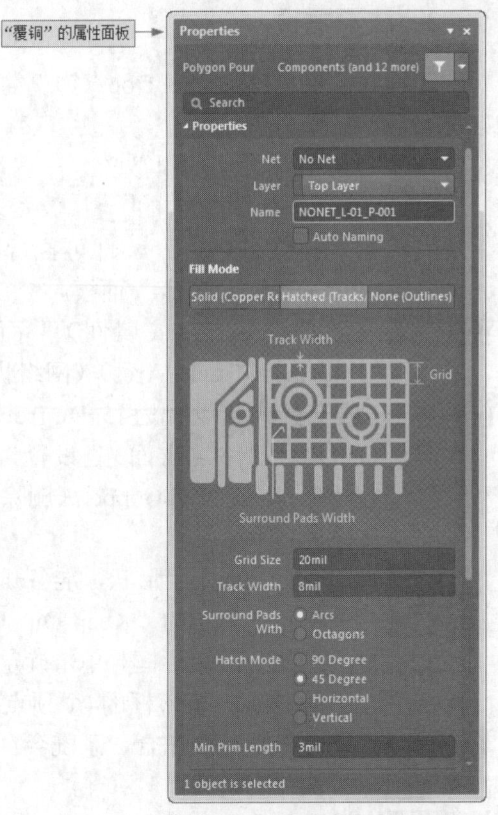

图9-54 覆铜“Properties（属性）”面板

9.4.2 设置覆铜属性

执行覆铜命令之后，或者双击已放置的覆铜，系统将弹出“Properties（属性）”面板。各选项组的功能分别介绍如下。

（1）“Properties（属性）”选项组。

“Layer（层）”下拉列表框：用于设定覆铜所属的工作层。

（2）“Fill Mode（填充模式）”选项组。

该选项组用于选择覆铜的填充模式，包括3个选项：Solid（Copper Regions），即覆铜区域内为全铜敷设；Hatched（Tracks/Arcs），即向覆铜区域内填入网络状的覆铜；None（Outlines Only），即只保留覆铜边界，内部无填充。

在面板的中间区域内可以设置覆铜的具体参数，针对不同的填充模式，有不同的设置参数选项。

- “Solid（Copper Regions）”（实体）选项：用于设置删除孤立区域覆铜的面积限制值，以及删除凹槽的宽度限制值。需要注意的是，当用该方式覆铜后，在Protel99SE软件中不能显示，但可以用Hatched（Tracks/Arcs）（网络状）方式覆铜。
- “Hatched（Tracks/Arcs）”（网络状）选项：用于设置栅格线的宽度、网络的大小、围绕焊盘的形状及栅格的类型。
- “None（Outlines Only）”（无）选项：用于设置覆铜边界导线宽度及围绕焊盘的形状等。

（3）“Connect to Net（连接到网络）”下拉列表框：用于选择覆铜连接到的网络。通常连接到GND网络。

- “Don’t Pour Over Same Net Objects（填充不超过相同的网络对象）”选项：用于设置覆铜的内部填充不与同网络的图元及覆铜边界相连。
- “Pour Over Same Net Polygons Only（填充只超过相同的网络多边形）”选项：用于设置覆铜的内部填充只与覆铜边界线及同网络的焊盘相连。
- “Pour Over All Same Net Objects（填充超过所有相同的网络对象）”选项：用于设置覆铜的内部填充与覆铜边界线，并与同网络的任何图元相连，如焊盘、过孔、导线等。
- “Remove Dead Copper（删除孤立的覆铜）”复选框：用于设置是否删除孤立区域的覆铜。孤立区域的覆铜是指没有连接到指定网络元件上的封闭区域内的覆铜，若选中该复选框，则可以将这些区域的覆铜去除。

9.4.3 放置覆铜

下面我们以“PCB1.PcbDoc”为例简单介绍放置覆铜的操作步骤。

Step 1 单击菜单栏中的“放置”→“覆铜”命令，或者单击“布线”工具栏中的▭（放置多边形平面）按钮，或用快捷键<P>+<G>，即可执行覆铜命令。系统将弹出“Properties（属性）”面板。

Step 2 在“Properties（属性）”面板中进行设置，选择“Hatched（Tracks/Arcs）（网络状）”选项，Hatch Mode（填充模式）设置为45 Degree，Net（网络）连接到GND，“Layer（层面）”设置为Top Layer（顶层），勾选“Remove Dead Copper（删除孤立的覆铜）”复选框，如图9-55所示。

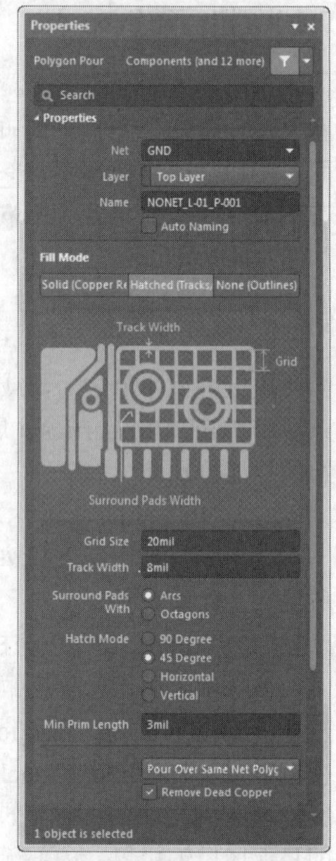

图9-55 设置覆铜“Properties（属性）”面板

Step 3 此时光标变成十字形状，准备开始覆铜操作。

Step 4 用光标沿着PCB的“Keep-Out（禁止布线层）”边界线画一个闭合的矩形框。单击确定起点，移动至拐点处单击，直至确定矩形框的4个顶点，右击退出。用户不必手动将矩形框线闭合，系统会自动将起点和终点连接起来构成闭合框线。

Step 5 系统在框线内部自动生成了Top Layer（顶层）的覆铜。

Step 6 再次执行覆铜命令，选择层面为Bottom Layer（底层），其他设置相同，为底层覆铜。

PCB覆铜效果如图9-56所示。

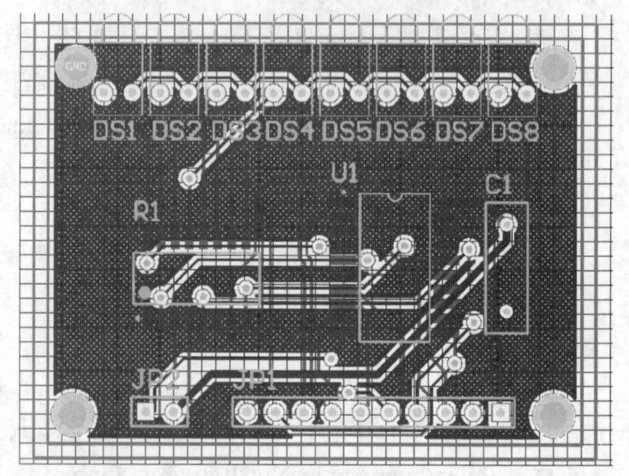

图9-56 PCB覆铜效果

9.4.4 补泪滴

在导线和焊盘或者过孔的连接处，通常需要补泪滴，以去除连接处的直角，加大连接面。这样做有两个好处，一是在PCB的制作过程中，避免因钻孔定位偏差导致焊盘与导线断裂；二是在安装和使用中，可以避免因用力集中导致连接处断裂。

单击菜单栏中的“工具”→“滴泪”命令，或用快捷键<T>+<E>，即可执行补泪滴命令。系统弹出的“泪滴”对话框如图9-57所示。

（1）“工作模式”选项组

- “添加”单选钮：用于添加泪滴。
- “删除”单选钮：用于删除泪滴。

（2）“对象”选项组

- “所有”复选框：勾选该复选框，将对所有的对象添加泪滴。
- “仅选择”复选框：勾选该复选框，将对选中的对象添加泪滴。

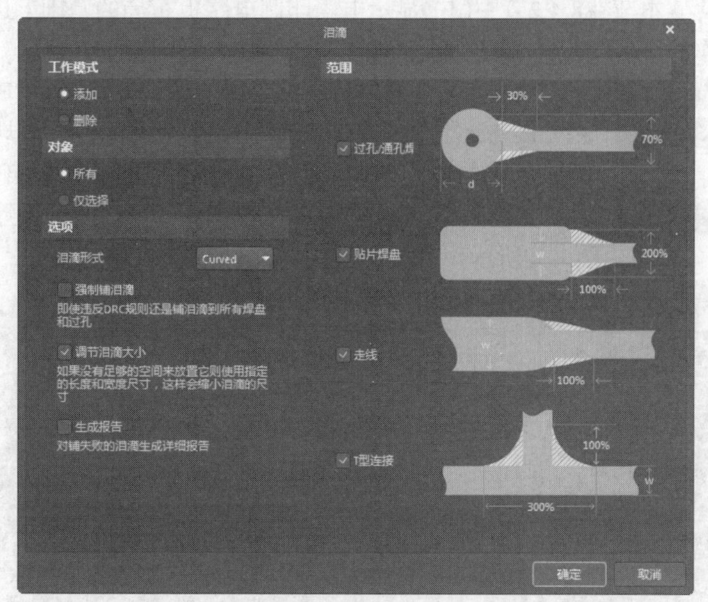

图9-57 “泪滴”对话框

（3）“选项”选项组

“泪滴形式”：在该下拉列表下选择“Curved（弧形）”“Line（线）”，表示用不同的形式添加滴泪。

- “强制铺泪滴”复选框：勾选该复选框，将强制对所有焊盘或过孔添加泪滴，这样可能导致在DRC检测时出现错误信息。取消对此复选框的勾选，则对安全间距太小的焊盘不添加泪滴。
- “调节泪滴大小”复选框：勾选该复选框，进行添加泪滴的操作时自动调整滴泪的大小。
- “生成报告”复选框：勾选该复选框，进行添加泪滴的操作后将自动生成一个有关添加泪滴操作的报表文件，同时该报表也将在工作窗口显示出来。

设置完毕单击“确定”按钮，完成对象的泪滴添加操作。

补泪滴前后焊盘与导线连接的变化如图9-58所示。

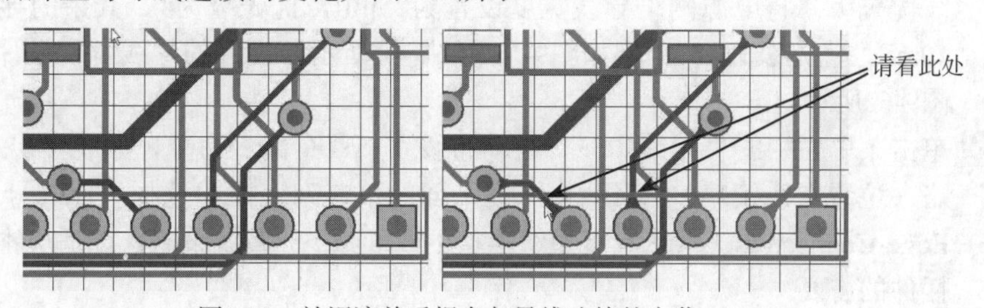

图9-58 补泪滴前后焊盘与导线连接的变化

使用该方法，用户还可以对某一个元件的所有焊盘和过孔，或者某一个特定网络的焊盘和过孔进行补泪滴操作。

9.5 操作实例——LED显示电路印制电路板的布线

9.5 操作实例——LED显示电路印制电路板的布线

本节在8.4.2节中LED显示电路印制电路板布局的基础上进行布线和覆铜操作的练习。具体的操作步骤如下。

Step 1 打开8.4.2节保存的项目文件“LED显示电路.PrjPCB”。

Step 2 在PCB编辑器中，单击菜单栏中的“设计”→“规则”命令，弹出电路板设计规则设置对话框，在该对话框中设置自动布线规则。

Step 3 设置安全间距限制规则。在本例中，将安全间距设置为15mil，如图9-59所示。

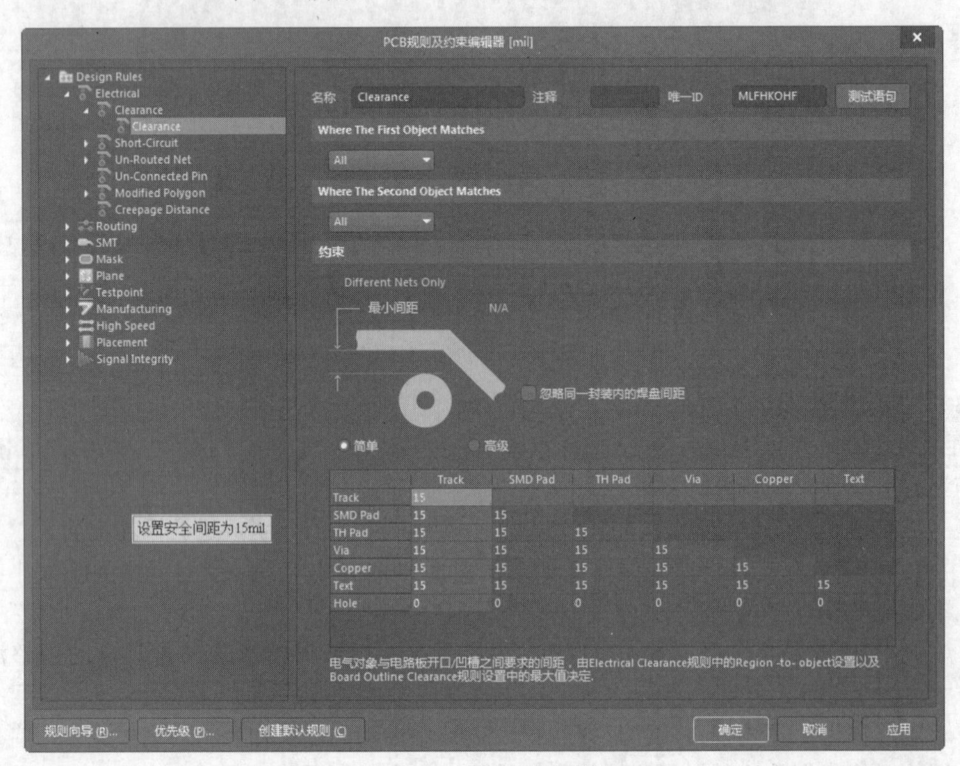

图9-59 设置安全间距

Step 4 采用系统默认的短路限制规则与未布线网络限制规则，设置导线宽度设计规则及布线优先级。将电源网络导线宽度设置为25mil，优先级为1，其余的导线宽度设置为10mil，优先级为2，分别如图9-60和图9-61所示，设置的导线宽度设计规则优先级如图9-62所示。

Step 5 单击菜单栏中的“布线”→“自动布线”→“全部”命令，系统弹出“Situs 布线策略（位置布线策略）”对话框。在下面的策略列表框中选择“Default 2 Layer With Edge Connectors（默认具有边缘连接的双面板）”布线策略，以适应本例电路板中有插件的需要。

Step 6 单击“Route All（布线所有）”按钮，执行自动布线命令，系统将对电路板的网络进行布线，结果如图9-63所示。

Step 7 调整自动布线的结果。调整自动布线主要是指调整那些绕远、不简洁及转直角的导线。由于地线网络在最后阶段要进行覆铜，所以在调整自动布线结果时不需要调整地线。这里不作调整，用户可以自己根据需要调整布线结果。

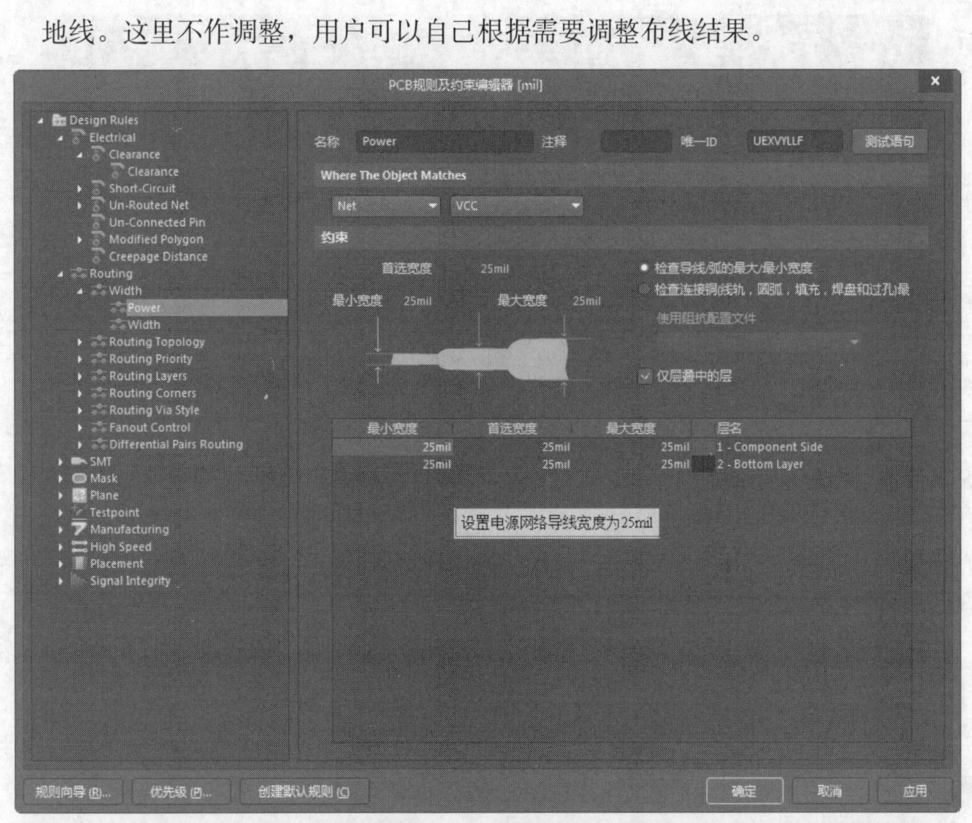

图9-60　设置电源网络导线宽度规则

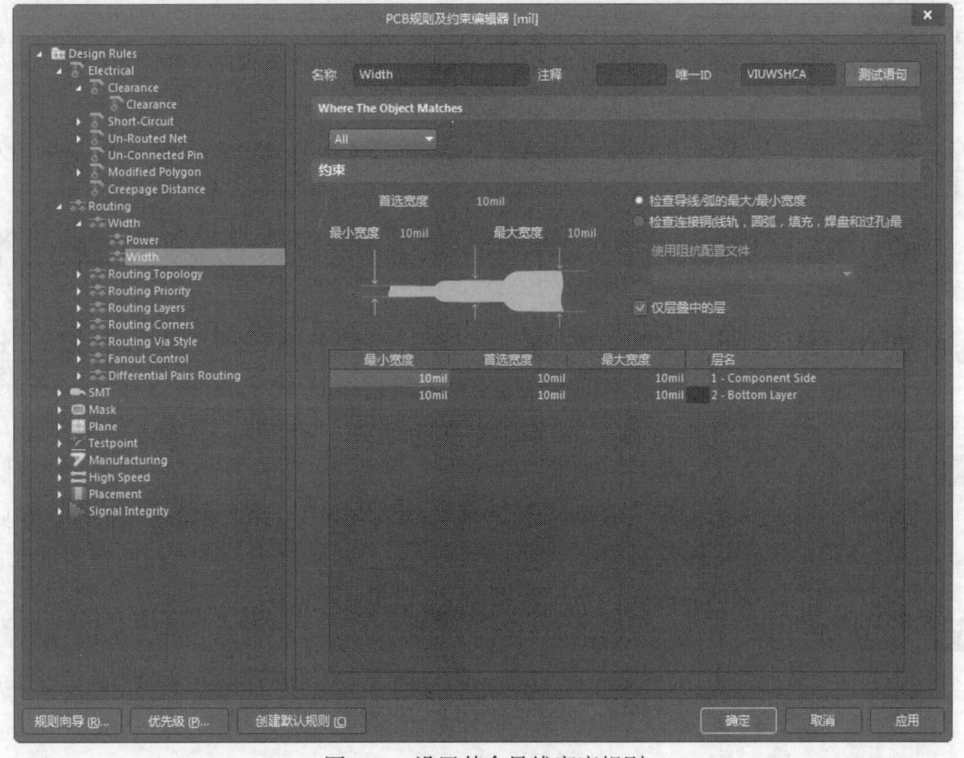

图9-61　设置其余导线宽度规则

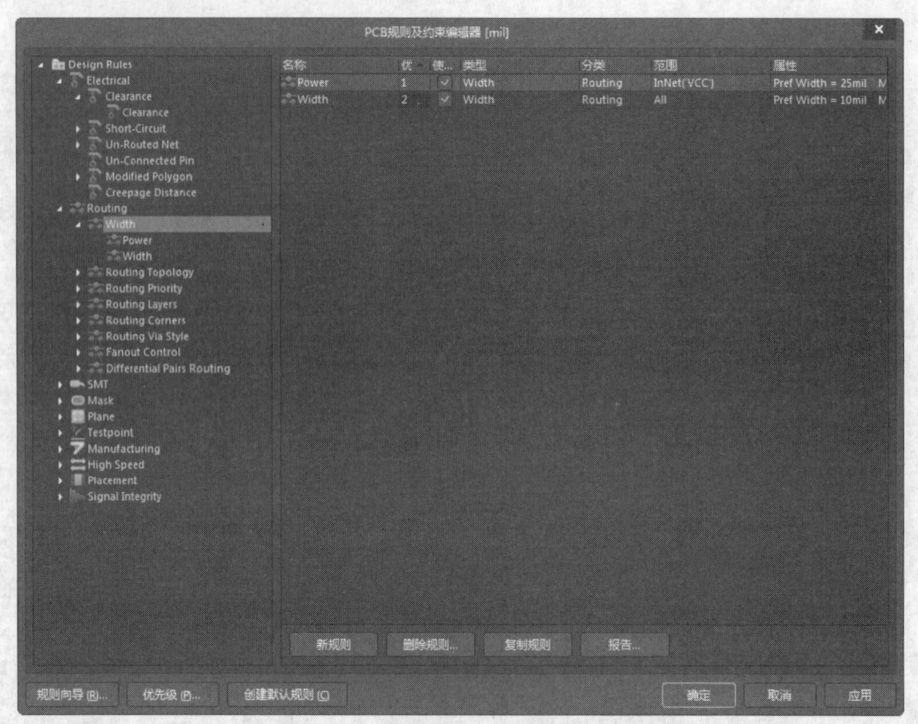

图9-62　设置导线宽度设计规则优先级

Step 8 单击菜单栏中的"布线"→"取消布线"→"网络"命令，此时光标变为十字形状。将光标移至任意一段地线网络的导线上，单击即可删除所有地线，如图9-64所示。

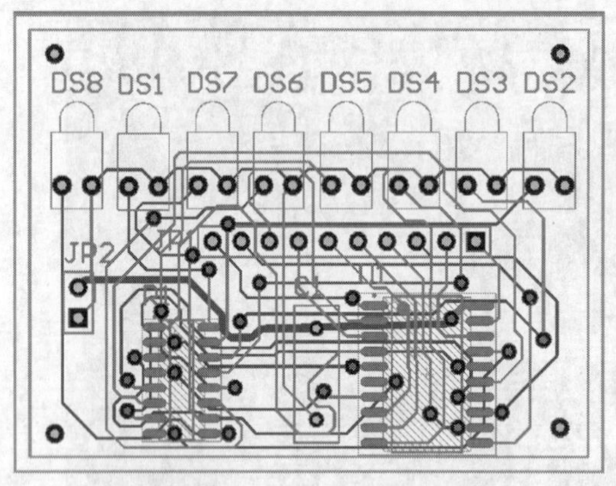

图9-63　自动布线结果

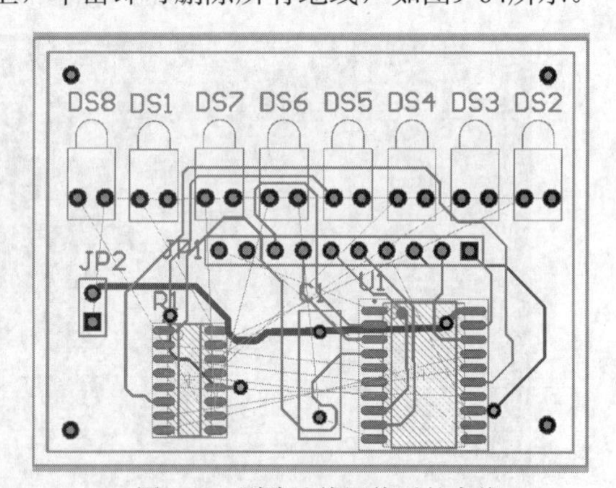

图9-64　删除地线网络后的布线

Step 9 设置覆铜连接方式。单击菜单栏中"设计"→"规则"命令，弹出"PCB规则及约束编辑器"对话框。单击"Plane（中间层布线规则）"→"Polygon Connect Style（焊盘与多边形覆铜区域连接类型规则）"标签页，设置覆铜与具有相同网络标号图件连接方式为"Direct Connect（直接连接）"，如图9-65所示。

Step 10 设置覆铜与图元之间的安全间距。在"PCB规则及约束编辑器"对话框中，单击"Plane（中间层布线规则）"→"Power Plane Clearance（清除平面）"→"PlaneClearance（平面清除）"标签页，将安全间距设置为39.37mil，如图9-66所示。

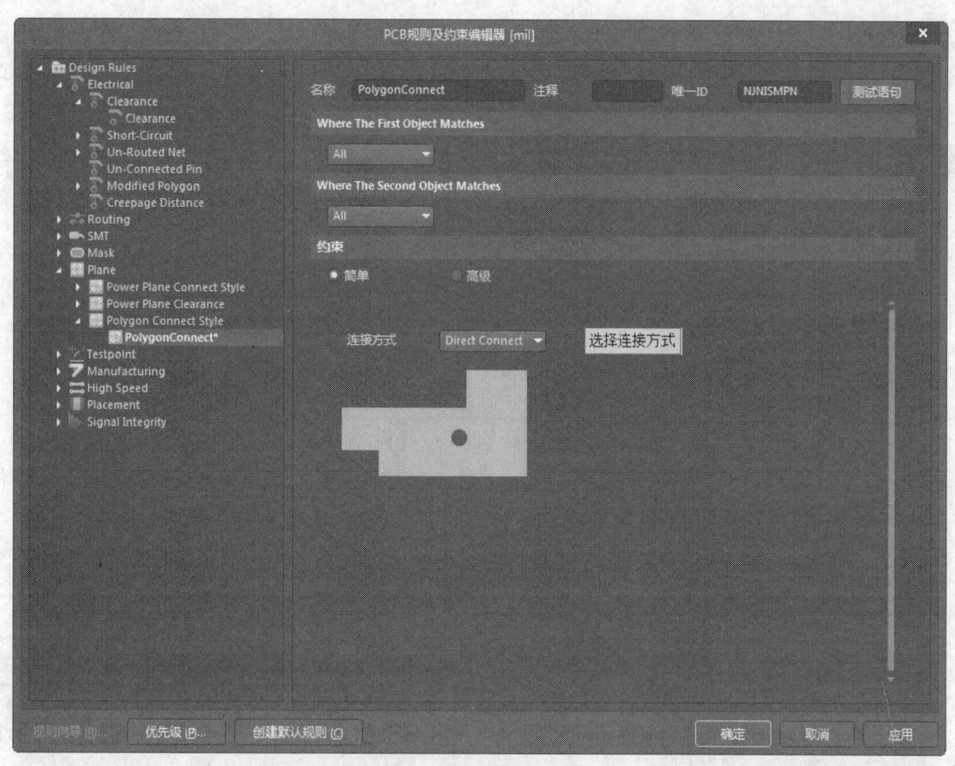

图9-65　设置覆铜连接方式

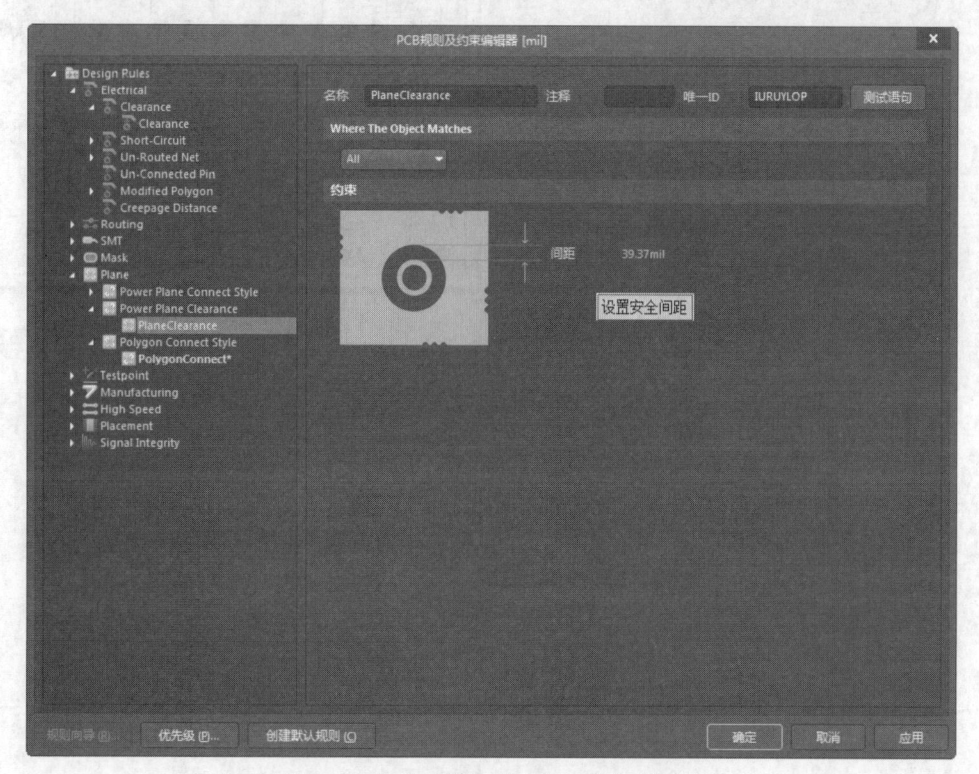

图9-66　设置覆铜与图元之间的安全间距

Step 11 覆铜操作。单击菜单栏中的“放置”→“覆铜”命令，系统弹出“Properties（属性）”面板。在该面板中，将多边形填充的网络标号设置成“GND”，其余各项参数设置如图9-67所示。

Step 12 设置完毕按<Enter>键，进入绘制覆铜区域的命令状态。移动光标至电路板边缘，沿着电路板的边界绘制一个封闭区域，系统将在该封闭区域内根据有关的设计规则为地线网络覆上铜箔。覆铜结果如图9-68所示。

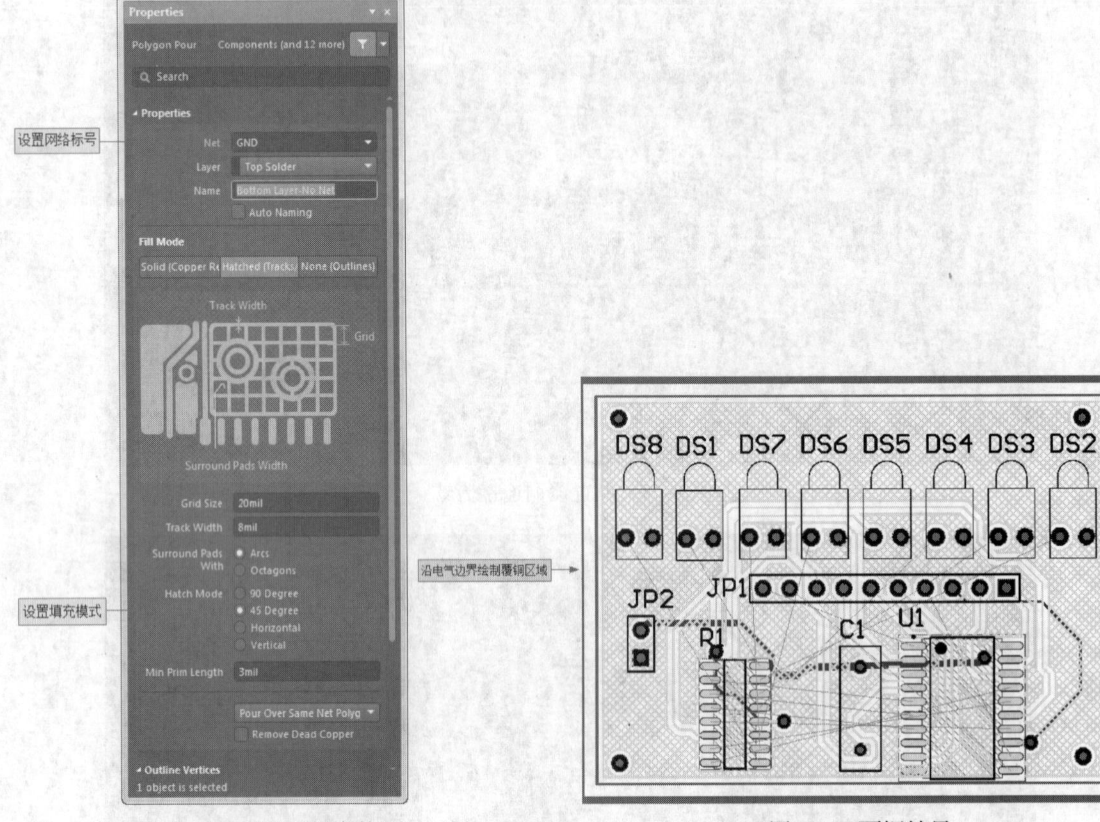

图9-67　设置覆铜参数

图9-68　覆铜结果

电路板的后期制作

在PCB设计的最后阶段，我们要通过设计规则检查来进一步确认PCB设计的正确性。完成了PCB项目的设计后，就可以进行各种文件的整理和汇总了。本章将介绍不同类型文件生成和输出的操作方法，包括报表文件、PCB文件和PCB制造文件等。读者通过对本章内容的学习，对Altium Designer 20形成更加系统的认识。

- 电路板的测量
- DRC检查
- 电路板的报表输出
- PCB文件输出

10.1　电路板的测量

Altium Designer 20提供了电路板的测量工具，方便设计电路时的检查。测量功能在“报告”菜单中，如图10-1所示。下面以测量电路板上两点间距离为例进行介绍。

Step 1　单击菜单栏中的“报告”→“测量距离”命令，或用快捷键<Ctrl>+<M>，此时光标变成十字形状。

Step 2　移动光标到某个坐标点上，单击确定测量起点。如果光标移动到了某个对象上，则系统将自动捕捉该对象的中心点。

Step 3　此时光标仍为十字形状，重复步骤2确定测量终点。此时系统弹出如图10-2所示的“Measure Distance”对话框。在该对话框中给出了测量的结果。测量结果包含总距离、*X*方向上的距离和*Y*方向上的距离3项。

图10-1　“报告”菜单　　　　图10-2　“Measure Distance”对话框

Step 4　此时光标仍为十字形状，重复步骤2和步骤3可以继续其他测量。

Step 5　完成测量后，右击或按<Esc>键即可退出该操作。

10.2　设计规则检查

电路板布线完毕，在输出设计文件之前，还要进行一次完整的设计规则检查。设计规则检查是采用Altium Designer 20进行PCB设计时的重要检查工具。系统会根据用户设计规则的设置，对PCB设计的各个方面进行检查校验，如导线宽度、安全距离、元件间距、过孔类型等。DRC是PCB板设计正确性和完整性的重要保证。灵活运用DRC，可以保障PCB设计的顺利进行和最终生成正确的输出文件。

单击菜单栏中的“工具”→“设计规则检测”命令，系统将弹出如图10-3所示的“设计规则检查器”对话框。该对话框的左侧是该检查器的内容列表，右侧是其对应的具体内容。对话框由两部分内容构成，即DRC报告选项和DRC规则列表。

1. DRC报告选项

在“设计规则检查器”对话框左侧的列表中单击“Report Options（报表选项）”标签页，即显示DRC报告选项的具体内容。这里的选项主要用于对DRC报告的内容和方式进行设置，通常保持默认设置即可，其中一些选项的功能如下。

- “创建报告文件”复选框：运行批处理DRC后会自动生成报表文件（设计名.DRC），包含本次DRC运行中使用的规则、违例数量和细节描述。
- “创建冲突”复选框：能在违例对象和违例消息之间直接建立链接，使用户可以直接通过“Message（信息）”面板中的违例消息进行错误定位，找到违例对象。
- “子网络细节”复选框：对网络连接关系进行检查并生成报告。
- “验证短路铜皮”复选框：对覆铜或非网络连接造成的短路进行检查。

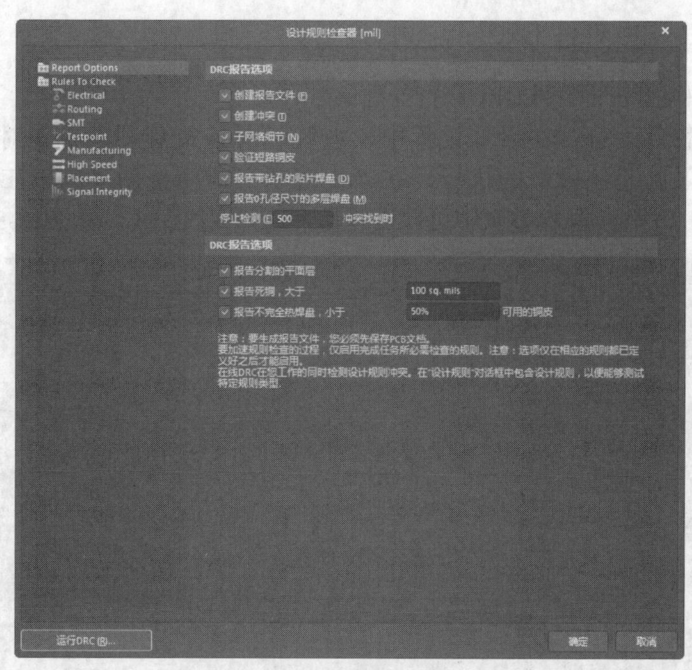

图10-3 “设计规则检查器”对话框

2. DRC规则列表

在“设计规则检查器”对话框左侧的列表中单击“Rules To Check（检查规则）”标签页，即可显示所有可进行检查的设计规则，其中包括了PCB制作中常见的规则，也包括了高速电路板设计规则，如图10-4所示。例如，线宽设定、引线间距、过孔大小、网络拓扑结构、元件安全距离、高速电路设计的引线长度、等距引线等，可以根据规则的名称进行具体设置。在规则栏中，通过“在线”和“批量”两个选项，用户可以选择在线DRC或批处理DRC。

单击“运行DRC（R）”按钮，即运行批处理DRC。

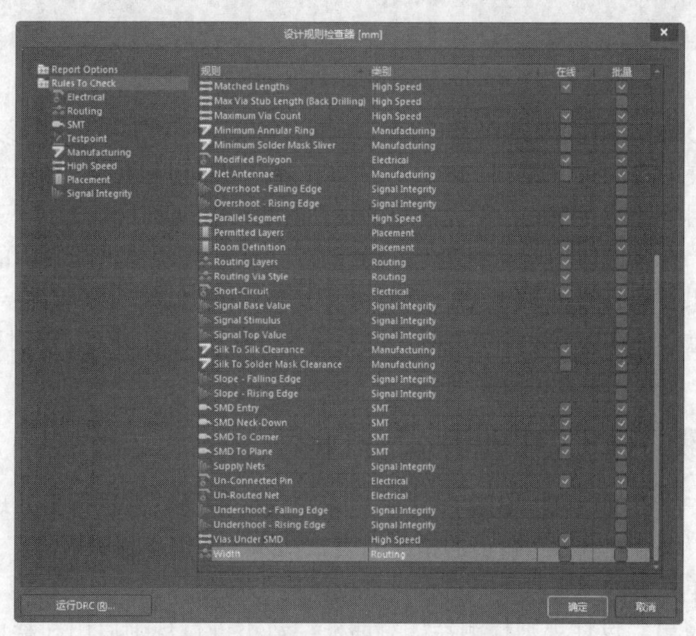

图10-4 “Rules To Check”标签页

10.2.1　在线 DRC 和批处理 DRC

DRC分为两种类型，即在线DRC和批处理DRC。

在线DRC在后台运行，在设计过程中，系统随时进行规则检查，对违反规则的对象提出警示或自动限制违例操作的执行。在“优选项”对话框的“PCB Editor（PCB编辑器）”→“General（常规）”标签页中可以设置是否选择在线DRC，如图10-5所示。

图10-5　“PCB Editor-General（PCB编辑器-常规）”标签页

通过批处理DRC，用户可以在设计过程中的任何时候手动一次运行多项规则检查。在图10-4所示的列表中我们可以看到，不同的规则适用于不同的DRC。有的规则只适用于在线DRC，有的只适用于批处理DRC，但大部分的规则都可以在两种检查方式下运行。

需要注意是，在不同阶段运行批处理DRC，对其规则选项要进行不同的选择。例如，在未布线阶段，如果要运行批处理DRC，就要将部分布线规则禁止，否则会导致过多的错误提示而使DRC失去意义。在PCB设计结束时，也要运行一次批处理DRC，这时就要选中所有PCB相关的设计规则，使规则检查尽量全面。

10.2.2　对未布线的 PCB 文件执行批处理 DRC

要求在PCB文件“单片机PCB图.PcbDoc”未布线的情况下，运行批处理DRC。此时要适当配置DRC选项，以得到有参考价值的错误列表。具体的操作步骤如下。

Step 1 单击菜单栏中的“工具”→“设计规则检查”命令。

Step 2 系统弹将出“设计规则检测器”对话框，暂不进行规则启用和禁止的设置，直接使用系统的默认设置。单击“运行DRC（R）”按钮，运行批处理DRC。

Step 3 系统执行批处理DRC，运行结果在“Messages（信息）”面板中显示出来，如图10-6所示。系统生成了几十项DRC警告，其中大部分是未布线警告，这是因为我们未在DRC运行之前禁止该规则的检查。这种DRC警告信息对我们并没有帮助，反而使“Messages（信息）”面板变得杂乱。

Messages

Class	Document	Source	Message	Time	Date	No.
[Cleara	单片机PCB图.P	Advanc	Clearance Constraint: (14mil < 15mil) Between Track (1631mil,1400mi	16:32:40	2020/6/5	1
[SMD T	单片机PCB图.P	Advanc	SMD To Corner Constraint: (4mil < 20mil) Between Pad C10-1(1000mi	16:32:40	2020/6/5	2
[SMD T	单片机PCB图.P	Advanc	SMD To Corner Constraint: (15mil < 20mil) Between Pad C1-2(160mil,	16:32:40	2020/6/5	3
[SMD T	单片机PCB图.P	Advanc	SMD To Corner Constraint: (14.142mil < 20mil) Between Pad C1-2(16(	16:32:40	2020/6/5	4
[SMD T	单片机PCB图.P	Advanc	SMD To Corner Constraint: (15mil < 20mil) Between Pad C2-2(160mil,	16:32:40	2020/6/5	5
[SMD T	单片机PCB图.P	Advanc	SMD To Corner Constraint: (14.142mil < 20mil) Between Pad C2-2(16(	16:32:40	2020/6/5	6
[SMD T	单片机PCB图.P	Advanc	SMD To Corner Constraint: (15mil < 20mil) Between Pad C5-2(2130mi	16:32:40	2020/6/5	7
[SMD T	单片机PCB图.P	Advanc	SMD To Corner Constraint: (15mil < 20mil) Between Pad C6-2(2100mi	16:32:40	2020/6/5	8
[SMD T	单片机PCB图.P	Advanc	SMD To Corner Constraint: (10mil < 20mil) Between Pad C6-2(2100mi	16:32:40	2020/6/5	9
[SMD T	单片机PCB图.P	Advanc	SMD To Corner Constraint: (4.199mil < 20mil) Between Pad C8-2(124(	16:32:40	2020/6/5	10

图10-6 “Messages”面板1

Step 4 再次单击菜单栏中的“工具”→“设计规则检查”命令，重新配置DRC规则。在“设计规则检测”对话框中，单击左侧列表中的“Rules To Check（检查规则）”选项。

Step 5 在图10-4所示的规则列表中，禁止其中部分规则的“批量”选项。禁止项包括Un-Routed Net（未布线网络）和Width（宽度）。

Step 6 单击“运行DRC”按钮，运行批处理DRC。

Step 7 系统再次执行批处理DRC，运行结果在“Messages（信息）”面板中显示出来，如图10-7所示。可见重新配置检查规则后，批处理DRC检查得到了0项DRC违例信息。检查原理图确定这些引脚连接的正确性。

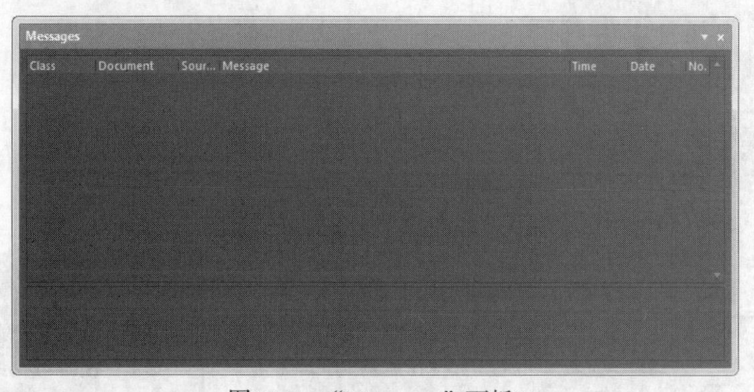

图10-7 “Messages”面板2

10.2.3 对已布线完毕的PCB文件执行批处理DRC

对布线完毕的PCB文件“单片机PCB图.PcbDoc”再次运行DRC。尽量检查所有涉及的设计规则。具体的操作步骤如下。

Step 1 单击菜单栏中的“工具”→“设计规则检查”命令。

Step 2 系统将弹出“设计规则检测器”对话框，单击左侧列表中的“Rules To Check（检查规则）”选项，配置检查规则。

Step 3 在图10-4所示的规则列表中，将部分“批量”选项中被禁止的规则选中，允许其进行该规则检查。选择项必须包括Clearance（安全间距）、Width（宽度）、Short-Circuit（短路）、Un-Routed Net（未布线网络）、Component Clearance（元件安全间距）等，其他选项采用系统默认设置即可。

Step 4 单击“运行DRC”按钮，运行批处理DRC。

Step 5 系统执行批处理DRC，运行结果在“Messages（信息）”面板中显示出来。对于批处理DRC中检查到的违例信息项，可以通过错误定位进行修改，这里不再赘述。

10.3 输出电路板相关报表

PCB绘制完毕，可以利用Altium Designer 20提供的强大报表生成功能，生成一系列报表文件。这些报表文件具有不同的功能和用途，为PCB设计的后期制作、元件采购、文件交流等提供了方便。在生成各种报表之前，首先确保要生成报表的文件已经打开并被激活为当前文件。

10.3.1 PCB 图的网络表文件

前面介绍的PCB设计，采用的是从原理图生成网络表的方式，这也是通用的PCB设计方法。但是有些时候，设计者直接调入元件封装绘制PCB图，没有采用网络表，或者在PCB图绘制过程中，连接关系有所调整，这时PCB的真正网络逻辑和原理图的网络表会有所差异。此时，我们就需要从PCB图中生成一份网络表文件。

下面以从PCB文件“单片机PCB图.PcbDoc”生成网络表为例，详细介绍PCB图网络表文件生成的操作步骤。

Step 1 在PCB编辑器中，单击菜单栏中的“设计”→“网络表”→“从连接的铜皮生成网络表”命令，系统将弹出如图10-8所示的“Confirm”（确认）对话框。

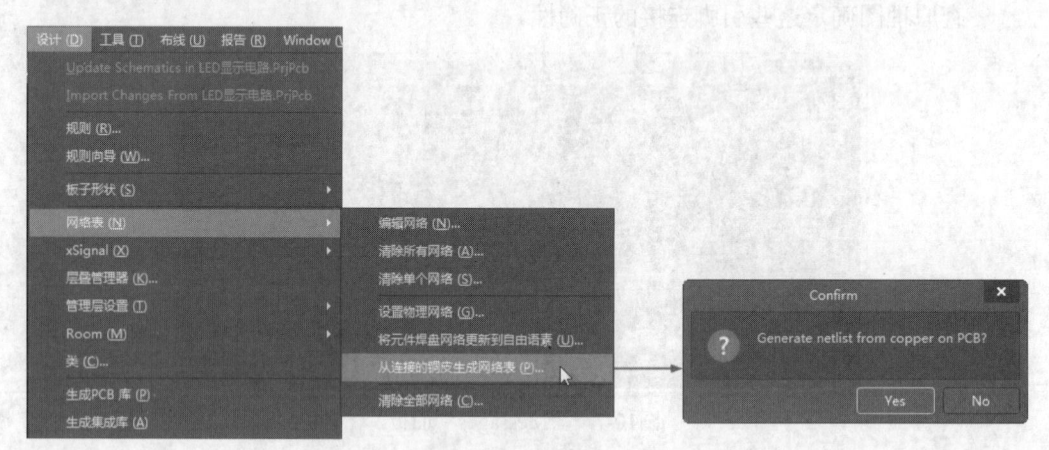

图10-8 打开输出网络表的“Confirm”对话框

Step 2 单击“Yes（是）”按钮，系统生成PCB网络表文件“Exported 单片机PCB图.Net”，并自动打开。

Step 3 该网络表文件作为自由文档加入到“Projects（工程）”面板中，如图10-9所示。

网络表可以根据用户需要进行修改，修改后的网络表可再次载入，以验证PCB板的正确性。

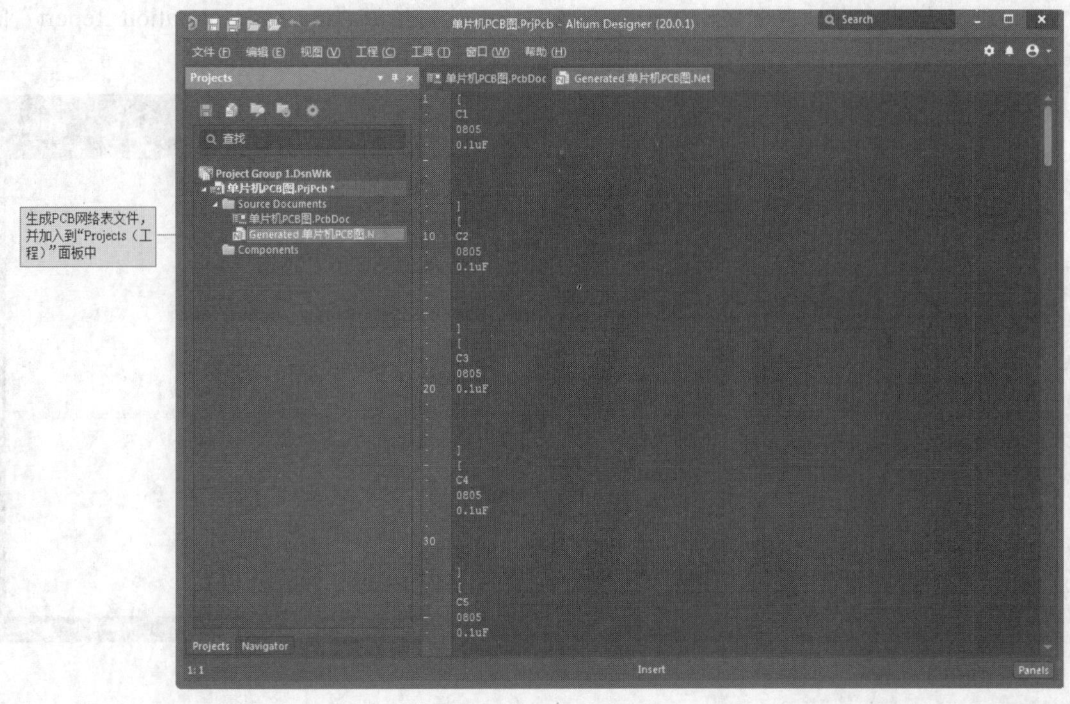

图10-9 “Projects”面板

10.3.2 PCB 的信息报表

PCB信息报表是对PCB的元件网络和完整细节信息进行汇总的报表。单击右侧“Properties（属性）”按钮，打开“Properties（属性）”面板“Board（板）”属性编辑，在“Board Information（板信息）”选项组中显示PCB文件中元件和网络的完整细节信息，图10-10显示的部分是选定对象时的相关信息：

- 汇总了PCB上的各类图元，如导线、过孔、焊盘等的数量，报告了电路板的尺寸信息和DRC违例数量；
- 报告了PCB上元件的统计信息，包括元件总数、各层放置数目和元件标号列表；
- 列出了电路板的网络统计，包括导入网络总数和网络名称列表。

单击“Reports报告”按钮，系统将弹出如图10-11所示的“板级报告”对话框，通过该对话框可以生成PCB信息的报表文件，在该对话框的列表框中选择要包含在报表文件中的内容。勾选“仅选择对象”复选框时，报告中只列出当前电路板中已经处于选择状态下的图元信息。

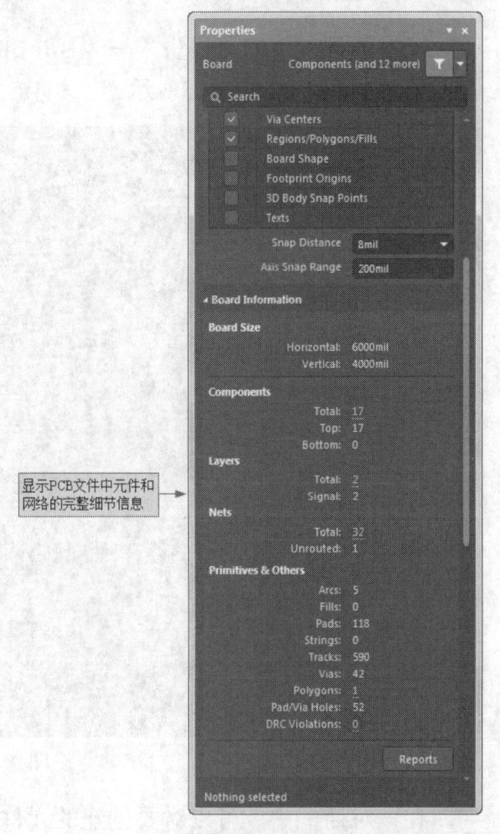

图10-10 “Board Information（板信息）”属性编辑

在“板级报告”对话框中单击“报告”按钮，系统将生成“Board Information Report”的报表文件，并自动在工作区内打开，PCB信息报表如图10-12所示。

图10-11 “Board Report”对话框

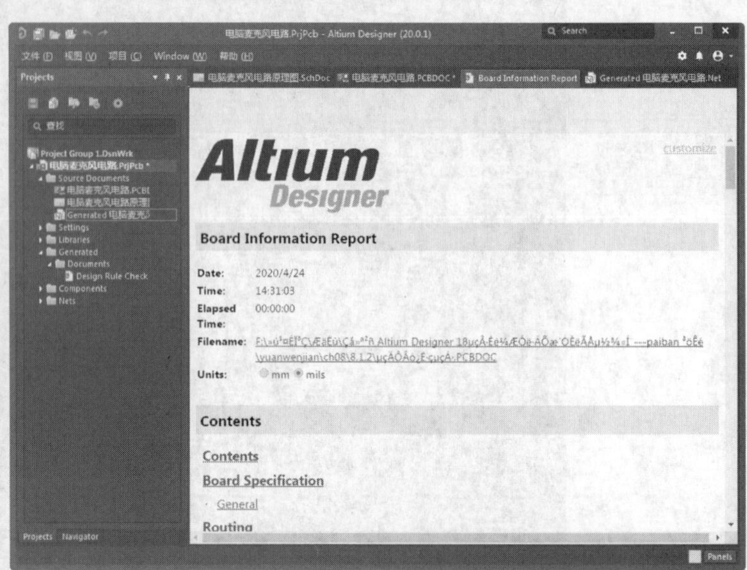

图10-12 PCB信息报表

10.3.3 元件清单

单击菜单栏中的“报告”→“Bill of Materials（元件清单）”命令，系统将弹出相应的元件报表对话框，如图10-13所示。

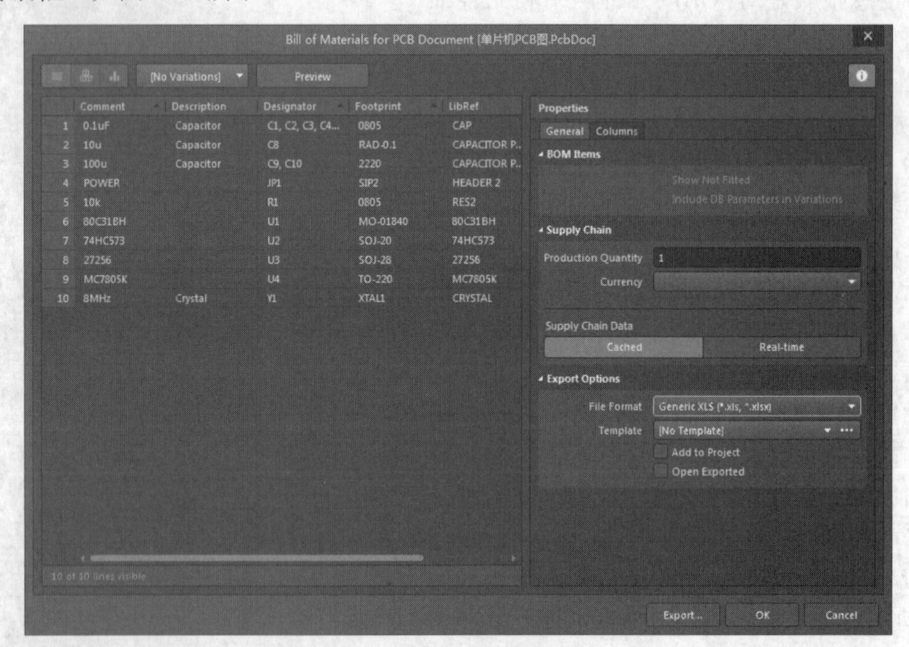

图10-13 设置元件报表

在该对话框中，可以对要创建的元件清单进行选项设置。右侧有两个选项卡，它们的含义分别如下。

- "General（通用）"选项卡：一般用于设置常用参数。
- "Columns（纵队）"选项卡：用于列出系统提供的所有元件属性信息，如Description（元件描述信息）、Component Kind（元件种类）等。

要生成并保存报表文件，单击对话框中的"Export（输出）"按钮，系统将弹出"另存为"对话框。选择保存类型和保存路径，保存文件即可。

10.3.4　网络表状态报表

该报表列出了当前PCB文件中所有的网络，并说明了它们所在工作层和网络中导线的总长度。单击菜单栏中的"报告"→"网络表状态"命令，即生成名为"XXX.REP"的网络表状态报表，其格式如图10-14所示。

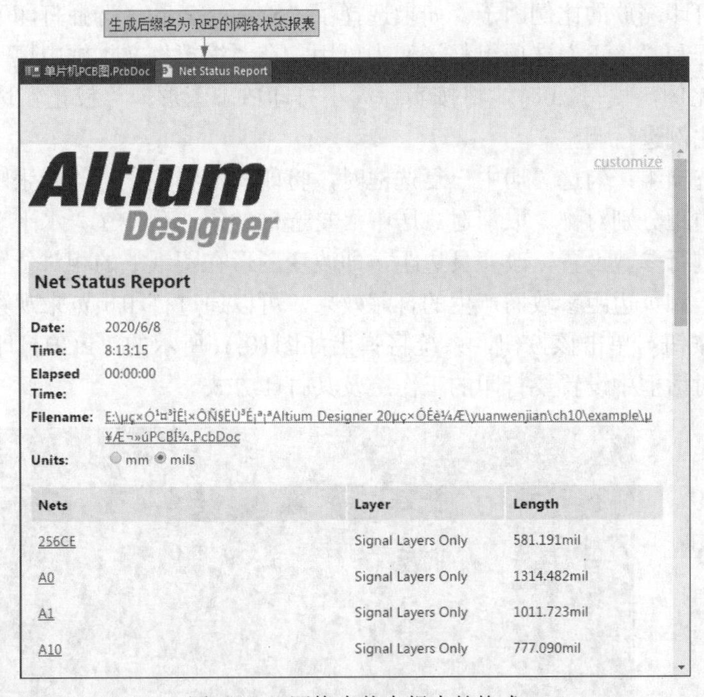

图10-14　网络表状态报表的格式

10.4　印制电路板图纸的打印输出

PCB设计完毕，就可以将其源文件、制造文件和各种报表文件按需要进行存档、打印、输出等。例如，将PCB文件打印作为焊接装配指导文件，将元件报表打印作为采购清单，生成胶片文件送交加工单位进行PCB加工，当然也可直接将PCB文件交给加工单位用以加工PCB。

10.4.1　打印 PCB 文件

利用PCB编辑器的文件打印功能，可以将PCB文件不同工作层上的图元按一定比例打印输出，用以校验和存档。

1. 页面设置

PCB文件在打印之前，要根据需要进行页面设定，其操作方式与Word文档中的页面设置非常相似。

单击菜单栏中的“文件”→“页面设置”命令，系统将弹出如图10-15所示的“Composite Properties（复合页面属性设置）”对话框。

图10-15 “Composite Properties”对话框

该对话框中各选项的功能如下。

- “打印纸”选项组：用于设置打印纸尺寸和打印方向。
- “缩放比例”选项组：用于设定打印内容与打印纸的匹配方法。系统提供了两种缩放匹配模式，即“Fit Document On Page（适合文档页面）”和“Select Print（选择打印）”。前者将打印内容缩放到适合图纸大小，后者由用户设定打印缩放的比例因子。如果选择了“Selects Print（选择打印）”选项，则“缩放”文本框和“校正”选项组都将变为可用，在“缩放”文本框中填写比例因子设定图形的缩放比例，填写1.0时，将按实际大小打印PCB图形；“校正”选项组可以对*X*、*Y*方向上的比例进行调整。
- “偏移”选项组：勾选“居中”复选框时，打印图形将位于打印纸张中心，上、下边距和左、右边距分别对称。取消对“居中”复选框的勾选后，在“水平”和“垂直”文本框中可以进行参数设置，改变页边距，即改变图形在图纸上的相对位置。选用不同的缩放比例因子和页边距参数而产生的打印效果，可以通过打印预览来观察。
- “高级”按钮：单击该按钮，系统将弹出如图10-16所示的“PCB打印输出属性”对话框，在该对话框中设置要打印的工作层及其打印方式。

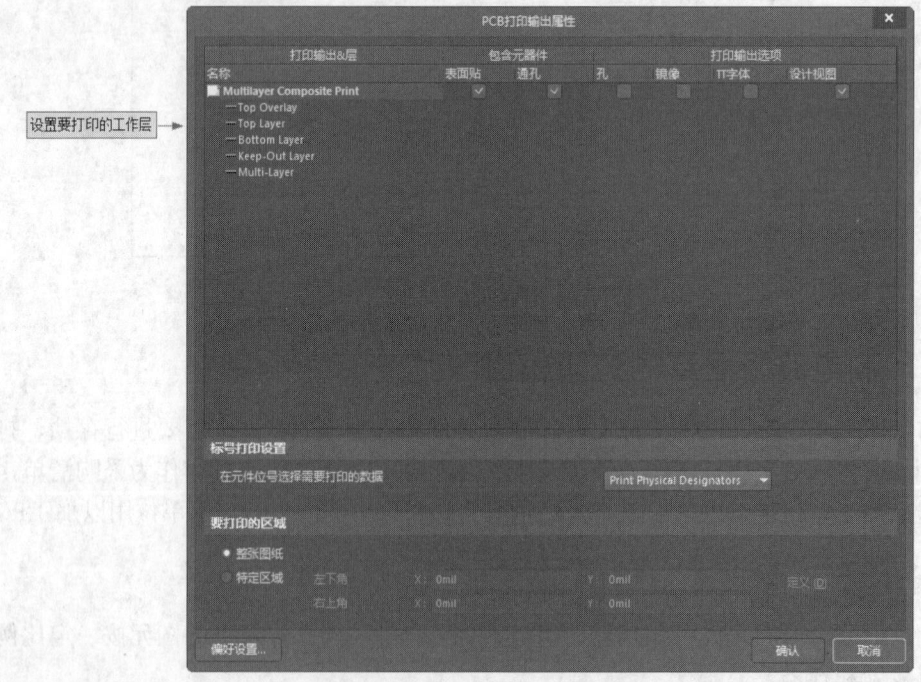

图10-16 “PCB 打印输出属性”对话框

2. 打印输出属性

Step 1 在图10-16所示的“PCB打印输出属性”对话框中，双击“Multilayer Composite Print

（多层复合打印）”左侧的页面图标，系统将弹出图10-17所示的“打印输出特性”对话框。在该对话框的“层”列表框中列出了将要打印的工作层，系统默认列出所有图元的工作层。通过底部的编辑按钮对打印层面进行添加、删除操作。

Step 2 单击“打印输出特性”对话框中的“添加”按钮或“编辑”按钮，系统将弹出如图10-18所示的“板层属性”对话框。在该对话框中进行图层打印属性的设置。在各个图元的选项组中，提供了3种类型的打印方案，即“全部”“草图”和“隐藏”。“全部”即打印该类图元全部图形画面，“草图”只打印该类图元的外形轮廓，“隐藏”则隐藏该类图元，不打印。

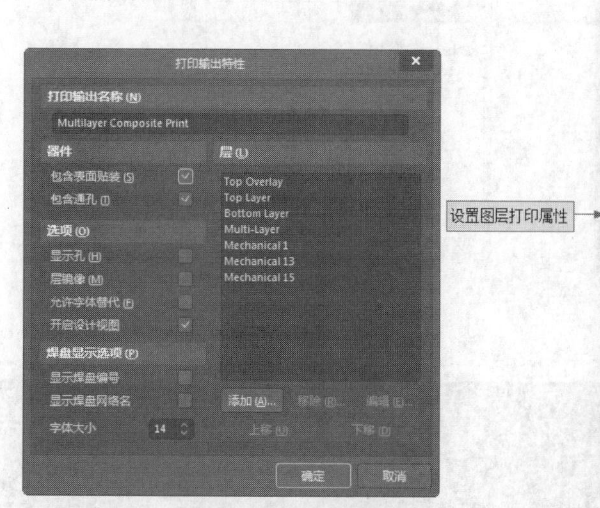

图10-17 “打印输出特性”对话框

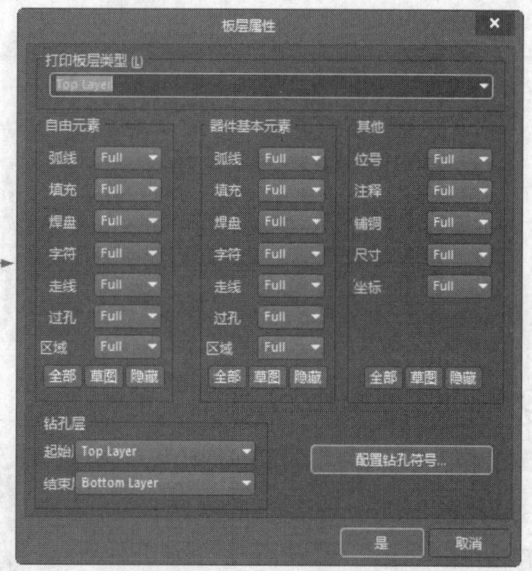

图10-18 “板层属性”对话框

Step 3 设置好“打印输出特性”对话框和“板层属性”对话框后，单击“确定”按钮，返回“PCB 打印输出属性”对话框。单击“偏好设置”按钮，系统将弹出如图10-19所示的“PCB打印设置”对话框。在该对话框中用户可以分别设定黑白打印和彩色打印时各个图层的打印灰度和色彩。单击图层列表中各个图层的灰度条或彩色条，即可调整灰度和色彩。

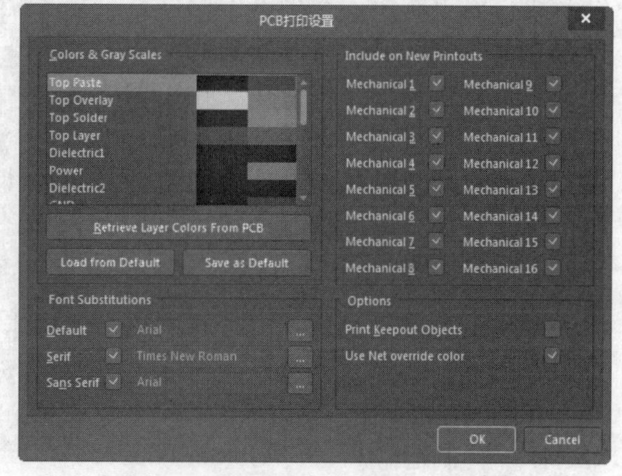

图10-19 “PCB 打印设置”对话框

Step 4 设置好“PCB打印设置”对话框后，PCB打印的页面设置就完成了。单击“OK（确定）”按钮，返回PCB工作区界面。

3. 打印

单击“PCB标准”工具栏中的（打印）按钮，或者单击菜单栏中的“文件”→“打印”命令，打印设置好的PCB文件。

10.4.2 打印报表文件

打印报表文件的操作更加简单一些。打开各个报表文件之后，同样先进行页面设定，而且报表文件的“高级”属性设置也相对简单。“高级文本打印工具”对话框如图10-20所示。

勾选“使用特殊字体”复选框后，即可单击“改变”按钮重新设置用户想要使用的字体和大小，如图10-21所示。设置好页面的所有参数后，就可以进行预览和打印了。其操作与PCB文件打印相同，这里就不再赘述。

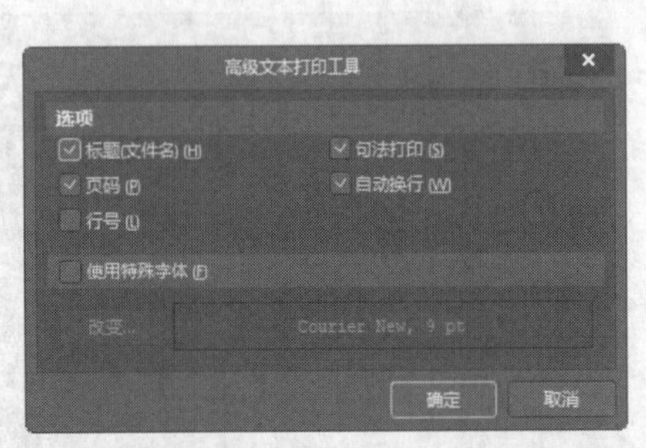

图10-20 “高级文本打印工具”对话框

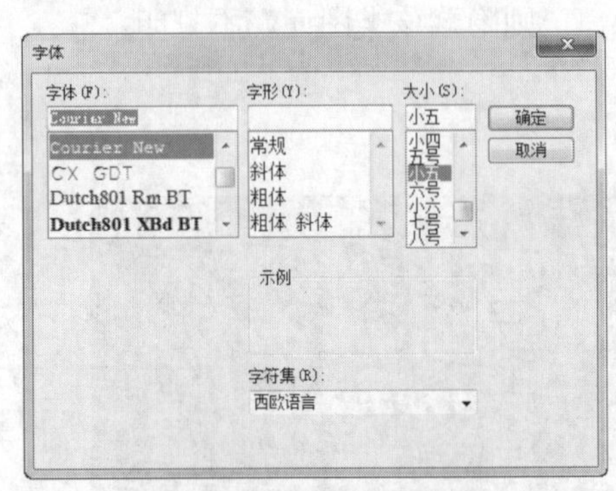

图10-21 重新设置字体

10.4.3 生成 Gerber 文件

Gerber文件是一种符合EIA标准，用于将PCB图中的布线数据转换为胶片的光绘数据，可以被光绘图机处理的文件格式。PCB生产厂商用这种文件来进行PCB制作。各种PCB设计软件都支持生成Gerber文件的功能，一般我们可以把PCB文件直接交给PCB生产厂商，厂商会将其转换成Gerber格式。而有经验的PCB设计者通常会将PCB文件按自己的要求生成Gerber文件，再交给PCB厂商制作，确保PCB制作出来的效果符合设计者的设计需要。

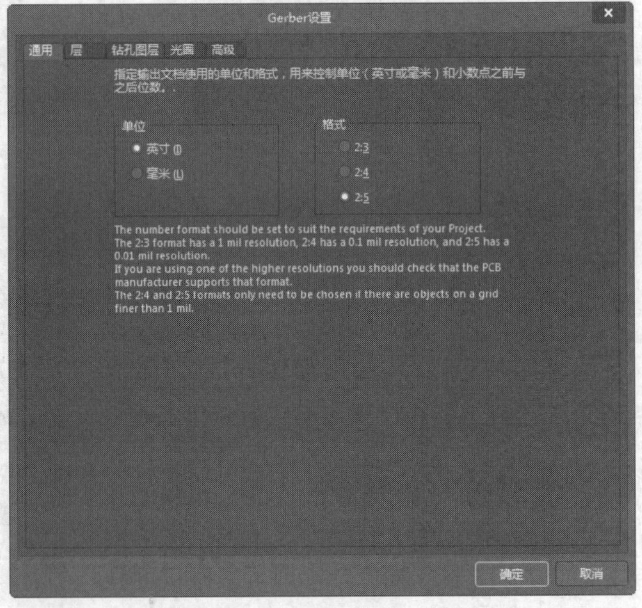

图10-22 “Gerber设置”对话框

在PCB编辑器中，单击菜单栏中的“文件”→“制造输出”→“Gerber Files（Gerber文件）”命令，系统将弹出如图10-22所示的“Gerber设置”对话框。

该对话框中选项卡的设置将在后面的实例中讲述。

Altium Designer 20系统针对不同PCB层生成的Gerber文件对应着不同的扩展名，如表10-1所示。

表10-1 Gerber文件的扩展名

PCB层面	Gerber文件扩展名	PCB层面	Gerber文件扩展名
Top Overlay	.GTO	Top Paste Mask	.GTP
Bottom Overlay	.GBO	Bottom Paste Mask	.GBP
Top Layer	.GTL	Drill Drawing	.GDD
Bottom Layer	.GBL	Drill Drawing Top to Mid1、Mid2 to Mid3 etc	.GD1、.GD2 etc
Mid Layer1、2 etc	.G1、.G2 etc	Drill Guide	.GDG
PowerPlane1、2 etc	.GP1、.GP2 etc	Drill Guide Top to Mid1、Mid2 to Mid3 etc	.GG1、.GG2 etc
Mechanical Layer1、2 etc	.GM1、.GM2 etc	Pad Master Top	.GPT
Top Solder Mask	.GTS	Pad Master Bottom	.GPB
Bottom Solder Mask	.GBS	Keep-out Layer	.GKO

10.5 操作实例

10.5 操作实例

10.5.1 电路板信息及网络状态报表

1. 设计要求

利用图10-23所示的PCB图，生成电路板信息报表。电路板信息报表的作用是给用户提供有关电路板的完整信息。通过电路板信息报表，了解电路板尺寸、电路板上的焊点、过孔的数量及电路板上的元件标号，通过网络状态可以了解电路板中每一条导线的长度。

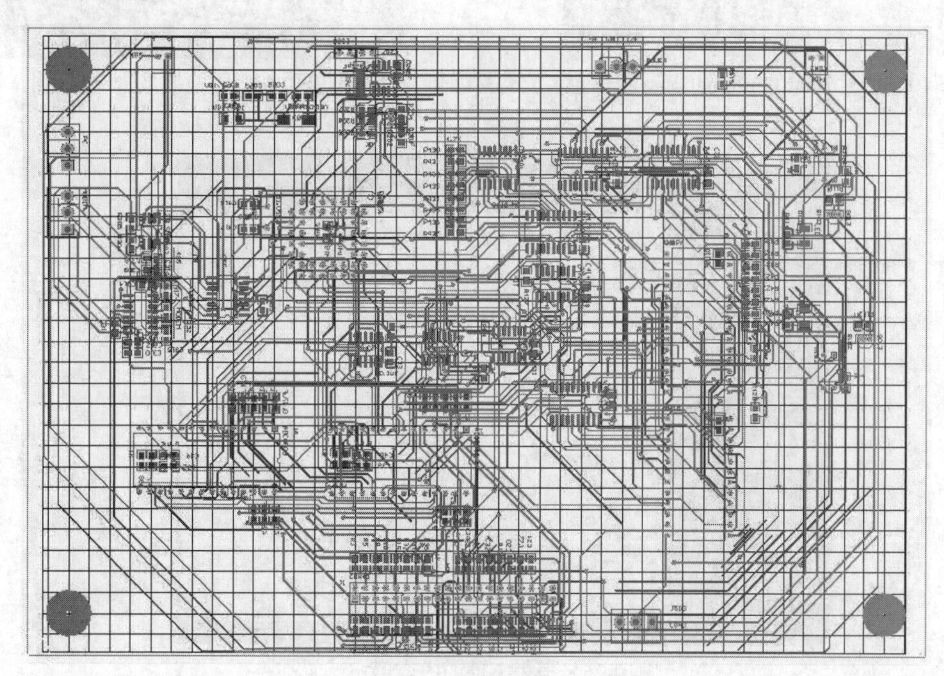

图10-23 PCB图

2. 操作步骤

Step 1 单击右侧“Properties（属性）”按钮，打开“Properties（属性）”面板“Board（板）”属性编辑，在“Board Information（板信息）”选项组下显示PCB文件中元件和网络的完整细节信息，如图10-24所示。

Step 2 单击“Reports（报告）”按钮，系统将弹出如图10-25所示的“板级报告”对话框，勾选“仅选择对象”复选框时，单击“报告”按钮，系统将生成“Board Information Report”的报表文件，自动在工作区内打开PCB信息报表，如图10-26所示。

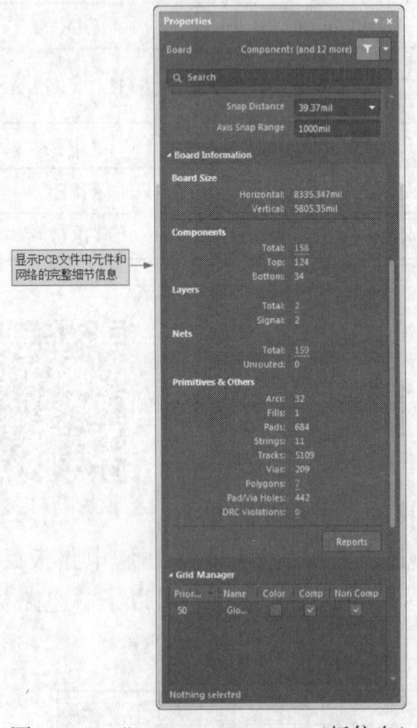

图10-24 “Board Information（板信息）”属性编辑

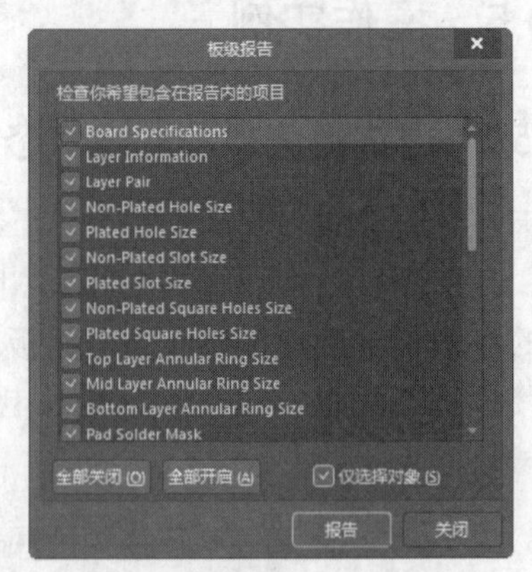

图10-25 “板级报告”对话框

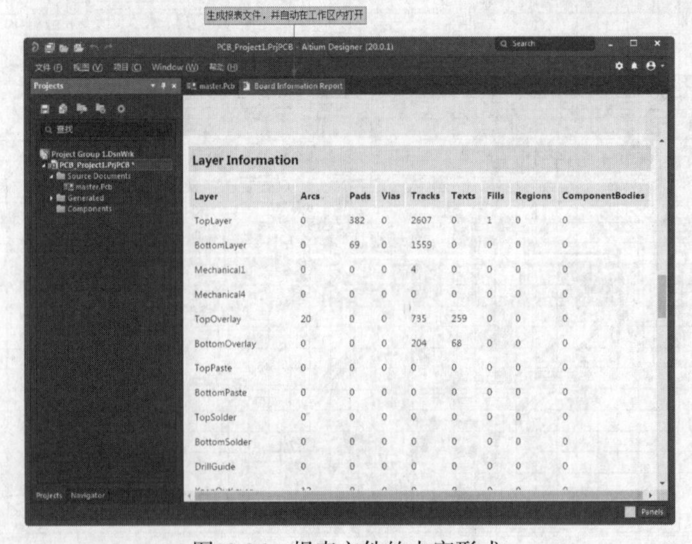

图10-26 报表文件的内容形式

Step 3 单击菜单栏中的“报告”→“网络表状态”命令，生成以“.REP”为后缀的网络状态报表，如图10-27所示。

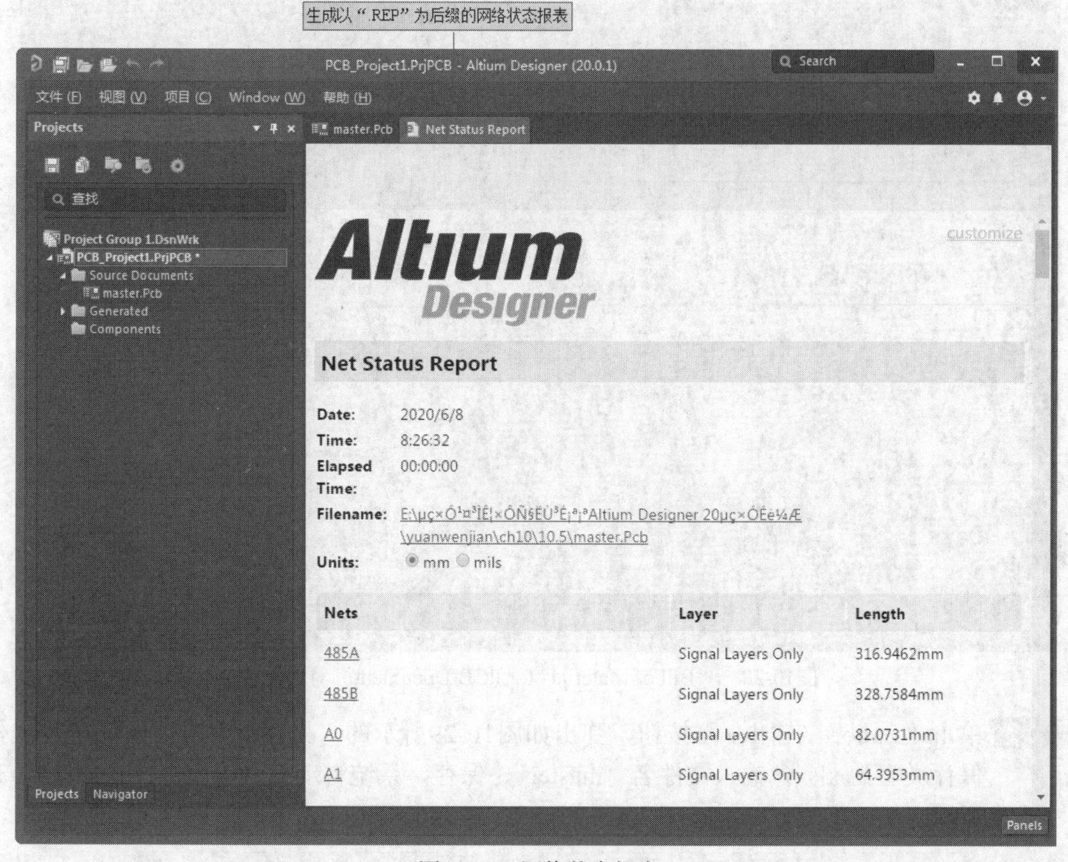

图10-27 网络状态报表

10.5.2 电路板元件清单

1. 设计要求

利用图10-23所示的PCB图，生成电路板元件清单。元件清单是设计完成后首先要输出的一种报表，它将项目中使用的所有元件的有关信息进行统计输出，并且可以输出多种文件格式。通过对本例的学习，使读者掌握和熟悉根据所设计的PCB图生成各种格式的元件清单报表方法。

2. 操作步骤

Step 1 打开PCB文件，单击菜单栏中的“报告”→“Bill of Materials（元件清单）”命令，系统将弹出如图10-28所示的“Bill of Materials for PCB Document”（PCB元件清单）对话框。

Step 2 在“Columns（纵队）”列表框中列出了系统提供的所有元件属性信息，如“Description（元件描述信息）”“Component Kind（元件类型）”等。本例勾选“Description”“Designator（指示）”“Footprint（引脚）”“LibRef（库编号）”和“Quantity（数量）”复选框。

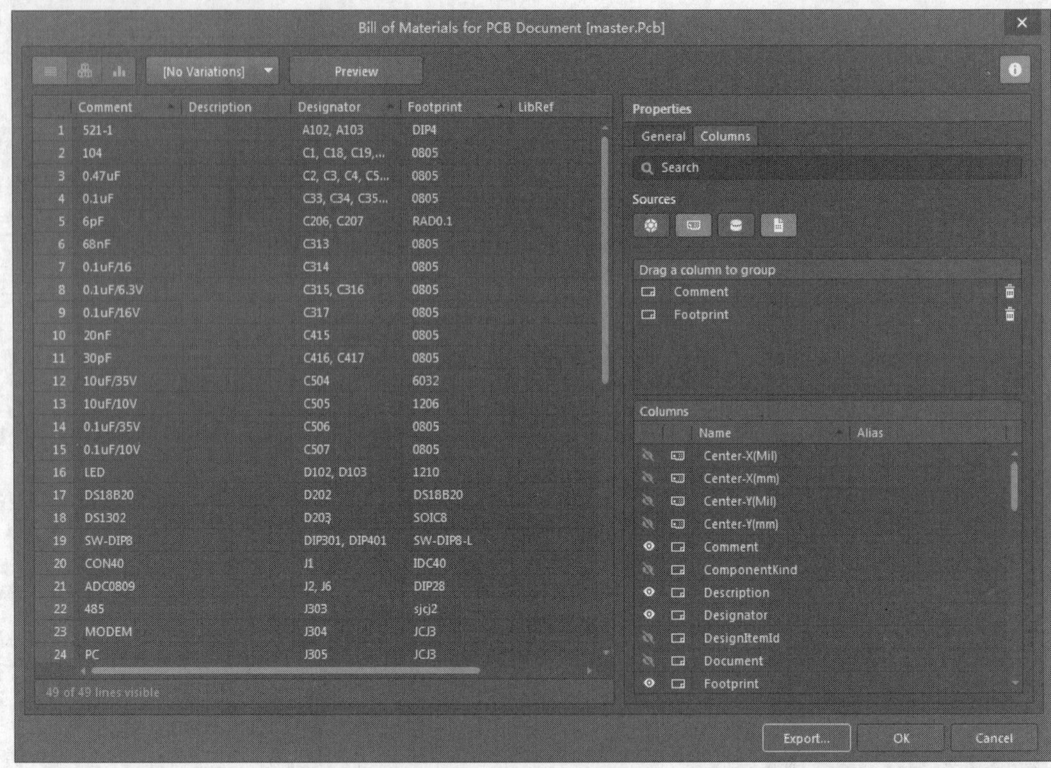

图10-28　“Bill of Materials for PCB Document”对话框

Step 3 单击“Export（输出）”按钮，弹出如图10-29所示的“另存为”对话框，选择文件保存类型为.xlsx，输入文件名“master”，保存，系统自动打开报表文件，如图10-30所示。

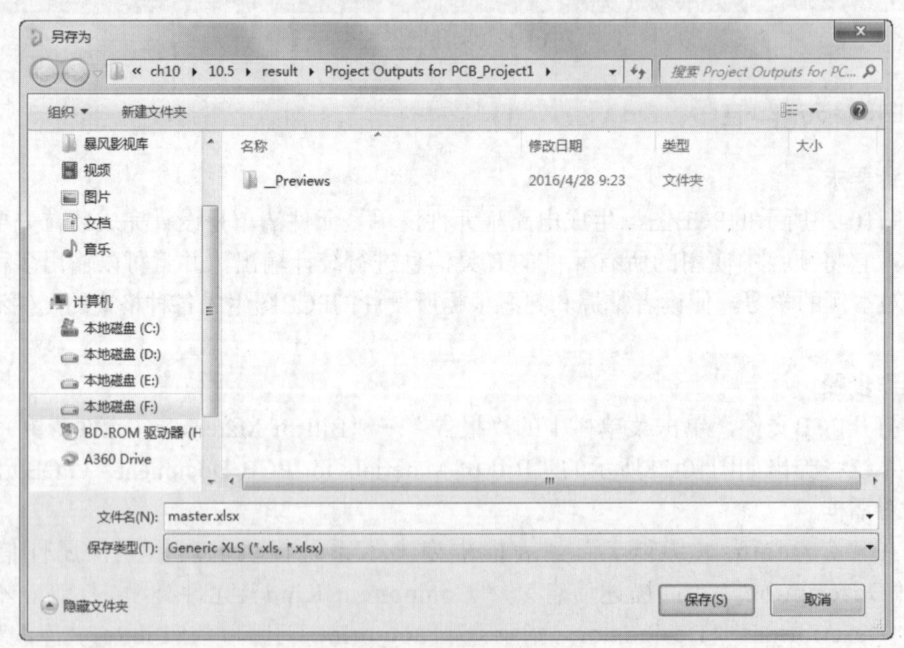

图10-29　“另存为”对话框

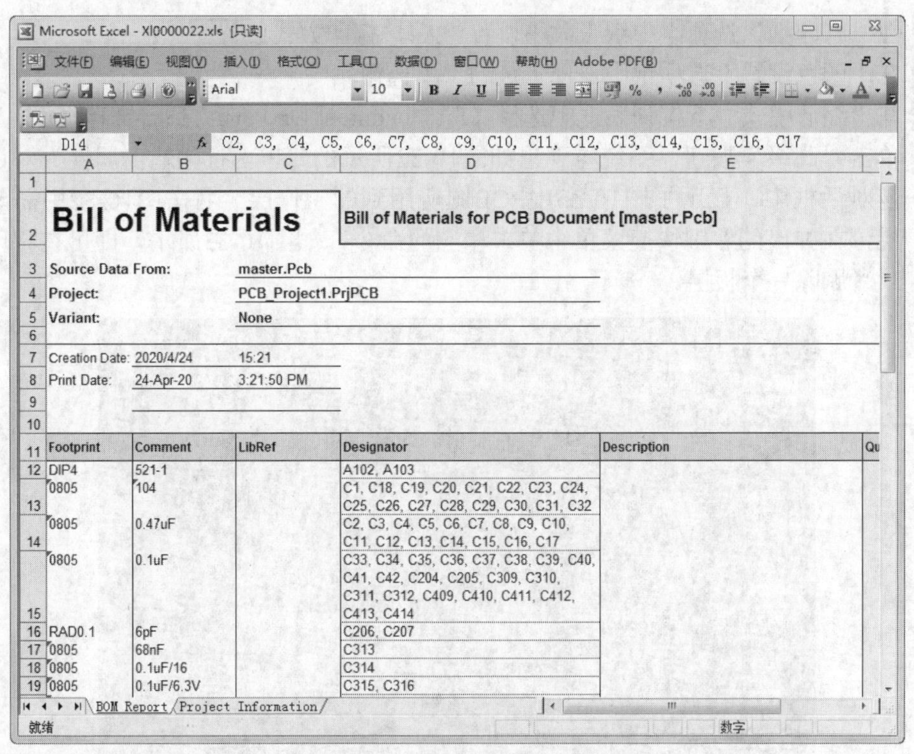

图10-30 自动打开的报表文件

10.5.3 PCB图纸打印输出

1. 设计要求

利用图10-23所示的PCB图，完成图纸打印输出。通过对本例的学习，读者可掌握和熟悉PCB图纸打印输出的方法和步骤。在进行打印机设置时，要完成打印机的类型设置、纸张大小的设置、电路图纸的设置。系统提供了分层打印和叠层打印两种打印模式，观察两种输出方式的不同。

2. 操作步骤

Step 1 打开PCB文件，单击菜单栏中的“文件”→“页面设置”命令，系统将弹出如图10-31所示的“Composite Properties（复合页面属性设置）”对话框。

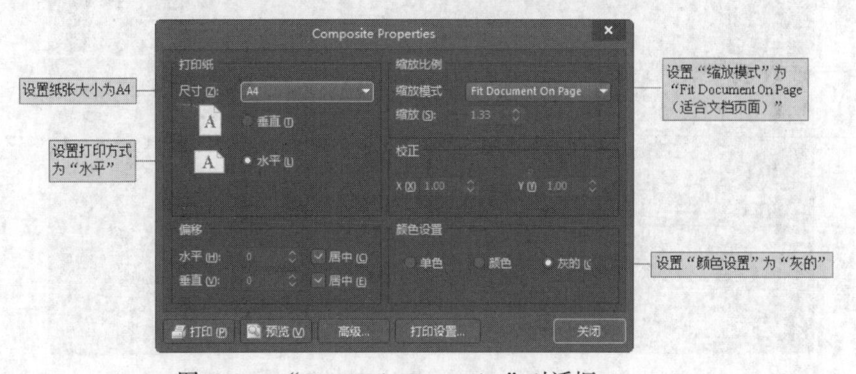

图10-31 “Composite Properties”对话框

Step 2 在“打印纸”选项组中纸张大小设置为A4，打印方式设置为“水平”。

Step 3 在“颜色设置”选项组中点选“灰的”单选钮。

Step 4 在“缩放模式”下拉列表框中选择“Fit Document On Page（适合文档页面）”选项。

Step 5 单击“高级”按钮，系统将弹出如图10-32所示的“PCB打印输出属性”对话框。在该对话框中，显示了图10-23中PCB图所用到的工作层。右击图10-32中需要的工作层，在弹出的右键快捷菜单中单击相应的命令，如图10-33所示，即可在打印时添加或者删除一个板层。

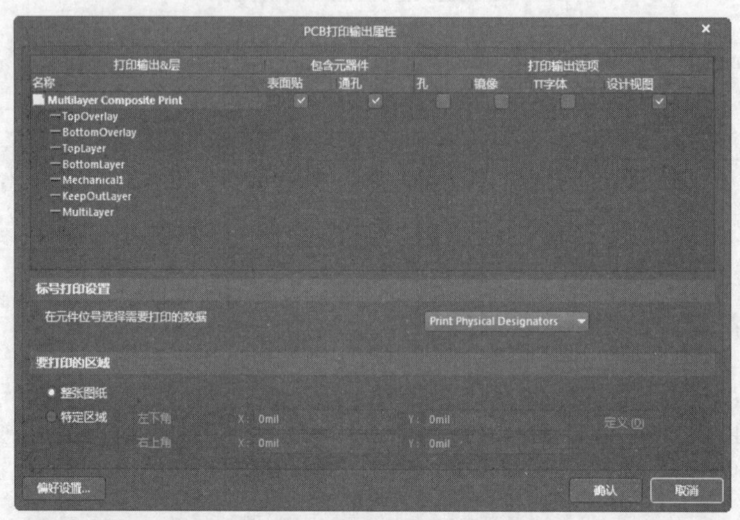

图10-32 “PCB打印输出属性”对话框

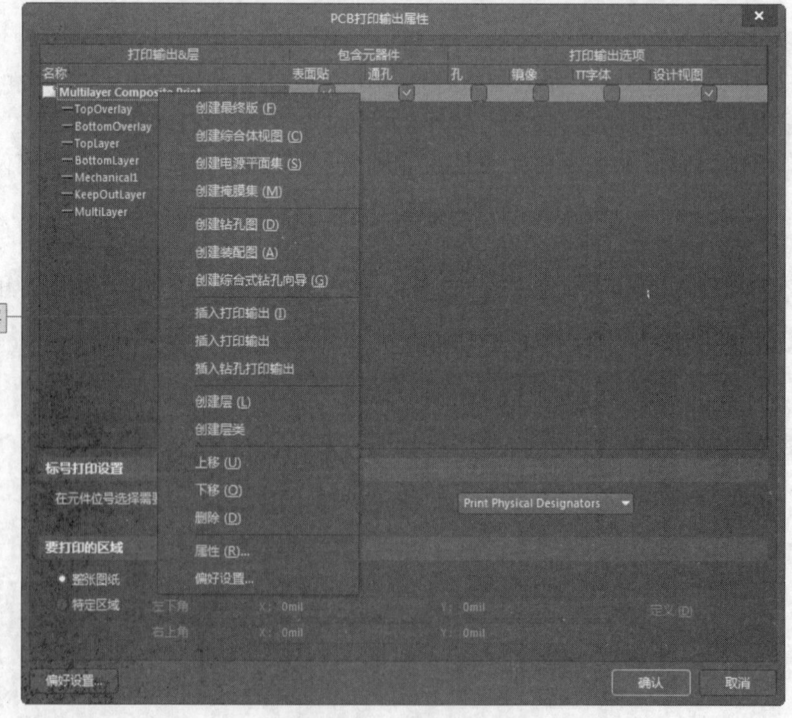

图10-33 右键快捷菜单

Step 6 在图10-32所示的“PCB打印输出属性”对话框中，单击“偏好设置”按钮，系统将弹出如图10-34所示的“PCB 打印设置”对话框，在该对话框中设置打印颜色、字体，设置完毕单击“OK”按钮，关闭对话框。

Step 7 在图10-31所示的“Composite Properties（复合页面属性设置）”对话框中，单击“预览”按钮，可以预览打印效果，如图10-35所示。

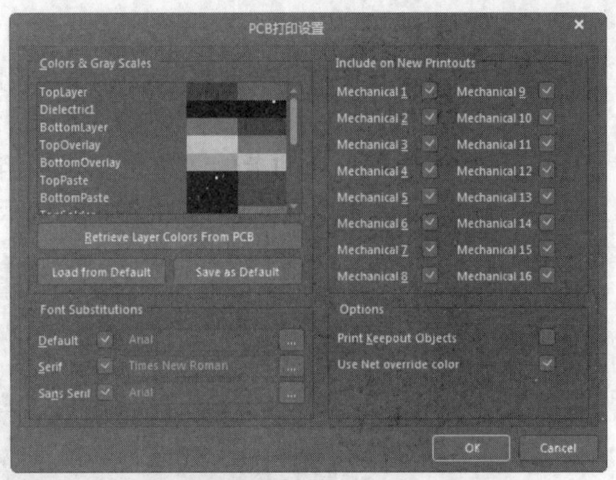

图10-34 “PCB 打印设置”对话框

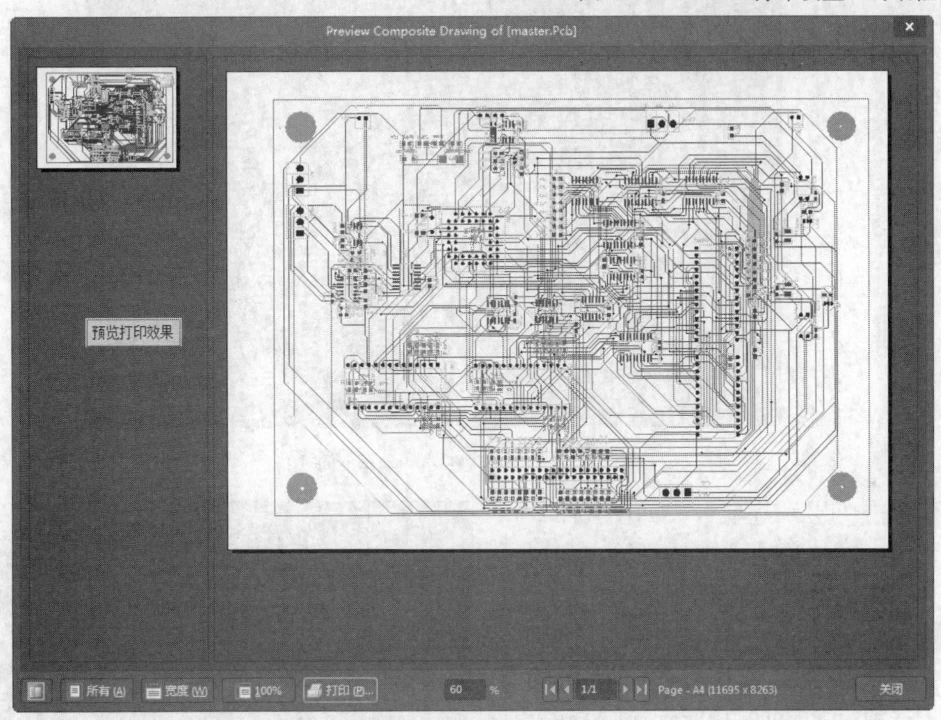

图10-35 打印预览

Step 8 若对打印效果不满意，可以再重新设置纸张和打印机属性。

Step 9 设置完毕后，单击“打印”按钮，开始打印。

10.5.4 生产加工文件输出

1. 设计要求

PCB设计的目的是向PCB生产过程提供相关的数据文件，因此，PCB设计的最后一步就是产生PCB加工文件。

利用图10-23所示的PCB图，完成生产加工文件。需要完成PCB加工文件、信号布线层的数据输出、丝印层的数据输出、阻焊层的数据输出、助焊层的数据输出和钻孔数据的输出。通过对本例的学习，读者可掌握生产加工文件的输出，为生产部门实现PCB的生产加工提供文件。

2. 操作步骤

Step 1 打开PCB文件。单击菜单栏中的“文件”→“制造输出”→“Gerber Files（Gerber文件）”命令，系统将弹出如图10-36所示的“Gerber设置”对话框。

Step 2 在“通用”选项卡的“单位”选项组中点选“英寸”单选钮，在“格式”选项组中点选“2∶3”单选钮，如图10-36所示。

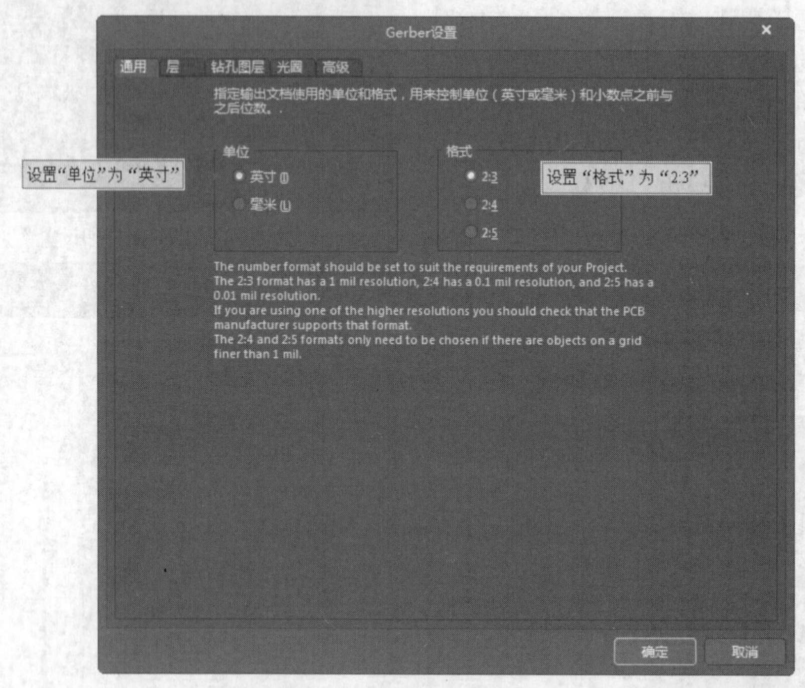

图10-36 “Gerber设置”对话框

Step 3 单击“层”选项卡，如图10-37所示，在该选项卡中选择输出的层，一次选中需要输出的所有层。

Step 4 在“层”选项卡中，单击“绘制层”按钮，选择“选择使用的”选项，如图10-38所示，选择输出顶层布线层。

Step 5 单击“钻孔图层”选项卡，如图10-39所示。在“钻孔图”选项组中勾选“TopLayer -BottomLayer（顶层-底层）”复选框，在该选项组右侧单击“配置钻孔符号”按钮，弹出“钻孔符号”对话框，将“符号尺寸”设置为50mil。

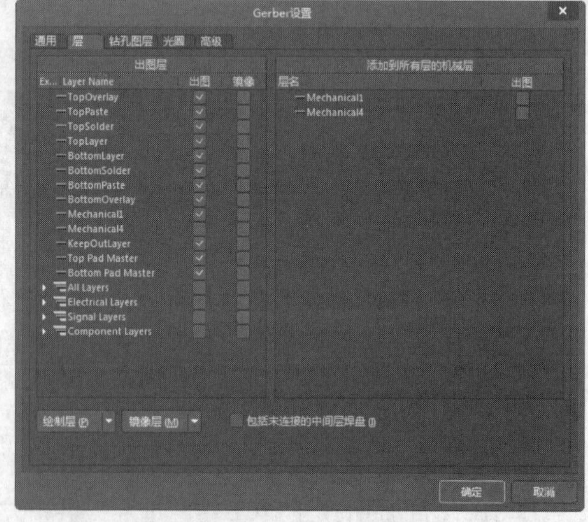

图10-37 “层”选项卡

Step 6 单击“光圈”选项卡，取消对“嵌入的孔径（RS274X）”复选框的勾选，如图10-40所示。此时系统将在输出加工数据时，自动产生D码文件。

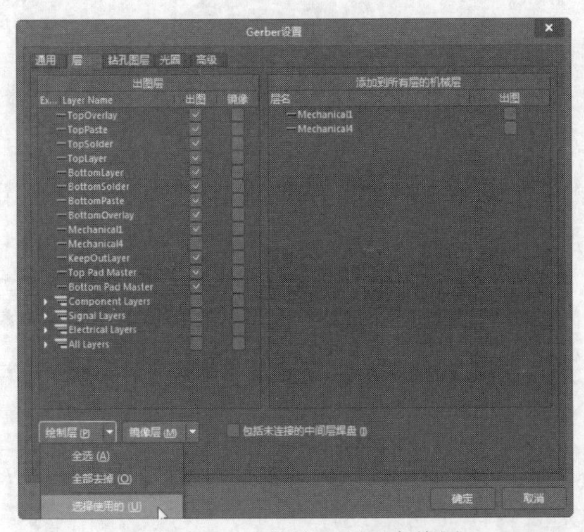

图10-38 选择输出顶层布线层

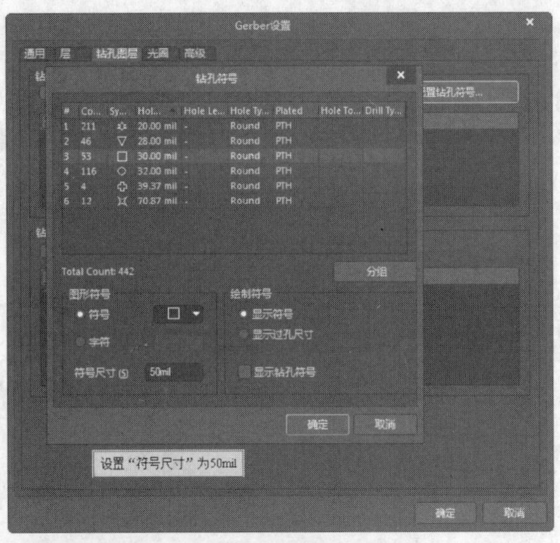

图10-39 “Drill Draw（钻孔图层）”选项卡

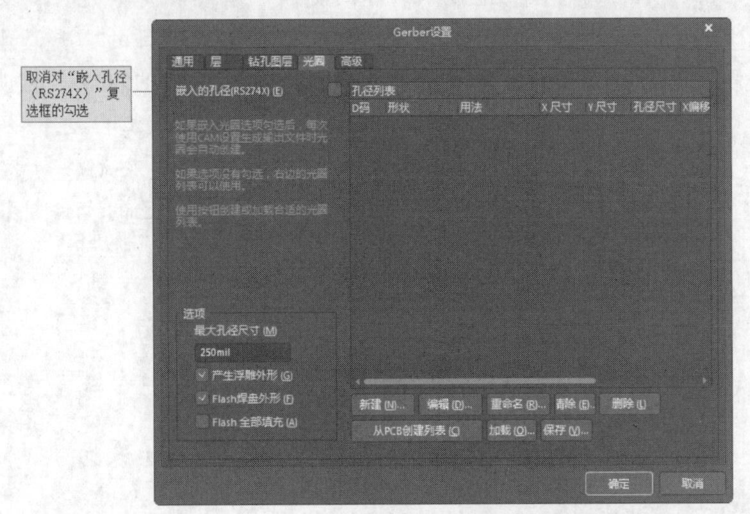

图10-40 “光圈”选项卡

Step 7 单击“高级”选项卡，采用系统默认设置，如图10-41所示。

Step 8 单击“确定”按钮，得到系统输出的Gerber文件。同时系统输出各层的Gerber和钻孔文件，共14个。

Step 9 在PCB编辑器中，单击菜单栏中的“文件”→“制造输出”→“NC Drill Files（输出无电气连接的钻孔图形文件）”命令，输出无电气连接钻孔图形文件，这里不再赘述。

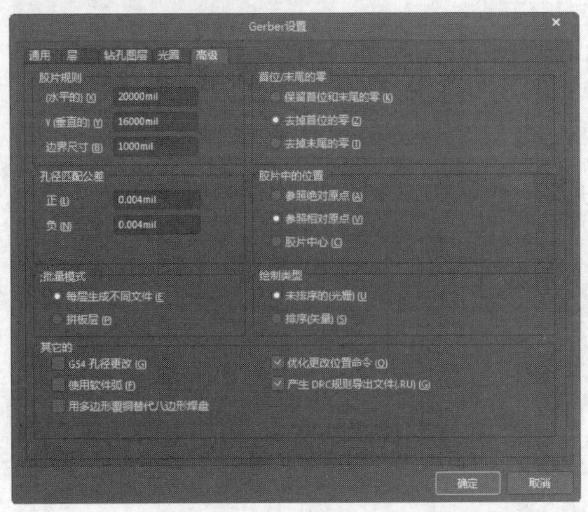

图10-41 “高级”选项卡

创建元件库及元件封装

虽然Altium Designer 20为我们提供了丰富的元件库资源，但是在实际的电路设计中，由于电子元件制造技术的不断更新，有些特定的元件封装仍需我们自行制作。另外，根据工程项目的需要，建立基于该项目的元件封装库，有利于我们在以后的设计中更加方便快速地调入元件封装，管理工程文件。

本章将对元件库的创建及元件封装进行详细介绍，使读者学习如何管理自己的元件封装库，从而更好地为设计服务。

- 创建原理图元件库
- 创建PCB元件库
- 元件封装

11.1 创建原理图元件库

首先介绍制作原理图元件库的方法。打开或新建一个原理图元件库文件，即可进入原理图元件库文件编辑器。例如，打开系统自带的4 Port Serial Interface工程中的项目元件库4 Port Serial Interface.SchLib，原理图元件库文件编辑器如图11-1所示。

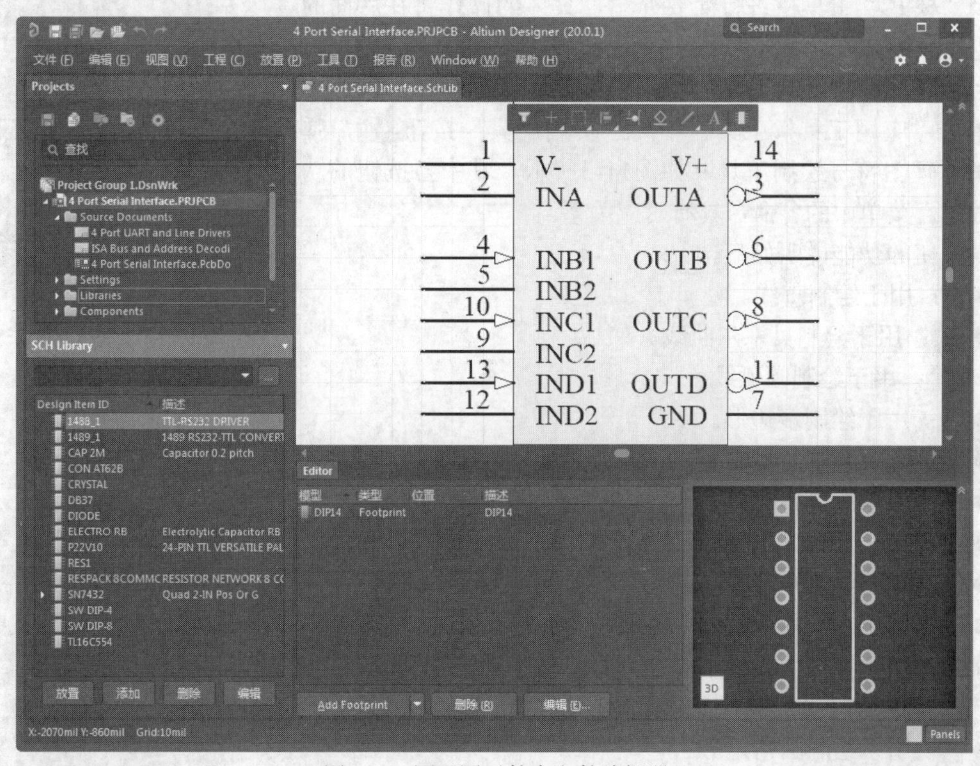

图11-1 原理图元件库文件编辑器

11.1.1 元件库面板

在原理图元件库文件编辑器中，单击工作面板中的“SCH Library（SCH元件库）”标签页，即可显示“SCH Library（SCH元件库）”面板。该面板是原理图元件库文件编辑环境中的主面板，几乎包含了用户创建的库文件的所有信息，用于对库文件进行编辑管理，如图11-2所示。

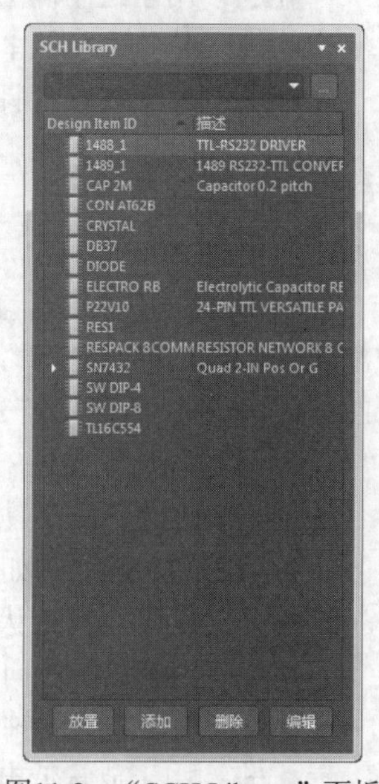

图11-2 “SCH Library”面板

在“Components（元件）”元件列表框中列出了当前所打开的原理图元件库文件中的所有库元件，包括原理图符号名称及相应的描述等。其中各按钮的功能如下：

- “放置”按钮：用于将选定的元件放置到当前原理图中；
- “添加”按钮：用于在该库文件中添加一个元件；
- “删除”按钮：用于删除选定的元件；
- “编辑”按钮：用于编辑选定元件的属性。

11.1.2 工具栏

对于原理图元件库文件编辑环境中的菜单栏及工具栏，由于功能和使用方法与原理图编辑环境中基本一致，在此不再赘述。我们主要对“实用”工具栏中的原理图符号绘制工具、IEEE符号工具及“模式”工具栏进行简要介绍，具体的操作将在后面的章节中进行介绍。

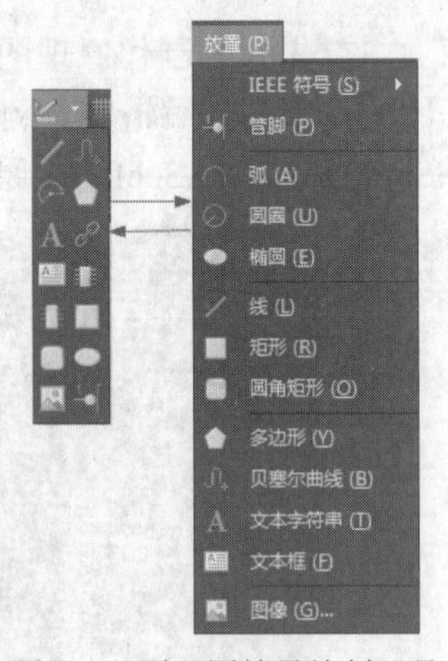

图11-3 原理图符号绘制工具

1. 原理图符号绘制工具

单击“应用工具”工具栏中的“实用工具”按钮，弹出相应的原理图符号绘制工具，如图11-3所示。其中各按钮的功能与“放置”菜单中的各命令具有对应关系。

各按钮的功能说明如下。

- ：用于绘制直线。
- ：用于绘制贝塞尔曲线。
- ：用于绘制圆弧线。
- ：用于绘制多边形。
- ：用于添加说明文字。
- ：用于放置超链接。
- ：用于放置文本框。
- ：用于绘制矩形。
- ：用于在当前库文件中添加一个元件。
- ：用于在当前元件中添加一个元件子功能单元。
- ：用于绘制圆角矩形。
- ：用于绘制椭圆。
- ：用于插入图片。
- ：用于放置管脚。

这些按钮与原理图编辑器中的按钮十分相似，这里不再赘述。

2. IEEE符号工具

单击“应用工具”工具栏中的按钮，弹出相应的IEEE符号工具，如图11-4所示，是符合IEEE标准的一些图形符号。其中各按钮的功能与“放置”菜单中“IEEE Symbols（IEEE符号）”命令的子菜单中的各命令具有对应关系。

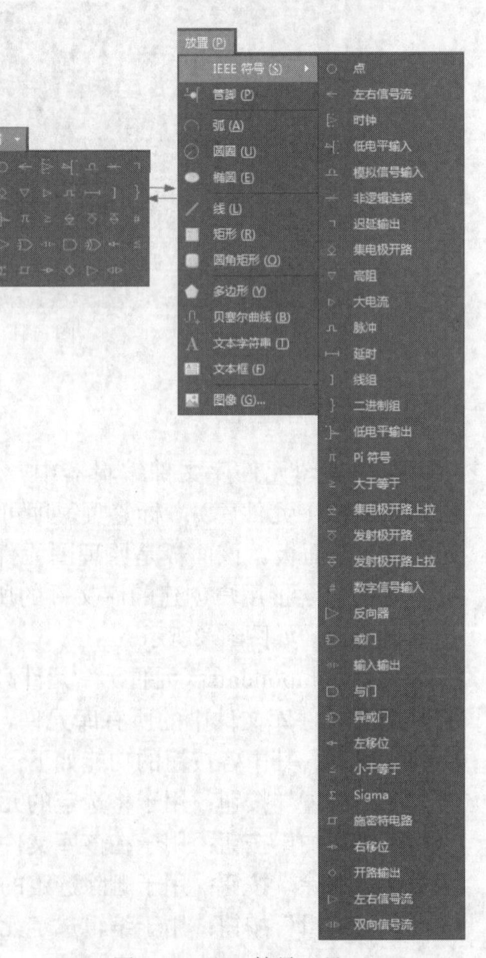

图11-4 IEEE符号工具

各按钮的功能说明如下。

- ○：用于放置点状符号。
- ：用于放置左向信号流符号。
- ：用于放置时钟符号。
- ：用于放置低电平输入有效符号。

- ⏄：用于放置模拟信号输入符号。
- ⋇：用于放置无逻辑连接符号。
- ¬：用于放置延迟输出符号。
- ⎐：用于放置集电极开路符号。
- ▽：用于放置高阻符号。
- ▷：用于放置大电流输出符号。
- ⎍：用于放置脉冲符号。
- ⊢⊣：用于放置延迟符号。
-]：用于放置分组线符号。
- }：用于放置二进制分组线符号。
-]⊢：用于放置低电平有效输出符号。
- ㄫ：用于放置符号π。
- ≥：用于放置大于等于符号。
- ⎐：用于放置集电极开路正偏符号。
- ▽：用于放置发射极开路符号。
- ▽：用于放置发射极开路正偏符号。
- #：用于放置数字信号输入符号。
- ▷：用于放置反向器符号。
- ⊃：用于放置或门符号。
- ◁▷：用于放置输入、输出符号。
- D：用于放置与门符号。
- ⊃：用于放置异或门符号。
- ◁-：用于放置左移符号。
- ≤：用于放置小于等于符号。
- Σ：用于放置求和符号。
- ⊓：用于放置施密特触发输入特性符号。
- -▷：用于放置右移符号。
- ◇：用于放置开路输出符号。
- ▷：用于放置右向信号传输符号。
- ◁▷：用于放置双向信号传输符号。

3. “Mode”（模式）工具栏

“模式”工具栏用于控制当前元件的显示模式，如图11-5所示。

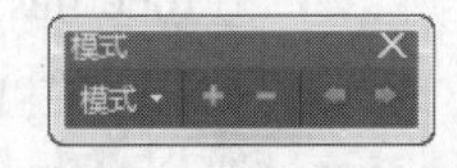

图11-5 “模式”工具栏

- “模式”按钮：单击该按钮，可以为当前元件选择一种显示模式，系统默认为“Normal（正常）”。
- ＋：单击该按钮，可以为当前元件添加一种显示模式。
- －：单击该按钮，可以删除元件的当前显示模式。
- ⇦：单击该按钮，可以切换到前一种显示模式。
- ⇨：单击该按钮，可以切换到后一种显示模式。

11.1.3 设置元件库编辑器工作区参数

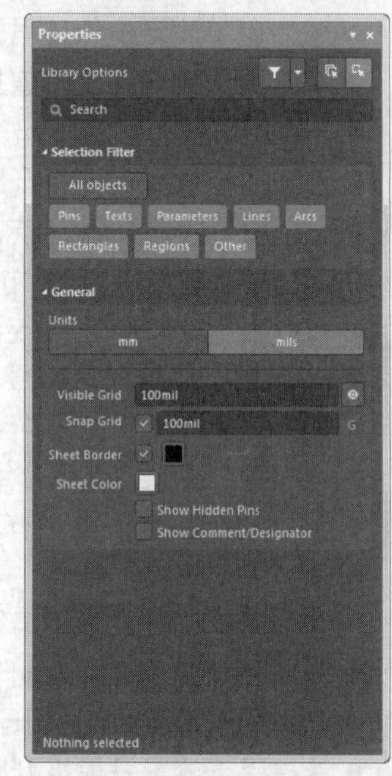

图11-6 “Properties（属性）”面板

在原理图元件库文件的编辑环境中，打开图11-6所示的“Properties（属性）”面板，在该面板中可以根据需要设置相应的参数。

该面板与原理图编辑环境中的“Properties（属性）”面板内容相似，所以这里只介绍其中个别选项的含义，对于其他选项，用户可以参考前面章节介绍的关于原理图编辑环境的“Properties（属性）”面板的设置方法。

- “Visible Grid（可见栅格）”复选框：用于设置显示可见栅格的大小。
- “Snap Grid（捕捉栅格）”选项组：用于设置显示捕捉栅格的大小。
- “Sheet Border（原理图边界）”复选框：用于输入原理图边界是否显示及显示的颜色。
- “Sheet Color（原理图颜色）”复选框：用于输入原理图中管脚与元件的颜色及是否显示。

11.1.4 绘制库元件

下面以绘制美国Cygnal公司的一款USB微控制器芯片C8051F320为例，详细介绍原理图符号的绘制过程。

1. 绘制库元件的原理图符号

Step 1 单击菜单栏中的“文件”→“新的”→“库”→“原理图库”命令，如图11-7所示，打开原理图元件库文件编辑器，创建一个新的原理图元件库文件，命名为“NewLib.SchLib”。

Step 2 在界面右下角单击 Panels 按钮，弹出快捷菜单，选择“Properties（属性）”命令，打开“Properties（属性）”面板，并自动固定在右侧边界上，在弹出的面板中进行工作区参数设置。

Step 3 为新建的库文件原理图符号命名。在创建了一个新的原理图元件库文件的同时，系统已自动为该库添

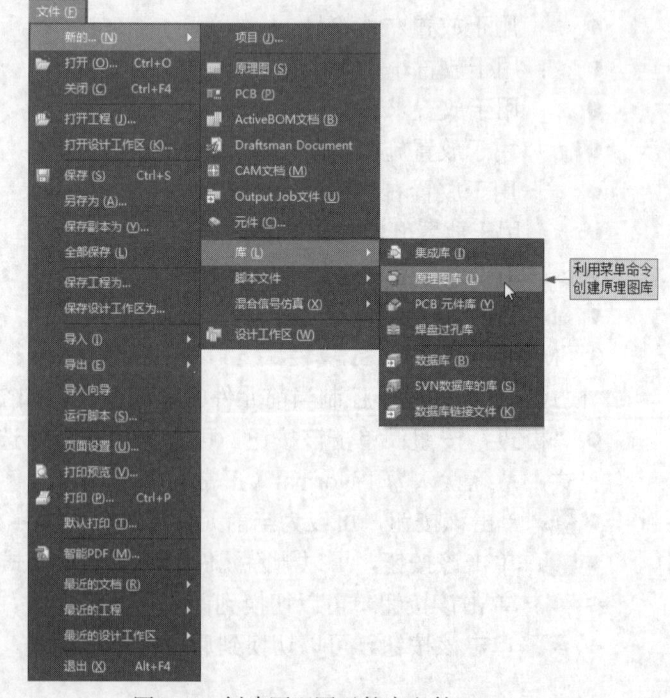

图11-7 创建原理图元件库文件

加了一个默认原理图符号名为“Component-1”的库元件，在“SCH Library（SCH元件库）”面板中可以看到。通过以下两种方法，可以为该库元件重新命名。

- 单击“应用工具”工具栏中的“实用工具”按钮下拉菜单中的（创建器件），系统将弹出原理图符号名称对话框，在该对话框中输入自己要绘制的库元件名称。
- 在“SCH Library（SCH元件库）”面板中，直接单击原理图符号名称栏下面的“添加”按钮，也会弹出原理图符号名称对话框。

Step 4 如输入“C8051F320”，单击“确定”按钮，关闭该对话框，则默认原理图符号名为“Component-1”的库元件变成“C8051F320”。

Step 5 单击“应用工具”工具栏中的“实用工具”按钮下拉菜单中的（放置矩形）按钮，光标变成十字形状，并附有一个矩形符号。单击两次，在编辑窗口的第四象限内绘制一个矩形。

矩形用来作为库元件的原理图符号外形，其大小应根据要绘制的库元件管脚数的多少来决定。由于我们使用的C8051F320采用32管脚LQFP封装形式，所以应画成正方形，并画得大一些，以便于管脚的放置。管脚放置完毕后，可以再调整成合适的尺寸。

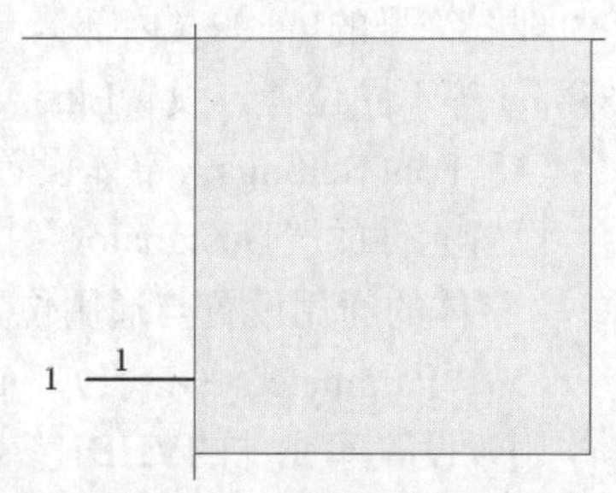

图11-8 放置元件管脚

2. 放置管脚

Step 1 单击快捷工具栏中的（放置管脚）按钮，光标变成十字形状，并附有一个管脚符号。

Step 2 移动该管脚到矩形边框处，单击完成放置，如图11-8所示。在放置管脚时，一定要保证具有电气连接特性的一端，即带有“×”号的一端朝外，这可以通过在放置管脚时按<Space>键旋转来实现。

Step 3 在放置管脚时按<Tab>键，或者双击已放置的管脚，系统将弹出如图11-9所示的“Properties（属性）”面板，在该面板中可以对管脚的各项属性进行设置。

“Properties（属性）”面板中各项属性含义如下。

（1）Location（位置）选项组。

Rotation（旋转）：用于设置端口放置的角度，有0 Degrees、90 Degrees、180 Degrees、270 Degrees 4种选择。

（2）Properties（属性）选项组。

- “Designator（指定管脚标号）”文本框：用于设置库元件管脚的编号，应该与实际的管脚编号相

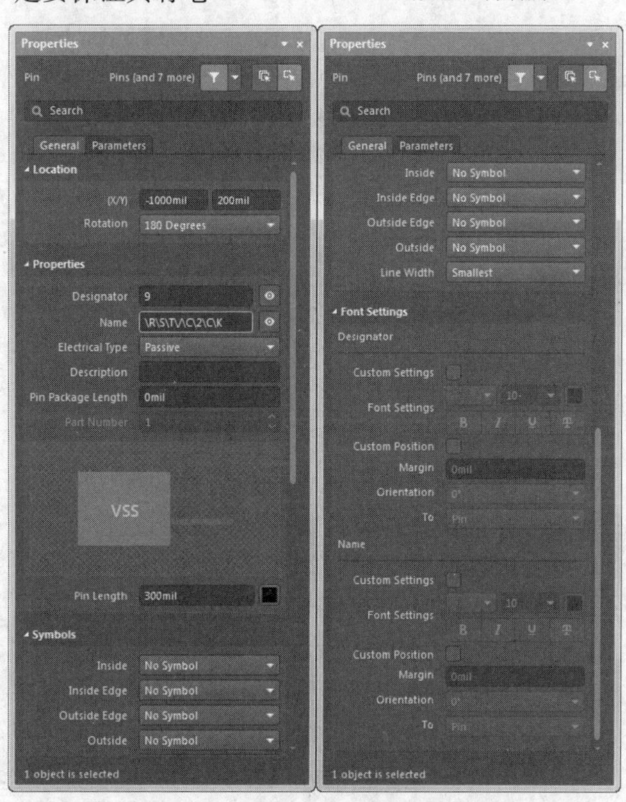

图11-9 “Properties（属性）”面板

对应，这里输入1。

- “Name（名称）”文本框：用于设置库元件管脚的名称，并激活右侧的“可见的”按钮。
- “Electrical Type（电气类型）”下拉列表框：用于设置库元件管脚的电气特性。有Input（输入）、I/O（输入/输出）、Output（输出）、OpenCollector（打开集流器）、Passive（中性的）、Hiz（高阻型）、Emitter（发射器）和Power（激励）8个选项。在这里，我们选择“Passive”（中性的）选项，表示不设置电气特性。
- “Description（描述）”文本框：用于填写库元件管脚的特性描述。
- Pin Package Length（管脚包长度）文本框：用于填写库元件管脚封装长度。
- Pin Length（管脚长度）文本框：用于填写库元件管脚的长度。

（3）“Symbols（管脚符号）”选项组。

根据管脚的功能及电气特性为该管脚设置不同的IEEE符号，作为读图时的参考。可放置在原理图符号的Inside（内部）、Inside Edge（内部边沿）、Outside Edge（外部边沿）或Outside（外部）等不同位置，设置Line Width（线宽），没有任何电气意义。

（4）Font Settings（字体设置）选项组。

设置元件的“Designator（指定管脚标号）”和“Name（名称）”字体的通用设置与通用位置参数设置。

（5）“Parameters（参数）”选项卡。

用于设置库元件的VHDL参数。

设置完毕后，按<Enter>键，设置好属性的管脚如图11-10所示。

9 RST/C2CK

图11-10　设置好属性的管脚

Step 4 按照同样的操作，或者使用阵列粘贴功能，完成其余31个管脚的放置，并设置好相应的属性。放置好全部管脚的库元件如图11-11所示。

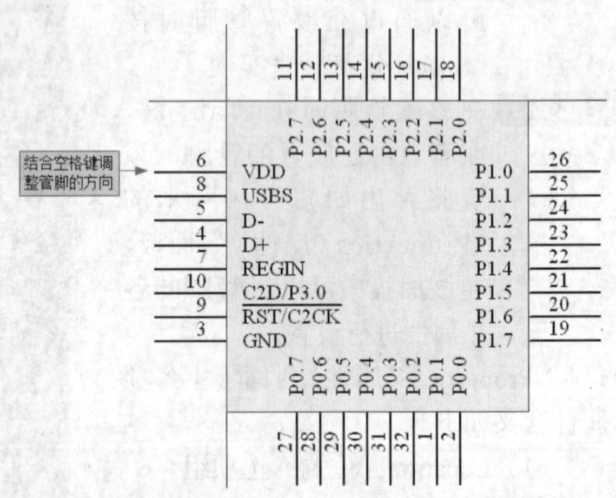

图11-11　放置好全部管脚的库元件

3. 编辑元件属性

Step 1 双击“SCH Library（SCH元件库）”面板原理图符号名称栏中的库元件名称“C8051F320”，系统弹出如图11-12所示的“Properties（属性）”面板。在该面板中可以对自己所创建的库元件进行特性描述，并且设置其他属性参数。主要设置内容包括以下几项。

（1）“Properties（属性）”选项组。

- “Design Item ID（设计项目标识）”文本框：库元件名称。
- “Designator（符号）”文本框：库元件标号，即把该元件放置到原理图文件中时，系统最初默认显示的元件标号。这里设置为“U？”，并单击右侧的（可用）按钮，则放置该元件时，序号“U？”会显示在原理图上。单击“锁定管脚”按钮，所有的管脚将和库元件成为一个整体，不能在原理图上单独移动管脚。建议用户单击该按钮，这样对电路原理图的绘制和编辑会有很大好处，以减少不必要的麻烦。

- “Comment（元件）”文本框：用于说明库元件型号。这里设置为“P22V10”，并单击右侧的（可见）按钮，则放置该元件时，“P22V10”会显示在原理图上。
- “Description”（描述）文本框：用于描述库元件功能。这里输入“24-PIN TTL VERSATILE PAL DEVICE”。
- “Type（类型）”下拉列表框：库元件符号类型，可以选择设置。这里采用系统默认设置“Standard（标准）”。

（2）“Links（元件库线路）”选项组。

库元件在系统中的标识符。这里输入“P22V10”。

（3）“Footprint（封装）”选项组。

单击“Add（添加）”按钮，可以为该库元件添加PCB封装模型。

（4）“Models（模式）”选项组。

单击“Add（添加）”按钮，可以为该库元件添加PCB封装模型之外的模型，如信号完整性模型、仿真模型、PCB 3D模型等。

（5）“Graphical（图形）”选项组。

用于设置图形中线的颜色、填充颜色和管脚颜色。

（6）“Pins（管脚）”选项卡。

系统将弹出如图11-13所示的选项卡，在该面板中可以对该元件所有管脚进行一次性的编辑设置。单击编辑按钮，弹出“元件管脚编辑器”对话框，如图11-14所示。

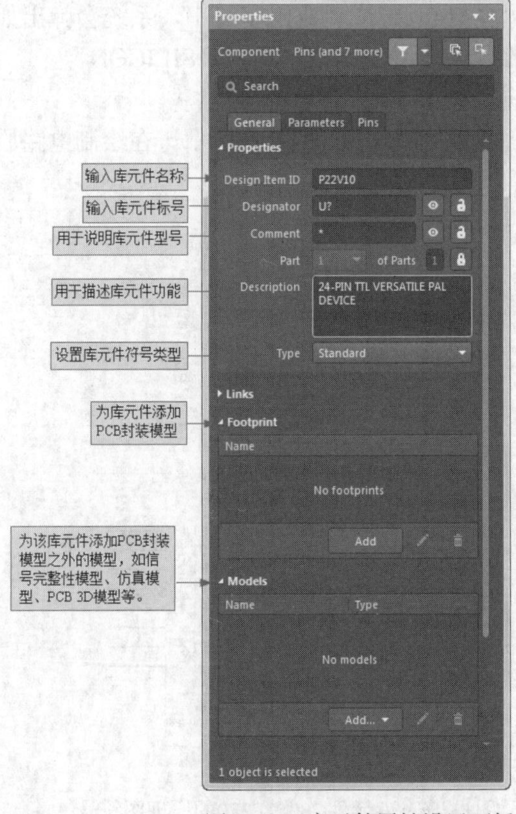

图11-12　库元件属性设置面板

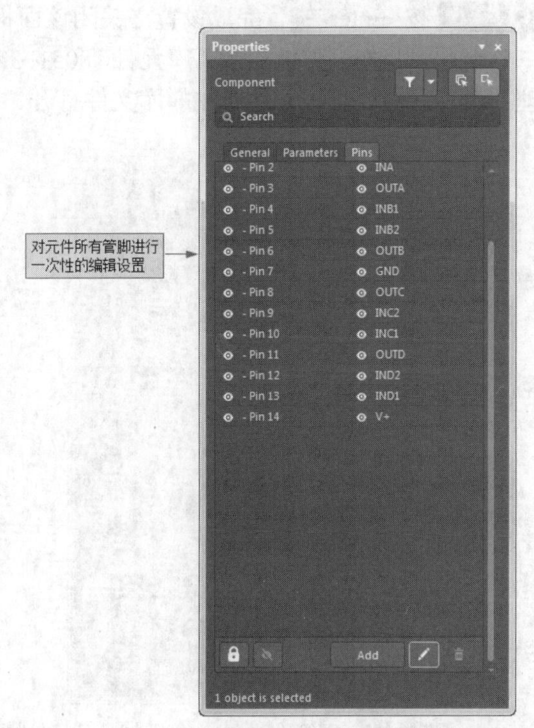

图11-13　设置所有管脚

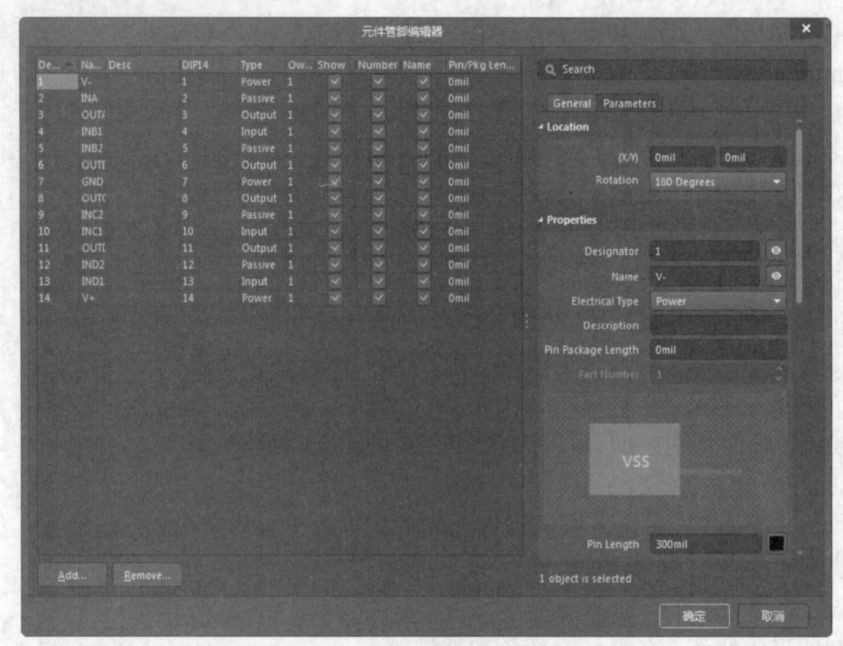

图11-14 “元件管脚编辑器”对话框

Step 2 设置完毕后，单击“确定”按钮，关闭该对话框。

Step 3 单击菜单栏中的“放置”→“文本字符串”命令，或者单击快捷工具栏中的A（放置文本字符串）按钮，光标将变成十字形状，并带有一个文本字符串。

Step 4 移动光标到原理图符号中心位置处，此时按<Tab>键或者双击字符串，系统会弹出如图11-15所示的Properties（属性）面板，在“文本”文本框中输入“SILICON”。

Step 5 按<Enter>键，完成设置，关闭该面板。

至此，我们完整地绘制了库元件C8051F320的原理图符号，如图11-16所示。在绘制电路原理图时，只需要将该元件所在的库文件打开，就可以随时调用该元件了。

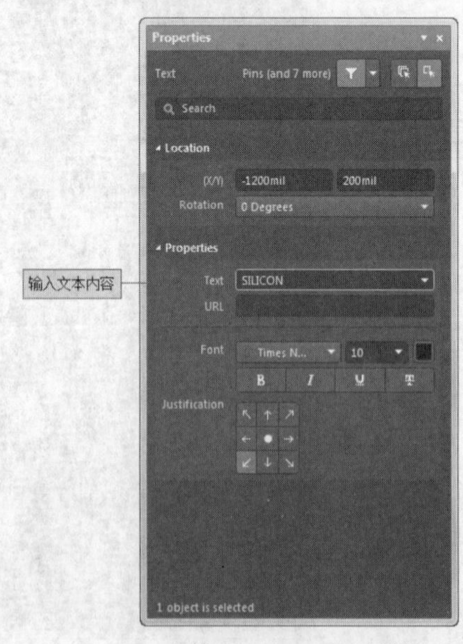

图11-15 字符“Properties（属性）”对话框

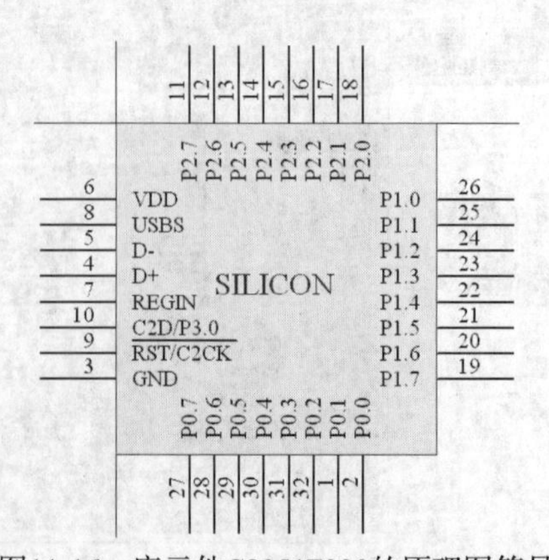

图11-16 库元件C8051F320的原理图符号

11.1.5 绘制含有子部件的库元件

下面我们利用相应的库元件管理命令，绘制一个含有子部件的库元件LF353。

LF353是美国TI公司生产的双电源结型场效应管输入的双运算放大器，在高速积分、采样保持等电路设计中经常用到，采用8管脚的DIP封装形式。

1. 绘制库元件的第一个子部件

Step 1 单击菜单栏中的“文件”→“新的”→“库”→“原理图库”命令，打开原理图元件库文件编辑器，创建一个新的原理图元件库文件，命名为“NewLib.SchLib”。

Step 2 打开“Properties（属性）”面板，在弹出的面板中进行工作区参数设置。

Step 3 为新建的库文件原理图符号命名。在创建了一个新的原理图元件库文件的同时，系统已自动为该库添加了一个默认原理图符号名为“Component-1”的库文件，在“SCH Library（SCH元件库）”面板中可以看到。通过以下两种方法为该库文件重新命名。

- 单击“应用工具”工具栏中的“实用工具”按钮下拉菜单中的（创建器件）按钮，系统将弹出如图11-17所示的“New Component（新元件）”对话框，在该对话框中输入自己要绘制的库文件名称。

图11-17 “New Component”对话框

- 在“SCH Library（SCH元件库）”面板中，直接单击原理图符号名称栏下面的“添加”按钮，也会弹出“New Component（新元件）”对话框。

在这里，我们输入“LF353”，单击“确定”按钮，关闭该对话框。

Step 4 单击“应用工具”工具栏中的“实用工具”按钮下拉菜单中的（放置多边形）按钮，光标变成十字形状，以编辑窗口的原点为基准，绘制一个三角形的运算放大器符号。

2. 放置管脚

Step 1 单击快捷工具中的（放置管脚）按钮，光标变成十字形状，并附有一个管脚符号。

Step 2 移动该管脚到多边形边框处，单击鼠标完成放置。用同样的方法，放置管脚1、2、3、4、8在三角形符号上，并设置好每一个管脚的属性，如图11-18所示。这样就完成了一个运算放大器原理图符号的绘制。

其中，1管脚为输出端“OUT1”，2、3管脚为输入端“IN1（-）”“IN1（+）”，8、4管脚为公共的电源管脚“VCC+”“VCC-”。对这两个电源管脚的属性可以设置为“隐藏”。单击菜单栏中的“视图”→“显示隐藏管脚”命令，可以切换进行显示查看或隐藏。

3. 创建库元件的第二个子部件

Step 1 单击菜单栏中的“编辑”→“选择”→“区域内部”命令，或者单击“原理图库标准”工具栏中的（选择区域内部的对象）按钮，将图11-18中的子部件原理图符号选中。

Step 2 单击“原理图库标准”工具栏中的（复制）按钮，复制选中的子部件原理图符号。

Step 3 单击菜单栏中的“工具”→“新部件”命令，或者单击“应用工具”工具栏中的“实用工具”按钮下拉菜单中的（创建新部件）按钮，在“SCH Library（SCH元件库）”面板上库元件“LF353”的名称前多了一个⊞符号，单击⊞符号，可以看到该元件中有两个子部件，刚才绘制的子部件原理图符号系统已经命名为“Part A”，另一个子部件“Part B”是新创建的。

Step 4 单击“原理图库标准”工具栏中的（粘贴）按钮，将复制的子部件原理图符号粘贴在“Part B”中，并改变管脚序号：7管脚为输出端“OUT2”，6、5管脚为输入端“IN2（-）”“IN2（+）”，8、4管脚仍为公共的电源管脚“VCC+”“VCC-”，如图11-19所示。

至此，一个含有两个子部件的库元件就创建好了。使用同样的方法，可以创建含有多个子部件的库元件。

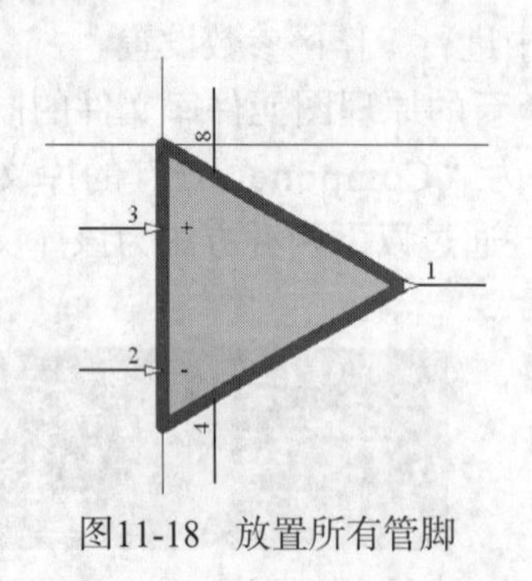

图11-18　放置所有管脚

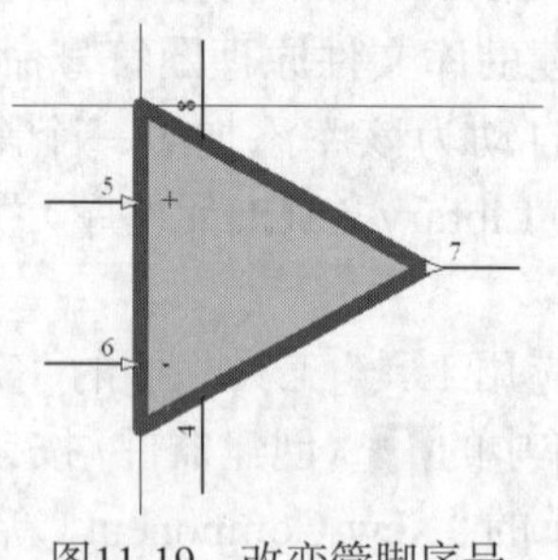

图11-19　改变管脚序号

11.2　创建PCB元件库及元件封装

11.2.1　封装概述

电子元件种类繁多，其封装形式也是多种多样。所谓封装是指安装半导体集成电路芯片用的外壳，它不仅起着安放、固定、密封、保护芯片和增强导热性能的作用，还是沟通芯片内部世界与外部电路的桥梁。

芯片的封装在PCB板上通常表现为一组焊盘、丝印层上的边框及芯片的说明文字。焊盘是封装中最重要的组成部分，用于连接芯片的管脚，并通过印制板上的导线连接到印制板上的其他焊盘，进一步连接焊盘所对应的芯片管脚，实现不同电路功能。在封装中，每个焊盘都有唯一的标号，以区别封装中的其他焊盘。丝印层上的边框和说明文字主要起指示作用，指明焊盘组所对应的芯片，方便印制板的焊接。焊盘的形状和排列是封装的关键组成部分，确保焊盘的形状和排列正确才能正确地建立一个封装。对于安装有特殊要求的封装，边框也需要绝对正确。

Altium Designer 20提供了强大的封装绘制功能，能够绘制各种各样的新型封装。考虑到芯片管脚的排列通常是有规则的，多种芯片可能有同一种封装形式，Altium Designer 20提供了封装库管理功能，绘制好的封装可以方便地保存和引用。

11.2.2　常用元件封装介绍

总体上讲，根据元件所采用安装技术的不同，可分为通孔安装技术（Through Hole Technology，THT）和表面安装技术（Surface Mounted Technology，SMT）。

使用通孔安装技术安装元件时，元件安置在电路板的一面，元件管脚穿过PCB焊接在另一面上。通孔安装元件需要占用较大的空间，并且要为所有管脚在电路板上钻孔，所以它们的管脚会占用两面的空间，而且焊点也比较大。但从另一方面来说，通孔安装元件与PCB连接较好，机械性能好。例如，排线的插座、接口板插槽等类似接口都需要一定的耐压能力，因此，通常采用THT安装技术。

表面安装元件，管脚焊盘与元件在电路板的同一面。表面安装元件一般比通孔元件体积小，而且不必为焊盘钻孔，甚至还能在PCB的两面都焊上元件。因此，与使用通孔安装元件的PCB比起来，使用表面安装元件的PCB上元件布局要密集很多，体积也小很多。此外，应用表面安装技术的封装元件也比通孔安装元件要便宜一些，所以目前的PCB设计广泛采用了表面安装元件。

常用元件封装分类如下。

- BGA（Ball Grid Array）：球栅阵列封装。因其封装材料和尺寸的不同还细分成不同的BGA封装，如陶瓷球栅阵列封装CBGA、小型球栅阵列封装μBGA等。
- PGA（Pin Grid Array）：插针栅格阵列封装。这种技术封装的芯片内外有多个方阵形的插针，每个方阵形插针沿芯片的四周间隔一定距离排列，根据管脚数目的多少，可以围成2～5圈。安装时，将芯片插入专门的PGA插座。该技术一般用于插拔操作比较频繁的场合，如计算机的CPU。
- QFP（Quad Flat Package）：方形扁平封装，是当前芯片使用较多的一种封装形式。
- PLCC（Plastic Leaded Chip Carrier）：塑料引线芯片载体。
- DIP（Dual In-line Package）：双列直插封装。
- SIP（Single In-line Package）：单列直插封装。
- SOP（Small Out-line Package）：小外形封装。
- SOJ（Small Out-line J-Leaded Package）：J形管脚小外形封装。
- CSP（Chip Scale Package）：芯片级封装，这是一种较新的封装形式，常用于内存条。在CSP方式中，芯片是通过一个个锡球焊接在PCB上，由于焊点和PCB的接触面积较大，所以内存芯片在运行中所产生的热量可以很容易地传导到PCB上并散发出去。另外，CSP封装芯片采用中心管脚形式，有效地缩短了信号的传输距离，其衰减随之减少，芯片的抗干扰、抗噪性能也能得到大幅提升。
- Flip-Chip：倒装焊芯片，也称为覆晶式组装技术，是一种将IC与基板相互连接的先进封装技术。在封装过程中，IC会被翻转过来，让IC上面的焊点与基板的接合点相互连接。由于成本与制造因素，使用Flip-Chip接合的产品通常根据I/O数多少分为两种形式，即低I/O数的FCOB（Flip Chip on Board）封装和高I/O数的FCIP（Flip Chip in Package）封装。Flip-Chip技术应用的基板包括陶瓷、硅芯片、高分子基层板及玻璃等，其应用范围包括计算机、PCMCIA卡、军事设备、个人通信产品、钟表及液晶显示器等。
- COB（Chip on Board）：板上芯片封装，即芯片被绑定在PCB上。这是一种现在比较流行的生产方式。COB模块的生产成本比SMT低，还可以减小封装体积。

11.2.3 PCB 库编辑器

进入PCB库文件编辑环境的操作步骤如下。

Step 1 单击菜单栏中的“文件”→“新的”→“库”→“PCB元件库”菜单命令，如图11-20所示，打开PCB库编辑环境，新建一个空白PCB库文件“PcbLib1.PcbLib”。

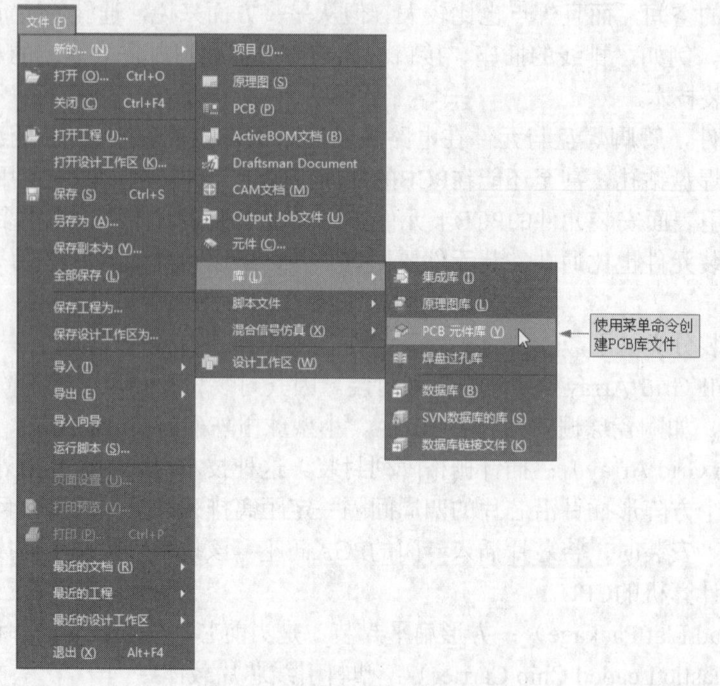

图11-20 新建一个PCB库文件

Step 2 保存并更改该PCB库文件名称，这里改名为“NewPcbLib.PcbLib”。可以看到，在“Project”（工程）面板的PCB库文件管理夹中出现了所需要的PCB库文件，双击该文件即可进入PCB库编辑器，如图11-21所示。

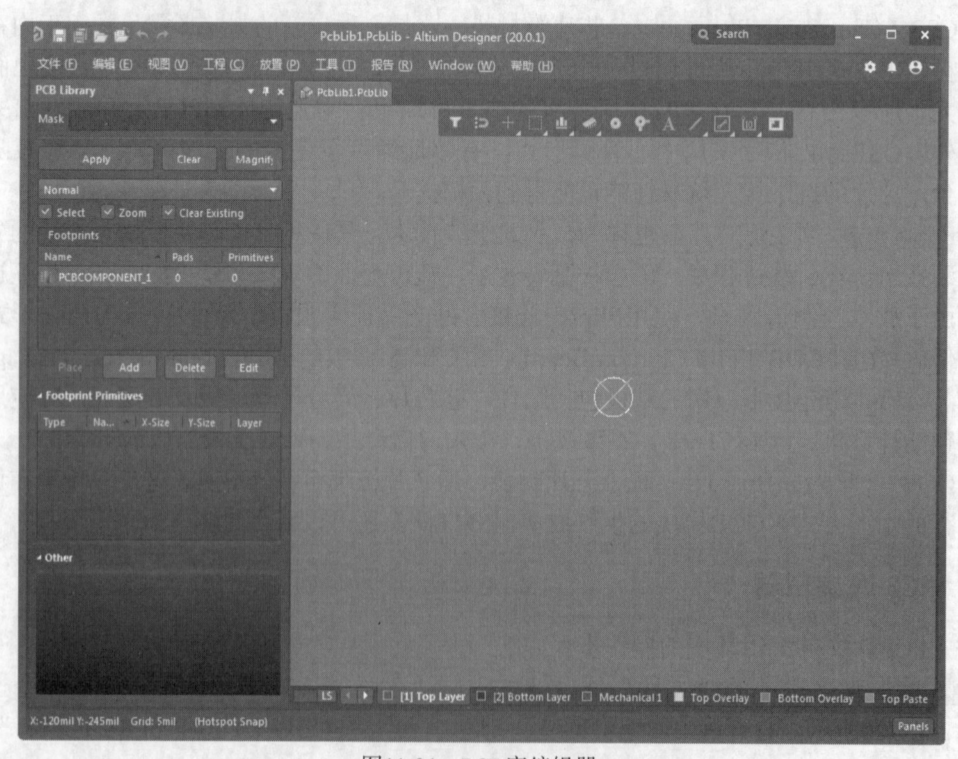

图11-21 PCB库编辑器

PCB库编辑器的设置和PCB编辑器基本相同，只是菜单栏中少了“设计”和“布线”命令。工具栏中也少了相应的工具按钮。另外，在这两个编辑器中，可用的控制面板也有所不同。在PCB库编辑器中独有的“PCB Library（PCB元件库）”面板，提供了对封装库内元件封装统一编辑、管理的界面。

“PCB Library（PCB元件库）”面板如图11-22所示，分为“Mask（屏蔽查询栏）”、“Footprints（封装列表）”、“Footprint Primitives（封装图元列表）”和Other（缩略图显示框）4个区域。

“Mask（屏蔽查询栏）”对该库文件内的所有元件封装进行查询，并根据屏蔽框中的内容将符合条件的元件封装列出。

“Footprints（封装列表）”列出该库文件中所有符合屏蔽栏设定条件的元件封装名称，并注明其焊盘数、图元数等基本属性。单击元件列表中的元件封装名，工作区将显示该封装，并弹出如图11-23所示的“PCB库封装”对话框，在该对话框中可以修改元件封装的名称和高度。高度是供PCB 3D显示时使用的。

在元件列表中右击，弹出的右键快捷菜单如图11-24所示。通过该菜单可以进行元件库的各种编辑操作。

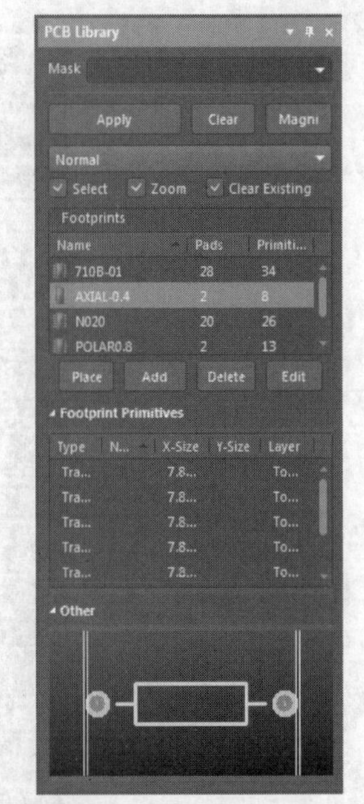

图11-22 “PCB Library”面板

图11-23 “PCB 库封装”对话框

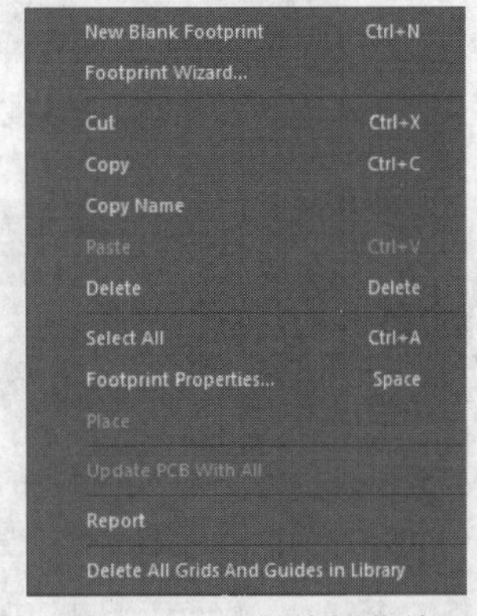

图11-24 右键快捷菜单

11.2.4 PCB库编辑器环境设置

进入PCB库编辑器后，需要根据要绘制的元件封装类型对编辑器环境进行相应的设置。PCB库编辑环境设置包括“器件库选项”“板层颜色”“层叠管理器”和“优先选项”。

（1）“器件库选项”设置。

打开“Properties（属性）”面板，如图11-25所示。在此面板中对器件库选项参数进行设置。

（2）“板层颜色”设置。

单击菜单栏中的“工具”→“优先选项”命令，或者在工作区右击，在弹出的右键快捷菜单中单击“优先选项”命令，系统将弹出打开“优选项”对话框，打开“Layers Colors（电路板层颜色）”选项，如图11-26所示。

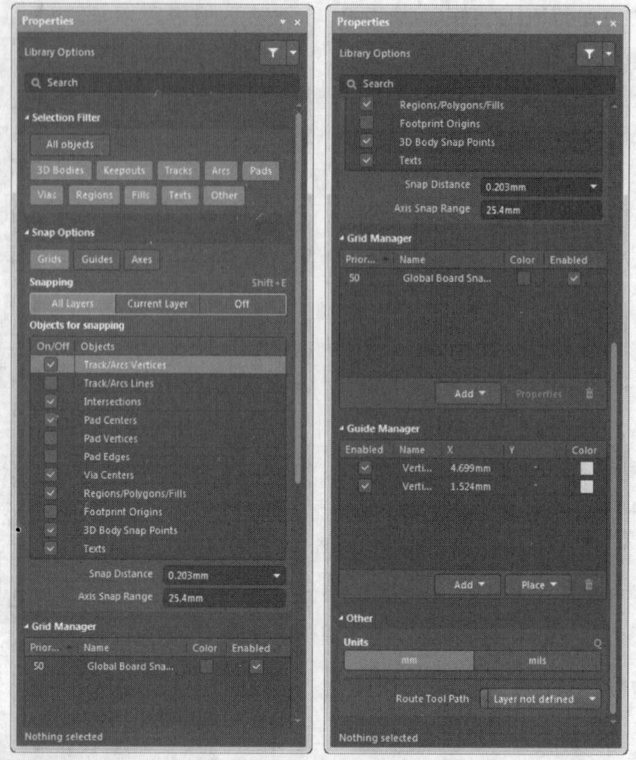

图11-25　器件库选项设位置

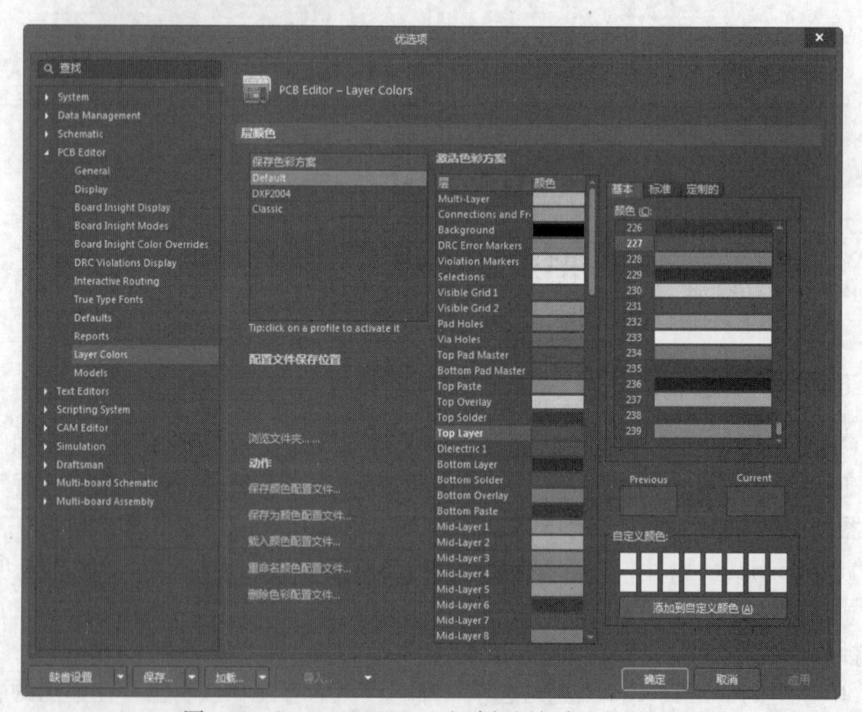

图11-26 “Layers Colors（电路板层颜色）”选项

（3）“Layer Stack Manager（层栈管理）”设置。

单击菜单栏中的“工具”→“层叠管理器”命令，即可打开以后缀名为“.PcbLib”的文件，如图11-27所示。

PcbLib1.PcbLib　NewPcbLib.PcbLib *　NewPcbLib.PcbLib [Stackup]

#	Name	Material	Type	Thickness	Dk	Df	Weight
	Top Overlay		Overlay				
	Top Solder	Solder Resist	Solder Mask	0.01mm	3.5		
1	Top Layer		Signal	0.036mm			1oz
	Dielectric1	FR-4	Dielectric	0.32mm	4.8		
2	Bottom Layer		Signal	0.036mm			1oz
	Bottom Solder	Solder Resist	Solder Mask	0.01mm	3.5		
	Bottom Overlay		Overlay				

Stackup

图11-27　后缀名为“.PcbLib”的文件

（4）“优先选项”设置。

单击菜单栏中的“工具”→“优先选项”命令，或者在工作区右击，在弹出的右键快捷菜单中单击“优先选项”命令，系统将弹出如图11-28所示的“优选项”对话框。设置完毕后单击“确定”按钮，关闭该对话框。

至此，PCB库编辑器环境设置完毕。

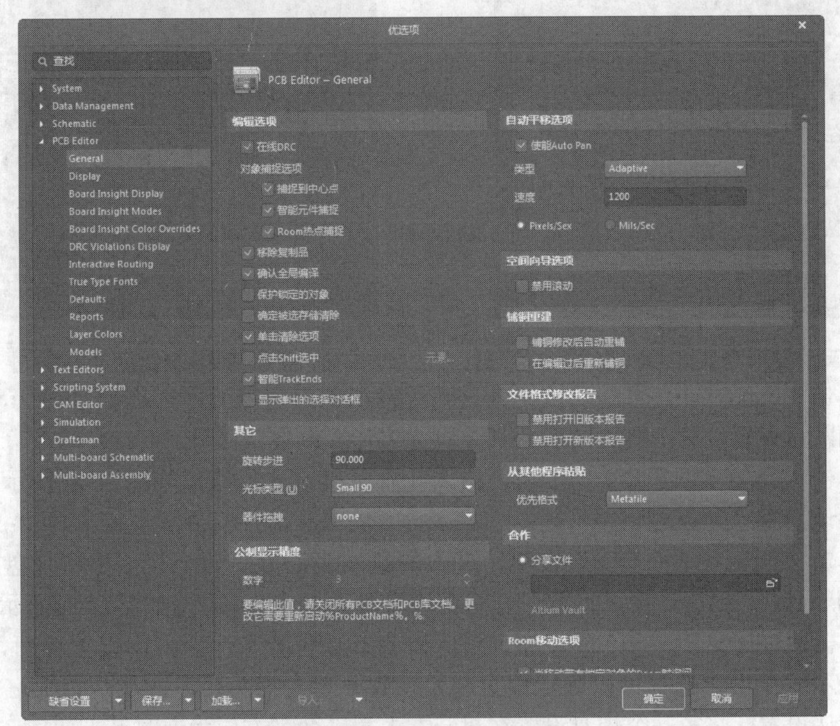

图11-28　“优选项”对话框

11.2.5 用 PCB 元件向导创建规则的 PCB 元件封装

下面用PCB元件向导来创建规则的PCB元件封装。由用户在一系列对话框中输入参数，然后根据这些参数自动创建元件封装。这里要创建的封装尺寸信息为：外形轮廓为矩形10mm×10mm，管脚数为16×4，管脚宽度为0.22mm，管脚长度为1mm，管脚间距为0.5mm，管脚外围轮廓为12mm×12mm。具体的操作步骤如下。

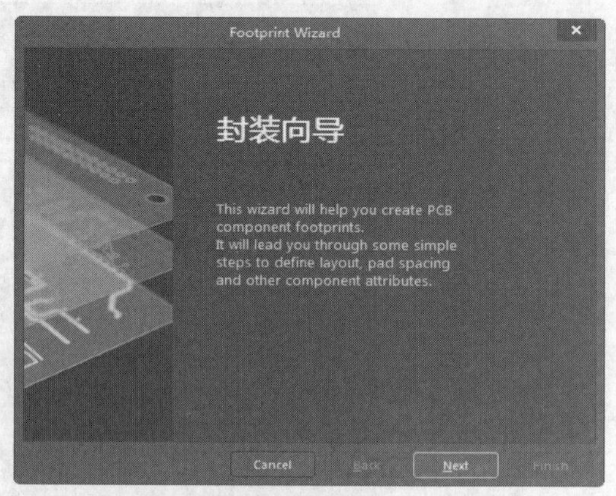

图11-29 “Footprint Wizard”对话框

Step 1 单击菜单栏中的“工具”→“元器件向导”命令，系统将弹出如图11-29所示的“Footprint Wizard（封装向导）”对话框。

Step 2 单击“Next（下一步）”按钮，进入元件封装模式选择界面。在模式类表中列出了各种封装模式，如图11-30所示。这里选择Quad Packs（QUAD）封装模式，在“选择单位”下拉列表框中选择公制单位“Metric（mm）”。

Step 3 单击“Next（下一步）”按钮，进入焊盘尺寸设定界面。在这里设置焊盘的长为1mm、宽为0.22mm，如图11-31所示。

图11-30 元件封装样式选择界面

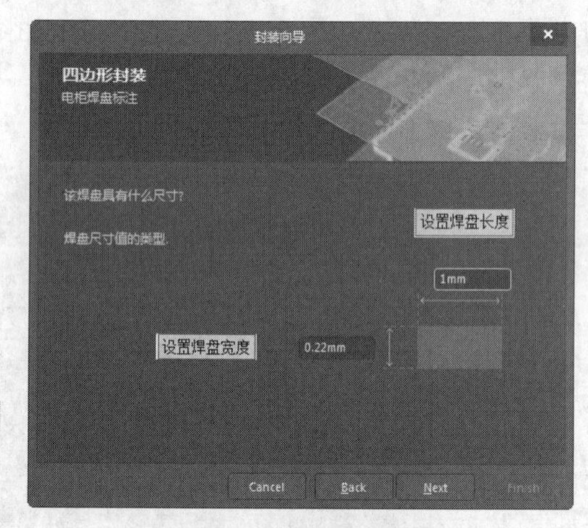

图11-31 焊盘尺寸设定界面

Step 4 单击“Next（下一步）”按钮，进入焊盘形状设定界面，如图11-32所示。在这里使用默认设置，第一脚为圆形，其余脚为方形，以便于区分。

Step 5 单击“Next（下一步）”按钮，进入轮廓宽度设置界面，如图11-33所示。这里使用默认设置“0.2mm”。

Step 6 单击“Next（下一步）”按钮，进入焊盘间距设置界面。在这里将焊盘间距设置为“0.5mm”，根据计算，将行、列间距均设置为“1.75mm”，如图11-34所示。

Step 7 单击“Next（下一步）”按钮，进入焊盘起始位置和命名方向设置界面，如图11-35所示。单击单选框可以确定焊盘起始位置，单击箭头可以改变焊盘命名方向。采用默认设置，将第一个焊盘设置在封装左上角，命名方向为逆时针方向。

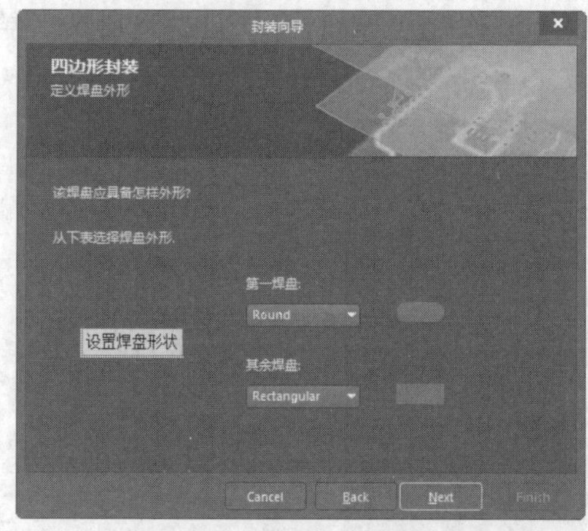

图11-32 焊盘形状设定界面

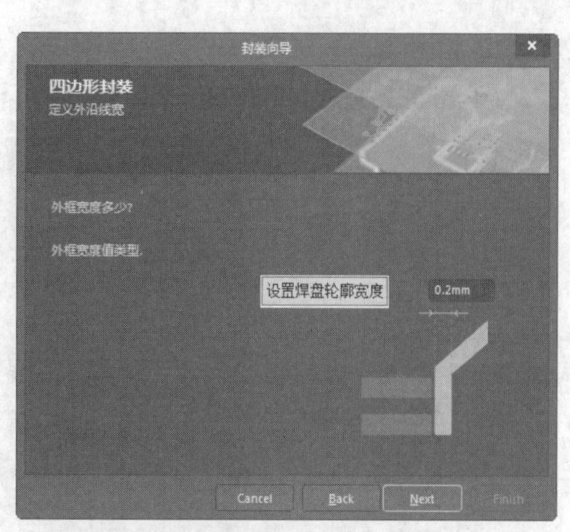

图11-33 轮廓宽度设置界面

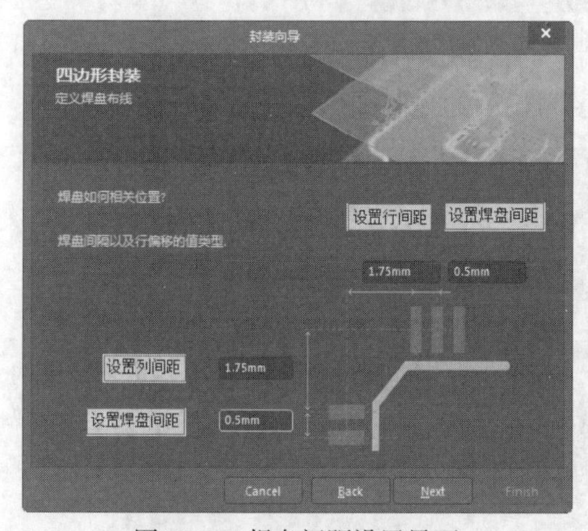

图11-34 焊盘间距设置界面

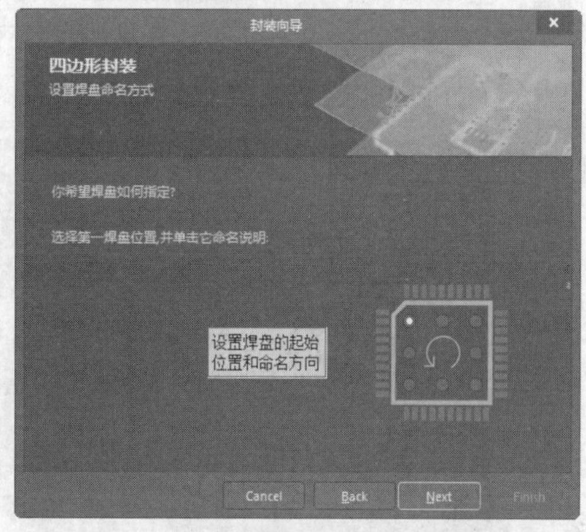

图11-35 焊盘起始位置和命名方向设置界面

Step 8 单击“Next（下一步）”按钮，进入焊盘数目设置界面。将X、Y方向的焊盘数目均设置为16，如图11-36所示。

Step 9 单击“Next（下一步）”按钮，进入封装命名界面。将封装命名为“TQFP64”，如图11-37所示。

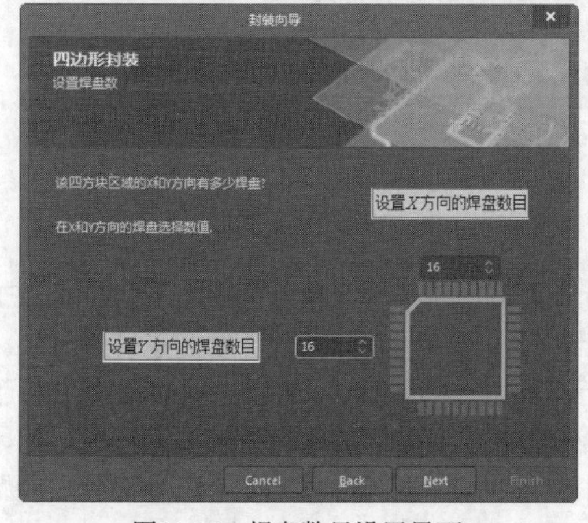

图11-36 焊盘数目设置界面

图11-37 封装命名界面

Step 10 单击“Next（下一步）”按钮，进入封装制作完成界面，如图11-38所示。单击“Finish（完成）”按钮，退出封装向导。

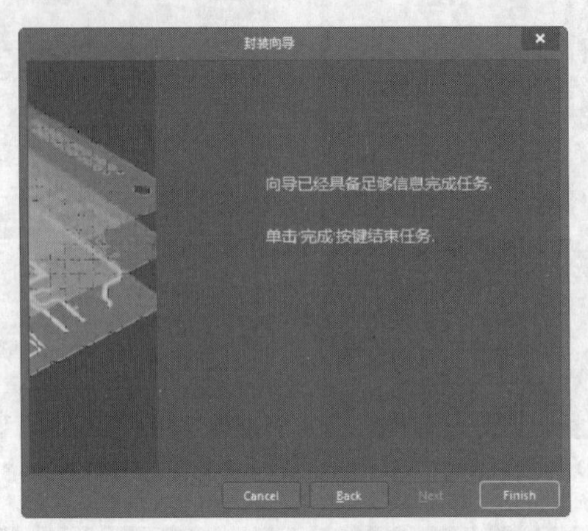

图11-38 封装制作完成界面

至此，TQFP64的封装就制作完成了，工作区内显示的封装图形如图11-39所示。

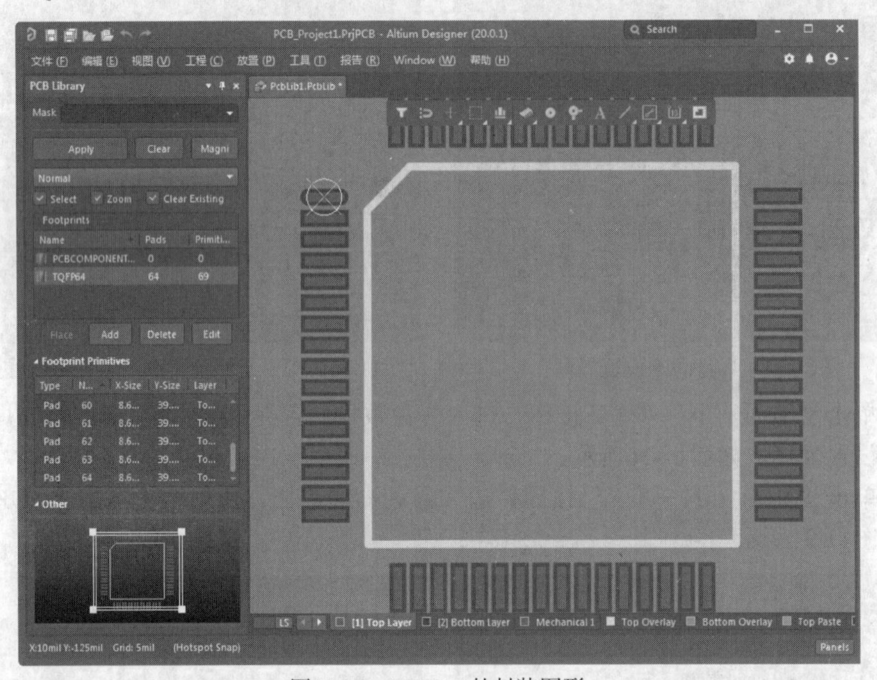

图11-39 TQFP64的封装图形

11.2.6 手动创建不规则的 PCB 元件封装

由于某些电子元件的管脚非常特殊，或者设计人员使用了一个最新的电子元件，用PCB元件向导往往无法创建新的元件封装。这时，可以根据该元件的实际参数手动创建管脚封装。手动创建元件管脚封装，需要用直线或曲线来表示元件的外形轮廓，然后添加焊盘来形成管脚连接。元件封装的参数可以放置在PCB的任意工作层上，但元件的轮廓只能放置在顶层丝印层上，焊盘只能放在信号层上。当在PCB上放置元件时，元件管脚封装的各个部分将分别放置到预先定义的图层上。

下面详细介绍手动创建PCB元件封装的操作步骤。

Step 1 创建新的空元件文档。打开PCB元件库NewPcbLib.PcbLib，单击菜单栏中的“工具”→“新的空元件”命令，这时在“PCB Library（PCB元件库）”面板的元件封装列表中会出现一个新的PCBCOMPONENT_1空文件。双击该文件，在弹出的对话框中将元件名称改为“New-NPN”，如图11-40所示。

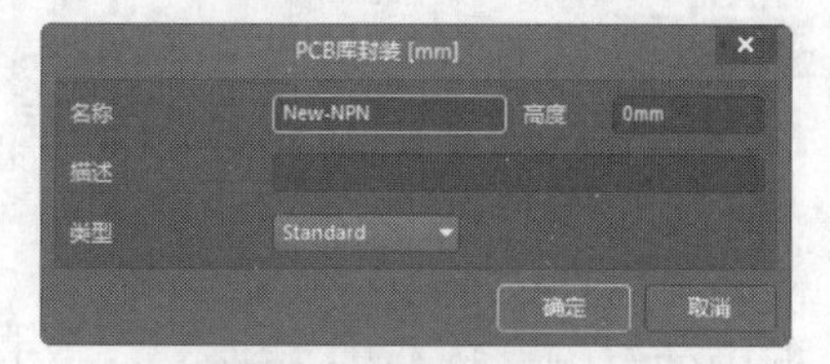

图11-40　重新命名元件

Step 2 设置工作环境。单击“Properties（属性）”面板，如图11-41所示，在面板中可以根据需要设置相应的参数。

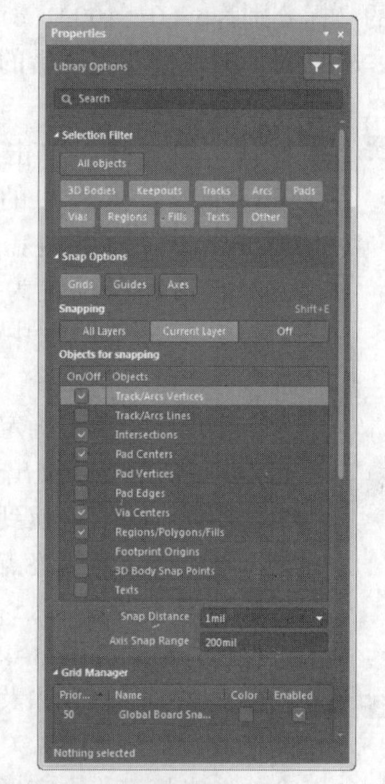

图11-41　“Properties（属性）”面板

Step 3 设置工作区颜色。颜色设置由读者自己把握，这里不再赘述。

Step 4 设置“优选项”对话框。单击菜单栏中的“工具”→“优先选项”命令，或者在工作区单击鼠标右键，在弹出的右键快捷菜单中选择“优先选项”命令，系统将弹出如图11-42所示的“优选项”对话框，使用默认设置即可。单击“确定”按钮，关闭该对话框。

Step 5 放置焊盘。在“Top-Layer（顶层）”，单击菜单栏中的“放置”→“焊盘”命令，光标箭头上悬浮一个十字光标和一个焊盘，单击确定焊盘的位置。按照同样的方法放置另外两个焊盘。

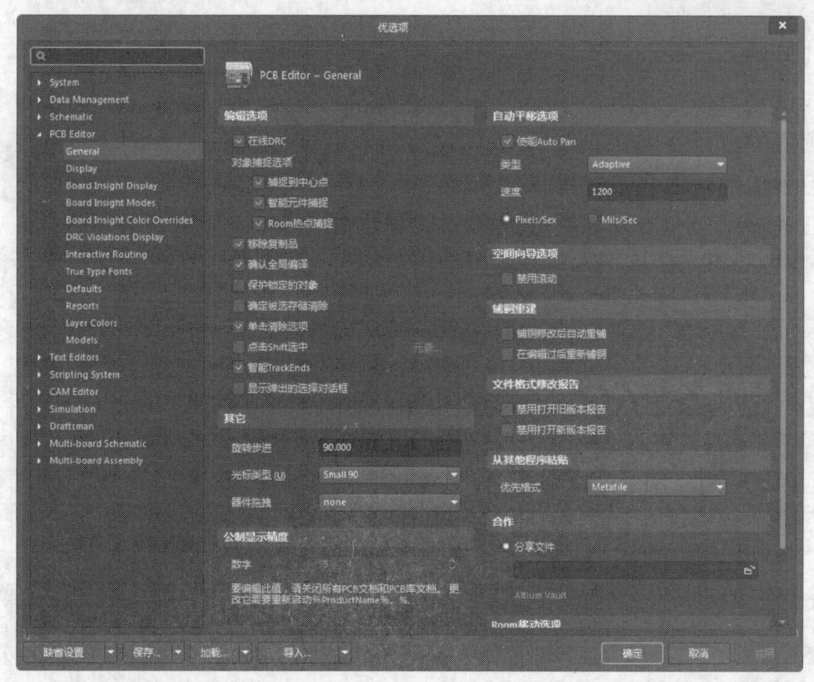

图11-42　“优选项”对话框

Step 6 设置焊盘属性。双击焊盘进入焊盘属性设置对话框，如图11-43所示。

在“Designator（指示符）”文本框中的管脚名称分别为b、c、e，3个焊盘的坐标分别为b（0，100）、c（-100，0）、e（100，0），设置完毕后的焊盘如图11-44所示。

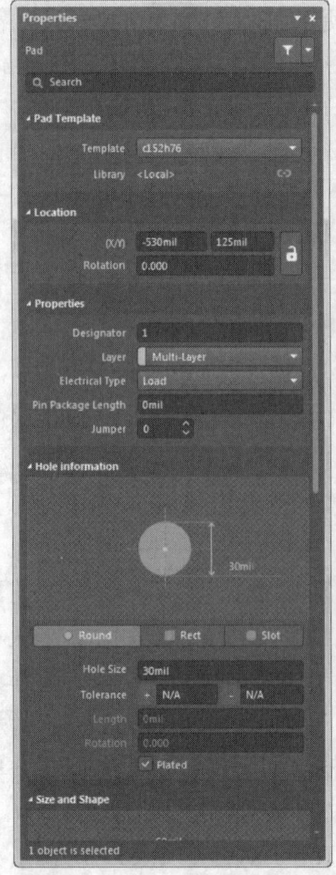

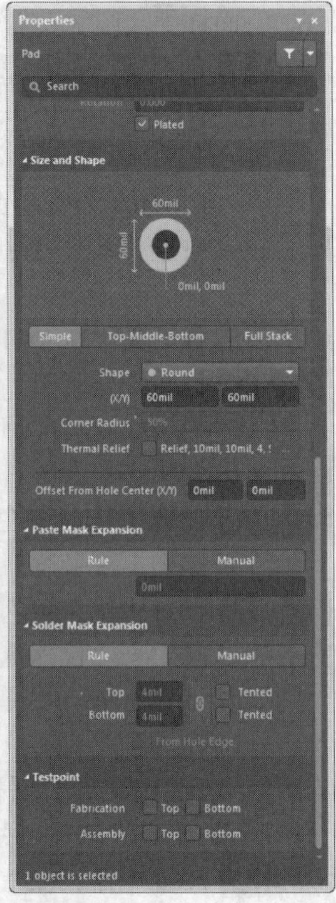

图11-43　设置焊盘属性

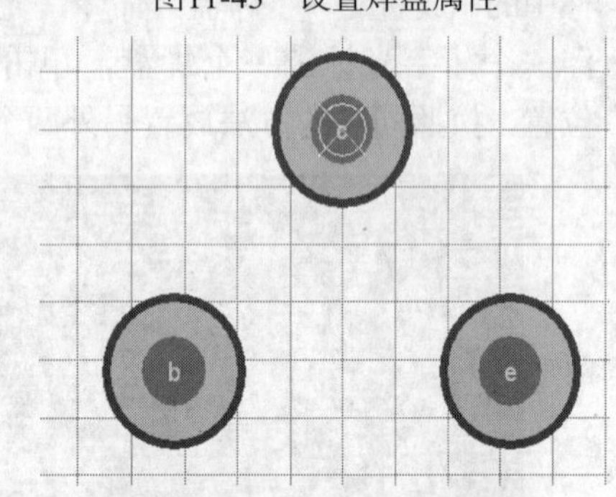

图11-44　设置完毕后的焊盘

Step 7 绘制一段直线。单击工作区窗口下方标签栏中的“Top Overlay（顶层覆盖）”选项，将活动层设置为顶层丝印层。单击菜单栏中的“放置”→“线条”命令，光标变为十字形状，单击确定直线的起点，移动光标拉出一条直线，用光标将直线拉到合适位置，单击确定直线终点。单击鼠标右键或者按<Esc>键退出该操作，结果如图11-45所示。

Step 8 绘制一条弧线。单击菜单栏中的“放置”→“圆弧（中心）”命令，光标变为十字形状，将光标移至坐标原点，单击确定弧线的圆心，然后将光标移至直线的任意一个端点，单击确定圆弧的直径。再在直线两个端点单击确定该弧线，结果如图11-46所示。单击鼠标右键或者按<Esc>键退出该操作。

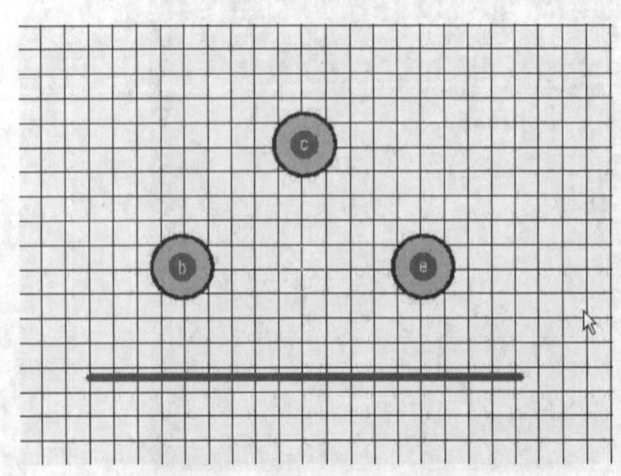

图11-45　绘制一段直线

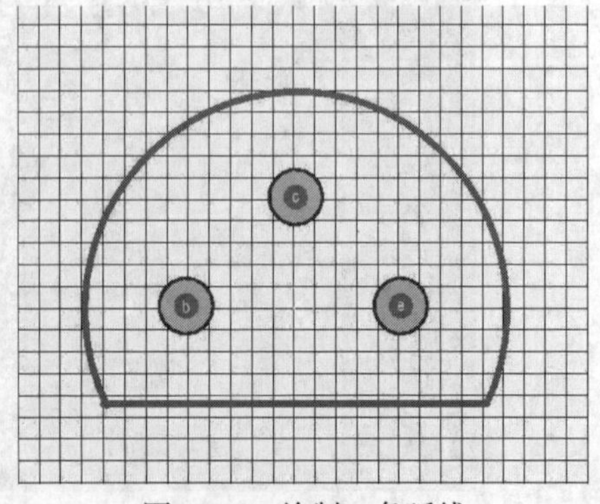

图11-46　绘制一条弧线

Step 9 设置元件参考点。在“编辑”菜单的“设置参考”子菜单中有3个命令，即“1脚”、“中心”和“位置”。读者可以自己选择合适的元件参考点。

至此，手动创建的PCB元件封装就制作完成了。我们看到，在“PCB Library（PCB元件库）”面板的元件列表中多出了一个New-NPN的元件封装，而且在该面板中还列出了该元件封装的详细信息。

11.3 元件封装检查和元件封装库报表

在“报告”菜单中提供了多种生成元件封装和元件库封装的报表的功能，通过报表可以了解某个元件封装的信息，对元件封装进行自动检查，也可以了解整个元件库的信息。此外，为了检查绘制的封装，菜单中提供了测量功能。

（1）元件封装中的测量

为了检查元件封装绘制是否正确，在封装设计系统中提供了PCB设计中一样的测量功能。对元件封装的测量和在PCB上的测量相同，这里不再赘述。

（2）元件封装信息报表

在“PCB Library（PCB元件库）”面板的元件封装列表中选择一个元件，单击菜单栏中的“报告”→“器件”命令，系统将自动生成该元件符号的信息报表，工作窗口中将自动打开生成的报表，以便用户马上查看。图11-47所示为查看元件封装信息时的界面。

在图11-47中，给出了元件名称、所在的元件库、创建日期和时间，以及元件封装中的各个组成部分的详细信息。

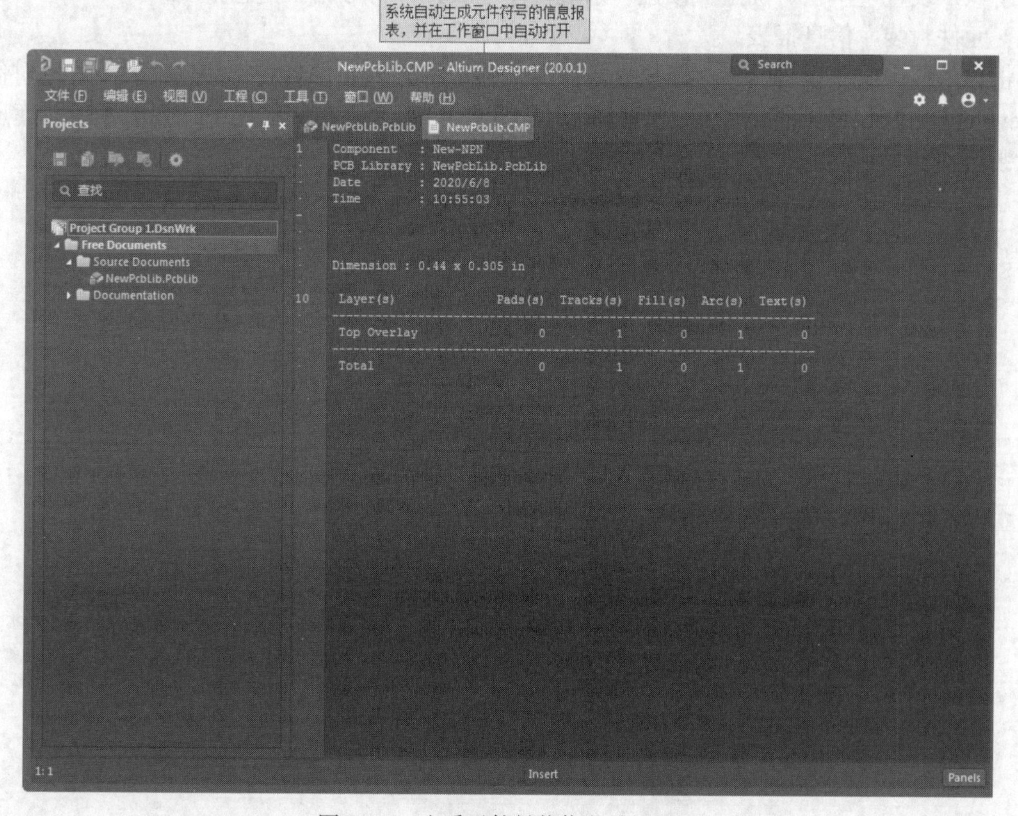

图11-47 查看元件封装信息时的界面

（3）元件封装错误信息报表

Altium Designer 20提供了元件封装错误的自动检测功能。单击菜单栏中的“报告”→“元件规则检查”命令，系统将弹出如图11-48所示的“元件规则检查”对话框，在该对话框中可以设置元件符号错误的检测规则。

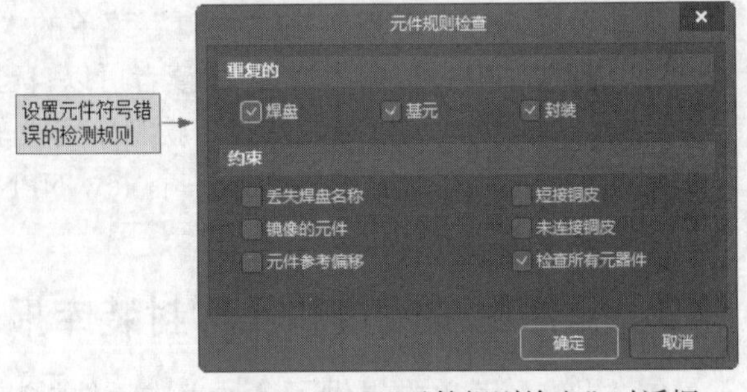

图11-48 “元件规则检查”对话框

各选项的功能如下。

1）“重复的”选项组。

- “焊盘”复选框：用于检查元件封装中是否有重名的焊盘。
- “基元”复选框：用于检查元件封装中是否有重名的边框。
- “封装”复选框：用于检查元件封装库中是否有重名的封装。

2）“约束”选项组。

- “丢失焊盘名称”复选框：用于检查元件封装中是否缺少焊盘名称。
- “镜像的元件”复选框：用于检查元件封装库中是否有镜像的元件封装。
- “元件参考偏移”复选框：用于检查元件封装中元件参考点是否偏离元件实体。
- “短接铜皮”复选框：用于检查元件封装中是否存在导线短路。
- “未连接铜皮”复选框：用于检查元件封装中是否存在未连接的铜箔。
- “检查所有元器件”复选框：用于确定是否检查元件封装库中的所有封装。

保持默认设置，单击“确定”按钮，系统自动生成元件符号错误信息报表。

（4）元件封装库信息报表

单击菜单栏中的“报告”→“库报告”命令，系统将生成元件封装库信息报表。这里对创建的NewPcbLib.PcbLib元件封装库进行分析，如图11-49所示。在该报表中，列出了封装库所有的封装名称和对它们的命名。

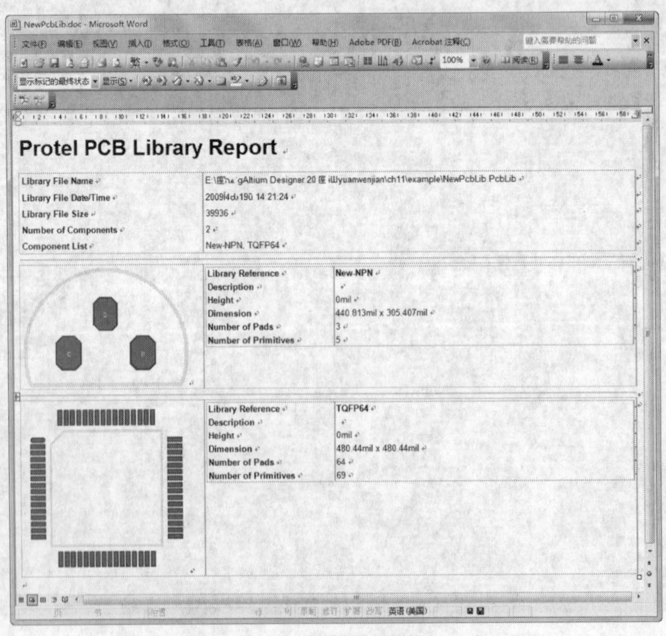

Protel PCB Library Report

Library File Name	E:\...\Altium Designer 20...\yuanwenjian\ch11\example\NewPcbLib.PcbLib
Library File Date/Time	2009...14 21:24
Library File Size	39936
Number of Components	2
Component List	New-NPN, TQFP64

Library Reference	New-NPN
Description	
Height	0mil
Dimension	440.813mil x 305.407mil
Number of Pads	3
Number of Primitives	5

Library Reference	TQFP64
Description	
Height	0mil
Dimension	480.44mil x 480.44mil
Number of Pads	64
Number of Primitives	69

图11-49 元件封装库信息报表

11.4 创建项目元件库

11.4.1 创建原理图项目元件库

11.4.1 创建原理图项目元件库

大多数情况下，在同一个项目的电路原理图中，所用到的元件由于性能、类型等诸多特性不同，可能来自不同的库文件。在这些库文件中，有系统提供的若干个集成库文件，也有用户自己建立的原理图元件库文件。这样不便于管理，更不便于用户之间进行交流。

基于这一点，可以使用原理图元件库文件编辑器，为自己的项目创建一个独立的原理图元件库，把本项目电路原理图中所用到的元件原理图符号都汇总到该元件库中，脱离其他的库文件而独立存在，这样就为本项目的统一管理提供了方便。

下面以设计项目“USB采集系统.PrjPCB”为例，介绍为该项目创建原理图元件库的操作步骤。

Step 1 打开项目“USB采集系统.PrjPCB”中的任一原理图文件，进入电路原理图的编辑环境。这里打开“Cpu.SchDoc”原理图文件。

Step 2 单击菜单栏中的“设计”→“生成原理图库”命令，系统自动在本项目中生成相应的原理图元件库文件，并弹出如图11-50所示的“Information（信息）”对话框。在该对话框中，提示用户当前项目的原理图项目元件库“Cpu.SchLib”已经创建完成，共添加了13个库元件。

图11-50 “Information”对话框

Step 3 单击“OK（确定）”按钮，关闭该对话框，系统自动切换到原理图元件库文件编辑环境，如图11-51所示。在“Projects（工程）”面板的Source Documents文件夹中，已经建立了含有13个库元件的原理图项目元件库“USB采集系统”。

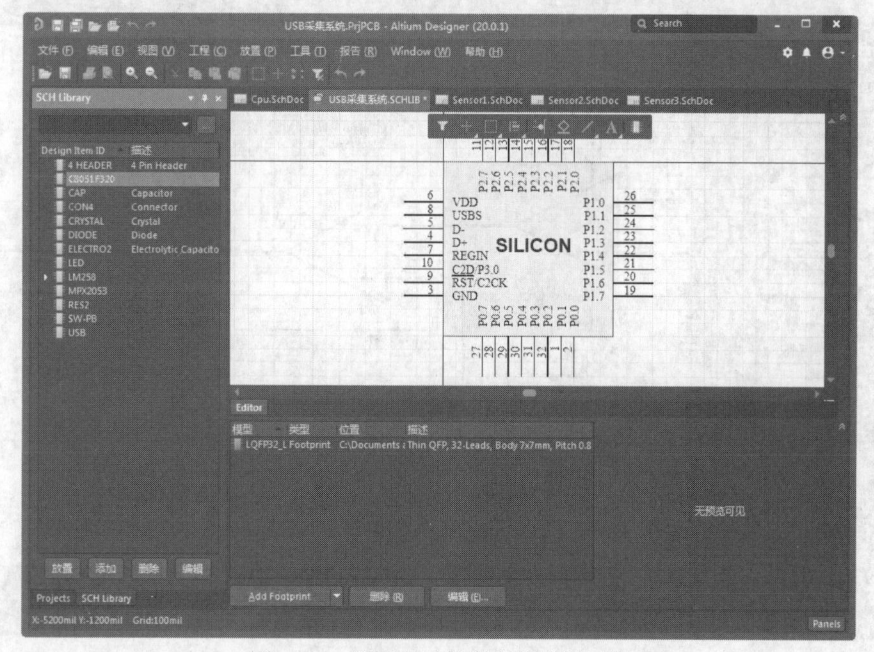

图11-51 原理图元件库文件编辑环境

Step 4 打开“SCH Library（SCH元件库）”面板，在原理图符号名称栏中列出了所创建的原理图项目文件库中的全部库元件，涵盖了本项目电路原理图中所有用到的元件。如果选择了其中一个，则在原理图符号的管脚栏中会相应显示出来该库元件的全部管脚信息，而在模型栏中会显示出该库元件的其他模型。

11.4.2 使用项目元件库更新原理图

11.4.2 使用项目元件库更新原理图

建立了原理图项目元件库后，可以根据需要，很方便地对该项目电路原理图中所有用到的元件进行整体的编辑、修改，包括元件属性、管脚信息及原理图符号形式等。更重要的是，如果用户在绘制多张不同的原理图时，多次用到同一个元件，而该元件又需要重新修改编辑时，用户不必到原理图中去逐一修改，只需要在原理图项目元件库中修改相应的元件，然后更新原理图即可。

在前面的电路设计项目“USB采集系统.PrjPCB”中有4个子原理图，即“Sensor1.SchDoc”“Sensor2.SchDoc”“Sensor3.SchDoc”“Cpu.SchDoc”，而在前3个子原理图的绘制过程中，我们都用到了同一个元件“LM258”（“LF353”的别名）。

现在我们就来修改这3个子原理图中元件“LM258”的管脚属性。例如，将输出管脚的电气特性由“Passive（中性）”改为“Output（输出）”，可以通过修改原理图项目元件库中的相应元件“LF353”来完成。具体的操作步骤如下。

Step 1 打开项目“USB采集系统.PrjPCB”，并逐一打开3个子原理图“Sensor1.SchDoc”、“Sensor2.SchDoc”和“Sensor3.SchDoc”。3个子原理图中所用到的元件“LM258”，其输出管脚的电气特性当前都处于“Passive（中性）”状态，图11-52所示为更新前原理图“Sensor3.SchDoc”中的一部分。

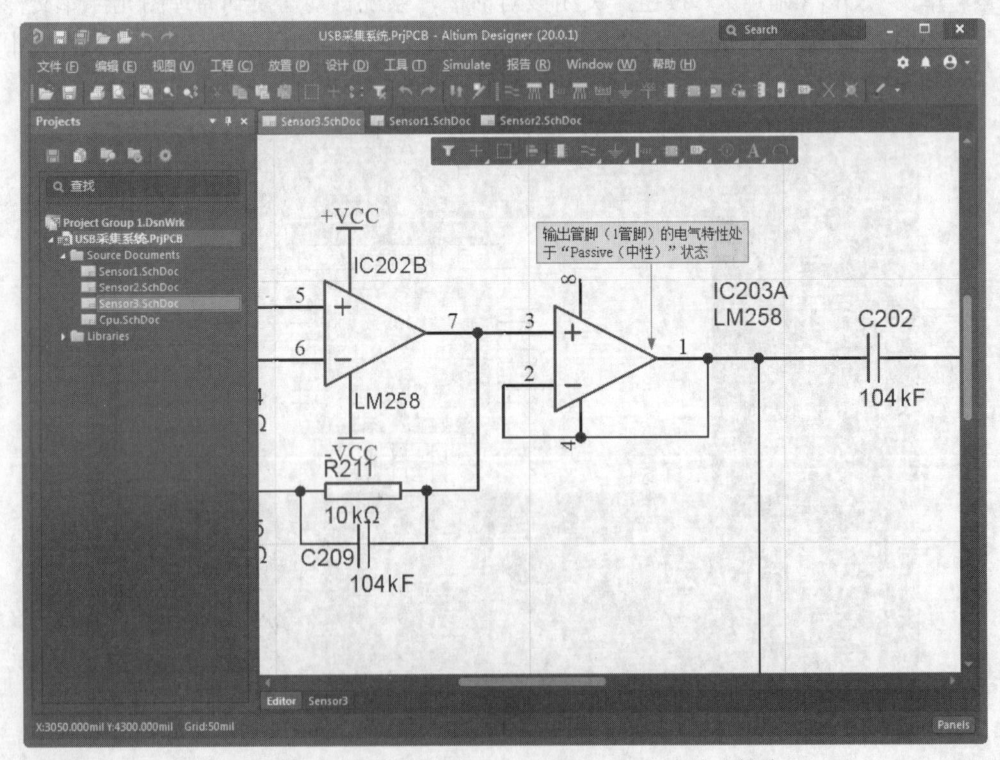

图11-52 更新前原理图“Sensor3.SchDoc”中的一部分

Step 2 打开该项目下的原理图项目元件库“USB采集系统.SchLib”。

Step 3 打开“SCH Library（SCH元件库）”面板，在该面板的原理图符号名称栏中，单击元件“LF258”前面的⊞符号，打开该元件，进行相应管脚的编辑。

Step 4 将子部件“Part A”中的输出管脚（1管脚）的电气特性设置为“Output（输出）”，如图11-53所示。将子部件“Part B”中的输出管脚（7管脚）的电气特性也设置为“Output”（输出），并保存“USB采集系统.SchLib”文件。

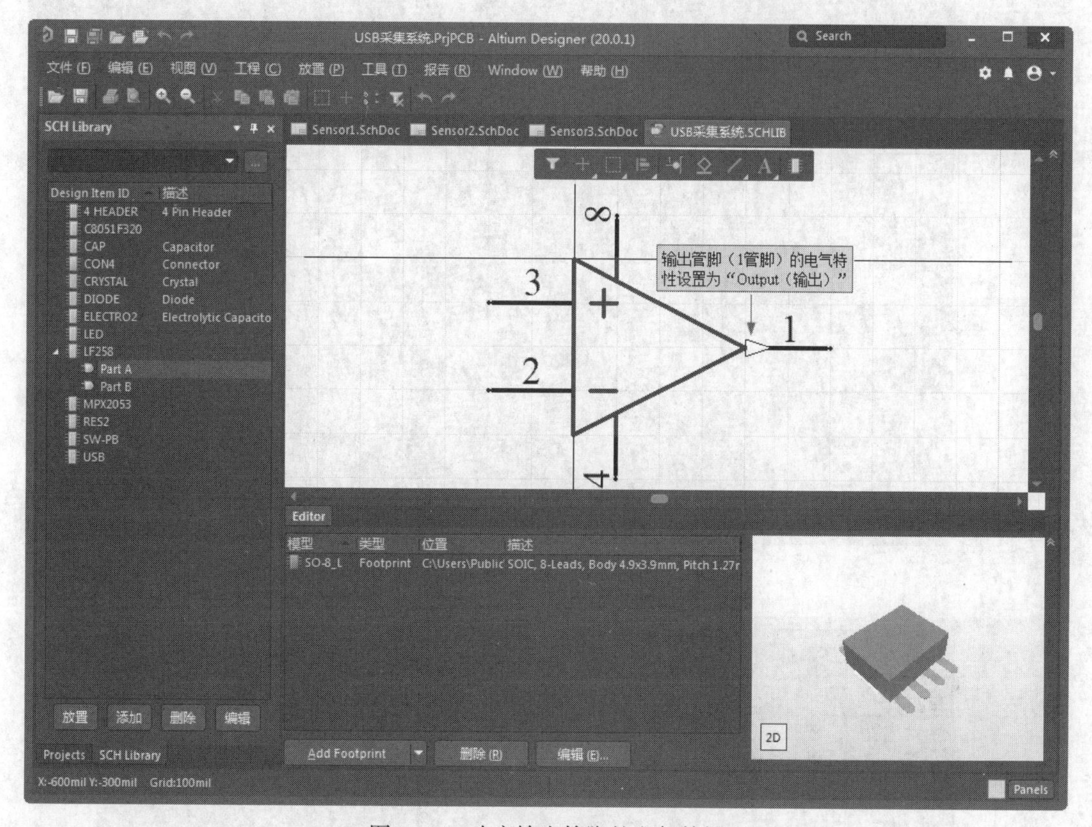

图11-53　改变输出管脚的电气特性

Step 5 单击菜单栏中的“工具”→“从库更新”命令，系统将弹出图11-54所示的“从库中更新”对话框。在“原理图图纸”列表框中选择要更新的原理图，在“设置”选项组中对更新参数进行设置，在“元件类型”列表框中选择要更新的元件。

Step 6 设置完毕后，单击“下一步”按钮，系统将弹出如图11-55所示的对话框，进行元件选择。

Step 7 设置完毕后，单击“完成”按钮，系统将弹出如图11-56所示的“工程变更指令”对话框。各按钮的功能如下。

- “验证变更”按钮：单击该按钮，执行更改前验证ECO（Engineering Change Order）。
- “执行变更”按钮：单击该按钮，应用ECO与设计文档同步。
- “报告变更”按钮：单击该按钮，生成关于设计文档更新内容的报表。

Step 8 单击“执行变更”按钮，执行更新设计文件。单击“关闭”按钮，关闭该对话框。

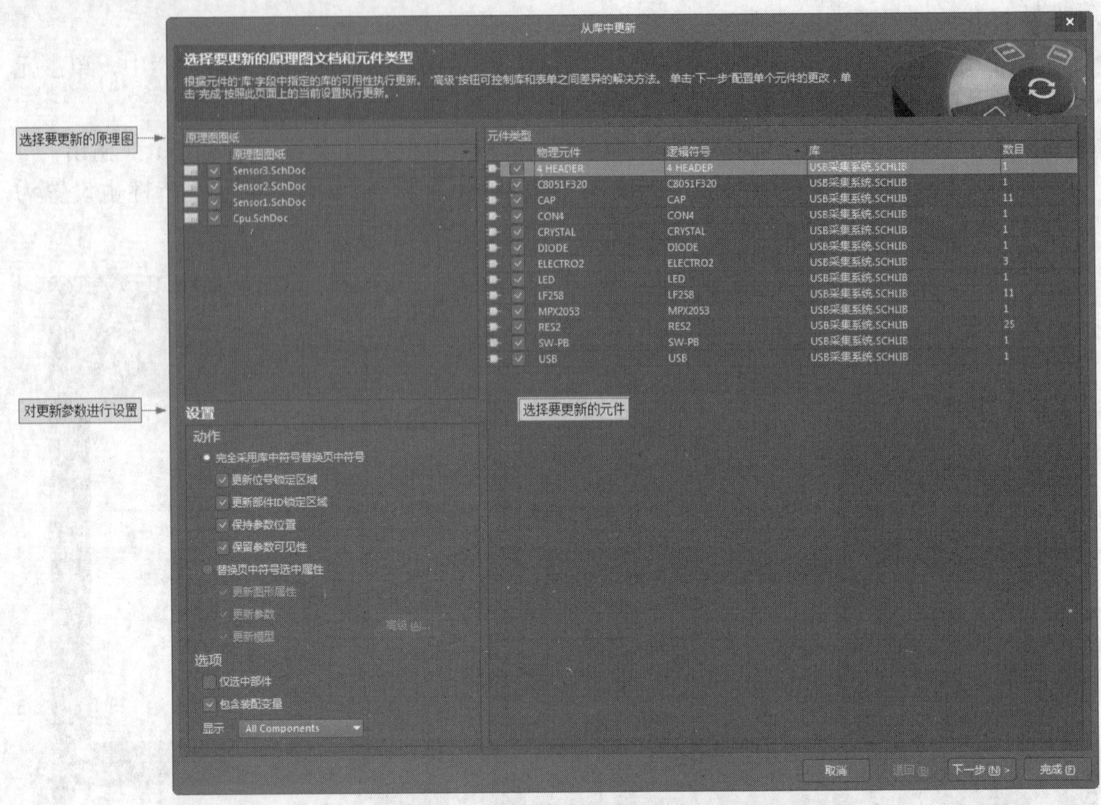

图11-54 “从库中更新”对话框

从库中更新

使用该页面来控制单个原理图元件的更改

在当前可用库中找不到的组件被标记为<未找到>。单击“参数更改”按钮以选择性地控制参数级别的更改。这仅在完全替换未被执行时可用。
存在于库而不是图纸中的信息用+表示（如果是绿色则加入），存在于图表中而不是库中的信息由-（如果红色将被移除）表示。

原理图部分					库元件				动作			
更新	位号	注释	物理元件	逻辑符号	物理元件	逻辑符号	库名称	生命周期..	全部替代	图形	参数	模型
✓	IC200A	LM258	LF258	LF258	LF258	LF258	USB采集系统.SCHLIB		✓			
✓	IC200B	LM258	LF258	LF258	LF258	LF258	USB采集系统.SCHLIB		✓			
✓	IC201A	LM258	LF258	LF258	LF258	LF258	USB采集系统.SCHLIB		✓			
✓	IC201B	LM258	LF258	LF258	LF258	LF258	USB采集系统.SCHLIB		✓			
✓	R200	10KΩ	RES2	RES2	RES2	RES2	USB采集系统.SCHLIB		✓			
✓	R201	10KΩ	RES2	RES2	RES2	RES2	USB采集系统.SCHLIB		✓			
✓	R202	10KΩ	RES2	RES2	RES2	RES2	USB采集系统.SCHLIB		✓			
✓	R203	10KΩ	RES2	RES2	RES2	RES2	USB采集系统.SCHLIB		✓			
✓	R204	10KΩ	RES2	RES2	RES2	RES2	USB采集系统.SCHLIB		✓			
✓	R206	10KΩ	RES2	RES2	RES2	RES2	USB采集系统.SCHLIB		✓			
✓	R212	10KΩ	RES2	RES2	RES2	RES2	USB采集系统.SCHLIB		✓			
✓	S200	MPX2053M	MPX2053	MPX2053	MPX2053	MPX2053	USB采集系统.SCHLIB		✓			
✓	C200	104KF	CAP	CAP	CAP	CAP	USB采集系统.SCHLIB		✓			
✓	C203	104KF	CAP	CAP	CAP	CAP	USB采集系统.SCHLIB		✓			
✓	D200	IN4148	DIODE	DIODE	DIODE	DIODE	USB采集系统.SCHLIB		✓			
✓	IC202A	LM258	LF258	LF258	LF258	LF258	USB采集系统.SCHLIB		✓			
✓	IC204A	LM258	LF258	LF258	LF258	LF258	USB采集系统.SCHLIB		✓			
✓	R208	10KΩ	RES2	RES2	RES2	RES2	USB采集系统.SCHLIB		✓			
✓	R209	10KΩ	RES2	RES2	RES2	RES2	USB采集系统.SCHLIB		✓			
✓	R210	10KΩ	RES2	RES2	RES2	RES2	USB采集系统.SCHLIB		✓			
✓	R215	10KΩ	RES2	RES2	RES2	RES2	USB采集系统.SCHLIB		✓			
✓	S201	TEMPERATUI	4 HEADER	4 HEADER	4 HEADER	4 HEADER	USB采集系统.SCHLIB		✓			
✓	C202	104KF	CAP	CAP	CAP	CAP	USB采集系统.SCHLIB		✓			
✓	C206	104KF	CAP	CAP	CAP	CAP	USB采集系统.SCHLIB		✓			
✓	C208	104KF	CAP	CAP	CAP	CAP	USB采集系统.SCHLIB		✓			
✓	C209	104KF	CAP	CAP	CAP	CAP	USB采集系统.SCHLIB		✓			
✓	IC202B	LM258	LF258	LF258	LF258	LF258	USB采集系统.SCHLIB		✓			
✓	IC203A	LM258	LF258	LF258	LF258	LF258	USB采集系统.SCHLIB		✓			
✓	IC203B	LM258	LF258	LF258	LF258	LF258	USB采集系统.SCHLIB		✓			
✓	IC204B	LM258	LF258	LF258	LF258	LF258	USB采集系统.SCHLIB		✓			
✓	IC205A	LM258	LF258	LF258	LF258	LF258	USB采集系统.SCHLIB		✓			
✓	R205	10KΩ	RES2	RES2	RES2	RES2	USB采集系统.SCHLIB		✓			
✓	R211	10KΩ	RES2	RES2	RES2	RES2	USB采集系统.SCHLIB		✓			
✓	R213	10KΩ	RES2	RES2	RES2	RES2	USB采集系统.SCHLIB		✓			
✓	R214	10KΩ	RES2	RES2	RES2	RES2	USB采集系统.SCHLIB		✓			

回复被选项为默认值 (D)　Choose Component...　参数更改的 (C)...

取消　退回 (B)　下一步 (N) >　完成 (F)

图11-55 选择元件

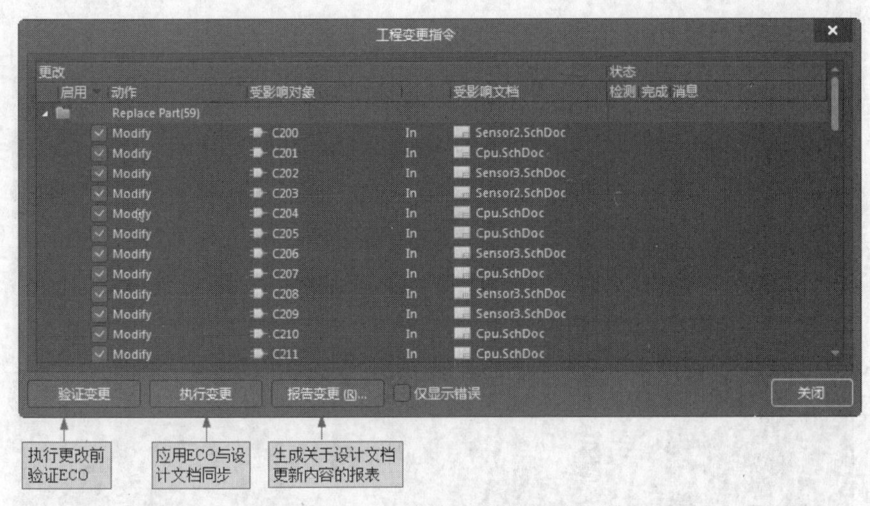

图11-56 “工程变更指令”对话框

逐一打开3个子原理图，可以看到，原理图中的每一个元件“LM258”，其输出管脚的电气特性都被更新为“Output（输出）”。图11-57所示为更新后原理图“Sensor3.SchDoc”中的一部分。

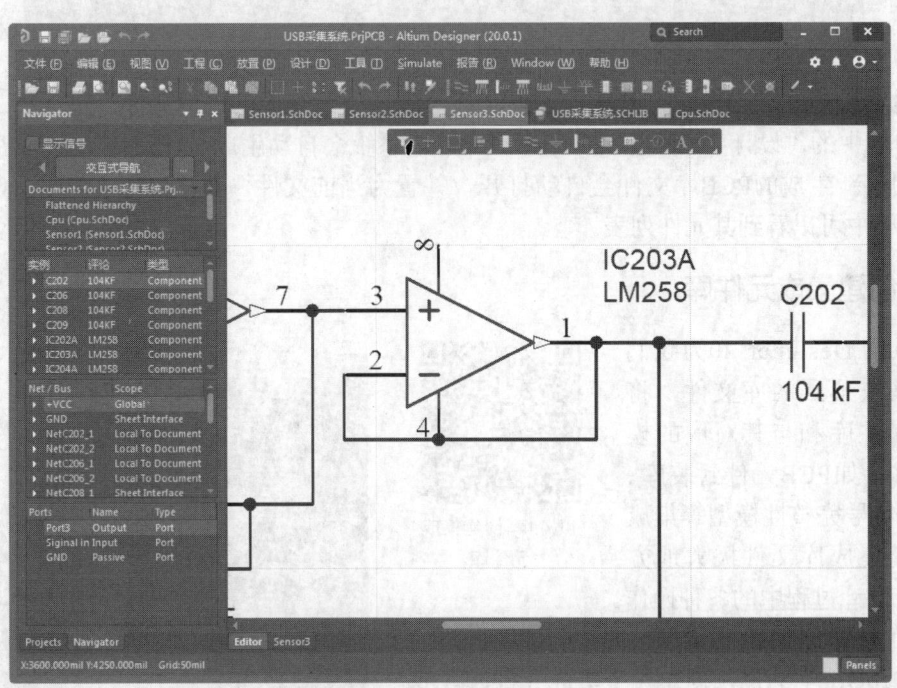

图11-57 更新后原理图“Sensor3.SchDoc”中的一部分

11.4.3 创建项目 PCB 元件封装库

11.4.3 创建项目 PCB元件封装库

在一个设计项目中，设计文件用到的元件封装往往来自不同的库文件。为了方便设计文件的交流和管理，在设计结束时，可以将该项目中用到的所有元件集中起来，生成基于该项目的PCB元件库文件。

我们以第9章中设计的PCB文件“LED显示电路.PcbDoc”为例，创建一个集成元件库，如图11-58所示。

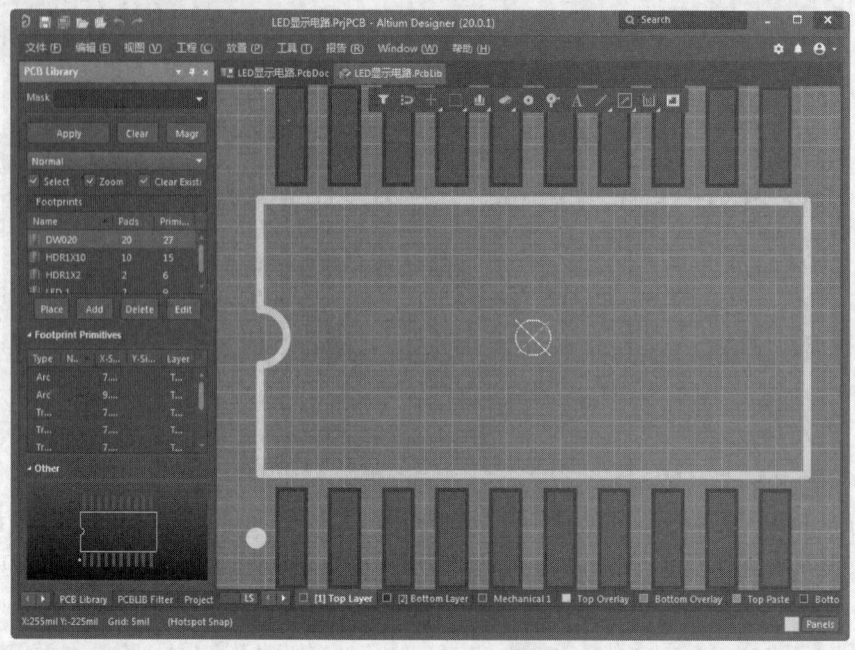

图11-58　创建一个集成元件库

创建项目的PCB元件库简单易行。首先打开已经设计完成的PCB文件，进入PCB编辑器，单击菜单栏中的“设计”→“生成PCB库”命令，系统会自动生成与该设计文件同名的PCB库文件。同时新生成的PCB库文件会自动打开，并置为当前文件，在“PCB Library（PCB元件库）”面板中可以看到其元件列表。

11.4.4　创建集成元件库

Altium Designer 20为我们提供了集成形式的库文件，将原理图元件库和与其对应的模型库文件，如PCB元件封装库、SPICE和信号完整性模型等集成到一起。集成库文件极大地方便了用户设计过程中的各种操作。

11.4.4　创建集成元件库

下面我们以前面设计的PCB文件“PCB_Library.PcbDoc”为例，创建一个集成元件库。我们要用到本书学习资源“源文件\ch_11\example”文件夹中的原理图元件库文件“PCB_Library.SchLib”和PCB元件封装库文件“PCB_Library.PCBLIB”，新生成的文件也都保存在该路径下。具体的操作步骤如下。

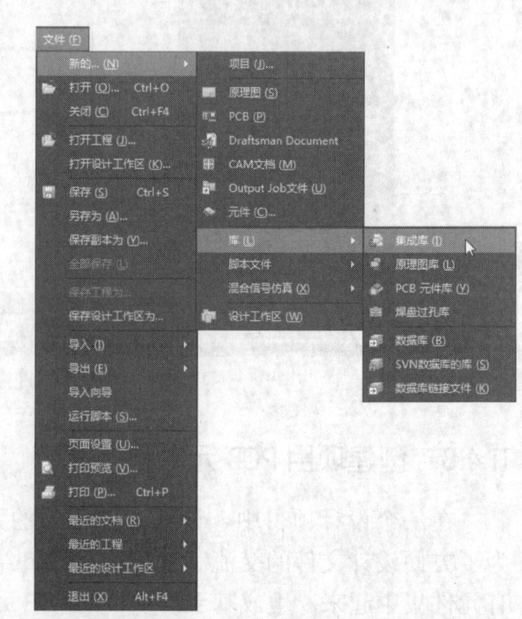

图11-59　创建新的集成库文件包项目

Step 1　单击菜单栏中的“文件”→“新的”→“库”→“集成库”命令，如图11-59所示。

创建一个新的集成库文件包项目，并保存为“New_IntLib.LibPkg”。该库文件包项目中目前还没有文件加入，我们需要在该项目中加入原理图元件库和PCB元件封装库。

Step 2 在“Projects”（工程）面板中，右击“New_IntLib.LibPkg”选项，在弹出的右键快捷菜单中单击“添加已有文档到工程”命令，系统弹出打开文件对话框。选择路径到前述的文件夹下，打开“PCB_Library.SchLib”。用同样的方法再将“PCB_Library.PCBLIB”加入项目中。

Step 3 单击菜单栏中的“工程”→“Compile Integrated Library New_IntLib. LibPkg（编译集成库文件）”命令，编译该集成库文件。编译后的集成库文件“New_IntLib.IntLib”将自动加载到当前库文件中，在元件库面板中可以看到，如图11-60所示。

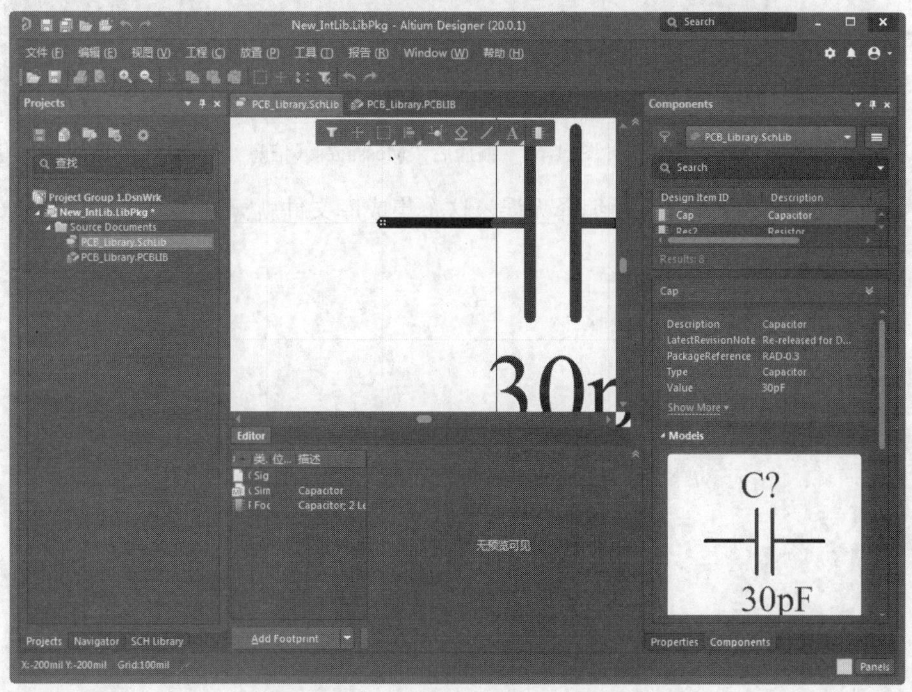

图11-60 生成集成库并加入当前库中

Step 4 此时，在“Messages（信息）”面板中将显示一些错误和警告的提示，如图11-61所示。这表明，还有部分原理图文件没有找到匹配的元件封装或信号完整性等模型文件。根据错误提示信息，进行修改。

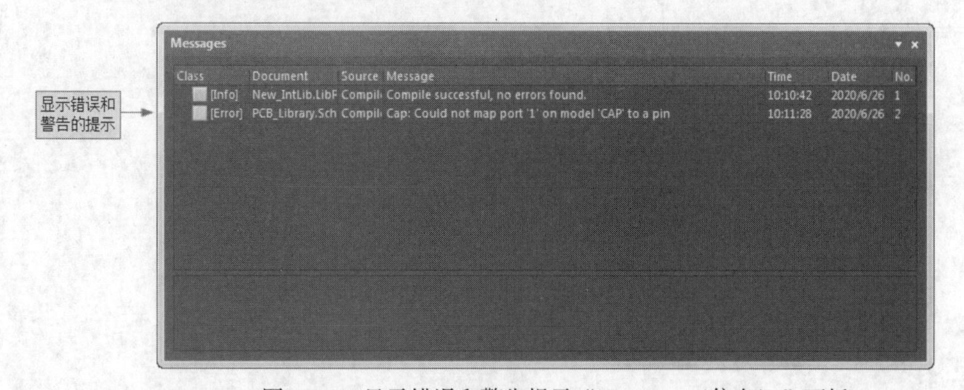

图11-61 显示错误和警告提示“Messages（信息）”面板

Step 5 修改完毕后，单击菜单栏中的“工程”→“Recompile Integrated Library New_IntLib.LibPkg（再次编译集成库文件）”命令，对集成库文件再次编译，以检查是否还有错误信息，结果如图11-62所示。

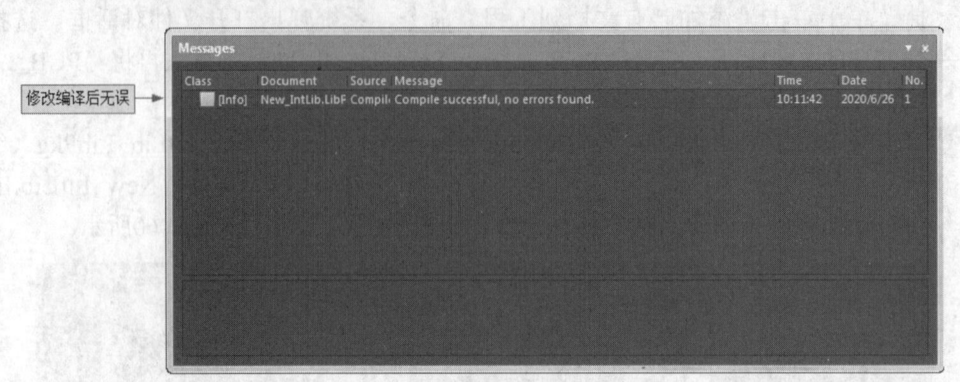

图11-62　编译后“Messages（信息）”面板

Step 6 不断重复上述操作，直至编译无误，这个集成库文件就算制作完成了。

第12章

电路仿真系统

随着电子技术的飞速发展和新型电子元件的不断涌现，电子电路变得越来越复杂，因此，在进行电路设计时出现缺陷和错误在所难免。为了让设计者在设计电路时能准确地分析电路的工作状况，及时发现其中的设计缺陷并进行改进，Altium Designer 20提供了一个较为完善的电路仿真组件，可以根据设计的原理图进行电路仿真，并根据输出信号的状态调整电路设计，从而减少不必要的设计失误，提高电路设计的工作效率。

所谓电路仿真就是用户直接利用EDA软件自身所提供的功能和环境，对所设计电路的实际运行情况进行模拟的过程。如果在制作PCB之前，能够对原理图进行仿真，明确系统的性能指标并据此对各项参数进行适当的调整，将节省大量的人力和物力。由于整个过程是在计算机上运行，所以操作相当简便，免去了搭建实际电路系统的不便，只需要输入不同的参数，就能得到不同情况下电路系统的性能，而且仿真结果真实、直观，便于用户查看和比较。

- 电路仿真的基本知识
- 仿真分析的参数设置
- 电路仿真方法

12.1 电路仿真的基本概念

在具有仿真功能的EDA软件出现之前，设计者为了对自己所设计的电路进行验证，一般是使用面包板来搭建实际的电路系统，然后对一些关键的电路节点进行测试，通过观察示波器上的测试波形来判断是否达到设计要求。如果没有达到，则需要对元件进行更换，有时甚至要调整电路结构，重建电路系统，然后再进行测试，直到达到设计要求为止。整个过程冗长而烦琐，工作量非常大。

使用软件进行电路仿真，则是把上述过程全部搬到了计算机中。同样要搭建电路系统（绘制电路仿真原理图）、测试电路节点（执行仿真命令），而且也需要查看相应节点（中间节点和输出节点）处的电压或电流波形，依此作出判断并进行调整。但在计算机中进行操作，其过程更轻松，操作更方便，只需要借助于一些仿真工具和仿真操作即可完成。

仿真中涉及的以下几个基本概念。

（1）仿真元件：用户进行电路仿真时使用的元件，要求具有仿真属性。

（2）仿真原理图：用户根据具体电路的设计要求，使用原理图编辑器及具有仿真属性的元件所绘制而成的电路原理图。

（3）仿真激励源：用于模拟实际电路中的激励信号。

（4）节点网络标签：如果要测试电路中多个节点，应该分别放置一个有意义的网络标签名，便于明确查看每一节点的仿真结果（电压或电流波形）。

（5）仿真方式：仿真方式有多种，对于不同的仿真方式，其参数设置也不尽相同，用户应根据具体的电路要求来选择仿真方式。

（6）仿真结果：一般以波形的形式给出，不仅仅局限于电压信号，每个元件的电流及功耗波形都可以在仿真结果中观察到。

12.2 放置电源及仿真激励源

Altium Designer 20提供了多种电源和仿真激励源，存放在“Simulation Sources.Intlib”集成库中，供用户选择使用。在使用时，均被默认为理想的激励源，即电压源的内阻为零，电流源的内阻为无穷大。

仿真激励源就是仿真时输入到仿真电路中的测试信号，根据观察这些测试信号通过仿真电路后的输出波形，用户可以判断仿真电路中的参数设置是否合理。

常用的电源与仿真激励源有直流电压/电流源、正弦信号激励源、周期脉冲源、分段线性激励源、指数激励源、单频调频激励源。下面以直流电压/电流源为例介绍激励源的设置方法。

直流电压源“VSRC”与直流电流源“ISRC”分别用来为仿真电路提供一个不变的电压信号和电流信号，符号形式如图12-1所示。

这两种电源通常在仿真电路通电时，或者需要为仿真电路输入一个阶跃激励信号时使用，以便用户观测电路中某一节点的瞬态响应波形。

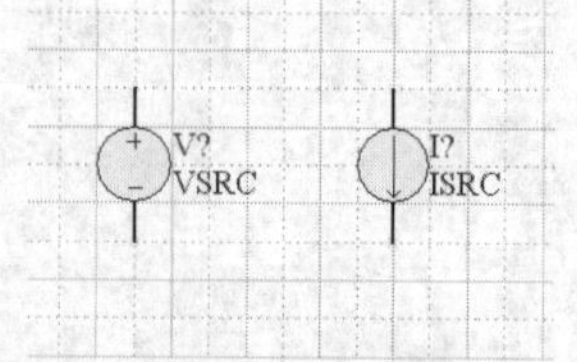

图12-1 直流电压/电流源符号

需要设置的仿真参数是相同的，双击新添加的仿真直流电压源，在弹出的“Properties（属性）”面板中设置其属性参数，如图12-2所示。

在“Properties（属性）”面板中，双击“Models（模型）”栏下的“Simulation（仿真）”

选项，系统将弹出如图12-3所示的“Sim Model-Voltage Source/DC Source（仿真模型-电压源/直流源）”对话框。通过该对话框可以查看并修改仿真模型。“Parameters（参数）”选项卡中各项参数含义如下。

- “Value（值）”：直流电源电压值。
- “AC Magnitude（交流幅度）”：交流小信号分析的电压幅度。
- “AC Phase（交流相位）”：交流小信号分析的相位值。

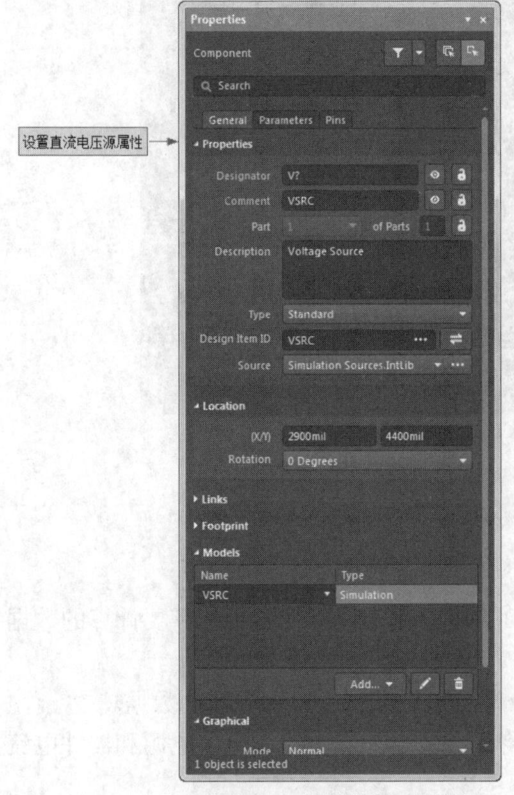

图12-2 属性设置面板图

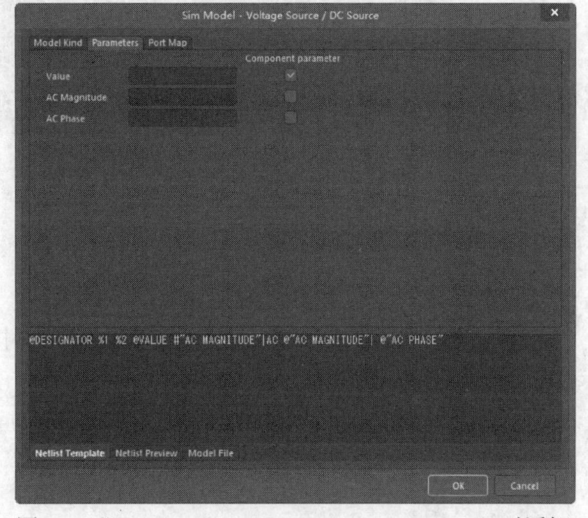

图12-3 “Sim Model-Voltage Source/DC Source”对话框

12.3 仿真分析的参数设置

在电路仿真中，选择合适的仿真方式并对相应的参数进行合理的设置，是仿真能够正确运行并获得良好仿真效果的关键保证。

一般来说，仿真方式的设置包含两部分，一是各种仿真方式都需要的通用参数设置，二是具体的仿真方式所需要的特定参数设置，二者缺一不可。

在原理图编辑环境中，单击菜单栏中的“设计”→“仿真”→“Mixed Sim（混合仿真）”命令，系统将弹出如图12-4所示的“Analyses Setup（分析设置）”对话框。

在该对话框左侧的“Analyses/Option（分析/选项）”列表框中，列出了若干选项供用户选择，包括各种具体的仿真方式。而对话框的右侧则用来显示与选项相对应的具体设置内容。系统的默认选项为“General Setup（常规设置）”，即仿真方式的常规参数设置，如图12-4所示。

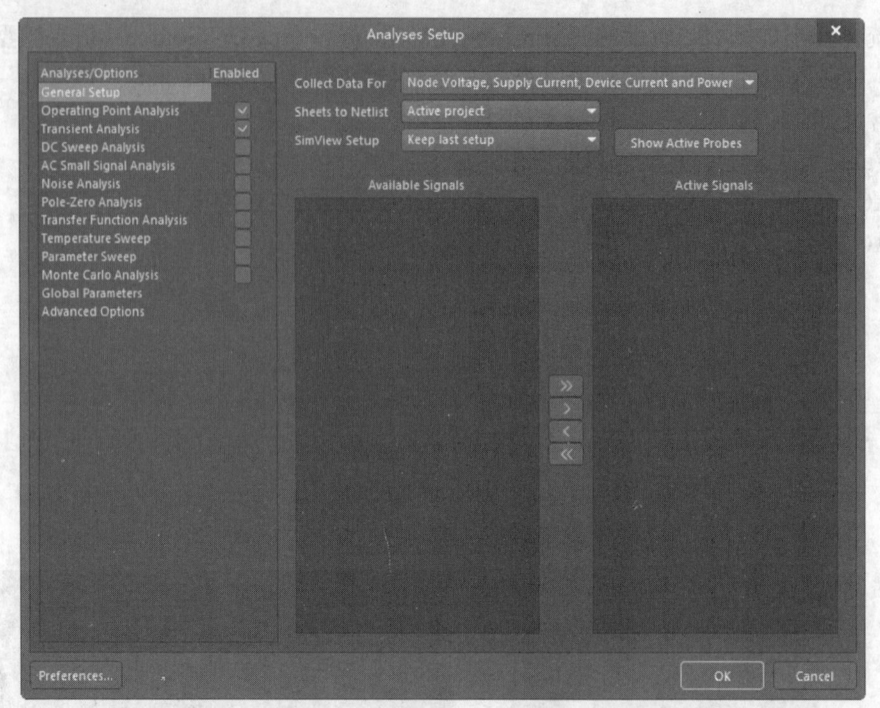

图12-4　“Analyses Setup（分析设置）”对话框

12.3.1　常规参数的设置

常规参数的具体设置内容有以下几项。

（1）“Collect Date For”（为了收集数据）下拉列表框：用于设置仿真程序需要计算的数据类型，有以下几种类型：

- Node Voltage and Supply Current：将保存每个节点电压和每个电源电流的数据。
- Node Voltage，Supply and Device Current：将保存每个节点电压、每个电源和器件电流的数据。
- Node Voltage，Supply Current，Device Current and Power：将保存每个节点电压、每个电源电流以及每个器件的电源和电流的数据。
- Node Voltage，Supply Current and Subcircuit VARs：将保存每个节点电压、来自每个电源的电流源以及子电路变量中匹配的电压/电流的数据。
- Active Signals/Probe（积极信号/探针）：仅保存在Active Signals中列出的信号分析结果。

由于仿真程序在计算上述这些数据时要花费很长的时间，因此在进行电路仿真时，用户应该尽可能少地设置需要计算的数据，只需要观测电路中节点的一些关键信号波形即可。

单击右侧的“Collect Date For”（为了收集数据）下拉列表框，可以看到系统提供的几种需要计算的数据组合，用户可以根据具体仿真的要求加以选择，系统默认为“Node Voltage，Supply Current，Device Current and Power”（节点电压，供电电流，设置电流和功率）。

一般来说，应设置为“Active Signals（积极的信号）”，这样一方面可以灵活选择所要观测的信号，另一方面也减少了仿真的计算量，提高了效率。

（2）“Sheets to Netlist”（原理图网络表）下拉列表框：用于设置仿真程序的作用范围，包括以下两个选项：

- Active sheet（积极的原理图）：当前的电路仿真原理图。
- Active project（积极的工程）：当前的整个工程。

（3）“SimView Setup”（仿真视图设置）下拉列表框：用于设置仿真结果的显示内容。

- “Keep last setup（保持上一次设置）”：按照上一次仿真操作的设置在仿真结果图中显示信号波形，忽略“Active Signals（积极的信号）”列表框中所列出的信号。
- “Show active signals（显示积极的信号）：按照“Active Signals（积极的信号）”列表框中所列出的信号，在仿真结果图中进行显示。一般选择该选项。

（4）“Available Signals”（有用的信号）列表框：列出了所有可供选择的观测信号，具体内容随着“为了收集数据”列表框的设置变化而变化，即对于不同的数据组合，可以观测的信号是不同的。

（5）“Active Signals”（积极的信号）列表框：列出了仿真程序运行结束后，能够立刻在仿真结果图中显示的信号。

在“Available Signals（有用信号）”列表框中选中某一个需要显示的信号后，如选择“IN”，单击 > 按钮，可以将该信号加入“Active Signals（积极的信号）”列表框，以便在仿真结果图中显示；单击 < 按钮则可以将“Active Signals（积极的信号）”列表框中某个不需要显示的信号移回“Available Signals（有用的信号）”列表框；单击 » 按钮，直接将全部可用的信号加入“Active Signals（积极的信号）”列表框中；单击 « 按钮，则将全部处于激活状态的信号移回“Available Signals”（有用的信号）列表框中。

上面讲述的是在仿真运行前需要完成的常规参数设置，而对于用户具体选用的仿真方式，还需要进行一些特定参数的设定。

12.3.2 仿真方式

在Altium Designer 20系统中，提供了12种仿真方式。

- Operating Point Analysis：静态工作点分析。
- Transient Analysis：瞬态特性分析。
- DC Sweep Analysis：直流扫描分析。
- AC Small Signal Analysis：交流小信号分析。
- Noise Analysis：噪声分析。
- Pole-Zero Analysis：零-极点分析。
- Transfer Function Analysis：传输函数分析。
- Temperature Sweep：温度扫描。
- Parameter Sweep：参数扫描。
- Monte Carlo Analysis：蒙特卡罗分析。
- Global Parameters：全局参数分析。
- Advanced Options：高级设置分析。

读者可以进行各种仿真方式的功能特点及参数设置。

12.4 特殊仿真元件的参数设置

在仿真过程中，有时还会用到一些专用于仿真的特殊元件，它们存放在系统提供的“Simulation Sourees.IntLib”集成库中，在此只进行简单的介绍。

12.4.1 节点电压初值

节点电压初值“.IC”主要用于为电路中的某一节点提供电压初始值，与电容中“Initial Voltage（初始电压）”作用类似。设置方法很简单，只要把该元件放在需要设置电压初值的节点上，通过设置该元件的仿真参数即可为相应的节点提供电压初值。放置的“.IC”元件如图12-5所示。

需要设置的“.IC”元件仿真参数只有一个，即节点的电压初值。双击节点电压初值元件，系统将弹出如图12-6所示的“Component（元件）”属性面板。

双击“Model（模型）”栏“Type（类型）”列中的“Simulation（仿真）”选项，系统将弹出如图12-7所示的对话框来设置“.IC”元件的仿真参数。

在“Parameter（参数）”选项卡中，只有一项仿真参数“Initial Voltage（初始电压）”，用于设定相应节点的电压初值，这里设置为“0V”。设置参数后的“.IC”元件如图12-8所示。

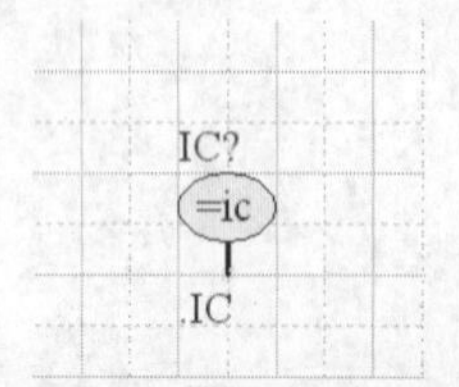

图12-5 放置的“.IC”元件

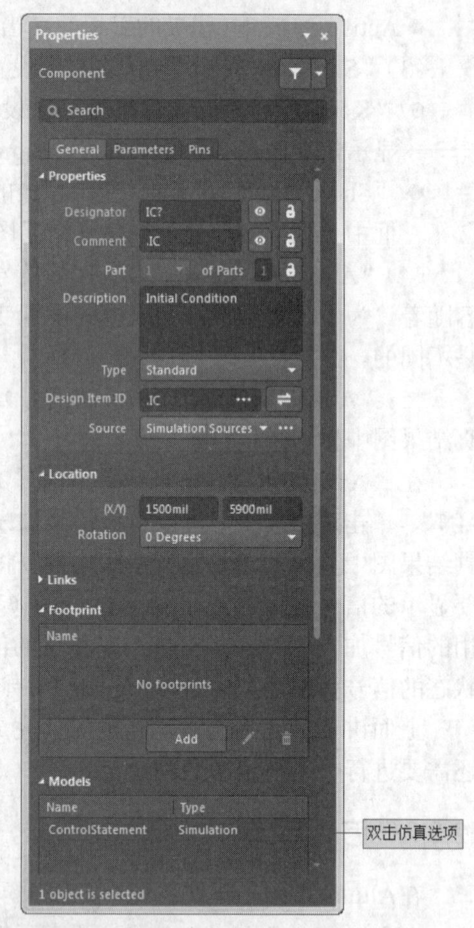

图12-6 节点电压初值“Properties（属性）”面板

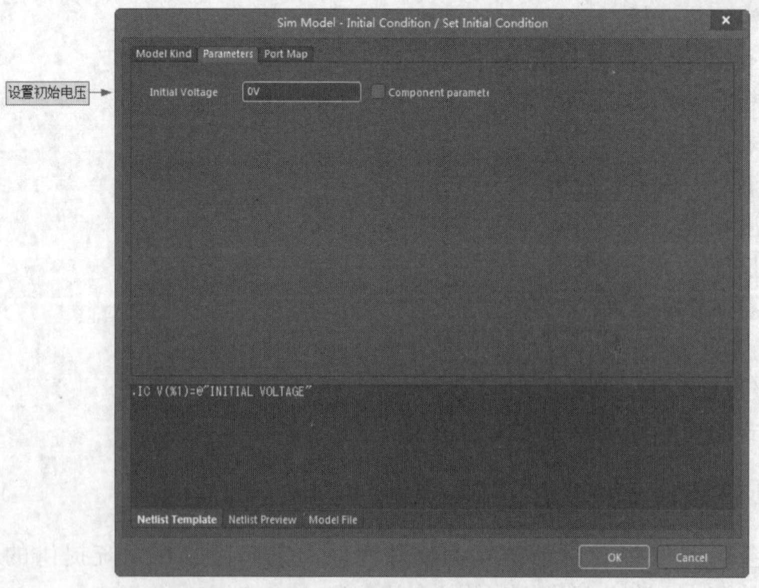

图12-7 设置“.IC”元件仿真参数

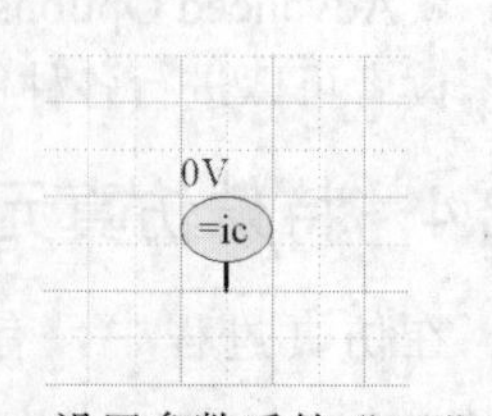

图12-8 设置参数后的“.IC”元件

使用“.IC”元件为电路中的一些节点设置电压初值后，用户采用瞬态特性分析的仿真方式时，若勾选了“Use Initial Conditions”（使用初始条件）复选框，则仿真程序将直接使用“.IC”元件所设置的初值作为瞬态特性分析的初始条件。

当电路中有储能元件（如电容）时，如果在电容两端设置了电压初值，而同时在与该电容连接的导线上也放置了“.IC”元件，并设置了参数值，那么此时进行瞬态特性分析时，系统将使用电容两端的电压初值，而不会使用“.IC”元件的设置值，即一般元件的优先级高于“.IC”元件。

12.4.2 节点电压

在对双稳态或单稳态电路进行瞬态特性分析时，节点电压“.NS”用来设定某个节点的电压预收敛值。如果仿真程序计算出该节点的电压小于预设的收敛值，则去掉“.NS”元件所设置的收敛值，继续计算，直到算出真正的收敛值为止。即“.NS”元件是求节点电压收敛值的一个辅助手段。

设置方法很简单，只要把该元件放在需要设置电压预收敛值的节点上，通过设置该元件的仿真参数即可为相应的节点设置电压预收敛值。放置的“.NS”元件如图12-9所示。

NS?
.NS

图12-9 放置的“.NS”元件

需要设置的“.NS”元件仿真参数只有一个，即节点的电压预收敛值。双击节点电压元件，系统将弹出如图12-10所示的“Component（元件）”属性面板来设置“.NS”元件的属性。

双击“Model（模型）”栏“Type（类型）”列中的“Simulation（仿真）”选项，系统将弹出如图12-11所示的对话框来设置“.NS”元件的仿真参数。

图12-10 设置“.NS”元件属性

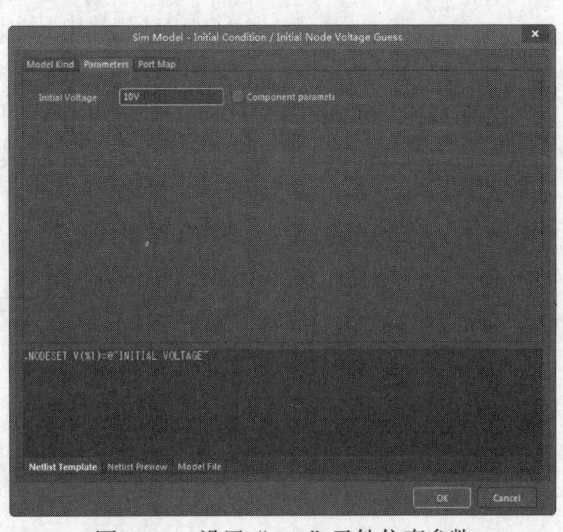

图12-11 设置“.NS”元件仿真参数

在“Parameters（参数）”选项卡中，只有一项仿真参数“Initial Voltage（初始电压）”，用于设定相应节点的电压预收敛值，这里设置为“10V”。设置参数后的“.NS”元件如图12-12所示。

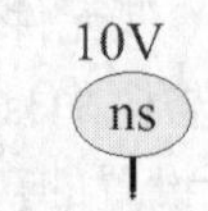

图12-12　设置参数后的“.NS”元件

若在电路的某一节点处，同时放置了“.IC”元件与“.NS”元件，则仿真时“.IC”元件的设置优先级将高于“.NS”元件。

12.4.3　仿真数学函数

在Altium Designer 20的仿真器中还提供了若干仿真数学函数，它们同样可作为一种特殊的仿真元件放置在电路仿真原理图中使用。主要用于对仿真原理图中的两个节点信号进行各种合成运算，以达到一定的仿真目的，包括节点电压的加、减、乘、除，以及支路电流的加、减、乘、除等运算，也可以用于对一个节点信号进行各种变换，如正弦变换、余弦变换、双曲线变换等。

仿真数学函数存放在“Simulation Math Function.IntLib”仿真库中，只需要把相应的函数功能模块放到仿真原理图中需要进行信号处理的地方即可，仿真参数不需要用户自行设置。

图12-13所示是对两个节点电压信号进行相加运算的仿真数学函数“ADDV”。

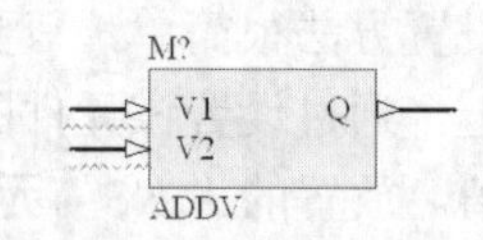

图12-13　仿真数学函数“ADDV”

12.4.4　实例：使用仿真数学函数

12.4.4　实例：使用仿真数学函数

本例使用相关的仿真数学函数，对某一输入信号进行正弦变换和余弦变换，然后叠加输出。具体的操作步骤如下。

Step 1 新建一个原理图文件，另存为“仿真数学函数.SchDoc”。

Step 2 在系统提供的集成库中，选择“Simulation Sourees.IntLib”和“Simulation Math Function. IntLib”，进行加载。

Step 3 在“Components（元件）”面板中，打开集成库“Simulation Math Function.IntLib”，选择正弦变换函数“SINV”、余弦变换函数“COSV”及电压相加函数“ADDV”，将其分别放置到原理图中，如图12-14所示。

Step 4 在“Components（元件）”面板中，打开集成库“Miscellaneous Devices.IntLib”，选择元件Res2，在原理图中放置两个接地电阻，并完成相应的电气连接，如图12-15所示。

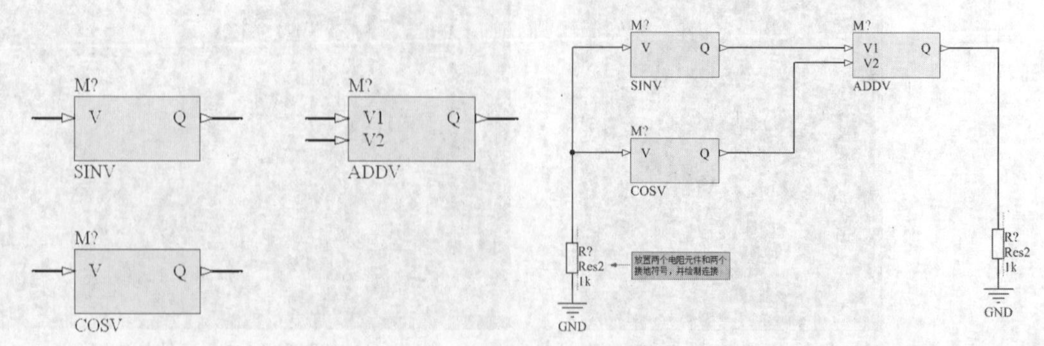

图12-14　放置数学函数　　　　图12-15　放置接地电阻并连接

Step 5 双击电阻，系统弹出属性设置面板，相应的电阻值设置为1kΩ。

Step 6 双击每一个仿真数学函数，进行参数设置，在弹出的“Component（元件）”属性面板中，只需设置标识符，如图12-16所示。设置好的原理图如图12-17所示。

Step 7 在“Components（元件）”面板中，打开集成库“Simulation Sources.IntLib”，找到正弦电压源“VSIN”，放置在仿真原理图中，并进行接地连接，如图12-18所示。

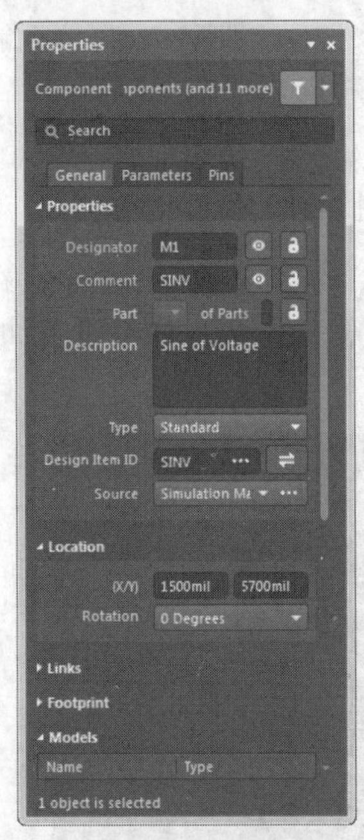

图12-16 “Properties（属性）”面板

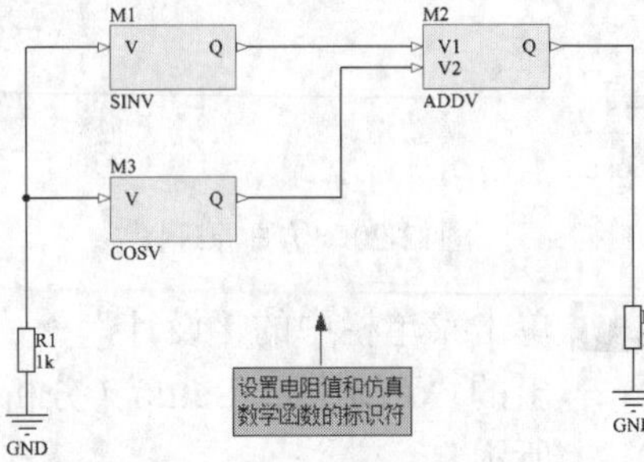

图12-17 设置好的原理图

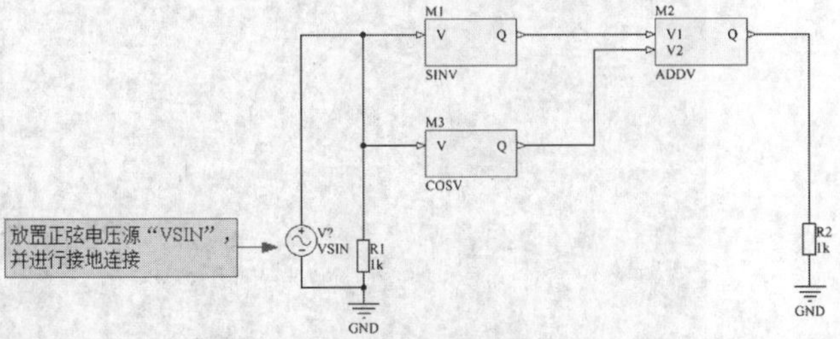

图12-18 放置正弦电压源并连接

Step 8 双击正弦电压源，弹出相应的属性对话框，设置其基本参数及仿真参数，如图12-19所示。标识符输入为“V1”，其他各项仿真参数均采用系统的默认值。

Step 9 单击“OK（确定）”按钮得到的仿真原理图如图12-20所示。

Step 10 在原理图中需要观测信号的位置添加网络标签。在这里，我们需要观测的信号有4个，即输入信号、经过正弦变换后的信号、经过余弦变换后的信号及叠加后输出的信号。因此，在相应的位置处放置4个网络标签，即“INPUT”“SINOUT”“COSOUT”“OUTPUT”，如图12-21所示。

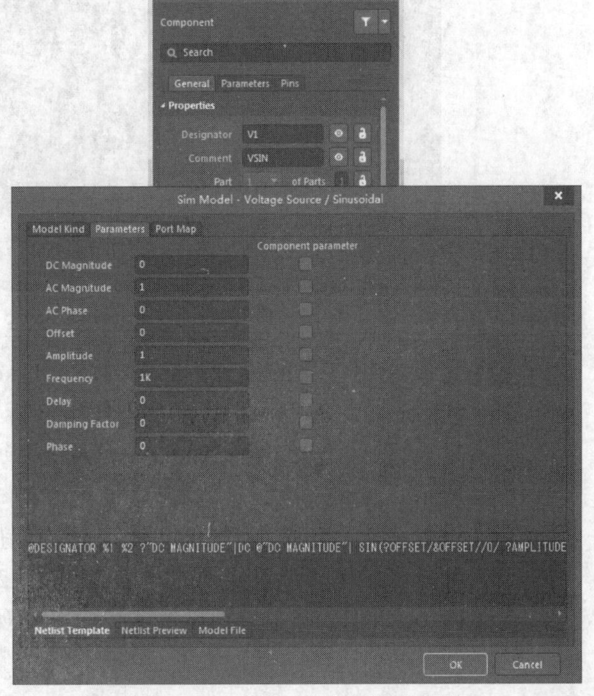

图12-19 设置正弦电压源的参数

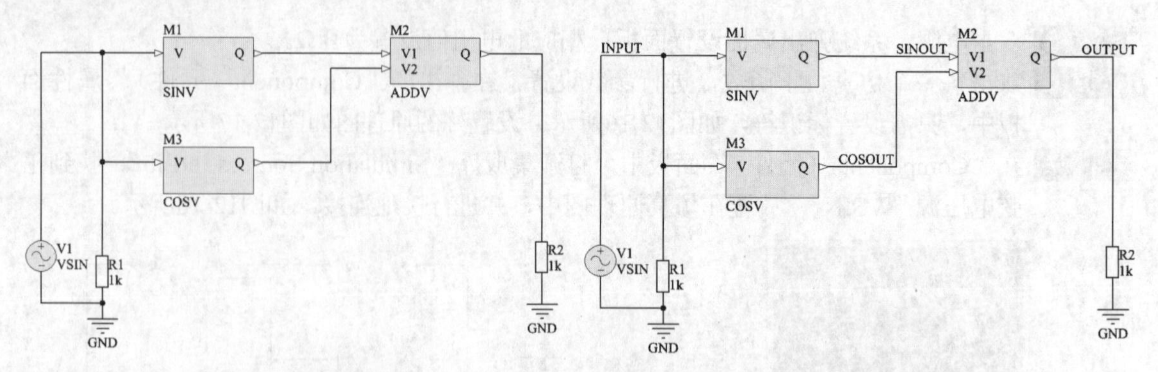

图12-20　仿真原理图　　　　图12-21　添加网络标签

Step 11 单击菜单栏中的“设计”→“仿真”→“Mixed Sim（混合仿真）”命令，在系统弹出的“Analyses Setup（分析设置）”对话框中设置常规参数，详细设置如图12-22所示。

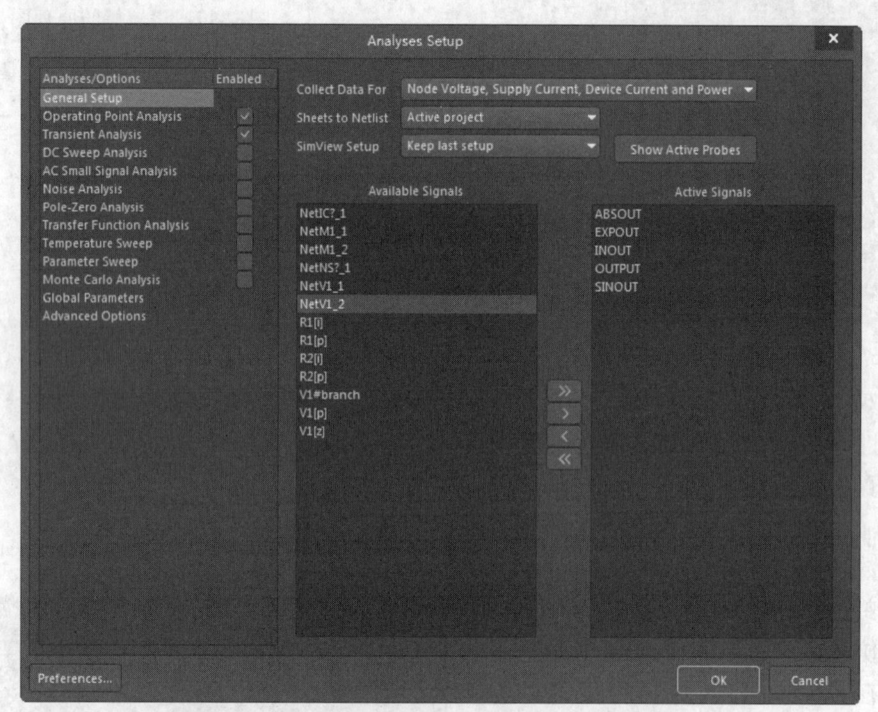

图12-22　“Analyses Setup（分析设置）”对话框

Step 12 完成通用参数的设置后，在“Analyses/Options（分析/选项）”列表框中，勾选“Operating Point Analysis（工作点分析）”和“Transient Analysis（瞬态特性分析）”复选框。“Transient Analysis（瞬态特性分析）”选项中各项参数的设置如图12-23所示。

Step 13 设置完毕后，单击“OK（确定）”按钮，系统进行电路仿真。瞬态仿真分析和傅里叶分析的仿真结果分别如图12-24和图12-25所示。

在图12-24和图12-25中分别显示了我们所要观测的4个信号的时域波形及频谱组成。

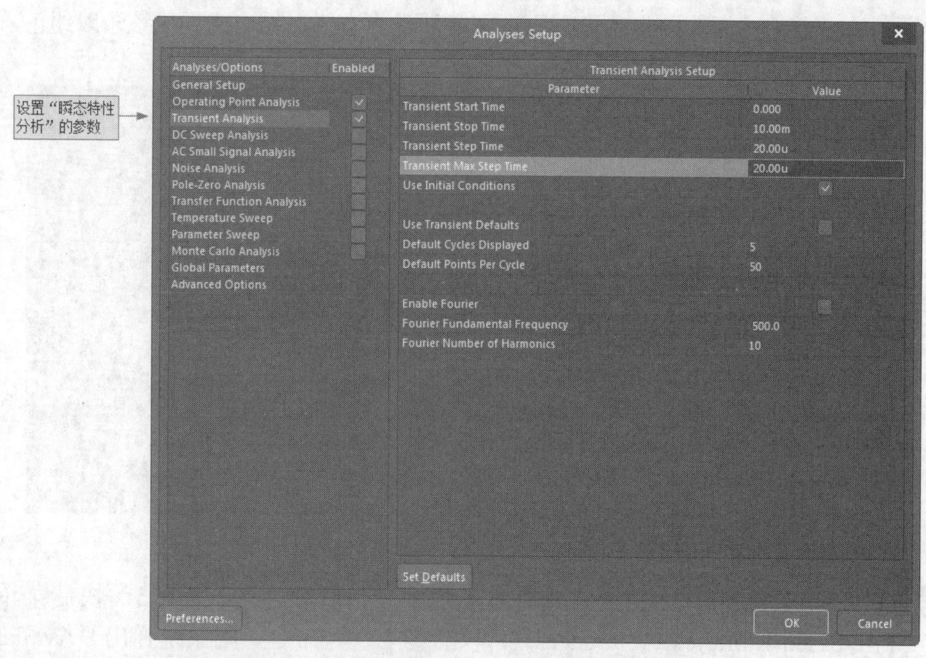

图12-23 “Transient Analysis”选项的参数设置

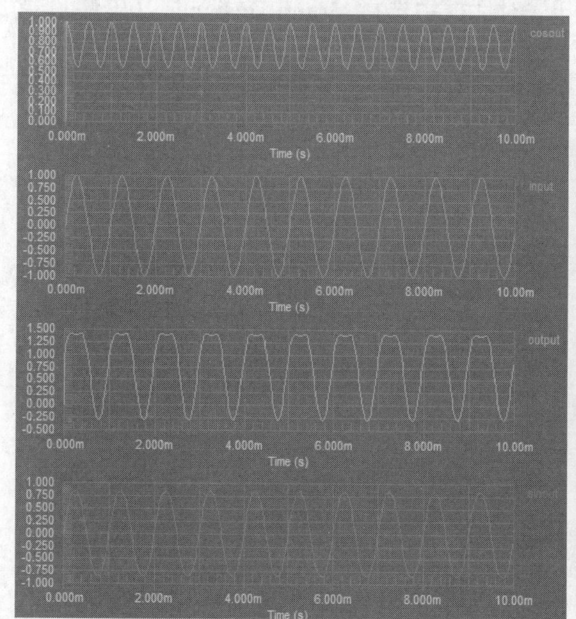

图12-24 瞬态仿真分析的仿真结果

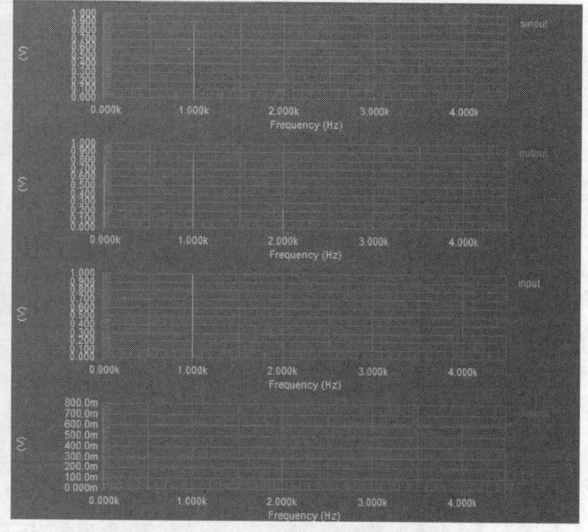

图12-25 傅里叶分析的仿真结果

12.5 电路仿真的基本方法

下面结合一个实例介绍电路仿真的基本方法和操作步骤。

Step 1 启动Altium Designer 20，打开如图12-26所示的电路原理图。

Step 2 在电路原理图编辑环境中，激活“Projects（工程）”面板，右击面板中的电路原理图，在弹出的右键快捷菜单中单击“Compile Document…（编译文件）”命令，如图12-27所示。单击该命令后，将自动检查原理图文件是否有错，如有错误应该予以纠正。

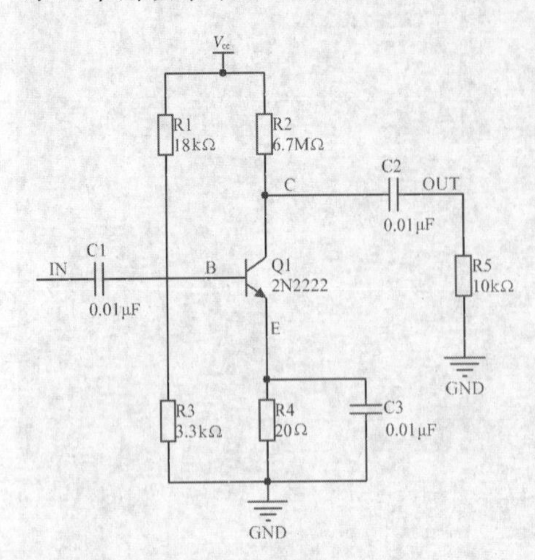

图12-26　电路原理图

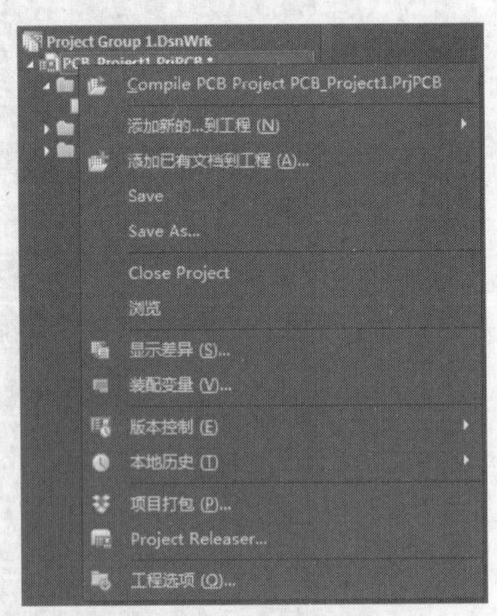

图12-27　右键快捷菜单

Step 3 在“Components（元件）”面板右上角中单击按钮，在弹出的快捷菜单中选择“File-based Libraries Preferences（库文件参数）”命令，则系统弹出“Available File-based Libraries（可用库文件）”对话框。

Step 4 单击“添加库”按钮，在弹出的“打开”对话框中选择Altium Designer 20安装目录“Library/Simulation”中所有的仿真库，如图12-28所示。

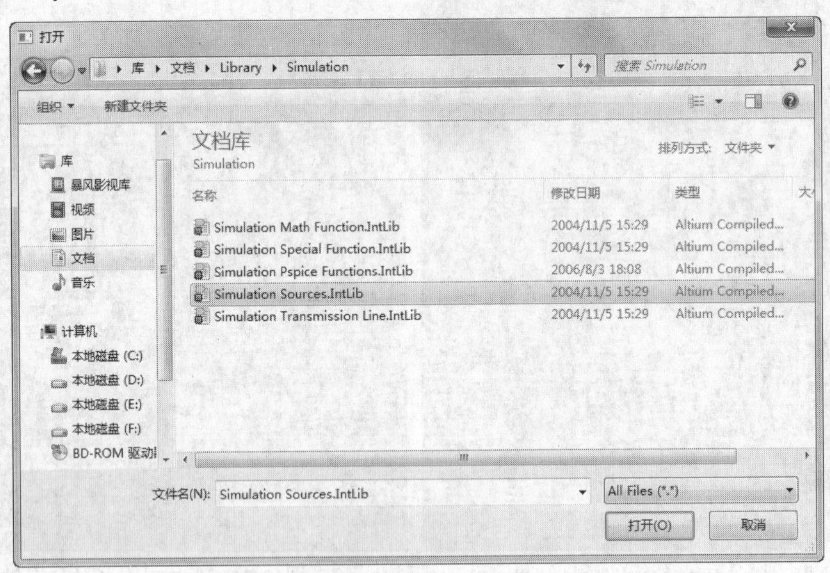

图12-28　选择仿真库

Step 5 单击“打开”按钮，完成仿真库的添加。

Step 6 在“Components（元件）”面板中选择“Simulation Sources.IntLib”集成库，该仿真库包含了各种仿真电源和激励源。选择名为“VSIN”的激励源，然后将其拖到原理图编辑区中，如图12-29所示。选择放置导线工具，将激励源和电路连接起来，并接上电源地，如图12-30所示。

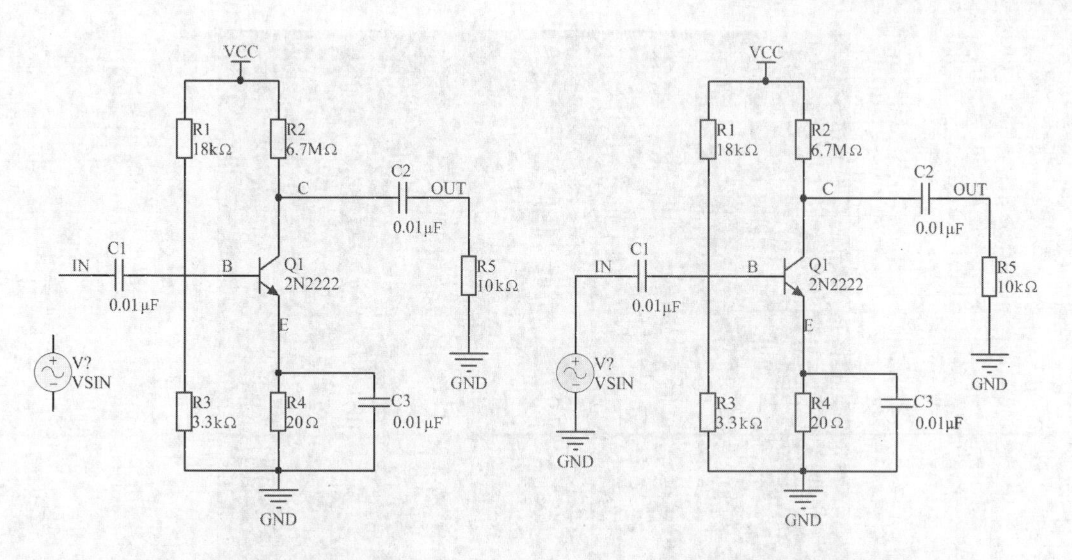

图12-29　添加仿真激励源　　　　图12-30　连接激励源并接地

Step 7 双击新添加的仿真激励源，在弹出的“Component（元件）”属性面板中设置其属性参数，如图12-31所示。

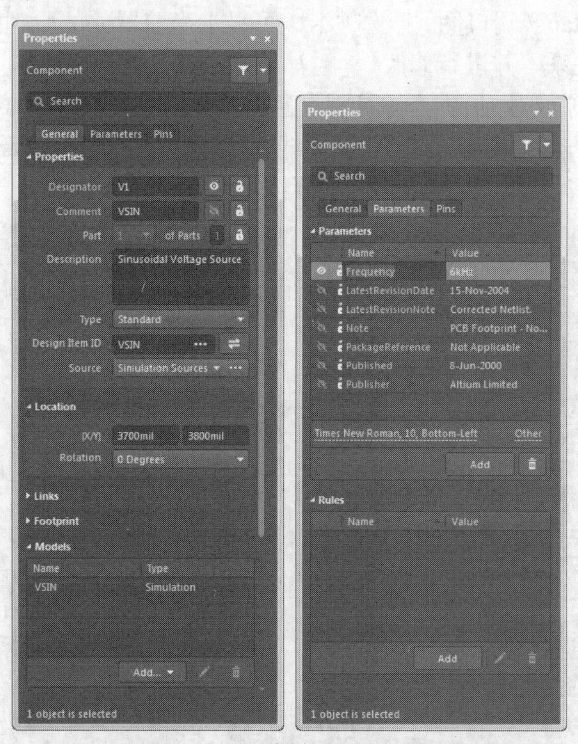

图12-31　设置仿真激励源的参数

Step 8 在“General（通用）”选项卡中，双击“Models（模型）”栏“Type（类型）”列下的“Simulation（仿真）”选项，弹出如图12-32所示的“Sim Model-Voltage Source/Sinusoidal（仿真模型-电压源/正弦曲线）”对话框。通过该对话框可以查看并修改仿真模型。

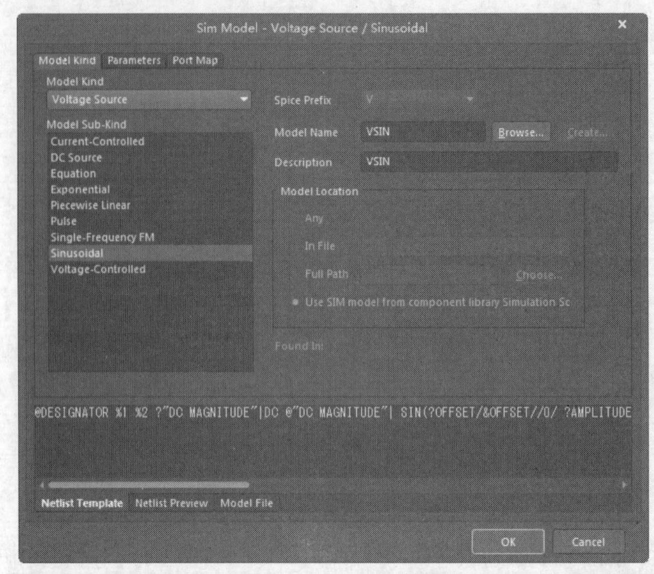

图12-32 “Sim Model-Voltage Source/Sinusoidal（仿真模型-电压源/正弦曲线）”对话框

Step 9 单击“Model Kind（模型种类）”选项卡，可查看器件的仿真模型种类。

Step 10 单击“Port Map（端口图）”选项卡，可显示当前器件的原理图引脚和仿真模型引脚之间的映射关系，并进行修改。

Step 11 对于仿真电源或激励源，也需要设置其参数。在“Sim Model-Voltage Source/Sinusoidal（仿真模型-电压源/正弦曲线）”对话框中单击“Parameters（参数）”选项卡，如图12-33所示，按照电路的实际需求设置相差参数。

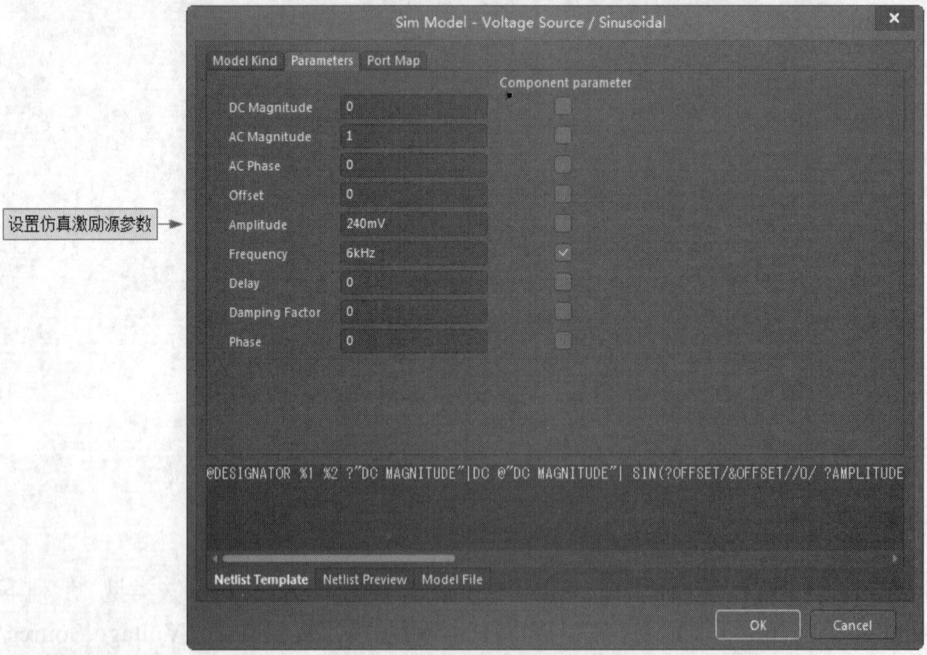

图12-33 “Parameters（参数）”选项卡

Step 12 设置完毕后，单击“OK（确定）”按钮，返回到电路原理图编辑环境。

Step 13 采用相同的方法，再添加一个仿真电源，如图12-34所示。

Step 14 双击已添加的仿真电源，在弹出的“Component（元件）”属性面板中设置其属性参数。在窗口中双击“Model for V2（V2模型）”栏“Type（类型）”列下的“Simulation（仿真）”选项，在弹出的“Sim Model-Voltage Source/DC Source（仿真模型-电压源/直流电源）”对话框中设置仿真模型参数，如图12-35所示。

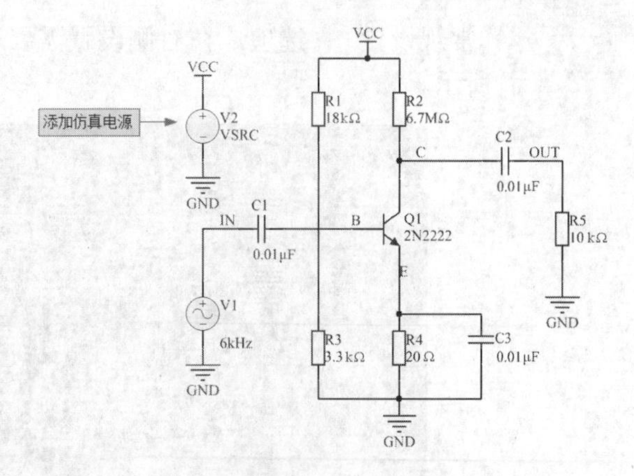

图12-34 添加另一个仿真电源

Step 15 设置完毕后，单击“OK（确定）”按钮，返回到原理图编辑环境。

Step 16 单击菜单栏中的“工程”→“Compile PCB Project（编译文件）”命令，编译当前的原理图，编译无误后分别保存原理图文件和项目文件。

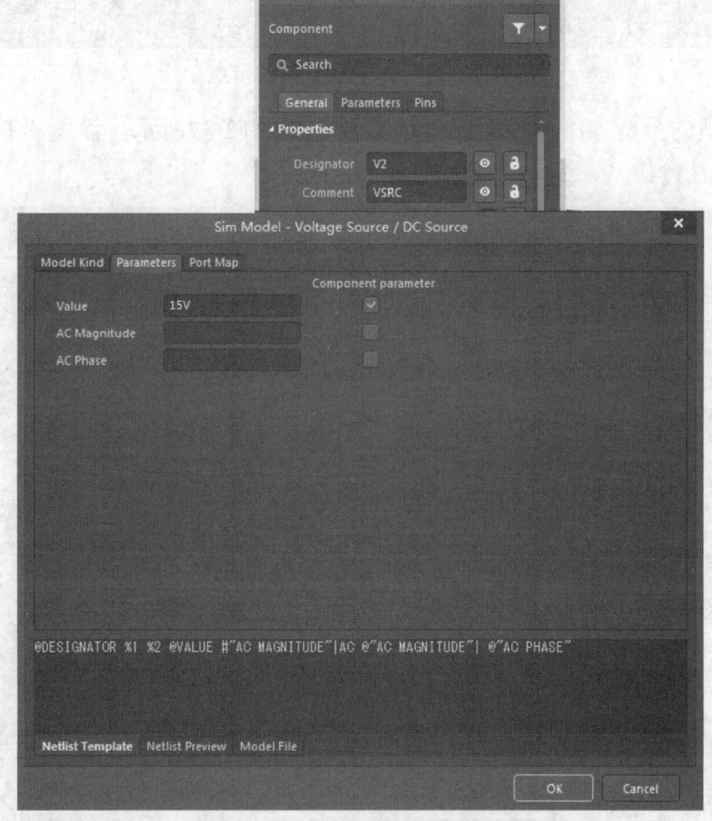

图12-35 设置仿真模型参数

Step 17 单击菜单栏中的“设计”→“仿真”→“Mixed Sim（混合仿真）”命令，系统将弹出“Analyses Setup（分析设置）”对话框。在左侧的列表框中选择“General Setup

（常规设置）”选项，在右侧设置需要观察的节点，即要获得的仿真波形，如图12-36所示。

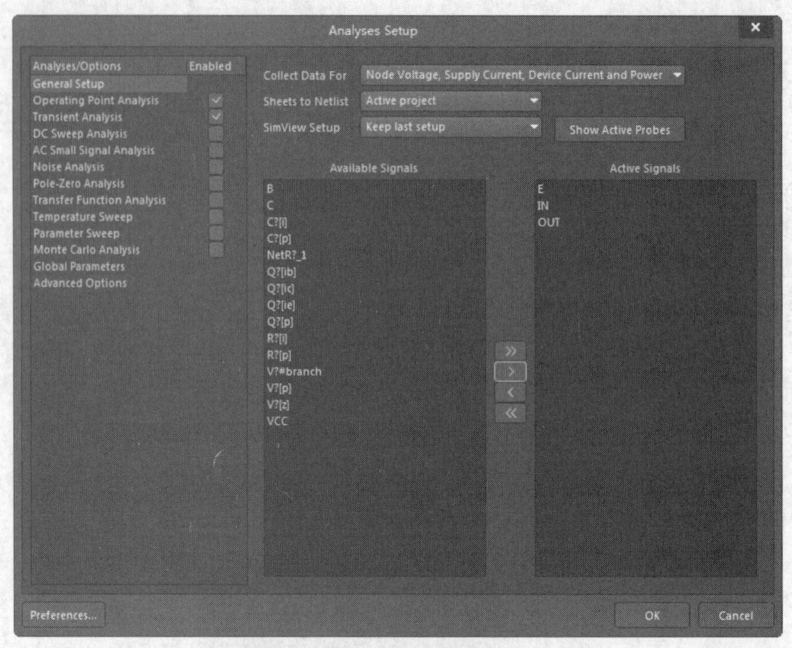

图12-36　设置需要观察的节点

Step 18 选择合适的分析方法并设置相应的参数。如图12-37所示，设置“Transient Analysis（瞬态特性分析）”选项。

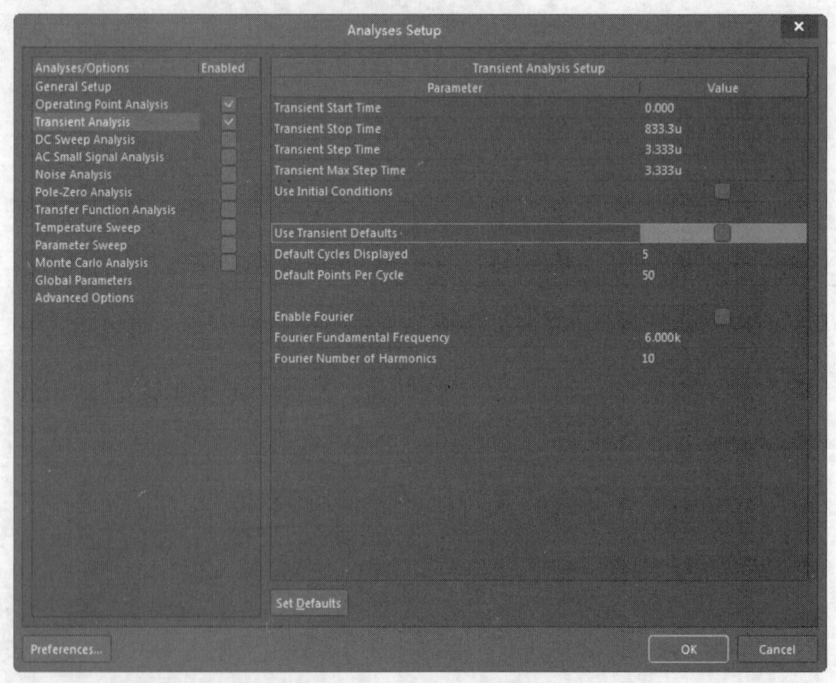

图12-37　设置“Transient Analysis（瞬态特性分析）”选项

Step 19 设置完毕后，单击“确定”按钮，得到如图12-38所示的仿真波形。

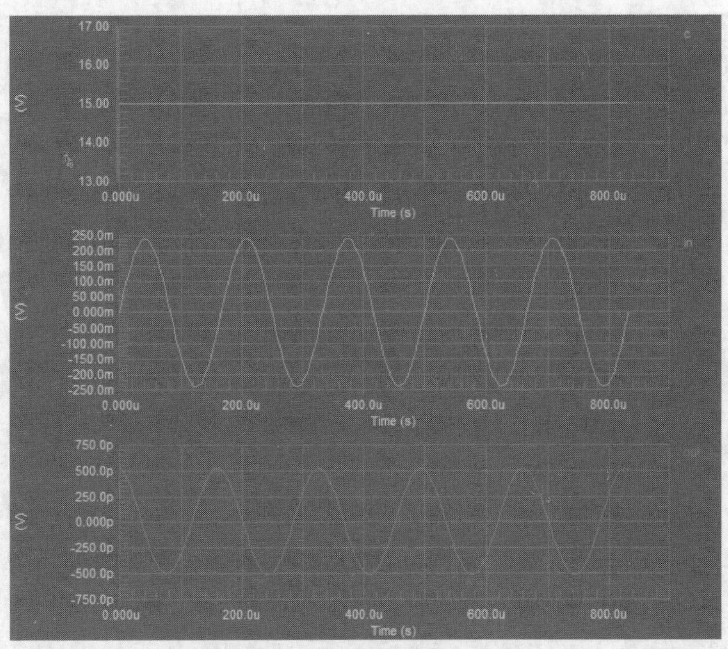

图12-38　仿真波形1

Step 20 保存仿真波形图，然后返回到原理图编辑环境。

Step 21 单击菜单栏中的“设计”→“仿真”→“Mixed Sim（混合仿真）”命令，系统将弹出“分析设置”对话框。选择“Parameter Sweep（参数扫描）”选项，设置需要扫描的元件及参数的初始值、终止值、步长等，如图12-39所示。

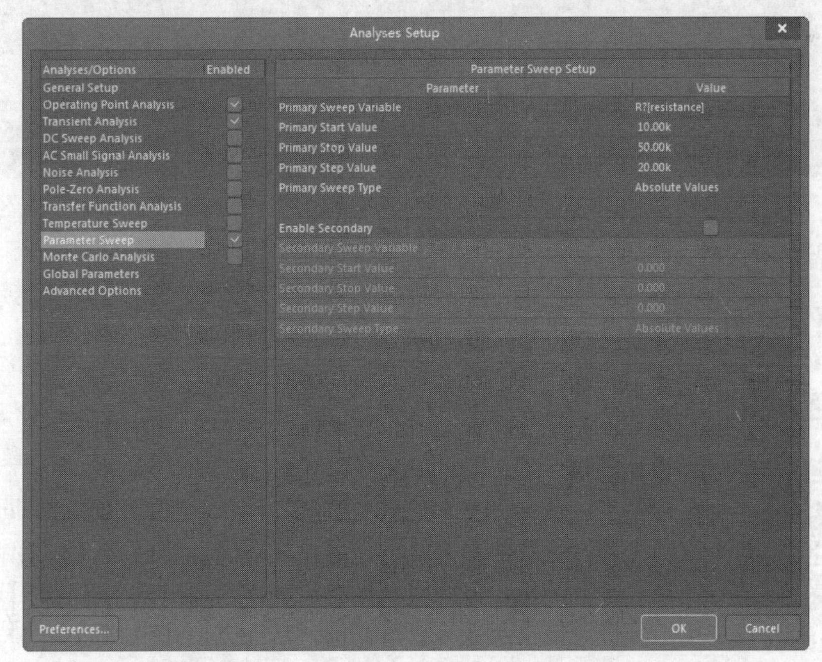

图12-39　设置“Parameter Sweep（参数扫描）”选项

Step 22 设置完毕后，单击“确定”按钮，得到如图12-40所示的仿真波形。

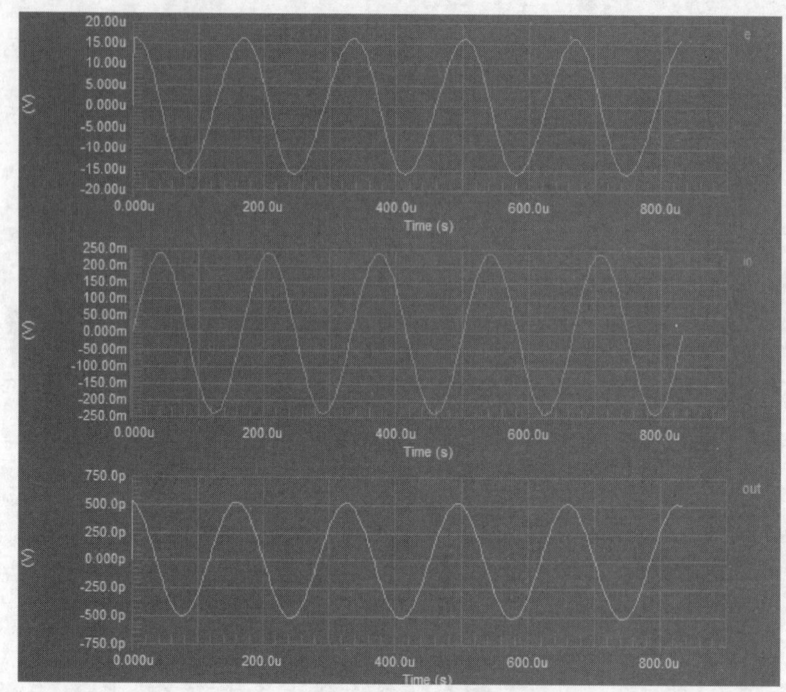

图12-40　仿真波形2

Step 23 选中OUT波形所在的图表，在“Sim Data（仿真数据）”面板的“Source Data（数据源）”中双击out_p1、out_p2、out_p3，将其导入到OUT图表中，如图12-41所示。

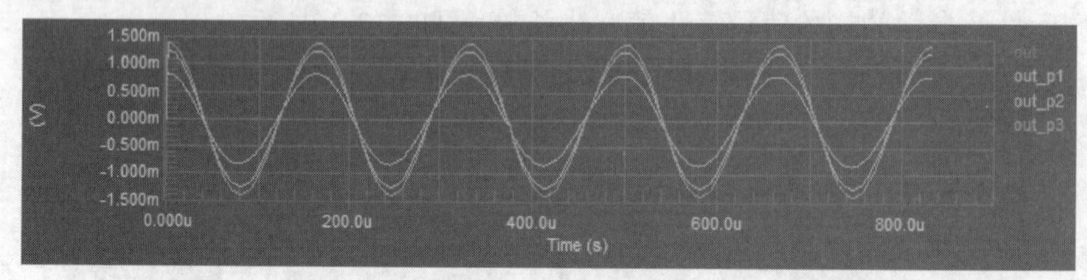

图12-41　导入数据源

Step 24 读者还可以修改仿真模型参数，保存后再次进行仿真。

12.6　操作实例

12.6.1　带通滤波器仿真

12.6.1 带通滤波器仿真

1. 设计要求

本例要求完成如图12-42所示的仿真电路原理图的绘制，同时完成脉冲仿真激励源的设置及仿真方式的设置，实现瞬态特性、直流工作点、交流小信号及传输函数分析，最终将波形结果输出。通过这个实例，读者将掌握交流小信号分析及传输函数分析等功能，从而方便在电路的频率特性和阻抗匹配应用中完成相应的仿真分析。

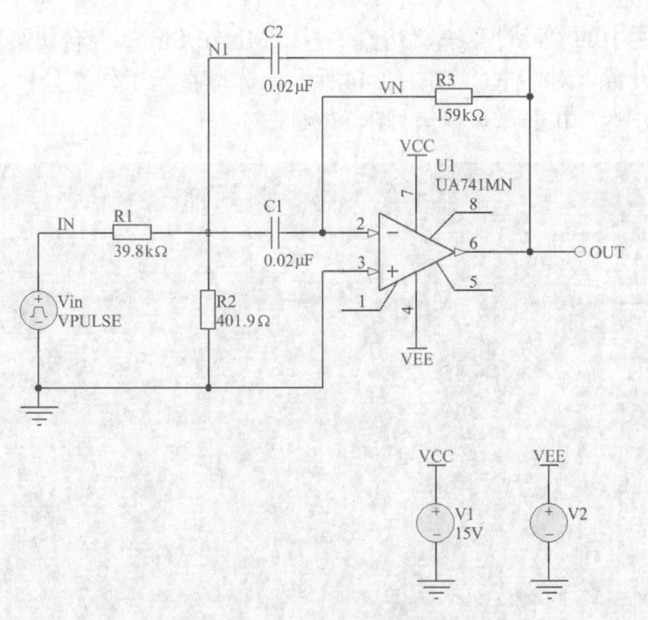

图12-42　仿真电路原理图

2. 操作步骤

Step 1 建立新工程，并保存重命名为“Bandpass Filters.PrjPCB”。为新工程添加仿真模型库，完成电路原理图的设计。

Step 2 设置元件的参数。双击该元件，系统将弹出元件属性对话框，按照设计要求设置元件参数。设置脉冲信号源“VPULSE”，设置结果如图12-43所示。

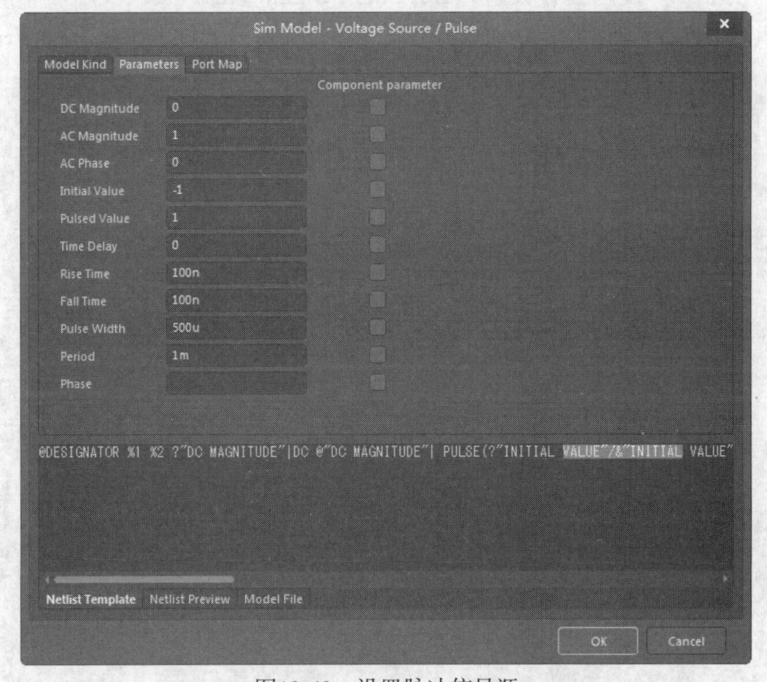

图12-43　设置脉冲信号源

Step 3 单击菜单栏中的“设计”→“仿真”→“Mixed Sim（混合仿真）”命令，系统将弹出“分析设置”对话框。如图12-44所示，选择直流工作点分析、瞬态特性分析和交流小信号分析，并选择观察信号IN和OUT。

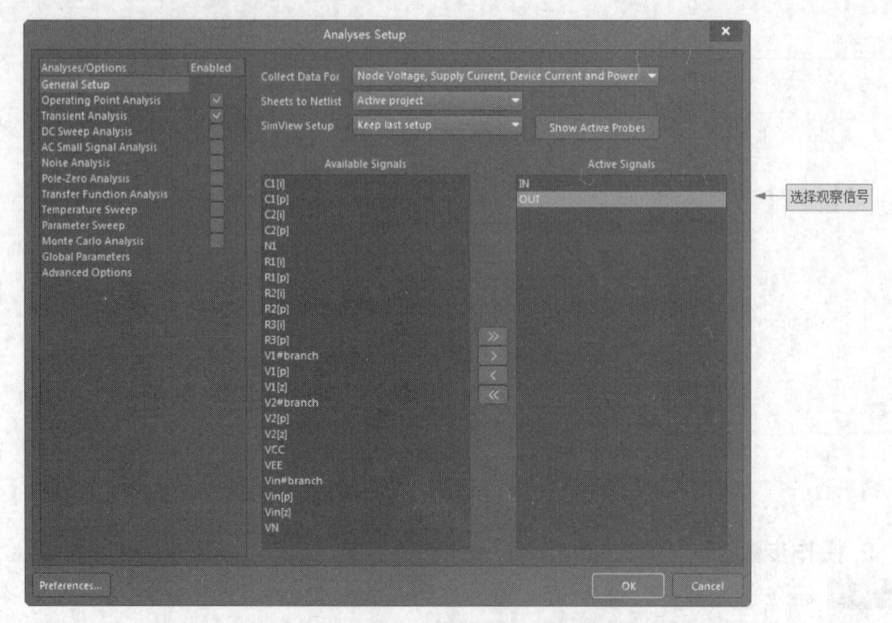

图12-44 “Analyses Setup（分析设置）”对话框

Step 4 勾选“Analyses/Options（分析/选项）”列表框中的“AC Small Signal Analysis（交流小信号分析）”复选框，设置“AC Small Signal Analysis（交流小信号分析）”选项参数，如图12-45所示。

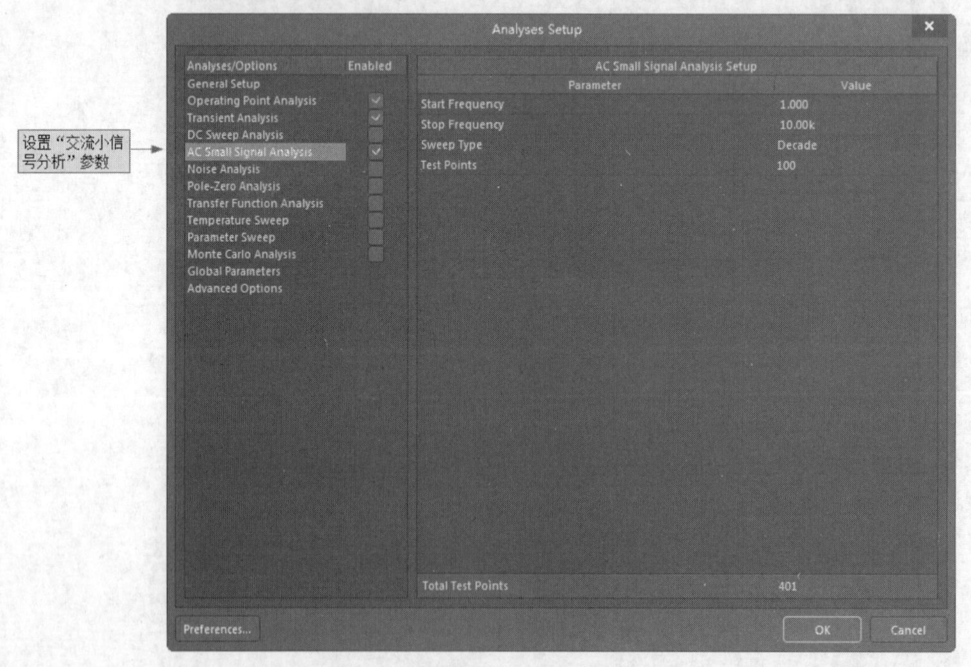

图12-45 设置“AC Small Signal Analysis”选项参数

Step 5 勾选“Analyses/Options（分析/选项）”列表框中的“Transfer Function Analysis（传输函数分析）”复选框，设置“Transfer Function Analysis（传输函数分析）”选项参数，如图12-46所示。

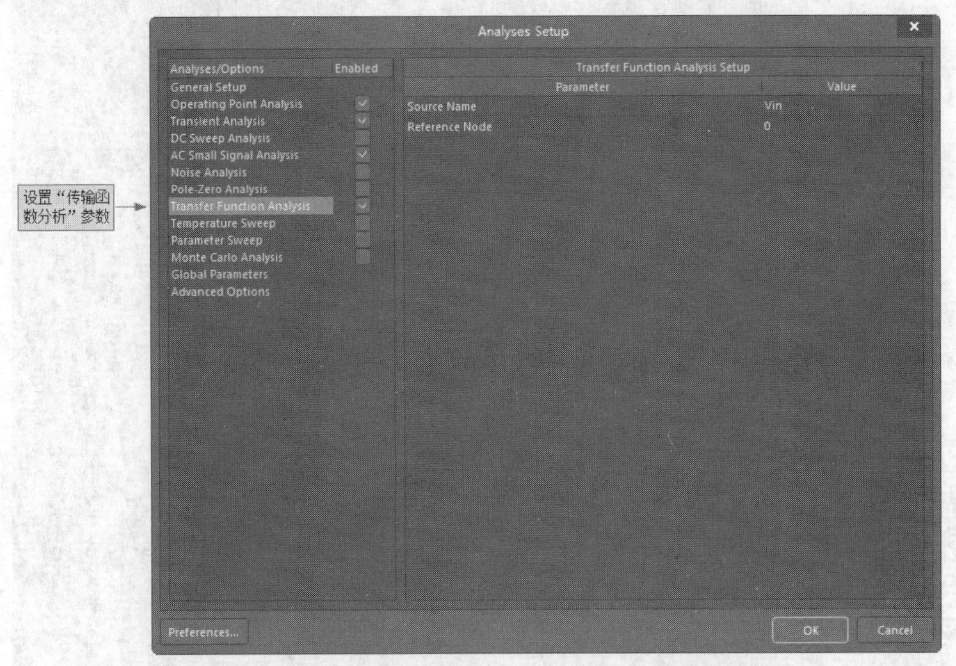

图12-46 设置“Transfer Function Analysis”选项参数

Step 6 设置完毕后，单击“OK（确定）”按钮进行仿真。系统先后进行直流工作点分析、瞬态特性分析、交流小信号分析、传输函数分析，其结果分别如图12-47和图12-48所示。

in	0.000 V
out	12.69mV

图12-47 直流工作点分析结果

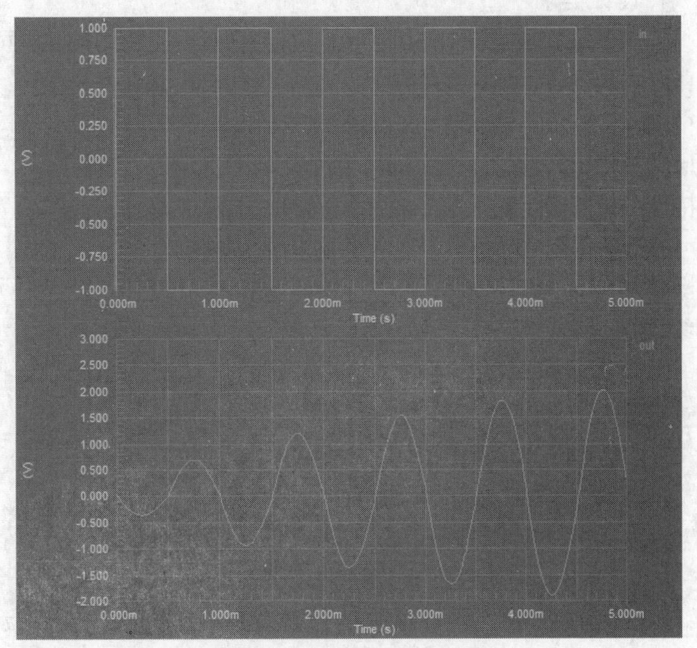

图12-48 瞬态特性分析结果

从图12-49中可以看出，信号为1kHz，输出达到最大值。之后及之前随着频率的升高或减小，系统的输出逐渐减小。

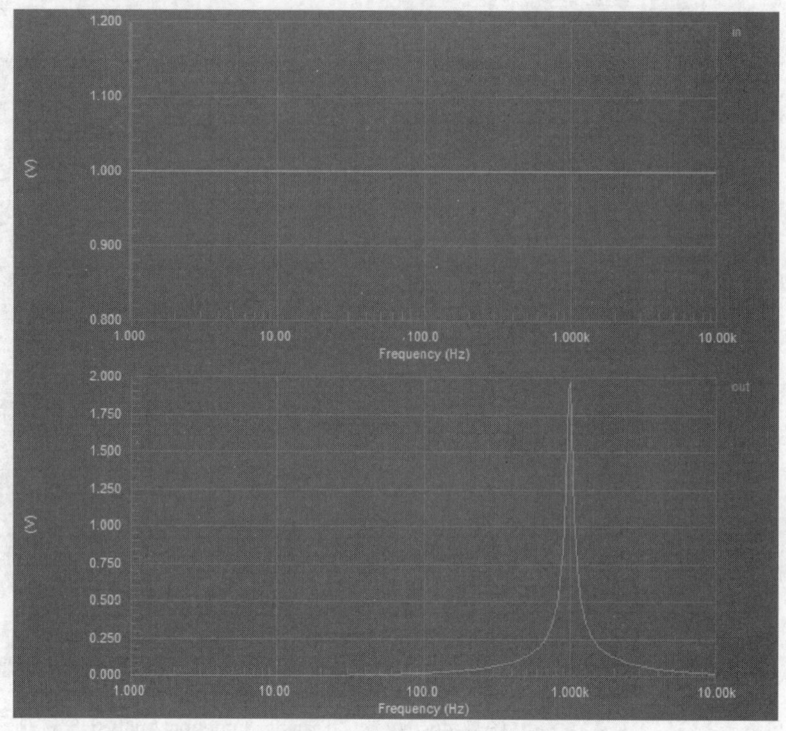

12.6.2 模拟放大电路仿真

图12-49 交流小信号分析结果

12.6.2 模拟放大电路仿真

1. 设计要求

本例要求完成如图12-50所示的仿真电路原理图的绘制，同时完成正弦仿真激励源的设置及仿真方式的设置，实现瞬态特性、直流工作点、交流小信号、直流传输特性分析及噪声分析，最终将波形结果输出。通过这个实例，使读者掌握直流传输特性分析，确定输入信号的最大范围，正确理解噪声分析的作用和功能，掌握噪声分析适用的场合和操作步骤，尤其是要理解进行噪声分析时所设置参数的物理意义。

2. 操作步骤

Step 1 建立新工程，并保存重命名为“Imitation Amplifier.PrjPCB”。为新工程添加仿真模型库，完成电路原理图的设计。

Step 2 设置元件的参数。双击该元件，系统将弹出元件属性面板，按照设计要求设置元件参数。放置正弦信号源“VSIN”，如图12-50所示。

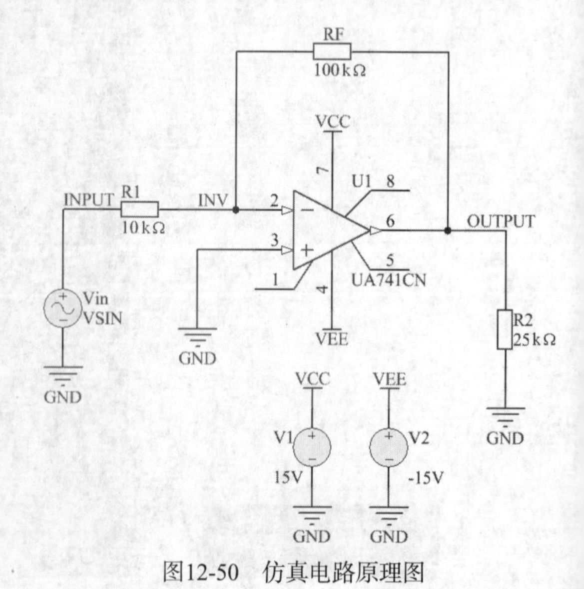

图12-50 仿真电路原理图

Step 3 单击菜单栏中的“设计”→“仿真”→“Mixed Sim（混合仿真）”命令，系统将弹出“Analyses Setup（分析设置）”对话框，如图12-51所示，选择直流工作点分析、瞬态特性分析、交流小信号分析和直流传输特性分析，并选择观察信号INPUT和OUTPUT。

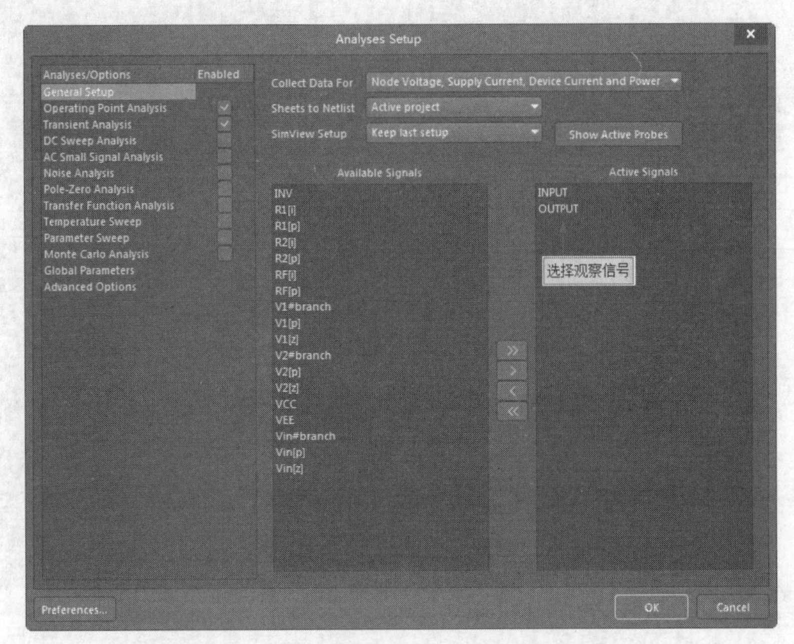

图12-51 “Analyses Setup（分析设置）”对话框

Step 4 勾选“Analyses/Options（分析/选项）”列表框中的“DC Sweep Analysis（直流扫描分析）”复选框，设置“DC Sweep Analysis（直流扫描分析）”选项参数，如图12-52所示。

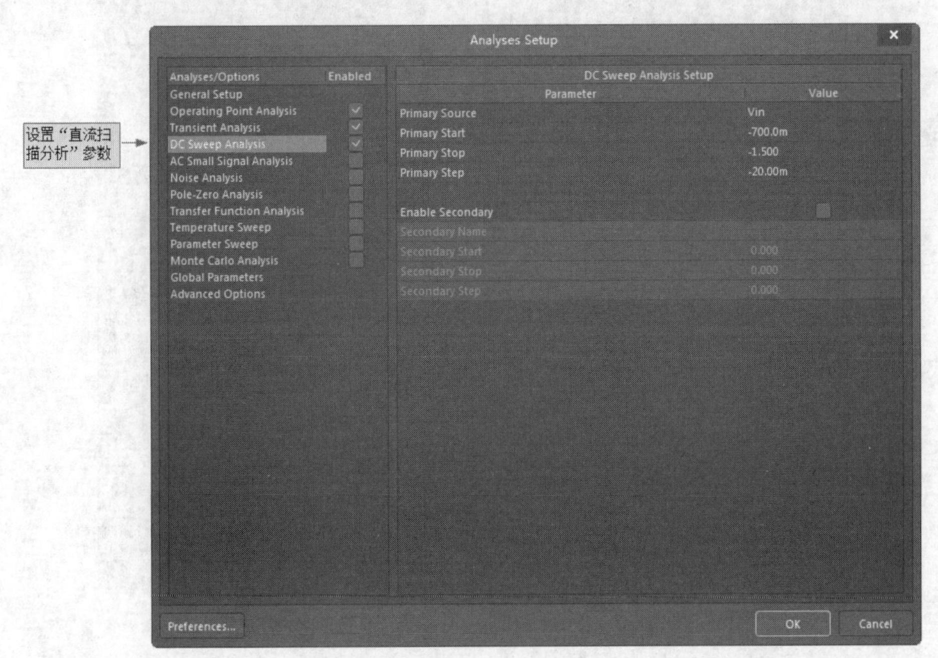

图12-52 设置“DC Sweep Analysis”选项参数

Step 5 勾选“Analyses/Options（分析/选项）”列表框中的“AC Sweep Analysis（直流扫描分析）”复选框，设置“AC Small Signal Analysis（交流小信号分析）”选项参数，如图12-53所示。

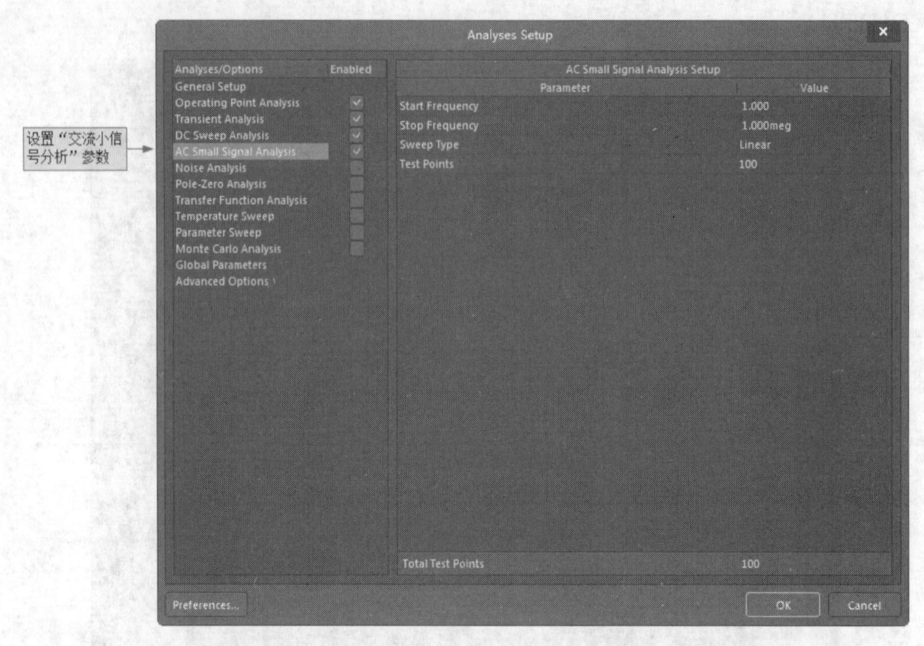

图12-53 设置“AC Small Signal Analysis”选项参数

Step 6 勾选“Analyses/Options（分析/选项）”列表框中的“Noise Analysis（噪声分析）”复选框，设置“Noise Analysis（噪声分析）”选项参数，如图12-54所示。

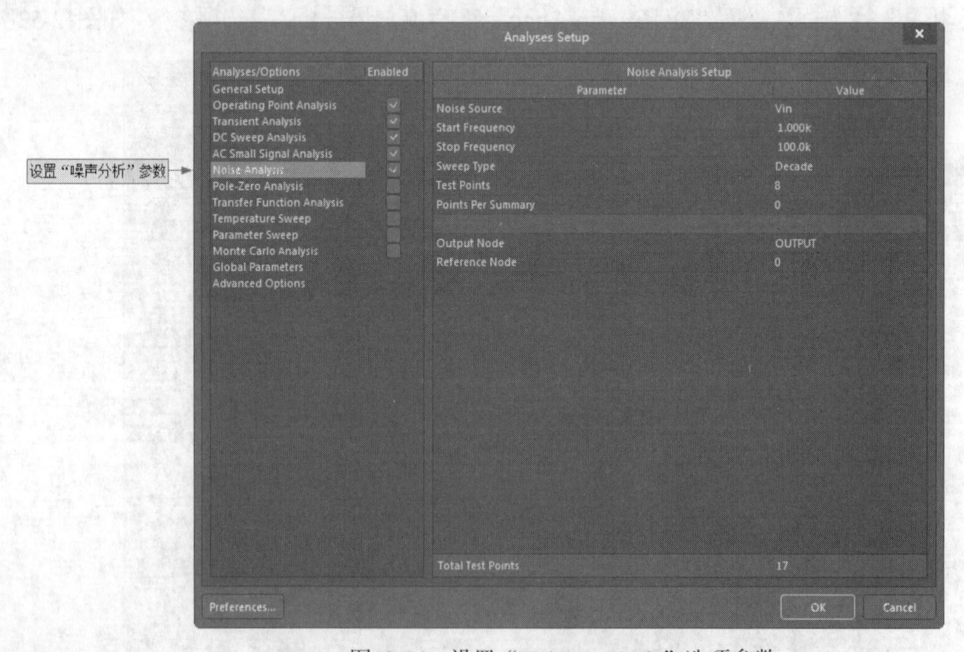

图12-54 设置“Noise Analysis”选项参数

Step 7 设置好相关参数后，单击“OK（确定）”按钮进行仿真。系统先后进行瞬态特性分析、交流小信号分析、直流传输特性分析、噪声分析和工作点分析，其结果分别如图12-55～图12-59所示。

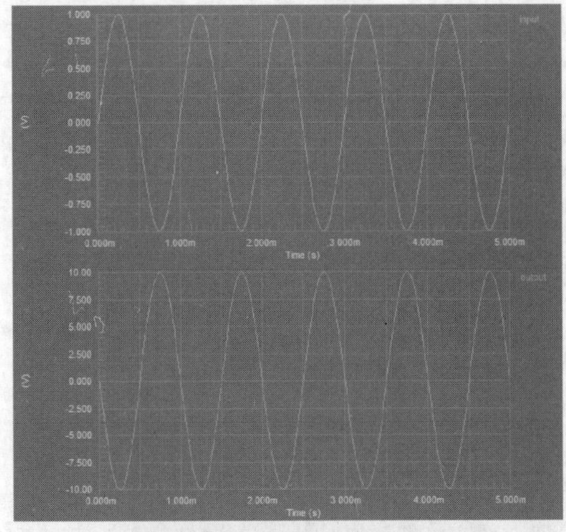

图12-55　瞬态特性分析结果

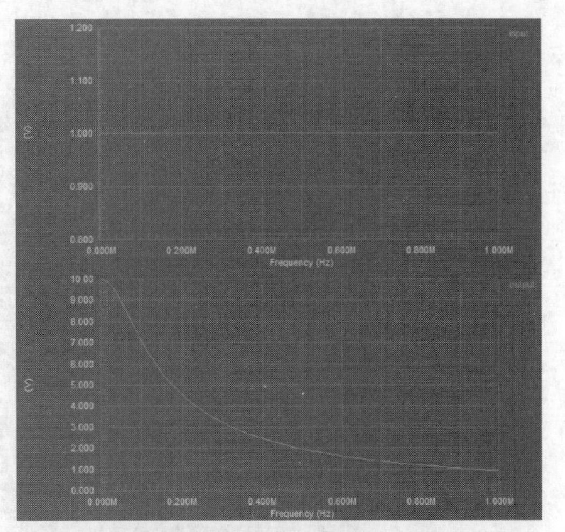

图12-56　交流小信号分析结果

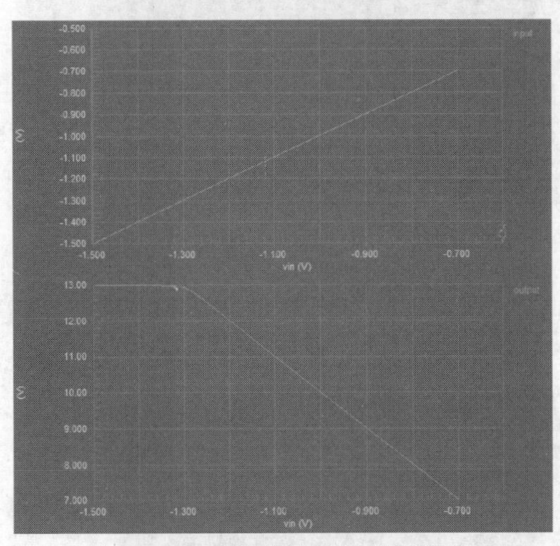

图12-57　直流传输特性分析结果

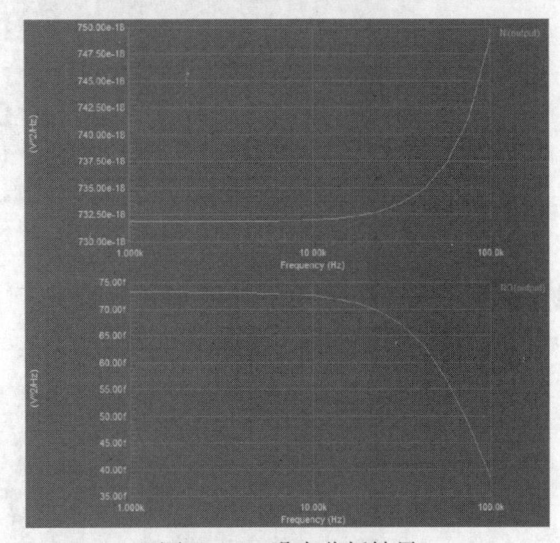

图12-58　噪声分析结果

12.6.3　扫描特性分析

12.6.3　扫描特性分析

input	0.000 V
output	8.096mV

图12-59　工作点分析

1. 设计要求

本例要求完成如图12-60所示仿真电路原理图的绘制，同时完成电路的扫描特性分析。

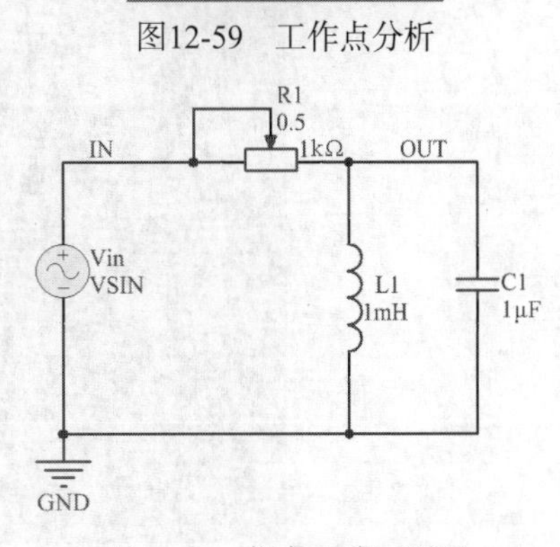

图12-60　仿真电路原理图

2. 操作步骤

Step 1 建立一个新的项目，命名为“Scanning Properties.PrjPCB”并保存。在项目中新建一个原理图文件，完成电路原理图的设计输入工作，并放置正弦信号源。

Step 2 设置元件的参数。双击该元件，系统将弹出元件属性对话框，按照设计要求设置元件参数。

Step 3 单击菜单栏中的“设计”→“仿真”→“Mixed Sim（混合仿真）”命令，系统将弹出“Analyses Setup（分析设置）”对话框，如图12-61所示，选择交流小信号分析和扫描特性分析，并选择观察信号OUT。

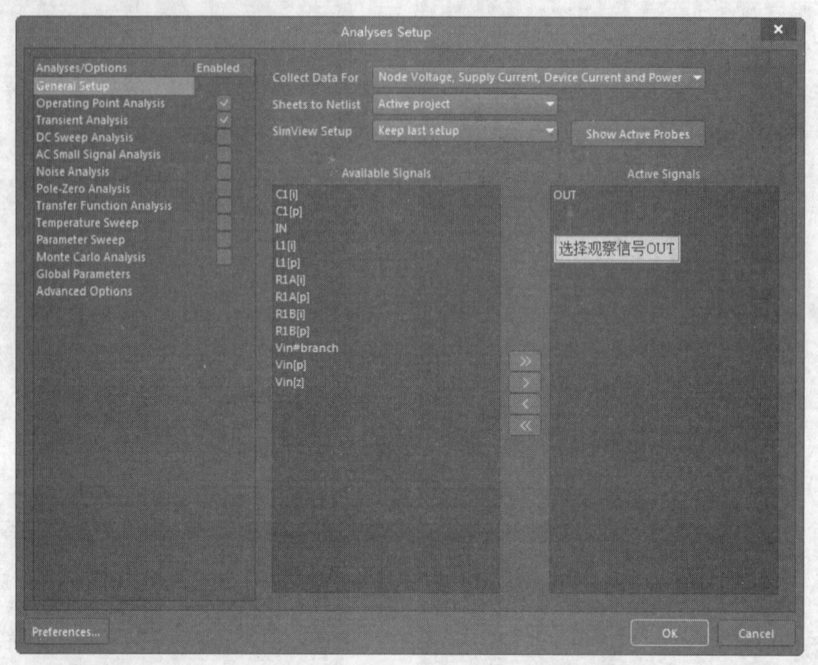

图12-61 “Analyses Setup（分析设置）”对话框

Step 4 勾选“Analyses/Options（分析/选项）”列表框中的“Parameter Sweep（扫描特性参数）”复选框，设置“Parameter Sweep（扫描特性）”选项参数，如图12-62所示。

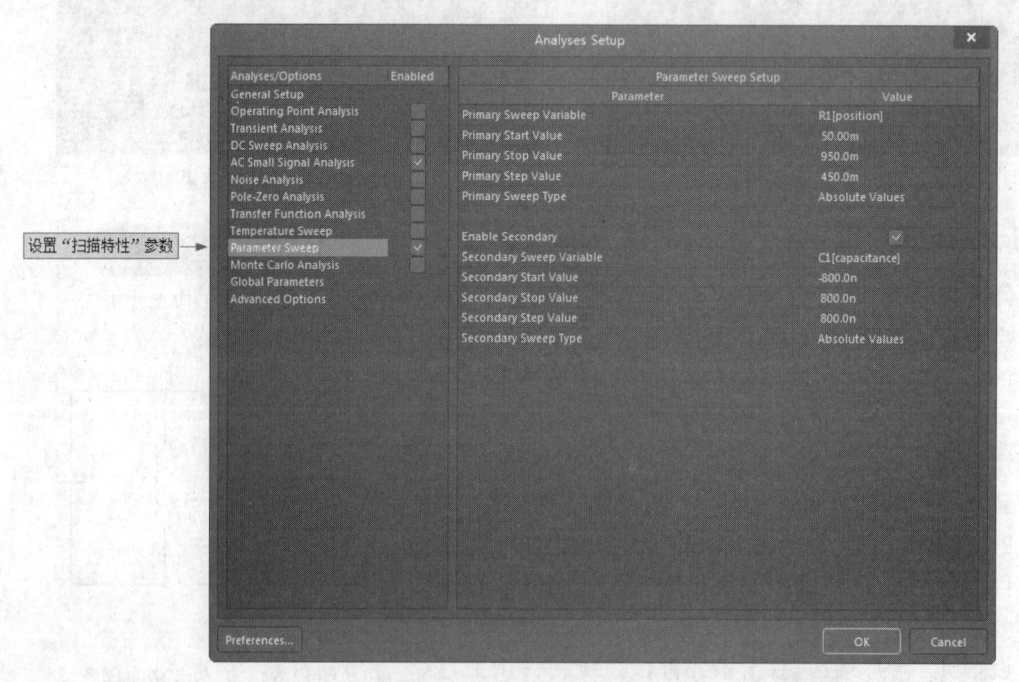

图12-62 设置“Parameter Sweep（扫描特性）”选项参数

Step 5 设置完毕后，单击“OK（确定）”按钮进行仿真。系统进行扫描特性分析，其结果如图12-63所示。

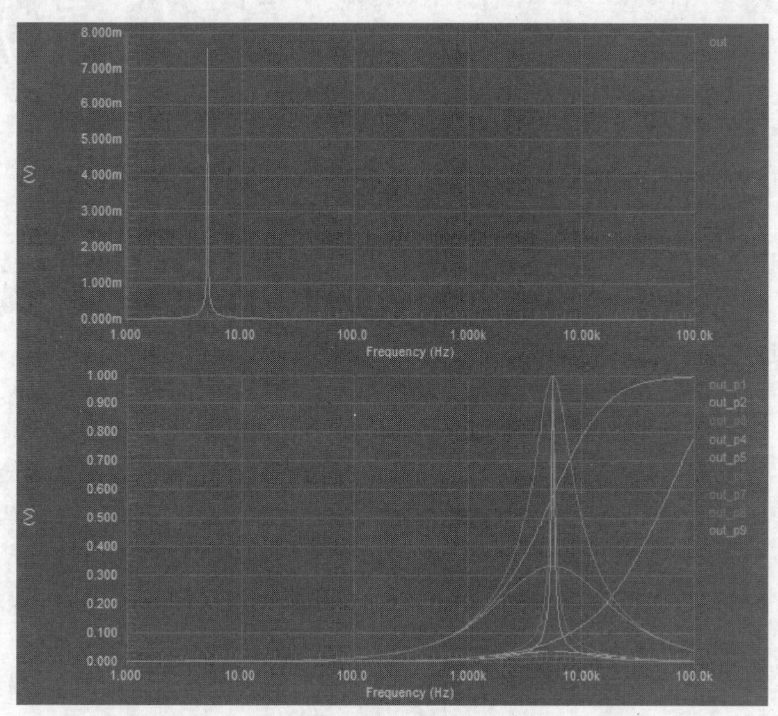

图12-63　扫描特性分析结果

第13章

信号完整性分析

随着新工艺、新器件的迅猛发展，高速电路系统的数据传输速率、时钟频率都十分高，而且电路功能复杂多样，电路密度也不断增大，高速器件已经广泛应用在类似电路的设计过程中。因此，高速电路设计的重点与低速电路设计截然不同，不能仅顾及元件的合理放置与导线的正确连接，还应该对信号的完整性（Signal Integrity，SI）问题给予充分地考虑，否则即使原理正确，系统也可能无法正常工作。

信号完整性分析是高速PCB板分析与设计的重要辅助手段，在硬件电路设计中发挥着越来越重要的作用。Altium Designer 20提供了具有较强功能的信号完整性分析器，以及实用的SI专用工具，使用户能够通过软件模拟出整个电路板各个网络的工作情况，同时还提供了多种解决方案，帮助用户进一步优化自己的电路设计。

- 信号完整性分析的概念
- 信号完整性分析的规则
- 信号完整性分析器

13.1 信号完整性分析概述

13.1.1 信号完整性分析的概念

所谓信号完整性就是指信号通过信号线传输后仍能保持完整，即仍能保持其正确的功能而未失真的一种特性。具体来说是指信号在电路中以正确的时序和电压做出响应的能力。当电路中的信号能够以正确的时序、要求的持续时间和电压幅度进行传送，并到达输出端时，说明该电路具有良好的信号完整性，而当信号不能正常响应时，就出现了信号完整性问题。

我们知道，一个数字系统能否正确工作，其关键在于信号时序是否准确，而信号时序与信号在传输线上的传输延迟，以及信号波形的失真程度等有着密切的关系。信号完整性差不是由单一因素导致的，而是由多种因素共同引起的。通过仿真可以证明，集成电路的切换速度过高，端接元件的位置不正确，电路的互连不合理等都会引发信号完整性问题。常见的信号完整性问题主要有以下几种。

（1）传输延迟（Transmission Delay）

传输延迟表明数据或时钟信号没有在规定的时间内以一定的持续时间和幅度到达接收端。信号延迟是由驱动过载、走线过长的传输线效应引起的，传输线上的等效电容、电感会对信号的数字切换产生延时，影响集成电路的建立时间和保持时间。集成电路只能按照规定的时序来接收数据，延时过长会导致集成电路无法正确判断数据，从而使电路的工作不正常甚至完全不能工作。

在高频电路设计过程中，信号的传输延迟是一个无法完全避免的问题，为此引入了延迟容限的概念，即在保证电路能够正常工作的前提下，所允许的信号最大时序变化量。

（2）串扰（Crosstalk）

串扰是没有电气连接的信号线之间感应电压和感应电流所导致的电磁耦合。这种耦合会使信号线起着天线的作用，其容性耦合会引发耦合电流，感性耦合会引发耦合电压，并且耦合程度会随着时钟速率的升高和设计尺寸的缩小而加大。这是由于信号线上有交变的信号电流通过时，会产生交变的磁场，处于该磁场中的其他信号线会感应出信号电压。

印刷电路板工作层的参数、信号线的间距、驱动端和接收端的电气特性及信号线的端接方式等都对串扰有一定的影响。

（3）反射（Reflection）

反射就是传输线上的回波，信号功率的一部分经传输线传递给负载，另一部分则向源端反射。在高速电路设计时可把导线等效为传输线，而不再是集总参数电路中的导线。如果阻抗匹配（源端阻抗、传输线阻抗与负载阻抗相等），则反射不会发生；反之，若负载阻抗与传输线阻抗失配就会导致接收端的反射。

布线的某些几何形状、不适当的端接、经过连接器的传输及中间电源层不连续等因素均会导致信号的反射。由于反射，会导致传送信号出现严重的过冲（Overshoot）或反冲（Undershoot）现象，致使波形变形、逻辑混乱。

（4）接地反弹（Ground Bounce）

接地反弹是指由于电路中存在较大的电涌，而在电源与中间接地层之间产生大量噪声的现象。例如，大量芯片同步切换时，会产生一个较大的瞬态电流从芯片与中间电源层间流过，芯片封装与电源间的寄生电感、电容和电阻会引发电源噪声，使得零电位层面上产生较大的电压波动（可能高达2V），足以造成其他元件的误动作。

由于接地层的分割（分为数字接地、模拟接地、屏蔽接地等），可能引起数字信号传到模拟接地区域，产生接地层回流反弹。同样，电源层分割也可能出现类似的危害。负载容性的增大、阻性的减小、寄生参数的增大、切换速度的增高，以及同步切换数量的增加，均可能导致接地反弹增加。

除此之外，在高频电路的设计中还存在其他与电路功能本身无关的信号完整性问题，如电路板上的网络阻抗、电磁兼容性等。

因此，在实际制作PCB之前应进行信号完整性分析，以提高设计的可靠性，降低设计成本。应该说，这是非常重要和必要的。

13.1.2 信号完整性分析工具

Altium Designer 20包含一个高级信号完整性仿真器，能分析PCB设计并检查设计参数，测试过冲、下冲、线路阻抗和信号斜率。如果PCB上任何一个设计要求（由DRC指定的）有问题，即可对PCB进行反射或串扰分析，以确定问题所在。

Altium Designer 20的信号完整性分析和PCB设计过程是无缝连接的，该模块提供了极其精确的板级分析，能检查整板的串扰、过冲、下冲、上升时间、下降时间和线路阻抗等问题。在印制电路板交付制造前，用最小的代价来解决高速电路设计带来的问题和EMC/EMI（电磁兼容性/电磁抗干扰）等问题。

Altium Designer 20信号完整性分析模块的功能特性如下。

- 设置简单，可以像在PCB编辑器中定义设计规则一样定义设计参数。
- 通过运行DRC，可以快速定位不符合设计需求的网络。
- 无须特殊的经验，可以从PCB中直接进行信号完整性分析。
- 提供快速的反射和串扰分析。
- 利用I/O缓冲器宏模型，无须额外的SPICE或模拟仿真知识。
- 信号完整性分析的结果采用示波器形式显示。
- 采用成熟的传输线特性计算和并发仿真算法。
- 用电阻和电容参数值对不同的终止策略进行假设分析，并可对逻辑块进行快速替换。
- 提供IC模型库，包括校验模型。
- 宏模型逼近使仿真更快、更精确。
- 自动模型连接。
- 支持I/O缓冲器模型的IBIS2工业标准子集。
- 利用信号完整性宏模型可以快速地自定义模型。

13.2 信号完整性分析规则设置

Altium Designer 20中包含了许多信号完整性分析的规则，这些规则用于在PCB设计中检测一些潜在的信号完整性问题。

在Altium Designer 20的PCB编辑环境中，单击菜单栏中的“设计”→“规则”命令，系统将弹出“PCB规则及约束编辑器”对话框。在该对话框中单击“Design Rules（设计规则）”前面的▶按钮，选择其中的“Signal Integrity（信号完整性）”选项，即可看到如图13-1所示的各种信号完整性分析选项，可以根据设计工作的要求选择所需的规则进行设置。

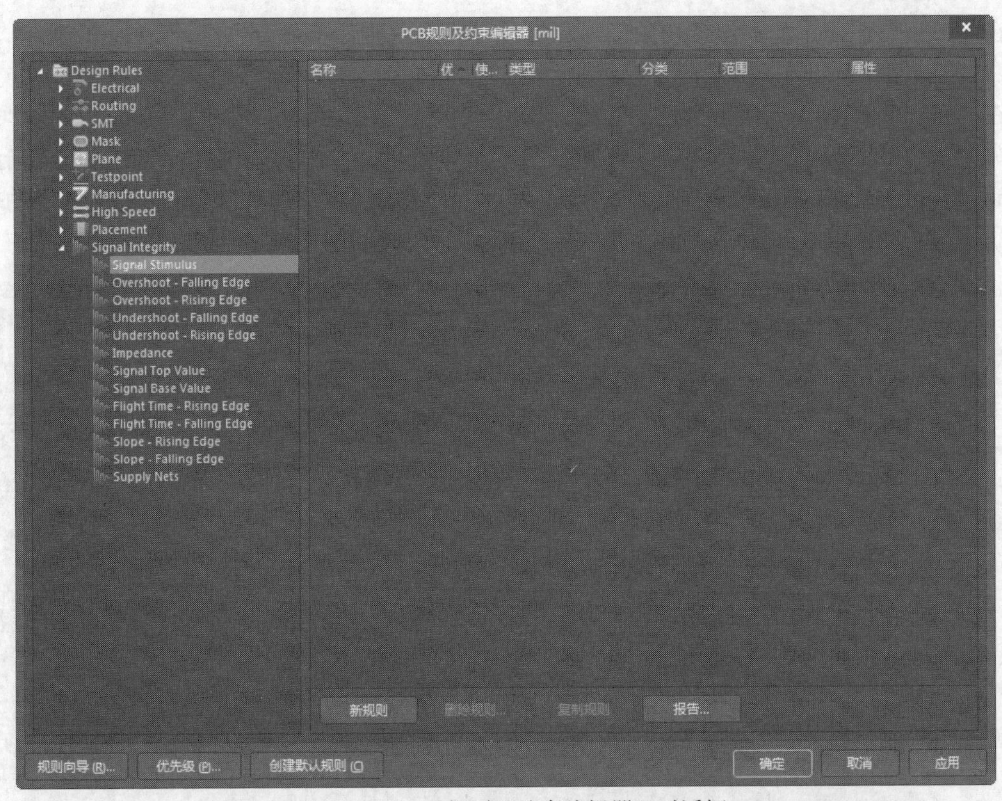

图13-1　“PCB规则及约束编辑器”对话框

在“PCB规则及约束编辑器”对话框中列出了Altium Designer 20提供的所有设计规则，但仅列出了可以使用的规则，要想在DRC校验时真正使用这些规则，还需要在第一次使用时，把该规则作为新规则添加到实际使用的规则库中。在需要使用的规则上右击，在弹出的右键快捷菜单中单击“新规则”命令，即可把该规则添加到实际使用的规则库中。如果需要多次使用该规则，可以为其建立多个新的规则，并用不同的名称加以区别。要想在实际使用的规则库中删除某个规则，可以右击该规则，在弹出的右键快捷菜单中单击“删除规则”命令，即可从实际使用的规则库中删除该规则。在右键快捷菜单中单击Export Rules（导出规则）命令，可以把选中的规则从实际使用的规则库中导出。在右键快捷菜单中单击Import Rules（导入规则）命令，系统将弹出如图13-2所示的“选择设计规则类型”对话框，可以从设计规则库中导入所需的规则。在右键快捷菜单中单击“报告”命令，则为该规则建立相应的报表文件，并可以打印输出。

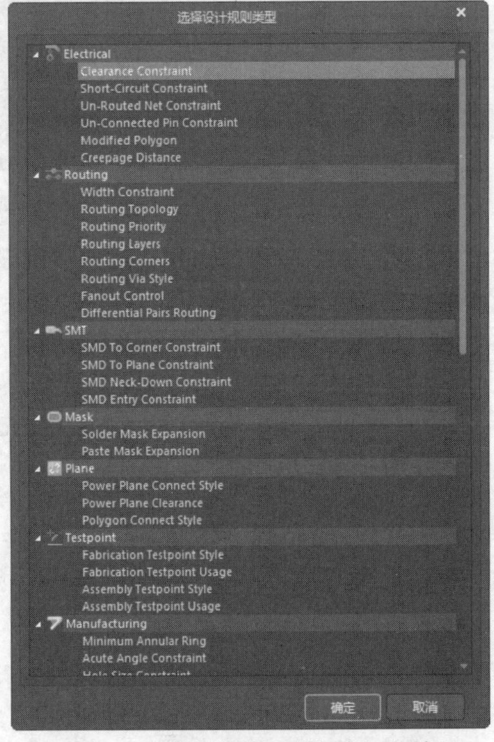

图13-2　“选择设计规则类型”对话框

在Altium Designer 20中包含13条信号完整性分析的规则，下面分别介绍。

（1）Signal Stimulus（激励信号）规则

在“Signal Integrity（信号完整性）”选项上右击，在弹出的右键快捷菜单中单击“新规则”命令，生成“Signal Stimulus（激励信号）”规则选项，单击该规则，弹出如图13-3所示的“Signal Stimulus（激励信号）”规则的设置对话框。在该对话框中可以设置激励信号的各项参数。

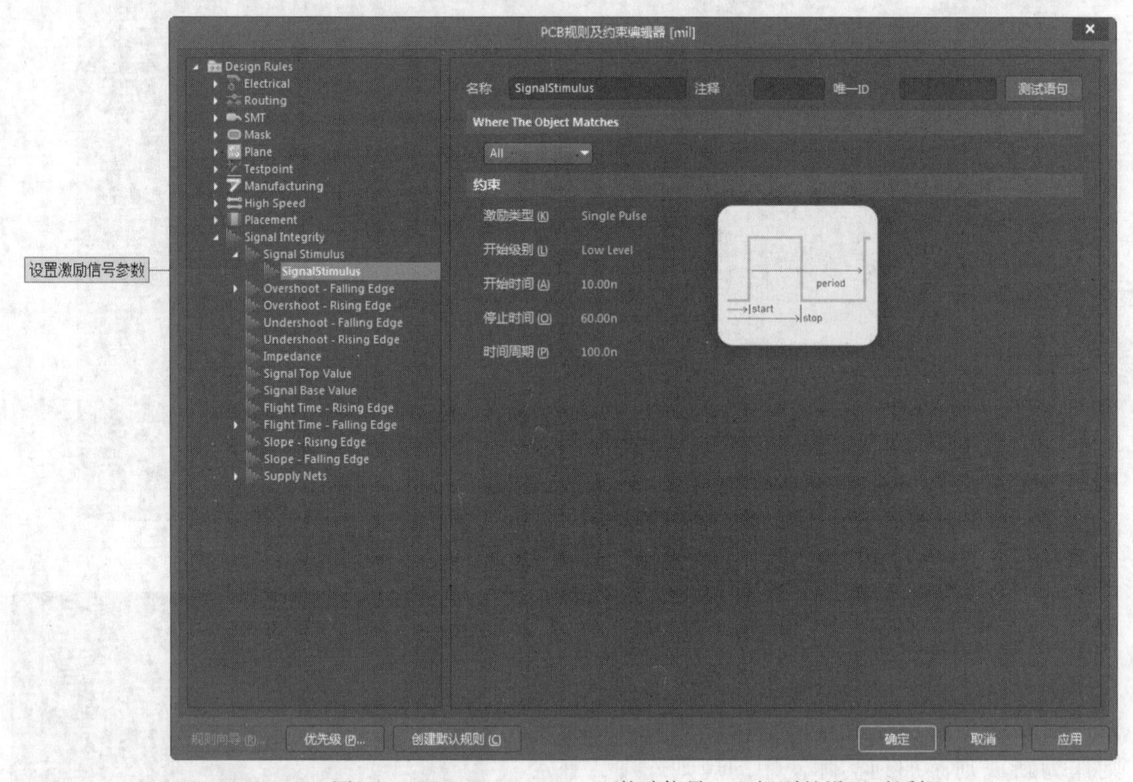

图13-3 “Signal Stimulus（激励信号）”规则的设置对话框

1）“名称”文本框：用于为该规则设立一个便于理解的名字，在DRC校验中，当电路板布线违反该规则时，就将以该参数名称显示此错误。

2）“注释”文本框：设置该规则的注释说明。

3）“唯一ID”文本框：为该参数提供一个随机的ID号。

4）“Where The Object Matches（优先匹配对象的位置）”选项组：用于设置激励信号规则优先匹配对象的所属范围。共有6个选项，其含义如下。

- “All（所有）”：整个PCB范围。
- “Net（网络）”：指定网络。
- “Net Class（网络类）”：指定网络类。
- “Layer（层）”：指定工作层。
- “Net And Layer（网络和层）”：指定网络及工作层。
- “Custom Query（高级的查询）”：选择该选项，可以单击下方的“查询构建器”按钮，通过查询条件确定应用范围。

5)“约束”选项组：用于设置激励信号的约束规则。共有5个选项，其含义如下。

- “激励类型”：用于设置激励信号的种类。包括3个选项，“Constant Level（固定电平）”表示激励信号为某个固定电平，“Single Pulse（单脉冲）”表示激励信号为单脉冲信号，“Periodic Pulse（周期脉冲）”表示激励信号为周期性脉冲信号。
- “开始级别”：用于设置激励信号的初始电平，仅对Single Pulse（单脉冲）和“Periodic Pulse”（周期脉冲）有效。设置初始电平为低电平时，选择Low Level（低电平）；设置初始电平为高电平时，选择High Level（高电平）。
- “开始时间”：用于设置激励信号高电平脉宽的起始时间。
- “停止时间”：用于设置激励信号高电平脉宽的终止时间。
- “时间周期”：用于设置激励信号的周期。

在设置激励信号的时间参数时，要注意添加单位，以免设置出错。

（2）Overshoot-Falling Edge（信号下降沿的过冲）规则

信号下降沿的过冲定义了信号下降边沿允许的最大过冲量，即信号下降沿低于信号基准值的最大阻尼振荡，系统默认的单位是伏特。“Overshoot-Falling Edge（信号下降沿的过冲）”规则的设置对话框如图13-4所示。

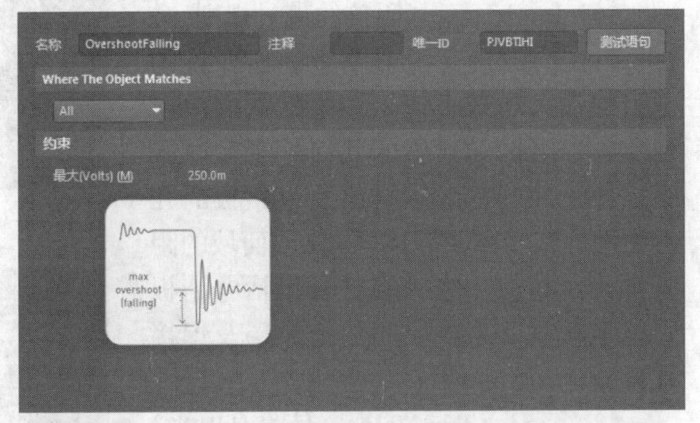

图13-4 “Overshoot-Falling Edge”规则设置对话框

（3）Overshoot-Rising Edge（信号上升沿的过冲）规则

信号上升沿的过冲与信号下降沿的过冲是相对应的，它定义了信号上升沿允许的最大过冲量，即信号上升沿高于信号高电平值的最大阻尼振荡，系统默认的单位是伏特。“Overshoot-Rising Edge（信号上升沿的过冲）”规则设置对话框如图13-5所示。

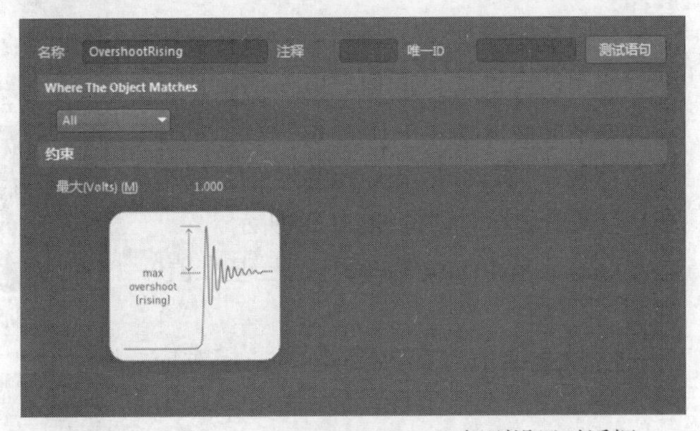

图13-5 “Overshoot-Rising Edge”规则设置对话框

（4）Undershoot-Falling Edge（信号下降沿的反冲）规则

信号反冲与信号过冲略有区别。信号下降沿的反冲定义了信号下降边沿允许的最大反冲量，即信号下降沿高于信号基准值（低电平）的阻尼振荡，系统默认的单位是伏特。“Undershoot-Falling Edge（信号下降沿的反冲）”规则设置对话框如图13-6所示。

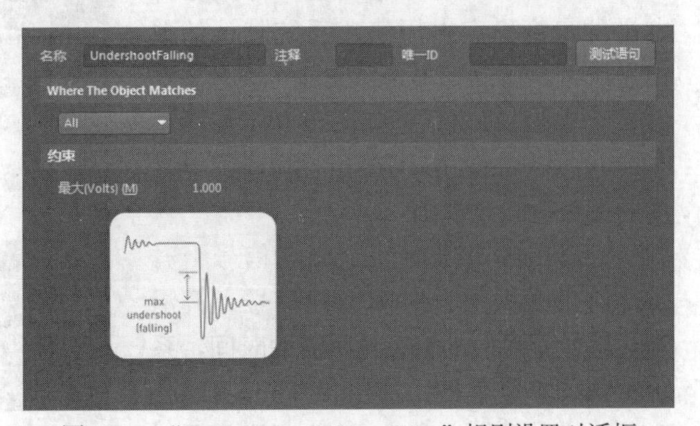

图13-6 “Undershoot-Falling Edge”规则设置对话框

（5）Undershoot-Rising Edge（信号上升沿的反冲）规则

信号上升沿的反冲与信号下降沿的反冲是相对应的，它定义了信号上升沿允许的最大反冲值，即信号上升沿低于信号高电平值的阻尼振荡，系统默认的单位是伏特。“Undershoot-Rising Edge（信号上升沿的反冲）”规则设置对话框如图13-7所示。

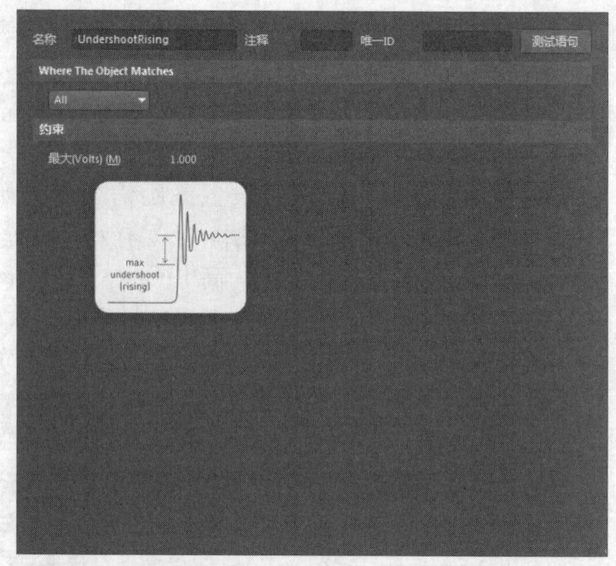

图13-7　“Undershoot-Rising Edge”规则设置对话框

（6）Impedance（阻抗约束）规则

阻抗约束定义了电路板上所允许的电阻的最大和最小值，系统默认的单位是欧姆。阻抗和导体的几何外观及电导率、导体外的绝缘层材料及电路板的几何物理分布，以及导体间在Z平面域的距离相关。其中，绝缘层材料包括电路板的基本材料、工作层间的绝缘层及焊接材料等。

（7）Signal Top Value（信号高电平）规则

信号高电平定义了线路上信号在高电平状态下所允许的最低稳定电压值，即信号高电平的最低稳定电压，系统默认的单位是伏特。“Signal Top Value（信号高电平）”规则设置对话框如图13-8所示。

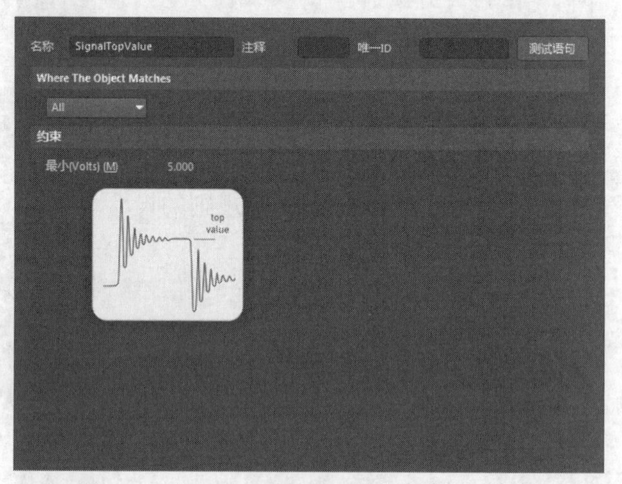

图13-8　“Signal Top Value”规则设置对话框

（8）Signal Base Value（信号基准值）规则

信号基准值与信号高电平是相对应的，它定义了线路上信号在低电平状态下所允许的最高稳定电压值，即信号低电平的最高稳定电压值，系统默认的单位是伏特。“Signal Base Value（信号基准值）”规则设置对话框如图13-9所示。

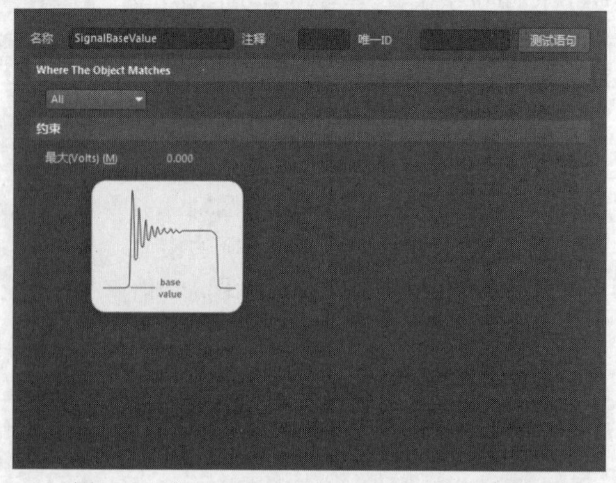

图13-9　“Signal Base Value”规则设置对话框

（9）Flight Time-Rising Edge（上升沿的上升时间）规则

上升沿的上升时间定义了信号上升沿允许的最大上升时间，即信号上升沿到达信号幅度值的50%时所需的时间，系统默认的单位是秒。“Flight Time-Rising Edge（上升沿的上升时间）”规则设置对话框如图13-10所示。

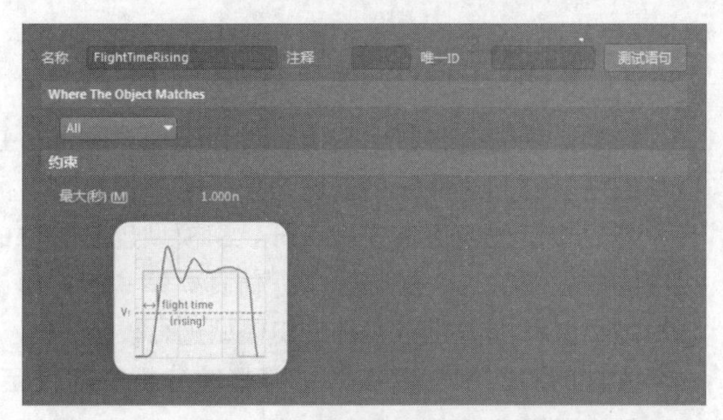

图13-10 “Flight Time-Rising Edge”规则设置对话框

（10）Flight Time-Falling Edge（下降沿的下降时间）规则

下降沿的下降时间是由相互连接电路单元引起的时间延迟，它实际是信号电压降低到门限电压（由高电平变为低电平的过程中）所需要的时间。该时间远小于在该网络的输出端直接连接一个参考负载时信号电平降低到门限电压所需要的时间。

下降沿的下降时间与上升沿的上升时间是相对应的，它定义了信号下降边沿允许的最大下降时间，即信号下降边沿到达信号幅度值的50%时所需的时间，系统默认的单位是秒。“Flight Time-Falling Edge（下降沿的下降时间）”规则设置对话框如图13-11所示。

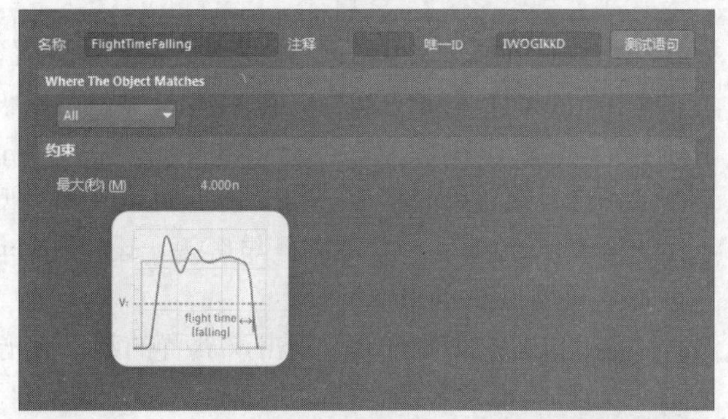

图13-11 “Flight Time-Falling Edge”规则设置对话框

（11）Slope-Rising Edge（上升沿斜率）规则

上升沿斜率定义了信号从门限电压上升到一个有效的高电平时所允许的最大时间，系统默认的单位是秒。“Slope-Rising Edge（上升沿斜率）”规则设置对话框如图13-12所示。

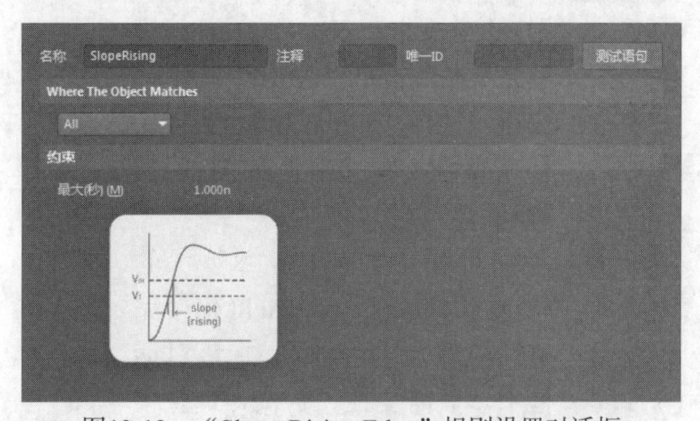

图13-12 “Slope-Rising Edge”规则设置对话框

（12）Slope-Falling Edge（下降沿斜率）规则

下降沿斜率与上升沿斜率是相对应的，它定义了信号从门限电压下降到一个有效的低电平时所允许的最大时间，系统默认的单位是秒。“Slope-Falling Edge（下降沿斜率）”规则设置对话框如图13-13所示。

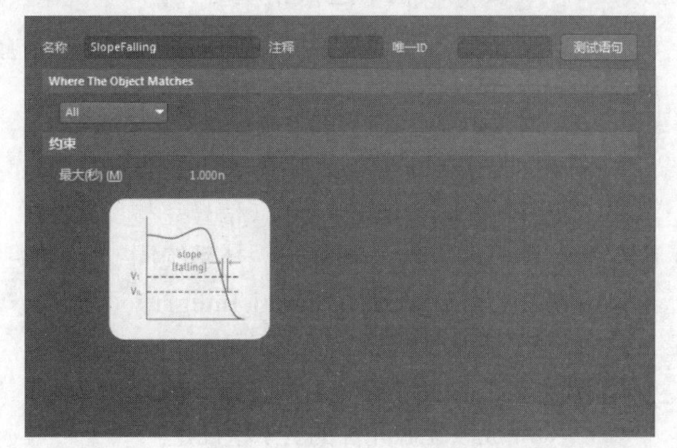

图13-13 “Slope-Falling Edge”规则设置对话框

（13）Supply Nets（电源网络）规则

电源网络定义了电路板上的电源网络标号。信号完整性分析器需要了解电源网络标号的名称和电压值。

在设置好完整性分析的各项规则后，在工程文件中，打开某个PCB设计文件，系统即可根据信号完整性的规则设置对印制电路板进行板级信号完整性分析。

13.3 设定元件的信号完整性模型

与第12章的电路原理图仿真过程类似，Altium Designer 20的信号完整性分析也是建立在模型基础之上的，这种模型就称为信号完整性模型，简称SI模型。

与封装模型、仿真模型一样，SI模型也是元件的一种外在表现形式。很多元件的SI模型与相应的原理图符号、封装模型、仿真模型一起，由系统存放在集成库文件中。因此，与设定仿真模型类似，也需要对元件的SI模型进行设定。

元件的SI模型可以在信号完整性分析之前设定，也可以在信号完整性分析的过程中进行设定。

13.3.1 在信号完整性分析之前设定元件的 SI 模型

在Altium Designer 20中，提供了若干种可以设定SI模型的元件类型，如IC（集成电路）、Resistor（电阻元件）、Capacitor（电容元件）、Connector（连接器类元件）、Diode（二极管元件）和BJT（双极性三极管元件）等。对于不同类型的元件，其设定方法各不相同。

单个的无源元件，如电阻、电容等，设定比较简单。

（1）无源元件的SI模型设定

Step 1 在电路原理图中，双击所放置的某一无源元件，打开相应的元件属性面板，这里打开前面章节的“Cpu.SchDoc”原理图文件，双击一个电阻。

Step 2 单击元件属性面板“General（通用）”选项卡，双击“Models（模型）”栏下方的“Add（添加）”按钮，选择“Signal Integrity（信号完整性）”选项，如图13-14所示。

图13-14 添加新模型

Step 3 系统将弹出如图13-15所示的“Signal Integrity Model（信号完整性模型）”对话框。在该对话框中，只需要在“Type（类型）”下拉列表框中选择相应的类型。此时选择“Resistor（电阻器）”选项，然后在“Value（值）”文本框中输入适当的电阻值。

若在“Model（模型）”选项组的类型中，元件的“Signal Integrity（信号完整性）”模型已经存在，则双击后，系统同样弹出如图13-15所示的“Signal Integrity Model（信号完整性模型）”对话框。

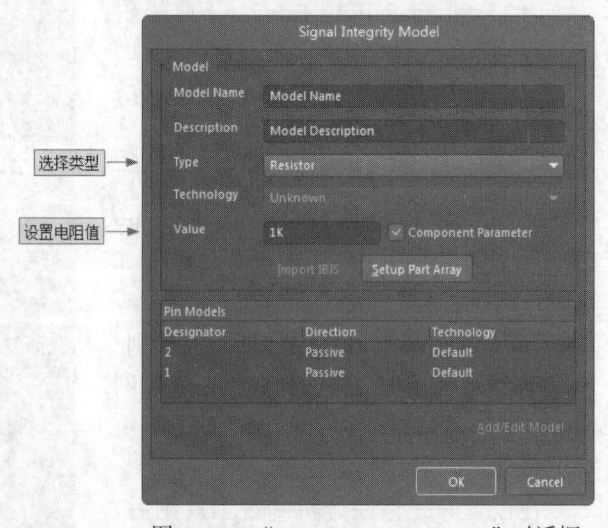

图13-15 “Signal Integrity Model”对话框

Step 4 单击“OK（确定）”按钮，即可完成该无源元件的SI模型设定。

对于IC类的元件，其SI模型的设定同样是在“Signal Integrity Model（信号完整性模型）”对话框中完成的。一般说来，只需要设定其内部结构特性就够了，如CMOS、TTL等。但是在一些特殊的应用中，为了更准确地描述管脚的电气特性，还需要进行一些额外的设定。

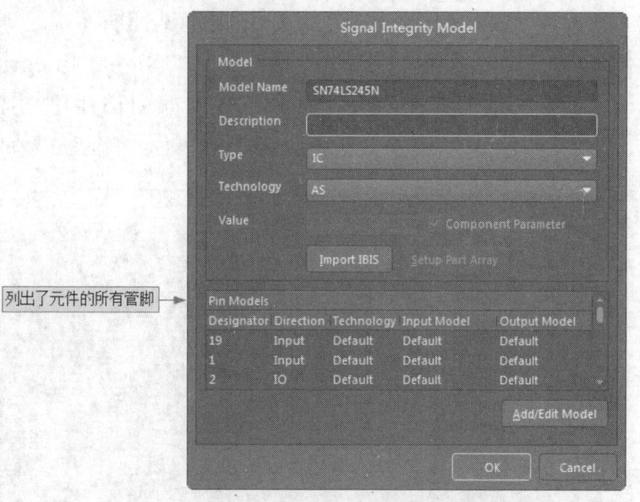

图13-16　IC元件的管脚编辑

在“Signal Integrity Model（信号完整性模型）”对话框的“Pin Models（管脚模型）”列表框中，列出了元件的所有管脚。在这些管脚中，电源性质的管脚是不可编辑的。而对于其他管脚，则可以直接用其右侧的下拉列表框完成简单功能的编辑。如图13-16所示，将某一IC类元件的某一输入管脚的技术特性即工艺类型设定为“AS”（Advanced Schottky Logic，高级肖特基逻辑晶体管）。

如果需要进一步的编辑，可以进行如下的操作。

（2）新建管脚模型

Step 1 在“Signal Integrity Model（信号完整性模型）”对话框中，单击“Add/Edit Model（添加/编辑模型）”按钮，系统将弹出相应的管脚模型编辑器，如图13-17所示。

Step 2 单击“OK（确定）”按钮，返回“Signal Integrity Model（信号完整性模型）”对话框，可以看到添加了一个新的输入管脚模型供用户选择。

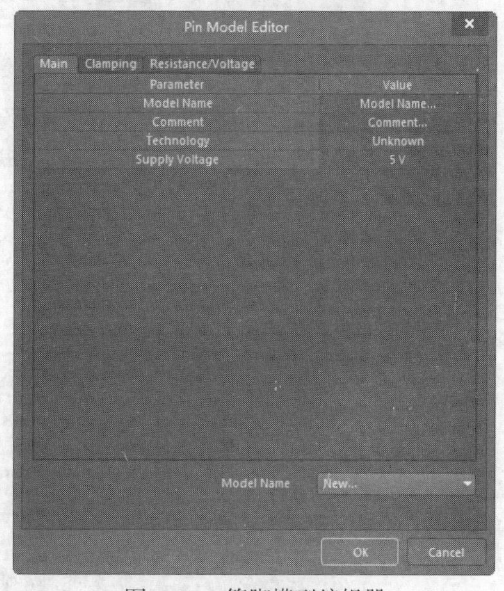

图13-17　管脚模型编辑器

另外，为了简化设定SI模型的操作，以及保证输入的正确性，对于IC类元件，一些公司提供了现成的管脚模型供用户选择使用，这就是IBIS（Input/Output Buffer Information Specification，输入/输出缓冲器信息规范）文件，扩展名为“.ibs”。

使用IBIS文件的方法很简单，在“Signal Integrity Model”（信号完整性模型）”对话框中，单击“Import IBIS（输入IBIS）”按钮，打开已下载的IBIS文件就可以了。

Step 3 对元件的SI模型设定之后，单击菜单栏中的“设计”→“Update PCB Document（更新PCB文件）”命令，即可完成相应PCB文件的同步更新。

13.3.2　在信号完整性分析过程中设定元件的 SI 模型

具体的操作步骤如下。

Step 1 打开执行信号完整性分析的项目，这里打开一个简单的设计项目“SY.PrjPCB”，打开的“SY.PcbDoc”项目文件如图13-18所示。

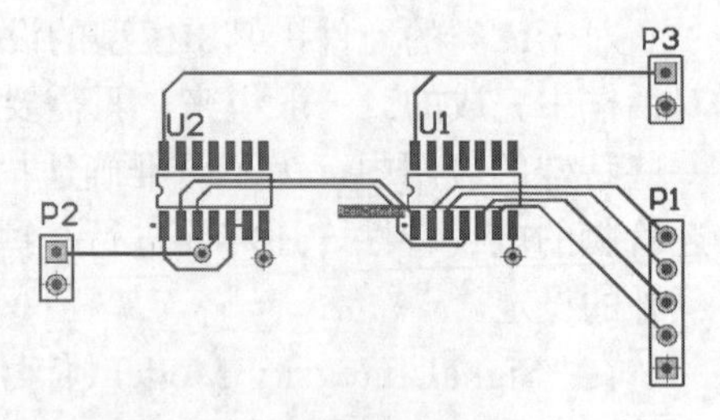

图13-18 “SY.PcbDoc”项目文件

Step 2 单击菜单栏中的“工具”→“Signal Integrity（信号完整性）”命令，弹出如图13-19所示的信号完整性分析器，其具体设置将在13.4节中详细介绍。

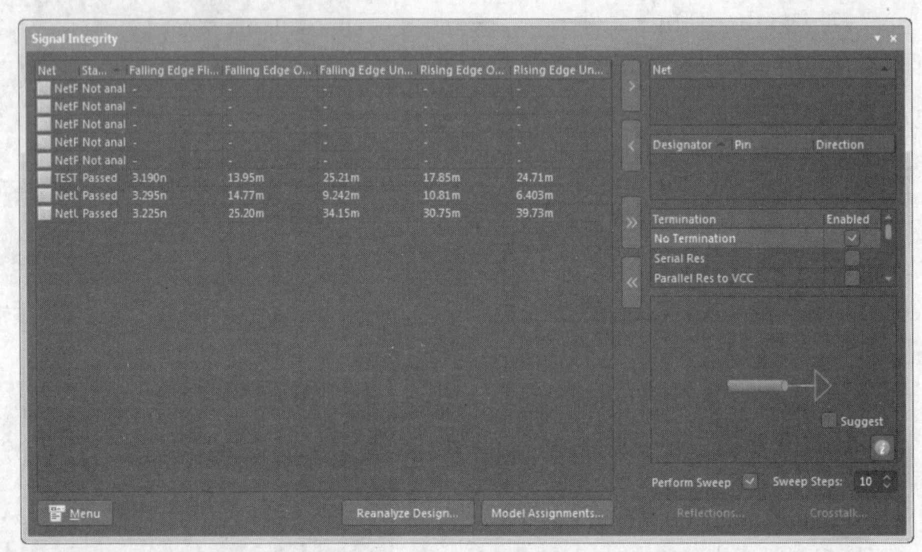

图13-19 信号完整性分析器

Step 3 单击“Model Assignments（模型匹配）”按钮，系统将弹出SI模型参数设定对话框，显示所有元件的SI模型设定情况，供用户参考或修改，如图13-20所示。

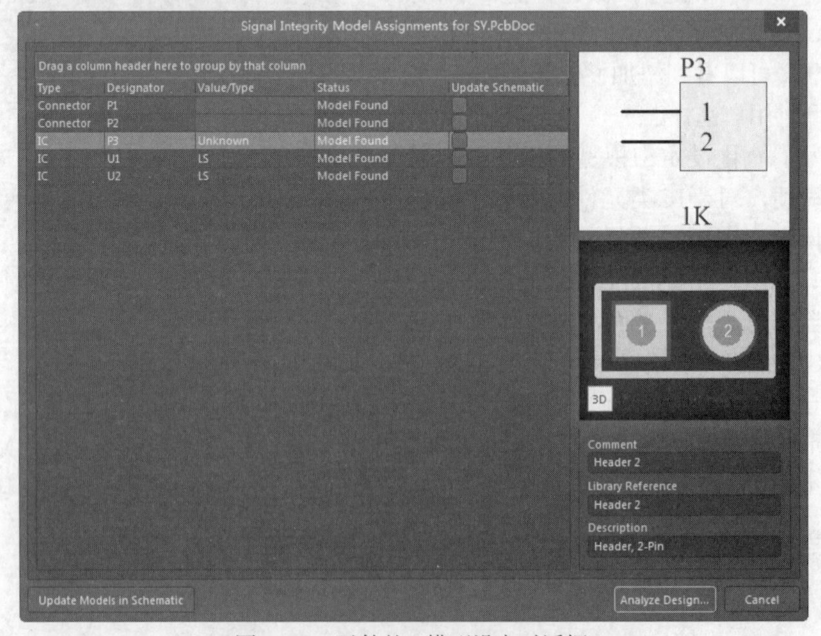

图13-20 元件的SI模型设定对话框

显示框中左侧第1列显示的是已经为元件选定的SI模型，用户可以根据实际的情况，对不合适的模型类型直接单击进行更改。

对于IC（集成电路）类型的元件，在对应的“Value/Type（值/类型）”列中显示了其制造工艺类型，该项参数对信号完整性分析的结果有着较大的影响。

在“Status（状态）”列中，显示了当前模型的状态。实际上，在单击菜单栏中的“工具”→“Signal Integrity（信号完整性）”命令，开始运行信号完整性分析器的时候，系统已经为一些没有设定SI模型的元件添加了模型，这里的状态信息就表示了这些自动加入的模型的可信程度，供用户参考。状态信息一般有以下几种。

- Model Found（找到模型）：已经找到元件的SI模型。
- High Confidence（高可信度）：自动加入的模型是高度可信的。
- Medium Confidence（中等可信度）：自动加入的模型可信度为中等。
- Low Confidence（低可信度）：自动加入的模型可信度较低。
- No Match（不匹配）：没有合适的SI模型类型。
- User Modified（用户修改的）：用户已修改元件的SI模型。
- Model Saved（保存模型）：原理图中的对应元件已经保存了与SI模型相关的信息。

在显示框中完成了需要的设定以后，这个结果应该保存到原理图源文件中，以便下次使用。勾选要保存元件右侧的复选框后，单击“更新模型到原理图中”按钮，即可完成PCB与原理图中SI模型的同步更新保存。保存后的模型状态信息均显示为“Model Saved（保存模型）”。

13.4 信号完整性分析器设置

在对信号完整性分析的有关规则及元件的SI模型设定有了初步了解以后，下面我们来看一下如何进行基本的信号完整性分析。在这种分析中，所涉及的一种重要工具就是信号完整性分析器。

信号完整性分析可以分为两步进行，第一步是对所有可能需要进行分析的网络进行一次初步的分析，从中可以了解到哪些网络的信号完整性最差；第二步是筛选出一些信号进行进一步的分析。这两步的具体实现都是在信号完整性分析器中进行的。

Altium Designer 20提供了一个高级的信号完整性分析器，能精确地模拟分析已布线的PCB，可以测试网络阻抗、反冲、过冲、信号斜率等。其设置方式与PCB设计规则一样，首先启动信号完整性分析器，再打开某一项目的某一PCB文件，单击菜单栏中的“工具”→“Signal Integrity（信号完整性）”命令，系统开始运行信号完整性分析器。

信号完整性分析器界面如图13-21所示，主要由以下几部分组成。

1. 网络列表

网络列表中列出了PCB文件中所有可能需要进行分析的网络。在分析之前，可以选中需要进一步分析的网络，单击>按钮添加到右侧的“Net（网络）”栏中。

2. 状态栏

状态栏用于显示对某个网络进行信号完整性分析后的状态，包括以下3种状态。

- Passed（通过）：表示通过，没有问题。
- Not analyzed（无法分析）：表明由于某种原因导致对该信号的分析无法进行。
- Failed（失败）：分析失败。

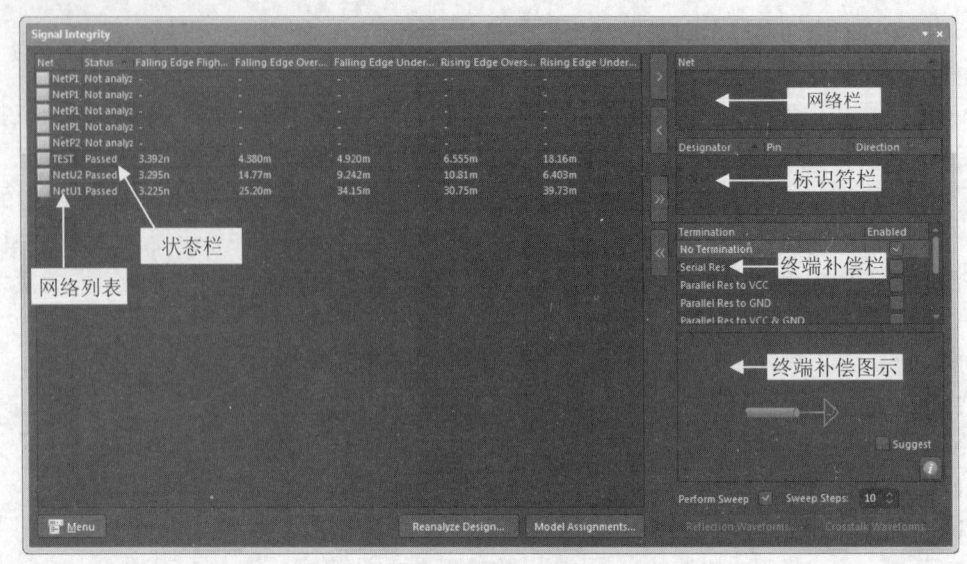

图13-21　信号完整性分析器的界面

3. Designator（标识符）栏

Designator栏用于显示在“Net（网络）”栏中选定的网络所连接元件的管脚及信号的方向。

4. Termination（终端补偿）栏

在Altium Designer 20中，对PCB进行信号完整性分析时，还需要对线路上的信号进行终端补偿的测试。其目的是测试传输线中信号的反射与串扰，以便使PCB中的线路信号达到最优。

在“Termination（终端补偿）”栏中，系统提供了8种信号终端补偿方式，相应的图示显示在下面的图示栏中。

（1）No Termination（无终端补偿）

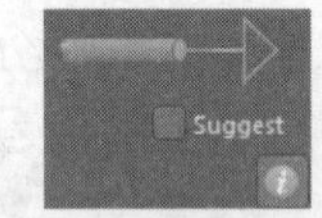

图13-22　无终端补偿方式

该补偿方式如图13-22所示，即直接进行信号传输，对终端不进行补偿，是系统的默认方式。

（2）Serial Res（串阻补偿）

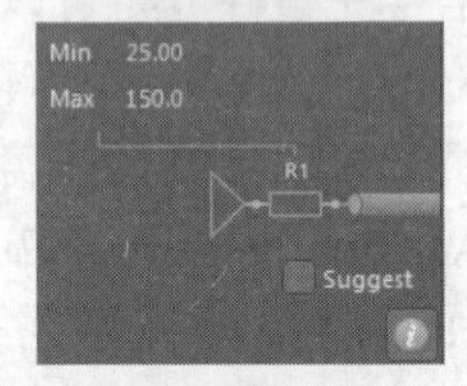

图13-23　串阻补偿方式

该补偿方式如图13-23所示，即在点对点的连接方式中，直接串联接入一个电阻，以降低外部电压信号的幅值，合适的串阻补偿将使得信号正确地传输到接收端，消除接收端的过冲现象。

（3）Parallel Res to VCC（电源VCC端并阻补偿）

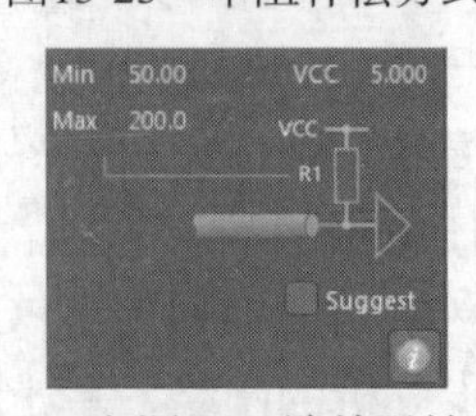

图13-24　电源VCC端并阻补偿方式

在电源VCC输出端并联的电阻是和传输线阻抗相匹配的，对于线路的信号反射，这是一种比较好的补偿方式，如图13-24所示。由于该电阻上会有电流通过，因此将增加电源的消耗，导致低电平阈值的升高。该阈值会根据电阻值的变化而变化，有可能会超出在数据区定义的操作条件。

（4）Parallel Res to GND（接地端并阻补偿）

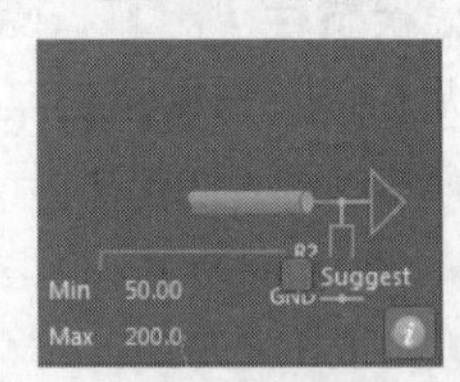

图13-25　接地端并阻补偿方式

该补偿方式如图13-25所示，在接地输入端并联的电阻是和传输线阻抗相匹配的，与电源VCC端并阻补偿方式类似，这也是补偿线路信号反射的一种比较好的方法。同样，由于有电流通过，会导致高电平阈值的降低。

（5）Parallel Res to VCC & GND（电源端与接地端同时并阻补偿）

该补偿方式如图13-26所示，将电源端并阻补偿与接地端并阻补偿结合起来使用。其适用于TTL总线系统，而对于CMOS总线系统则一般不建议使用。

由于该补偿方式相当于在电源与地之间直接接入了一个电阻，通过的电流将比较大，因此对于两电阻的阻值应折中分配，以防电流过大。

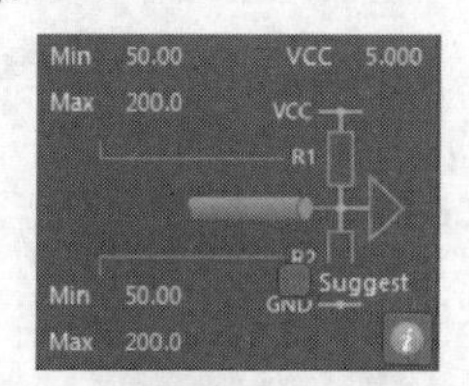

图13-26 电源端与接地端同时并阻补偿方式

（6）Parallel Cap to GND（接地端并联电容补偿）

该补偿方式如图13-27所示，即在信号接收端对地并联一个电容，可以降低信号噪声。该补偿方式是制作PCB时最常用的方式，能够有效地消除铜膜导线在走线拐弯处所引起的波形畸变。最大的缺点是，波形的上升沿或下降沿会变得太平坦，导致上升时间和下降时间增加。

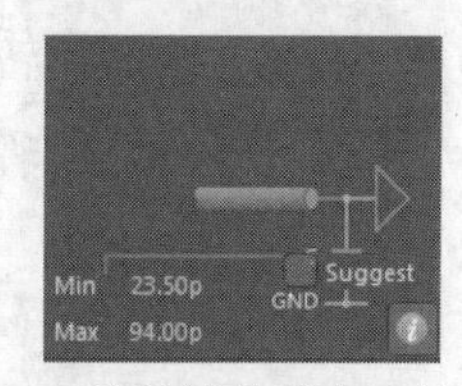

图13-27 接地端并联电容补偿方式

（7）Res and Cap to GND（接地端并阻、并容补偿）

该补偿方式如图13-28所示，即在接收输入端对地并联一个电容和一个电阻，与接地端仅仅并联电容的补偿效果基本一样，只不过在补偿网络中不再有直流电流通过。而且与地端仅仅并联电阻的补偿方式相比，能够使得线路信号的边沿比较平坦。

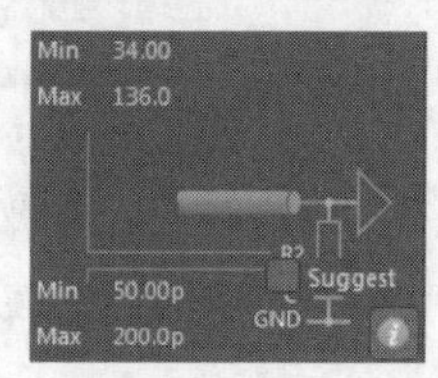

图13-28 接地端并阻、并容补偿方式

在大多数情况下，当时间常数RC大约为延迟时间的4倍时，这种补偿方式可以使传输线上的信号充分终止。

（8）Parallel Schottky Diode（并联肖特基二极管补偿）

该补偿方式如图13-29所示，在传输线补偿端的电源和地端并联肖特基二极管可以减小接收端信号的过冲和下冲值。大多数标准逻辑集成电路的输入电路都采用了这种补偿方式。

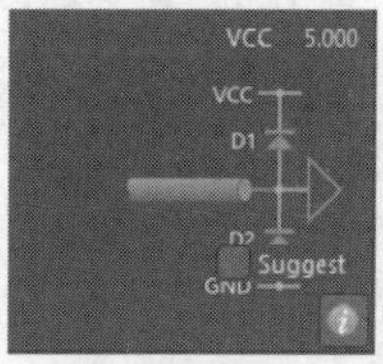

图13-29 并联肖特基二极管补偿方式

5. Perform Sweep（执行扫描）复选框

若勾选该复选框，则信号分析时会按照用户所设置的参数范围，对整个系统的信号完整性进行扫描，类似于电路原理图仿真中的参数扫描方式。扫描步数可以在后面进行设置，一般应勾选该复选框，扫描步数采用系统默认值即可。

6. Menue（菜单）按钮

单击该按钮，系统将弹出如图13-30所示的“Menue（菜单）”菜单，其中各命令的功能如下。

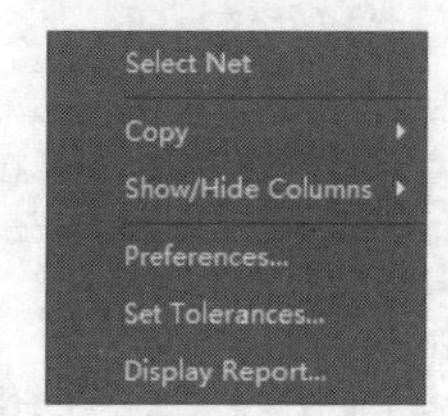

图13-30 “Menue（菜单）”菜单

- Select net（选择网络）：单击该命令，系统会将选中的网络添加到右侧的网络栏内。
- Copy（复制）：复制所选中的网络，包括两个子命令，即Select（选择）和All（所有），分别用于复制选中的网络和选中所有。
- Show/Hide Columns（显示/隐藏纵队）：该命令用于在网络列表栏中显示或者隐藏一些

纵向栏，纵向栏的内容如图13-31所示。

- “Preferences（参数）”：单击该命令，用户可以在弹出的“Signal Integrity Preferences（信号完整性首选项）”对话框中设置信号完整性分析的相关选项，如图13-32所示。该对话框中包含若干选项卡，对应不同的设置内容。在信号完整性分析中，用到的主要是“Configuration（配置）”选项卡，用于设置信号完整性分析的时间及步长。

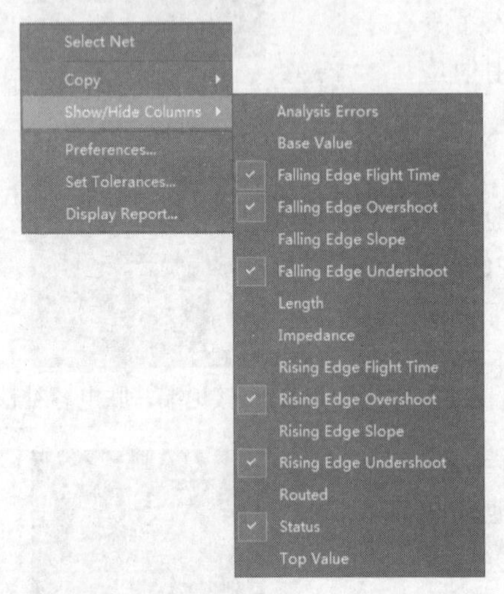

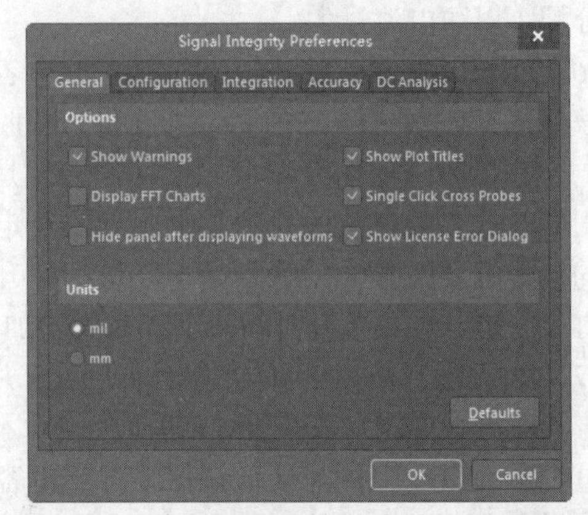

图13-31 “Show/Hidden Columns”子菜单　　图13-32 “Signal Integrity Preferences”对话框

- Set Tolerances（设置公差）：单击该命令后，系统将弹出如图13-33所示的“Set Screening Analysis Tolerances（设置扫描分析公差）”对话框。公差（Tolerance）用于限定一个误差范围，代表了允许信号变形的最大值和最小值。将实际信号的误差值与这个范围相比较，就可以查看信号的误差是否合乎要求。对于显示状态为“Failed（失败）”的信号，其主要原因是信号超出了误差限定的范围。因此在进行进一步分析之前，应先检查公差限定是否太过严格。

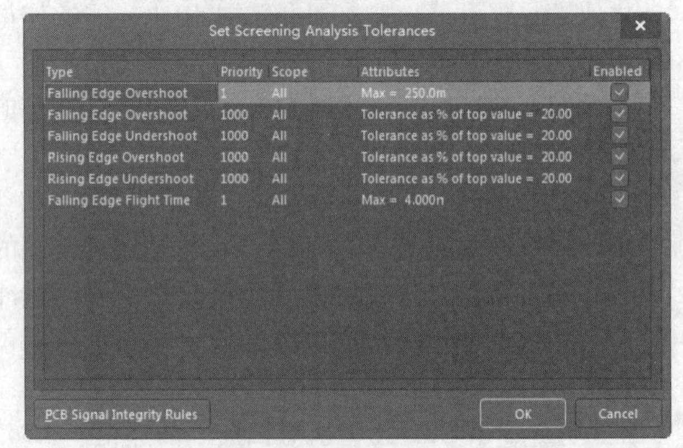

图13-33 “Set Screening Analysis Tolerances（设置扫描分析公差）”对话框

- “Display Report（显示报表）”：用于显示信号完整性分析报表。

13.5 操作实例

13.5 操作实例

随着PCB的日益复杂及大规模、高速元件的使用，对电路的信号完整性分析变得非常重要。本节将通过电路原理图及PCB，详细介绍对电路进行信号完整性分析的步骤。

1. 设计要求

利用如图13-34所示的电路原理图和如图13-35所示的PCB图，完成电路板的信号完整性分析。通过实例，使读者熟悉和掌握PCB的信号完整性规则的设置、信号的选择及“Termination Advisor”（终端顾问）对话框的设置，最终完成信号波形输出。

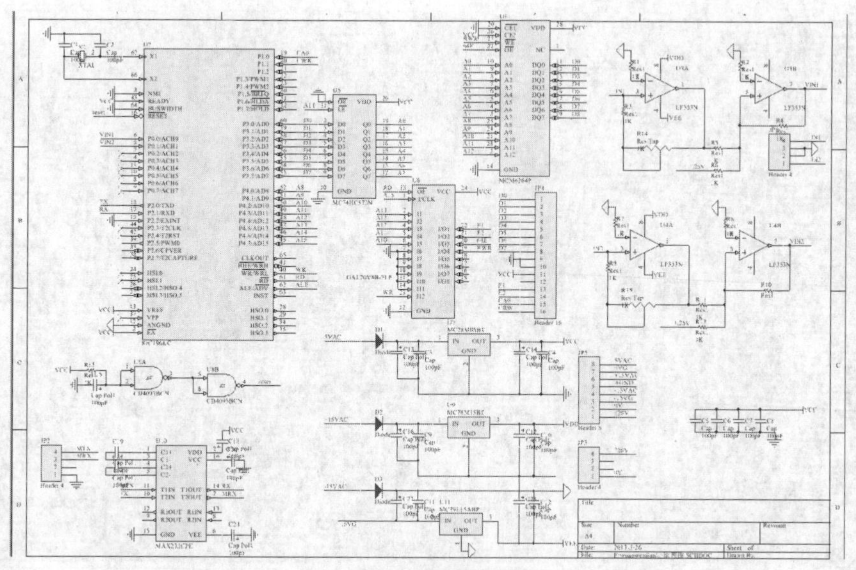

图13-34　电路原理图

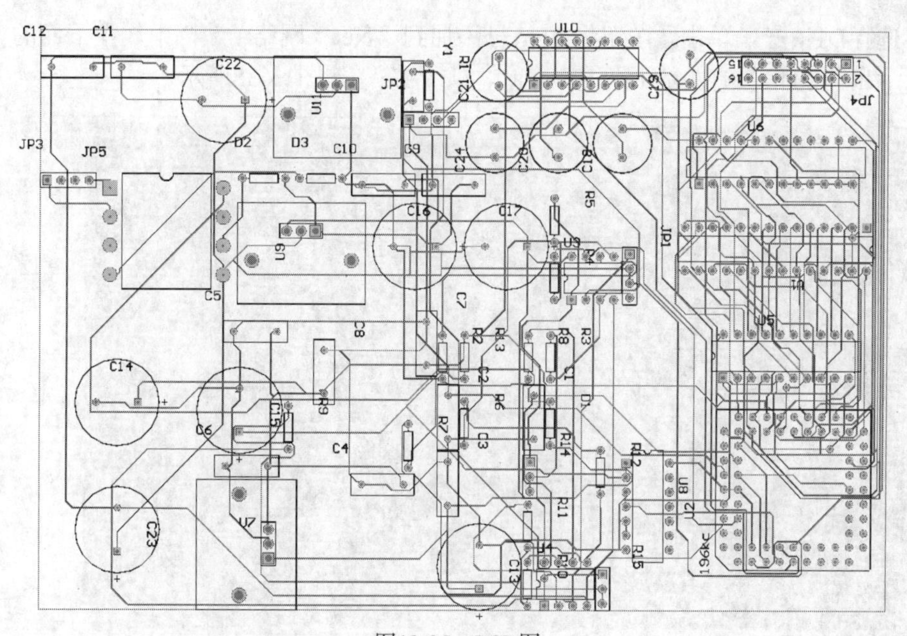

图13-35　PCB图

2. 操作步骤

Step 1 在原理图编辑环境中，单击菜单栏中的"工具"→"Signal Integrity（信号完整性）"命令，系统将弹出如图13-36所示的"Errors or warnings found（发现错误或警告）"对话框。

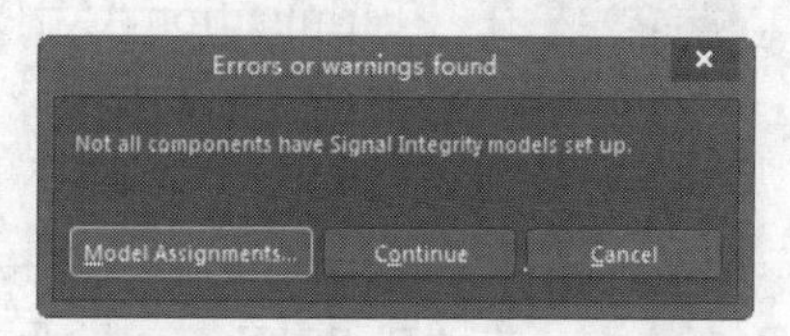

图13-36　"Errors or warnings found"对话框

Step 2 单击"Continue（继续）"按钮，系统将弹出如图13-37所示的"Signal Integrity（信号完整性）"对话框。

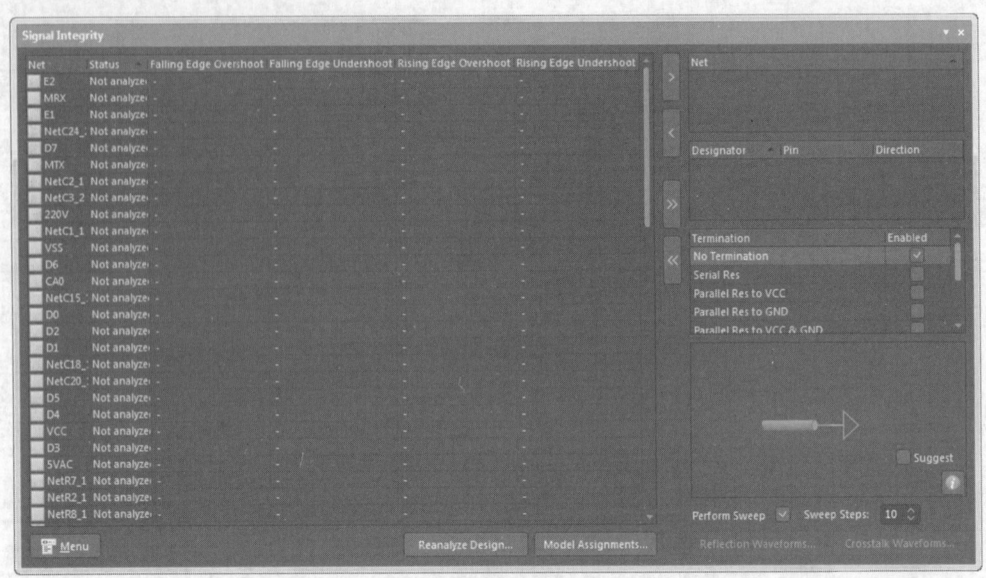

图13-37　“Signal Integrity（信号完整性）”对话框

Step 3 选择D1信号，单击 > 按钮将D1信号添加到“Net（网络）”栏中，在下面的窗口中显示出与D1信号有关的元件JP4、U1、U2、U5，如图13-38所示。

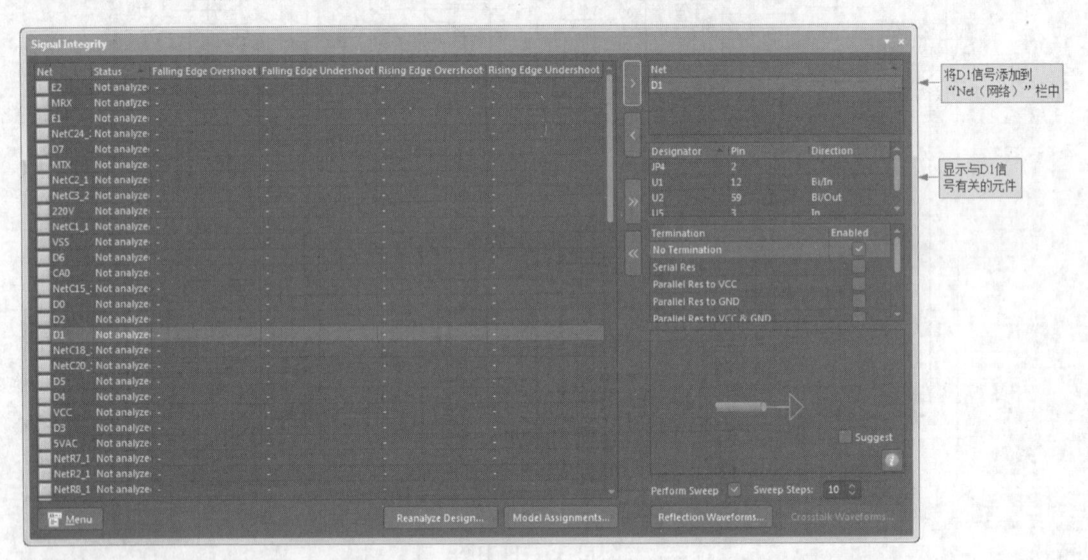

图13-38　选择D1信号

Step 4 在“Termination（端接方式）”栏中，系统提供了8种信号终端补偿方式，相应的图示显示在下面的图示栏中。选择“No Termination（无终端补偿）”选项，然后单击“Reflections（显示）”按钮，显示的无补偿时的波形如图13-39所示。

Step 5 在“Termination（端接方式）”栏中，选择“Serial Res（串阻补偿）”选项，然后单击“Reflections（显示）”按钮，显示的串阻补偿时的波形如图13-40所示。

Step 6 在“Termination（端接方式）”栏中，选择“Parallel Cap to GND（接地端并阻补偿）”选项，然后单击“Reflections（显示）”按钮，显示的接地端并阻补偿时的波形如图13-41所示。其余的补偿方式请读者自行练习。

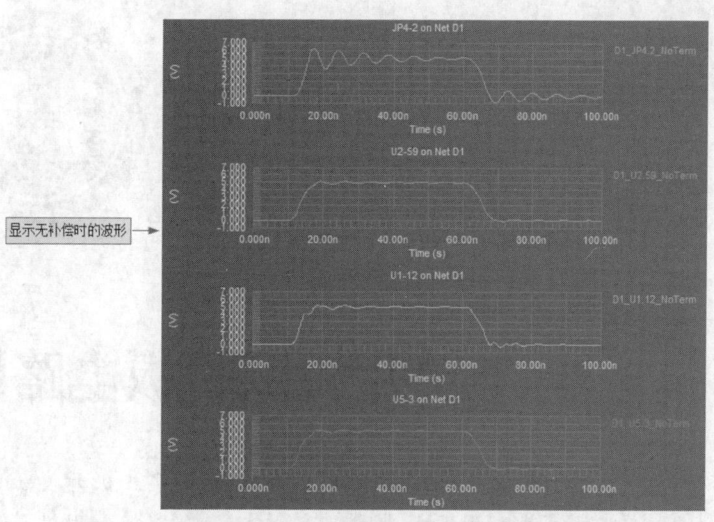

图13-39　无补偿时的波形

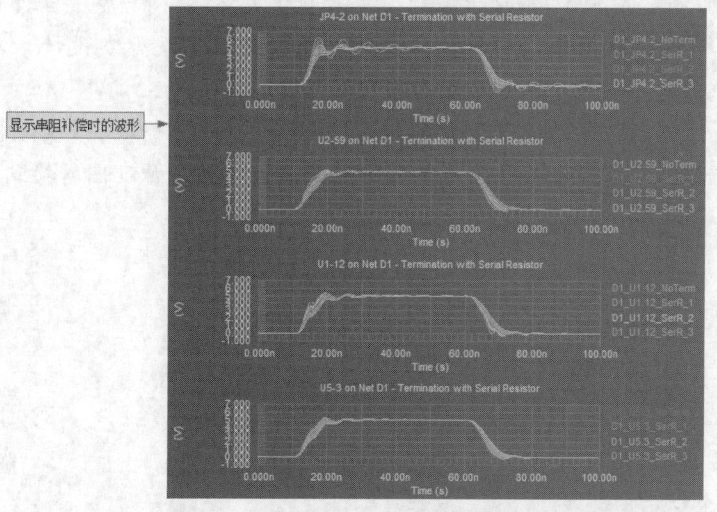

图13-40　串阻补偿时的波形

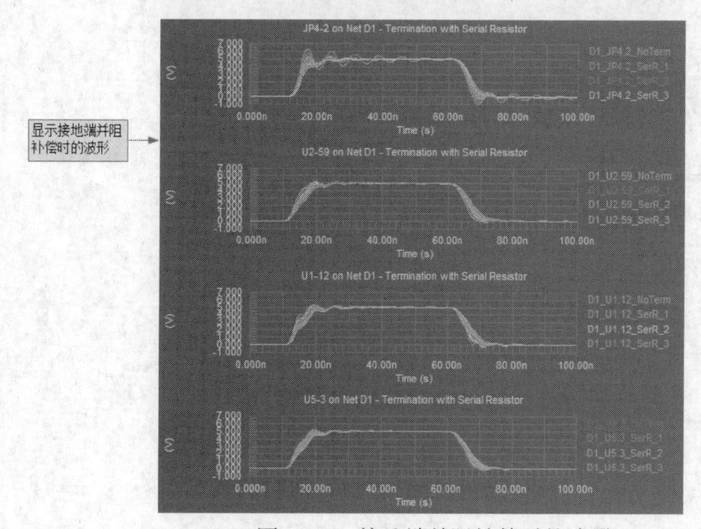

图13-41　接地端并阻补偿时的波形

单片机试验板电路图设计

在很多EDA软件中，都会介绍单片机开发板的设计步骤，因为其实用而且典型。单片机是为控制应用设计的，但由于软硬件资源的限制，单片机系统本身不能实现自我开发，必须使用专门的单片机开发系统来进行系统开发设计。本章主要介绍单片机电路板的原理图与PCB的设计。

通过本章的学习，读者能够了解如何修改元件的引脚、如何直接修改元件库中的封装，如何从原理图转换到PCB设计。

- 元器件装入的方法
- 原理图输入
- PCB设计
- 生成报表文件

单片机试验板电路图设计

14.1 实例简介

单片机实验板是学习单片机必备的工具之一，本章介绍一个实验板电路供读者自行制作，如图14-1所示。

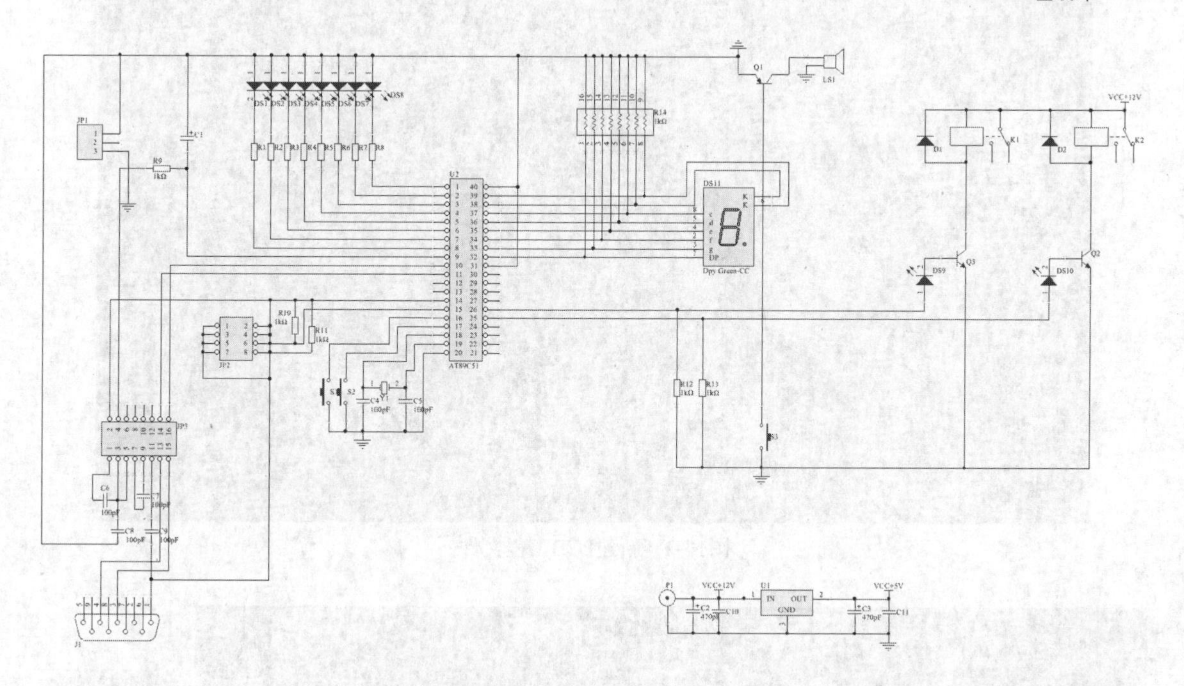

图14-1 单片机实验板电路

单片机的功能就是利用程序控制单片机引脚端的高低电压值，并以引脚端的电压值来控制外围设备的工作状态。本例设计的实验板是通过单片机串行端口控制各个外设，用它可以完成包括串口通信、跑马灯实验、单片机音乐播放、LED显示以及继电器控制等实验。

14.2 新建工程

单击“文件”→“新的”→“项目”命令，如图14-2所示。弹出“Create Project（新建工程）”对话框，选择“Local Projects”选项及“Default（默认）”选项，系统提供的默认名为PCB_Project1.PrjPCB，在“Project Name（工程名称）”文本框中输入文件名称SCMBoard，在“Folder（路径）”文本框中选择文件路径“yuanwenjian\ch14”。

单击 Create 按钮，关闭该对话框，打开“Project（工程）”面板。在面板中出现了要新建的工程的类型，如图14-3所示。

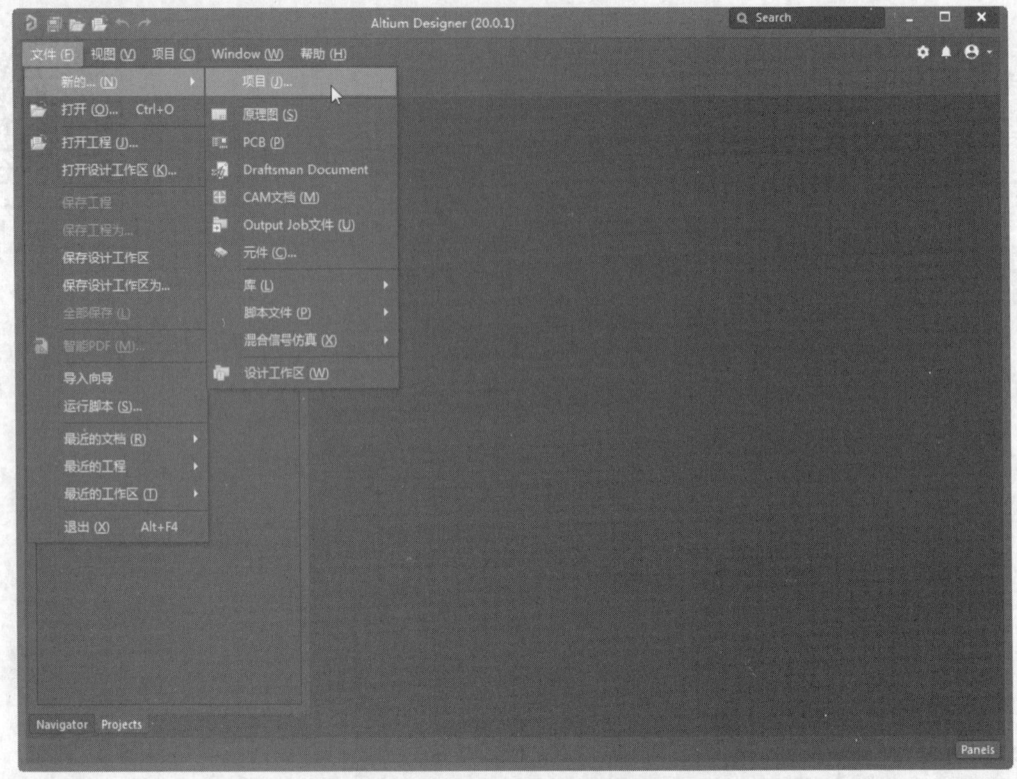

图14-2　新建PCB工程文件

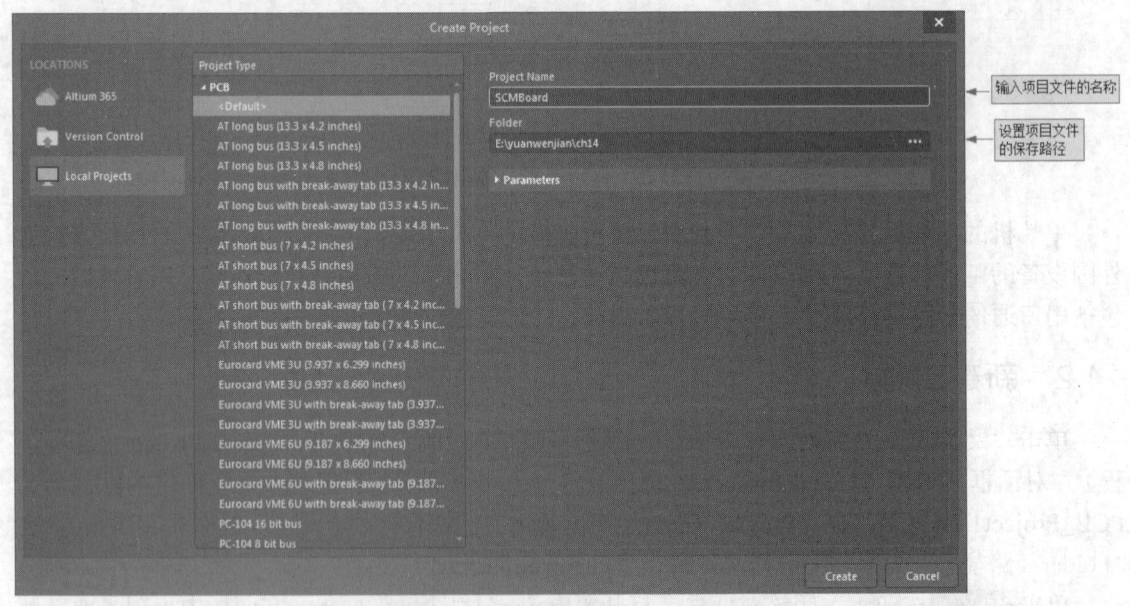

图14-3　“New Project（新建工程）”对话框

单击“文件”→“新的”→“原理图”命令，如图14-4所示，新建原理图文件，并命名其为“SCMBoard.SchDoc”，最后完成的效果图如图14-5所示。

图14-4　新建原理图文件

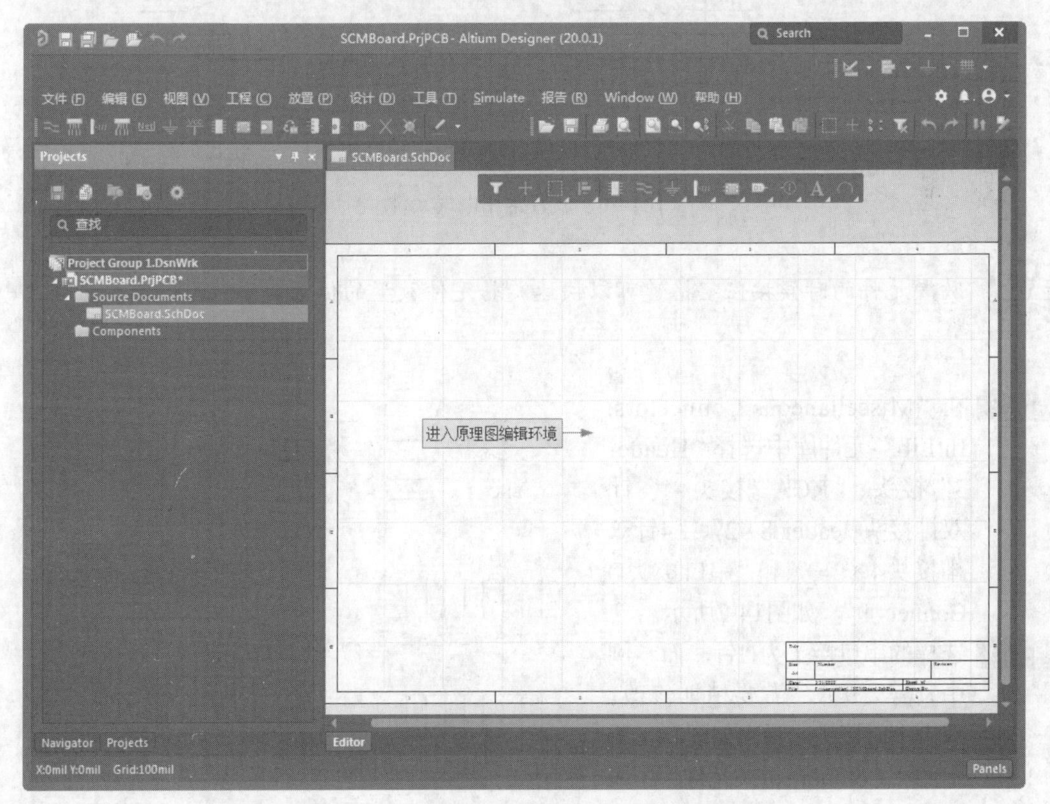

图14-5　新建单片机实验板项目SCMBoard

14.3 装入元器件

原理图上的元件从要添加的元件库中选定后进行相关设置，先要添加元件库。系统默认已经装入了两个常用元件库，它们分别是：常用插接件杂项库（Miscellaneous Connectors. IntLib），常用电气元件杂项库（Miscellaneous Devices.IntLib）。如果还需要其余公司提供的元件库，则需要提前装入。

Step 1 在通用元件库“Miscellaneous Devices.IntLib”中选择发光二极管LED3、电阻Res2、排阻Res Pack3、晶振XTAL、电解电容Cap P013、无极性电容Cap，以及PNP和NPN三极管、多路开关SW-PB、蜂鸣器Speaker、继电器Relay-SPDT和按键SW-PB，如图14-6所示。

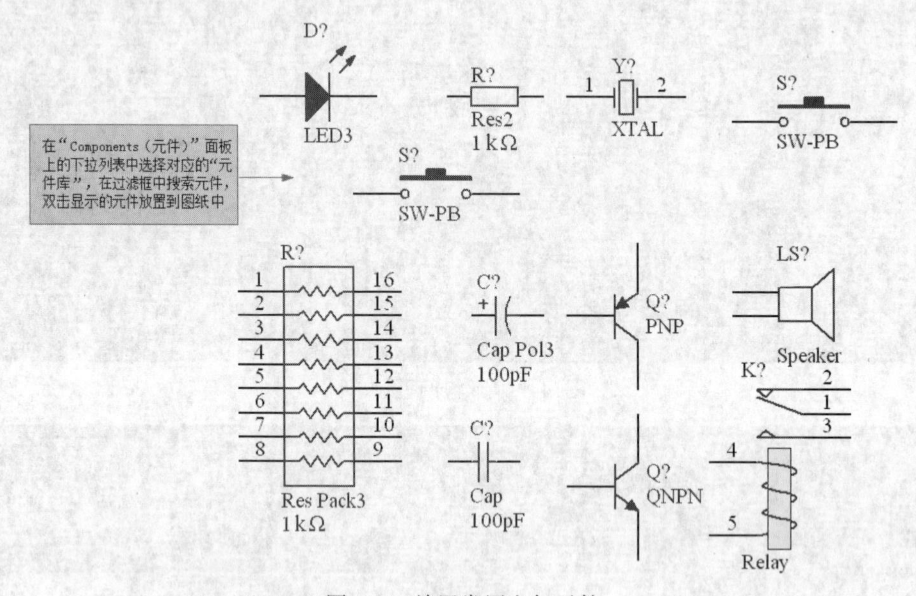

图14-6　放置常用电气元件

放置元件的时候按住空格键可以快速旋转元件放置的位置。

Step 2 在“Miscellaneous Connectors. IntLib”元件库中选择“Header 3”接头、“RCA”接头、“8针双排接头Header 8×2”、“4针双排接头4×2H”和“串口接头D Connect 9”，如图14-7所示。

Step 3 选择的串口接头为11针，而本例中只需要9针，需要稍加修改。双击串口接头，弹出如图14-8所示的“Component（元件）”属性面板。

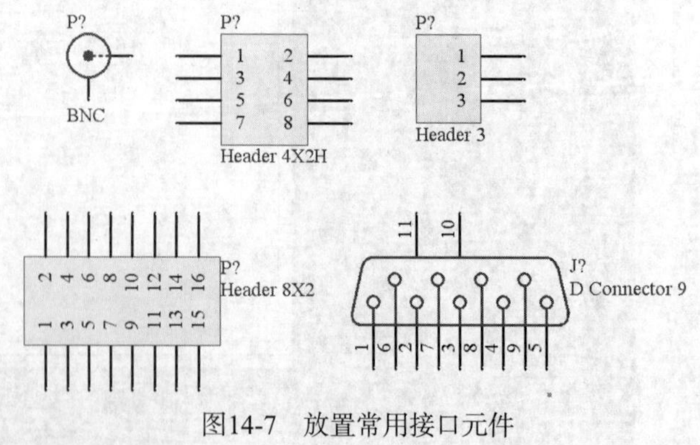

图14-7　放置常用接口元件

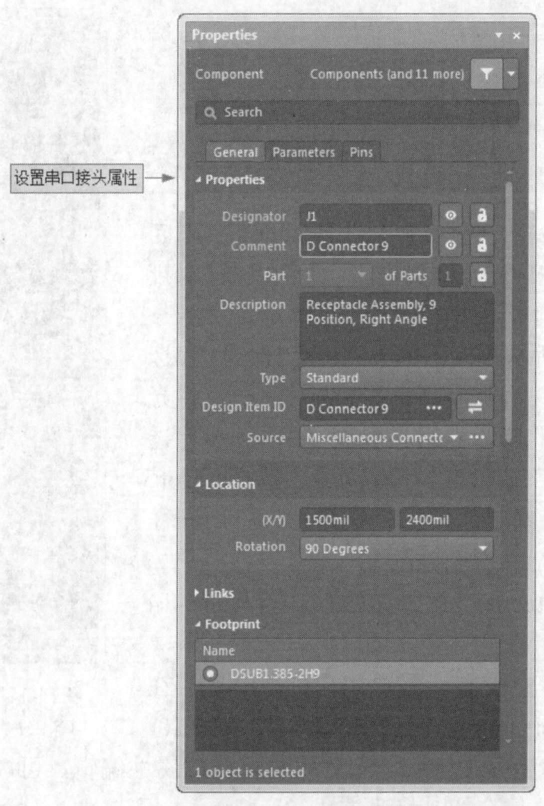

图14-8　串口接头的元件属性面板

Step 4 单击“Pins（管脚）”选项卡，单击编辑按钮，弹出“元件管脚编辑器”对话框，如图14-9所示。取消选中第10和第11管脚的“Show（展示）”属性复选框，单击“确定”按钮，修改好后的串口如图14-10所示。

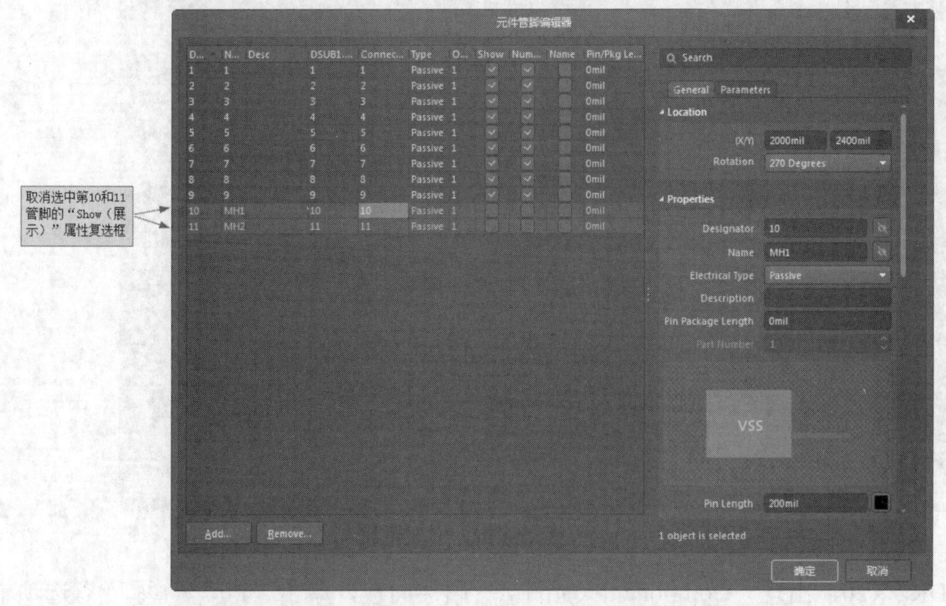

图14-9　“元件管脚编辑器”对话框

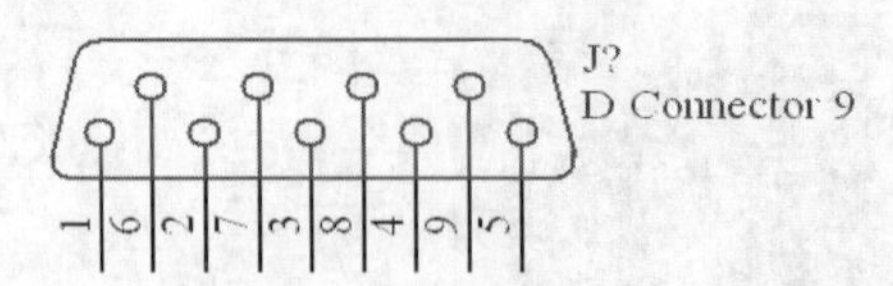

图14-10　修改后的串口

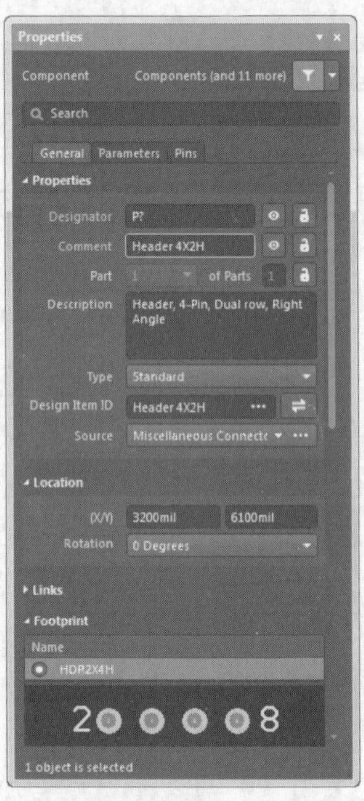

图14-11　双排接头Header 4×2H 的元件属性对话框

Step 5 8针双排接头Header 8×2、4针双排接头Header 4×2H同样需要修改。二者的修改方法相同。下面仅以4针双排接头Header 4×2H为例来说明。

双击元件，弹出如图14-11所示面板，单击“Pins（管脚）”选项卡，单击编辑按钮，弹出“元件管脚编辑器”对话框，将光标停在第一管脚处，表示选中此脚，然后在右侧“Symbols”选项组中单击“Outside Edge（外部边沿）”下拉列表，选择“Dot”选项，如图14-12所示，单击“确定”按钮，保存修改。用同样的过程可修改其他管脚。

修改后的Header 4×2 和Header 8×2 如图14-13和图14-14所示。

Step 6 AT89C51在已有的库中没有，需要用户自己设计。在Miscellaneous Connectors.IntLib元件库中选择MHDR2×20，如图14-15所示。其封装形式与AT89C51相同，通过属性编辑，可以设计成所需要的AT89C51芯片。下面具体介绍其修改方法。

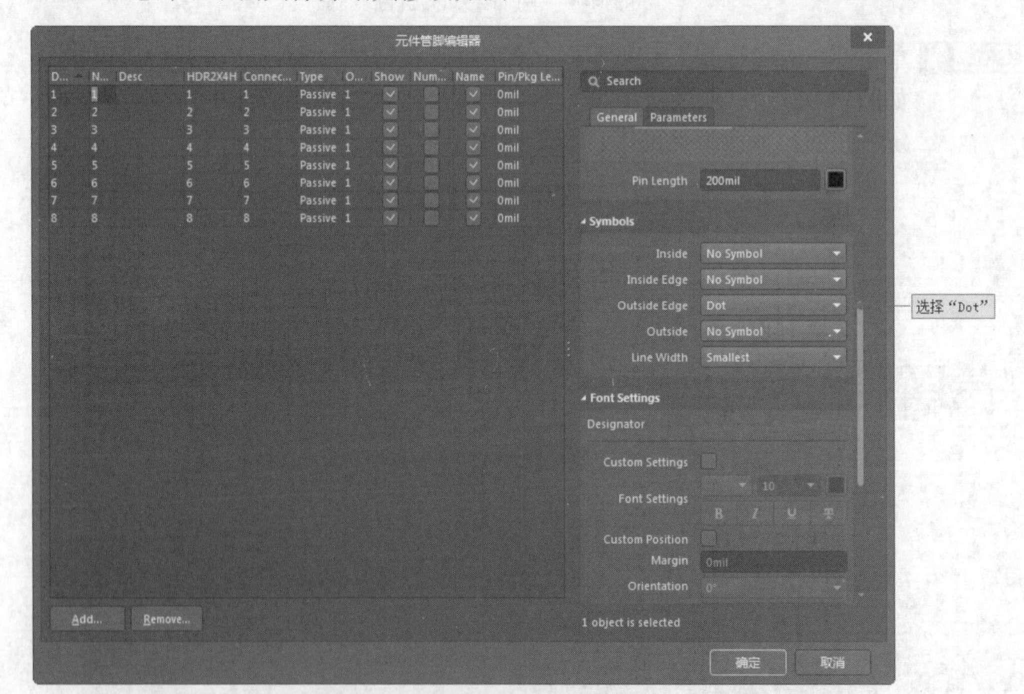

图14-12　“元件管脚编辑器”对话框

双击MHDR2×20，出现“Component（元件）”属性面板，单击“Pins（管脚）”选项卡下的按钮，弹出“元件管脚编辑器”对话框，单击每个引脚的“Name（名称）”属性，把引脚顺序改成与AT89C51一致，并且将引脚“Outside Edge（外部边沿）”设置为Dot。修改后的AT89C51如图14-16所示。

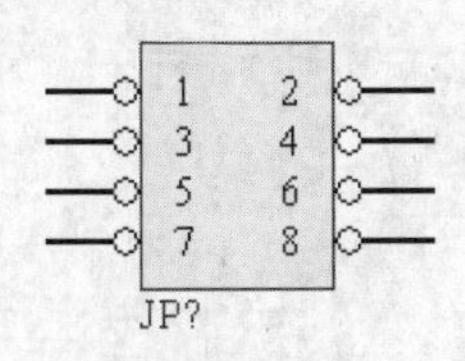

图14-13　修改后的Header 4×2 接头

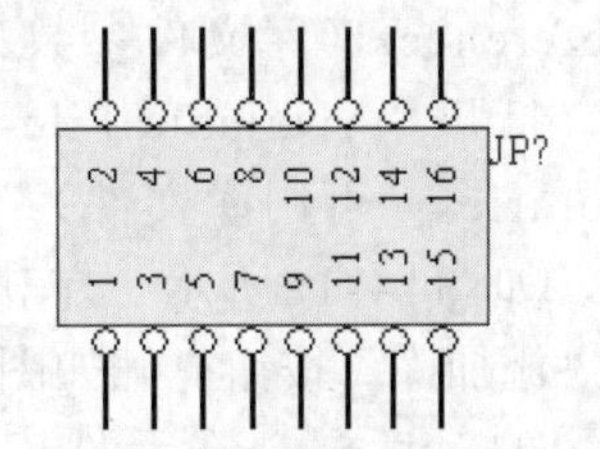

图14-14　修改后的Header 8×2接头

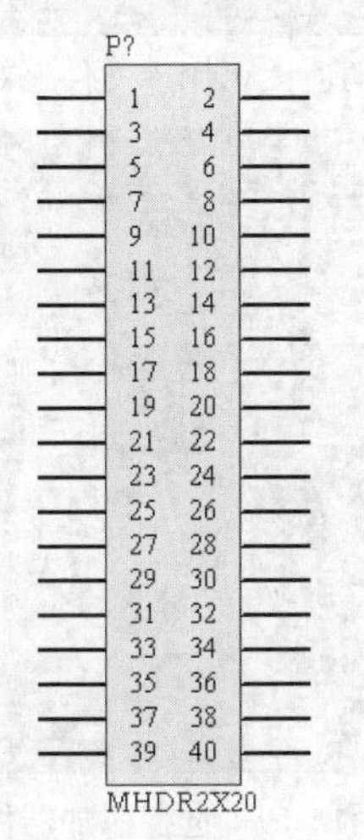

图14-15　MHDR2×20

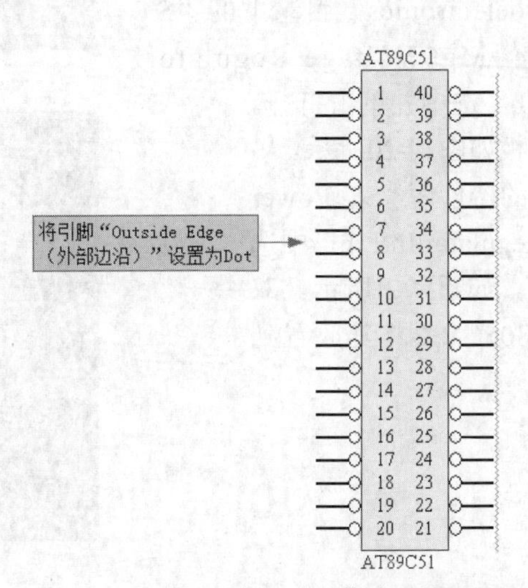

图14-16　修改后的AT89C51

Step 7 通过网络表生成PCB图，需要设置引脚属性中的Electrical Type 属性。一般的双向I/O引脚要选择IO类型，电源引脚选择Power 类型，其他的电平输入引脚选择Input类型。

本章只设计原理图不用考虑这些情况。在涉及PCB时，要考虑元件封装，不能只考虑引脚个数是否匹配。

Step 8 在Miscellaneous Devices.IntLib元件库中选择7段数码管，选择Dpy Green-CC，对于本原理图，数码管上的GND和NC引脚不必显示出来，双击元件，在“引脚属性”窗口中取消9脚和10脚的“展示”属性的选择，修改前后的数码管如图14-17所示。修改后把数码管放置到原理图中。

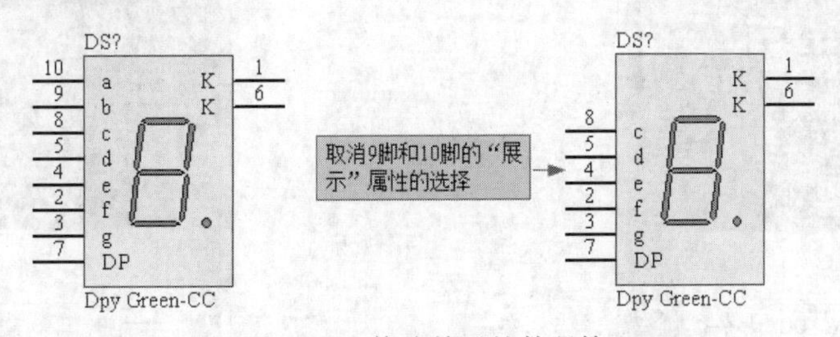

图14-17　修改前后的数码管

Step 9 放置电源器件。电源器件不在通用元件库中，在向原理图添加电源器件前要把含有电源器件的库装载进该项目的元件库中。在“Components（元件）”面板右上角中单击☰按钮，在弹出的快捷菜单中选择“File-based Libraries Preferences（库文件参数）”命令，打开“Available File-based Libraries（可用库文件）”对话框，如图14-18所示。单击下方的“添加库”按钮打开如图14-19所示的对话框，在元件库“ST Microelectronics”目录下的“ST Power Mgt Voltage Regulator. IntLib”选中并单击打开。

库面板如图14-20所示。

在刚添加的器件库“ST Power Mgt Voltage Regulator.IntLib”中选择“L7805CV”，如图14-21所示。双击“Place L7805CV”将其放置到原理图中。

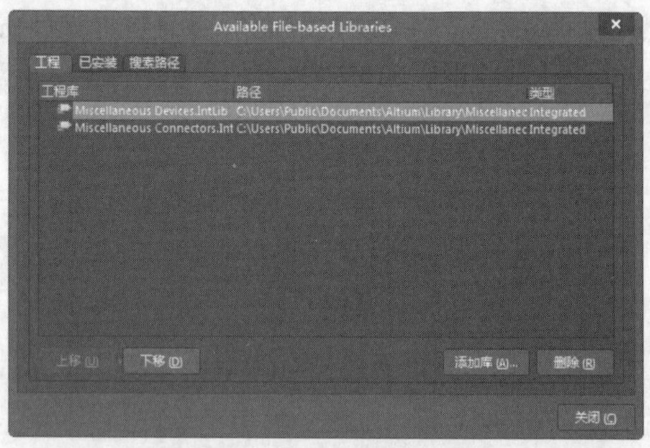

图14-18 “可用库文件”对话框

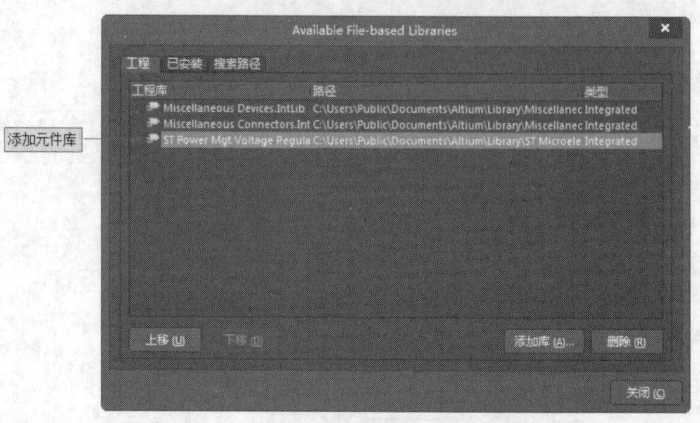

图14-19 选择添加器件库

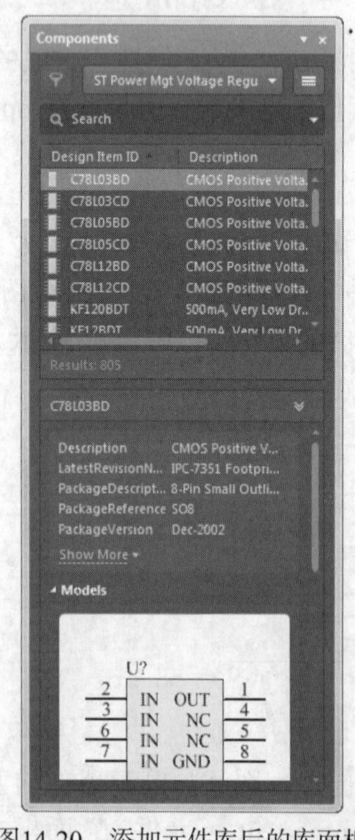

图14-20 添加元件库后的库面板

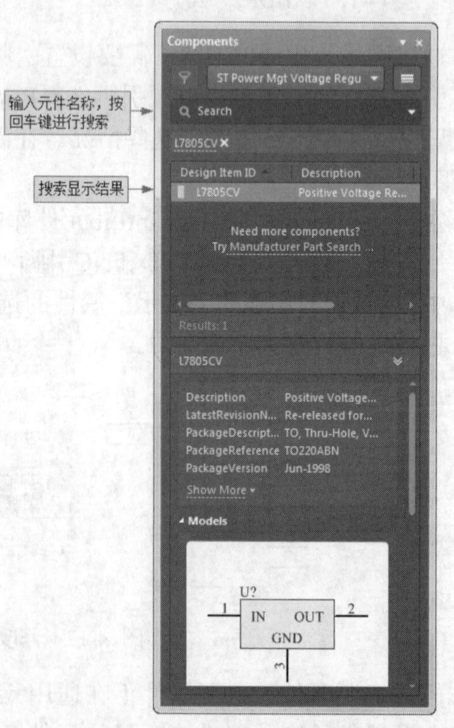

图14-21 在新添加的库中选择电源器件

14.4 原理图输入

将所需的元件库装入工程后进行原理图的输入。原理图的输入部分首先要进行元件的放置和元件布局。

14.4.1 元件布局

根据原理图大小，合理地将放置的元件摆放好，这样美观大方，也方便后面的布线。按要求设置元件的属性，包括元件标号、元件值等。

14.4.2 元件手工布线

采用分块的方法完成手工布线操作。

Step 1 单击按钮或单击“放置”→“线”命令，进行布线操作。连接完的电源电路如图14-22所示。

Step 2 连接发光二极管部分的电路，如图14-23所示。

Step 3 连接发光二极管部分相邻的串口部分，如图14-24所示。

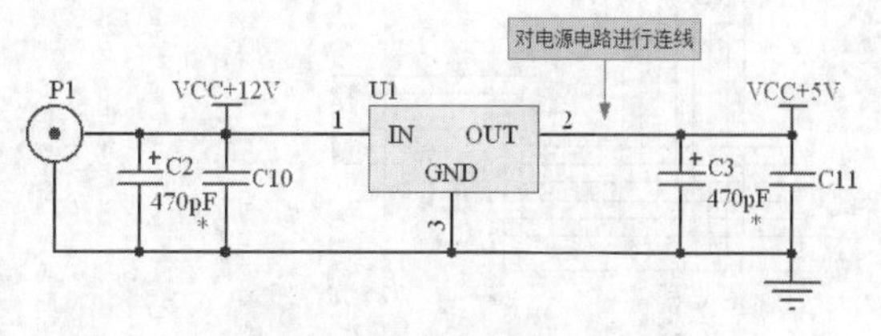

图14-22 电源模块电路图

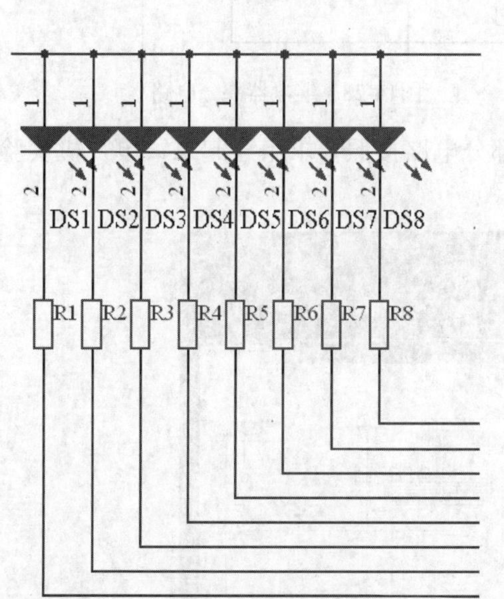

图14-23 发光二极管部分的电路

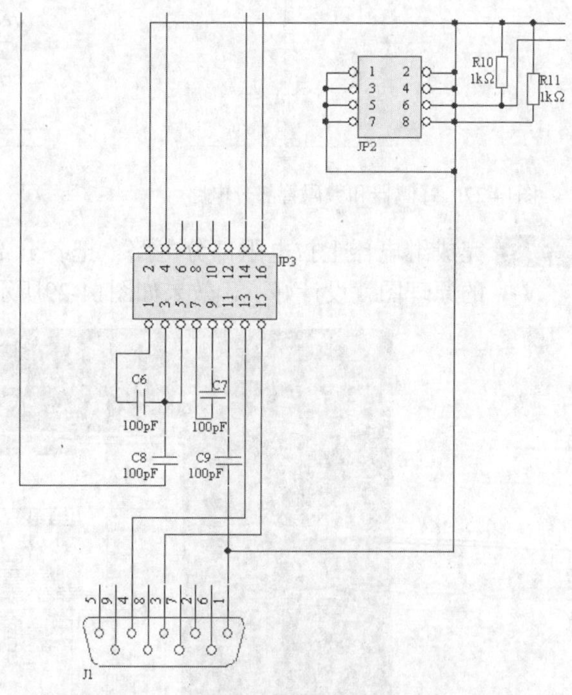

图14-24 发光二极管部分相邻的串口部分电路

Step 4 接与串口和发光二极管都有电气连接关系的红外接口部分，如图14-25所示。

Step 5 连接晶振和开关电路，如图14-26所示。

Step 6 连接蜂鸣器和数码管部分电路，如图14-27所示。

Step 7 连接继电器部分电路，如图14-28所示。

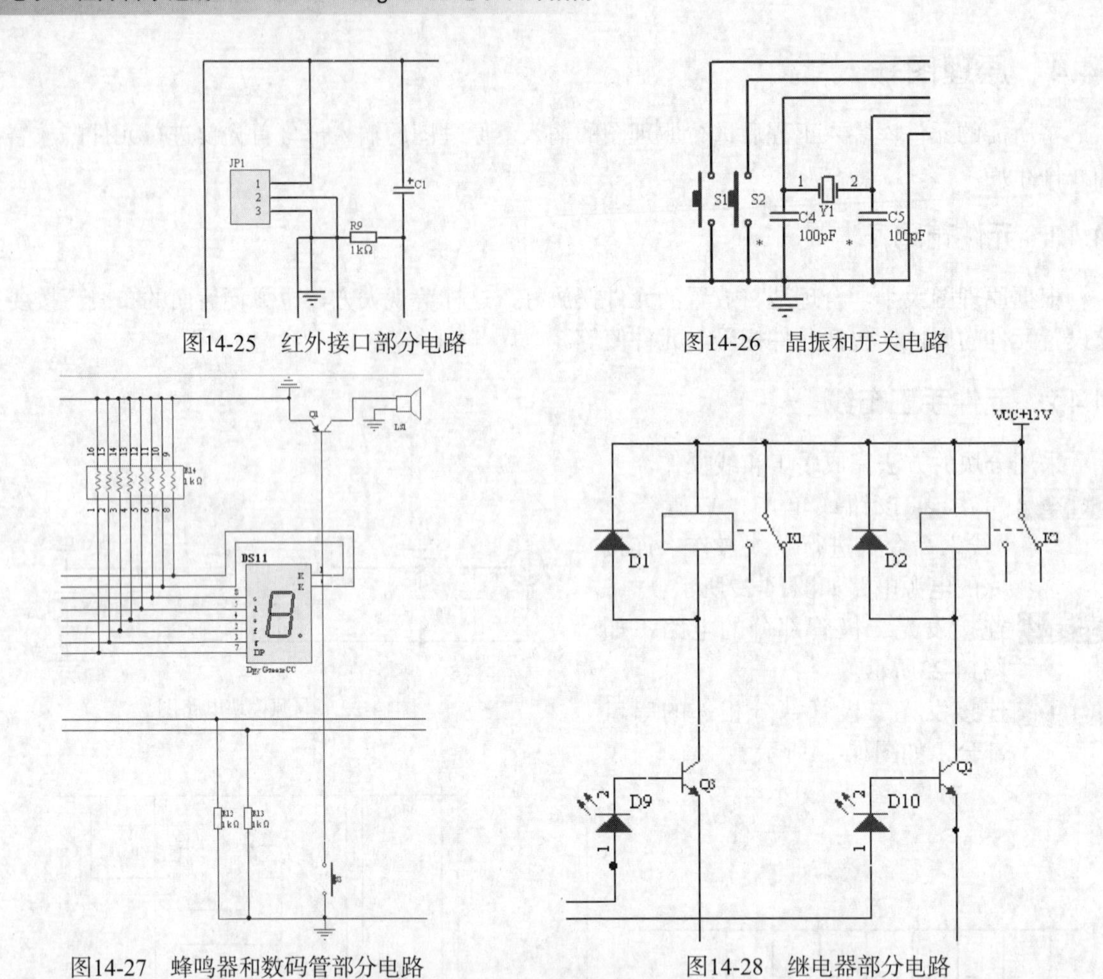

图14-25　红外接口部分电路

图14-26　晶振和开关电路

图14-27　蜂鸣器和数码管部分电路

图14-28　继电器部分电路

Step 8 完成继电器上拉电阻部分电路。把各分部分电路按照要求组合起来，单片机实验板的原理图就设计好了，效果如图14-29所示。

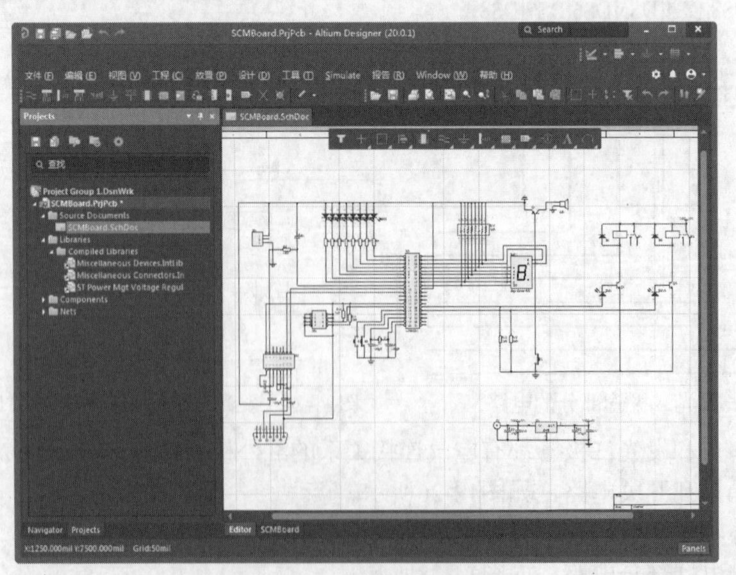

图14-29　绘制好的原理图

14.5 PCB设计

14.5.1 准备工作

Step 1 切换到“Projects（工程）”面板，指向其中的项目，单击鼠标右键弹出命令菜单，单击“添加新的...到工程”→“PCB（PCB文件）”命令，即可在“Projects（工程）”面板中产生一个新的电路板（PCB1.PcbDoc），同时进入电路板编辑环境，在编辑区里也出现一个空白的电路板。

Step 2 单击按钮，在随机出现的对话框中指定所要保存的文件名“SCMBoard”，再单击 保存(S) 按钮关闭对话框即可。

Step 3 绘制一个简单的板框，指向编辑区下方板层卷标栏的“KeepOutLayer（禁止布线层）”卷标，单击鼠标左键切换到禁止板层。按<P>、<L>键进入画线状态，指向第一个角落，单击鼠标左键；移到第二个角落，单击鼠标左键两次；再移到第三个角落，单击鼠标左键两次；再移到第四个角落，单击鼠标左键两次；移回第一个角落（不一定要很准），单击鼠标左键，再单击鼠标右键两次即可，所画出来的板框是桃红色，如图14-30所示。

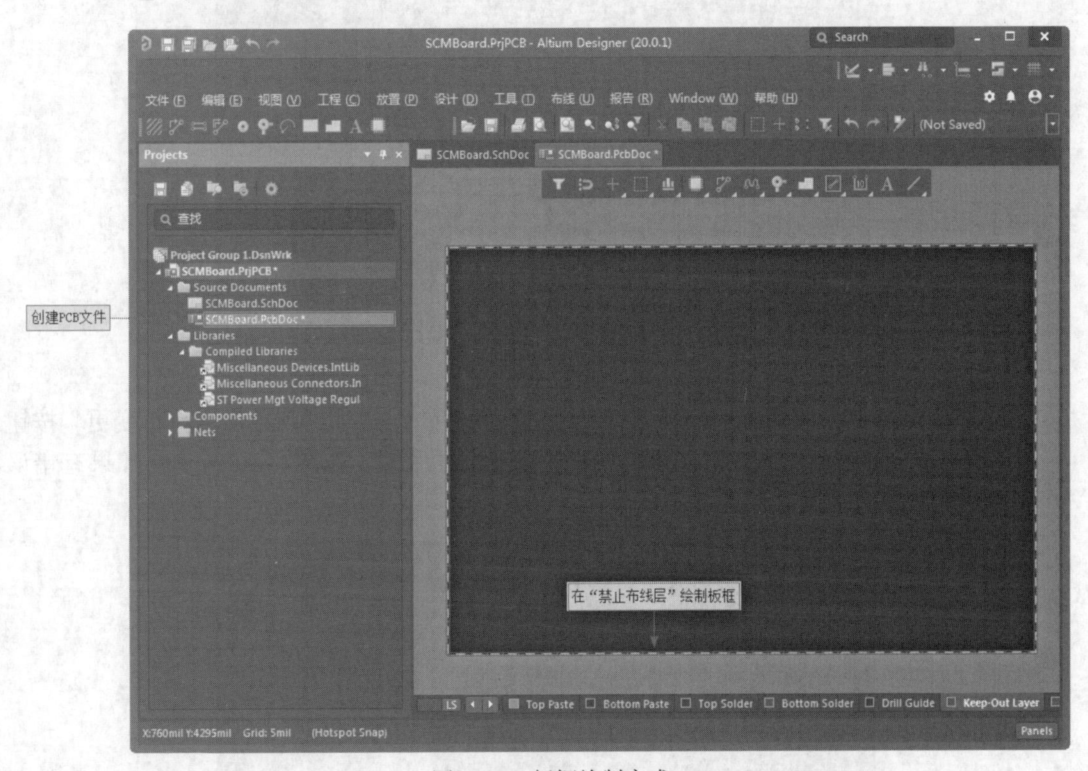

图14-30 板框绘制完成

14.5.2 资料转移

Step 1 画好板框后即可将电路图数据转移到这个电路板编辑区中。单击“设计”菜单下的“Import Changes From SCMBoad.PrjPCB”命令，出现如图14-31所示的“工程变更指令”对话框。

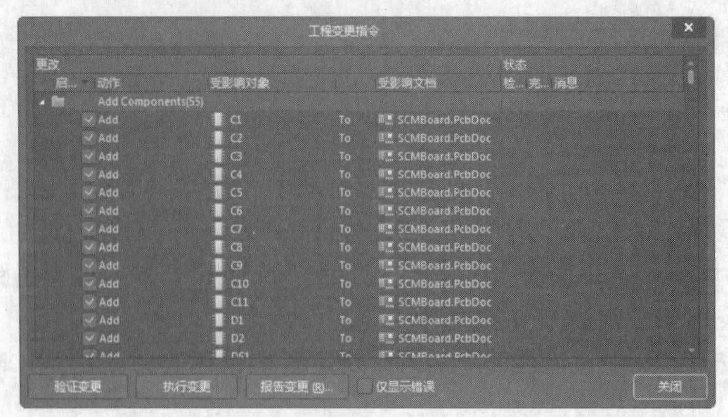

图14-31 “工程变更指令”对话框

Step 2 单击“验证变更”按钮验证一下有无不妥之处，程序将验证结果反映在对话框中，如图14-32所示。

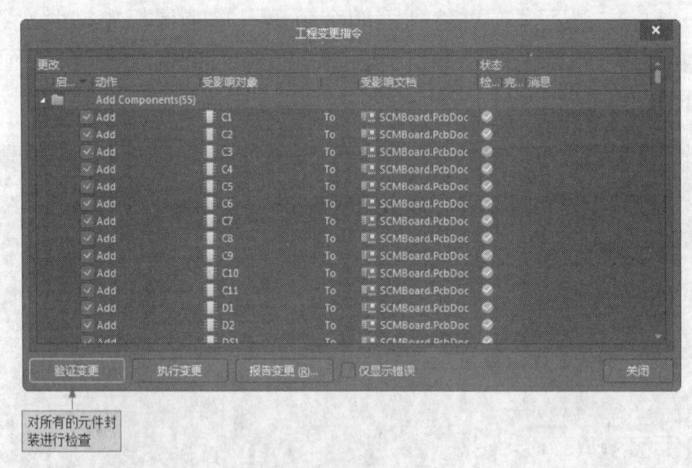

图14-32 验证更新

Step 3 在图14-32中，如果所有数据转移都顺利，没有错误产生，则单击“执行变更”按钮，执行真正的操作，单击“关闭”按钮关闭此对话框，如图14-33所示。如果有错误，则按照提示退回电路图修改。

图14-33 数据转移到电路板

14.5.3 零件布置

Step 1 用程序所提供的自动零件区间布置功能将零件请进来。指向SCMBOARD零件摆置区间的空白处，按住鼠标左键将它拉到板框之中。在此指向SCMBoad零件摆置区域内的空白处，单击鼠标左键区域，出现8个控点，再指向右边的控点按住鼠标左键，移动鼠标即可以改变其大小，将它拉大一些（让SCMBoad零件摆置区域与板框差不多大），如图14-34所示。

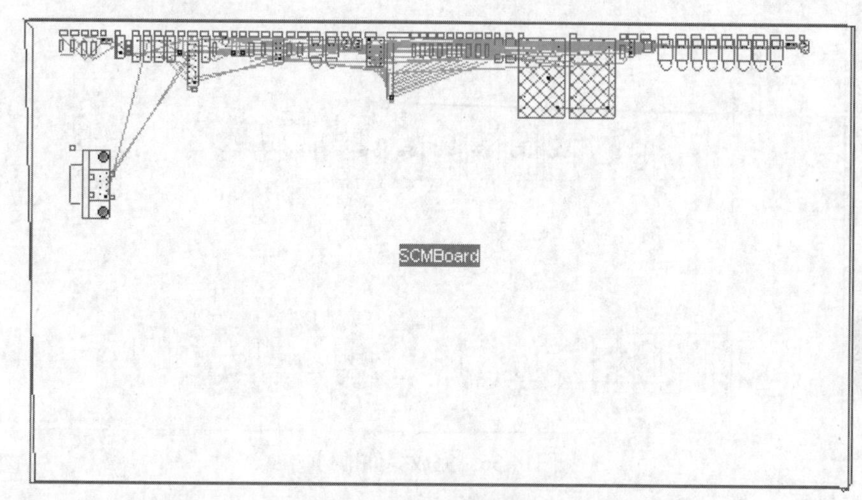

图14-34 扩大零件摆置区域

Step 2 单击“设计”菜单下的“规则”命令，指向这个零件摆置区域，单击鼠标左键将零件拉入这个区域内。最后单击鼠标右键，效果如图14-35所示。

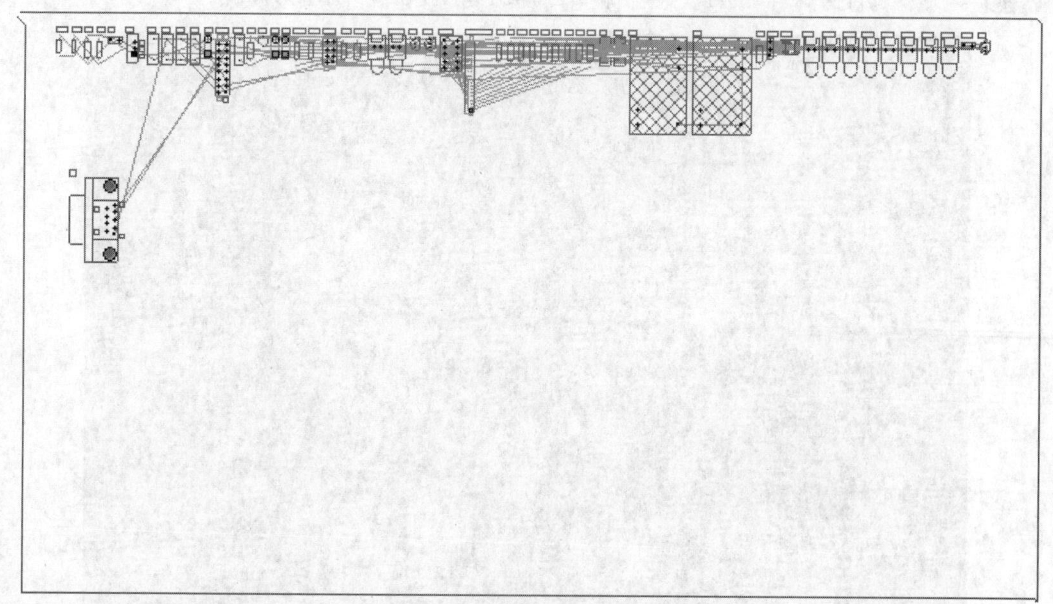

图14-35 零件摆置区域自动排列

Step 3 按<Delete>键删除这个零件摆置区域，接下来进行手工排列，效果如图14-36所示。

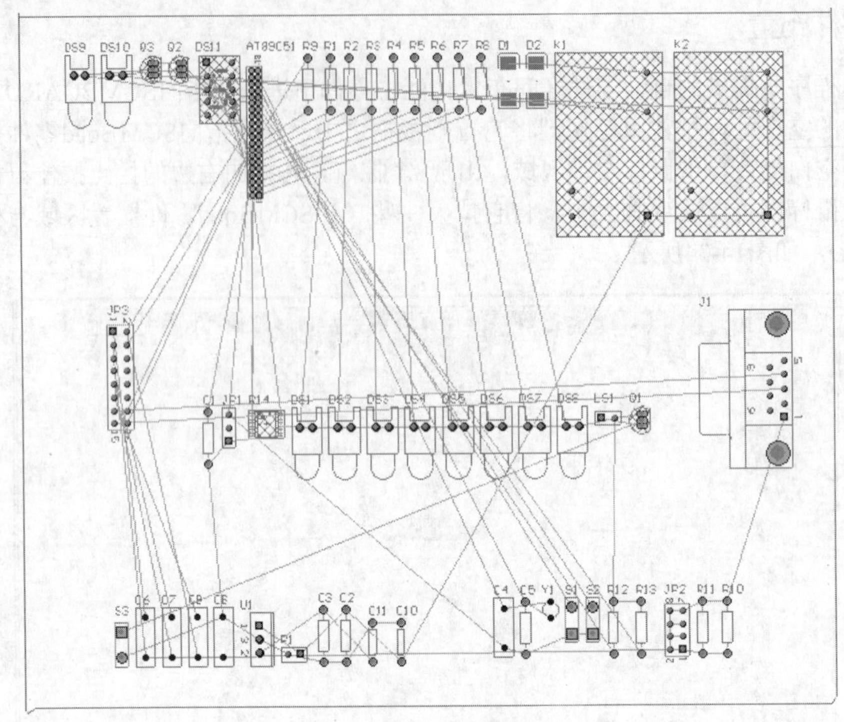

图14-36　完成零件排列

14.5.4　网络分类

对电路板里的网络做一个简单的分类，将最常用的电源线（VCC及GND）归为一类。

Step 1　单击“设计”菜单下的“类”命令，弹出如图14-37所示的对话框。

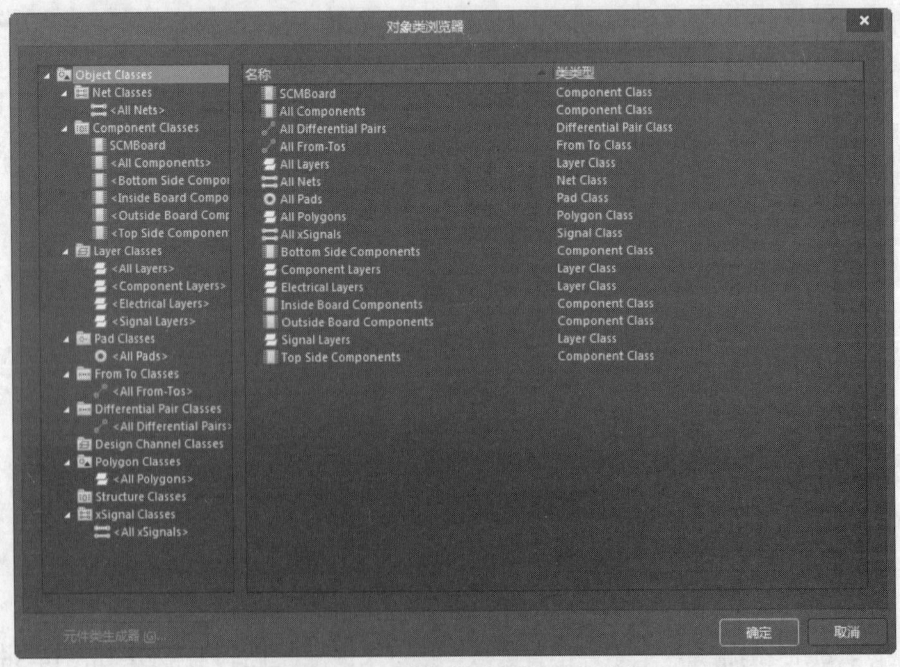

图14-37　“对象类浏览器”对话框

Step 2 在“Net Classes”类里只有“All Nets”一项，表示目前没有任何网络分类。指向“Net Classes”项，单击鼠标右键弹出快捷菜单，如图14-38所示。

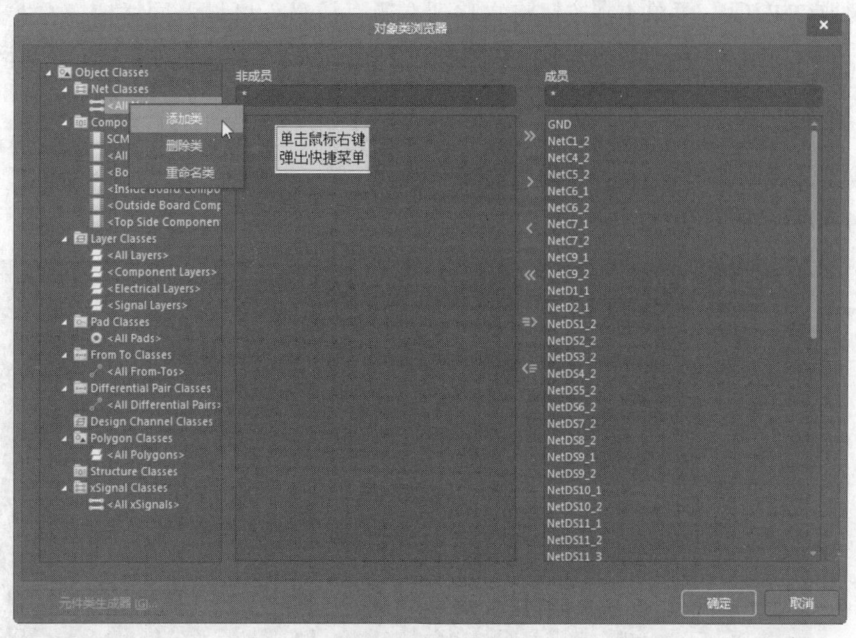

图14-38 命令菜单

Step 3 选择“添加类”命令，则在此类里将新增一项分类（New Class），同时进入其属性对话框，如图14-39所示。

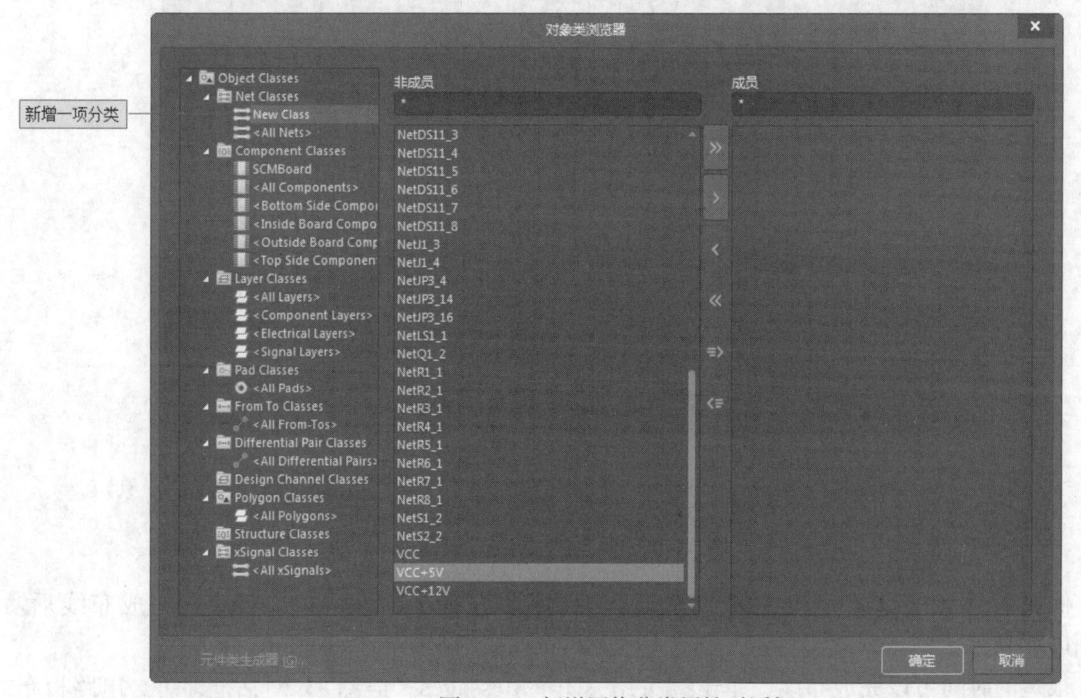

图14-39 新增网络分类属性对话框

Step 4 若要更改此分类的名称，则指向这一项，单击鼠标右键弹出快捷菜单，在弹出的菜单中选择“重命名类”命令，即可输入新的分类名称。在左边“非成员”区域里选取GND项，再单击 按钮将它移到右边“成员”区域；同样地，在左边区域里选取VCC项，再单击 按钮将它移到右边区域，单击 按钮关闭该对话框。

14.5.5 布线

完成设计规则的设置后进行布线，单击“布线”→“自动布线”→“全部”命令，屏幕出现如图14-40所示的对话框。

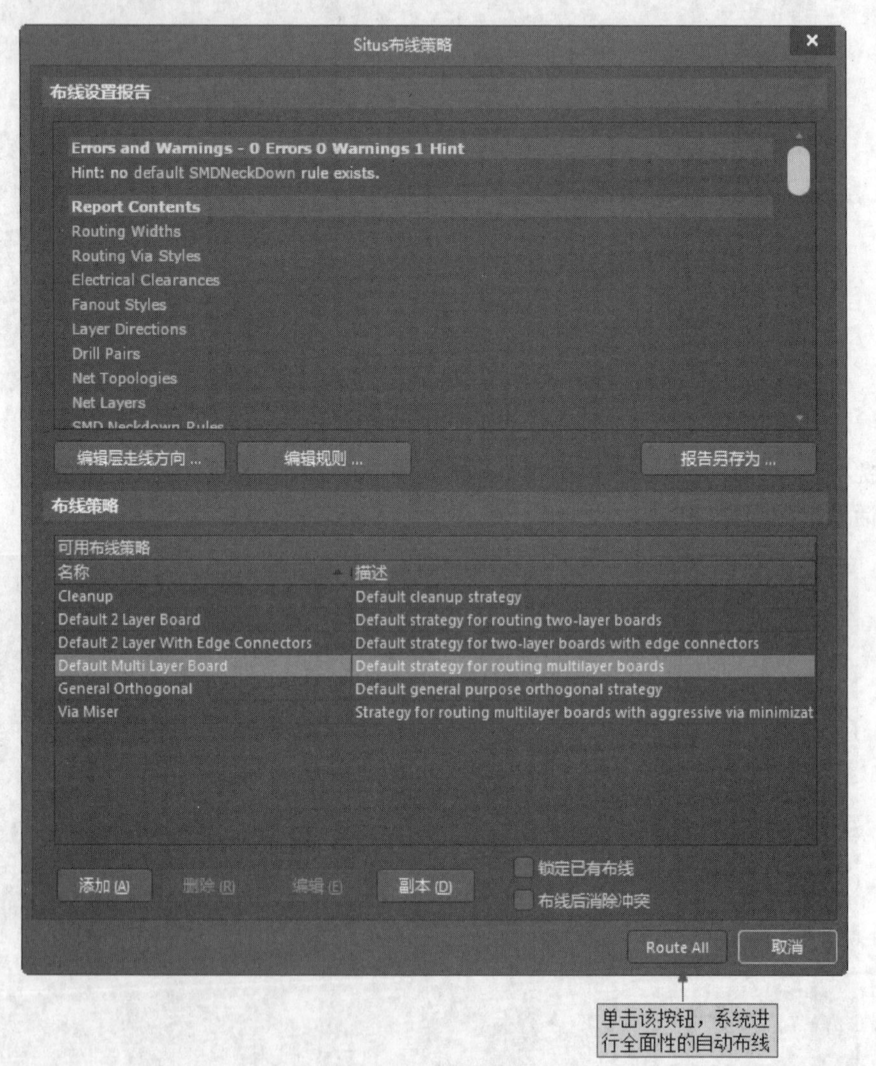

图14-40 自动布线设置对话框

保持程序预置状态，单击 按钮，程序即进行全面性的自动布线。完成布线后，如图14-41所示。

很短的时间可以完成布线，单击 按钮关闭“Messages（信息）”对话框即可。电路板布线完成，单击 按钮保存文件。

如果板框不太合适，可以重新按照布线的结果画板框，单击“编辑”菜单下“选中”子菜单中的“区域外部”命令，指向我们所要部分的一角，单击鼠标左键，移至对角拉出一个区域，包含整个已布线的电路板（但不包含边框），再单击鼠标左键即可只选取整个板框。按<Delete>键，即可删除所选取的部分（删除旧板框）。

同样在“Keep Out Layer（禁止布线层）”板层，按<P>、<L>键进入画线状态，再指向所要画板框的起点（可配合< PgUp >、<PgDn>键缩放屏幕），单击鼠标左键；再移至第二点，单击鼠标左键两次，再移至第三点，单击鼠标左键两次……，直到整个板框完成，单击鼠标右键两次结束画线状态，然后按保存图标保存文件。

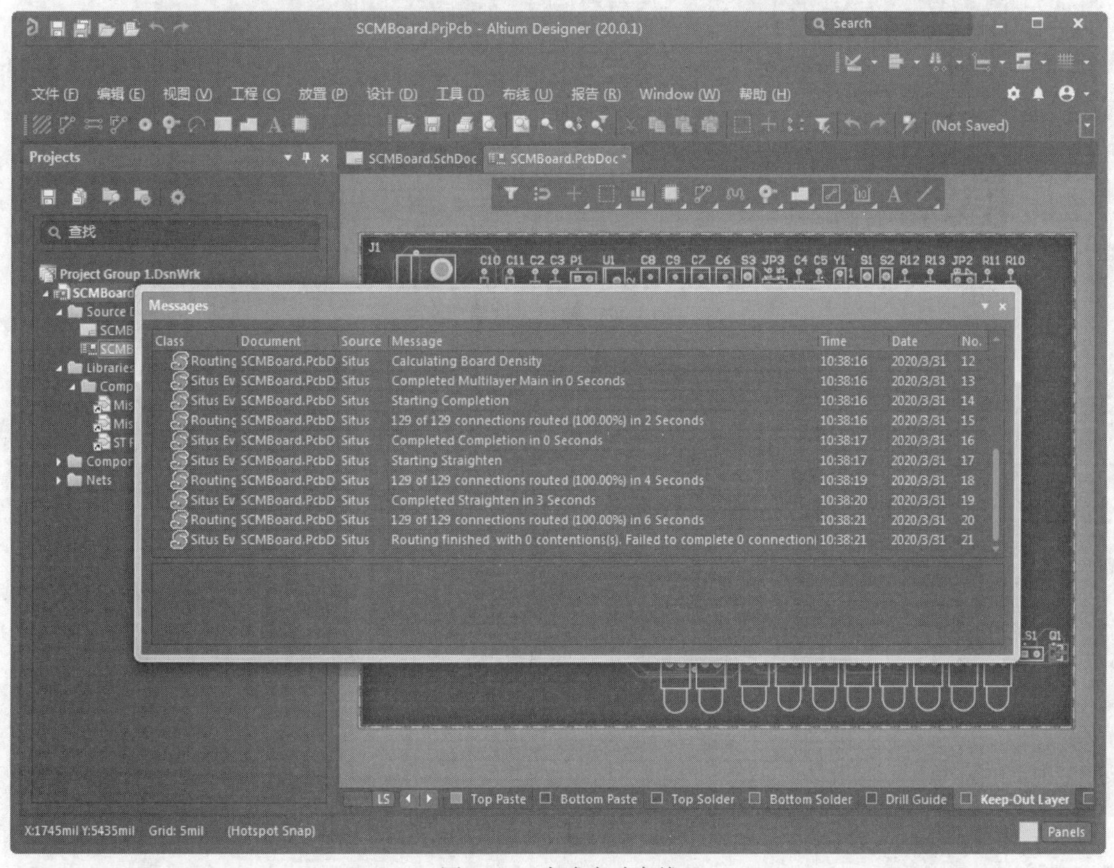

图14-41 完成自动布线

14.6 生成报表文件

在原理图工作窗口中，单击“报告”菜单中的“Bill of Material”命令，弹出如图14-42所示的“Bill of Material For PCB Document”对话框。对话框中列出了整个原理图中用到的所有元器件。像很多EDA软件一样，这种报表文件可以导出为OFFICE文件而便于进一步的处理。单击“Export（导出）”按钮，可以导出元件清单。在“Export Options（导出选项）”下拉列表中可以选择导出文件的格式，元件清单如图14-43所示。还可以勾选“Add to Project（添加到工程）”和“Open Exported（打开导出的）”复选框，将生成的报表文件作为工程的一部分和打开生成的报表文件。

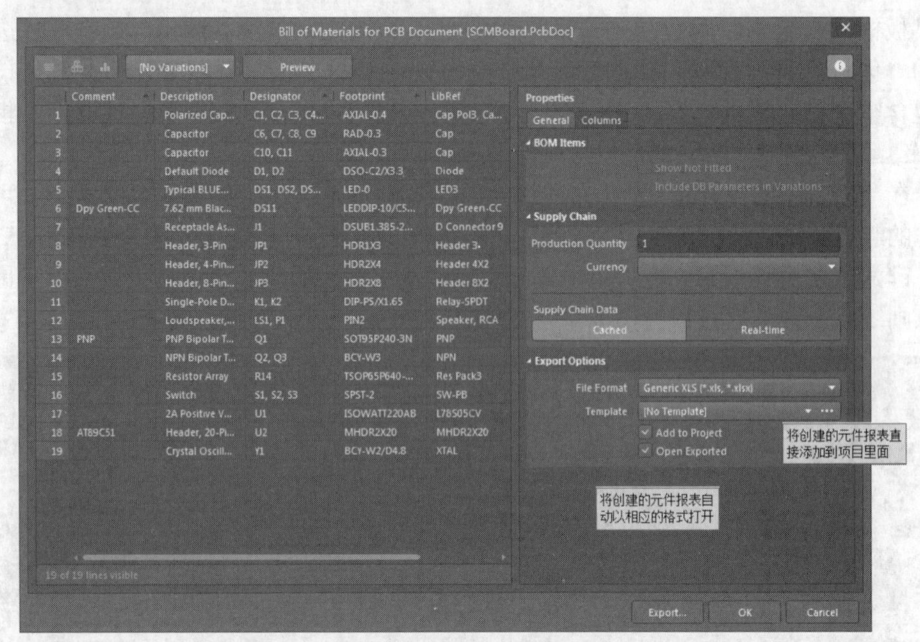

图14-42　输出元件清单

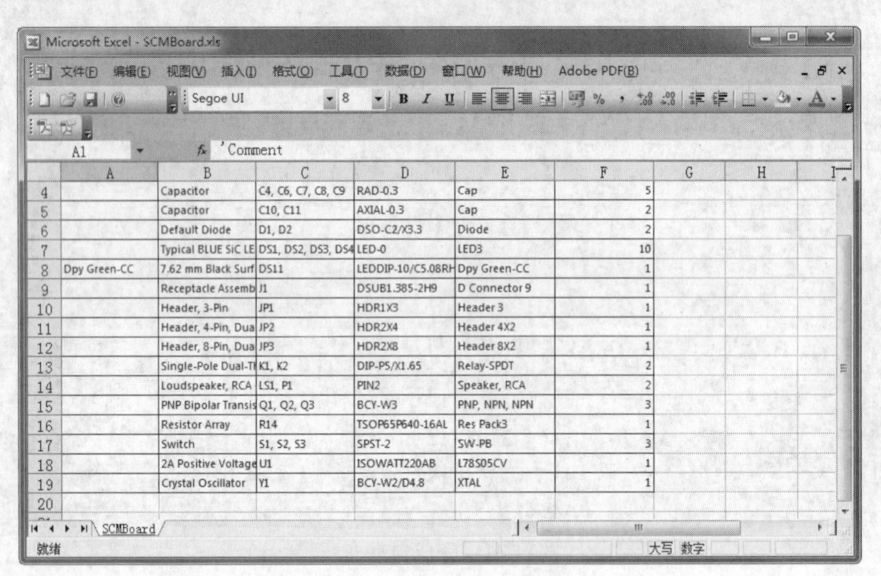

	A	B	C	D	E	F
4		Capacitor	C4, C6, C7, C8, C9	RAD-0.3	Cap	5
5		Capacitor	C10, C11	AXIAL-0.3	Cap	2
6		Default Diode	D1, D2	DSO-C2/X3.3	Diode	2
7		Typical BLUE SiC LE	DS1, DS2, DS3, DS4	LED-0	LED3	10
8	Dpy Green-CC	7.62 mm Black Surf	DS11	LEDDIP-10/C5.08RH	Dpy Green-CC	1
9		Receptacle Assemb	J1	DSUB1.385-2H9	D Connector 9	1
10		Header, 3-Pin	JP1	HDR1X3	Header 3	1
11		Header, 4-Pin, Dua	JP2	HDR2X4	Header 4X2	1
12		Header, 8-Pin, Dua	JP3	HDR2X8	Header 8X2	1
13		Single-Pole Dual-T	K1, K2	DIP-P5/X1.65	Relay-SPDT	2
14		Loudspeaker, RCA	LS1, P1	PIN2	Speaker, RCA	2
15		PNP Bipolar Transis	Q1, Q2, Q3	BCY-W3	PNP, NPN, NPN	3
16		Resistor Array	R14	TSOP65P640-16AL	Res Pack3	1
17		Switch	S1, S2, S3	SPST-2	SW-PB	3
18		2A Positive Voltage	U1	ISOWATT220AB	L78S05CV	1
19		Crystal Oscillator	Y1	BCY-W2/D4.8	XTAL	1

图14-43　元件清单

电器电路设计实例

随着电子技术、计算机技术、自动化技术的飞速发展，电子电路设计师所要绘制的电路原理图越来越复杂，有时工程技术人员也很难看懂。另一方面，由于网络的普及，对于复杂的电路图一般都采用网络多层次并行开发设计，这样可以极大地加快设计进程。Altium Designer 20完全支持并提供了强大的层次原理图设计功能，在同一个项目工程中，可以包含无限分层深度的无限多张原理图。本章主要介绍层次原理图的设计方法，并融合在实例中为读者讲述设计的技巧。

本章利用层次原理图的设计方法设计电子游戏机电路，涉及的知识点包括层次原理图设计方法、生成元件报表以及文件组织结构等。

- 电路设计分析
- 原理图设计
- 电路板的设计

15.1 停电报警器电路设计

15.1.1 电路分析

本例中要设计的实例是一个无源型停电报警器电路。本报警器不需要备用电池，当220V交流电网停电时，它就会发出“嘟——嘟”的报警声。在本例中将完成电路的原理图和PCB设计。

15.1.2 停电报警器电路原理图设计

Step 1 建立工作环境。

（1）在Altium Designer 20主界面中，单击菜单栏中的“文件”→“新的”→“项目”命令，新建“停电报警器电路.PrjPCB”工程文件。

（2）单击菜单栏中的“文件”→“新的”→“原理图”命令，然后单击鼠标右键，在弹出的快捷菜单中选择“另存为”命令，将新建的原理图文件保存为“停电报警器电路.SchDoc”。

Step 2 加载元件库。

单击“Components（元件）”面板右上角中的按钮，在弹出的快捷菜单中选择“File-based Libraries Preferences（库文件参数）”命令，打开“Available File-based Libraries（可用库文件）”对话框，然后在其中加载需要的元件库。本例中需要加载的元件库为“AD20/Library/Texas Instruments/TI Logic Gate 1.IntLib”，如图15-1所示。

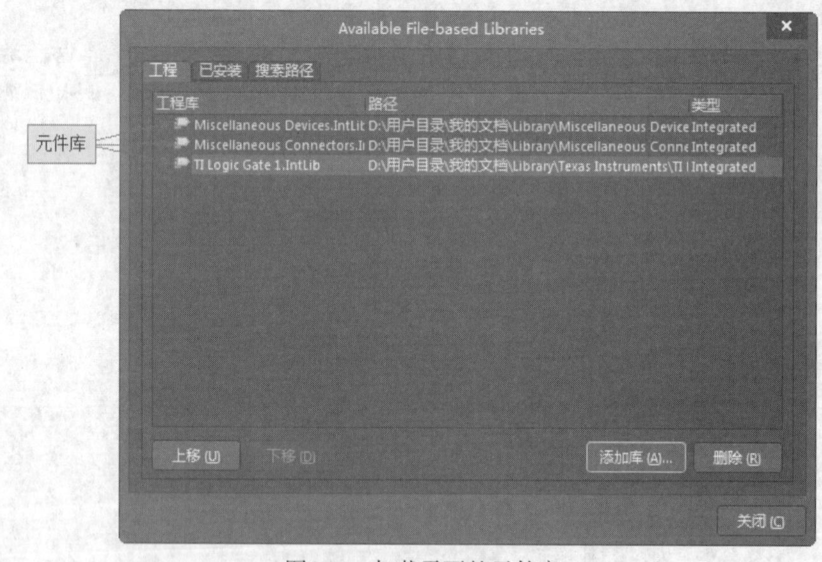

15.1 停电报警器电路设计

图15-1 加载需要的元件库

Step 3 设置图纸参数。

单击右下角Panels按钮，在弹出的快捷菜单中选择“Properties（属性）”命令，打开“Properties（属性）”面板，如图15-2所示。

Step 4 放置元件。

选择“元件”面板，在其中浏览电路需要的元件，然后将其放置在图纸上，如图15-3所示。

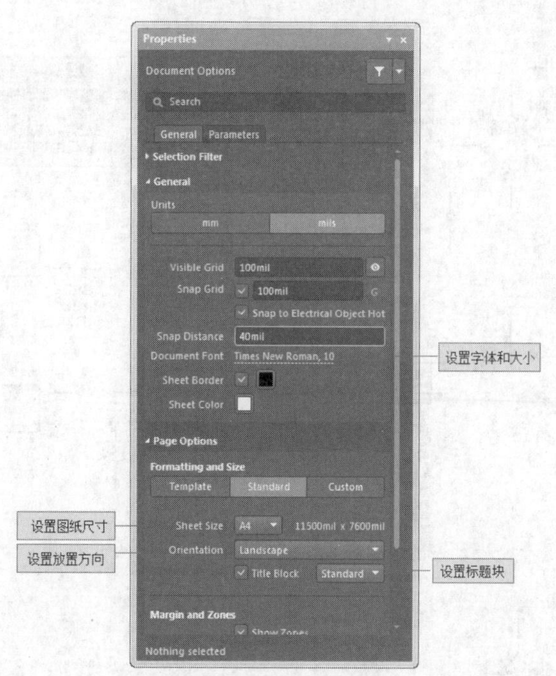

图15-2 “Properties（属性）”面板

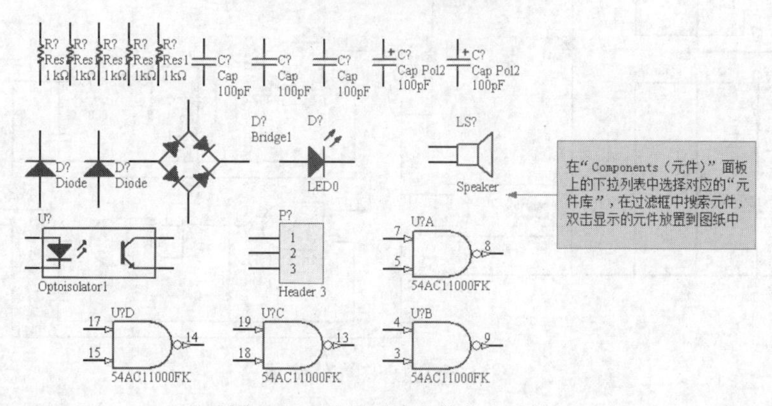

图15-3 原理图需要的所有元件

Step 5 元件布局。

按照电路中元件的大概位置摆放元件。用拖动的方法来改变元件的位置，如果需要改变元件的方向，则可以按空格键。布局的结果如图15-4所示。

Step 6 元件布线。

单击“放置”→“线”菜单命令，或单击“布线”工具栏中的按钮，鼠标光标变成十字形，移动光标到图纸中，靠近元件管脚时，会出现一个米字形的电气捕捉标记，单击确定导线的起点，移动鼠标到在导线的终点处，单击确定导线的终点。

在绘制完一条导线之后，系统仍然会处于绘制导线的工作状态，可以继续绘制其他的导线。完成整个原理图布线后的效果如图15-5所示。

Step 7 放置接地符号。

单击“布线”工具栏中的（GND端口）按钮，移动光标到需要的位置单击鼠标左键放置接地符号，如图15-6所示。

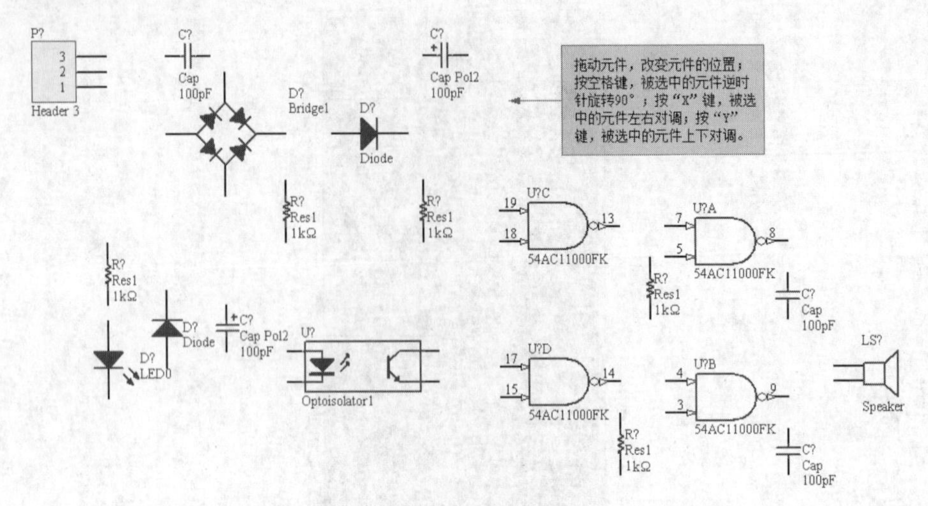

图15-4　元件的布局

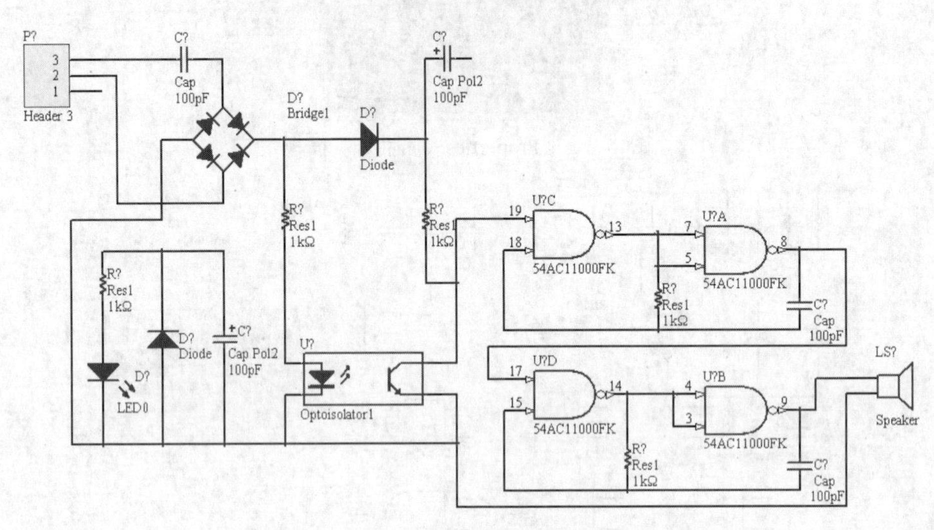

图15-5　原理图布线完成

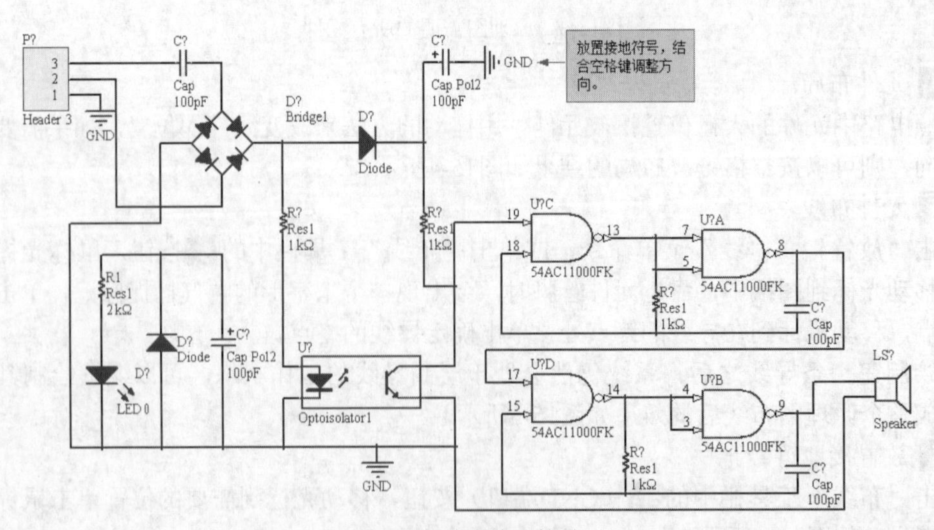

图15-6　放置接地符号

Step 8 编辑元件属性。

（1）双击一个电阻元件，打开“Properties（属性）”面板，将“Value”（值）值改为2kΩ，如图15-7所示。

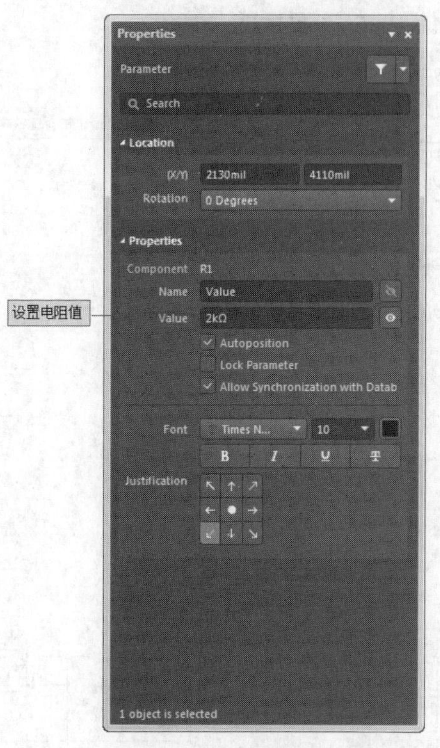

图15-7 设置电阻元件的属性

（2）重复上面的操作，编辑所有元件的编号、参数值等属性，完成这一步的原理图如图15-8所示。

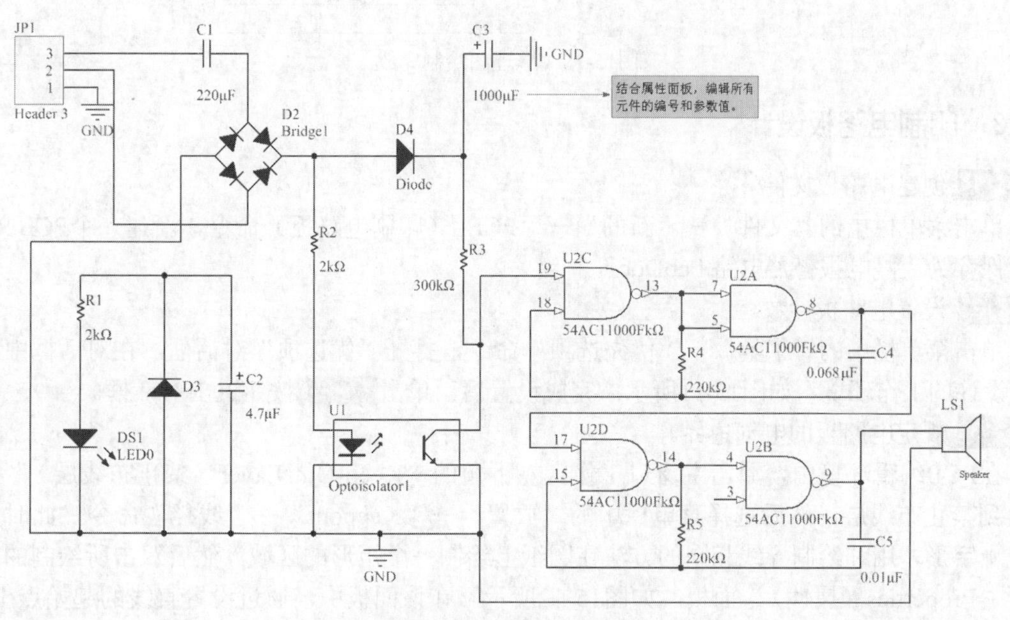

图15-8 设置元件的属性

Step 9 放置网络标签。

单击“布线”工具栏中的（放置网络标签）按钮，光标变成十字形，此时按<Tab>键打开“Properties（属性）”面板，在该面板的“Net Name（网络名称）”文本框中输入网络标签名称为“220V”，如图15-9所示。然后按<Enter>键，这样光标上便带着一个“220V”的网络标签虚影，移动光标到目标位置，单击鼠标左键就可以将网络标签放置到图纸上。

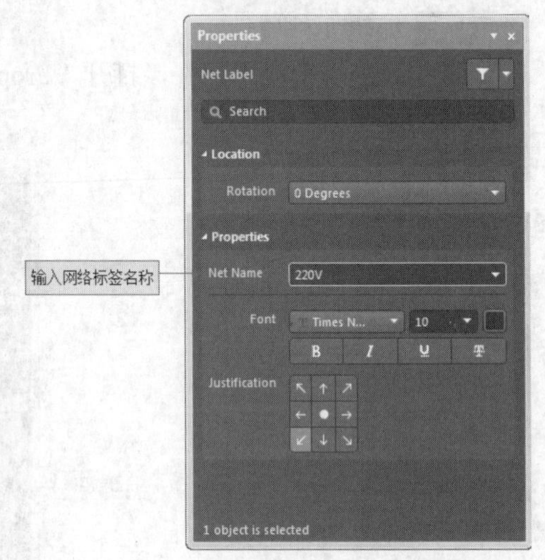

图15-9　设置网络标签名称

Step 10 保存所做的工作，整个停电报警器的原理图设计便完成了，如图15-10所示。

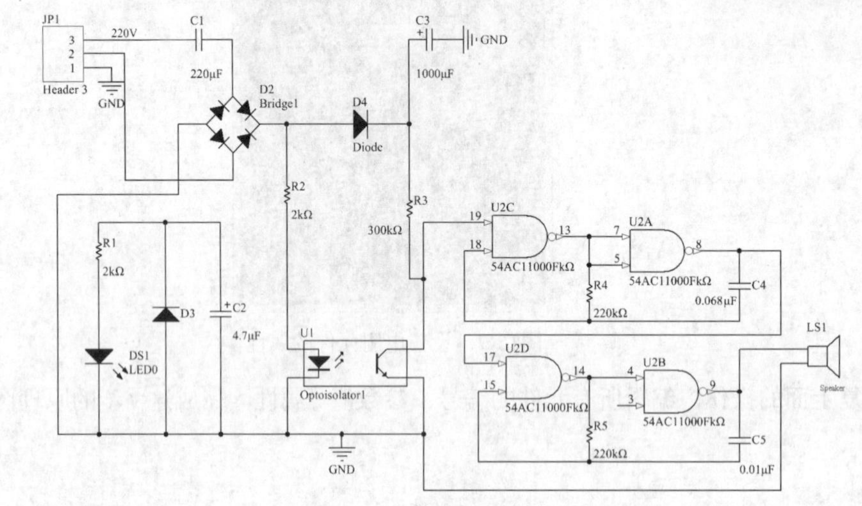

图15-10　原理图绘制完成

15.1.3　印制电路板设计

Step 1 创建电路板文件。

单击菜单栏中的“文件”→“新的”→“PCB”（印刷电路板）命令，新建一个PCB文件，然后保存为“停电报警器电路.PcbDoc”。

Step 2 设置电路板参数。

单击菜单栏中的“工具”→“优先选项”命令，打开“优选项”对话框，在对话框中设置PCB设计的工作环境，如图15-11所示。完成设置后，单击确定按钮退出对话框。

Step 3 规定电路板的电气边界。

在PCB编辑环境中，单击主窗口工作区左下角的“Keep-Out Layer（禁止布线层）”标签切换到禁止布线层，然后选择菜单栏中的“放置”→“Keepout”→“线径”命令，此时光标变成十字形，用和绘制导线相同的方法在图纸上绘制一个矩形的区域，然后双击所绘制的直线打开“Properties（属性）”面板，如图15-12所示。在该面板中，通过设置直线的起始点坐标，最后得到的矩形区域如图15-13所示。

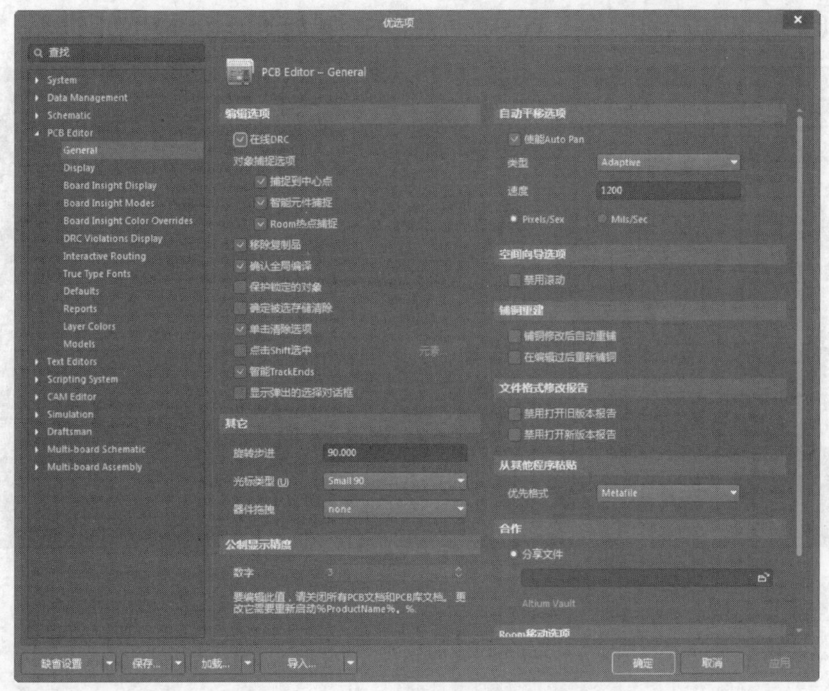

图15-11 设置电路板工作环境

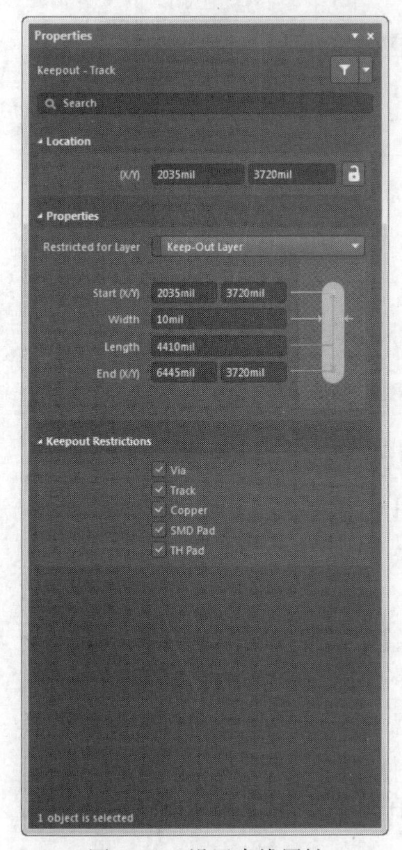

图15-12 设置直线属性

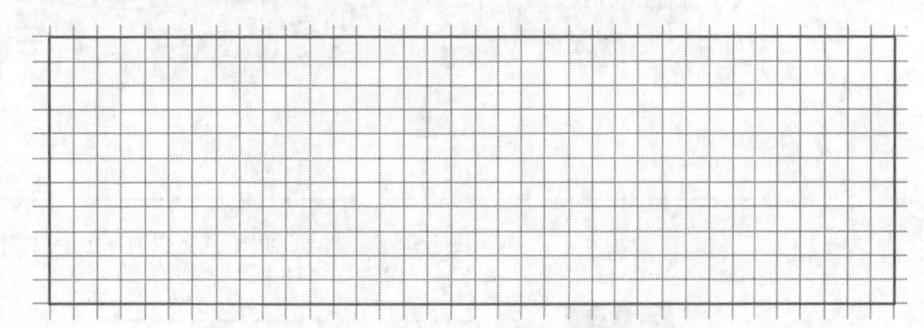

图15-13 规定好的禁止布线区域

Step 4 加载元件的封装。

（1）单击菜单栏中的“设计”→“Import Changes From 停电报警器电路.PrjPCB”（从“停电报警器.PrjPCB”导入变化）命令，打开“工程变更指令”对话框。在该对话框中单击 验证变更 按钮对所有的元件封装进行检查，在检查全部通过后，单击 执行变更 按钮将所有的元件封装加载到PCB文件中去，如图15-14所示。最后，单击 关闭 按钮退出对话框。

（2）在PCB图纸中可以看到，加载到PCB文件中的元件封装如图15-15所示。

Step 5 元件布局。

对元件先进行手动布局，和原理图中元件的布局一样，用拖动的方法来移动元件的位置。为了使多个电阻摆放整齐，可以将5个电阻的封装全部选中，然后单击按钮，如图15-16（a）

所示，就可以将5个电阻元件顶对齐。PCB布局完成的效果如图15-16（b）所示。

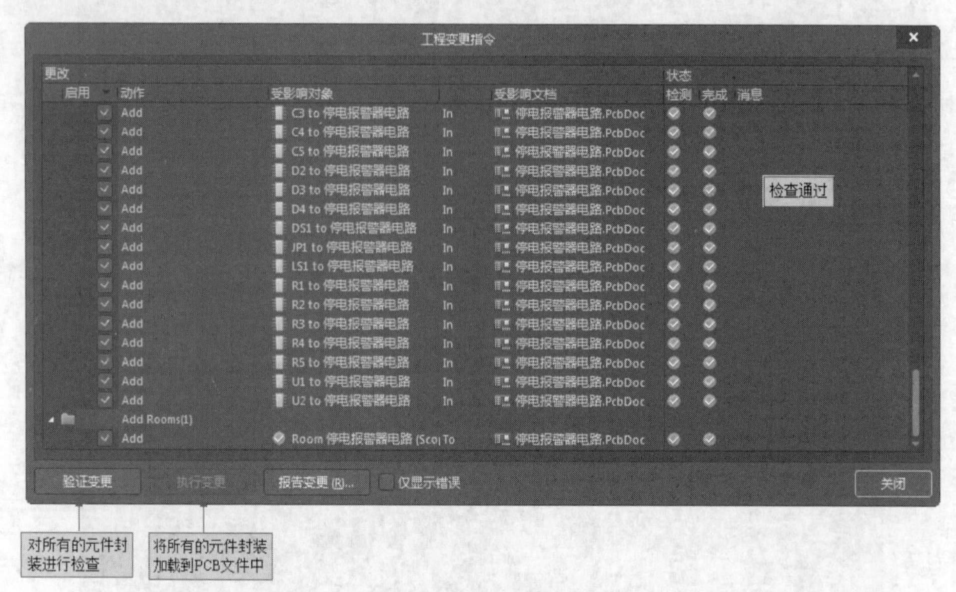

图15-14　加载元件的封装

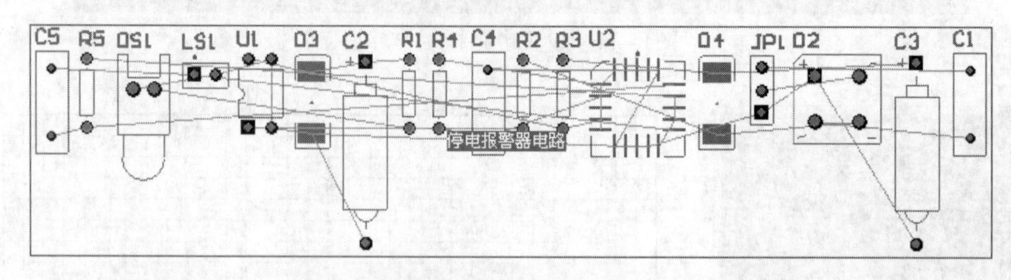

图15-15　加载到PCB文件中的元件封装

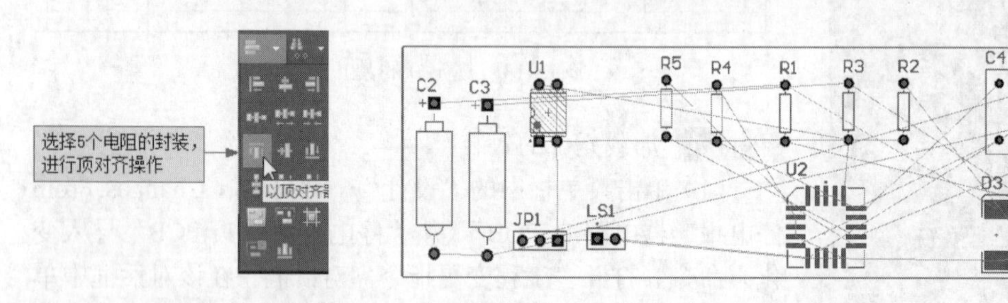

（a）对齐工具　　　　　　　　　　（b）完成元件的布局

图15-16　设置元件的对齐方式

Step 6 原理图布线。

（1）单击主窗口工作区左下角的“Top Layer（顶层）”标签切换到顶层，然后单击（交互式布线连接）按钮，鼠标变成十字形，移动光标到C1的一个焊盘上，单击确定导线的起点，接着拖动鼠标画出一条直线到导线的另一端，即元件JP1的焊盘处，先单击一次确定导线的转折点，再次单击确定导线的终点，如图15-17所示。

（2）双击绘制的导线打开“Properties（属性）”面板，在该面板中将导线的线宽设置为10mil。并将导线所在的板层为Top Layer，如图15-18所示。

（3）用同样的方法手动绘制电源线和地线。

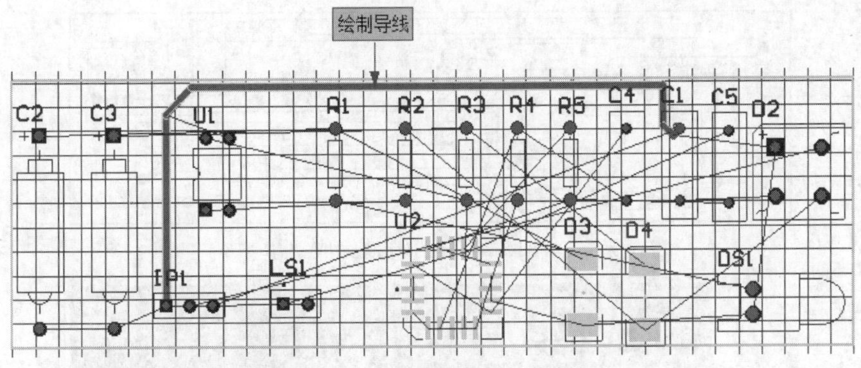

图15-17　在顶层画出一条导线

（4）对其余的导线进行自动布线。单击“布线”→“自动布线”→“全部”菜单命令，打开“Situs 布线策略（位置布线策略）”对话框，在该对话框中选择“Default 2 Layer Board”（默认的2层板）布线规则，然后单击 Route All 按钮进行自动布线，如图15-19所示。

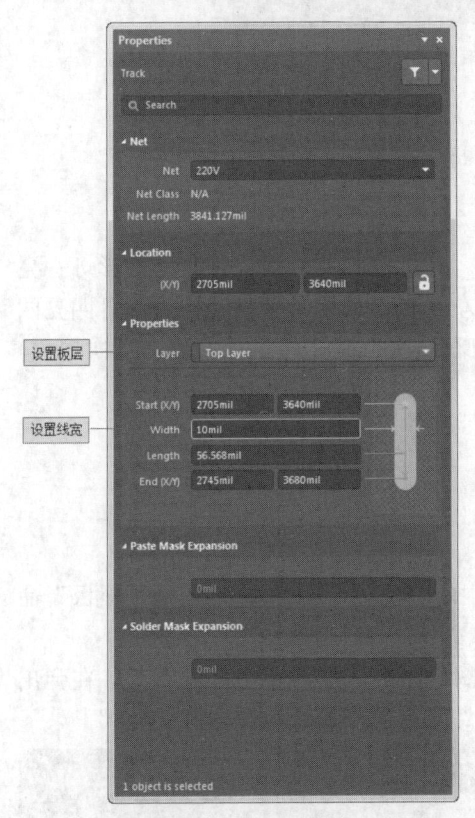

图15-18　设置导线的属性

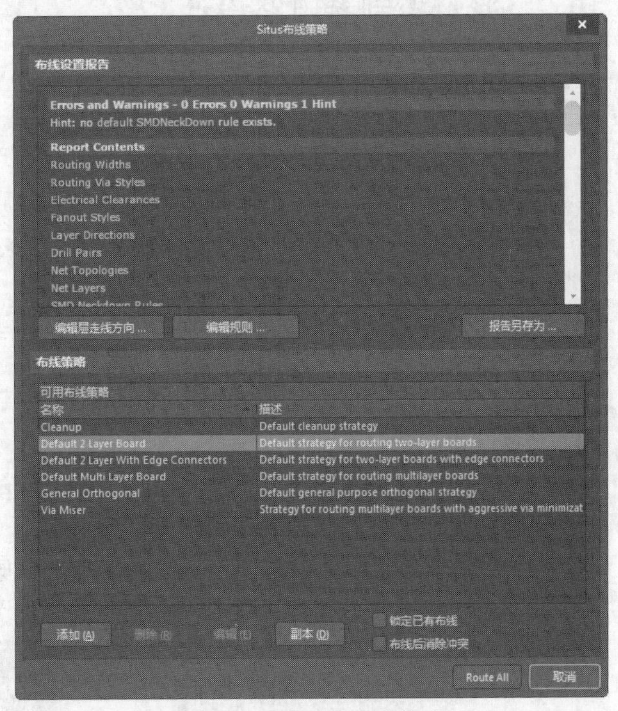

图15-19　选择自动布线策略

（5）布线进行时，在“Messages（信息）”工作面板中会给出布线信息。完成布线后的PCB如图15-20所示。“Messages（信息）”工作面板中的布线信息如图15-21所示。

Step 7 编译工程。

单击“工程”→“Compile PCB Project 停电报警器.PrjPCB”（编译PCB工程“停电报警器.PrjPCB”）菜单命令，对整个设计工程进行编译。完成之后保存所做的工作，整个停电报警器工程的设计工作便完成了。

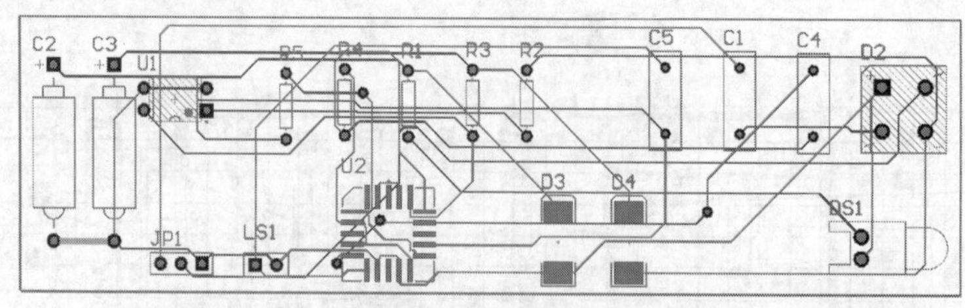

图15-20　PCB布线完成

15.2　彩灯控制器
电路设计

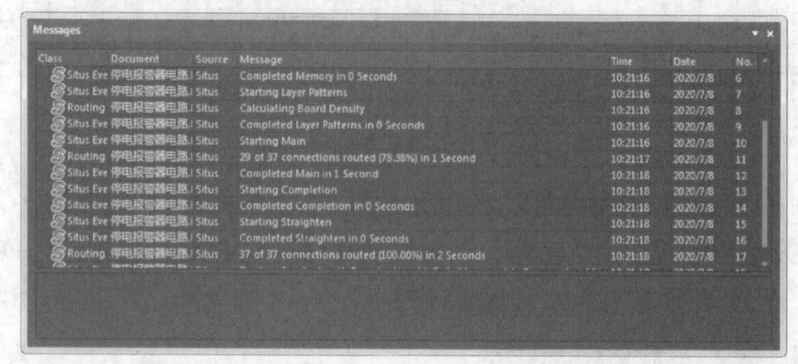

图15-21　布线信息

15.2　彩灯控制器电路设计

15.2.1　电路分析

本例中要设计的是四花样彩灯控制器的电路原理图。彩灯控制器的第一种花样为彩灯一亮一灭，从左向右移动；第二种花样为彩灯两亮两灭，从左向右移动；第三种花样为彩灯四亮四灭，从左向右移动；第四种花样为彩灯1到彩灯8从左向右逐次点亮，然后从左到右逐次熄灭。4种花样自动变换，循环往复。

本例中将学习彩灯控制器的原理图和PCB设计。

15.2.2　彩灯控制器电路原理图设计

Step 1 建立工作环境。

（1）在Altium Designer 20主界面中，单击菜单栏中的“文件”→“新的”→“项目”命令，创建名为“彩灯控制器.PrjPCB”的工程文件。

（2）单击菜单栏中的“文件”→“新的”→“原理图”命令，然后单击鼠标右键，在弹出的快捷菜单中选择“另存为”命令，将新建的原理图文件保存为“彩灯控制器.SchDoc”。

Step 2 加载元件库。

单击“Components（元件）”面板右上角中的按钮，在弹出的快捷菜单中选择“File-based Libraries Preferences（库文件参数）”命令，打开“Available File-based Libraries（可用库文件）”对话框，然后在其中加载需要的元件库。本例中需要加载的元件库如图15-22所示。

图15-22　加载需要的元件库

Step 3 放置元件。

选择“元件”面板，在其中浏览电路需要的元件，然后将其放置在图纸上。按照电路中元件的大概位置摆放元件。用拖动的方法来改变元件的位置，如果需要改变元件的方向，则可以按空格键。布局的结果如图15-23所示。

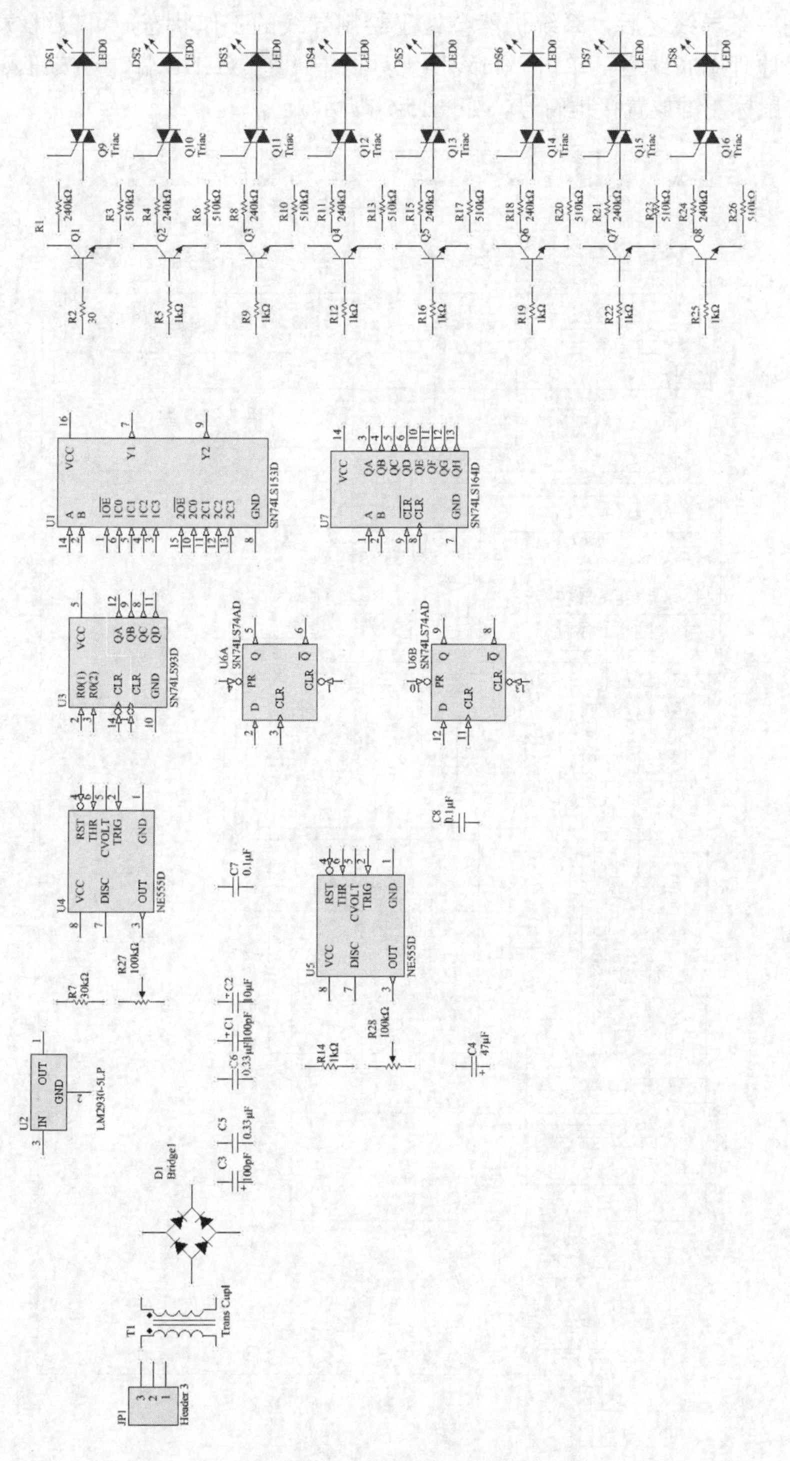

图15-23 元件的布局结果

Step 4 元件布线。

单击菜单栏中的“放置”→“线”命令，或单击“布线”工具栏中的 （放置线）按钮，鼠标光标变成十字形，移动光标到图纸中，靠近元件引脚时，会出现一个米字形的电气捕捉标记，单击确定导线的起点，移动鼠标到在导线的终点处，单击确定导线的终点。

在绘制完一条导线之后，系统仍然会处于绘制导线的工作状态，可以继续绘制其他的导线。完成整个原理图布线后，单击“布线”工具栏中的 （GND端口）按钮，移动光标到需要的位置单击鼠标左键放置接地符号，如图15-24所示。

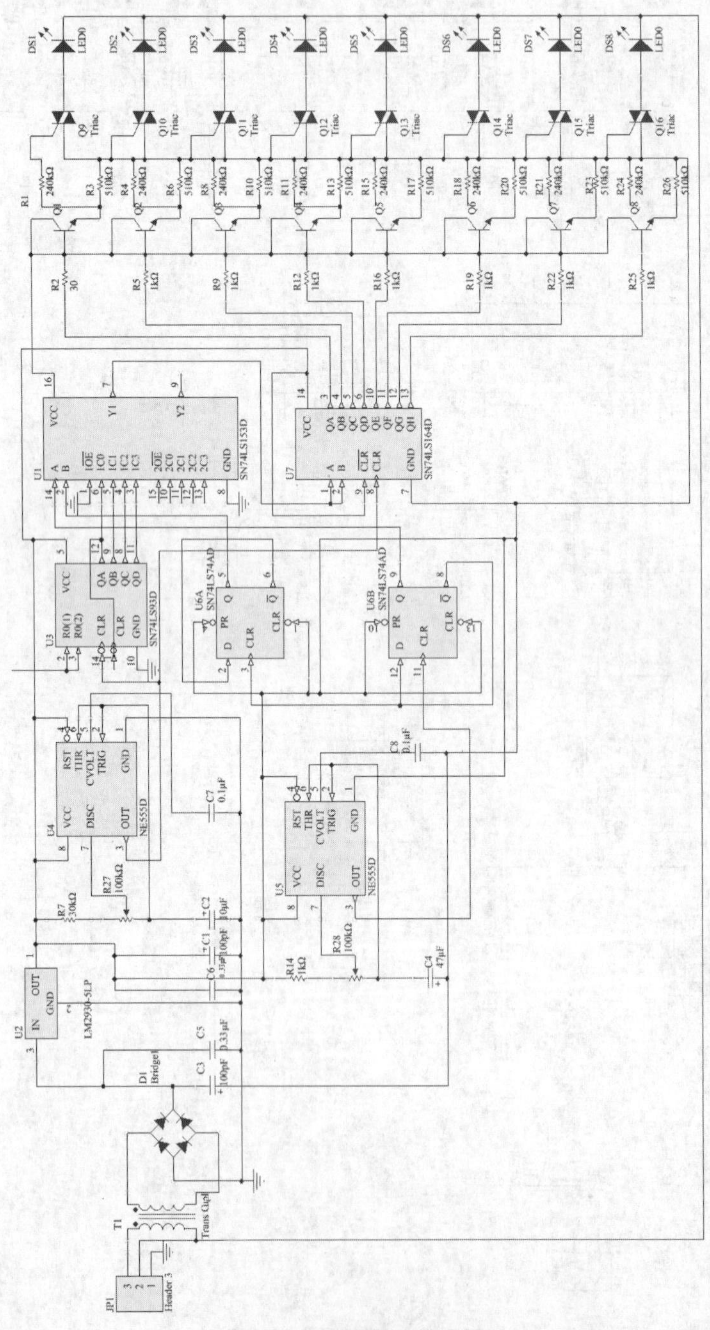

图15-24 原理图布线完成

15.2.3 印制电路板设计

Step 1 创建电路板文件。

（1）在“Project（工程）”面板中的任意位置单击鼠标右键，在弹出的快捷菜单中选择“添加已有文档到工程”命令，加载一个PCB文档“A3.PcbDoc”。

（2）将新建的PCB文件保存为“彩灯控制器.PcbDoc”。

Step 2 设置电路板参数。

单击菜单栏中的“工具”→“优先选项”，打开“优选项”对话框，在对话框中设置PCB设计的工作环境，如图15-25所示。完成设置后，单击 确定 按钮退出对话框。

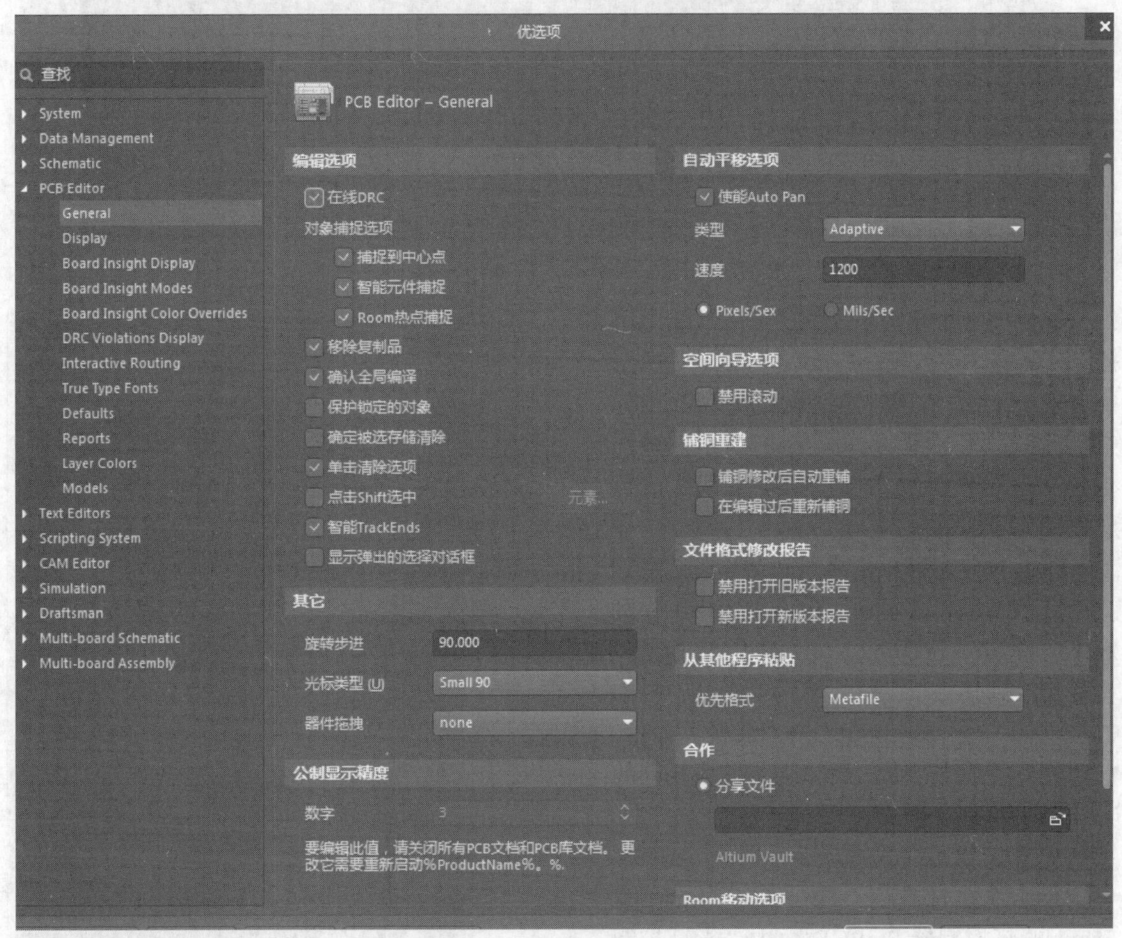

图15-25 设置电路板工作环境

Step 3 设置电路的板层。

单击菜单栏中的“设计”→“层叠管理器”命令，打开以后缀名为“.PcbDoc”的文件，在该文件中鼠标右键单击某一个层，在弹出的快捷菜单中选择“Insert layer above”→“Plane”命令，添加一个内电层，然后双击新添加的内电层，将该工作层命名为GND。再添加一个相同的内电层，取名为+5V，如图15-26所示。

Step 4 设置板层的显隐属性。

彩灯控制器.PcbDoc * | 彩灯控制器.PcbDoc [Stackup] *

Features

#	Name	Material	Type	Thickness	Dk	Df	Weight
	Top Overlay		Overlay				
	Top Solder	Solder Resist	Solder Mask	0.4mil	3.5		
1	Top Layer		Signal	1.4mil			1oz
	Dielectric 1	PP-006	Prepreg	2.8mil	4.1	0.02	
2	+5V	CF-004	Plane	1.378mil			1oz
	Dielectric1	FR-4	Dielectric	12.6mil	4.8		
3	GND	CF-004	Plane	1.378mil			1oz
	Dielectric 2	PP-006	Prepreg	2.8mil	4.1	0.02	
4	Bottom Layer		Signal	1.4mil			1oz
	Bottom Solder	Solder Resist	Solder Mask	0.4mil	3.5		
	Bottom Overlay		Overlay				

Stackup | Impedance | Via Types

图15-26　后缀名为“.PcbDoc”的文件

在界面右下角单击Panels按钮，弹出快捷菜单，选择“View Configuration（视图配置）”命令，打开“View Configuration（视图配置）”面板，如图15-27所示，该面板包括电路板层颜色设置和系统默认设置颜色的显示两部分。

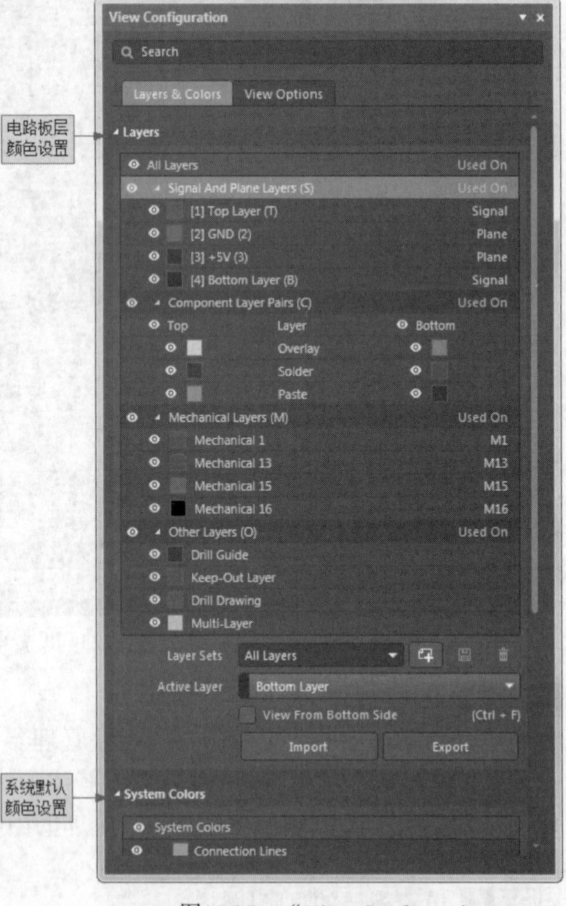

图15-27　“View Configuration（视图配置）”面板

Step 5 规定电路板的电气边界。

在PCB编辑环境中，单击主窗口工作区左下角的“Keep-Out Layer（禁止布线层）”标签切换到禁止布线层，然后单击菜单栏中的“放置”→“Keepout”→“线径”命令，此时光标变成十字形，用和绘制导线相同的方法在图纸上绘制一个矩形电气边界。

Step 6 加载元件的封装。

单击“设计”→“Import Changes From 彩灯控制器.PrjPCB”（从“彩灯控制器.PrjPCB”导入变化）菜单命令，打开“工程变更指令”对话框。在该对话框中单击验证变更按钮对所有的元件封装进行检查，在检查全部通过后，单击执行变更按钮将所有的元件封装加载到PCB文件中去，如图15-28所示。最后，单击关闭按钮退出对话框。

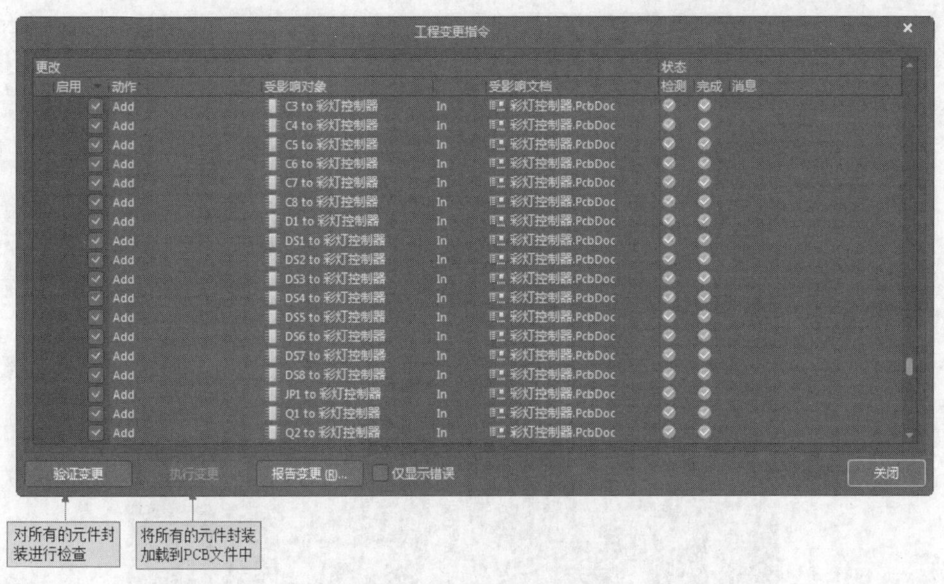

图15-28　加载元件的封装

Step 7 元件布局。

对元件先进行手动布局，和原理图中元件的布局一样，用拖动的方法来移动元件的位置。PCB布局完成的效果如图15-29所示。

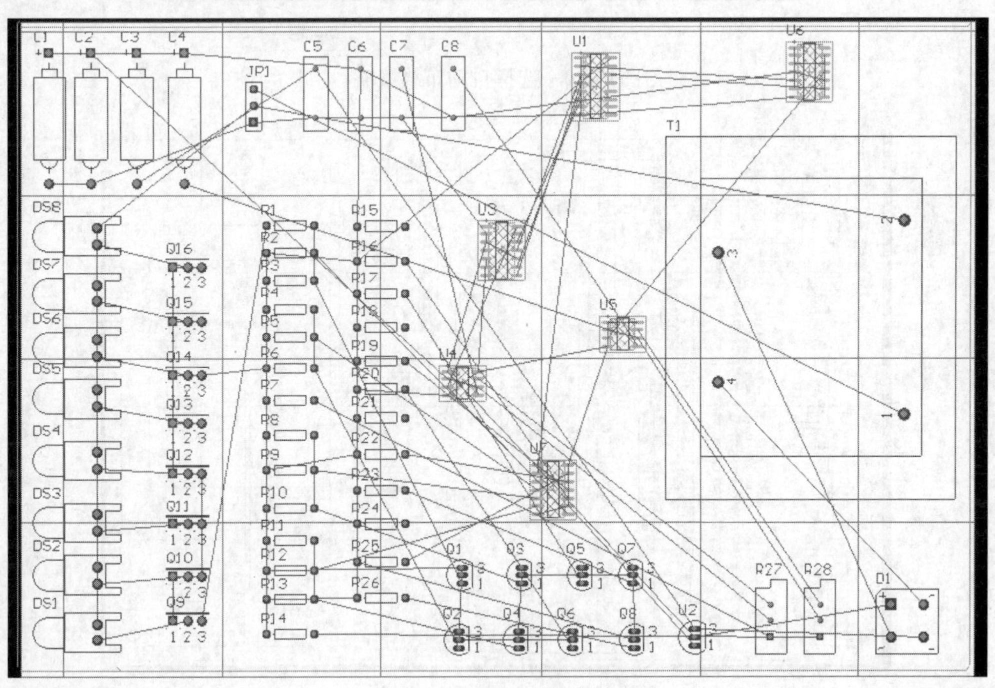

图15-29　完成元件的布局

Step 8 原理图布线。

单击菜单栏中的“布线”→“自动布线”→“全部”命令，打开“Situs 布线策略”（位置布线策略）对话框，在该对话框中选择“Default 2 Layer Board”（默认的2层板）布线规则，然后单击 Route All 按钮进行自动布线，如图15-30所示。完成布线后的PCB如图15-31所示。

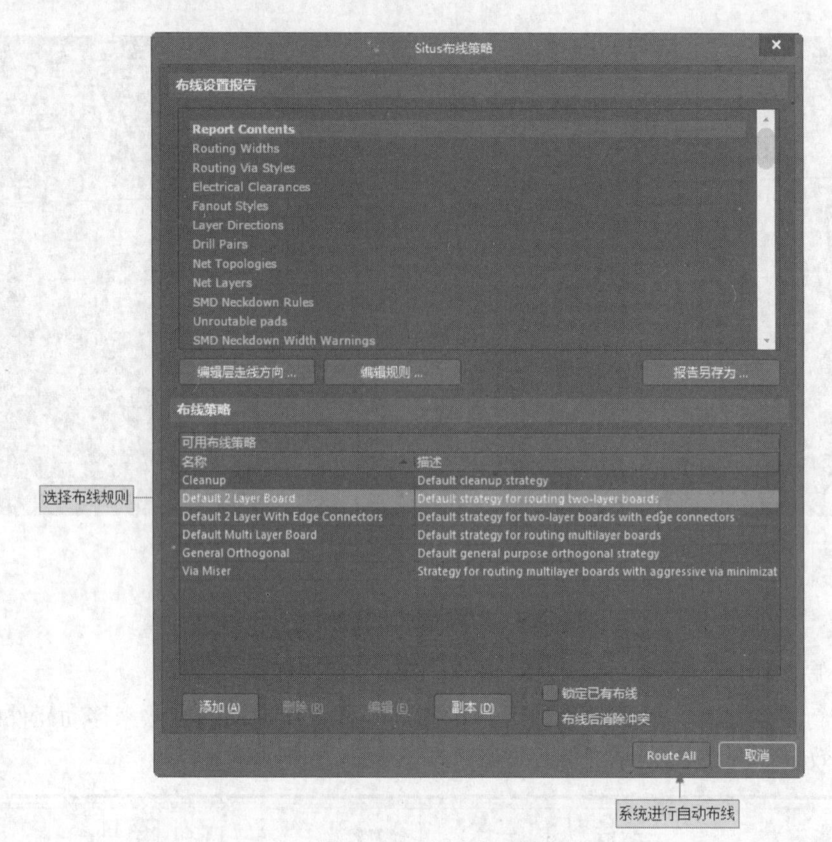

图15-30　选择自动布线策略

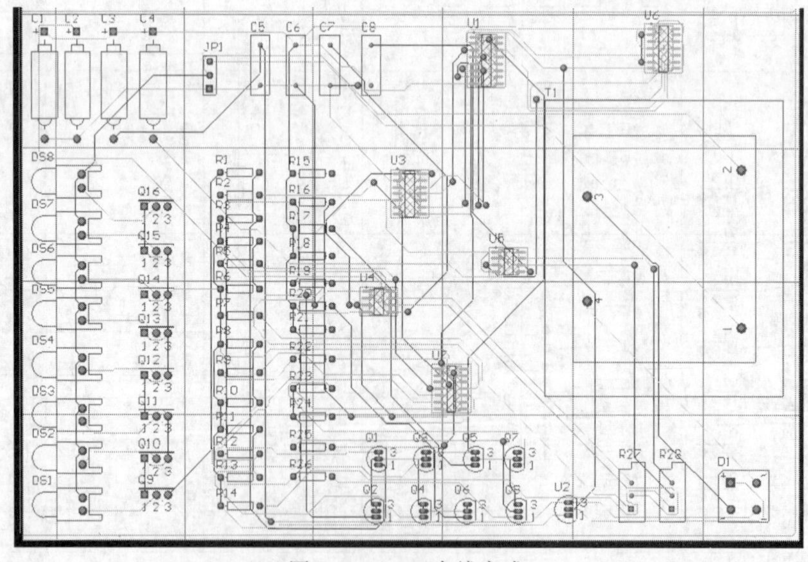

图15-31　PCB布线完成

Step 9 覆铜操作。

（1）在主窗口工作区的左下角单击“Bottom Layer”（底层）标签切换到底层，然后单击菜单栏中的“放置”→“覆铜”命令，打开“Properties（属性）”面板，在该面板中的“层”下拉列表中选择“Bottom Layer（底层）”选项，如图15-32所示。

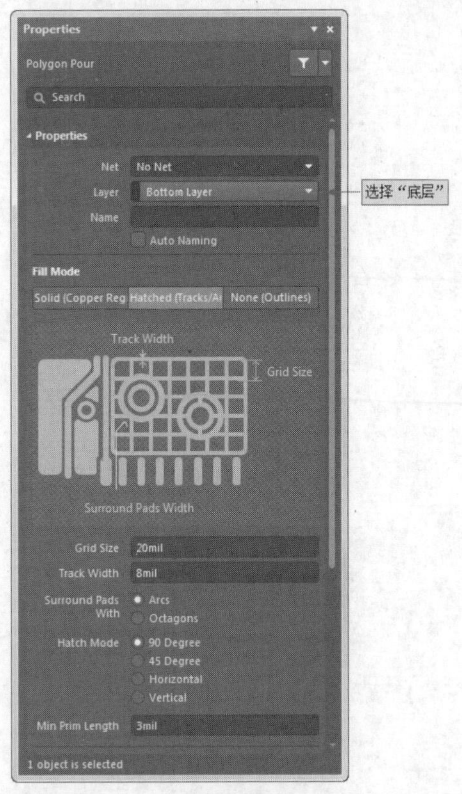

图15-32　设置覆铜属性

（2）鼠标变成十字形，在PCB上绘制一个覆铜的区域，就可以将铜箔覆到PCB上，如图15-33所示。

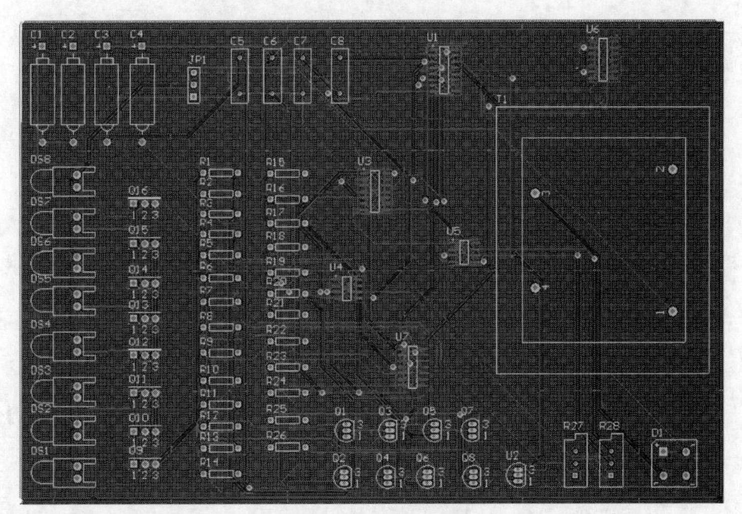

图15-33　PCB覆铜

Step 10 编译工程。

单击“工程”→“Compile PCB Project 彩灯控制器.PrjPCB”（编译“彩灯控制器.PrjPCB”PCB工程）菜单命令，对整个设计工程进行编译。完成之后保存所做的工作，整个彩灯控制器工程的设计工作便完成了。